Wasserschaden vorhanden
21.2.02 Alexander

Taschenatlas der Genetik

Taschenatlas der Genetik

Eberhard Passarge

174 Farbtafeln von Jürgen Wirth

1994
Georg Thieme Verlag Stuttgart · New York

Prof. Dr. med.
Eberhard Passarge
Direktor des Instituts für Humangenetik
Klinikum der Universität – Gesamthochschule Essen
Hufelandstr. 55
45122 Essen

Gestaltung der Farbtafeln:

Prof. Jürgen Wirth
Fachbereich Gestaltung,
Fachhochschule Darmstadt

Die Deutsche Bibliothek – CIP-Einheitsaufnahme

Passarge, Eberhard:
Taschenatlas der Genetik / Eberhard Passarge. Farbtaf. von Jürgen Wirth. – Stuttgart ; New York : Thieme, 1994
NE: Passarge, Eberhard [Ill.]

Satz: Druckhaus Götz GmbH, D-71636 Ludwigsburg
Gesetzt auf CCS Textline (Linotronic 630)

Druck: Appl, Wemding

ISBN 3-13-759501-0 1 2 3 4 5 6

Vorwort

Genetik gilt weithin als schwer verständlich oder langweilig, manchen als gefährlich. Dies sind durch ein nach wissenschaftlichen Zielen und Methoden vielfältiges Fach begünstigte Vorurteile. Tatsächlich sind viele Grundzüge relativ einfach. Genetik ist vor allem in den letzten zwei Jahrzehnten zu einer besonders wichtigen biologischen Wissenschaft geworden, vor allem für die Medizin. Der hier vorgelegte Taschenatlas der Genetik soll dies illustrieren und Verständnis wecken.

Im Gegensatz zu einem klassischen Lehrbuch eröffnet ein aus Bildern bestehender Atlas den Zugang durch visuelle Darstellung. Dies hat den Vorteil, daß auch schwierige Zusammenhänge einprägsam werden können. Der Nachteil liegt in einer Tendenz zur Fragmentierung und Vereinfachung. Deshalb kann ein Atlas ein gutes Lehrbuch ergänzen, aber nicht ersetzen.

Dieser Atlas wendet sich an Studenten der Medizin oder Biologie, an Ärzte und Biologen. Viele Abschnitte können auch im Biologieunterricht der Oberstufe verwendet werden. Auch generell Interessierte können einen Eindruck von moderner Genetik gewinnen. Es werden die genetischen Grundlagen vermittelt, die eine Voraussetzung für das heutige Verständnis von Lebens- und Krankheitsprozessen sind. Wichtige Anwendungsbereiche in der Medizin werden gezeigt. Zahlreiche Krankheitsgruppen oder Krankheiten werden dargestellt, die ein genetisches Prinzip verkörpern oder praktisch wichtig sind.

Der in den Bildtafeln illustrierte Inhalt ist in drei Teile gegliedert, Grundlagen der Genetik (100 Tafeln), Funktionsbereiche mit Beispielen von Krankheitsprozessen (64 Tafeln) und Genom-Organisation (10 Tafeln). Der letzte Abschnitt enthält Genkarten des Menschen für Krankheiten. Literaturhinweise und Glossar sollen den Zugang zu Einzelheiten erleichtern.

Der Inhalt wird in erster Linie durch Farbtafeln vermittelt. Der jeder Tafel gegenüberstehende Text beginnt mit einer kurzen Einleitung, die das Ziel beschreibt. Bild und Text sind eng aufeinander bezogen. Der Text ist dem Bild untergeordnet. In den Tafeln wird ein Farbcode verwendet. Innerhalb eines vergleichbaren Kontext signalisiert die verwendete Farbe einen Zusammenhang. Dies soll den Vergleich und das Wiedererkennen erleichtern. Beispielsweise ist codierende DNA dunkelblau, nicht-codierende DNA hellblau, RNA türkisgrün, ein Genprodukt meistens braun etc.

Die Auswahl der Inhalte und die notwendige Reduzierung auf wesentliche Zusammenhänge war schwierig. Ich habe mich an meinen Erfahrungen in der Lehre und im Umgang mit Patienten orientiert. Kontakte mit Fachkollegen im In- und Ausland haben die Wahl beeinflußt. Großen Wert habe ich darauf gelegt, die engen Beziehungen zwischen theoretischen und methodischen Grundlagen der Genetik und der Anwendung in der Medizin zu zeigen. Deshalb spiegelt das Buch meine Einschätzung der Bedeutung der Genetik als Grundlage für die Medizin wider. Manches Interessante konnte nicht aufgenommen werden. Vollständigkeit war nicht erreichbar und konnte nicht das Ziel sein. Kunst ist Weglassen, hat Max Liebermann gesagt.

Die Gestaltung der Farbtafeln ist das Ergebnis einer engen und angenehmen Zusammenarbeit mit Jürgen Wirth, Professor für Visuelle Kommunikation am Fachbereich Gestaltung der Fachhochschule Darmstadt. Jürgen Wirth hat aufgrund meiner Vorlagen aus Skizzen, Entwürfen und grafischem, sowie fotografischem Bildmaterial die Farbtafeln visuell strukturiert und die Inhalte in eine grafisch/künstlerische Form umgesetzt. Die Grafiken, die anfangs noch mit konventionellen Methoden erstellt wurden, sind nunmehr zum überwiegenden Teil von Jürgen Wirth als Computergrafiken angelegt. Dieses Vorgehen ist neu und erfordert Erfahrung mit visuellen Gestaltungsmöglichkeiten, Genauigkeit und Anpassung an sachliche Gegebenheiten. Für diese höchst qualifizierte Arbeit und viele konstruktive Vorschläge bin ich Jürgen Wirth zutiefst verpflichtet.

Zahlreiche Mitarbeiter und Mitarbeiterinnen des Georg Thieme Verlag Stuttgart haben die Arbeit begleitet. Namentlich Herr Dr. D. Bremkamp zu Beginn und Frau Margarete Hieber im weiteren Verlauf haben durch viele kluge Vorschläge zur Abstimmung zwischen Bild und Text beigetragen. Herr Fleischmann und Mitarbeiter in der Abteilung Herstellung haben Vorzügliches geleistet und sind auf häufige Änderungswünsche bereitwillig eingegangen.

Viele Kolleginnen und Kollegen innerhalb und außerhalb meines Instituts haben mich durch Ratschläge und Hinweise oder Durchsicht von Bild- und Textteilen unterstützt. Ihnen allen gilt mein Dank. Ich danke Anja Albers, Beate Albrecht, Maria del Pilar Andrino, Karin Buiting, Thomas Dirksen, Bärbel Dittrich, Walter Doerfler, Helmut Esche, Gabriele Gillessen-Kaesbach, Hans Grosse-Wilde, Bernhard Horsthemke, Monika Jost, Gunthild Kayser, Stefan Kochanek, Claus Langmaack, Dietmar Lohmann, Hermann-Josef Lüdecke, Patricia Ogilvic, Mary Fetter Passarge, Birgit Stamm, Rolf Thomson, Udo Vögeler.

Folgende Kollegen haben mir bereitwillig eigene Befunde für Abbildungen zur Verfügung gestellt: Dr. K. Buiting (Essen), Priv. Doz. Dr. T. Cremer (Heidelberg), Prof. W. Engel (Göttingen), Dr. W. Friedl (Bonn), Dr. R. Gold (Würzburg), Prof. B. Horsthemke (Essen), Prof. N. Konietzko (Essen), Dr. H.-J. Lüdecke (Essen), Dr. L. Manuelidis (New Haven), Dr. R. K. Moyzes (Los Alamos), Priv. Doz. Dr. C. R. Müller-Reible (Würzburg), Prof. U. Pfeifer (Bonn), Prof. P. Propping (Bonn), Priv. Doz. Dr. H. Schuster (München), Prof. P. Steinbach (Ulm).

Für die geschickte EDV-Verarbeitung der Texte, insbesondere des Sachregisters, danke ich Frau Lieselotte Freimann-Gansert besonders. Die sorgfältige Transkription der Texte besorgten außerdem in erster Linie Christa Müller und Andrea Neumeier.

Essen, 19. Dezember 1993 E. Passarge

Über den Autor

Nach dem Studium der Medizin in Kiel, Würzburg, Berlin und Freiburg (1955–1960) promovierte der Autor 1960 am Anatomischen Institut der Universität Freiburg bei A. von Kügelgen. Der Medizinalassistentenzeit in Hamburg-Harburg (1961) und Worcester, Massachusetts (1962) folgte eine Ausbildung in Kinderheilkunde und Humangenetik in Cincinnati, Ohio (1963 –1966) bei J. Warkany und am Cornell Medical College, New York (1966–1968) bei J. German. Von 1968 bis 1976 war er am Institut für Humangenetik der Universität Hamburg für Klinische Genetik und Cytogenetik verantwortlich. 1969 erfolgte die Habilitation für Humangenetik. 1975 wurde er auf den neu gegründeten Lehrstuhl für Humangenetik am Klinikum der Universität – Gesamthochschule – Essen berufen. Dort baute er ab 1976 das Institut für Humangenetik auf. Sein Interesse gilt den molekularen und zellulären Grundlagen genetisch bedingter Krankheiten und ihrer Anwendung in der Genetischen Diagnostik und Beratung.

Inhaltsverzeichnis (Überblick)

Inhalt im Detail

Grundlagen

Funktionsbereiche

Genom-Organisation

Errata

Trotz aller Bemühung um richtige Angaben, sind Fehler in einem Buch praktisch kaum zu vermeiden. Während der Drucklegung stellten sich folgende Fehler heraus:

Seite 20: Ein Ester entsteht durch Verbindung einer Carbonsäure mit einem Alkohol (linke Spalte, 2. Zeile von unten). – Anorganisches Phosphat, H_3PO_4, kann eine stabile Phosphat-Ionen-Bindung bilden (rechte Spalte, Absatz 3, Zeile 3)

Seite 21: Die Esterbindung soll das obere Sauerstoff-Atom einbeziehen (Tafelteil B):

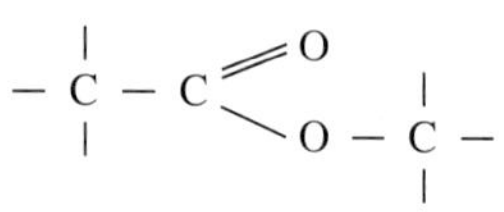

Die Phosphat-Gruppe ist richtig wie folgt (Tafelteil D):

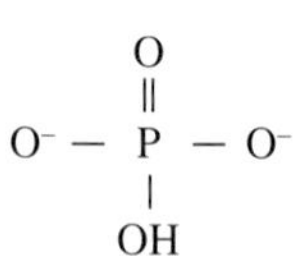

Seite 331 (Tafelteil D): Versehentlich ist eine Duplikation des 21OH-A Gens gezeigt anstatt des 21OH-B-Gens. Der Intensitätsunterschied bei Heterozygoten ist nicht gezeigt. Die Intensität der Banden ist bei der Duplikation umgekehrt als gezeigt.

Einführung

Die Zellen lebender Organismen enthalten ein Programm, das ihre Funktionen steuert. Dazu gehört die Kontrolle der Zellteilung, die embryonale Entwicklung und Differenzierung in verschiedene Gewebe und Organe, Energiegewinnung aus der Nahrung, Entfaltung von Muskelkraft und Erhaltung der Festigkeit der Knochen, Gehirn- und Nervenfunktionen einschließlich der Sinnesorgane, Immunabwehr, Bildung und Wirkung von Hormonen und anderen Signalen innerhalb und außerhalb der Zellen, Synthese, Transport und Abbau von Biomolekülen und vieles andere mehr.

Dieses Programm ist genetisch determiniert. Das heißt, es wird bei jeder Zellteilung auf die beiden neu gebildeten Zellen übertragen. Dies muß präzise erfolgen, da sonst Störungen resultieren. Da kein biologisches System gänzlich fehlerfrei funktioniert, sind Fehler tatsächlich eine seltene, aber regelmäßige Begleiterscheinung aller Lebensvorgänge. Zwar werden die meisten repariert, aber nicht alle.

Das genetische Programm besteht aus einzelnen Informationseinheiten, den Genen. Jedes Gen steuert eine definierte Funktion. Die Gesamtheit aller Gene ist das Genom. Es befindet sich im Kern jeder Zelle in den Chromosomen. Wegen der Differenzierung der Zellen eines Organismus in Gewebe mit verschiedenen Aufgaben, wird in einer bestimmten Zelle nicht das gesamte genetische Programm verwendet, sondern nur ein Teil. Auch Einzeller enthalten ein entsprechendes Programm, das Zellteilung und Kontakt mit der Umwelt steuert.

Gene sind linear angeordnet. Jedes Gen hat eine definierte Position und Struktur. Die Information entspricht einem Text aus aneinandergereihten Buchstaben. Der Text ist codiert und muß umgeschrieben und verarbeitet werden, bevor ein der Textvorlage entsprechendes Molekül (Genprodukt) gebildet werden kann. Viele Gene weisen auch bei nur entfernt miteinander verwandten Lebewesen überraschende Ähnlichkeiten auf. Dies wird durch gemeinsame Herkunft erklärt. Die im Laufe der Evolution eingetretenen Veränderungen und Unterschiede sind das Ergebnis von Anpassung von Lebewesen an verschiedene Umweltbedingungen (Dawkins 1989, Dobzhansky 1970, Mayr 1982, Stebbins 1982). Die Grenzen zwischen verschiedenen Klassen von Lebewesen haben an Bedeutung verloren. Das Verbindende tritt hervor.

Genetik ist das Wissenschaftsgebiet, das sich mit der Analyse der Struktur und Funktion von Genen befaßt (Analyse der biologischen Variation). Durch neue Methoden und Erkenntnisse, vor allem der letzten fünf bis zehn Jahre hat sich Genetik zu einem breit angelegten, fachübergreifenden Gebiet der Biologie und Medizin entwickelt. Genetik nimmt heute eine zentrale Rolle ein, etwa wie die zelluläre Pathologie zu Anfang dieses Jahrhunderts. Dies hat Bedeutung für alle Fächer der Medizin. Kenntnisse in den Grundlagen der Genetik und Verständnis für die Anwendung genetischer Prinzipien in der Diagnostik von Krankheiten sind ein wichtiger und unerläßlicher Bestandteil der medizinischen Ausbildung geworden. Deshalb war der Beschluß zur Einführung eines Facharztes für Humangenetik durch den Deutschen Ärztetag 1991 eine folgerichtige Konsequenz. Noch allerdings wird das gegenwärtige Curriculum des Medizinstudiums diesem Sachverhalt nicht gerecht. Überlegungen zur Reform des Medizinstudiums müssen den wichtigen Beitrag der Genetik zur Krankheitslehre berücksichtigen.

Klassische Genetik zwischen 1900 und 1953

(vgl. Zeittafel S. 12)

Die Bezeichnung Genetik schlug 1906 der englische Biologe William Bateson (1861–1926) für eine neue biologische Wissenschaftsrichtung vor, als deren Hauptziele er die Untersuchung der Gesetzmäßigkeiten von Erblichkeit (Heredity) und Variation nannte. Mit dem Begriff Erblichkeit bezog sich Bateson auf die Ähnlichkeit zwischen genealogisch verwandten Organismen, mit dem Begriff Variation auf die Unterschiede. Beides gehört zusammen. Bateson hatte die Bedeutung der 1900 von Correns, Tschermak und DeVries wiederentdeckten Mendel'schen Gesetzmäßigkeiten besonders klar erkannt, auch für den Menschen.

Der Augustinermönch Gregor Mendel (1822–1884) hatte 1865 durch Züchtungsexperimente im Klostergarten Brünn an der Gartenerbse gezeigt, daß Vererbung auf definierten, von einander unabhängigen, einzelnen Faktoren beruht (vgl. Brink & Styles 1965, Mayr 1982). Ihre Weitergabe an die nächste Pflanzengeneration und die Verteilung verschiedener Merkmale unterliegen bestimmten Gesetzmäßigkeiten, die allgemeine Gültigkeit haben. Jeder Faktor war für ein bestimmtes Merkmal verantwortlich. Der dänische Biologe Wilhelm Johannsen (1857–1927) führte 1909 dafür die Bezeichnung Gen ein.

Johann Gregor Mendel

Ab etwa 1902 wurden die Mendel'schen Gesetzmäßigkeiten bei Tieren, Pflanzen und auch beim Menschen systematisch analysiert. Erkrankungen beim Menschen wurden als erblich bedingt erkannt. Eine Form von Kurzfingrigkeit (Brachydaktylie Typ A 1, McKusick-Nr. 112500) wurde 1902 als erstes autosomal dominant erbliches Merkmal von W. C. Farabee (Ph. D. Thesis Harvard Univ.) in einer großen Sippe aus Pennsylvania beschrieben (D. V. Haws & V. A. McKusick, Bull. Johns Hopkins Hosp. 16:20–30, 1963).

Der englische Internist Archibald Garrod (1857–1936) zeigte für vier angeborene Stoffwechselkrankheiten (Alkaptonurie, Albinismus, Cystinurie, Pentosurie), daß sie autosomal recessiv erblich sind (A. Garrod: Inborn Errors of Metabolism, 1909). Garrod erkannte als erster, daß auch nicht zu Krankheiten führende individuelle biochemische Unterschiede zwischen Individuen eine genetische Grundlage haben. Die sich in diesem Konzept offenbarende Verbindung von genetischen und biochemischen Erkenntnissen war jedoch der Zeit voraus. Die umfassende Bedeutung für die genetisch determinierte Individualität des Menschen wurde nicht erkannt (Bearn 1993).

Dazu trug gewiß bei, daß völlig unklar war, was ein Gen ist und wie es funktioniert. Die frühe Genetik hatte, von Garrod abgesehen, keine Beziehungen zu den chemischen Grundlagen. Auch zur Lehre von den Zellen, Cytologie, gab es keine Kontakte (Dunn, 1965; Sturtevant, 1965). Chromosomen in Mitose (Flemming 1879) und Meiose (Strasburger 1888) wurden beobachtet, der Begriff Chromosom geprägt (Waldeyer 1888), aber funktionelle Beziehungen zwischen Chromosomen und Genen wurden nicht vermutet. Eine Ausnahme machen vorausschauende Bemerkungen von Theodor Boveri (1862–1915) über die Individualität von Chromosomen (1902).

Genetik als eigenes Wissenschaftsgebiet beginnt 1910 an der Columbia University New York mit der Einführung der Fruchtfliege (*Drosophila melanogaster*) durch Thomas H. Morgan. Die sich anschließenden mehrjährigen systematischen genetischen Studien an Drosophila (Dunn 1965, Sturtevant 1965, Whitehouse 1973) führten zu der Erkenntnis, daß Gene linear auf

Chromosomen angeordnet sind. Dies begründete die Chromosomentheorie der Vererbung (Morgan 1915). Erstaunlicherweise wurde noch bis in die 20er Jahre hinein verschiedentlich behauptet, daß Chromosomen nichts mit Vererbung zu tun haben.

Thomas H. Morgan

Der englische Mathematiker Hardy und der Stuttgarter Arzt Weinberg erkannten 1908 die Konsequenzen der Mendel'schen Gesetzmäßigkeiten für die genetische Struktur einer Population. Genetische Überlegungen wurden mit Erfolg in die Tier- und Pflanzenzucht eingeführt. Am Ende der ersten drei Jahrzehnte dieses Jahrhunderts war Genetik als neues Gebiet der Biologie gut etabliert. Was gänzlich fehlte, war eine Vorstellung von der Natur eines Gens. Struktur und Funktion waren unbekannt.

Daß Gene nicht unveränderlich sind, hatte De Vries 1901 erkannt. Er führte die Bezeichnung Mutation ein. H. J. Muller bestimmte 1927 die spontane Mutationsrate bei Drosophila und wies nach, daß Mutationen durch Röntgenstrahlen induziert werden können. C. Auerbach und J. M. Robson, 1941, sowie unabhängig F. Oehlkers 1943 wiesen dies auch für bestimmte chemische Substanzen nach. Jedoch blieb unklar, was eine Mutation ist, solange die materielle Grundlage der genetischen Informations-Übertragung unbekannt war.

Die vollständige Unkenntnis der Struktur und Wirkungsweise von Genen hat vermutlich zu einer unheilvollen Entwicklung beigetragen. In vielen Ländern wurde überlegt, wie man den Bestand an sogenannten „schlechten Genen" vermindern und Krankheiten durch defekte Gene ausmerzen könne (Eugenik, ein Begriff, den F. Galton 1865 eingeführt hatte). Im nationalsozialistischen Deutschland führte dies zur gesetzlich verankerten Diskriminierung von Erkrankten, die tatsächlich oder vermeintlich an einer Erbkrankheit litten (Gesetz „zur Verhütung erbkranken Nachwuchses" von Juli 1933). Von der moralischen Verwerflichkeit des damaligen politischen Systems und dieser Anwendung abgesehen, fehlten die wissenschaftlichen Grundlagen (weiterführende Angaben bei Becker 1988, Müller-Hill 1984, Vogel & Motulsky 1986, Weatherall 1991). Ihre Kenntnis hätte gezeigt, daß genetisch bedingte Krankheiten nicht generell vermieden werden können. Es gibt keine „erbgesunden" Individuen, denn jeder Mensch trägt etwa 5–6 schwerwiegende genetische Defekte, die sich nur nicht bemerkbar machen, aber bei Nachkommen auftreten können. Es spiegelt die fehlende Kenntnis der Struktur von Genen wider, daß falsch verstandene genetische Überlegungen auf den Menschen angewandt wurden. Vor 1949 wurden keine wesentlichen genetischen Erkenntnisse primär am Menschen gewonnen.

Durch den Nachweis, daß bei einem Pilz (Neurospora) jeweils ein Gen für die Bildung eines Enzyms verantwortlich ist („ein Gen – ein Enzym", Beadle und Tatum 1941) wurden zum ersten Mal enge Beziehungen zwischen Genetik und Biochemie erkennbar, entsprechend dem Garrod'schen Konzept des Inborn Error of Metabolism.

Der Nachweis genetischer Rekombination bei Bakterien (Lederberg und Tatum 1946) und Viren (Delbrück und Bailey 1947), sowie die Beobachtung spontaner Mutationen bei bakteriellen Viren (Bakteriophagen) (Hershey 1947) führten zu einer systematischen genetischen Analyse von Mikroorganismen. Dies hatte eine ähnlich große Bedeutung für die Entwicklung der Genetik wie die Analyse von Drosophila 35 Jahre zuvor (Cairns, Stent & Watson, 1966).

Genetik und DNA

Es war ein bedeutsamer Fortschritt, als 1944 Avery, McLeod und McCarty am Rockefeller Institute in New York nachwiesen, daß eine chemisch relativ einfache langkettige Nucleinsäure (Deoxyribonucleinsäure, DNS, oder in der angelsächsischen Abkürzung DNA) Träger genetischer Information sein muß. DNA stellte sich als das 1928 von F. Griffith beobachtete „transformierende Prinzip" heraus, das genetische Veränderungen bei Bakterien bestimmter Pneumokokkenstämme bewirkt hatte (Dubos 1976; McCarty 1985). Nachdem A. D. Hershey und M. Chase 1952 bewiesen hatten, daß genetische Information ausschließlich in DNA enthalten ist, war die Frage ihrer Struktur endgültig in den Vordergrund gerückt.

Sie wurde auf höchst elegante Weise von James D. Watson, einem 24 Jahre alten amerikanischen Stipendiaten, und einem 36 Jahre alten englischen Physiker, Francis H. Crick, am Cavendish Laboratory der Universität Cambridge in einer am 25. April 1953 in *Nature* erschienenen Arbeit von einer dreiviertel Seite gelöst (A structure for deoxyribonucleic acid, Nature *171*:737, 1953). Watson und Crick beschrieben die Struktur der DNA als Doppelhelix: innen liegen Nucleotide (jeweils ein Purin und ein Pyrimidin) einander gegenüber und außen verläuft ein langkettiges Gerüst aus miteinander verbundenen Zucker- (Deoxyribose) und Phosphat-Molekülen. Die entscheidende Erkenntnis, gewonnen durch Konstruktion eines Modells und zahlreiche stereochemische Überlegungen, liegt darin, daß die Basenpaare innen liegen. Daraus resultiert die helicale Struktur, deren grundlegende genetische Bedeutung den Autoren sehr klar war (Watson 1968; Crick 1988).

Oswald T. Avery

Watson (links) und Crick (rechts)

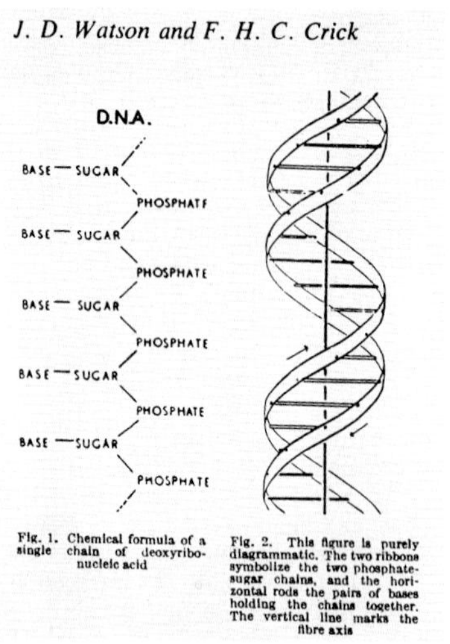

DNA-Struktur als Doppelhelix

Die Aufklärung der Struktur von DNA gilt als der Beginn eines neuen Zeitalters der Molekularbiologie und Genetik. Stent (1981) hat ihre Bedeutung mit einem anderen umwälzenden, ein neues Zeitalter begründenden historischen Ereignis verglichen, der Eroberung von Constantinopel 500 Jahre zuvor (1453). Die Beschreibung der DNA als Doppelhelix-Struktur führte unmittelbar zu einem Verständnis über die mögliche Struktur von genetischer Information.

Die Sequenzierung von Insulin (Feststellung der Sequenz der Aminosäuren) durch F. Sanger 1955 war der erste Beweis, daß ein Protein aus einer definierten Abfolge von Aminosäuren besteht. Da sich DNA im Zellkern befindet, Proteinsynthese jedoch im Cytoplasma stattfindet, konnte sie von DNA nicht unmittelbar gesteuert werden. Es zeigte sich, daß DNA zunächst in ein chemisch ähnliches Boten-Molekül (Ribonucleinsäure, RNA) überschrieben wird (Crick, Barnett, Brenner, Watts-Tobin 1961), das als Vorlage für die vorgesehene Sequenz von Aminosäuren dient. Die Aufklärung des genetischen Code folgte in den Jahren 1963 bis 1966 (Nirenberg, Mathaei, Ochoa, Benzer, Khorana und andere). Verschiedene Darstellungen der Entwicklung und persönliche Rückblicke finden sich unter anderem bei Chargaff (1978), Judson (1979), Stent (1981), Watson & Tooze (1981), Brown (1992).

Methodische Voraussetzungen für die weitere Entwicklung ab ca. 1950

Von Anfang an ist Genetik ein von der Entwicklung neuer Methoden geprägtes Fach. In den 50er und 60er Jahren entstanden vor allem die biochemischen und immunologischen Grundlagen (Biochemische Genetik, Immungenetik). Dazu gehörten zuverlässige, aber relativ einfache Trennungsverfahren komplexer Moleküle durch verschiedene Formen der Elektrophorese, DNA-Synthese *in vitro* (Kornberg 1956) und anderes. Die Entwicklung von Methoden der Zellkultur war eine entscheidende Voraussetzung für die genetische Analyse beim Menschen. Pontecorvo führte 1958 die genetische Analyse von eukaryoten Zellen in Kultur ein (somatische Zellgenetik). Insbesondere die genetische Analyse von fusionierten Zellen in der Kultur (Zellhybridisierung, G. Barski, B. Ephrussi, 1961) und die Entwicklung eines Zellkulturmediums zur Selektion bestimmter mutanter Zellen in Kultur (HAT-Medium, J. Littlefield 1964) förderten die Entwicklung der Genetik bei Säugetieren mit zunehmender Bedeutung für den Menschen. An Bakterien und Viren gewonnene Erkenntnisse konnten dadurch auch an Zellen höherer Organismen geprüft werden. Zum ersten Mal wurde 1961 ein hereditärer Stoffwechseldefekt (Galactosämie) in Zellkulturen nachgewiesen (Krooth). Die Feststellung der richtigen Chromosomenzahl des Menschen 1956 (Tjio & Levan; Ford & Hamerton), die Einführung von Lymphocytenkulturen zur Analyse von Chromosomen (Hungerford et al. 1960), sowie die Beschreibung des Replikationsmusters der Chromosomen des Menschen (J. German 1962) waren weitere grundlegende Voraussetzungen für die Entwicklung einer Genetik des Menschen (Humangenetik).

Humangenetik

Die Erkenntnis, daß Sichelzellanämie erblich ist (Neel 1949) und auf einer definierten Veränderung von normalem Hämoglobin beruhen muß (Pauling, Itano, Singer und Wells 1949), sowie der erste Nachweis eines Enzymdefekts in der Leber (Glucose-6-Phosphatase-Defizienz) als Ursache einer hereditären Stoffwechselkrankheit beim Menschen (Glykogen-Speicherkrankheit Typ I oder von Gierke-Krankheit) durch Carl F. Cori & Gerty T. Cori 1952 lenkten das Interesse auf die Genetik des Menschen (Humangenetik) und deren medizinischen Aspekte (Medizinische Genetik). 1949 wurden die American Society of Human Genetics und die erste humangenetische Zeitschrift gegründet (American Journal of Human Genetics). Es erschien das erste Lehrbuch für Humangenetik (Curt Stern, Principles of Human Genetics).

Die Entdeckung von Chromosomenaberrationen beim Menschen 1959 (Trisomie 21 durch J. Lejeune, M. Gautier, R. Turpin, 45,X0 beim Turner-Syndrom durch Ford et al. 1959, 47,XXY beim Klinefelter-Syndrom durch Jacobs & Strong 1959), die Beschreibung neuer Krankheitsbilder durch numerische Chromosomenaberration (Trisomie 13 und Trisomie 18 durch Patau et al. und Edwards et al. 1960) oder durch partiellen Verlust eines Chromosoms (Lejeune et al. 1963, Wolf 1964, Hirschhorn 1964), eine charakteristische Strukturveränderung eines Chromosoms in Knochenmarkzellen von Patienten mit einer Chronisch Myeloische Leukämie (Philadelphia-Chromosom, Nowell & Hungerford 1962) begründeten das neue Gebiet der Medizinischen Cytogenetik.

Daß Individuen mit nur einem X-Chromosom weiblich sind, aber Individuen mit einem Y-Chromosom und zwei X-Chromosomen männlich sind, bewies die wichtige Rolle des Y-Chromosoms für die Festlegung des Geschlechts bei Säugetieren.

Zum ersten Mal wurden grundlegende genetische Erkenntnisse am Menschen gewonnen. Durch die Analyse genetisch bedingter Krankheiten sind Einblicke in die normale Funktion von Genen möglich. Deshalb ist die Genetik des Menschen (Humangenetik) in der Gesamtheit der Kenntnisse heute besonders weit entwickelt, auch wenn bestimmte Details bei anderen Organismen genauer bekannt sind als beim Menschen. Innerhalb der Humangenetik können zahlreiche Fachrichtungen unterschieden werden, wie z. B. Biochemische Genetik, Immungenetik, Somatische Zellgenetik, Cytogenetik, Klinische Genetik, Populationsgenetik, Teratologie und Mutagenese und andere. Ein guter Überblick zur Entwicklung des Faches findet sich bei Vogel & Motulsky (1986) und McKusick (1992a).

Genetik und Medizin

Die meisten Krankheitsprozesse können als Folge der Interaktion von Umwelteinflüssen mit individuellen genetischen Gegebenheiten des betreffenden Individuums aufgefaßt werden. Eine Erkrankung ist genetisch bedingt, wenn sie vorwiegend oder ausschließlich durch Störungen im genetischen Programm von Zellen und Geweben verursacht wird. Etwa 3000 definierte Erkrankungen sind bekannt, die auf eine monogen bedingte Ursache durch eine einzelne Mutation zurückgehen (McKusick 1992b). Sie sind so verschieden wie die genetische Information in den entsprechenden Genen. Sie werden nach den Mendel'schen Gesetzmäßigkeiten vererbt und gehen auf eine strukturelle Veränderung eines Gens zurück. Zwischen rein endogenen (genetischen) und umweltbedingten Ursachen von Krankheiten gibt es ein breites Spektrum von genetisch bedingter Prädisposition und auslösenden Faktoren (multifaktoriell bedingte Erkrankungen). Viele relativ häufige, chronisch verlaufende Erkrankungen gehören zu dieser wichtigen Kategorie (z. B. erhöhter Blutdruck, erhöhte Blutfette, Diabetes mellitus, Gicht, psychiatrische Erkrankungen, bestimmte angeborene Fehlbildungen). Weitere Kategorien genetisch bedingter Krankheiten sind nicht-hereditäre Störungen in Körperzellen (verschiedene Formen von Krebs) und Chromosomenaberrationen (vgl. Weatherall 1991, Lindsten & Pattersson 1991, Scriver et al. 1989).

Genetisch bedingte Krankheiten treten aufgrund der Mendel'schen Gesetzmäßigkeiten und neuer Mutationen meist nicht familiär gehäuft auf, zu mehr als 90% sogar nur isoliert in einer Familie. Man erkennt sie nicht in erster Linie daran, daß sie bei Eltern und Geschwistern auftritt, sondern am Krankheitsbild. Da sie in verschiedenen Organsystemen und Altersstufen vorkommen, erscheint ihr Anteil an den Krankheitsursachen geringer als er wirklich ist. Genetisch bedingte Krankheiten sind keine Randgruppe der Medizin, sondern stellen einen wesentlichen Anteil aller Krankheitsursachen. Da sie häufig nicht erkannt werden, wird ihre Bedeutung erheblich unterschätzt. Etwa ein Drittel aller stationären Aufnahmen im Kindesalter gehen auf Erkrankungen und Entwicklungsstörungen mit zumindest teilweiser genetischer Ursache zurück (Weatherall, 1991). Die Gesamthäufigkeit genetisch bedingter Erkrankungen der verschiedenen Kategorien wird auf etwa 3,5–5% der Bevölkerung geschätzt (vgl. Tabelle).

Nicht nur die Vielzahl einzelner seltener genetisch bedingter Erkrankungen bereitet Schwierigkeiten, sondern auch die klinische Überlappung ähnlicher Krankheitsbilder mit verschiedenen Ursachen (Prinzip der genetischen oder ursächlichen Heterogenität). Dies muß bei der Diagnostik berücksichtigt werden, wenn man falsche Rückschlüsse auf das genetische Risiko vermeiden will. Jedes Gebiet der Medizin muß den relativ hohen Anteil der genetischen Ursachen von Krankheiten berücksichtigen. Zwar sind diese im Einzelfall vielfältig und komplex, jedoch sind die zugrundeliegenden allgemeinen genetischen Prinzipien relativ einfach. Die Vielzahl einzelner seltener monogener Krankheiten sind eine Herausforderung an die gesamte Medizin. Diese Patienten und ihre Familien müssen diagnostiziert, betreut und beraten werden, zumal eine wirksame Therapie nur für wenige möglich ist.

Maßgeblich zur Systematisierung und Entwicklung der Medizinischen Genetik hat die Einführung eines Katalogs der nach den Mendel'schen Gesetzmäßigkeiten vererbten Phänotypen beim Menschen durch Victor A. McKusick 1966 (McKusick-Katalog; gegenwärtig in der 10. Auflage, McKusick, 1992b) und die von McKusick organisierten Baltimore Konferenzen 1968–73 (Clinical Delineation of Birth Defects) beigetragen. Zahlreiche neue klinische und genetische Zeitschriften erschienen seit 1965 (Clinical Genetics, Journal of Medical Genetics, Humangenetik, Annales des Génétique, American Journal of Medical Genetics, Cytogenetics u. a.).

Neue und wichtige Fortschritte in der Aufklärung genetischer Krankheitsursachen und präziser Diagnostik verdanken wir in den letzten Jahren der molekularen Genetik.

Häufigkeit von genetisch bedingten Krankheitsursachen

Genetischer Typ von Krankheit		Häufigkeit pro 1000 Individuen
1. monogen gesamt		4,5–15
autosomal dominant	2–9,5	
autosomal recessiv	2–3,5	
X-chromosomal	0,5–2	
2. Chromosomenaberrationen		5–7
3. multifaktoriell bedingt*		7–10
4. angeborene Fehlbildungen*		19–22
gesamt		ca. 35–54

* Beitrag genetischer Faktoren variabel
(nach Weatherall, 1991)

Molekulare Genetik

Die Entdeckung eines neuen Enzymkomplex, Reverse Transkriptase, bei RNA-Viren (Retroviren) 1970 unabhängig durch H. Temin und D. Baltimore erschütterte das bis dahin gültiges Dogma, daß der genetische Informationsweg ausschließlich in einer Richtung führt, von DNA zu RNA und von dort zum Genprodukt (Protein). Diese Entdeckung bedeutete nicht nur eine wichtige biologische Erkenntnis, sondern ebnete methodisch den Weg für die Möglichkeit, aus dem RNA-Transkript eines aktiven Gens komplementäre, dem Gen entsprechende DNA (cDNA) zu gewinnen und dadurch Rückschlüsse auf die Struktur und Funktion des betreffenden Gens zu erhalten.

Die Entdeckung spezifischer Enzyme (Restriktions-Endonucleasen) in Bakterien, die DNA an definierten Stellen schneiden, bildet die Grundlage der rekombinanten DNA-Technik (W. Arber 1969; D. Nathans & H. O. Smith, 1971). Mit ihrer Hilfe kann DNA in Fragmente definierter Größe reproduzierbar zerlegt werden. Vektoren für die Vervielfältigung (Klonierung) von DNA und Methoden der Sequenzierung von DNA 1977 (F. Sanger; Maxam & Gilbert, 1977) wurden entwickelt (vgl. Winnacker 1990).

Die Möglichkeit, DNA-Moleküle verschiedener Herkunft miteinander zu verbinden, führte 1977 zu gänzlich neuen, unerwarteten Erkenntnissen über die Struktur von Genen bei höheren Organismen (vgl. Watson & Tooze, 1981; Watson et al., 1992). Gene bestehen nicht aus einem kontinuierlichen Abschnitt codierender DNA, sondern sind diskontinuierlich. Codierende DNA-Abschnitte, Exons (eine von W. Gilbert 1978 eingeführte Bezeichnung, W. Gilbert, Nature *271* :510, 1978) und nichtcodierende DNA-Abschnitte, Introns, wechseln in einer für jedes Gen spezifischen Anordnung und Größe ab (Exon/Intron-Struktur eukaryoter Gene). Viele Gene sind in der Evolution nicht gänzlich neu entstanden, sondern sind aus Teilen verschiedener Gene entstanden (Stebbins 1982, Passarge 1984). Die meisten Gene gehören strukturell und funktionell verwandten Gruppen an (Gen-Familien).

Die Methoden der rekombinanten DNA-Technik in Verbindung mit der Kenntnis der chromosomalen Position eines Gens erlauben eine direkte Analyse, die unabhängig von der Kenntnis der Funktion des Gens ist. Wenn man weiß, wo auf einem Chromosom ein Gen liegt, kann man es isolieren, den entsprechenden DNA-Abschnitt vermehren (klonieren) und die wesentlichen Merkmale charakterisieren (positionelle Klonierung, F. Collins). Der Vorteil des direkten Vorgehens liegt darin, daß außer der ungefähren Position nichts über die Struktur und Funktion des betreffenden Gens bekannt sein muß. Man braucht das Genprodukt zuvor nicht zu kennen.

Auf diese Weise wurden wichtige diagnostische Möglichkeiten bei degenerativen Netzhauterkrankungen, Cystischer Fibrose, Chorea Huntington, Duchenne-Muskeldystrophie, mesenchymalen Erkrankungen mit Collagen-Defekten (Osteogenesis imperfecta; Marfan-Syndrom) und zahlreichen Tumoren gewonnen. Die genaue Kenntnis der Struktur und Funktion eines Gens ist eine Voraussetzung für die Entwicklung einer Behandlung.

Die raschen Fortschritte in der Kartierung von Genen, die Ähnlichkeit des Genoms und der Genkarten bei verschiedenen Organismen, sowie weitreichende Homologie von Genen, die die embryonale Entwicklung bei verschiedenen Organismen steuern, haben früher bestehende Grenzen in der genetischen Analyse verschiedener Organismen (z. B. Drosophila-Genetik, Säugetiergenetik, Hefegenetik, Bakteriengenetik etc.) weitgehend zurücktreten lassen. Genetik ist zu einem breit gefächerten Fach mit besonderer Bedeutung für die Biologie und Evolutionsforschung (Dobzhansky 1970; Stebbins 1982), aber zugleich ausgesprochen medizinischer Orientierung geworden.

Das dynamische Genom

Bemerkenswerte Arbeiten erschienen 1950–1953 unter dem Titel „The Origin and Behavior of Mutable Loci in Maize" (Proc. Nat. Acad. Sci. 36:344–355, 1950), „Chromosome Organization and Genic Expression" (Cold Spring Harbor Symp. Quant. Biol. 16:13–45, 1952) und „Introduction of Instability at Selected Loci in Maize" (Genetics 38:579–599, 1953). Darin beschrieb die Autorin, Barbara McClintock, bei der Mais-Pflanze mutierbare Loci und Effekte auf den Phänotyp bei Mais durch ein Gen, das gar nicht an der Stelle der Mutation lag. Es übte gewissermaßen eine Fernwirkung aus. Mehr noch, bestimmte Gene konnten ihre Positionen ändern und an anderen Stellen Mutationen verursachen.

In weiteren Arbeiten erarbeitete McClintock die besonderen Merkmale dieser Gruppe von Genen, die sie „kontrollierende Elemente" nannte (Brookhaven Symp. Biol. 8:58–74, 1955). Verschiedene kontrollierende Elemente konnten nach ihrer Wirkung auf andere Gene und die verursachte Mutation unterschieden werden. Jedoch stießen diese und die folgenden Arbeiten auf geringes Interesse (Fox Keller 1983, Fedoroff & Botstein, 1992). Dreißig Jahre später, in ihrer Nobelpreis-Vorlesung 1983 (The significance of responses of the genome to challenge, Science 226:792–801, 1984) hatte sich dies geändert.

Wir wissen heute, daß das Genom nicht eine zementierte Einheit ist („Erbgut"), sondern bewegliche genetische Elemente enthält (so die spätere Bezeichnung). Es ist nicht statisch, sondern dynamisch. Es kommt in der Natur zu genetischem Austausch selbst über die Grenzen von Arten hinweg. Genetische Information ist stabil, weil viele Fehler reparabel sind. Zugleich ist das Genom Änderungen unterworfen (Dawkins, 1989). Die Genauigkeit der genetischen Information hängt von ihrer Stabilität ab. Unabänderliche Stabilität bedeutet zugleich aber auch statisches Verharren. Dies würde der Entwicklung neuer Lebensformen und der damit verbundenen Anpassung an veränderte Umweltbedingungen entgegenstehen. Leben erfordert ein Gleichgewicht zwischen Altem und Neuem.

Literaturhinweise

Alberts, B., Bray, D., Lewis, J., Raff, M., Roberts, K., Watson, J. D.: Molecular Biology of the Cell. 2nd Edition. Garland Publishing, Inc., New York, 1989.

Bearn, A. G.: Archibald Garrod and the Individuality of Man. Oxford University Press, Oxford, 1993.

Becker, P. E.: Zur Geschichte der Rassenhygiene. Wege ins Dritte Reich. G. Thieme Verlag, Stuttgart–New York, 1988.

Brink, R. A., Styles, E. D., editors: Heritage from Mendel, Univ. of Wisconsin Press, Madison, 1967.

Brown, T. A.: Genetics. A. Molecular Approach. 2nd Edition. Chapman and Hall, London, 1992.

Cairns, J., Stent, G. S., Watson, J. D., editors: Phage and the Origins of Molecular Biology. Cold Spring Harbor Laboratory Press, New York, 1966.

Chargaff, E.: Heraclitean Fire. Sketches from a Life before Nature. Rockefeller University Press, New York, 1978.

Crick, F.: What Mad Pursuit. A Personal View of Scientific Discovery. Basic Books, Inc., Publishers, New York, 1988.

Darnell, J., Lodish, H., Baltimore, D.: Molecular Cell Biology. 2nd Edition. Scientific American Books, Freeman and Company, New York, 1990.

Dawkins, R.: The Selfish Gene. 2nd Edition. Oxford University Press, Oxford, 1989.

Dobzhansky, T.: Genetics of the Evolutionary Process. Columbia University Press, New York and London, 1970.

Dubos, R. J.: The Professor, the Institute, and DNA. O. T. Avery, his Life and Scientific Achievements. Rockefeller University Press, New York, 1976.

Dunn, L. C.: A Short History of Genetics. McGraw-Hill Book Company, New York, 1965.

Fedoroff, N., Botstein, D., editors: The Dynamic Genome. Barbara McClintock's Ideas in the Century of Genetics. Cold Spring Harbor Laboratory Press, New York, 1992.

Fox Keller, E.: A Feeling for the Organism. The Life and Work of Barabara McClintock. W. H. Freeman & Co., New York, 1983.

Hentze, M. W., Kulozik, A. E., Bartram, C. R.: Einführung in die Medizinische Molekularbiologie. Springer-Verlag, Heidelberg, 1990.

Hsu, T. C.: Human and Mammalian Cytogenetics. An Historical Perspective. Springer-Verlag, Heidelberg, 1979.

Judson, H. F.: The Eighth Day of Creation. Simon & Schuster, New York, 1979.

Lindsten, J., & Pettersson, U., editors: Etiology of Human Disease at the DNA Level. Nobel Symposium 80. Raven Press, New York, 1991.

Mayr, E.: The Growth of Biological Thought. Diversity, Evolution, and Inheritance. Harvard University Press, Cambridge, Massachusetts, 1982.

McCarty, M.: The Transforming Principle. W. W. Norton & Company, New York, 1985.

McKusick, V. A.: Presidential Address. Eight international congress of human genetics: Human Genetics: The last 35 years, the present, and the future. Am. J. Hum. Genet. 50:663–670, 1992a.

McKusick, V. A.: Mendelian Inheritance in Man. Catalogs of Autosomal Dominant, Autosomal Recessive, and X-Linked Phenotypes. 10th edition. Johns Hopkins Univ. Press, Baltimore & London, 1992b.

Müller-Hill, B: Tödliche Wissenschaft. Die Aussonderung von Juden, Zigeunern und Geisteskranken 1933–1945. Rowohlt-Verlag Reinbek, 1984.

Murken, J. D., & Wilmowsky, H. V.: Die Chromosomen des Menschen. Die Geschichte ihrer Erforschung. W. Fritsch, München, 1973.

Passarge, E., Herausgeber: Genetische Herkunft und Zukunft des Menschen. Verlag Chemie, Weinheim, 1984.

Scriver, C. R., Beaudet, A. L., Sly, W. S., Valle, D., editors: Metabolic Basis of Inherited Disease. 6th Edition. McGraw-Hill Information Services Company, New York, 1989.

Stebbins, G. L.: Darwin to DNA, Molecules to Humanity. W. H. Freeman & Company, San Francisco, 1982.

Stent, G. S., editor: James D. Watson, The Double Helix. A Personal Acconat of the Discovery of the Structure of DNA. A New Critical Edition including Text, Commentary, Reviews, Original Papers. Weidenfeld & Nicolson, London, 1981.

Sturtevant, A. H.: A History of Genetics. Harper & Row, New York, 1965.

Vogel, F., Motulsky, A. G.: Human Genetics. Problems and Approaches. 2nd Edition. Springer-Verlag, Heidelberg, 1986.

Watson, J. D.: The Double Helix. Atheneum, London, 1968.

Watson, J. D., Tooze, J.: The DNA Story. A Documentary History of Gene Cloning. W. H. Freeman and Comp., San Francisco, 1981.

Watson, J. D., Hopkins, N. H., Roberts, J. W., Steitz, J. A., Weiner, A. M.: Molecular Biology of the Gene. 4th Edition. The Benjamin/Cummings Publishing Company, Inc., Menlo Park, California, 1987.

Watson, J. D., Gilman, M., Witkowski, J., Zoller, M.: Recombinant DNA. 2nd Edition. Scientific American Books, W. H. Freeman & Co., New York, 1992.

Weatherall, D. J.: The New Genetics and Clinical Practice. 3rd Edition. Oxford Univ. Press, Oxford, 1991.

Whitehouse, H. L. K.: Towards an Understanding of the Mechanism of Heredity. 3rd Edition. Edward Arnold, London, 1973.

Winnacker, E.-L.: Gene und Klone. Eine Einführung in die Gentechnologie. 2. Aufl., Verlag Chemie, Weinheim, 1990.

Chronologie einiger wichtiger genetischer Erkenntnisse und Fortschritte in der Genetik

1839 Zellen als Grundlage lebender Organismen (Schleiden, Schwann)

1859 Evolutionsgedanke formuliert (Darwin)

1865 Mendel'sche Gesetzmäßigkeiten (Mendel)

1879 Chromosomen in Mitose (Flemming)

1883 Quantitative Aspekte der Heredität (F. Galton)

1897 Enzym entdeckt (E. Büchner)

1900 AB0-Blutgruppensystem (Landsteiner)

1902 Mendel'sche Gesetzmäßigkeiten beim Menschen (Bateson, Garrod)
Chromosomale Individualität (Boveri)
Geschlechtschromosomen (McClung)

1908 Populationsgenetik (Hardy, Weinberg)

1909 Inborn Errors of Metabolism (Garrod)
Gen, Genotyp, Phänotyp (Johannsen)
Chiasmabildung bei Meiose (Janssens)

1910 Beginn der Drosophila-Genetik (Morgan)

1912 Crossing-over (Morgan & Cattell)
Genetische Kopplung (Morgan & Lynch)
Non-disjunction (Bridges)

1915 Gene auf Chromosomen (Chromosomentheorie der Vererbung) (Morgan, Sturtevant, Muller, Bridges)

1924 Blutgruppengenetik (Bernstein)
Statistische Analyse (Fisher)

1926 Enzyme sind Proteine (J. Sumner)

1927 Mutation durch Strahlen (Muller)
Genetische Drift (Wright)

1928 Euchromatin/Heterochromatin (Heitz)
Genetische Transformation bei Pneumokokken (Griffith)

1933 Stammbaumanalyse (Haldane, Hogben, Fisher, Lenz, Bernstein)
Polytäne Chromosomen (Heitz & Bauer, Painter)

1940 Polymorphismus (E. B. Ford)
Rhesus-Blutgruppe (Landsteiner & Wiener)

1941 Evolution durch Genduplikation (E. B. Lewis)
Genetische Kontrolle biochemischer Reaktionen (Beadle & Tatum)
Mutation durch Senfgas (Auerbach)

1944 DNA als materielle Grundlage genetischer Information (Avery)

1946 Genetische Rekombination bei Bakterien (Lederberg & Tatum)

1947 Genetische Rekombination bei Viren (Delbrück & Bailey, Hershey)

1949 Sichelzellanämie, eine genetisch bedingte molekulare Krankheit (Neel, Pauling)
X-Chromatin (Barr & Bertram)

1950 Nucleotidbasenrelation (Chargaff)

1952 Gene bestehen aus DNA (Hershey & Chase)
Plasmide (Lederberg)
Transduktion durch Phagen (Zinder & Lederberg)
Erster Enzymdefekt beim Menschen (Cori & Cori)
Erste Kopplungsgruppe beim Menschen (Mohr)
Colchicin und hypotone Behandlung bei Chromosomenanalyse (Hsu & Pomerat)

Exogene Faktoren als Ursache bei angeborenen Fehlbildungen (Warkany)

1953 DNA-Struktur (Watson & Crick, Franklin, Wilkins)
Nicht-Mendel'sche Vererbung (Ephrussi)
Zellzyklus (Howard & Pelc)
Diätbehandlung bei Phenylketonurie (Bickel)

1954 DNA-Repair (Muller)
Leukocyten-Drumsticks (Davidson & Smith)
Turner-Syndrom ist X-chromatinnegativ (Polani)

1955 Sequenzierung von Insulin (F. Sanger)
Lysosomen (de Duve)
Buccalsmear (Moore, Barr, Marberger)

1956 46 Chromosomen beim Menschen (Tjio & Levan, Ford & Hamerton)
DNA-Synthese *in vitro* (Kornberg)
Genetische Heterogenität (Harris, Fraser)

1957 Hämoglobinmolekül (Ingram)
Cistron (Benzer)
Genetische Komplementation (Fincham)
DNA Replikation ist semikonservativ (Taylor, Delbrück, Stent)
Genetische Analyse von Strahlenwirkung beim Menschen (Neel & Schull)

1958 Somatische Zellgenetik (Pontocorvo)
Ribosomen (Roberts, Dintzis)
HLA Antigene (Dausset)
Klonierung einzelner Zellen (Sanford, Puck)
Synaptonemaler Komplex (Moses)

1959 Chromosomenaberrationen beim Menschen (Lejeune, Turpin, Jacobs u. a.)
Isoenzyme (Vesell, Markert)
Pharmakogenetik (Motulsky, Vogel)

1960 Phytohämagglutinin-stimulierte Lymphocytenkulturen (Nowell, Moorhead, Hungerford)

1961 Genetischer Code in Triplets (Crick, Brenner, Barnett, Watts-Tobin)
Entzifferung des genetischen Code (Nirenberg, Mathaei, Ochoa)
Genregulation, Operon (Jacob & Monod)
Galactosämie in Zellkultur (Krooth)
Zellhybridisierung (Barski, Ephrussi)

1962 X-Chromosom-Inaktivierung (Lyon, Beutler, Russell, Ohno)
Philadelphia-Chromosom (Nowell & Hungerford)
Blutgruppe Xg (Mann, Race, Sanger)
PKU-Screening (Guthrie, Bickel)
Molekulare Charakterisierung von Immunglobulinen (Edelman, Franklin)
^{3}H-Autoradiographie menschlicher Chromosomen (German, Miller)
Replicon (Jacob & Brenner)
Thalidomid-Embryopathie (Lenz, McBride)

1963 Lysosomale Speicherkrankheiten (Hers)
Neue Krankheitsbilder durch partielle Deletion von Chromosomen

1964 Excisionsreparatur (Setlow)
MLC-Test (Bach & Hirschhorn, Bain & Lowenstein)
Mikrolymphotoxizitätstest (Terasaki & McClelland)
Selektives Nährmedium HAT für Zellkultur (Littlefield)
Spontane Chromosomeninstabilität (German, Schroeder)

1965 Begrenzte Lebensspanne von Zellen in Kultur (Hayflick & Moorhead)
Zellfusion durch Sendai-Virus (Harris & Watkins)

Zellkultur aus Amnionflüssigkeit (Klinger)
Hereditäre Krankheiten in Zellkultur (Danes, Bearn, Krooth, Mellman)
Populationscytogenetik (Court Brown)
Chromosomenaberrationen bei Aborten (Carr, Benirschke)

1966 Katalog Mendel'scher Merkmale beim Menschen (McKusick)

1968 HLA-D das stärkste Histokompatibilitätssystem (Ceppellini, Amos)
Repetitive DNA (Britten & Kohne)
Biochemische Grundlage der AB0-Blutgruppensubstanzen (Watkins)
DNA-Excisions-Repairdefekt bei Xeroderma pigmentosum (Cleaver)
Restriktionsendonukleasen (Meselson & Yuan, Linn & Arber)
Erste Zuordnung eines autosomalen Genlocus beim Menschen (Donahue, McKusick)

1970 Reverse Transkriptase (Baltimore, Temin)
Syntänie (Renwick)
Enzymdefekte bei lysosomalen Speicherkrankheiten (Neufeld, Dorfman)
Chromosomenidentifizierung durch Bandenfärbung (Zech, Caspersson)
Y-Chromatin (Pearson, Bobrow, Vosa)
Thymustransplantation bei Immundefizienz (van Bekkum)
Synthese eines Gens *in vitro* (Khorana)

1971 Zweitreffer-Theorie bei Retinoblastom (A. G. Knudson)

1972 Hohe durchschnittliche Heterozygotie (Harris & Hopkinson, Lewontin)
Assoziation von HLA-Antigenen und Krankheiten

1973 Rezeptordefekte in der Ätiologie genetischer Defekte, genetische Hyperlipidämien (Goldstein, Motulsky, Brown)
Nachweis von Schwesterchromatidaustausch mit BrdU (S. A. Latt)
Philadelphia-Chromosom als Translokation (J. D. Rowley)

1974 Chromatinstruktur, Nucleosom (Kornberg, Olins & Olins)
Erste Klonierung eines eukaryoten Gens

1975 Asilomar-Konferenz
Monoclonale Antikörper (Köhler & Milstein)

1976 Überlappende Gene beim Phagen ΦX174 (Barell, Air, Hutchison)
Loci für strukturelle Gene auf jedem menschlichen Autosom bekannt (Baltimore-Konferenz)

1977 Gene bestehen aus codierenden und nicht-codierenden DNA-Abschnitten (Exon-/Intron-Struktur)
Erstes rekombinantes DNA-Molekül, das Säugetier-DNA enthält
Methoden zur Sequenzierung von DNA (Sanger, Maxam & Gilbert)
Röntgendiffraktionsanalyse von Nucleosomen (Finch et al.)

1978 β-Globulin-Genstruktur (Leder, Weissmann, Tilghman u. a.)
Mechanismus der Transposition bei Bakterien. Herstellung von Somatostatin mittels rekombinanter DNA

1979 Erste Diagnostik mittels DNA Techniken (Y. H. Kan)
Totale Synthese eines Gens *in vitro* (Khorana)

1981 Sequenzierung des mitochondrialen Genoms (Anderson et al.)

1982 Tumor Suppressor-Gene (H. P. Klinger)

1983 Zelluläre Onkogene (H. E. Varmus u. a.)

1984 Lokalisierung des Gens für Chorea Huntington (Gusella)
Genetisches Imprinting bei der Maus
Identifizierung von T-Zellrezeptor-Proteinen

1985 Polymerase-Kettenreaktion (Saiki, Mullis et al.)
Charakterisierung des Gens für Gerinnungsfaktor VIII (Gitschier)
Sequenzierung des AIDS-Virus
Lokalisierung des Gens für Cystische Fibrose
Hypervariable DNA-Abschnitte

1986 Klonierung von Genen des Menschen
Erste Strukturanalyse eines menschlichen Gens aufgrund der chromosomalen Lage (Royer-Prokora et al.)
Embryonale Gene für Drosophila-Entwicklung
RNA als catalytisches Enzym (T. Cech)

1987 Struktur eines HLA-Moleküls (Björkman, Strominger et al.)
Klonierung des Gens für Duchenne-Muskeldystrophie

1988 Beginn des Human Genome Project
Erfolgreiche Gentherapie *in vitro*
Telomer-Struktur von Chromosomen

1989 Klonierung einer definierten Region aus einem Chromosom des Menschen durch Mikrosezierung

1991 Klonierung des Gens für Cystische Fibrose

1992 Trinucleotid-Expansion als neue Klasse von krankheitsauslösenden Mutationen
Vollständige Kartierung von Chromosom 21 und des Y-Chromosoms des Menschen

1993 Klonierung des Gens für Chorea Huntington

Grundlagen

Die Zelle und ihre Bestandteile

Zellen sind die kleinsten strukturellen und funktionellen Einheiten eines vielzelligen Organismus. Sie haben unterschiedliche Aufgaben, ähneln sich aber hinsichtlich Struktur und Funktion. Die Unterschiede zwischen verschiedenen Zellen von Mikroorganismen, Pflanzen und Tieren sind das Ergebnis von Anpassung während der Evolution. Man kann Zellen mit prokaryotem und Zellen mit eukaryotem Bauplan unterscheiden. Prokaryote Zellen haben keinen Zellkern. Dazu gehören alle Bakterien und Blaugrün-Algen. Pflanzen und Tiere, sowie echte Algen, Pilze und Protozoen bestehen aus eukaryoten Zellen mit einem Zellkern. Eukaryote Zellen enthalten Membranen, die funktionelle Kompartments innerhalb der Zelle bilden.

A. Eukaryote Zelle

Eukaryote Zellen bestehen aus Cytoplasma und einem Zellkern. Sie werden von einer Plasmamembran umschlossen. Das Cytoplasma enthält ein komplexes System innerer Membranen, die zelluläre Strukturen (Organellen) bilden. Wichtige Organellen sind die Mitochondrien (in denen wichtige energieliefernde chemische Reaktionen ablaufen), das endoplasmatische Retikulum (bestehend aus einer Serie von Membranen, in denen Glycoproteine und Lipide gebildet werden), Golgi-Apparat (für bestimmte Transportfunktionen), Peroxisomen für die Bildung bzw. den Abbau bestimmter Substanzen. Tierische Zellen enthalten Lysosomen, in denen der Abbau zahlreicher Proteine, Nucleinsäuren und Lipide stattfindet. Das Cytoplasma enthält ein Cytoskelett aus verschiedenen fibrösen Proteinen, die der Zelle Stabiliät verleihen. Centriolen sind kleine zylindrische Partikel aus Mikrotubuli, die eine wichtige Rolle bei der Zellteilung spielen. Ribosomen sind der Ort der Synthese von Proteinen.

B. Zellkern

Der eukaryote Zellkern (Nucleus) enthält die genetische Information. Er ist von der inneren und der äußeren Membran umschlossen, die Poren für den Transport von Stoffen zwischen Zellkern und Cytoplasma enthält. Der Zellkern enthält einen Nucleolus und eine fibröse Matrix mit verschiedenen DNA-Proteinkomplexen. Im Nucleolus wird der größte Teil der ribosomalen RNA synthetisiert. Die im Zellkern liegenden Chromosomen sind nicht einzeln sichtbar, sondern nur als diffuses Gerüst (Chromatin). Sie enthalten die Gene.

C. Zellplasma-Membran

Die Plasmamembran besteht aus einer Doppelschicht von Phospholipiden (Lipid-Doppelschicht). Sie enthält eine Reihe von Kanälen aus bestimmten Proteinen (Proteinkanal) für den Transport von Substanzen in oder aus der Zelle. Der Transport erfordert einen aktiven Prozeß (Proteinpumpe). Die Plasmamembran einer eukaryoten Zelle enthält zahlreiche transmembrane Proteine, die als Zelloberflächenrezeptoren wichtige Funktionen erfüllen.

D. Vergleich einer Zelle bei Tier und Pflanze

Zellen von Tieren und Pflanzen ähneln sich in vielen Merkmalen. Ein wesentlicher Unterschied ist die Anwesenheit von Chloroplasten für die Photosynthese in Pflanzenzellen. Pflanzenzellen sind von einer starren Wand aus Cellulose und anderen polymeren Molekülen umgeben und enthalten Vacuolen als Reservoir für Wasser, Ionen, Zucker, stickstoffhaltige Verbindungen oder Abfallprodukte. Vakuolen sind von einer semipermeablen Membran umschlossen, die Wasser durchläßt, aber nicht die in der Vakuole eingeschlossenen anderen Moleküle. Durch Wassereintritt erweitert sich die Vakuole und erzeugt hydrostatischen Druck (Turgor) innerhalb der Zelle. Da tierische Zellen keine Vakuolen zur Aufnahme von zusätzlichen Wassermolekülen enthalten, schwellen sie in einer hypotonen Lösung an und schrumpfen in einer hypertonen Lösung. (vgl. C. de Duve, Die Zelle. Spektrum der Wissenschaft, 1986).

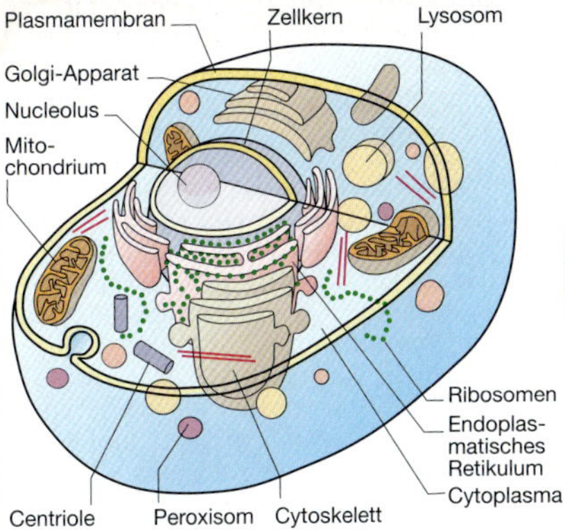

A. Eukaryote Zelle

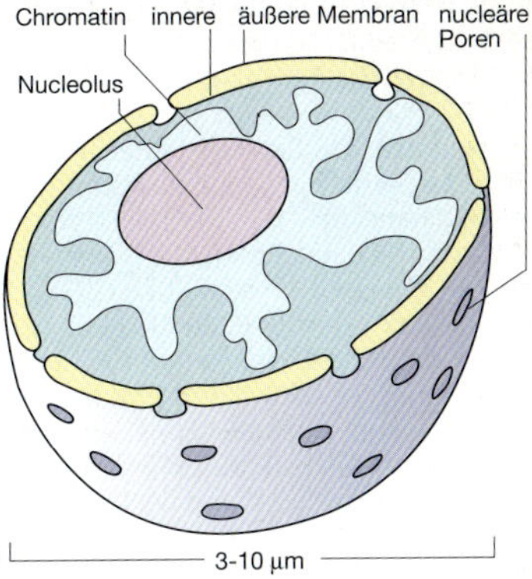

B. Zellkern

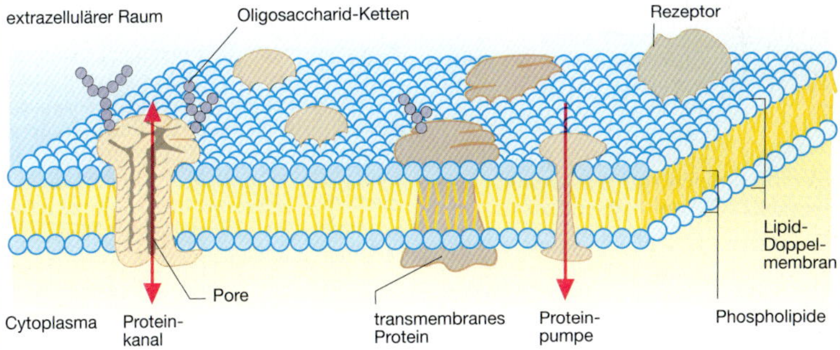

C. Zellplasma-Membran

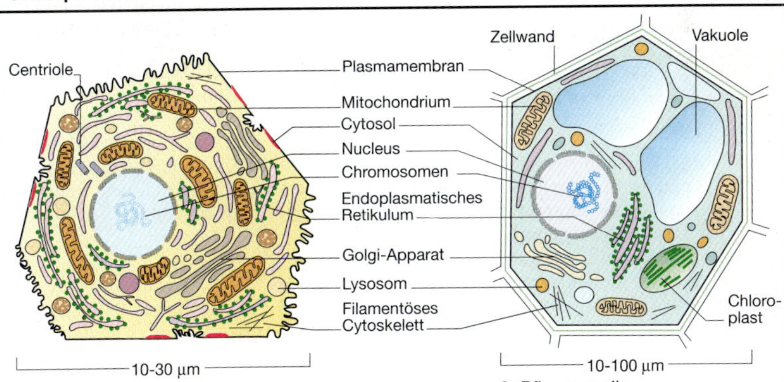

1. Tierzelle

2. Pflanzenzelle

D. Vergleich einer Zelle bei Tier und Pflanze

Wichtige chemische Funktionsgruppen und Molekülbindungen

Nahezu 99% des Gewichts einer lebenden Zelle wird von nur vier Elementen gebildet, Kohlenstoff (C), Wasserstoff (H), Stickstoff (N) und Sauerstoff (O). Der Anteil von Wasserstoff beträgt fast 50%, von Kohlenstoff und Sauerstoff etwa 25%. Vom Wasser abgesehen (etwa 70% des Gewichts einer Zelle) sind praktisch alle Komponenten Kohlenstoff-Verbindungen. Kohlenstoff ist ein kleines Atom mit vier Elektronenhüllen, das vier starke kovalente Bindungen mit anderen Atomen eingehen kann. Die wichtigste chemische Eigenschaft von Kohlenstoff ist, daß es eine Verbindung mit anderen Kohlenstoff-Atomen eingehen kann. Dadurch können unter Bildung von Ketten und Ringen große komplexe Moleküle mit spezifischen biologischen Eigenschaften gebildet werden.

A. Verbindungen von Wasserstoff (H), Sauerstoff (O) und Kohlenstoff (C)

Vier einfache Kombinationen dieser Atome kommen häufig in biologisch wichtigen Molekülen vor: Hydroxy (–OH), Methyl ($-CH_3$), Carboxy (–COOH), sowie Carbonyl-Gruppen (Aldehyd- und Keto-Gruppen) und Alkohol-Gruppen. Sie verleihen einem Molekül charakteristische chemische Eigenschaften und Verbindungsmöglichkeiten.

B. Säuren und Ester

Viele biologische Substanzen enthalten eine Kohlenstoff-Wasserstoff-Verbindung (C-O) mit schwach sauren oder basischen (alkalischen) Eigenschaften. Der Grad der Azidität wird durch den pH-Wert ausgedrückt, der die Konzentration von H^+-Ionen einer Lösung angibt, nämlich von 10^{-1}(pH = 1, stark sauer) bis 10^{-14} (pH = 14, stark alkalisch). Reines Wasser enthält 10^{-7} mol H^+ pro Liter (pH = 7.0). Als Ester bezeichnet man die Verbindung von zwei Kohlenstoff-Atomen über ein Sauerstoff-Atom. Ester findet man häufig in Lipid- und Phosphat-Verbindungen.

C. Kohlenstoff-Stickstoff-Verbindungen (C-N)

Wichtig sind C–N Verbindungen. Als Amino-Gruppen, Amine oder Amid-Verbindungen kommen sie in sehr vielen Molekülen vor, wie vor allem in Proteinen (Eiweißstoffen). Eine überragende Bedeutung haben Aminosäuren (vgl. S. 28). Sie stellen die Untereinheiten der Proteine (Eiweißstoffe) dar. Alle Proteine haben eine spezifische Aufgabe im biologischen Funktionsablauf, z. B. Insulin oder Schilddrüsenhormon.

D. Phosphat-Verbindungen

Eine wichtige biologische Rolle spielen Phosphat-Ionen-Verbindungen. Anorganisches Phosphat, H_3PO_4, ist eine stabile Phosphat-Ionen-Verbindung. Zwischen einem Phosphat und einer freien Hydroxy-Gruppe können sich Phosphatester bilden. Phosphat-Verbindungen spielen in energiereichen Molekülen und zahlreichen Makromolekülen eine wichtige Rolle, weil sie Energie speichern können.

E. Schwefel-Verbindungen

Schwefel kann bestimmte Moleküle miteinander verbinden, in dem aus einer Sulfhydril-Gruppe (–SH) eine Disulfid-Brükke (–S–S–) wird. Schwefel ist u. a. Bestandteil von zwei Aminosäuren (Cystein und Methionin) und einigen Zuckerresten und Polysacchariden. Disulfid-Brücken haben in vielen komplexen Molekülen eine wichtige Funktion für die Stabilisierung und Aufrechterhaltung einer bestimmten dreidimensionalen Funktion.

Literaturhinweise

Alberts, B. et al.: Molekularbiologie der Zelle. 3. Aufl., Verlag Chemie, Weinheim, 1989.

Stryer, L.: Biochemistry. 3rd ed., W. H. Freeman, San Francisco, 1988.

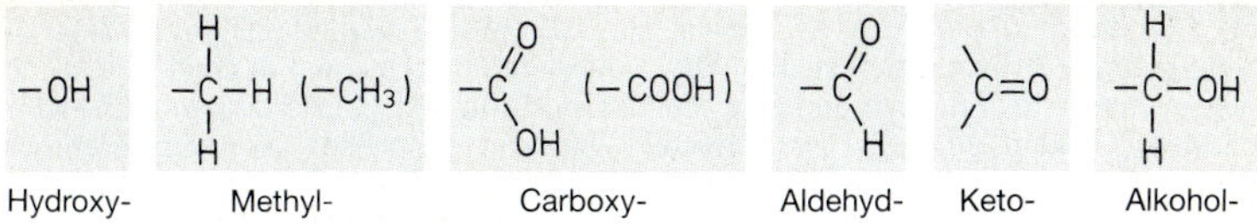

A. Verbindungen von Wasserstoff (H), Sauerstoff (O) und Kohlenstoff (C)

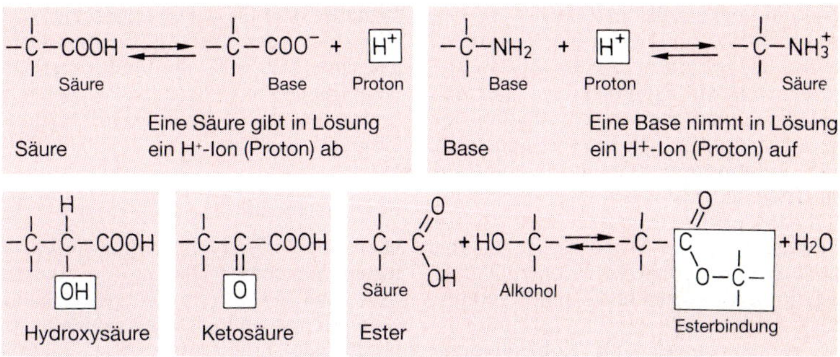

B. Säuren und Ester

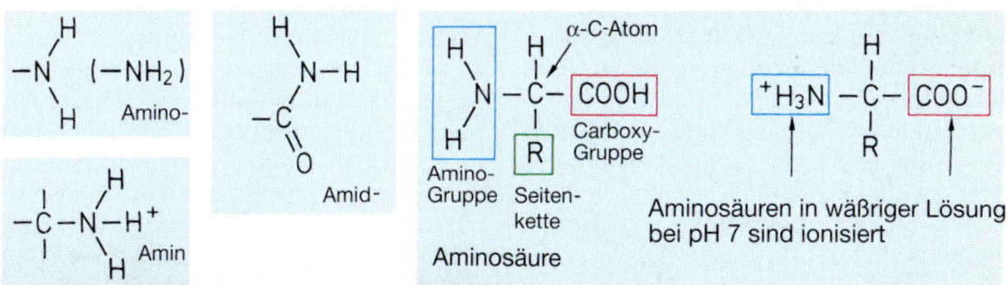

C. Kohlenstoff-Stickstoff-Verbindungen (C-N)

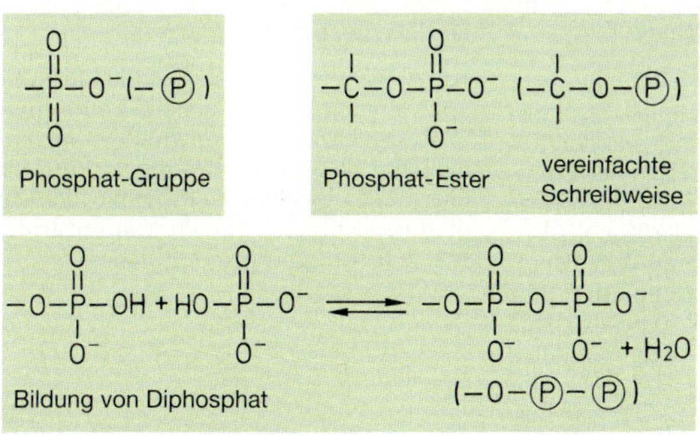

D. Phosphat-Verbindungen

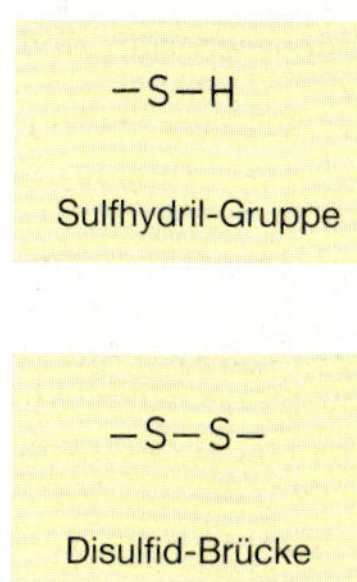

E. Schwefel-Verbindungen

Kohlenhydrate

Kohlenhydrate in verschiedenen chemischen Formen von Zuckern und ihre Abkömmlinge bilden eine für die Genetik wichtige Gruppe von Biomolekülen. Sie stellen das Grundgerüst von DNA und RNA. Ihre Flexibilität macht sie besonders geeignet für den Transfer genetischer Information von Zelle zu Zelle.
Kohlenhydrate sind neben Nucleinsäuren, Lipiden und Proteinen eine der vier wichtigen Klassen von Biomolekülen. Ihre wesentlichen Funktionen lassen sich drei Bereichen zuordnen: (i) Energielieferanten und -verwahrung, (ii) Strukturelement von DNA und RNA, den informationstragenden Molekülen (vgl. S. 26 und 34), (iii) Strukturelement der Wand der Zellen von Bakterien und Pflanzen. Kohlenhydrate sind oft mit Proteinen und Lipiden verbunden.
Als Polysaccharide sind Kohlenhydrate wichtige Strukturelemente der Zellwand von Tieren, Bakterien und Pflanzen. Sie sind Teil von Strukturen an der Oberfläche von Zellen (Rezeptoren), die für die Übermittlung von Signalen von Zelle zu Zelle wichtig sind. Ihre Fähigkeit zu Bindungen mit zahlreichen Proteinen und Lipiden machen Kohlenhydrate zu einer wichtigen Komponente. Schließlich dienen sie zum Transfer und zur Speicherung von Energie im intermediären Stoffwechsel.

A. Monosaccharide

Monosaccharide sind Aldehyde ($-C\begin{smallmatrix}\nearrow O\\ \searrow H\end{smallmatrix}$) oder Ketone ($>C=0$) mit zwei oder mehr Hydroxy-Gruppen [allgemeine Strukturformel $(CH_2O)_n$]. Die Aldehyd- oder Keton-Gruppe kann mit der Hydroxy-Gruppe reagieren und einen Ring bilden. Das ist bei Zuckern mit sechs oder fünf C-Atomen meist der Fall (Hexosen und Pentosen). Die C-Atome werden numeriert. Die D- und die L-Formen von Zuckern sind spiegelbildliche Isomere des gesamten Moleküls.
In der Natur kommen die D-(dextro)-Formen vor. Innerhalb dieser Formen gibt es β- und α-Formen als Stereoisomere. Die C-Atome in den zyklischen Formen von Zuckern sind nicht planar angeordnet, sondern dreidimensional in einer Sessel- oder Bootform. Die β-D-Glucopyranose-Konfiguration (Glucose) ist die wesentliche, weil alle axialen Positionen von H-Atomen eingenommen werden. Die Anordnung der Hydroxy-Gruppen kann verschieden sein, so daß Stereoisomere wie z. B. Mannose oder Galactose entstehen.
(Hinweis: in der Strukturformel von Galactose unterhalb links der weiß unterlegten HO-Gruppe am C-Atom in Position 4 befindet sich ein H-Atom, keine Hydroxy-Gruppe.)

B. Disaccharide

Dies sind Verbindungen von zwei Zuckerresten. Sie können über eine α-Hydroxy- oder eine β-Hydroxy-Gruppe verbunden sein. Sucrose und Lactose sind häufig vorkommende Disaccharide.

C. Abkömmlinge von Zuckern

Wenn bestimmte Hydroxy-Gruppen durch andere Gruppen ersetzt werden, entstehen Zuckerabkömmlinge. Diese kommen vor allem in Polysacchariden vor. Bei einer großen Gruppe genetisch bedingter Krankheiten können komplexe Polysaccharide infolge fehlender oder eingeschränkter Funktion von Enzymen nicht abgebaut werden (Mucopolysaccharidosen, Mucolipidosen, vgl. S. 292).

D. Polysaccharide

Kurze (Oligosaccharide) und lange Ketten von Zucker und Zuckerabkömmlingen (Polysaccharide) bilden wichtige Strukturelemente der Zelle. Komplexe Oligosaccharide mit Bindung an Proteine oder Lipide sind Teil von Zelloberflächenstrukturen, z. B. Blutgruppen-Antigenen.

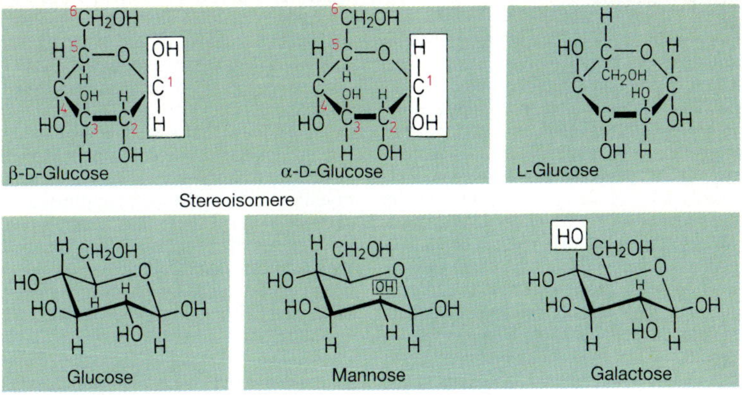

A. Monosaccharide

Stereoisomere von Glucose

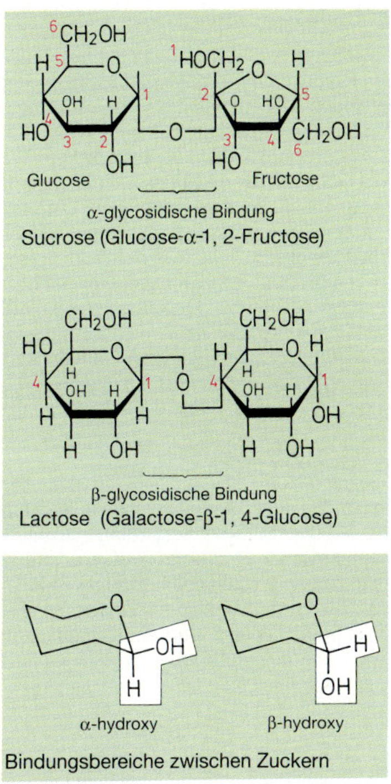

B. Disaccharide

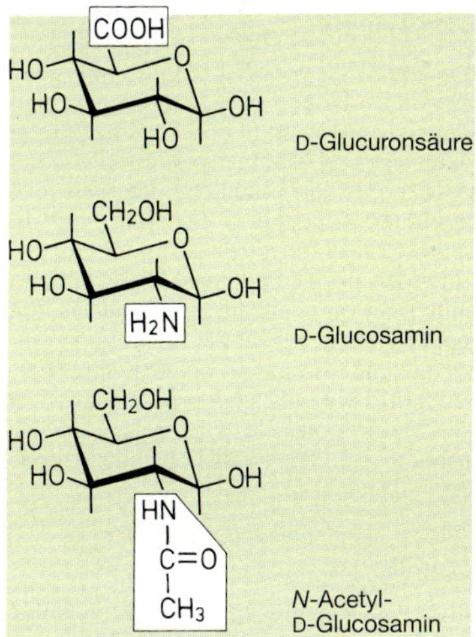

C. Abkömmlinge von Zuckern

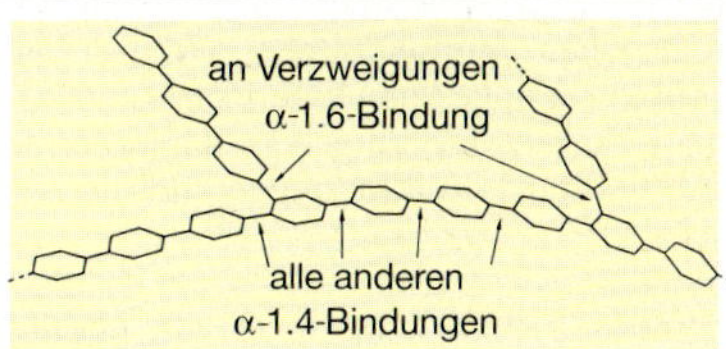

D. Polysaccharide

Lipide (Fette)

Lipide kommen in großen Molekülen (Makromolekülen) vor. Sie bilden eine wichtige Komponente von Membranen und Vorläufern wichtiger anderer Biomoleküle wie Steroide für die Bildung von Hormonen und anderen Molekülen zur Übermittlung intrazellulärer Signale. Neben Fettsäuren sind vor allem Verbindungen mit Kohlenhydraten (Glucolipide), Phosphat-Gruppen (Phospholipide) und anderen Molekülen wichtig. Eine besondere Eigenschaft ist ihre ausgesprochene Polarität mit einer hydrophilen (wasseranziehenden) und einer hydrophoben (wasserabstoßenden) Region. Dies macht Lipide für die Abgrenzung von Zellen nach außen (Zellmembran) besonders geeignet.

A. Fettsäuren

Fettsäuren sind Carboxy-Säuren mit unterschiedlich langen Hydrocarbon-Ketten. Sie sind polar mit einem hydrophilen (–COOH) und einem hydrophoben Ende ($-CH_2-CH_3$) und unterscheiden sich nach Kettenlänge und Grad der Sättigung der Seitenkette. Wenn eine oder mehr Doppelbindungen in der Seitenkette vorkommen, nennt man die Fettsäure ungesättigt. Die Doppelbindung macht die Seitenkette relativ starr und verursacht einen Knick. Fettsäuren bilden das Grundgerüst vieler wichtiger Makromoleküle. Die freie Carboxy-Gruppe (–COOH) einer Fettsäure ist ionisiert ($-COO^-$).

B. Lipide

Durch Verbindung von Fettsäuren untereinander oder mit anderen Molekülgruppen entstehen Lipide. Sie sind als wasserunlösliche (hydrophobe) Moleküle nur in organischen Verbindungen löslich. Die Carboxy-Gruppe kann eine Ester- und Alkohol-Verbindung eingehen. Triglyceride sind Fettsäure-Verbindungen mit Glycerin.

Glycolipide in der Verbindung mit Zuckerresten und Phospholipide in der Verbindung mit Phosphat-Gruppen und Alkoholabkömmlingen sind die Strukturgrundlage wichtiger Makromoleküle. Ihr intrazellulärer Abbau erfordert die Anwesenheit zahlreicher Enzyme, für deren Störung es eine genetische Grundlage gibt und die zu zahlreichen genetisch bedingten Krankheiten führen.

Sphingolipide sind eine wichtige Gruppe von Molekülen in biologischen Membranen. Aus Sphingosin entstehen Sphingomyelin und Ganglioside. Ganglioside machen 6% der Lipide im Zentralnervensystem aus. Durch eine Reihe von Enzymen werden sie abgebaut. Genetisch bedingte Störungen im Abbau führen zu schweren Erkrankungen, z. B. Tay-Sachs-Krankheit durch defekten Abbau von Gangliosid G_{M2} (Mangel an β-N-acetylhexosaminidase). Bei ihnen ist Sphingosin anstatt Glycerin das verbindende Molekül.

C. Lipidaggregate

Fettsäuren können aufgrund ihrer bipolaren Eigenschaften in Wasser Lipidaggregate bilden. Die hydrophilen Enden stehen in Verbindung mit der wäßrigen Umgebung, die hydrophoben Enden ragen aus der Wasserfläche heraus und bilden einen Oberflächenfilm. In Wasser bilden sie eine nach innen abgeschlossene trockene Mizelle. Phospholipide und Glycolipide können zweischichtige Membranen bilden (Lipidmembran-Bilayer). Diese sind das grundlegende Strukturelement von Zellmembranen und schützen die Zelle vor von außen eindringenden Molekülen in wäßriger Lösung.

D. Andere Lipide: Steroide

Steroide sind komplexe Ringstrukturen aus Abkömmlingen von relativ einfachen Molekülen, z. B. Cholesterol. Sie sind die strukturelle Grundlage zahlreicher Hormone (Steroidhormone). Hormone sind signal-übertragende Moleküle mit hoher Spezifität der Funktion.

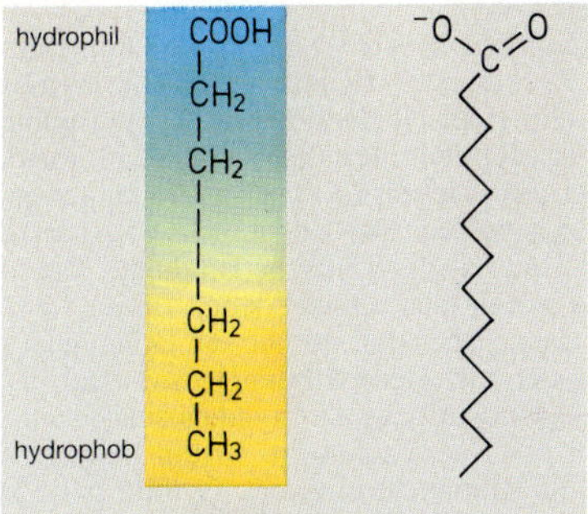

1. Gesättigte Fettsäuren

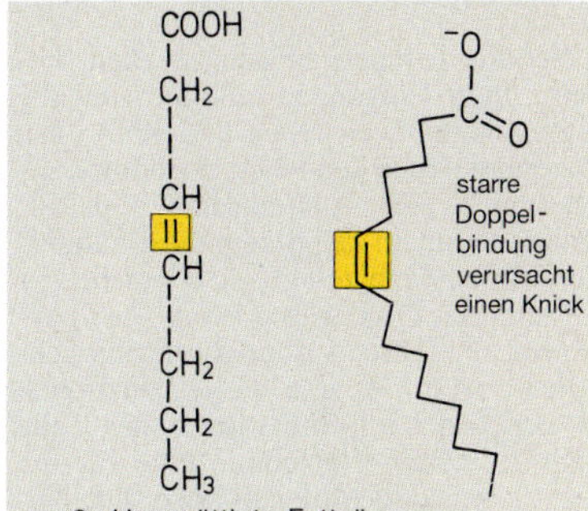

2. Ungesättigte Fettsäuren

A. Fettsäuren

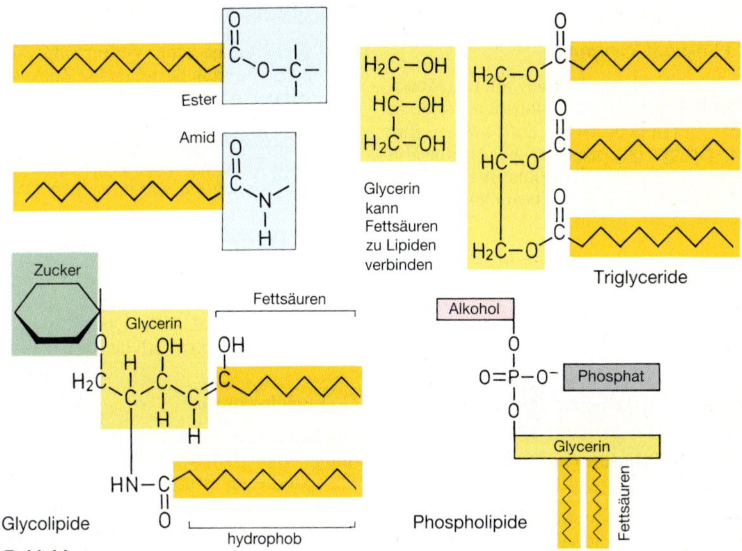

B. Lipide

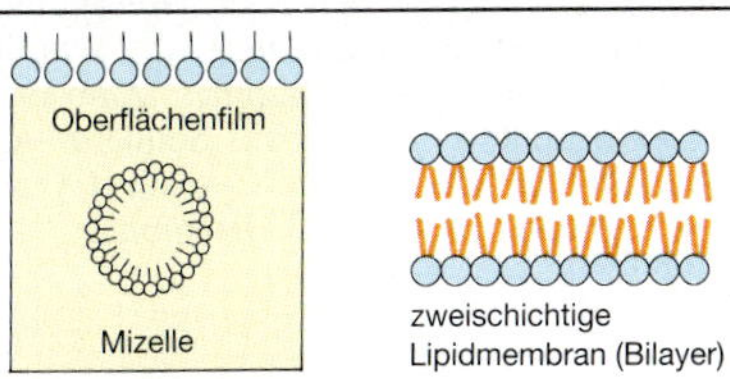

C. Lipidaggregate

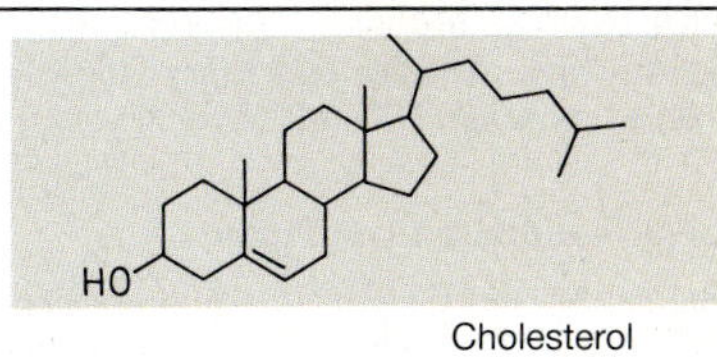

D. Andere Lipide: Steroide

Nucleotide und Nucleinsäuren

Nucleotide nehmen an nahezu allen biochemischen Vorgängen teil. Sie sind die Untereinheiten von DNA und RNA, den Trägermolekülen der genetischen Information (vgl. S. 36). Abkömmlinge von Nucleotiden sind an der Biosynthese zahlreicher Moleküle beteiligt, sind Überträger von Energie, Teile wesentlicher Co-Enzyme und regulieren zahlreiche Stoffwechselfunktionen. Da alle diese Funktionen auf genetischen Informationen der Zelle beruhen, stellen Nucleotide eine für die Genetik zentrale Molekülklasse dar. Nucleotide bestehen aus drei prinzipiellen Bausteinen: Phosphaten, Zucker, Pyrimidin- oder Purin-Basen.

A. Phosphat-Gruppen

Phosphat-Gruppen können allein (Monophosphat), zu zweit (Diphosphat) oder zu dritt (Triphosphat) auftreten. Ihre CH_2-Gruppe ist normalerweise an eine Hydroxy-Gruppe des C-Atoms in Position 5 eines aus fünf C-Atomen bestehenden Zuckers (Pentose) gebunden.

B. Zuckerreste

Die Zuckerreste in Nucleotiden leiten sich entweder von Ribose (in Ribonucleinsäure, RNA) oder von Deoxyribose (in Deoxyribonucleinsäure, DNA) ab (Ribonucleosid bzw. Deoxyribonucleosid).

C. Nucleotidbasen von Pyrimidin

Cytosin (C), Thymin (T) und Uracil (U) sind die drei Nucleotidbasen von Pyrimidin. Sie unterscheiden sich durch ihre Seitenketten ($-NH_2$ an C4 von Cytosin, $-CH_3$ in C5 von Thymin, O an C4 von Uracil) und An- bzw. Abwesenheit einer Doppelbindung zwischen N3 und C4 von Cytosin.

D. Nucleotidbasen von Purin

Adenin (A) und Guanin (G) sind die beiden Nucleotidbasen von Purin. Sie unterscheiden sich durch Seitenketten und eine Doppelbindung (zwischen N1 und C6).

E. Nucleosid

Ein Nucleosid ist die Verbindung eines Zuckerrestes (Ribose oder Deoxyribose) und einer Nucleotidbase. Die Verbindung erfolgt zwischen dem C-Atom in Position 1 des Zuckers (wie in Verbindungen zwischen Zuckern) und einem N-Atom der Base (N-glycosidische Bindung). Die Nucleotide der verschiedenen Basen werden danach benannt, ob sie ein Ribonucleosid oder ein Deoxyribonucleosid sind, z. B. Adenosin bzw. Deoxyadenosin, Guanosin bzw. Deoxyguanosin, Uridin (kommt nur als Ribonucleosid vor), Cytidin bzw. Deoxycytidin. Thymidin kommt nur als Deoxynucleosid vor.

F. Nucleotid

Ein Nucleotid ist eine Verbindung eines aus fünf C-Atomen bestehenden Zuckerrestes (Ribose oder Deoxyribose) mit einer Nucleotidbase (Pyrimidin- oder Purin-Base) mit einer Phosphat-Gruppe. Nucleotide sind die Untereinheiten von Nucleinsäuren. Die Nucleotide der einzelnen Basen werden wie folgt bezeichnet: Adenylat (AMP, Adenylatmonophosphat), Guanylat (GMP), Uridylat (UMP), Cytidylat (CMP) für die Ribonucleotide (5'-Monophosphate) und Deoxyadenylat (dAMP), Deoxyguanylat (dGMP), Deoxythymiylat (dTMP) und Deoxycytidylat (dCMP).

G. Nucleinsäuren

Nucleinsäuren entstehen durch Verbindung von Nucleotiden mittels einer Phosphodiester-Brücke zwischen dem 3' C-Atom eines Nucleosids und dem 5'-C-Atom des nächsten. Die lineare Abfolge (Sequenz) von Nucleotiden wird normalerweise in 5'- nach 3'-Richtung unter Verwendung der Abkürzungen der jeweiligen Nucleotidbasen angegeben. Zum Beispiel bedeutet ATCG eine Sequenz von Adenin (A), Thymin (T), Cytosin (C) und Guanin (G) in 5'- nach 3'-Richtung.

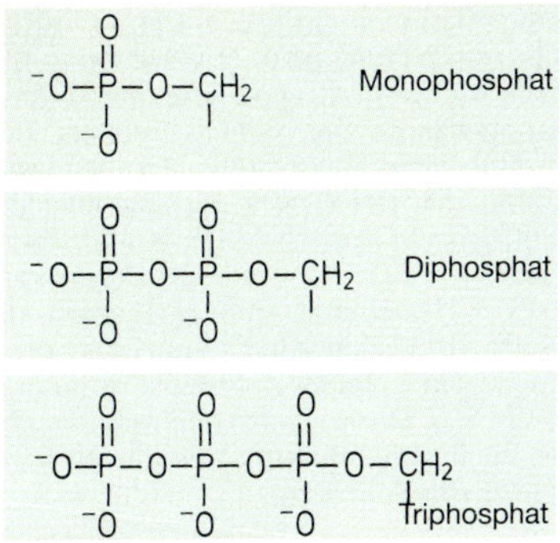

A. Phosphat-Gruppen

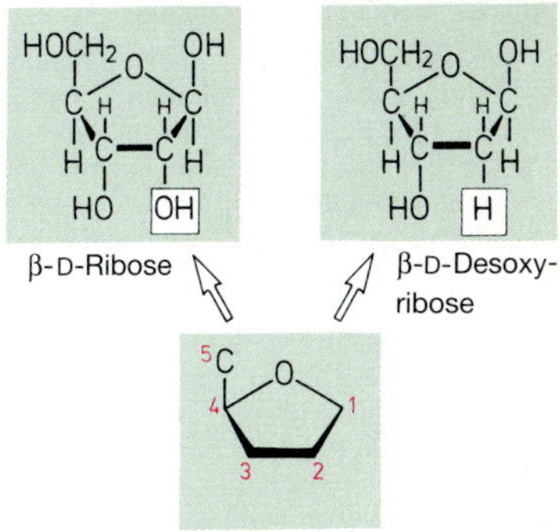

B. Zuckerreste (Pentose)

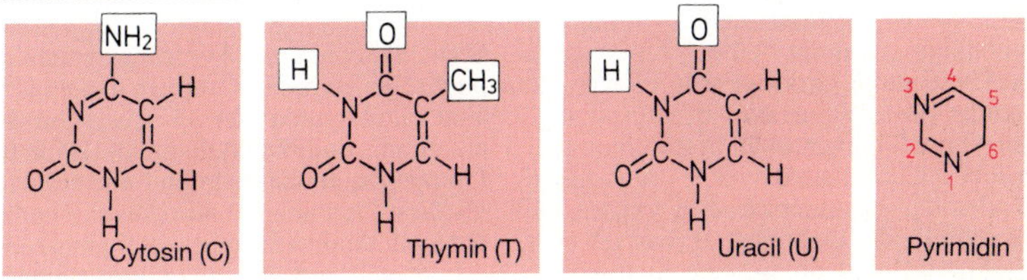

C. Nucleotidbasen von Pyrimidin

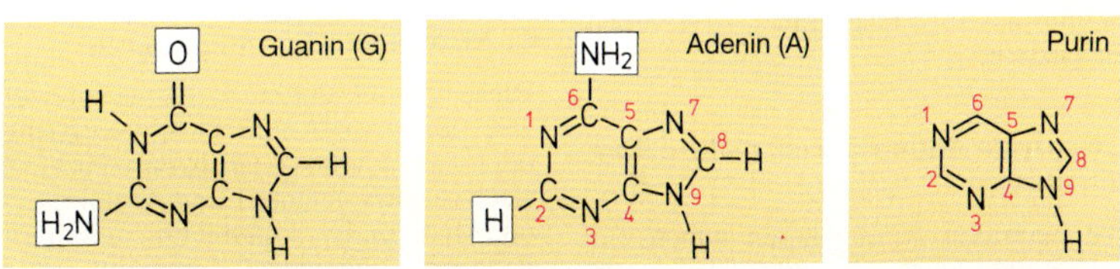

D. Nucleotidbasen von Purin

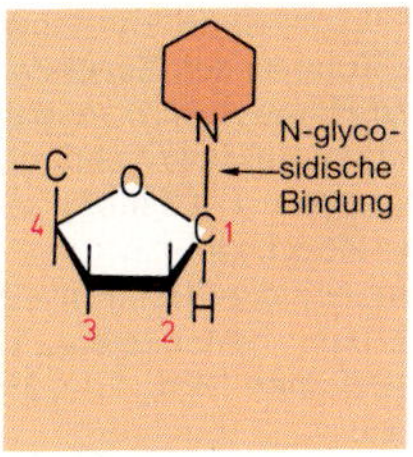

E. Nucleosid
(Base und Zucker)

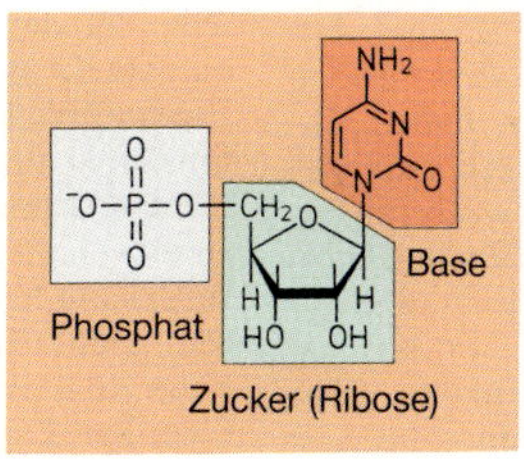

F. Nucleotid
(Base + Zucker + Phosphat)

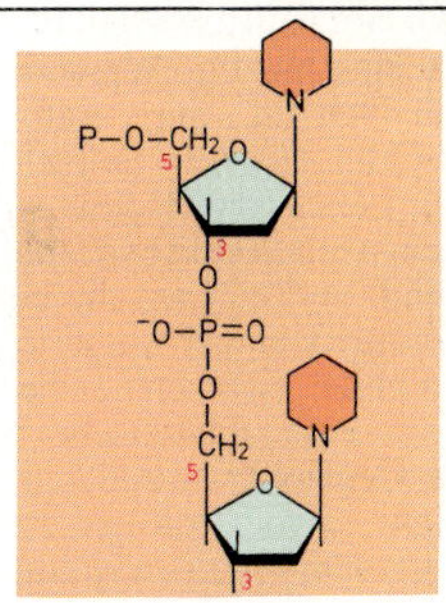

G. Nucleinsäuren

Aminosäuren

Aminosäuren sind die grundlegenden Struktureinheiten von Proteinen (Eiweißkörpern). Eine definierte Sequenz aneinandergereihter Aminosäuren und eine bestimmte dreidimensionale Struktur verleihen jedem Protein ganz bestimmte physikalisch-chemische Eigenschaften. Eine Aminosäure besteht aus einer Amino-Gruppe ($-NH_2$) an einem Ende, einer Carboxy-Gruppe ($-COOH$) am anderen, einem Wasserstoff-Atom ($-H$) und einer variablen Seitenkette. Die Seitenketten bestimmen die Eigenschaften einer Aminosäure. Aminosäuren verhalten sich in neutraler Lösung ionisiert, weil die Amino-Gruppe ein Proton erhält ($-NH_3^+$) und die Carboxy-Gruppe dissoziiert ($-COO^-$). Die Seitenkette verleiht einer Aminosäure eine bestimmte Größe, Form, elektrische Ladung oder Wasserstoff-Bindungsfähigkeit. Diese führen zu einer bestimmten chemischen Gesamtreaktivität. Aminosäuren können danach unterschieden werden, ob sie neutral oder nicht neutral (basisch oder sauer) sind, und ob sie eine nicht-polare oder eine polare Seitenkette enthalten. Jede Aminosäure hat eine festgelegte Abkürzung aus drei Buchstaben bzw. einem Buchstaben.

A. Neutrale Aminosäuren, nicht-polare Seitenketten

Alle neutralen Aminosäuren haben eine $-COO^-$ und eine -NH_3^+Gruppe. Die einfachsten Aminosäuren haben eine einfache aliphatische Seitenkette. Bei Glycin ist dies nur ein Wasserstoff-Atom ($-H$), bei Alanin nur eine Methyl-Gruppe ($-CH_3$). Größere Seitenketten haben Valin, Leucin und Isoleucin. Diese größeren Seitenketten sind hydrophob (wasserabstoßend) und machen die betreffenden Aminosäure weniger wasserlöslich als eine hydrophile (wasseranziehend). Prolin hat zwar eine aliphatische Seitenkette, aber im Gegensatz zu anderen Aminosäuren ist diese sowohl mit der Amino-Gruppe als auch dem zentralen Kohlenstoff-Atom verbunden, so daß eine ringförmige Struktur entsteht. Aromatische Seitenketten haben Phenylalanin (eine Phenyl-Gruppe über eine Methylen-Gruppe ($-CH_2-$) verbunden) und Tryptophan (ein Indolring über eine Methylen-Gruppe verbunden). Diese Aminosäuren sind sehr hydrophob. Zwei Aminosäuren enthalten ein Schwefel-Atom (S). Bei Cystein ist dies über eine Sulfhydryl-Gruppe ($-SH$), bei Methionin über eine Thioether-Verbindung ($-S-CH_3$). Beide sind hydrophob. Die Sulfhydryl-Gruppe in Cystein ist sehr reaktiv und bildet Disulfid-Bindungen ($-S-S-$). Diese spielen eine wichtige Rolle für die Stabilität und dreidimensionale Form von Proteinen.

B. Neutrale Aminosäuren, polare Seitenketten

Serin, Threonin und Tyrosin enthalten aliphatische Hydroxy-Gruppen ($-OH$). Sie sind somit hydroxylierte Formen von Glycin, Alanin und Phenylalanin. Die Hydroxy-Gruppe macht sie hydrophil und reaktiver als diese. Asparagin und Glutamin enthalten zwei Amino-Gruppen. Bei physiologischem pH sind ihre Seitenketten negativ geladen.

C. Nicht-neutrale Aminosäuren

Diese Aminosäuren enthalten entweder zwei ionisierte Amino-Gruppen (basisch) oder zwei Carboxy-Gruppen (sauer). Basisch (positiv geladen) sind Arginin, Lysin und Histidin. Histidin mit einem Imidazol-Ring kann ungeladen oder positiv geladen sein, je nach Umgebung. Es findet sich häufig im reaktivem Zentrum eines Proteins, in dem es wechselnde Bindungen eingeht (z. B. im Bereich der Sauerstoff-Bindungsstelle von Hämoglobin). Asparaginsäure und Glutaminsäure enthalten zwei Carboxy-Gruppen ($-COOH$) und sind deshalb in der Regel sauer.
Insgesamt haben sieben der 20 Aminosäuren leicht ionisierbare Seitenketten, die hohe Reaktivität verleihen (Asn, Glu, His, Cys, Tyr, Lys, Arg).

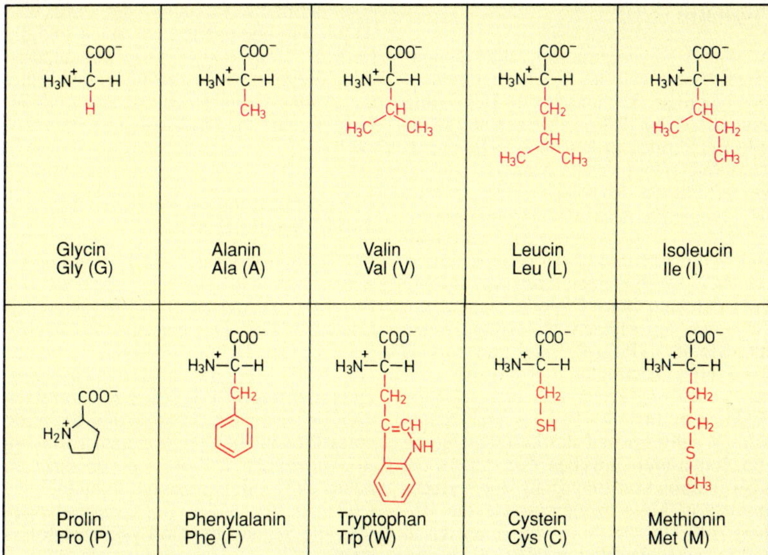

A. Neutrale Aminosäuren, nicht-polare Seitenketten

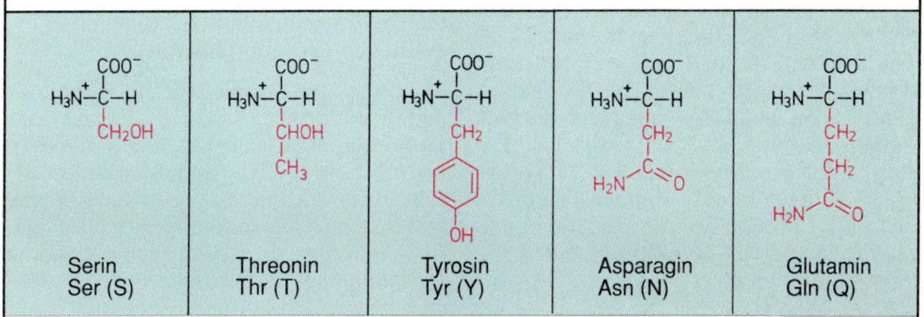

B. Neutrale Aminosäuren, polare Seitenketten

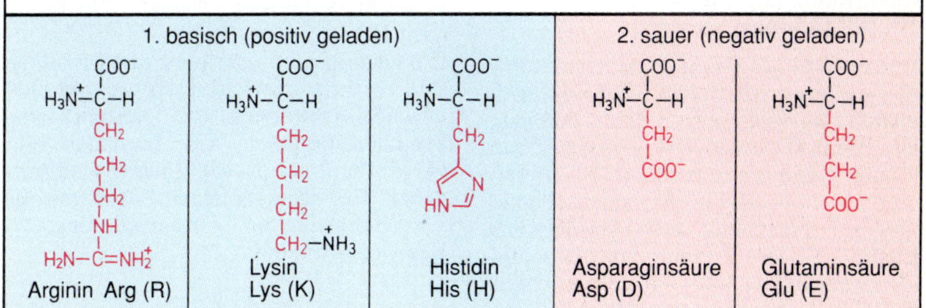

C. Nicht-neutrale Aminosäuren

Proteine

Proteine sind an praktisch allen chemischen Vorgängen im lebenden Organismus beteiligt. Ihre universelle Bedeutung zeigt sich darin, daß sie als Enzyme chemische Reaktionen in lebenden Zellen steuern. Ohne enzymatische Katalyse würden die beteiligten Makromoleküle spontan nicht reagieren. Alle Enzyme sind das Produkt eines oder mehrerer Gene. Viele genetisch bedingte Krankheiten beruhen auf inaktiven oder fehlenden Enzymen infolge eines defekten Gens. Proteine dienen zum Transport von kleinen Molekülen, Ionen oder Metallen. Zum Beispiel transportiert das Protein Hämoglobin Sauerstoff oder Ferritin Eisen. Proteine haben wichtige Funktionen für die Teilung von Zellen beim Wachstum und die Differenzierung von Zellen und Geweben. Sie steuern die Koordination von Bewegung durch Regulation von Muskelzellen, sowie die Bildung und Übermittlung von Impulsen in und zwischen den Nervenzellen. Sie bewirken die Homöostase des Blutes (Blutgerinnung) und die Immunabwehr. Sie übernehmen mechanische Aufgaben in Haut, Knochen, Blutgefäßen und anderes mehr. Entsprechend der Vielzahl ihrer Aufgaben kommen sie in höchst unterschiedlichen Formen, Größen und biochemischen Eigenschaften vor. Ihr Grundmuster folgt indessen einigen relativ einfachen Prinzipien. Jedes Protein besteht aus Aminosäuren, die in spezifischer Abfolge miteinander verknüpft sind.

A. Verknüpfung von Aminosäuren (Peptidbindung)

Aminosäuren als Grundeinheiten von Proteinen können sehr leicht infolge ihrer dipolaren Ionisierung (Zwitterion) miteinander verknüpft werden. Die -Carboxy-Gruppe einer Aminosäure wird mit der -Amino-Gruppe der nächsten verbunden (Peptidbindung), manchmal auch Amidbindung genannt. Bei der Bildung eines Dipeptids aus zwei Aminosäuren entsteht ein Wassermolekül. Viele, durch Peptidbindung verbundene, Aminosäuren bilden eine Polypeptid-Kette. Jede Polypeptid-Kette hat eine definierte Richtung, die durch die Amino-Gruppe ($-NH_2$) am einen und die Carboxy-Gruppe ($-COOH$) am anderen Ende definiert ist. Nach Konvention bildet die Amino-Gruppe den Anfang und die Carboxy-Gruppe das Ende einer Polypeptid-Kette.

B. Verknüpfung von Peptid-Ketten durch Disulfid-Brücken

Die Sulfhydryl-Gruppe ($-SH$) der Aminosäure Cystein kann leicht eine Disulfid-Brücke ($-S-S-$) zu einem benachbarten Cystein bilden. Das entstehende Disulfid heißt Cystin. Disulfid-Brücken verbinden verschiedene Polypeptid-Ketten eines Proteins und tragen wesentlich zur korrekten dreidimensionalen Struktur und Stabilität eines Proteins bei. Sie kommen vor allem in extrazellulären Proteinen vor, dagegen kaum intrazellulär. Einige Proteine wie Collagen verwenden Kreuzverbindungen über die Seitenkette von Lysin anstatt Cystein.

C. Eindimensionale Struktur eines einfachen Proteins (Insulin)

Insulin ist ein Beispiel für ein verhältnismäßig einfaches Protein. Es besteht aus zwei Polypeptid-Ketten A und B von definierter Länge (21 Aminosäuren in der A-Kette, 30 Aminosäuren in der B-Kette) und Sequenz. Die für die spezifische Funktion wichtige dreidimensionale Struktur wird durch drei Disulfid-Brücken stabilisiert, eine vom Aminosäure-Rest 6 nach 11 der A-Kette und zwei von der A- zur B-Kette (Aminosäure 7 nach 7 bzw. 20 nach 19).

Die wichtigsten Funktionen von Proteinen sind (1) Enzymatische Katalyse von chemischen Reaktionen, (2) Transport- und Speicherfunktionen, (3) Immunabwehr, (4) Muskelfunktion, (5) Mechanische Aufgaben (Collagen-Moleküle), (6) Kontrolle von Wachstum und Differenzierung, (7) Rezeptor-Proteine.

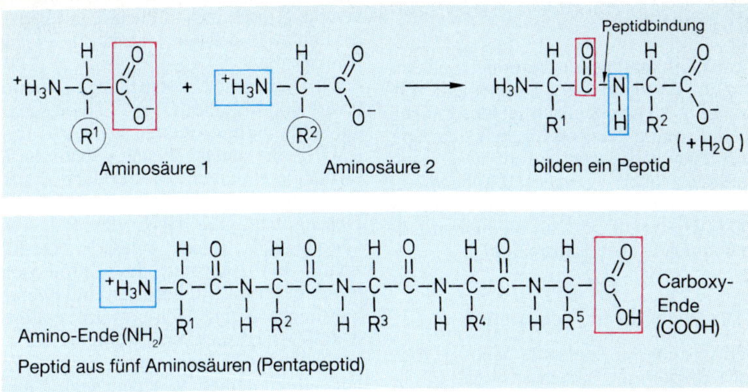

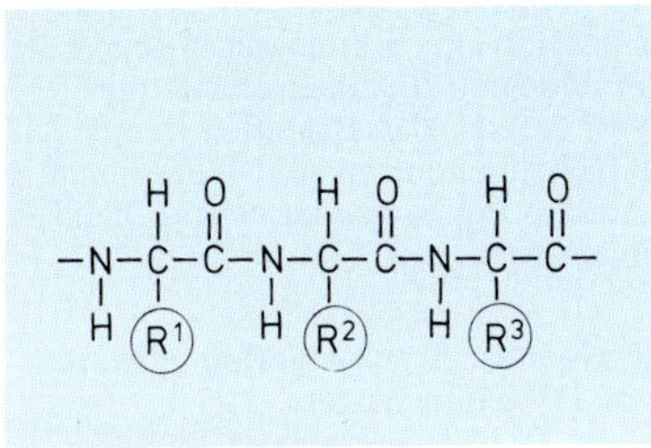

A. Verknüpfung von Aminosäuren (Peptidbindung)

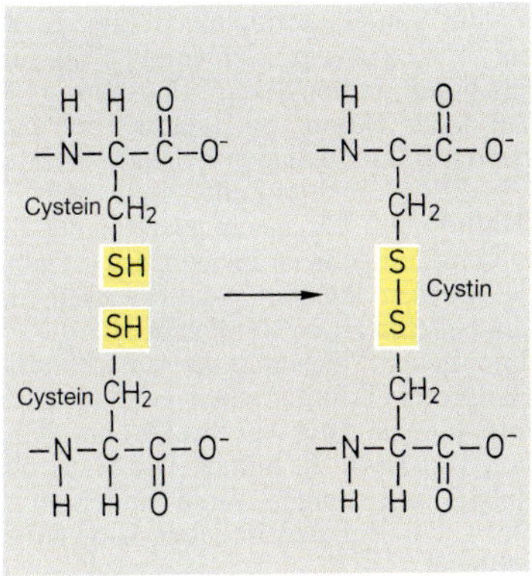

B. Verknüpfung von Peptidketten durch Disulfid-Brücken

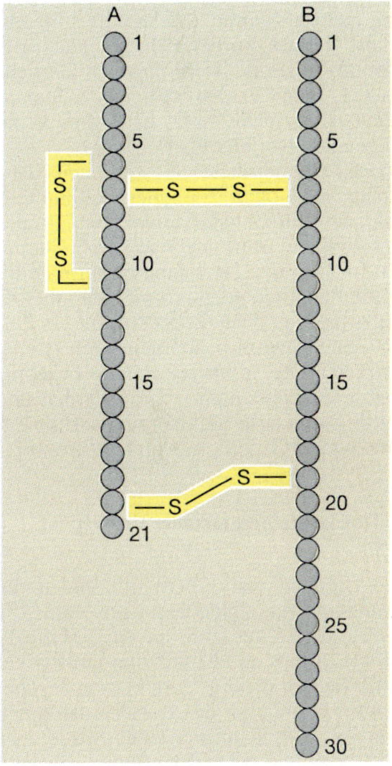

C. Eindimensionale Struktur eines einfachen Proteins (Insulin)

DNA als Träger genetischer Information

Vor der Erkennung der dreidimensionalen Struktur der DNA als Doppelhelix erschien DNA als chemisch gleichförmiges Molekül wenig geeignet für die Codierung vielfältiger genetischer Information. Eine zufällige, aber genaue Beobachtung (1928) und gezielte Untersuchungen (1944) wiesen auf DNA als möglichen Träger der genetischen Information.

A. Die Beobachtung von Griffith

1928 machte der englische Mikrobiologe Fred Griffith eine bemerkenswerte Beobachtung. Bei der Untersuchung verschiedener Stämme von Pneumokokken stellte er fest, daß mit Stamm S (Smooth) injizierte Mäuse getötet wurden (1). Mit Stamm R (Rough) injizierte Tiere dagegen überlebten (2). Wenn er den tödlichen S-Stamm durch Hitze inaktivierte, hatte dies keine Folgen und das Tier überlebte (3).
Überraschenderweise erzielte eine Mischung des nicht tödlichen R-Stammes und des hitze-inaktivierten S-Stammes eine tödliche Wirkung wie der S-Stamm (4). Im Blut der Tiere fand er normale lebende Pneumokokken vom S-Stamm. Offenbar waren Zellen des R-Stammes in Zellen des S-Stammes übergegangen (transformiert). Dieses überraschende Ergebnis konnte zunächst nicht erklärt werden und wurde mit Skepsis aufgenommen. Eine Beziehung zur Genetik war nicht erkennbar.

B. Das transformierende Prinzip ist DNA

Die Befunde von F. Griffith bilden die Grundlage für Untersuchungen von O.T. Avery, C.M. McCleod und M.J. McCarty (1944). Avery und Mitarbeiter am Rockefeller-Institut in New York klärten die chemische Grundlage des transformierenden Prinzips. Aus Kulturen eines S-Stammes (1) stellten sie einen Extrakt aus aufgelösten Zellen (zellfreier Extrakt) her (2). Obwohl sämtliche Proteine, Lipide und Polysaccharide entfernt waren, blieb die Fähigkeit zur Transformation von Pneumokokken des R-Stammes in Pneumokokken des S-Stammes erhalten (transformierendes Prinzip) (3).
Nach weiteren Untersuchungen stellten Avery und Mitarbeiter fest, daß dies allein auf DNA zurückzuführen war. Also mußte DNA die entsprechende genetische Information enthalten. Dies erklärte die Beobachtung von Griffith. Die Hitze-Inaktivierung hatte die DNA des Bakterien-Chromosoms intakt gelassen. Deshalb konnte ein Abschnitt des Chromosoms mit dem für die Bildung der Hülle verantwortlichen Gen (S-Gen) aus der zerstörten S-Zelle freigesetzt und während der anschließenden Kultivierung in einige R-Zellen aufgenommen werden. Nach Einbau des S-Gens in deren DNA wurde eine R-Zelle in eine S-Zelle transformiert (4).
Im Abschnitt Bakteriengenetik (auf S. 85) wird gezeigt, daß Bakterien fremde DNA aufnehmen können, so daß bestimmte genetische Eigenschaften entsprechend verändert werden.

C. Genetische Information wird nur von DNA übertragen

Den endgültigen Beweis, daß DNA und kein anderes Molekül genetische Information überträgt, erbrachten 1952 A.D. Hershey und M. Chase. Sie markierten das Hüllprotein von Bakteriophagen (vgl. S. 82) mit radioaktivem Schwefel (^{35}S) und DNA mit radioaktivem Phosphor (^{32}P). Bei der Infektion von Bakterien mit markierten Bakteriophagen gelangte lediglich ^{32}P (DNA) in die Zelle, nicht aber ^{35}S (Hüllprotein). Da anschließend in der Zelle vollständige neue Phagenpartikel gebildet werden konnten, war erwiesen, daß ausschließlich DNA Träger der für die Bildung neuen Phagenpartikel einschließlich Hüllprotein erforderlichen genetischen Information ist. Nun war Struktur und Funktion von DNA zu klären. Die Gene aller Zellen und einiger Viren bestehen aus DNA, einem fadenähnlichen langkettigen Molekül.

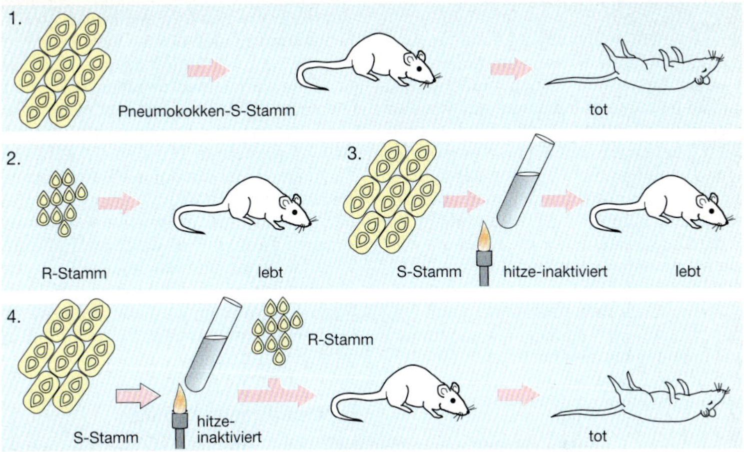

A. Die Beobachtung von Griffith

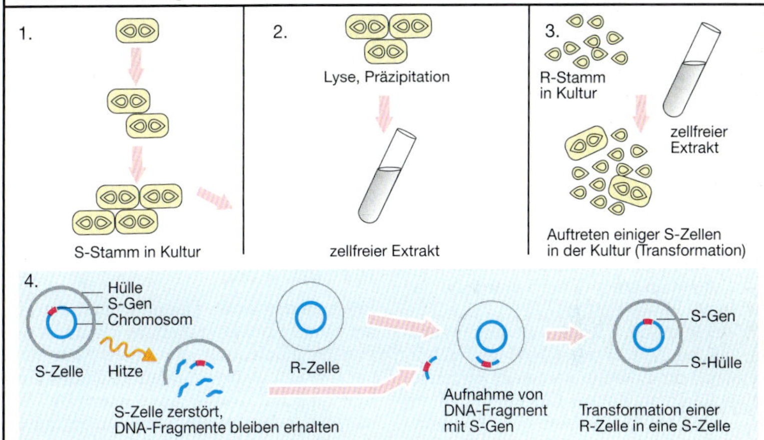

B. Das transformierende Prinzip ist DNA

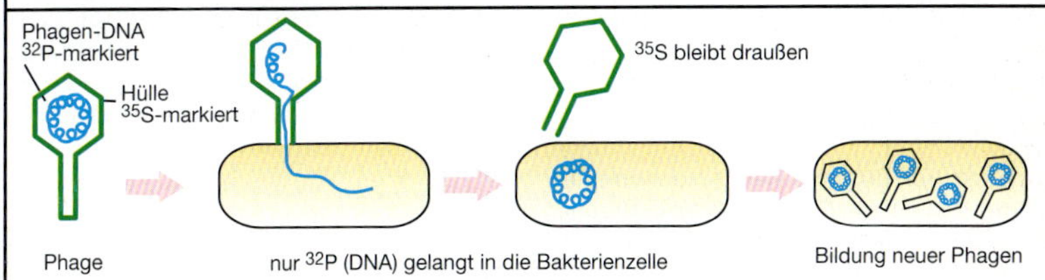

C. Genetische Information wird nur von DNA übertragen

DNA und ihre Bausteine

Die Information für die Entwicklung und spezifischen Funktionen von Zellen und Geweben ist in den Genen niedergelegt. Ein Gen ist ein nach Funktion und Struktur definierbarer Teil der genetischen Information. Gene liegen auf Chromosomen im Kern der Zelle. Sie bestehen aus einem komplexen langkettigen Molekül, *D*eoxyribo*n*uclein*s*äure (DNS). Im folgenden werden die Bausteine dieses Moleküls vorgestellt, das wie international üblich DNA abgekürzt wird. DNA ist eine Nucleinsäure. Ihre chemischen Bausteine sind Nucleotidbasen, ein Zucker (Deoxyribose) und Phosphatreste. Sie bestimmen die dreidimensionale Struktur der DNA, aus der sich ihre funktionelle Bedeutung ergibt.

A. Nucleotid-Basen

DNA enthält Purin und Pyrimidin als Nucleotidbasen. Zwei Arten von Purin kommen vor: Adenin (A) und Guanin (G), und zwei Arten von Pyrimidin: Thymin (T) und Cytosin (C). Die Nucleotidbasen sind Teil einer Untereinheit der DNA, einem Nucleotid. Es besteht aus einer der vier Nucleotidbasen, einem Zucker (Deoxyribose) und einer Phosphat-Gruppe. Das Stickstoff-Atom in Position 9 eines Purins bzw. das Stickstoff-Atom in Position 1 eines Pyrimidins ist mit dem Kohlenstoff in Position 1 des Zuckerrestes verbunden (N-glycosidische Bindung).
Ribonucleinsäure (RNS, oder international übliche Abkürzung RNA) unterscheidet sich von DNA in zweierlei Hinsicht. RNA enthält als Zucker Ribose (enthält im Gegensatz zu Deoxyribose eine Hydroxy-Gruppe am Kohlenstoff-Atom in Position 2) und Uracil (U) anstelle Thymin. Uracil enthält keine Methyl-Gruppe in Position C5.

B. Nucleotid-Kette

DNA ist ein Polymer von Deoxyribonucleotid-Einheiten. Die Nucleotidkette entsteht durch Verbindung der Hydroxy-Gruppe eines Zuckers über eine Phosphat-Verbindung zum nächsten Zuckerrest. Die über die Phosphat-Gruppen miteinander verbundenen Zuckerreste bilden den invariablen Teil der DNA. Variabel ist die Sequenz der Nucleotidbasen A, T, C und G. Eine DNA-Nucleotidkette ist polar. Die Polarität beruht auf der Verbindung der Zuckerreste untereinander. Die Hydroxy-Gruppen an Position C5 (5') eines Zuckerrestes ist über eine Phosphodiesterbrücke mit der Hydroxy-Gruppe des nächsten Zuckerrestes in Position C3 (3') verbunden. Deshalb hat das eine Ende eine 5'-OH-Gruppe und das andere Ende eine 3'-OH-Gruppe (5'-Ende bzw. 3'-Ende). Nach Konvention wird die Sequenz von DNA-Nucleotidbasen in 5'- nach 3'-Richtung geschrieben.

C. Räumliche Beziehung

Die chemische Struktur der Nucleotidbasen bedingt eine definierte räumliche Beziehung. Einem Purin (Adenin oder Guanin) liegt stets ein Pyrimidin (Thymin oder Cytosin) gegenüber. Zwischen Cytosin und Guanin werden drei, zwischen Thymin und Adenin zwei Wasserstoffbrücken gebildet. Nur Guanin und Cytosin oder Adenin und Thymin können gegenüberliegen (komplementäre Basenpaare G–C und A–T). Andere räumliche Beziehungen sind normalerweise nicht möglich.

D. Doppelstrang

DNA bildet einen Doppelstrang. Infolge der räumlichen Beziehungen der innen liegenden Nucleotidbasen liegen sich stets ein Cytosin und ein Guanin bzw. ein Thymin und ein Adenin gegenüber. Die Sequenz der Nucleotidbasen eines Stranges der DNA (in 5'- nach 3'-Richtung) entspricht komplementär der Nucleotidbasensequenz (oder einfach Basensequenz) des anderen Stranges in 3'- nach 5'-Richtung. Die Spezifität der Basenpaarung ist das wichtigste strukturelle Merkmal der DNA.

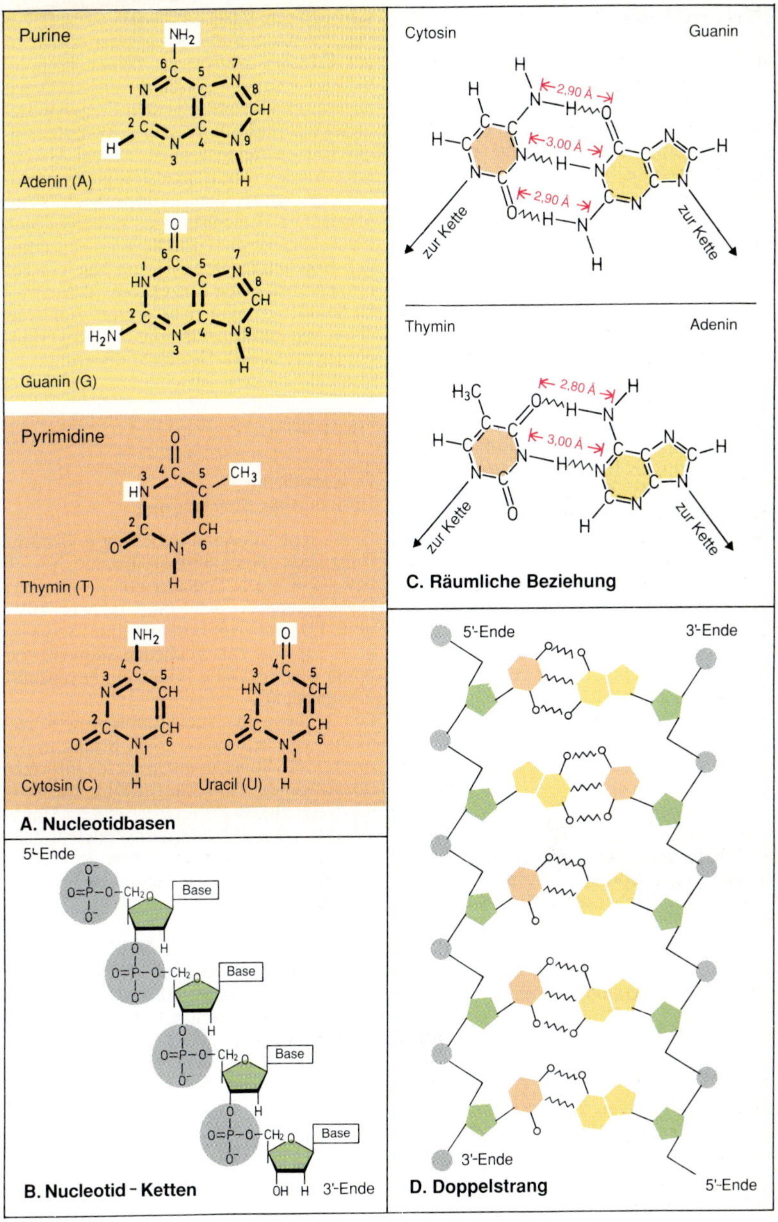

A. Nucleotidbasen

B. Nucleotid - Ketten

C. Räumliche Beziehung

D. Doppelstrang

DNA-Struktur

James D. Watson und Francis H. Crick erkannten 1953, daß DNA aus einer Doppelhelix bestehen muß. Diese Struktur erklärt die beiden wichtigen funktionellen Aspekte, Replikation und genetische Informationsübertragung.
Diese Erkenntnis gilt als Grundlage für die Entwicklung der modernen Genetik. Durch sie wurden Genstruktur und -funktion molekular verständlich.

A. DNA-Doppelhelix

Die Doppelhelix ist das charakteristische Strukturmerkmal von DNA. Die beiden helicalen Polynucleotidketten sind um eine gemeinsame Achse umeinander gewunden. Innen liegen die Nucleotidbasenpaare (oder einfach Basenpaare, bp), entweder A–T oder G–C. Der Durchmesser der Helix ist 20 Å. Benachbarte Basen liegen 3,4 Å auseinander. Die helicale Struktur wiederholt sich in Abständen von 34 Å oder alle 10 Basenpaare. Wegen der festgelegten räumlichen Beziehung der sich innen gegenüberliegenden Nucleotidbasen sind die beiden Ketten der Doppelhelix exakt komplementär. Die hier gezeigte Form ist die sog. B-Form (B-DNA). Unter bestimmten Voraussetzungen kann DNA auch andere helicale Formen annehmen (Z-DNA, A-DNA, vgl. S. 216).

B. Replikation

Da die sich in der Doppelhelix gegenüberliegenden Nucleotidketten strikt komplementär sind, kann nach Öffnung jede als Vorlage (Templat) für die Bildung (Replikation) einer neuen dienen. DNA-Replikation ist semikonservativ, d. h. eine Strang wird gänzlich neugebildet, einer bleibt erhalten.

C. Denaturierung und Renaturierung

Die nicht kovalenten Wasserstoff-Brükken zwischen den Nucleotidbasenpaaren sind schwach. Dennoch ist DNA unter physiologischen Temperaturen stabil, weil es ein sehr langes Molekül ist. Durch relativ schwache chemische Einwirkung (z. B. Alkali, Formamid oder Urea) oder vorsichtiges Erhitzen können die beiden komplementären Stränge getrennt werden (Denaturierung). Die entstehenden Einzelstrangmoleküle sind relativ stabil. Komplementäre Einzelstränge können sich bei Abkühlung wieder zum doppelsträngigen Molekül vereinen (Renaturierung). Nicht komplementäre Einzelstränge vereinen sich nicht. Dies ist die Grundlage einer wichtigen Erkennungsmethode von Nucleinsäuren: hat man einen Einzelstrang definierter Herkunft, so kann man prüfen, mit welchem anderen Einzelstrang er sich verbindet (hybridisiert). Die Hybridisierung von komplementären Abschnitten von DNA ist ein wichtiges Prinzip bei der Analyse von Genen.

D. Genetische Informationsübertragung

Genetische Information besteht in der Abfolge von Nucleotidbasenpaaren (A–T bzw. G–C). Die Sequenz von jeweils drei Basenpaaren bedeutet ein Codewort (Codon) für eine Aminosäure. Ihre Sequenz bestimmt eine entsprechende Sequenz von Aminosäuren. Diese bilden ein Polypeptid (Genprodukt).
Die Sequenz der Nucleotidbasen wird zunächst von dem einen DNA-Strang in 3'- nach 5'-Richtung in ein weiteres informationstragendes Molekül (mRNA, Messenger- oder Boten-RNA) übertragen (Transkription). Danach wird die Nucleotidbasensequenz der mRNA in eine der Abfolge der Codons entsprechende Sequenz von Aminosäuren übertragen (Translation).
Ein Gen kann als ein Abschnitt in der DNA definiert werden, der für die Bildung eines Polypeptids verantwortlich ist (ein Gen – ein Polypeptid). Ein oder mehrere Polypeptide bilden ein Protein. Deshalb können mehrere Gene an der Bildung eines Proteins beteiligt sein.

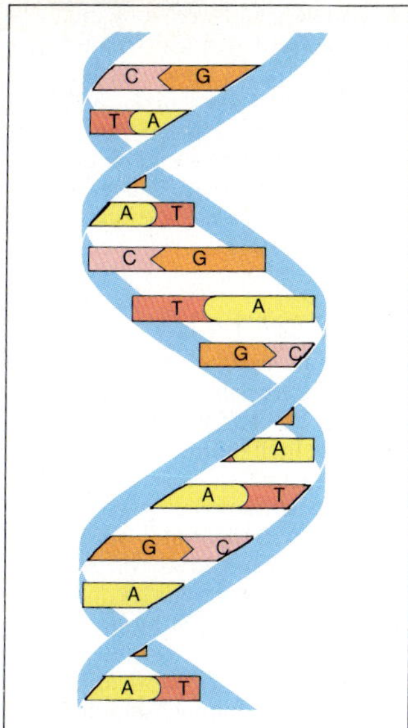

A. DNA-Doppelhelix

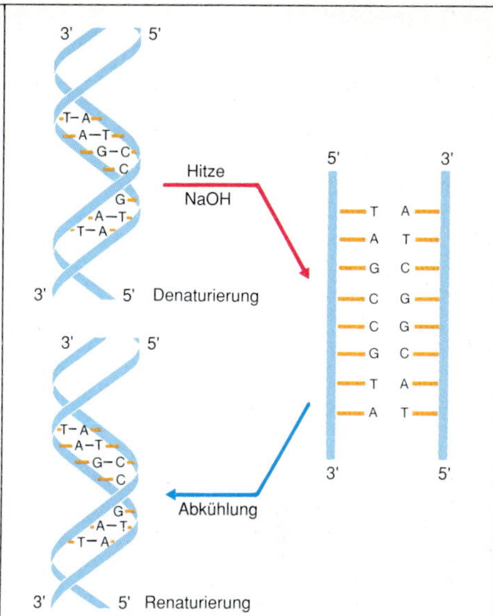

C. Denaturierung und Renaturierung

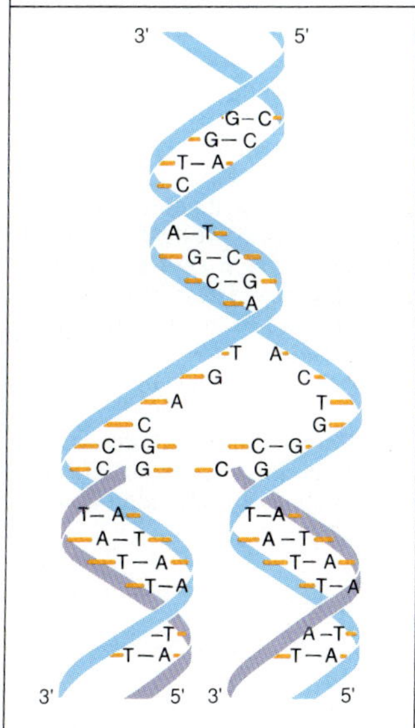

B. Replikation

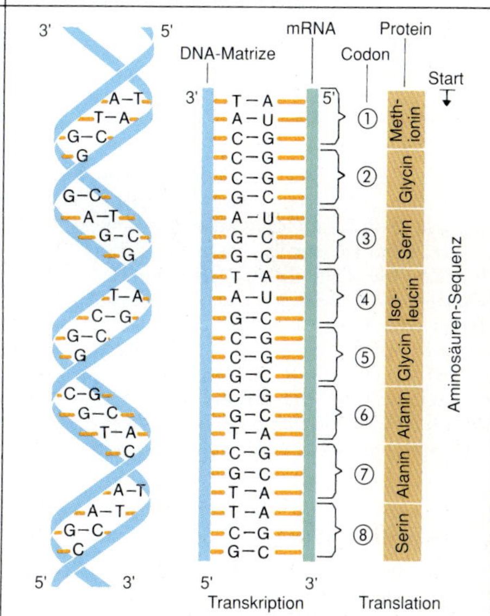

D. Genetische Informationsübertragung

DNA-Replikation

Die Aufklärung der DNA-Struktur durch J.D. Watson und F.H.C. Crick (1953) veranlaßte die Autoren zu dem Hinweis, „es ist nicht unserer Aufmerksamkeit entgangen, daß diese Struktur einen Mechanismus für die genetische Replikation nahelegt", ein damals ungelöstes Problem. DNA-Replikation ist biochemisch komplex, aber genetisch relativ einfach. Jeweils ein DNA-Strang dient als Vorlage für die Bildung eines neuen (semi-konservative Replikation).

A. Prokaryote Replikation beginnt an einer Stelle

In prokaryoten Zellen beginnt die Replikation an einer festgelegten Stelle (origin of replication, ORI) des ringförmigen Bakterien-Chromosoms (1). Von hier wird neue DNA in beiden Richtungen mit gleicher Geschwindigkeit gebildet bis die DNA verdoppelt und zwei Chromosomen entstanden sind. Replikation kann autoradiographisch sichtbar gemacht werden, indem die neu replizierte DNA mit Tritium (^3H)-haltigen Thymidin markiert wird (2).

B. Eukaryote Replikation beginnt an mehreren Stellen

DNA-Synthese findet in eukaryoten Zellen in einer definierten Phase des Zellzyklus statt (S-Phase). Dies würde sehr lange dauern, wenn sie nur an einem Punkt beginnen würde. Tatsächlich beginnt die Replikation eukaryoter DNA an zahlreichen Stellen (Replikons) (1). Sie schreitet von jedem Replikon aus in beiden Richtungen fort bis benachbarte Replikons ineinander übergehen (2) und die gesamte DNA verdoppelt ist (3). Das elektronenmikroskopische Bild zeigt Replikons an vier Stellen (4).

C. Replikationsschema

Die Bildung neuer DNA ist nur in 5'-nach 3'-Richtung möglich, weil das nächste Nucleotid nur am 3'-OH-Ende der wachsenden Kette angeheftet werden kann. Nur an diesem Strang können Nucleotide ununterbrochen an das freiliegende 3'-Ende angeheftet werden. Am 5'-Ende des anderen Strangs dagegen ist dies nicht möglich. Hier wird der neue DNA-Strang zwar auch in 5'-nach 3'-Richtung gebildet, aber abschnittweise in Fragmenten. Dies bedeutet eine Schwierigkeit am Ende eines Chromosoms (Telomer, vgl. S. 188).

D. Replikationsgabel

An der Replikationsgabel dient jeder der beiden DNA-Stränge als Vorlage für die Synthese neuer DNA. Zuvor muß die Windung der Doppelhelix durch ein Enzymsystem (Topoisomerasen) im Bereich der Replikationsgabel entwunden werden. Da die Elternstränge antiparallel sind, kann die DNA-Replikation nur an einem DNA-Strang (5'-nach 3'-Richtung) kontinuierlich erfolgen (führender Strang). Entlang des 3'-nach 5'-Strangs (nachfolgender Strang, lagging strand) wird die neue DNA zunächst in kleinen Abschnitten von ca. 1000–2000 Basen (Okazaki-Fragmente) gebildet. In diesem Strang ist für den Beginn der Replikation ein kurzes Stück RNA als Primer erforderlich. Dies wird durch eine RNA-Polymerase (Primase) gebildet. Der RNA-Primer wird anschließend entfernt, mittels Polymerase I die Lücke durch DNA ersetzt und abschließend die DNA-Fragmente durch DNA-Ligase verbunden. Das für DNA-Synthese verantwortliche Enzym (DNA-Polymerase III) ist komplex und besteht aus mehreren Untereinheiten. Für den führenden und den nachfolgenden Strang existieren bei Eukaryoten verschiedene Enzyme. Während der Replikation werden mittels eines komplexen Proof-Reading-Mechanismus Fehler eliminiert, der falsch eingebaute Basen wieder entfernt und durch die richtigen ersetzt.

Literaturhinweis

J. D. Watson, Molecular Biology of the Gene, 3rd ed., 1987.

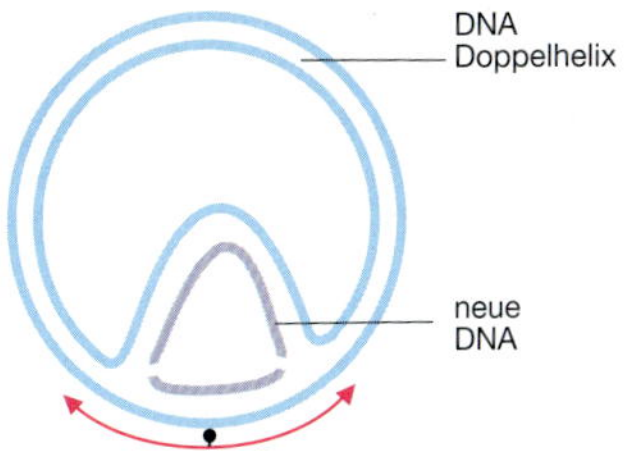

1. DNA-Replikation im Bakterien-Chromosom

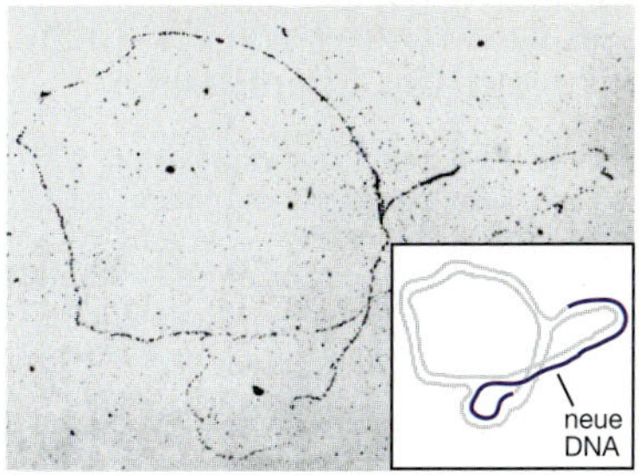

2. Prokaryote Replikation im Autoradiogramm bei *E. coli* (J. Cairns)

A. Prokaryote Replikation beginnt an einer Stelle

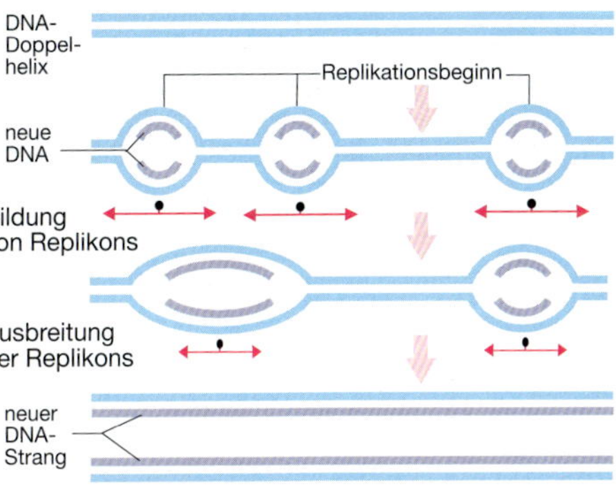

1. Bildung von Replikons

2. Ausbreitung der Replikons

3. Replikation beendet

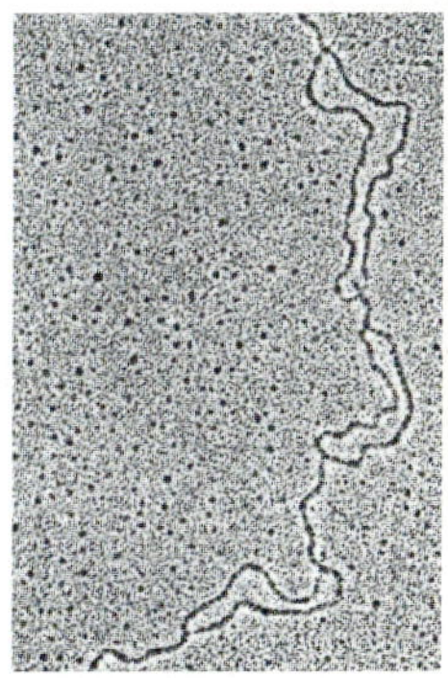

4. Eukaryote Replikation im EM (D. S. Hogness)

B. Eukaryote Replikation beginnt an mehreren Stellen

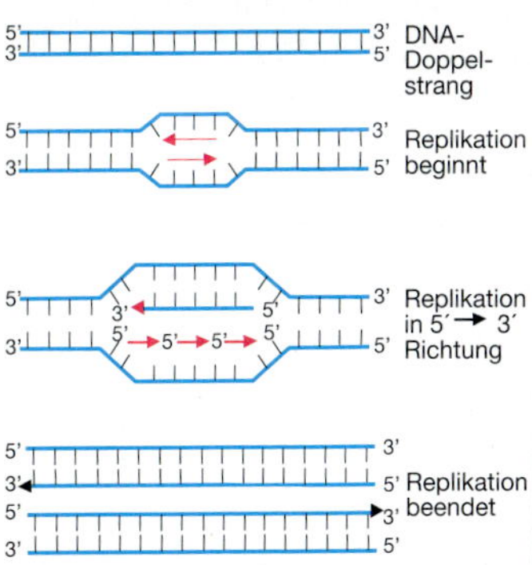

C. Replikationsschema

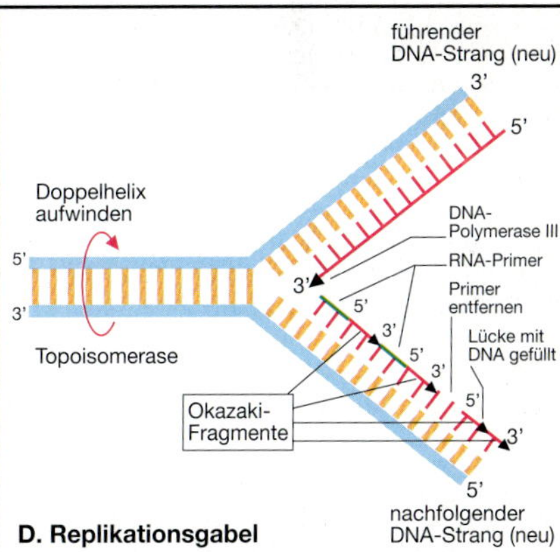

D. Replikationsgabel

Reparatur von DNA Schäden nach Einwirkung von UV-Licht und reaktiven Chemikalien

DNA kann durch Einwirkung von UV-Licht, Röntgenstrahlen und einer Reihe von Chemikalien verändert werden. DNA-Sequenzen mit genetischer Information müssen jedoch über viele Zellteilungen zuverlässig erhalten bleiben. Dies ist sowohl für das Überleben als Spezies als auch als Individuum wichtig. Die Reparatur von Schäden an der DNA ist ein selektiver Vorteil, so daß sich in der Evolution ein komplexes und effizientes DNA-Reparatursystem entwickelt hat.

A. UV-induzierte Schäden an DNA

Eine typische Folge ultravioletter (UV-)Strahlen ist die Bildung einer reaktiven Doppelbindung zwischen benachbarten Pyrimidinen. Dies hebt die Wasserstoff-Brücke mit dem gegenüberliegenden Adenin auf. Auch benachbarte Thymin- und Cytosin-Basen können sich verbinden. Diese und andere Strukturveränderungen führen bei der nächsten Replikation zum Einbau falscher Basen in den neuen DNA-Strang.

B. DNA-Reparatur durch Exzision

Eine wichtige Form der Reparatur ist das Herausschneiden (Exzision) von zwei miteinander verbundenen Thymin-Resten (Thymin-Dimere) auf demselben DNA-Strang. Zunächst wird der betroffene DNA-Abschnitt (Strang 1) verformt und durch ein Enzym (Endonuclease) eingeschnitten. Sodann beginnt die Synthese eines neuen DNA-Strangs. Der gegenüberliegende, nicht betroffene Strang (2) dient als Vorlage. Der beschädigte DNA-Abschnitt wird durch ein anderes Enzym (Exonuclease) herausgeschnitten (Exzision). Abschließend wird durch DNA-Ligase das neugebildete Stück mit dem alten Strang verbunden und der Reparaturprozeß beendet. Prokaryoten und Eukaryoten verfügen über zahlreiche Gene zur Reparatur von DNA-Schäden (vgl. S. 42).

C. Mit DNA reagierende Chemikalien

Mit DNA reagierende chemische Substanzen (Mutagene) können DNA verändern. Alkylierende Mutagene wie Nitrosamine übertragen eine Methyl- oder Ethyl-Gruppe an eine reaktive Stelle von Nucleotid-Basen. Dies verändert eine Nucleotid-Base so, daß sie eine andere Wasserstoff-Brücke bildet und deshalb mit einer falschen Base paart (Basensubstitution). Grundsätzlich können chemische Substanzen, die eine Mutation induzieren, auch Krebs auslösen. Während dies unter experimentellen Bedingungen gut nachweisbar ist, ist das zuverlässig bei Individuen meist nicht möglich. Vorsorglich existieren für viele Stoffe Grenzwerte.

D. Alkylierung von Guanin

Besonders empfindlich ist das Kohlenstoff-Atom in Position 6 von Guanin. Es kann sehr leicht durch Annahme einer Methyl-Gruppe alkyliert werden. Das entstehende Produkt O^6-Methylguanin kann nur zwei Wasserstoff-Brücken bilden und paart sich deshalb mit Thymin statt mit Cytosin. An dieser Stelle wird bei der nächsten Replikation ein Purin (Cytosin) durch ein Pyrimidin (Thymin) ersetzt (Transversion).

E. GC nach AT-Transition

Nachdem durch die Alkylierung eines Guanins (O^6) die übliche GC-Paarung (drei Wasserstoff-Brücken) aufgehoben wurde, ist bei der nächsten Replikation nur eine Paarung mit Thymin möglich. In dem neugebildeten Tochterstrang wird deshalb an der entsprechenden Stelle Thymin anstatt Cytosin eingebaut (C nach T-Transition). Nach einer weiteren Replikation ist dann das GC-Paar durch ein AT-Paar ersetzt worden. Eine Transition ist der Austausch einer Purin- bzw. Pyrimidin-Base durch eine andere Purin- oder Pyrimidin-Base. Wenn ein Purin durch ein Pyrimidin ausgetauscht wird, bezeichnet man dies als Transversion. In der Natur kommen sowohl Transitionen als auch Transversionen vor. Die Einzelbasen-Substitution ist reversibel (Reversion).

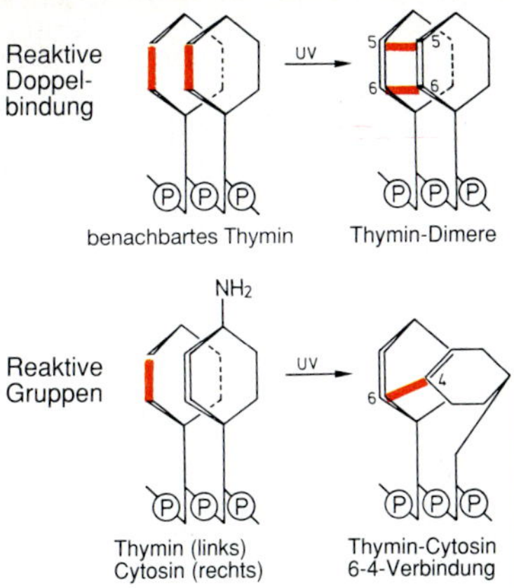

A. UV-induzierte Schäden an DNA

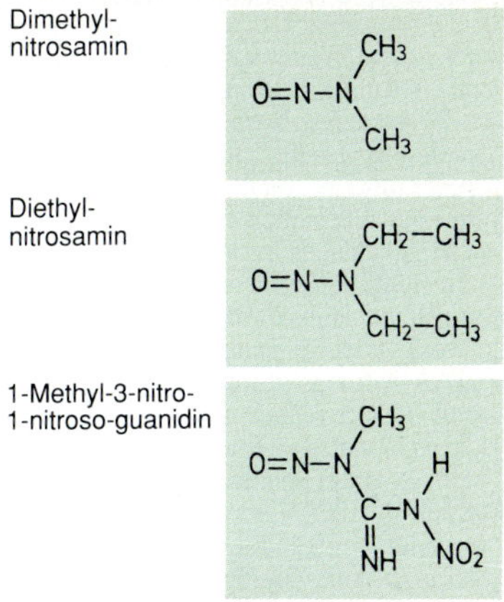

C. Mit DNA reagierende Chemikalien

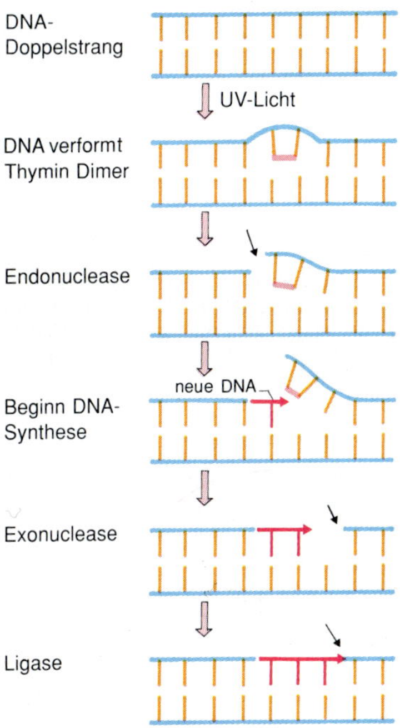

B. DNA-Reparatur durch Exzision

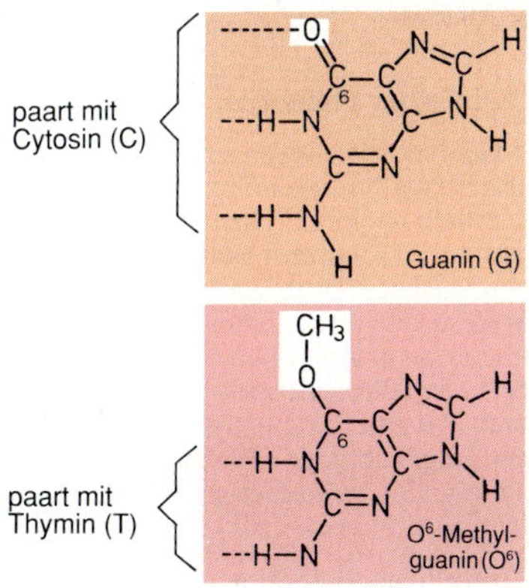

D. Alkylierung von Guanin

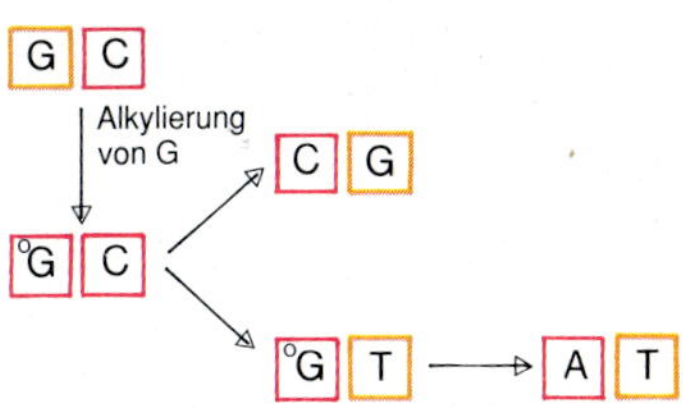

E. GC nach AT-Transition

Xeroderma pigmentosum

Xeroderma pigmentosum (XP) ist eine genetisch bedingte Erkrankung der Haut infolge besonderer Empfindlichkeit gegen ultraviolettes Licht. Dies äußert sich in trockener und pigmentierter Haut in den exponierten Bereichen ("trockene pigmentierte Haut", daher der Name). Zusätzlich besteht in den exponierten Bereichen eine Neigung zu Hauttumoren. Die Ursache sind verschiedene genetische Defekte in der DNA-Reparatur. Relativ häufig ist defekte Exzisionsreparatur infolge verminderter Aktivität der Endonuclease. Daneben gibt es andere Enzymsysteme, die Änderungen der DNA erkennen und sie entfernen oder rückgängig machen. Da einige Reaktionen vom sichtbaren Licht aktiviert werden, werden sie als photoreaktivierte Reparatur bezeichnet. Mindestens eine Form betrifft das DNA-entwindende Enzym Helicase.

A. Klinischer Phänotyp

Die Hautveränderungen sind auf UV-exponierte Bereiche beschränkt (1 und 2). Es ist deshalb wichtig, Patienten vor UV-Einstrahlung zu schützen. Von besonderer Bedeutung ist das Auftreten multipler Hauttumoren in den exponierten Bereichen (3). Diese können bereits im Kindes- und frühen Jugendalter auftreten. Die Art der Tumoren entspricht dem Spektrum, wie sie nach langdauernder UV-Exposition auch bei Gesunden vorkommen können.

B. Zellulärer Phänotyp

Die UV-Empfindlichkeit kann in Zellkulturen *in vitro* nachgewiesen werden. Bestrahlt man Zellkulturen aus Fibroblasten der Haut von Patienten mit UV-Licht, so zeigen sie dosis-abhängig eine verminderte Überlebensrate im Vergleich zu normalen Zellen (1). Man kann verschiedene Grade der UV-Empfindlichkeit unterscheiden. Da bei der Exzisionsreparatur ein kurzes Stück neuer DNA gebildet wird, läßt sich dies nachweisen, indem man Zellen in Anwesenheit von ^{3}H-Thymidin kultiviert und UV-Strahlen aussetzt. Anschließend läßt sich über dem Zellkern die durch DNA-Reparatur bedingte DNA-Synthese autoradiographisch nachweisen. Durch den Einbau von ^{3}H-Thymidin in die neue DNA werden diese Bereiche der DNA radioaktiv punktuell markiert (2). Im Gegensatz dazu zeigen Xeroderma-(XP)-Zellen eine stark verminderte oder fast fehlende Reparatur-Synthese.

C. Genetische Komplementation in Zellhybriden

Fusioniert man Zellen (Zellhybride) aus Hautzellen (Fibroblasten) in Kultur von Patienten (XP) und Normalpersonen und exponiert mit UV-Licht, so wird der zelluläre XP-Phänotyp korrigiert (1). Es findet normale DNA-Reparatur statt. Hybridzellen von verschiedenen Formen von XP zeigen normale DNA-Synthese (2). Dies wird dadurch erklärt, daß sich verschiedene Reparaturdefekte gegenseitig korrigieren können (genetische Komplementation). Haben die mutanten Zellen den gleichen Defekt (3), so können sie sich nicht korrigieren; sie gehören derselben Komplementationsgruppe an. Gegenwärtig sind etwa 10 Komplementationsgruppen von Xeroderma bekannt. Sie unterscheiden sich klinisch nach Schweregrad und Beteiligung des Zentralnervensystems. Jede Komplementationsgruppe beruht auf einer Mutation an einem anderen Genlocus. Mehrere dieser Gene sind kloniert und zeigen Homologie mit Reparatur-Genen bei anderen Organismen, einschließlich Hefe.

Literaturhinweise

Bootsma, D. A. Hoejmakers, J. H. J.: The genetic basis of xeroderma pigmentosum. Ann Génét. *34* : 143 –150, 1991.

Wevrik, R. & Buchwald, M.: Mammalian DNA-repair genes. Current Opinion Genet Develop *3* : 470–474, 1993.

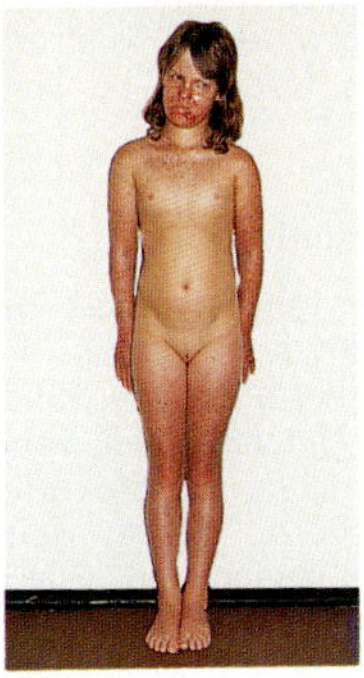

1.

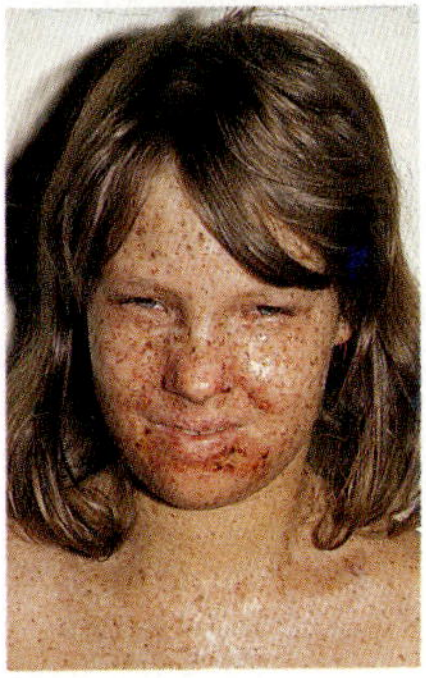

2.

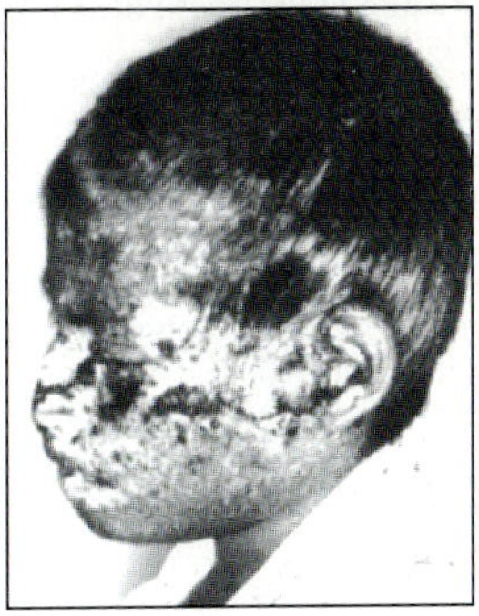

3.

A. Klinischer Phänotyp

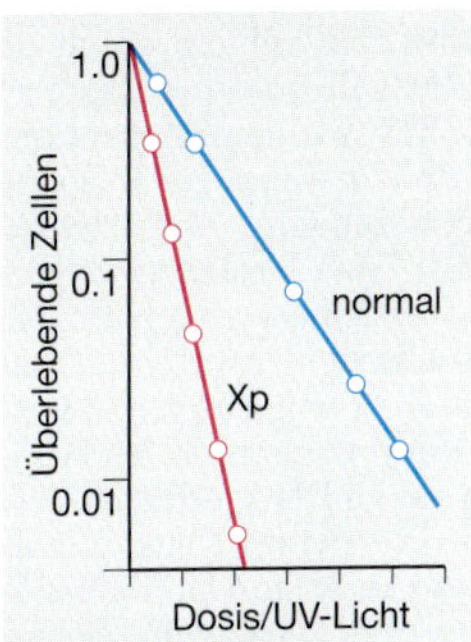

1. UV-Empfindlichkeit

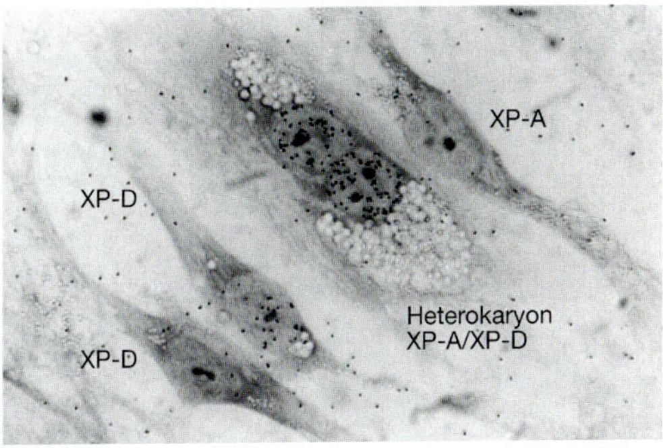

2. Komplementation nach Fusion von XP-A und XP-D-Zellen

B. Zellulärer Phänotyp

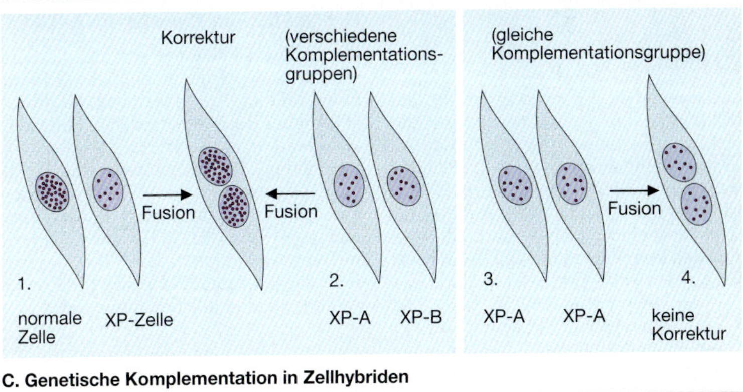

C. Genetische Komplementation in Zellhybriden

Transkription und Translation

Die in der DNA niedergelegte genetische Information muß in ein Polypeptid mit spezifischer Struktur und Funktion (Genprodukt) umgesetzt werden. DNA dient jedoch nicht direkt als Vorlage. Die Abfolge der Basenpaare in DNA wird zunächst in ein die Information übertragendes Botenmolekül aus RNA übertragen (Transkription). Dieses dient anschließend als Vorlage für das Genprodukt (Translation). Die Abfolge von Aminosäuren des gebildeten Polypeptids entspricht der Abfolge der Codons in der DNA.

A. Transkription

Transkription ist die Überschreibung der Nucleotid-Sequenz eines Strangs der DNA-Doppelhelix in ein komplementäres Molekül aus RNA (Messenger-RNA, mRNA, Boten-RNA). Die DNA-Doppel-Helix wird zuvor geöffnet. Die Codierung für ein Gen ist immer nur in einem DNA-Strang festgelegt (Sinnstrang). Als Vorlage (Matrize) für die Transkription in RNA dient die komplementäre Sequenz des Gegenstrangs. Dieser wird in 3′- nach 5′-Richtung gelesen. Die RNA-Synthese erfolgt in 5′- nach 3′-Richtung. Die RNA hat deshalb dieselbe Orientierung wie der codierende DNA-Strang. Die Transkription erfolgt enzymatisch durch einen Komplex von Enzymen (RNA-Polymerase, vgl. S. 196 und 202).

B. Translation

Translation ist die Umsetzung der Nucleotid-Basensequenz der mRNA in eine entsprechende Sequenz von Aminosäuren. Dies geschieht durch Zwischenschaltung einer weiteren Klasse von RNA, der Transfer-RNA (tRNA). Für jede Aminosäure gibt es eine eigene tRNA mit einem Bereich, der komplementär zum Codon der mRNA ist (Anticodon). Das Anticodon CCG der tRNA für Glycin paßt zum mRNA-Codon GGC. Zu dem gezeigten Beispiel kann deshalb an dieser Stelle nur Glycin angehängt werden. Die Codons 1, 2, 3 und 4 der mRNA sind in die Aminosäure-Sequenz Methionin (Met), Glycin (Gly), Serin (Ser) und Isoleucin (Ile) übersetzt etc. Als 5 und 6 werden Glycin und Alanin (Ala) folgen. Codon 1 ist stets AUG (Start-Codon).

C. Stadien der Translation

Translation (Proteinsynthese) findet bei Eukaryoten außerhalb des Zellkerns im Cytoplasma in den Ribosomen statt. Ribosomen bestehen aus Untereinheiten zahlreicher assoziierter Proteine und RNA-Moleküle (ribosomale RNA, rRNA, Seite 196). Die Translation beginnt mit der Initiation (1) eines durch Bildung aus mRNA, Ribosom und tRNA bestehenden Initiationskomplexes. Dazu sind eine Reihe von Initiationsfaktoren (IF1, IF2, IF3 etc.) erforderlich. Dann folgt die Elongation (2). Es wird eine weitere durch das nächste Codon festgelegte Aminosäure angeheftet. Es kommt zu einem Elongationszyklus, der aus drei Phasen besteht: Codon-Erkennung, Peptidbindung zum nächsten Aminosäure-Rest und Weiterbewegung (Translokation) des Ribosoms um drei Nucleotide in 3'-Richtung der mRNA. Translation endet mit der Termination (3), wenn eines von drei Stop-Codons (UAA, UGA oder UAG) in der mRNA erreicht wird. Die gebildete Polypeptid-Kette verläßt das Ribosom, das in seine Untereinheiten dissoziiert. Die hier gezeigten Stadien sind in ihrem biochemischen Ablauf stark vereinfacht.

D. Struktur von Transfer-RNA (tRNA)

Die Transfer-RNA hat eine charakteristische, einem Kleeblatt ähnliche Struktur, dargestellt an Phenylalanin-tRNA in Hefe (1). In drei Bereichen bestehen einsträngige Schleifen, in vier Bereichen ist sie doppelsträngig. Die dreidimensionale Struktur (2) ist komplex und läßt verschiedene Bereiche unterscheiden, wie die Erkennungsstelle der tRNA für das Codon der mRNA (Anticodon) und die Bindungsstelle für die jeweilige Aminosäure (Akzeptorstamm) am 3'-Ende (Akzeptorende).

Literaturhinweis

J. D. Watson et al., Molecular Biology of the Gene, 3rd ed., 1987.

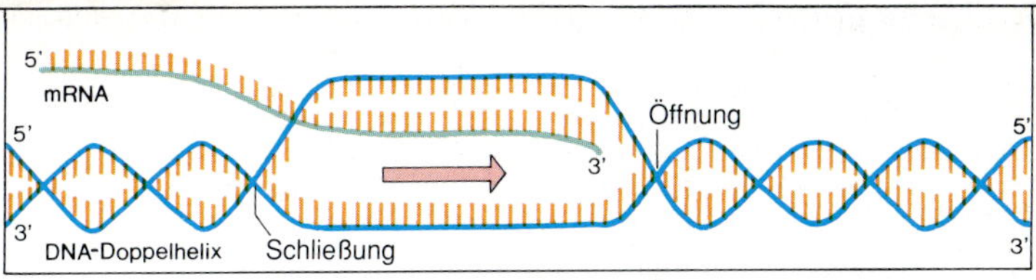

A. Transkription

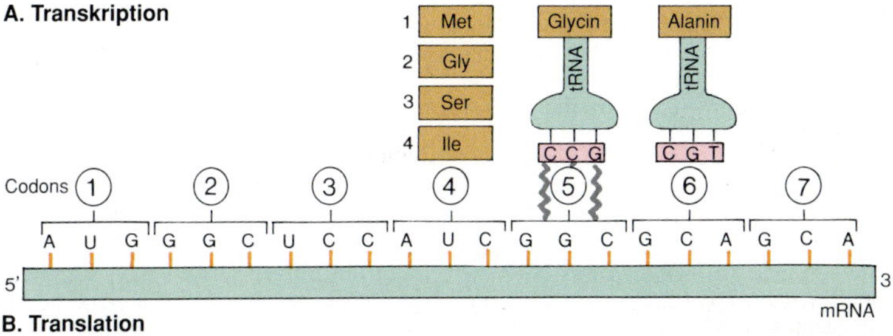

B. Translation

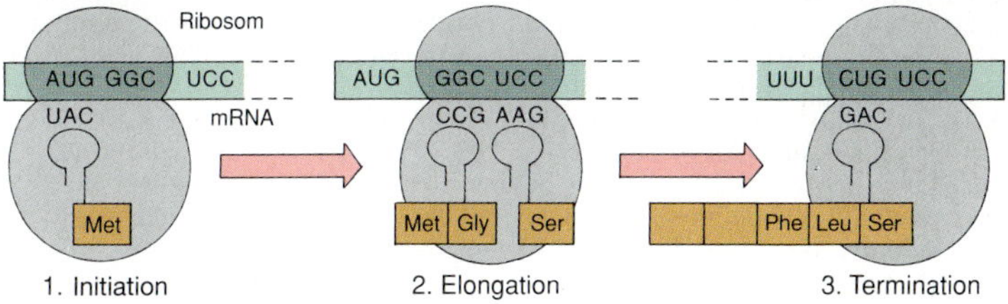

C. Stadien der Translation

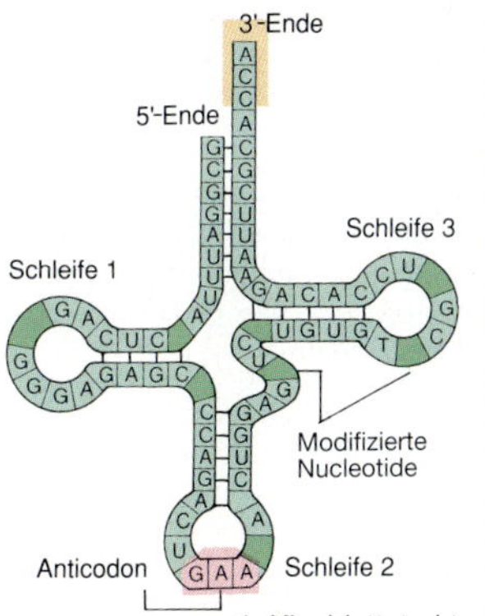

1. Kleeblattstruktur

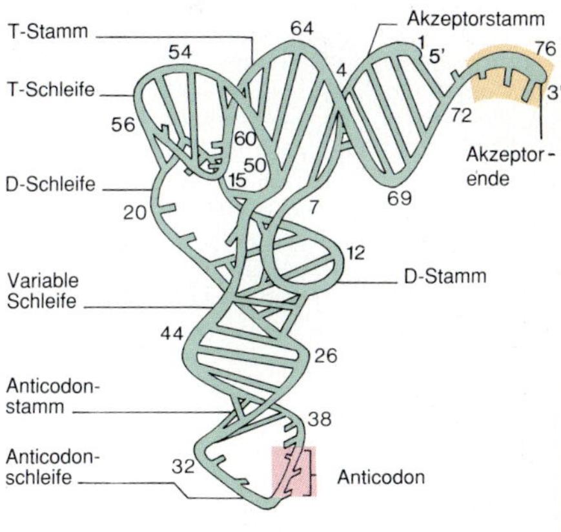

D. Struktur von Transfer-RNA (t-RNA)

2. Dreidimensionale Struktur

Gen und Mutation

Durch Transkription und Translation wird die Nucleotid-Sequenz von DNA in eine entsprechende Sequenz von Aminosäuren übertragen. Tritt eine Änderung der DNA-Sequenz (Mutation) ein, so kann dies in einer Änderung der Aminosäuren-Sequenz an der entsprechenden Stelle resultieren (Mutation). Jede Mutation hat also eine definierte Position. Die Entschlüsselung von Mutationen in Bakterien hat zur Aufklärung des genetischen Codes im Jahre 1966 beigetragen.

A. DNA und Mutation

Codierende DNA und das entsprechende Polypeptid sind co-linear. Eine Änderung (Mutation) der DNA-Basensequenz kann zu einem anderen Codon führen. Die Position der daraus resultierenden Änderung der Sequenz der Aminosäuren entspricht der Position der Mutation (1). A zeigt das Gen für das Protein Tryptophan-Synthetase A des Bakteriums *E. coli* und Mutationen an vier Positionen. An Position 22 ist Phenylalanin (Phe) durch Leucin (Leu) ersetzt, an Position 49 Glutaminsäure (Glu) durch Glutamin (Gln), an Position 177 Leu durch Arginin (Arg). Jede Mutation hat eine definierte Position. Ob sie zum Einbau einer anderen Aminosäure führt, hängt davon ab, ob das entsprechende Codon geändert wurde oder nicht. Verschiedene Mutationen sind an einer Stelle (einem Codon) möglich (2). An Position 211 wurden zwei verschiedene Mutationen beobachtet, Glycin (Gly) nach Arginin (Arg) bzw. Gly nach Glutaminsäure (Glu). Codon 211 ist normalerweise (im Wildtyp) GGA und codiert für Glycin (3). Eine Mutation GGA nach *A*GA führt zum Codon für Arginin, eine andere nach GAA zum Codon für Glutaminsäure (4).

B. Mutationstypen

Grundsätzlich gibt es drei Typen von Mutationen: 1. Substitution (Austausch), 2. Deletion (Verlust), 3. Insertion (Einschub). Bei einer Substitution hängen die Folgen davon ab, ob ein Codon verändert wurde oder nicht. Bei einer Substitution werden Transition (Austausch eines Purins bzw. Pyrimidins gegen ein anderes) und Tranversion (Austausch eines Purins gegen ein Pyrimidin oder umgekehrt) unterschieden. Während eine Substitution keine Auswirkung auf den Leserahmen hat (Missense-Mutation), wird durch eine Deletion oder Insertion der Leserahmen verschoben, so daß in der Regel die anschließenden Sequenzen kein funktionelles Genprodukt codieren (Nonsense-Mutation).

C. Transkription bei Prokaryoten und Eukaryoten

Transkription unterscheidet sich bei kernlosen einzelligen Organismen wie Bakterien (Prokaryoten, 1) und vielzelligen Organismen (Eukaryoten, 2) mit einem Zellkern. Bei Prokaryoten wird eine mRNA gebildet, die unmittelbar als Vorlage zur Bildung eines Genprodukts dient. Die Sequenzen von DNA und mRNA entsprechen sich in strikter 1:1-Beziehung, d.h. sie sind co-linear zueinander. Das Transkript dient direkt als mRNA. Die Translation beginnt noch bevor die Transkription beendet ist. Bei eukaryoten Zellen dagegen wird zunächst ein primäres Transkript aus RNA gebildet (vorläufige mRNA). Dies ist erst eine Vorstufe zur endgültigen mRNA. Diese entsteht durch Entfernung nicht codierender Anteile aus dem primären Transkript, bevor sie den Zellkern verläßt und als Vorlage für die Bildung eines Polypeptids dient.
Der Grund für diesen wichtigen Unterschied ist die Aufeinanderfolge funktionell verwandter Gene bei Prokaryoten und die Anwesenheit nicht-codierender Abschnitte (Introns) in den Genen von Eukaryoten (vgl. S. 50).

Literaturhinweis

J. D. Watson et al., Molecular Biology of the Gene, 3rd ed., 1987.

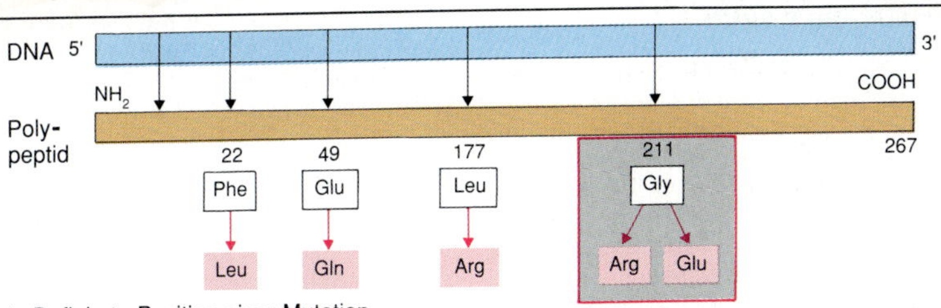

1. Definierte Position einer Mutation

2. Verschiedene Mutationen eines Codons

A. DNA und Mutation

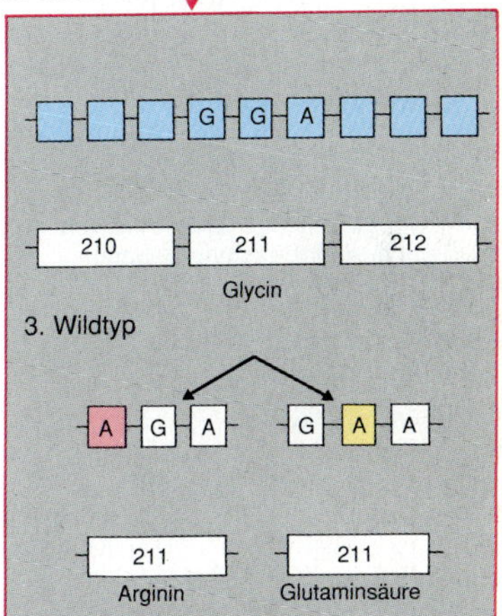

3. Wildtyp

4. Verschiedene Mutationen

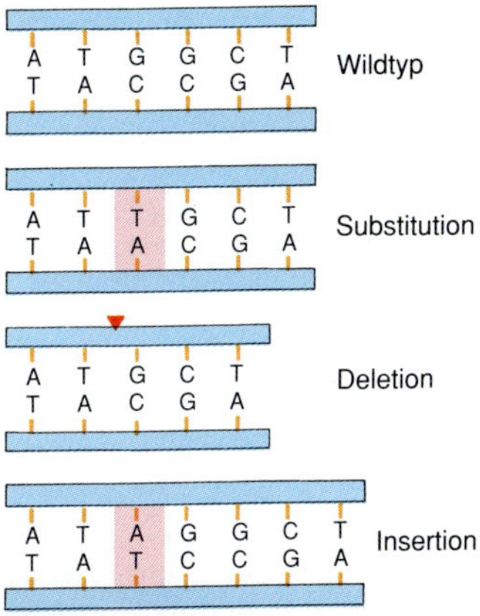

B. Mutationstypen

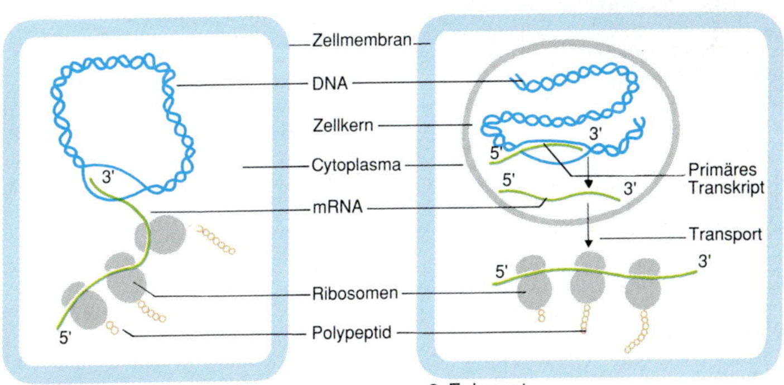

1. Prokaryot

2. Eukaryot

C. Transkription bei Prokaryoten und Eukaryoten

Genetischer Code

Der genetische Code sind die biologischen Regeln, nach denen die Sequenz von Nucleotid-Basenpaaren der DNA in eine ihrer Sequenz entsprechende Abfolge von Aminosäuren übertragen wird. Celluläre Gene codieren für Proteine spezifischer Aminosäurensequenz mittels Sequenz von Nucleotid-Basenpaaren in DNA, jedoch nicht direkt, sondern indirekt mittels eines Botenmoleküls (Boten- oder Messenger mRNA). Ein Code-Wort für die Aminosäure besteht aus der Sequenz von drei Nucleotid-Basenpaaren (Triplet-Codon). Der genetische Code enthält ferner Sequenzen für den Beginn (Start-Codon) und für das Ende der codierenden Region (Stop-Codon). Der genetische Code ist universal; die gleichen Codons werden von verschiedenen Organismen benutzt.

A. Genetischer Code für alle Aminosäuren in mRNA

Ein Codon entspricht jeweils einer Aminosäure. In jedem Codon ist die erste, die zweite und die dritte Base definiert. Beispielsweise gibt es für die Codierung der Aminosäure Phenylalanin zwei Möglichkeiten: UUU und UUC oder für die Aminosäure Serin sechs Möglichkeiten: UCU, UCC, UCA, UCG, sowie AGU und AGC. Der genetische Code ist redundant, weil viele Aminosäuren durch mehr als ein Codon festgelegt werden. Die größte Variation liegt in der dritten Position (am 3' Ende des Triplets). Der genetische Code war 1966 aufgeklärt, im wesentlichen dank der Erkenntnis, daß mRNA ein Überträger der Information zwischen Genen und Proteinen war. Zugefügte mRNA konnte in Bakterien direkt in entsprechende Proteine umgesetzt werden. Synthetische RNA-Polymere wie Polyuridylat (PolyU), Polyadenylat (PolyA) und Polycytidylat (PolyC) konnten in Extrakten von *E.coli*-Bakterien in Poly-Phenylalanin, Poly-Lysin und Poly-Prolin übersetzt werden. Dies bewies, daß UUU für Phenylalanin, AAA für Lysin und CCC für Prolin codieren muß. Durch weitere Experimente mit gemischten Polymeren verschiedener Anteile von zwei oder drei Nucleotiden konnte der genetische Code für sämtliche Aminosäuren und sämtliche Nucleotid-Zusammensetzungen aufgeklärt werden.

B. Alphabetischer Code

Zur Angabe von Aminosäure-Sequenzen werden ein aus nur einem Buchstaben bestehende Abkürzungen verwendet („alphabetischer Code").
Das Start-Codon ist AUG (Methionin). Stop-Codons sind UAA, UAG und UGA. Die einzigen Aminosäuren, die nur durch ein einziges Codon festgelegt werden konnten, sind Methionin (AUG) und Tryptophan (UGG).

C. Offener Leserahmen

Ein Abschnitt einer Nucleotid-Sequenz kann einem von drei Leserahmen entsprechen (z. B. A, B oder C), jedoch nur einer ist richtig (offener Leserahmen). In dem gezeigten Beispiel werden die Leserahmen B und C nach 3 bzw. 5 Codons durch ein Stop-Codon unterbrochen. Sie können deshalb nicht als Leserahmen einer codierenden Sequenz dienen. Dagegen muß A der richtige Leserahmen sein. Er beginnt mit dem Start-Codon AUG und ergibt eine Sequenz ohne Stop-Codons („offener Leserahmen"). Also muß dies der richtige Leserahmen sein.

D. Codierung durch ähnliche Nucleotid-Sequenzen

Infolge der Redundanz des genetischen Codes ist es möglich, daß etwas verschiedene Nucleotid-Sequenzen dieselbe Aminosäure-Sequenz codieren. Allerdings sind die Unterschiede auf ein oder maximal zwei Positionen des jeweiligen Triplet-Codons beschränkt.

Literaturhinweis

Singer, M. & Berg, P.: Genes und Genomes. A Changing Perspective. Blackwell Scientific Publications, Oxford-London, 1991.

Nucleotidbase					
Erste	Zweite				Dritte
	Uracil (U)	Cytosin (C)	Adenin (A)	Guanin (G)	
Uracil (U)	**F** Phenylalanin (Phe)	**S** Serin (Ser)	**Y** Tyrosin (Tyr)	**C** Cystein (Cys)	U
	F Phenylalanin (Phe)	**S** Serin (Ser)	**Y** Tyrosin (Tyr)	**C** Cystein (Cys)	C
	L Leucin (Leu)	**S** Serin (Ser)	Stop-Codon	Stop-Codon	A
	L Leucin (Leu)	**S** Serin (Ser)	Stop-Codon	**W** Tryptophan (Trp)	G
Cytosin (C)	**L** Leucin (Leu)	**P** Prolin (Pro)	**H** Histidin (His)	**R** Arginin (Arg)	U
	L Leucin (Leu)	**P** Prolin (Pro)	**H** Histidin (His)	**R** Arginin (Arg)	C
	L Leucin (Leu)	**P** Prolin (Pro)	**Q** Glutamin (Gln)	**R** Arginin (Arg)	A
	L Leucin (Leu)	**P** Prolin (Pro)	**Q** Glutamin (Gln)	**R** Arginin (Arg)	G
Adenin (A)	**I** Isoleucin (Ile)	**T** Threonin (Thr)	**N** Asparagin (Asn)	**S** Serin (Ser)	U
	I Isoleucin (Ile)	**T** Threonin (Thr)	**N** Asparagin (Asn)	**S** Serin (Ser)	C
	I Isoleucin (Ile)	**T** Threonin (Thr)	**K** Lysin (Lys)	**R** Arginin (Arg)	A
	Start (Methionin)	**T** Threonin (Thr)	**K** Lysin (Lys)	**R** Arginin (Arg)	G
Guanin (G)	**V** Valin (Val)	**A** Alanin (Ala)	**D** Asparaginsäure (Asp)	**G** Glycin (Gly)	U
	V Valin (Val)	**A** Alanin (Ala)	**D** Asparaginsäure (Asp)	**G** Glycin (Gly)	C
	V Valin (Val)	**A** Alanin (Ala)	**E** Glutaminsäure (Glu)	**G** Glycin (Gly)	A
	V Valin (Val)	**A** Alanin (Ala)	**E** Glutaminsäure (Glu)	**G** Glycin (Gly)	G

A. Genetischer Code für alle Aminosäuren in mRNA

Start	AUG
Stop	UAA, UAG, UGA
A (Ala)	GCU, GCC, GCG, GCA
C (Cys)	UGU, UGC
D (Asp)	GAU, GAC
E (Glu)	GAG, GAA
F (Phe)	UUU, UUC
G (Gly)	GGU, GGC, GGG, GGA
H (His)	CAU, CAC
I (Ile)	AUU, AUC, AUA
K (Lys)	AAG, AAA
L (Leu)	CUU, CUC, CUG, CUA, UUG, UUA
M (Met)	AUG
N (Asn)	AAU, AAC
P (Pro)	CCU, CCC, CCG, CCA
Q (Gln)	CAG, CAA
R (Arg)	CGU, CGC, CGG, CAA, AGG, AGA
S (Ser)	UCU, UCC, UCG, UCA, AGU, AGC
T (Thr)	ACU, ACC, ACG, ACA
V (Val)	GUU, GUC, GUG, GUA
W (Trp)	UGG
Y (Tyr)	UAU, UAC
B (Asx)	Asn oder Asp
Z (Glx)	Gln oder Glu

B. Alphabetischer Code

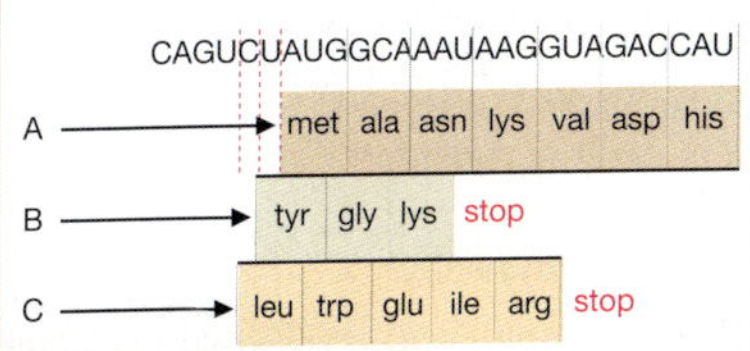

C. Offener Leserahmen

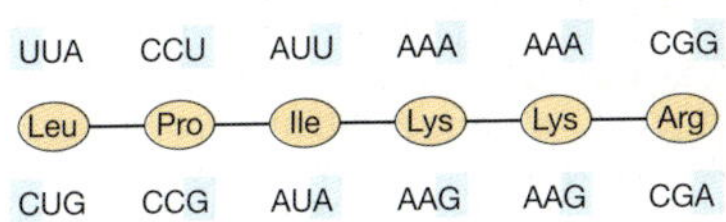

D. Codierung durch ähnliche Nucleotid-Sequenzen

Struktur eukaryoter Gene

Im Jahre 1977 stellte sich überraschenderweise heraus, daß die DNA in eukaryoten Genen länger ist als die entsprechende mRNA. Der Grund liegt darin, daß aus dem zunächst gebildeten primären Transkript vor der Translation bestimmte Abschnitte entfernt werden. Gene eukaryoter Organismen bestehen aus Abschnitten codierender (Exon) und nicht-codierender DNA (Intron).

A. Exons und Introns

Elektronenmikroskopische Aufnahmen zeigen, daß DNA und korrespondierendes Transkript (RNA) unterschiedlich lang sind (1). Nach Hybridisierung von mRNA und zugehöriger einsträngiger DNA entstehen Schleifen aus einsträngiger DNA, weil mRNA nur mit bestimmten Abschnitten des DNA-Einzelstrangs hybridisiert. In (2) werden 7 Schleifen (A bis G) und 8 hybridisierende Abschnitte gezeigt (1 bis 7 und führender Abschnitt L). Von den insgesamt 7700 DNA-Basenpaaren hybridisieren mit mRNA nur 825 bp. Ein hybridisierender Abschnitt wird als Exon bezeichnet. Ein zunächst transkribierter, dann aber aus dem primären Transkript entfernter DNA-Abschnitt ist ein Intron. Größe und Anordnung von Exons und Introns sind für jedes eukaryote Gen charakteristisch (Exon/Intron-Struktur).

B. Intervenierende DNA-Sequenzen

Bei Prokaryoten ist DNA mit mRNA colinear und enthält keine Introns (1). Bei Eukaryoten ist reife mRNA nur zu bestimmten Abschnitten der DNA komplementär, weil DNA Introns enthält (2).

C. mRNA-Splicing

Zunächst erfolgt eine vollständige Transkription von einem Strang der DNA in eine vorläufige mRNA (primäres Transkript). Vor Verlassen des Zellkerns werden an definierten Stellen die einem Intron entsprechenden Abschnitte aus dem primären Transkript entfernt und anschließend die benachbarten, nicht entfernten Abschnitte zusammengefügt (mRNA-Splicing).

D. Splice-Junction

Die Übergangsstellen von Exon und Intron werden als Splice-Junction bezeichnet. Das Herausschneiden eines Introns muß präzise sein, weil es sonst zu einer Verschiebung des Leserasters kommen würde. Ein Exon endet deshalb stets mit GT (Donorstelle) und ein Intron endet mit AG (Akzeptorstelle). Da diese Sequenzen bei allen höheren Organismen identisch sind, bezeichnet man sie als Konsensus-Sequenzen. Durch eine Mutation kann eine Splice-Junction verändert werden, so daß ein Intron nicht wie vorgesehen entfernt werden kann (Splice Mutante). Das Entfernen von Introns geschieht enzymatisch in einem als Spliceosom bezeichneten Proteinkomplex.

E. Differentielles RNA-Splicing

Ein DNA-Abschnitt kann für verschiedene Formen von mRNA codieren, wenn aus dem primären Transkript verschiedene Introns entfernt werden (differentielles Splicing). Durch differentielles RNA-Splicing kann ein Gen für verschiedene, wenn auch ähnliche Genprodukte codieren. Dies bedeutet ein hohes Maß an funktionaler Flexibilität. Zahlreiche Beispiele für differentielles RNA-Splicing sind bei Säugetier-Genen bekannt. Zum Beispiel wird das primäre Transkript des Calcitonin-Gens so gespalten, daß zwei verschiedene Formen reifer mRNA entstehen. Die eine wird in der Schilddrüse gebildet und codiert für Calcitonin (32 Aminosäuren), die andere codiert im Hypothalamus für ein Calcitonin-ähnliches Gen (Calcitonin Gene Related Product, CGRP mit 37 Aminosäuren). In der Schilddrüse werden die CGRP-Sequenzen und im Hypothalamus die Calcitonin-Sequenzen entfernt.

Literaturhinweise

J. D. Watson et al., 1987, und L. Stryer, 1988.

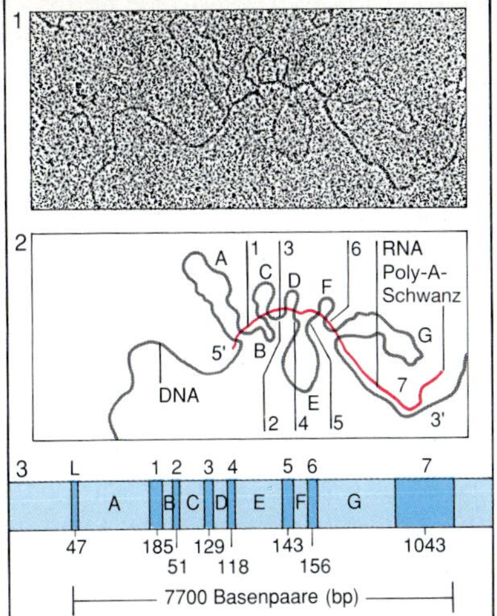

A. Exons und Introns

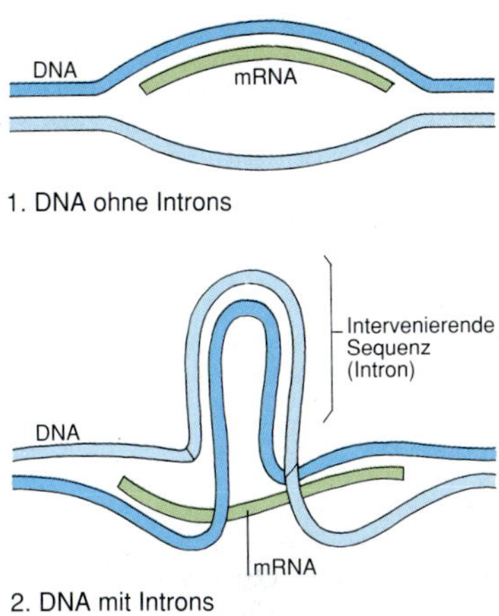

B. Intervenierende DNA-Sequenzen

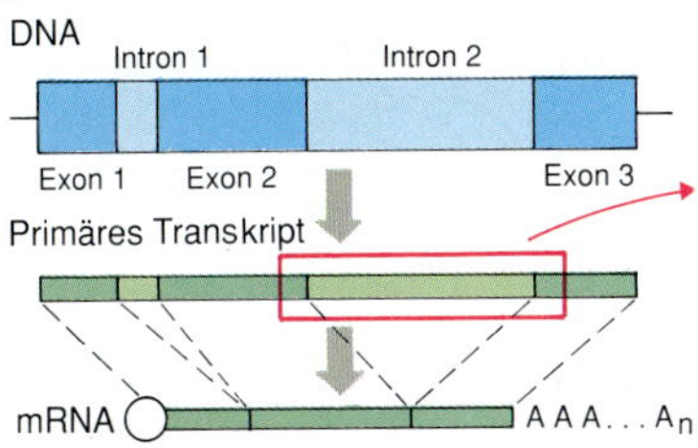

C. RNA-Splicing

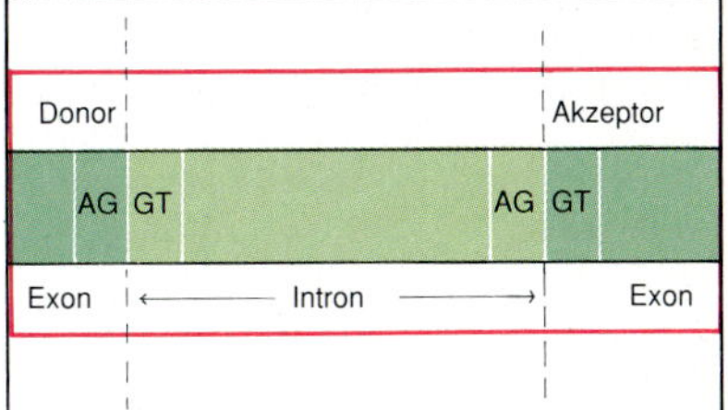

D. Splice-Junction

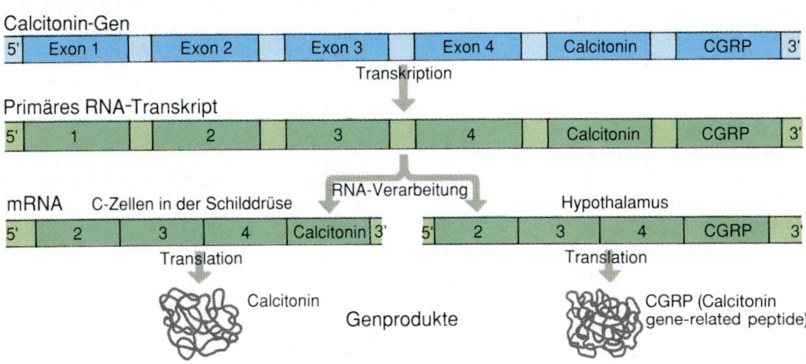

E. Differentielles RNA-Splicing

DNA-Sequenzierung durch chemische Einwirkung

Ende der 70er Jahre wurden Methoden zur Sequenzierung der Basenabfolge in DNA entwickelt. Da es sich um relativ einfache und rasche Methoden handelt, können auch längere Abschnitte DNA sequenziert werden. Genetische Information wird dadurch unmittelbar zugänglich und erfordert nicht die vorherige Kenntnis des Genprodukts. Zwei prinzipielle Methoden zur DNA-Sequenzierung stehen zur Verfügung: eine chemische und eine enzymatische (S. 54).

A. Prinzip

Diese Methode beruht auf DNA basenspezifischer Spaltung. Der zu sequenzierende DNA-Abschnitt wird in Reaktionsgemischen für jede der vier Nucleotidbasen untersucht und durch chemische Modifikation in Fragmente zerlegt. Deren Größe wird von der Position der jeweiligen Nucleotidbase bestimmt. Im gezeigten Beispiel (1, 2 und 3) liegt Guanin (G) an Position 3, 6, 9 und 14. Durch Spaltung von Guanin entstehen Fragmente, deren exakte Größe von der Position von Guanin bestimmt ist. Kein anderes Fragment hat die gleiche Größe. Durch genauen Vergleich der insgesamt in allen vier Reaktionen entstehenden Fragmente kann auf die Position der einzelnen Nucleotidbasen geschlossen und ihre Sequenz ermittelt werden.

B. Vorbereitung

Der zu sequenzierende DNA-Abschnitt (1) wird zunächst radioaktiv markiert (2). (Es werden auch nicht-radioaktive Markierungsverfahren entwickelt). Dann wird durch Denaturierung Einzelstrang-DNA hergestellt (3), die als Ausgangsmaterial für die Sequenzierung dient. Die Spaltung der DNA erfolgt durch basenspezifische chemische Modifikation von Guanin (G) durch Dimethylsulfat, Guanin und Adenin (G+A) durch Ameisensäure, Cytosin und Thymin (C+T) durch Hydrazin, sowie Cytosin (C) durch Hydrazin mit 5M NaCl. Die modifizierte Base löst sich von der Deoxyribose, wodurch an dieser Stelle ein DNA-Strangbruch entsteht (4). Die Reaktionsbedingungen werden so gewählt, daß statistisch jeweils nur eine Base pro Molekül modifiziert wird. Daraus resultiert eine Verteilung unterschiedlich großer Fragmenten, in der alle Größen des zu analysierenden DNA-Abschnitts vorkommen, die mit der abgespaltenen Base enden. Alle Fragmente sind am 5'-Ende markiert.

C. Durchführung und Ergebnis

Der eigentliche Test findet in vier getrennten Reaktionsgemischen (1) statt, in der die chemisch induzierte Spaltung für jede der vier Nucleotidbasen entsteht. Die vier Fragmentgemische werden anschließend nebeneinander auf einem Polyacrylamid-Gel aufgetragen und in vier parallele Bahnen nach ihrer Länge elektrophoretisch getrennt (2). Da Guanin (G) und Cytosin (C) gleichzeitig auch im Reaktionsgemisch für Adenin (A) bzw. Thymin (T) abgespalten werden, entstehen an den A und T entsprechenden Positionen auch ein Fragment gleicher Größe in der Bahn für G bzw. C. An diesen Stellen enthält das Gel also zwei Fragmente gleicher Größe. Dagegen ist die Spaltung von A und T spezifisch, so daß sie nur durch ein Fragment repräsentiert werden. Das Sequenzier-Gel kann dann entgegen der Laufrichtung vom kleinsten zum größten DNA-Fragment abgelesen werden (3). Im gezeigten Schema findet sich die Sequenz des Ausgangsfragments wieder (TAGTCGCAGTACCGTA).

Zunehmend werden nicht-radioaktive Verfahren mit spezifischer Anfärbung der verschiedenen Basen mittels Fluorochromen verwendet. Dies eignet sich zur Automatisierung (vgl. S. 356).

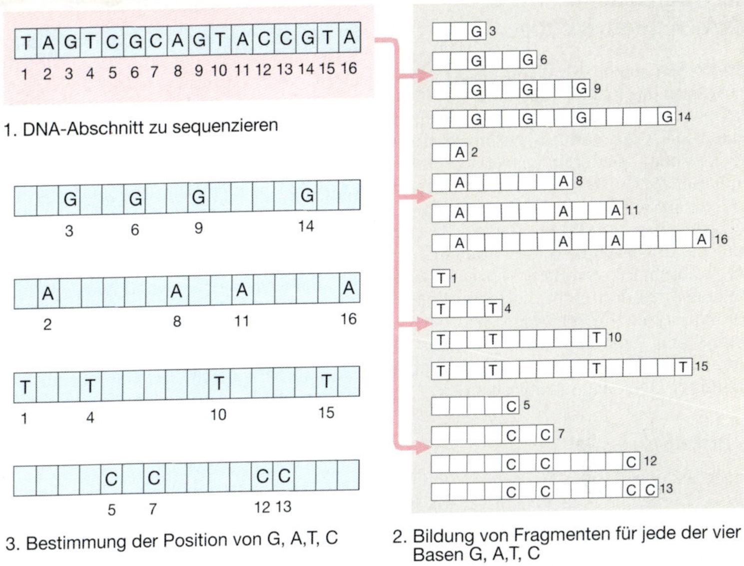

A. Prinzip

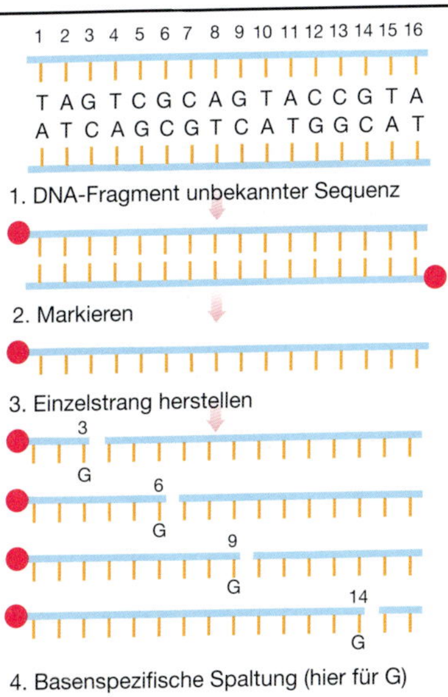

B. Vorbereitung

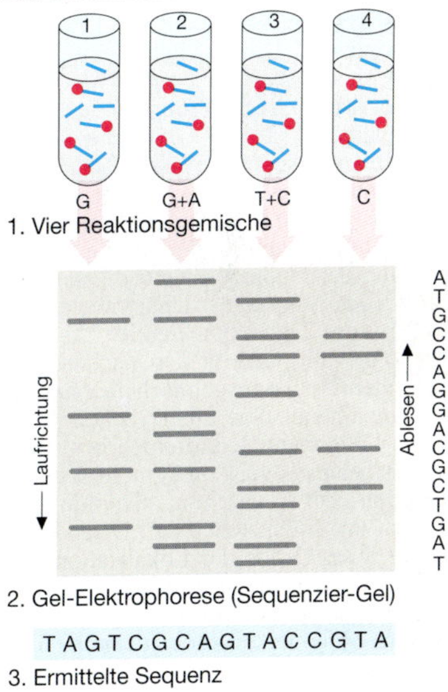

C. Durchführung und Ergebnis

Enzymatische DNA-Sequenzierung

Bei der Sequenzier-Methode nach F. Sanger besteht das Prinzip darin, die Synthese des 5'- nach 3'-Stranges des zu sequenzierenden DNA-Abschnittes basenspezifisch abzubrechen. Dadurch entstehen unterschiedlich große DNA-Fragmente. Ihre jeweilige Größe spiegelt die Position der jeweiligen Nucleotidbase wider. Daraus kann die Basensequenz des untersuchten DNA-Abschnitts ermittelt werden. Diese Methode erfordert nicht die Isolierung eines markierten Einzelstrangs wie bei der chemischen Spaltung nach Maxam-Gilbert. Sie kann deshalb auch bei doppelsträngiger DNA angewendet werden.

A. Prinzip

Zunächst wird das zu sequenzierende DNA-Fragment (1) in Plasmid-DNA hineinkloniert (2). Mittels eines Primers (z. B. ein Oligonucleotid mit komplementärer Sequenz zur Plasmid-DNA) wird DNA-Synthese initiiert (3). Das eingebaute DNA-Fragment wird mit der Plasmid-DNA repliziert. Durch Einbau eines Nucleotids, das in Position 3 ein H-Atom anstelle der üblichen OH-Gruppe enthält (Dideoxynucleotid, ddNTP) wird die DNA-Synthese an dieser Stelle abgebrochen (4). Der Einbau eines Dideoxynucleotids hat zur Folge, daß keine Verbindung von Position 3 zum nächsten Nucleotid möglich ist (Abbruch der Nucleotid-Kette). Das Verhältnis der normalen Deoxynucleotide (dNTP) zum Dideoxynucleotid (ddNTP) wird so gewählt, daß im statistischen Mittel in jedem Reaktionsgemisch die Nucleotid-Kette überall dort unterbrochen wird, wo ein Dideoxynucleotid eingebaut wird. Kommt beispielsweise in dem zu sequenzierenden DNA-Abschnitt Thymin (T) dreimal vor, so entstehen drei DNA-Fragmente, deren Größe der Lokalisation von Thymin in der Sequenz entspricht. Dadurch entsteht eine Serie von neu gebildeten DNA-Fragmenten, die mit einem Dideoxynucleotid enden (5).

B. Durchführung und Ergebnis

Es werden vier Reaktionsgemische angesetzt, in denen der zu sequenzierende DNA-Abschnitt repliziert wird (1). Jedes Reaktionsgefäß enthält die normalen Bausteine der DNA (dATP, dTTP, dGTP und dCTP) und DNA Polymerase I, sowie jeweils zusätzlich das Dideoxynucleotid (ddGTP, ddATP, ddTTP oder ddCTP). Zum späteren Nachweis der DNA-Fragmente werden entweder radioaktiv oder fluoreszenz-markierte Primer verwendet. In der gezeigten Abbildung ist dies [α-^{32}P]-dCTP.
Die entstandenen Fragmente werden im Sequenzier-Gel nach Größe getrennt und autoradiographisch oder fluorchrom nachgewiesen (2). Anschließend wird die Nucleotidsequenz entgegen der Laufrichtung des Gels abgelesen (im gezeigten Beispiel CTACGCATTAG).
Das Autoradiogramm einer Sequenz von 105 Nucleotidbasen (3) beginnt unten mit CCACTCCTA ... etc. und endet oben mit ... CTAAATTTAAACTTCTT).
Nach oben hin sind die größeren Fragmente zunehmend weniger gut unterscheidbar als die kleineren unten. Die unterschiedliche Dichte einiger Banden ist technisch bedingt und hat keine Bedeutung für die Sequenzierung.

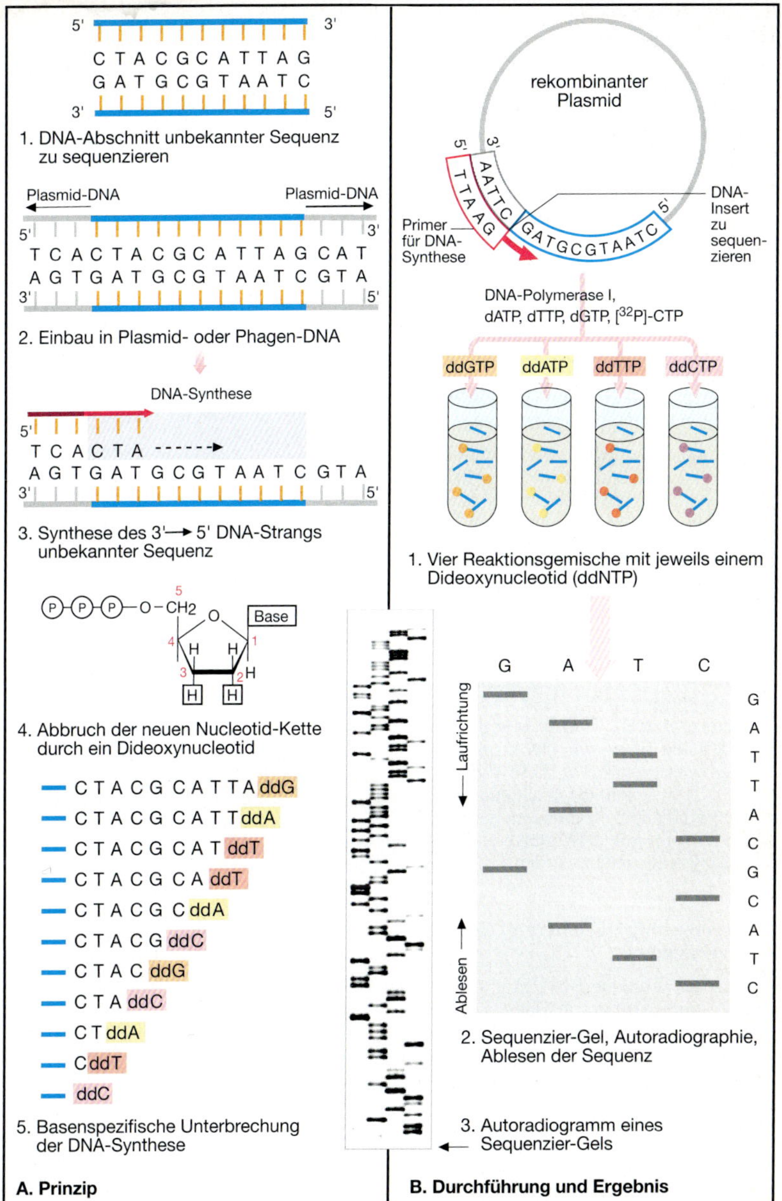

A. Prinzip

B. Durchführung und Ergebnis

Klonierung eines DNA-Fragmentes

Für die Untersuchung eines DNA-Abschnitts, etwa um seine Struktur und Funktion zu charakterisieren oder eine krankheitsauslösende Mutation festzustellen, reicht das Ausgangsmaterial nicht aus. Es ist deshalb erforderlich, den gesuchten DNA-Abschnitt zu vervielfältigen (klonieren). Da Bakterien sehr rasch wachsen (eine Zellteilung in etwa 20 bis 40 Minuten), kann das erwünschte DNA-Fragment in relativ kurzer Zeit in Bakterien vermehrt werden.

A. Spaltung von DNA an spezifischer Stelle durch Restriktionsenzyme

Die Voraussetzung für die Isolierung eines DNA-Fragments ist die Spezifität der Schnittstellen von Restriktionsenzymen. Diese aus Bakterien isolierten Enzyme schneiden DNA nur an spezifischen Nucleotidsequenzen (Erkennungssequenzen). Beispielsweise schneidet das Restriktionsenzym *Eco*RI jede DNA überall dort, wo die Sequenz GAATTC vorkommt (1, 2). Das entstandene DNA-Fragment endet an jeder Seite mit einem kurzen, einsträngigen Abschnitt, AATT- und -TTAA. Da die einsträngigen Enden komplementär sind, können sie mittels DNA-Ligase verbunden werden (3). Auf diese Weise können DNA-Fragmente verschiedener Herkunft miteinander verbunden werden, so lange sie nur mit dem gleichen Restriktionsenzym gespalten wurden.

B. Vermehrung (Klonierung) eines DNA-Fragments

Das zu vermehrende DNA-Fragment muß mittels eines Vektors in Bakterien eingeschleust werden. Deshalb wird es in ein Plasmid eingebaut. Ein Plasmid ist ein kleines ringförmiges DNA-Molekül, das sich in Bakterien befindet und unabhängig vom Bakterien-Chromosom replizieren kann. Plasmid und DNA fremder Herkunft werden mit demselben Restriktionsenzym geschnitten (1). Ein Teil der Plasmide wird fremde DNA aufnehmen (Hybridplasmide aus rekombinanter DNA) (2). Anschließend müssen die Bakterien identifiziert und gezielt vermehrt werden, die rekombinante DNA enthalten (3). Da Plasmide Gene für verschiedene Antibiotika-Resistenzen enthalten, kann dies für die Selektion der gewünschten Bakterien benutzt werden. Da die Aufnahme von Plasmiden mit rekombinanter DNA die Antibiotika-Resistenz eines Bakteriums ändert (Verlust einer zuvor vorhandenen Resistenz oder Entstehung einer zuvor nicht vorhandenen Resistenz), kann durch geeignete Wahl des Nährbodens erreicht werden, daß sich nur die Bakterien mit der gewünschten DNA in Plasmiden vermehren (4). Das gesuchte DNA-Fragment kann darin beliebig vermehrt (kloniert) werden (5).

C. Ein Plasmidvektor (pBR322) zur Klonierung

Es wird ein früher häufig verwendeter Plasmidvektor (pBR 322) gezeigt. Dieses Plasmid enthält Schnittstellen für die Restriktionsenzyme *Pst*I, *Eco*RI und *Sal*I, sowie Gene für Ampicillin- und Tetracyclin-Resistenz (1). Wird ein fremdes DNA-Fragment nach Aufschneiden mit *Eco*RI eingebaut, so bleiben Tetracyclin- und Ampicillin-Resistenz erhalten (2). Schneidet man mit dem Enzym *Pst*I, so verschwindet die Ampicillin-Resistenz (das Bakterium wird Ampicillin-empfindlich), aber die Tetracyclin-Resistenz bleibt erhalten. Verwendet man das Enzym *Sal*I, so verschwindet die Tetracyclin-Resistenz (das Bakterium wird Tetracyclin-empfindlich), aber die Ampicillin-Resistenz bleibt erhalten. Dies ist die Grundlage für die Selektion von Bakterien, die rekombinante Plasmide mit dem gesuchten DNA-Fragment aufgenommen haben.
Die Klonierung in Plasmiden (Bakterien) hat an Bedeutung verloren, seit künstliche Hefechromosomen (YACs) zur Verfügung stehen (vgl. S. 104).

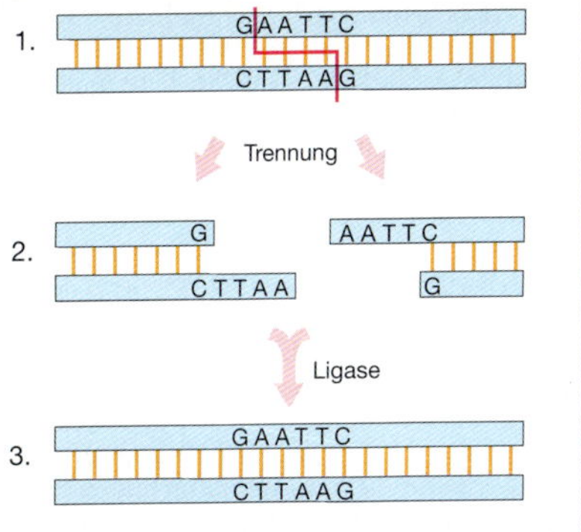

A. Spaltung von DNA an spezifischer Stelle durch Restriktionsenzyme

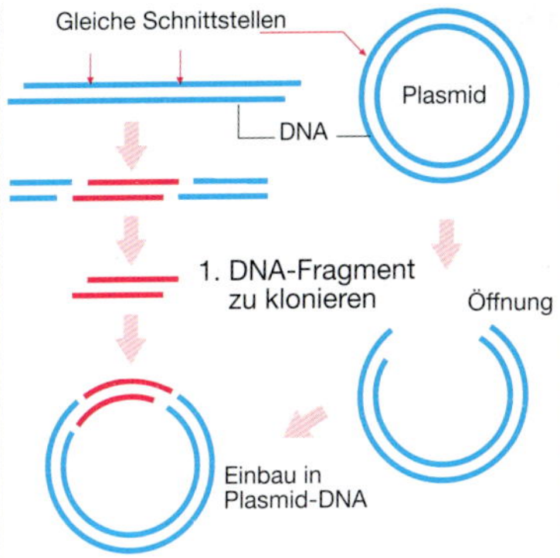

2. Hybridplasmid aus rekombinanter DNA

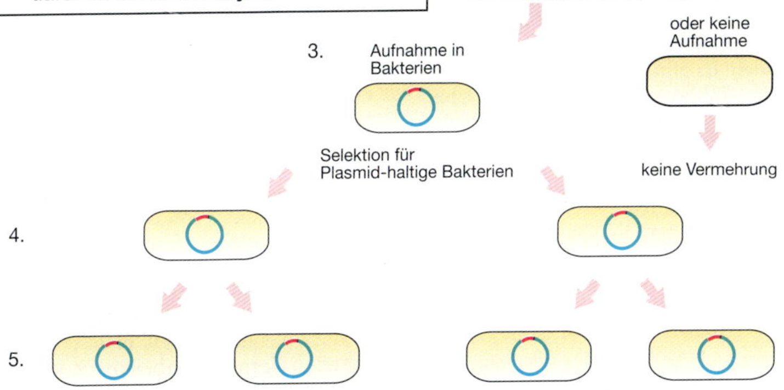

B. Vermehrung (Klonierung) eines DNA-Fragments

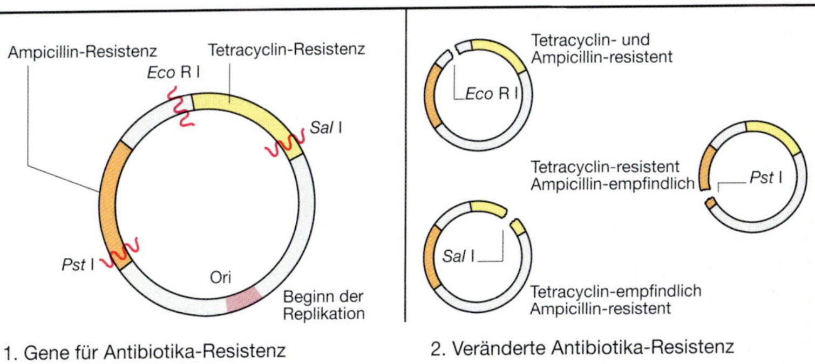

1. Gene für Antibiotika-Resistenz

2. Veränderte Antibiotika-Resistenz

C. Ein Plasmidvektor (pBR 322) zur Klonierung

Bibliothek aus genomischer DNA und aus cDNA

Eine DNA-Bibliothek ist eine Ansammlung von DNA-Fragmenten, die in ihrer Gesamtheit das Genom repräsentieren, also das gesuchte Gen und die gesamte übrige DNA. Sie ist Ausgangspunkt für die Klonierung eines Gens, dessen chromosomale Lage nicht bekannt ist. Nach Verdauung der Gesamt-DNA mit einem Restriktionsenzym werden die entstandenen Fragmente in einen Vektor eingebracht und in Bakterien vermehrt. Eine ausreichende Zahl Klone muß vorliegen, damit jeder Abschnittt mindestens einmal vertreten ist. Dies ist eine Frage der Größe des untersuchten Genoms und der Größe der Fragmente. Plasmide und Phagen werden als Vektoren verwendet. Für größere DNA-Fragmente kann man Hefezellen verwenden. Es gibt zwei grundsätzlich verschiedene Bibliotheken: aus genomischer DNA und aus cDNA.

A. Bibliothek aus genomischer DNA

Klone genomischer DNA sind Kopien von DNA-Fragmenten (z. B. a-f) aus allen Chromosomen (1). Sie enthalten codierende und nicht-codierende Sequenzen. Mittels Restriktionsenzymen wird die genomische DNA in viele Fragmente gespalten (2). Diese werden in einen Vektor eingebaut, z. B. in DNA von Phagen (3) und in Bakterien vermehrt (4) s. S. 57. Die Gesamtkollektion rekombinanter DNA-Moleküle, die alle DNA-Sequenzen einer Spezies oder eines Individuums enthält, nennt man eine genomische Bibliothek. Um das gesuchte Gen zu finden, ist ein Ausleseverfahren (Screening) erforderlich (vgl. S. 61).

B. Bibliothek aus cDNA

cDNA ist komplementäre DNA. Sie wird mittels des Enzyms Reverse Transkriptase aus mRNA gebildet (vgl. S. 62). Im Gegensatz zu einer genomischen Bibliothek, die zwar vollständig ist, aber codierende und nicht-codierende DNA enthält, besteht eine cDNA-Bibliothek nur aus codierenden DNA-Sequenzen. Diese Spezifität bietet gegenüber der genomischen DNA erhebliche Vorteile. Dies setzt jedoch voraus, daß man über mRNA verfügt. Man kann sie deshalb nur aus den Zellen gewinnen, in denen das entsprechende Gen transkribiert wird, d.h. mRNA gebildet wird.
Aus der bei der Transkription gebildeten RNA (primäres Transkript) wird durch das bei eukaryoten Organismen übliche RNA-Splicing mRNA gebildet (vgl. S. 50). Daraus wird mittels Reverser Transkriptase komplementäre DNA (cDNA) synthetisiert. Die cDNA dient als Vorlage zur Synthese eines komplementären DNA-Strangs, so daß vollständige doppelsträngige DNA entsteht (cDNA-Klone). Ihre Sequenz entspricht den codierenden Sequenzen des Genabschnitts. Deshalb kann man sie gut als Sonden verwenden (cDNA-Sonden). Die anschließenden Schritte, Einbau in einen Vektor und Vermehrung in Bakterien, entsprechen dem Vorgehen bei Erstellung einer genomischen Bibliothek.
Da cDNA-Klone nur aus codierenden Regionen eines aktiven (mRNA bildenden) Gens gewonnen werden können, unterscheiden sich cDNA-Klone verschiedener Gewebe je nach genetischer Aktivität. Weil cDNA-Klone den codierenden Sequenzen eines Gens entsprechen (Exons) und keine Sequenzen aus nicht-codierenden Teilen (Introns) enthalten, ist klonierte cDNA bevorzugtes Ausgangsmaterial, wenn man durch Analyse eines Gens nähere Kenntnis über das Genprodukt erhalten möchte. Aus klonierter und sequenzierter DNA kann man die Sequenz der Aminosäuren eines Proteins ableiten. Ein anderes Ziel wäre die Herstellung eines Proteins in großen Mengen, indem das klonierte Gen in Bakterien oder Hefezellen exprimiert wird.

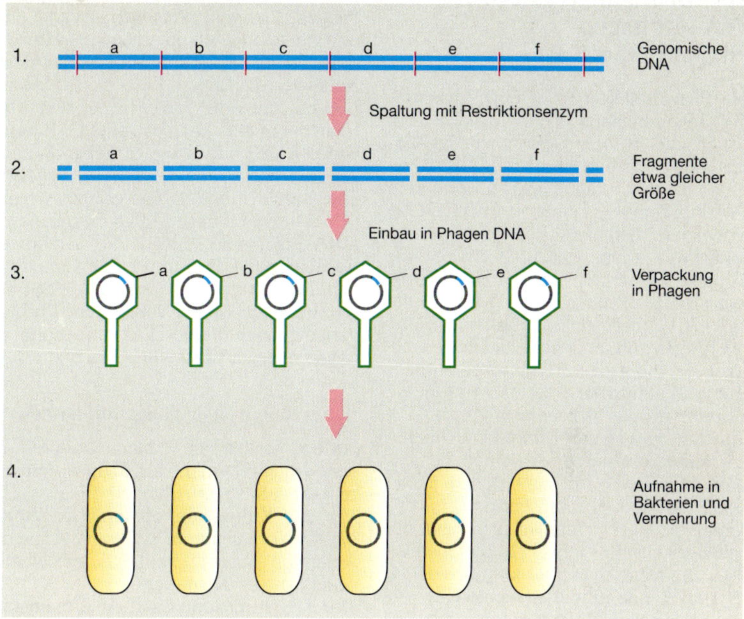

A. Bibliothek aus genomischer DNA

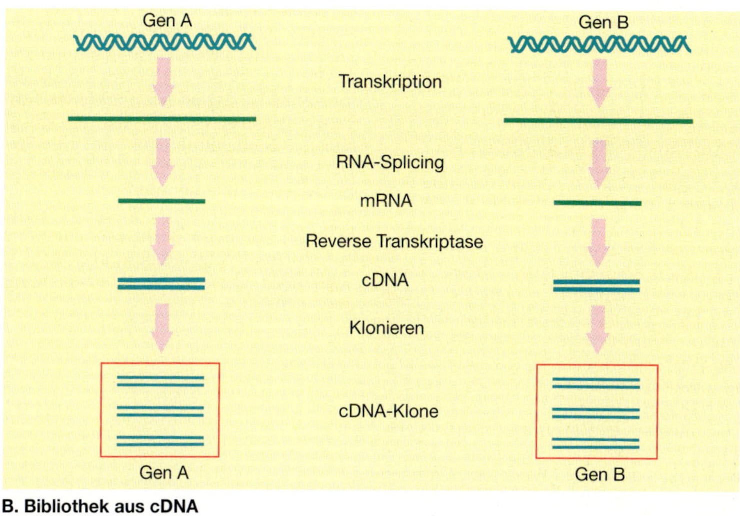

B. Bibliothek aus cDNA

Unterbringung eukaryoter DNA in Phagen (Phagenbibliothek)

Eine Phagenbibliothek ist eine Ansammlung rekombinanter DNA-Moleküle in Phagen, die in ihrer Gesamtheit das Genom eines höheren Organismus resprärsentieren. Daraus kann anschließend ein DNA-Abschnitt aus einem gesuchten Gen identifiziert und herausgesucht werden (Screening), wenn man über eine Sonde aus diesem Abschnitt verfügt. Da die Größe der aufgenommenen DNA-Fragmente begrenzt ist (bis zu ca. 20 kb), verwendet man für bestimmte Zwecke andere Trägermoleküle, die größere Fragmente aufnehmen, z. B. künstliche Hefechromosomen (Yeast Artificial Chromosomes, YAC).
Um ein Gen aus einer Bibliothek isolieren zu können, muß jeder Abschnitt der genomischen DNA im statistischen Mittel mindestens einmal repräsentiert sein. Die Voraussetzungen dafür hängen von der Größe des Genoms und der aufnehmenden DNA ab. Wenn man über komplementäre DNA als Sonde für das gesuchte Gen verfügt, kann man aus einer genomischen Bibliothek im Prinzip jedes Gen isolieren. Die Schwierigkeiten in der Praxis ergeben sich aus Beschränkungen im Einbau in der richtigen Größe, der Spezifität von Selektionsverfahren für rekombinante DNA und der Verfügbarkeit von Sonden.

A. Aufbau einer Phagenbibliothek

Die ersten Schritte zur Konstruktion einer Bibliothek aus genomischer DNA (genomische Bibliothek oder Genbibliothek) bestehen aus Extraktion (1) und Aufspaltung der Gesamt-DNA mit einem Restriktionsenzym in Fragmente geeigneter Größe (ca. 15 kb), um ihre anschließende Verpakkung in Phagen-DNA zu gewährleisten. Man verwendet meist partielle Verdauung mit einem Restriktionsenzym, das nicht in zu großen Abständen schneidet (z. B. Enzyme, die nur vier Basen erkennen). Es entstehen überlappende Fragmente (2). Zu große und zu kleine Fragmente können nicht in den Vektor aufgenommen werden. Als Vektoren werden vorwiegend Phagen, Cosmide (Plasmide, welche eine *cos*-Stelle mit komplementären Einzelstrangenden haben [*co*he*s*ive]) oder Hefezellen verwendet.
Da im Genom von Phagen (3) (bei Lambda ca. 48 kb) der mittlere Bereich von etwa 25 kb für die Replikation nicht benötigt wird, kann dieser Anteil entfernt und durch Fremd-DNA ersetzt werden (4). Die in Phagen-DNA eingebauten DNA-Fragmente bilden die Bibliothek (Genbank) (5). Da nur rekombinante Phagen die richtige Größe haben, können nur sie sich in Bakterien vermehren (6). Phagen, die keine Fremd-DNA aufgenommen haben, können sich nicht vermehren.

B. Screening einer Phagenbibliothek

An den Stellen der Bakterienkulturen, an denen sich rekombinante Phagen vermehren, entstehen Aufhellungen (Plaques) (1). Von der Kultur wird auf einer Membran ein Abdruck genommen (2) und die an die Membran angeheftete DNA mit alkalischer Lösung denaturiert.
Durch Hybridisierung mit einer radioaktiv (oder anders) markierten Sonde wird die aus dem gesuchten Genabschnitt stammende DNA identifiziert (3). An dieser Stelle entsteht nach der Hybridisierung ein Signal (4). Hier befindet sich komplementäre DNA, deren genaue Position in der Kultur durch das Signal der markierten Sonde gekennzeichnet ist (4). Aus der entsprechenden Stelle der Kultur wird eine Probe entnommen (5). Sie enthält den gesuchten DNA-Abschnitt, der nunmehr in Bakterien weiter vermehrt (kloniert) werden kann (6). Auf diese Weise wird der gesuchte Abschnitt angereichert und steht anschließend für weitere Untersuchungen zur Verfügung.

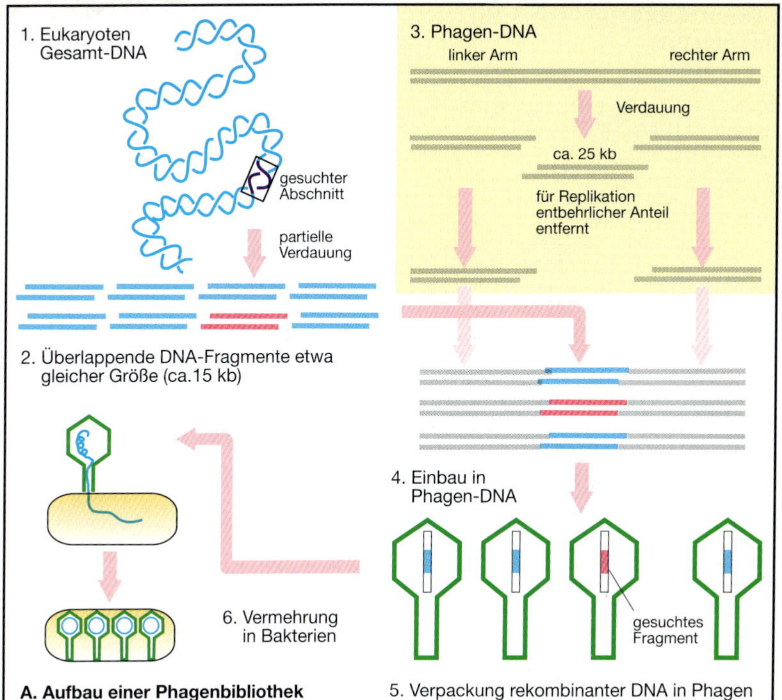

A. Aufbau einer Phagenbibliothek

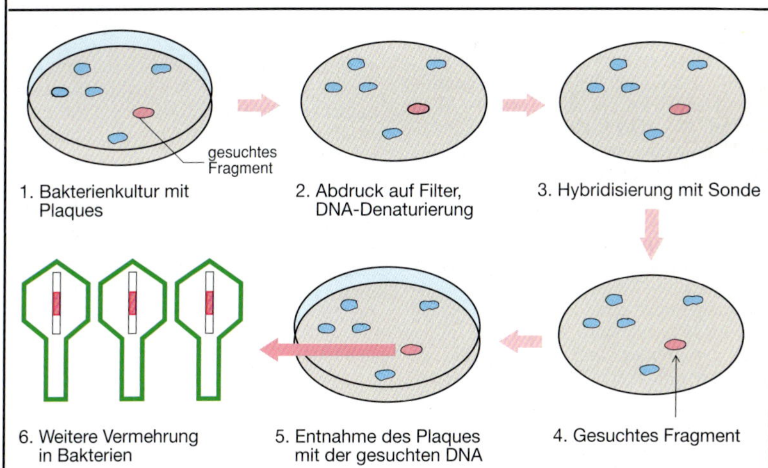

B. Screening einer Phagenbibliothek

Präparation von cDNA für Klonierung

cDNA ist ein Abschnitt einsträngiger DNA, der komplementär zur mRNA eines codierten DNA-Abschnittes oder eines ganzen Gens ist. Man kann sie als Sonde für das entsprechende Gen verwenden, indem man die Komplementarität durch DNA/DNA-Hybridisierung ausnutzt. Ist das Gen an einer entsprechenden Stelle durch strukturelle Umordnungen, z. B. Deletion verändert, so kann man zwischen normaler und veränderter DNA unterscheiden. Deshalb hat die Präparation und Klonierung von cDNA große Bedeutung. Aus der Sequenz von cDNA lassen sich wesentliche Rückschlüsse auf ein Gen und das Genprodukt ziehen.

A. Präparation von cDNA

cDNA wird aus mRNA präpariert. Man muß deshalb von einem Gewebe ausgehen, in welchem das Gen transkribiert wird und mRNA in ausreichender Menge vorkommt. Zunächst wird mRNA isoliert. Bevor das Enzym Reverse Transkriptase aus mRNA eine komplementäre DNA (cDNA) bilden kann, muß zuvor ein Primer angefügt werden. Da mRNA am 3'-Ende Poly-A enthält, kann man einen Primer aus Poly-T anfügen, von dem aus durch das Enzym Reverse Transkriptase cDNA in 5'- nach 3'- Richtung gebildet wird. Dann wird die RNA mittels Alkali entfernt. Die cDNA dient als Vorlage für die Bildung eines neuen DNA-Strangs. Dafür ist das Enzym DNA-Polymerase erforderlich. Das Ergebnis ist ein DNA-Doppelstrang, dessen einer Strang komplementär zur ursprünglichen mRNA ist. An diese DNA werden Einzelsequenzen (Linker) angehängt, die komplementär zu den Einzelstrang-Enden des zu verwendenden Restriktionsenzyms sind. Mit diesem Enzym wird der Vektor, z. B. ein Plasmid geschnitten, um die cDNA zur Klonierung einzubauen.

B. Vektor für die cDNA Klonierung

Da nur ein geringer Anteil der Plasmide Fremd-DNA aufnimmt, muß für Bakterien selektioniert werden, die rekombinante Plasmide enthalten. Die DNA des Plasmids wird mit einem Restriktionsenzym eingeschnitten und die ringförmige Plasmid-DNA geöffnet. Dadurch entstehen an beiden Enden kurze, einsträngige DNA-Sequenzen, die komplementär zu der zuvor angefügten einsträngigen Sequenz (Linker) des zu klonierenden DNA-Fragments sind (z. B. AATT und TTAA). Nach Einbau eines solchen Fragments entsteht ein rekombinantes Plasmid. Bakterien, die rekombinante Plasmide aufgenommen haben, müssen sich von Bakterien unterscheiden, die keine Plasmide aufgenommen haben. Das ist dadurch möglich, daß das verwendete Plasmid ein Gen für eine Antibiotika-Resistenz enthält, z. B. Ampicillin-Resistenz (Amp^R) (vgl. S. 57). Dadurch ist eine Selektion für Bakterien möglich, die den rekombinanten Plasmid aufgenommen haben. Der Nachweis dafür erfolgt durch die Veränderung eines Gens (β-Galactosidase) durch das Insert.

C. cDNA-Klonierung

Es werden nur Bakterien Ampicillin-resistent, die ein rekombinantes Plasmid aufgenommen haben. Rekombinante Plasmide, die das Gen für Ampicillin-Resistenz enthalten, transformieren Ampicillin-empfindliche Bakterien zu Ampicillin-resistenten Bakterien. In einem Ampicillin-haltigen Medium wachsen nur Bakterien, die das rekombinante Plasmid mit dem gewünschten DNA-Fragment enthalten. Durch weitere Vermehrung in diesen Bakterien kann es beliebig vervielfältigt (kloniert) werden, bis man genügend Material für die vorgesehenen Untersuchungen hat.

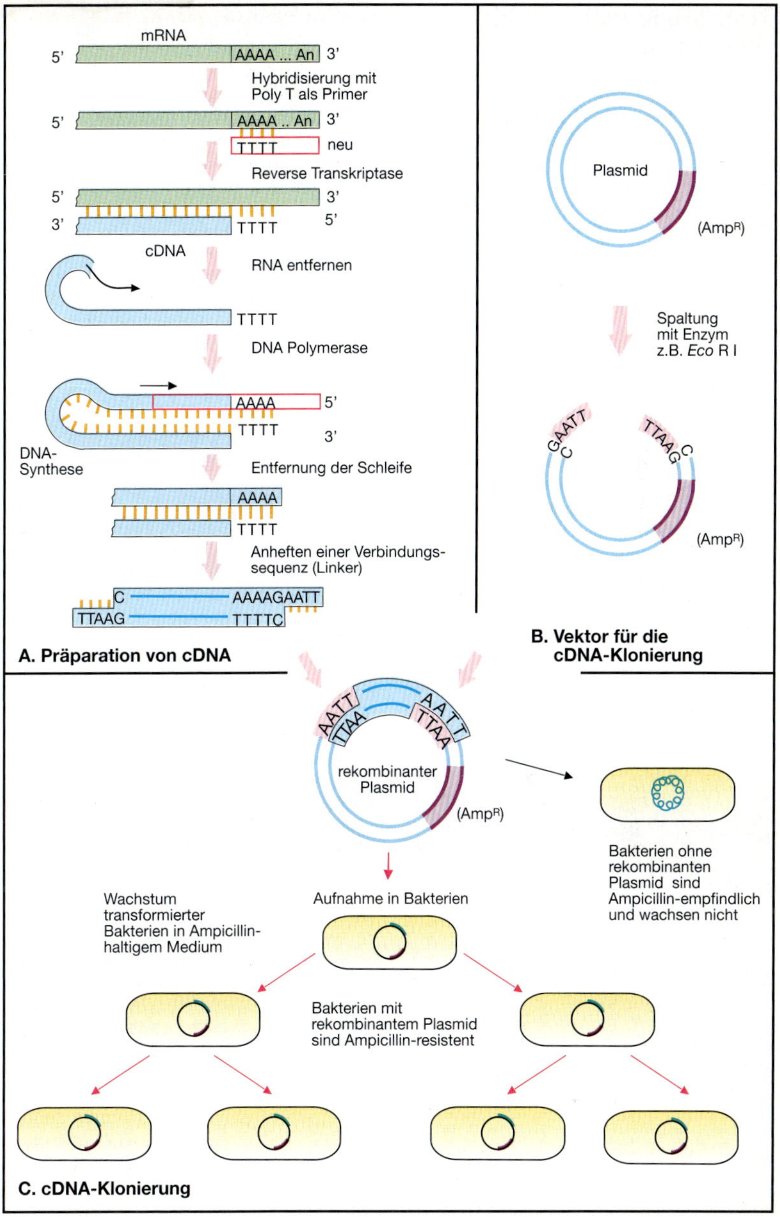

A. Präparation von cDNA

B. Vektor für die cDNA-Klonierung

C. cDNA-Klonierung

Restriktionsanalyse mittels Southern-Blot-Verfahren

Restriktionsanalyse ist die Untersuchung eines DNA-Abschnitts mittels Restriktionsenzymen. Es ist eine wichtige Methode für die molekulargenetische Diagnostik genetisch bedingter Krankheiten. Sie erfordert keine Klonierung, Sequenzierung oder komplexe biochemische Verfahren.

A. Southern-Blot-Verfahren zur Identifizierung eines Gens

Ausgangspunkt der Analyse ist Gesamt-DNA (1). Die DNA wird isoliert und mit einem Restriktionsenzym gespalten (2). In einem dieser zunächst noch nicht identifizierten Fragmente befindet sich das gesuchte Gen oder Teil des Gens. In einem elektrischen Feld (Elektrophorese) werden die Fragmente in einem Gel (meist Agarose) nach Größe sortiert (3). Je kleiner ein Fragment, desto rascher läuft es, je größer, desto langsamer.
Dann folgt der eigentliche Southern-Blot, benannt nach E. M. Southern aus Edinburgh: die im Gel enthaltenen DNA-Fragmente werden auf eine Membran aus Nitrocellulose oder Nylon übertragen (4). Dort wird die DNA mit Alkali denaturiert (einsträngig gemacht) und unter Einwirkung mäßiger Hitze (ca. 80 °C) oder UV-Vernetzung auf der Membran befestigt. Anschließend wird mit einer Sonde aus komplementärer einsträngiger DNA (genomische DNA oder cDNA) aus dem Gen inkubiert (5). Die Sonde hybridisiert nur mit dem gesuchten, komplementären Fragment, nicht mit anderen. Da die Sonde markiert ist (meist radioaktiv ^{32}P, aber unter bestimmten Voraussetzungen auch nicht-radioaktiv markiert), kann das gesuchte Fragment mit einem auf die Membran gelegten Röntgenfilm identifiziert werden, wo es nach Entwicklung des Films (Autoradiogramm) als schwarzes Band erscheint (6). Die der Position entsprechende Größe wird bei der Elektrophorese durch mitgelaufene DNA-Fragmente bekannter Größe bestimmt.

B. Restriktionsfragment-Längenpolymorphismus (RFLP)

Etwa alle 100 Basenpaare unterscheidet sich die Nucleotidsequenz eines DNA-Abschnitts verschiedener Individuen (DNA-Polymorphismus). Deshalb kann die Erkennungssequenz eines Restriktionsenzyms auf einem Chromosom vorhanden sein, auf dem anderen aber nicht. In diesem Fall unterscheidet sich die Größe eines Restriktionsfragments (Restriktionsfragment-Längenpolymorphismus, RFLP). Ein Beispiel wird an zwei 5 kb (5.000 Basenpaare) langen DNA-Abschnitten gezeigt. In dem einen ist die mittlere Schnittstelle vorhanden (Allel 1), in dem anderen (Allel 2) fehlt sie. Im Southern-Blot kann man unterscheiden, ob je ein Individuum an dieser Stelle homozygot 1-1 (zwei Allele 1, kein 5 kb-Fragment), heterozygot 1-2 (je ein Allel 1 und 2) oder homozygot 2-2 (zwei Allele 2) ist. Läge eine gesuchte Mutation auf dem 5 kb-Fragment, so würde dieses die Mutation anzeigen bzw. bei Abwesenheit auf das Fehlen der Mutation hindeuten.

C. Andere DNA-Polymorphismen

Bestimmte Basensequenzen können aneinandergereiht wiederholt auftreten (Tandem-Repeat). Ihre Anzahl kann als Polymorphismus variieren (Variable Number Tandem Repeat, VNTR). In einem solchen Abschnitt entscheidet die Anzahl der vorhandenen Repeats über die Anzahl der vorhandenen Schnittstellen. Es entstehen zahlreiche verschieden große DNA-Fragmente. Vier Fragmente von 2.0, 2.5, 3.0 und 3.5 kb Größe werden dargestellt. Diese können insgesamt 10 verschiedene allele Kombinationen bilden. Davon hat jedes Individuum eine Kombination, und es besteht deshalb eine hohe Wahrscheinlichkeit, daß sich zwei nicht verwandte Individuen in einem gegebenen DNA-Abschnitt unterscheiden. Dies kann zur genetischen Analyse verwendet werden (vgl. Formale Genetik). Wegen ihrer extremen Individualität sind einige DNA-Markersysteme für forensische Zwecke verwendbar.

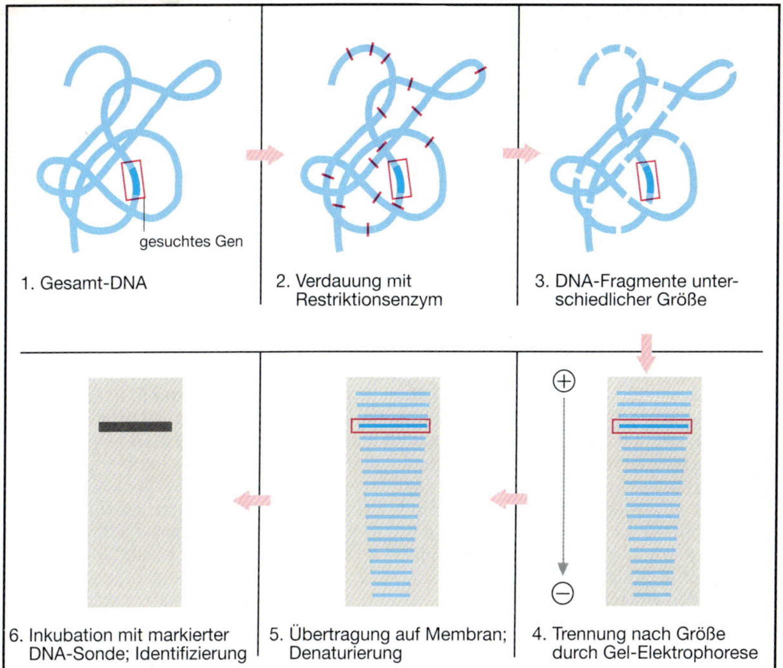

A. Southern-Blot-Verfahren zur Identifizierung eines Gens

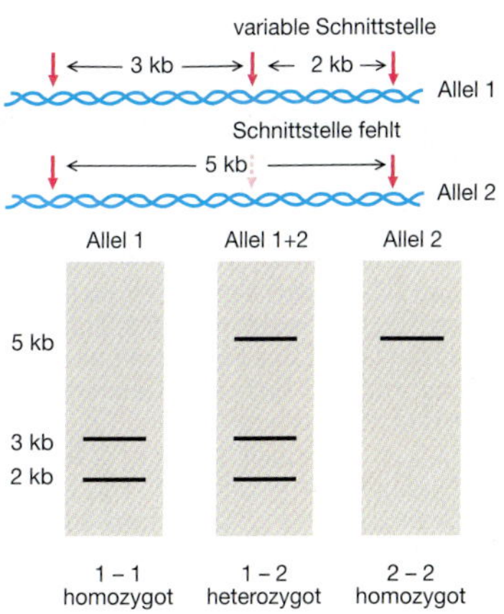

B. Restriktionsfragment-Längenpolymorphismus (RFLP)

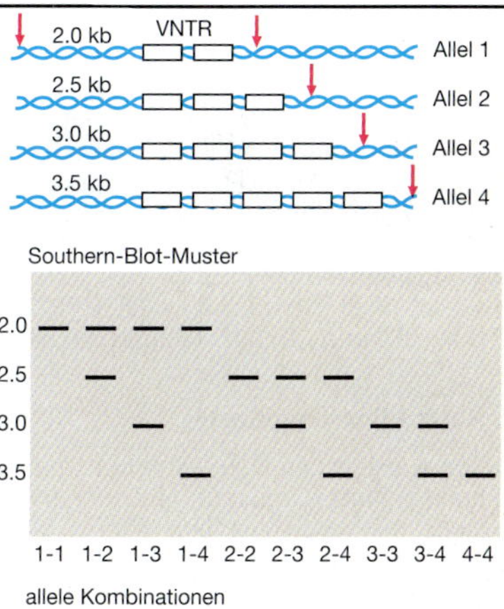

C. Andere DNA-Polymorphismen

Restriktionskartierung

Restriktionsendonucleasen (Restriktionsenzyme) sind DNA-schneidende Enzyme. Jedes Enzym erkennt eine spezifische Sequenz von 4–8 (meist 6) Nucleotiden (Schnittstelle). Es spaltet DNA in Fragmente, deren Größe vom Vorkommen der Schnittstellen abhängt.

A. Spezifische Erkennungssequenzen

Dargestellt wird, wie drei häufig verwendete Restriktionsenzyme schneiden, *Eco*-RI, *Hin*dIII und *Hpa*I. *Eco*I und *Hin*dIII schneiden „palindromisch", d.h. die Schnittstelle liegt asymmetrisch um eine Achse, an der spiegelbildlich komplementäre einsträngige DNA-Abschnitte entstehen. Diese stimmen mit der des gegenüberliegenden Strangs in Gegenrichtung überein. Sie können deshalb mit einem DNA-Fragment verbunden werden, dessen Enden komplementäre einsträngige Einzelstrangsequenzen enthält. *Hpa*I schneidet beide DNA-Stränge so, daß keine einsträngigen Enden entstehen.

B. Beispiele für Restriktionsenzyme

Es werden die Erkennungssequenzen einiger Restriktionsenzyme gezeigt. Die Namen der Enzyme sind vom Bakterium abgeleitet, in dem sie vorkommen, z.B. *Eco*RI von *Escherichia coli* Restriktionsenzym I etc. Einige Enzyme haben eine Schnittstelle mit eingeschränkter Spezifität. Bei *Hin*dII genügt es, daß die beiden mittleren Nucleotide ein Pyrimidin bzw. Purin sind (GTPyPuAC), aber es ist gleichgültig, ob dies Thymin (T) oder Cytosin (C) bzw. Adenin (A) oder Guanin (G) ist.

C. Restriktionsfragmente

In einem gegebenen DNA-Abschnitt kommen Erkennungssequenzen eines Restriktionsenzyms unterschiedlich häufig vor. Dadurch sind die Schnittstellen verschieden weit voneinander entfernt. Es entstehen nach Verdauung mit einem Restriktionsenzym verschieden große DNA-Fragmente (Restriktionsfragmente). Ein Restriktionsenzym spaltet jeden Abschnitt DNA in eine Serie von DNA-Fragmenten charakteristischer Größe. Einige Restriktionsenzyme haben nur selten vorkommende Erkennungssequenzen, so daß sie nur selten schneiden und sehr große Fragmente bilden.

D. Bestimmung der Lage von Schnittstellen

Da die Größe der Fragmente die relative Lage der Schnittstellen widerspiegelt, kann man dies zur Charakterisierung eines DNA-Abschnitts verwenden (Restriktionskarte). Entstehen auf einem DNA-Abschnitt von 10 kb Länge nach Einwirkung von zwei Enzymen A und B drei Fragmente von 2 kb, 3 kb und 5 kb Größe, kann man die relative Lage der Schnittstellen feststellen, indem man in einem weiteren Experiment nur Enzym A bzw. nur Enzym B einwirken läßt. Wenn Enzym A zwei Fragmente von 3 kb und 7 kb, Enzym B zwei Fragmente von 2 kb und 8 kb entstehen läßt, müssen die beiden Schnittstellen von Enzym A und B 5 kb auseinanderliegen. Links von der Schnittstelle von Enzym A liegen 3 kb, rechts von der Schnittstelle von Enzym B 2 kb (1 kb entspricht 1000 Basenpaaren).

E. Restriktionskarte

Ein gegebener DNA-Abschnitt kann durch das Verteilungsmuster der Schnittstellen charakterisiert werden. Im gezeigten Beispiel ist ein DNA-Abschnitt durch Verteilung der Schnittstellen für die Enzyme E (*Eco*RI) und H (*Hin*dIII) gekennzeichnet. Zwischen den einzelnen Schnittstellen liegen definierte Abstände, die durch die Größe der Fragmente nach Verdauung mit dem Enzym definiert werden. Eine Restriktionskarte ist eine lineare Sequenz von Schnittstellen mit definierten Abständen entlang der DNA. Die Restriktionskartierung hat erhebliche Bedeutung in der Medizinischen Genetik und in der Evolutionsforschung.

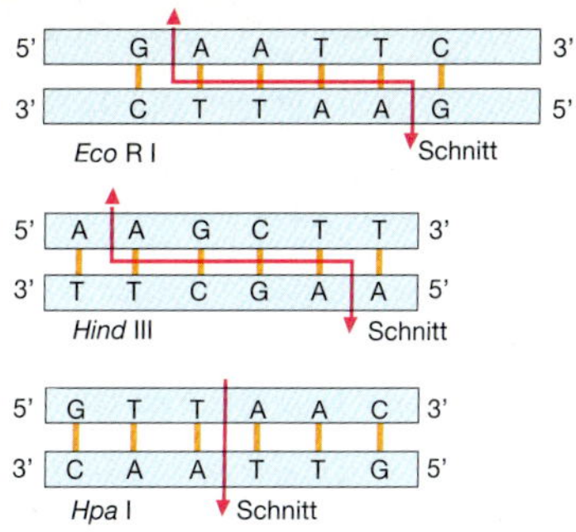

A. Spezifische Erkennungssequenzen

Erkennungssequenz (Schnitt / Symmetrieachse)	Enzym	Mikrobe
5' GAA TTC CTT AAG	*Eco* R I	*Escherichia coli* KY 13
5' GTPy PuAC CAPu PyTG	*Hind* II	*Haemophilus influenzae* Rd
5' AAG CTT TTC GAA	*Hind* III	*Haemophilus influenzae* Rd
5' GTT AAC CAA TTG	*Hpa* I	*Haemophilus parainfluenzae*
5' CC GG GG CC	*Hpa* II	*Haemophilus aphrophilus*
5' GG CC CC GG	*Hae* III	*Haemophilus aegyptius*

B. Beispiele für Restriktionsenzyme

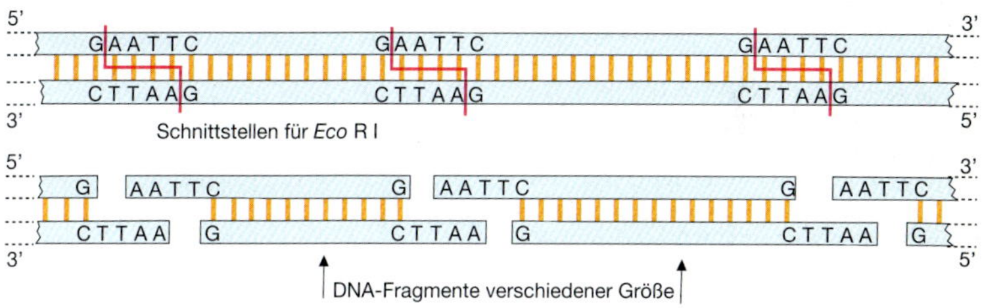

C. Restriktionsfragmente

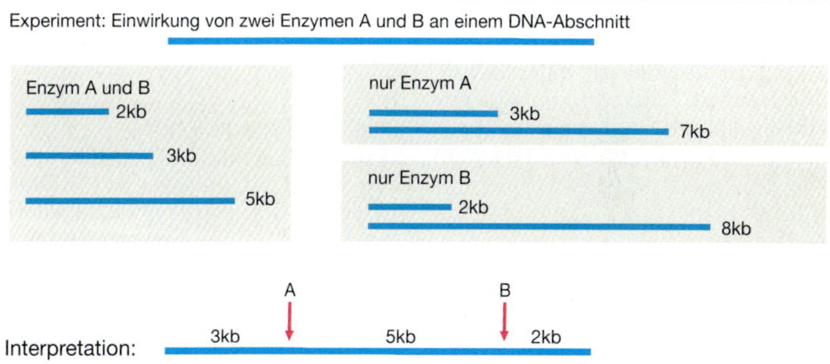

D. Bestimmung der Lage von Schnittstellen

E. Restriktionskarte

Nachweis von Mutationen mittels RFLP-Analyse

Mit einer Vielzahl von Verfahren kann eine Mutation festgestellt werden, ohne die geänderte Nucleotid-Basensequenz direkt feststellen zu müssen. Voraussetzung ist die Verfügbarkeit einer Sonde aus dem untersuchten Gen oder Genbereich und die Kenntnis des normalen Southern-Blot-Muster nach Restriktionsanalyse des zu untersuchenden Gens (vgl. S. 64).

A. Direkter Nachweis einer partiellen Deletion

Eine partielle Deletion kann ein verändertes Muster im Southern Blot verursachen. Es werden zwei Gene (α2 und α1) des α-Globins gezeigt (1). Sie befinden sich auf einem Restriktionsfragment von 14.5 kb Länge. Wenn infolge einer partiellen Deletion, z. B. eines Abschnitts von etwa 4.5 kb, ein Teil des α2- und ein Teil des α1-Gens verlorengegangen sind, entsteht in diesem Bereich ein Fragment von 10.5 kb anstatt von 14.5 kb (2). Drei Genotypen sind möglich (3), zwei normale Gene α2 und α1, repräsentiert durch ein Fragment mit 14.5 kb Länge, ein normaler DNA-Abschnitt (14.5 kb) und einer mit Deletion (10.5 kb) oder Deletion in beiden Genabschnitten (nur ein Fragment von 10.5 kb). Dies läßt sich im Southern-Blot-Muster mit einer Sonde für das Gen α1 direkt nachweisen (4).

B. Indirekter Nachweis einer Mutation durch RFLP-Analyse

Indirekt kann eine Mutation durch einen Unterschied (Polymorphismus) in der Basenabfolge eines mutanten und des normalen Genabschnitts nachgewiesen werden (Restriktionsfragment-Längenpolymorphismus, RFLP, vgl. S. 64). Unterscheiden sich zum Beispiel zwei gleiche DNA-Abschnitte durch eine polymorphe Erkennungssequenz für ein Restriktionsenzym, so entstehen nach Spaltung mit diesem Enzym unterschiedlich große DNA-Fragmente, hier von 7 kb und 6 kb bzw. 13 kb Länge (1). Ist die Mutation in dem 13 kb-Fragment eingetreten (2), so zeigt dieses Fragment die Anwesenheit der Mutation an. In dem gegebenen DNA-Abschnitt gibt es drei Möglichkeiten (Genotypen): zwei Fragmente von 7 kb ohne Mutation, ein Fragment von 7 kb (normal) und ein Fragment von 13 kb (das die Mutation trägt), sowie zwei mutationstragende Fragmente von 13 kb (3). Im Southern Blot (4) wird ermittelt, ob die untersuchte Person homozygot normal ist (wenn sie kein Fragment von 13 kb hat), heterozygot ist (ein Fragment von 7 kb und ein Fragment von 13 kb) oder homozygot für die Mutation ist (zwei 13 kb Fragmente).
Voraussetzung für die indirekte Analyse ist die vorherige Kenntnis, auf welchem der DNA-Fragmente die Mutation liegt. Der beobachtete Unterschied ist nicht Folge der Mutation wie in A. Unterscheidet sich das Southern-Blot-Muster von Erkrankten und Nichterkrankten nicht, so ist mit dieser Methode keine Aussage möglich.

C. Nachweis einer Punktmutation durch geänderte Schnittstelle

Durch eine Mutation kann eine Schnittstelle geändert werden. Zum Beispiel geht bei der Sichelzell-Mutation im β-Gen von Hämoglobin (vgl. S. 282) in Codon 6 des β-Gens (1) eine Schnittstelle für das Enzym *Mst*II (CCTN*A*GG statt CCTN*T*GG) verloren, weil das A (Adenin) durch T (Thymin) ersetzt worden ist (2). Während in diesem Bereich das normale Allel (ßA) ein 1.15 kb großes Fragment nach *Mst*II Verdauung erzeugt, eliminiert die Mutation die mittlere Schnittstelle, und es entsteht ein 1.35 kb großes Fragment. Das 1.35 kb-Fragment im Southern Blot zeigt (3) die Anwesenheit der Sichelzell-Mutation (β^S). Dadurch können homozygot normale Individuen (AA), Heterozygote (AS) und Homozygote für die Sichelzell-Mutation (SS) eindeutig unterschieden werden. Eine präzise Genotyp-Diagnose ist möglich.

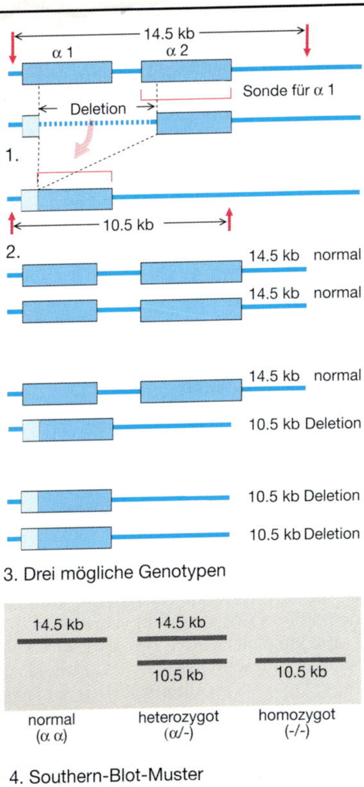

A. Direkter Nachweis einer partiellen Deletion

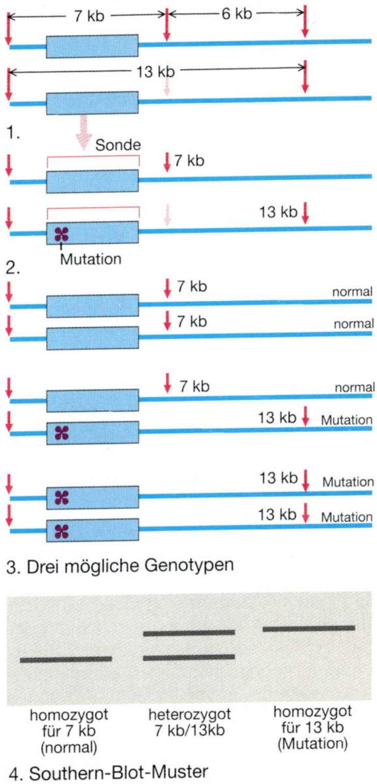

B. Indirekter Nachweis einer Mutation durch RFLP-Analyse

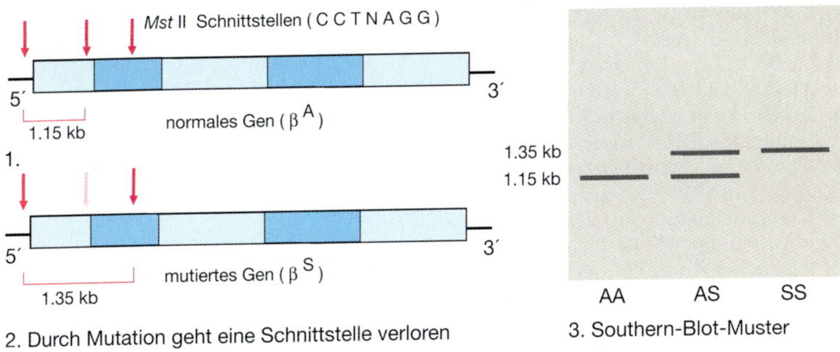

C. Nachweis einer Punktmutation durch geänderte Schnittstelle

Nachweis von Mutationen ohne Sequenzierung

Neben dem Nachweis einer Mutation durch unterschiedliche DNA-Fragmente im Southern-Blot (S. 64) beruhen andere Verfahren darauf, daß durch die Mutation das Verhalten der DNA in diesem Bereich bei Hybridisierung verändert wird. Unvollständige Hybridisierung wird mittels kurzer Abschnitte einsträngiger DNA (Oligonucleotide) ermittelt, deren Sequenz dem untersuchten Bereich komplementär sind (vgl. A). Andere Verfahren beruhen darauf, daß die Mutation zu unvollständiger Hybridisierung mit mRNA führt (B), oder daß unvollständige Hybridisierung von normaler und mutanter DNA weniger stabil ist als normale DNA.

A. Nachweis einer Punktmutation durch Oligonucleotide

Mit Hilfe eines kurzen Abschnitts DNA (Oligonucleotid) kann geprüft werden, ob sich in einem komplementären DNA-Abschnitt eine Mutation befindet (1,2). Ein Oligonucleotid ist ein synthetisch hergestellter DNA-Abschnitt von knapp 20 Nucleotiden, dessen Sequenzen komplementär zu einem entsprechenden Abschnitt des zu untersuchenden Gens ist. Es hybridisiert vollständig (3). Liegt in diesem Bereich eine Mutation, hier von G nach A (1), so ist die Hybridisierung an dieser Stelle nicht perfekt (Mismatch) (4). Dagegen hybridisiert ein Oligonucleotid vollständig, das dem DNA-Abschnitt mit der Mutation komplementär ist (allelspezifisches Oligonucleotid, ASO) (5). Dies hybridisiert mit der normalen DNA unvollständig (6). Durch parallele Verwendung beider Nucleotide kann zwischen mutanter und nicht-mutanter DNA unterschieden werden. Das Testergebnis (7) zeigt die Hybridisierung von DNA mit der Mutation und der Kontrolle durch die allelspezifischen Oligonucleotide (ASO 1 für die Mutation, ASO 2 für die Kontrolle). Die Hybridisierung wird durch ein Signal angezeigt (Dot-Blot Analyse).

B. Nachweis einer Punktmutation durch Ribonuclease A-Spaltung

Dieses Verfahren beruht darauf, daß normalerweise ein DNA-Strang vollständig mit mRNA aus diesem Bereich hybridisiert. Vollständig hybridisierte DNA und mRNA sind vor der Einwirkung des RNA-spaltenden Enzyms Ribonuclease A geschützt. Die Hybridisierung ist im Bereich einer Mutation unvollständig. An dieser Stelle wird mRNA von Ribonuclease A (RNase A) gespalten. Dies kann im Southern-Blot nachgewiesen werden. Es entstehen zwei Fragmente, die zusammen der Größe des vollständig hybridisierten Fragments entsprechen (600 Basenpaare [bp] bzw. 400 und 200 bp).

C. Nachweis einer Mutation durch Denaturierungs-Elektrophorese

Dieses Verfahren beruht auf dem Nachweis eines Unterschieds in der Stabilität eines DNA-Abschnitts mit und ohne Mutation. Während doppelsträngige DNA einer Kontrollperson vollständig komplementär ist (Homoduplex), kommt es bei Vorliegen einer Mutation zu einem Mismatch in diesem Bereich (Heteroduplex). Diese DNA ist weniger stabil als vollständig komplementäre DNA-Stränge (sie hat einen niedrigeren Schmelzpunkt). Bringt man normale DNA (Kontrolle) und DNA mit der Mutation in ein Gel mit einem Gradienten zunehmender Konzentration von Formamid (Denaturierungsgel), so lassen sich mutante und normale DNA anschließend im Southern-Blot unterscheiden. Während die normale DNA zunächst stabil bleibt und erst bei einer höheren Konzentration von Formamid disoziiert und nicht mehr weiter wandert, denaturiert mutante DNA früher, so daß sie weniger weit wandert.

Literaturhinweis

Caskey, C.T.: Disease diagnosis by recombinant DNA methods. Science *236*: 1223-29, 1987.

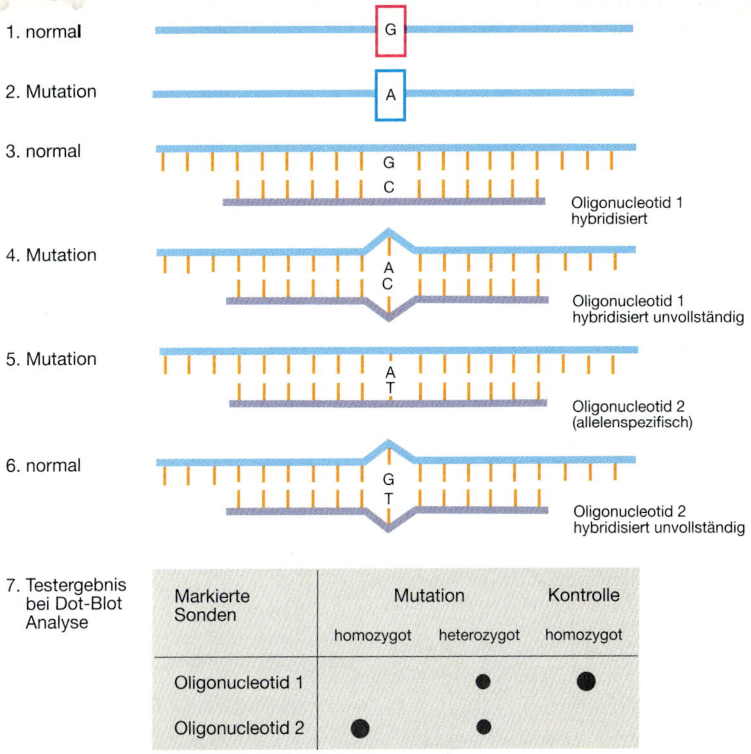

A. Nachweis einer Punktmutation durch Oligonucleotide

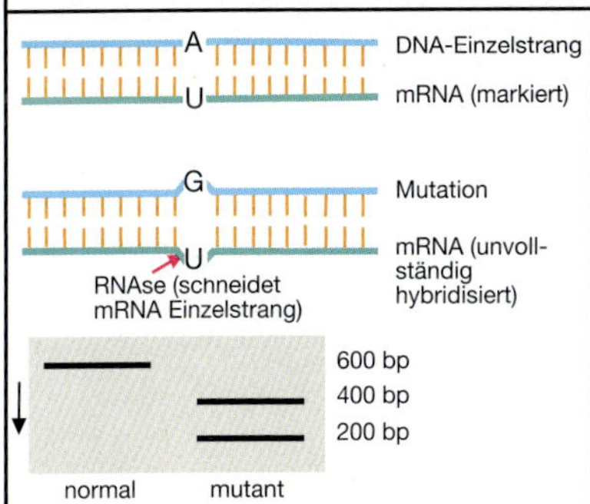

B. Nachweis einer Punktmutation durch Ribonuclease-A-Spaltung

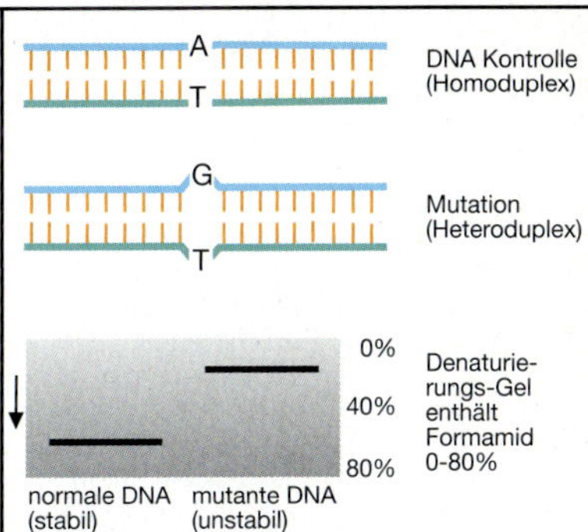

C. Nachweis einer Mutation durch Denaturierungs-Elektrophorese

DNA-Amplifikation (Polymerase-Kettenreaktion, PCR)

Mittels eines Systems aufeinander folgender DNA-Synthesen kann ein DNA-Abschnitt vermehrt (amplifiziert) werden, ohne lebende Zellen wie Bakterien verwenden zu müssen. Da es sich um eine Serie von DNA-Polymerase-Reaktionen handelt, wird diese Technik Polymerase-Kettenreaktion genannt (Polymerase Chain Reaction, PCR). Mit dieser 1985 eingeführten Methode kann ein DNA-Abschnitt, der ursprünglich nur in einer Kopie vorliegt, millionenfach angereichert werden, um in genügender Menge für Untersuchungen, z. B. Nachweis einer Mutation zur Verfügung zu stehen.

A. Polymerase-Kettenreaktion

Zunächst wird der zu amplifizierende DNA-Abschnitt in Einzelstrang-DNA überführt (denaturiert). Diese dienen als Vorlage zur Synthese neuer DNA. Als Primer für die DNA-Synthese verwendet man synthetische Oligonucleotide.

Jeder Verdopplungszyklus besteht aus drei zeitlich genau aufeinander abgestimmten Reaktionen, für die verschiedene Temperaturen erforderlich sind. Zunächst erfolgt die Denaturierung des zu vermehrenden DNA-Abschnitts (in Einzelstrang-DNA bringen), dann Abkühlung und Hybridisierung mit den Oligonucleotiden (Anheften der Primer), dann Inkubation mit DNA-Polymerase und den vier Deoxyribonucleotid-Triphosphaten, so daß neue DNA gebildet werden kann (DNA-Synthese). Bei jedem Zyklus dient die bereits vorhandene DNA als Vorlage. Dadurch wird bei jedem Zyklus die DNA verdoppelt. Der nächste Zyklus beginnt mit erneutem Erhitzen, um DNA-Einzelstränge zu bilden, Abkühlung zur Anheftung des Primers, gefolgt von neuer DNA-Synthese. Durch Automatisierung ist es möglich, in wenigen Stunden über 30 Zyklen ablaufen zu lassen, so daß die Ausgangs-DNA in exponentieller Anzahl Kopien vorliegt.

Die PCR-Methode ist in der Medizinischen Genetik und der gesamten Molekulargenetik zu einem der wichtigsten Verfahren geworden, weil geringe Ausgangsmengen analysiert werden können.

B. cDNA-Amplifizierung

Eine teilweise bekannte Aminosäuren-Sequenz (AS) eines Proteins kann als Ausgangspunkt zur Amplifizierung von cDNA dienen. Aus der Aminosäuren-Sequenz kann man die Sequenz der komplementären DNA (cDNA) deduzieren. Synthetische Oligonucleotide dienen als Primer für die Synthese des codierenden (Sense) und des nicht-codierenden Stranges (Antisense) (1). Aus einer Serie verschiedener mRNA-Moleküle wird mittels Reverser Transkriptase cDNA gebildet (2). Nachdem durch alkalische Hydrolyse die mRNA entfernt worden ist, kann die verbliebene cDNA als Vorlage für die Bildung neuer DNA dienen (vgl. S. 62). Das Sense-Oligonucleotid dient als Primer für die Bildung des nicht transkribierten (Antisense) DNA-Stranges und das Antisense-Oligonucleotid dient als Primer für die Bildung des transkribierten DNA-Stranges (Sense-Strang). Das Ergebnis ist neue DNA, deren Nucleotid-Sequenz der ursprünglichen Aminosäuren-Sequenz entspricht. Diese kann nunmehr mittels PCR weiter spezifisch amplifiziert werden (3).

Literaturhinweise

Erlich, H. A. & Arnheim, N.: Genetic analysis with the polymerase chain reaction. Ann. Rev. Genet. *26* : 479–506, 1992.

Volkenandt, M., Löhr, M. & Dicker, A. P.: Gen-Amplikation durch Polymerase-Kettenreaktion. Dtsch. Med. Wschr. *17* : 670–676, 1990.

White, T. J., Arnheim, N. & Erlich, H. A.: The polymerase chain reaction. Trends Genet. *5* : 185–189, 1989.

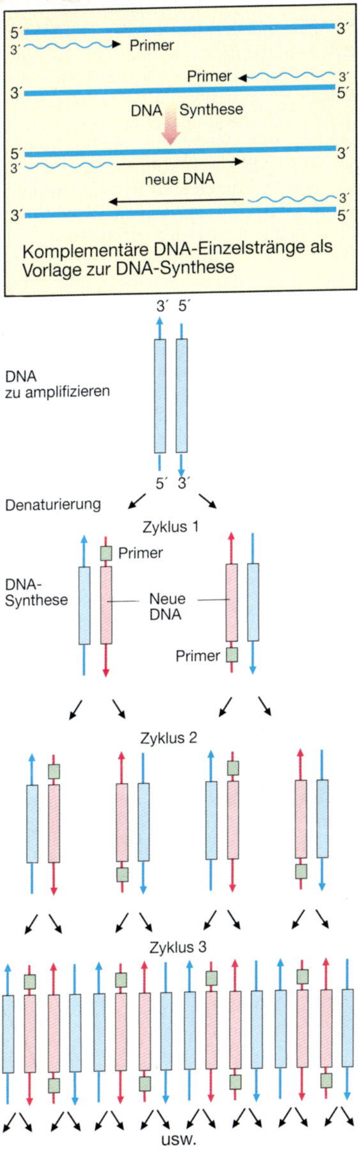

A. Polymerase-Kettenreaktion (PCR)

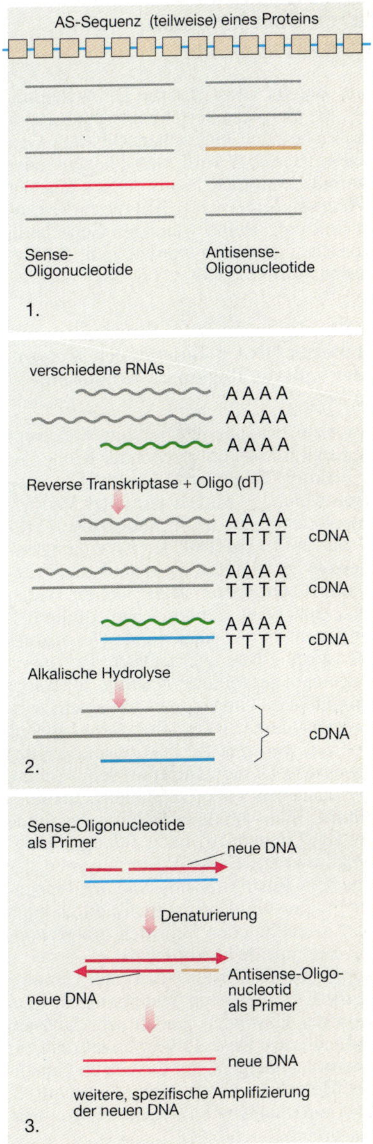

B. cDNA-Amplifizierung

Auffinden eines neuen Gens durch überlappende DNA-Fragmente

Eine bereits identifizierte DNA-Region, z. B. ein Gen, kann als Ausgangspunkt für die Suche nach einem benachbarten Gen dienen. Benötigt wird eine Phagen- oder Cosmid-Bibliothek aus genomischer DNA (vgl. S. 58 u. 60). Mit dieser Methode sind eine Reihe wichtiger Gene beim Menschen gefunden worden, z. B. für Cystische Fibrose (1989, vgl S. 332).

A. Überlappende DNA-Fragmente klonierter DNA definieren den Weg zu einer anderen Region („Chromosome walking")

Von dem bekannten Abschnitt A bewegt man sich mittels überlappender Klone (20 bis 40 kb) in die gesuchte Region (Chromosome walking). Mittels partieller Verdauung erreicht man, daß im statistischen Mittel nur an einem Teil der Erkennungssequenzen geschnitten wird und die Fragmente überlappen. Man isoliert einen Klon aus einer genomischen Bibliothek (Fragment 1) mit einer Sonde (A) aus genomischer DNA oder cDNA. Da dieses Fragment mit einem anderen überlappt (Fragment 2), kann man es mit einem Subfragment (Sonde B) aus Fragment 1 identifizieren, weil das Restriktionsmuster des Endes eines Fragments mit dem Anfang des nächsten (überlappenden) übereinstimmt. Man subkloniert zuvor ein Ende (B) von Fragment 1. Jedes folgende Fragment wird auf diese Weise aufgrund der gleichen Restriktionsmuster überlappender Fragmente identifiziert. Dadurch kann man in zahlreichen Schritten einige hundert Basenpaare überbrücken.
Angesichts der Größe eukaryoter Genome ist die Chromosomen-Wanderung in Phagen oder Cosmiden jedoch sehr langsam und mühsam. Deshalb verwendet man zur Überbrückung größerer Distanzen künstliche Hefechromosomen (YACs) (vgl. S. 104) oder andere Strategien (Chromosome jumping).

B. Chromosome jumping

Bei diesem Vorgehen werden DNA-Strecken von mehreren hundert kb in einem Schritt übersprungen. Durch Verwendung selten schneidender Restriktionsenzyme (z. B. *Not*I, dessen Erkennungssequenz im Genom des Menschen durchschnittlich nur alle 1000 kb vorkommt), beginnt man mit großen Fragmenten (im Gegensatz zu ca. 20 kb bei Chromosomen-Wanderung). Die Fragmente werden zirkularisiert. Dadurch werden auseinander liegende Abschnitte (A und E) einander angenähert. Zusätzlich wird eine Markersequenz zur Identifizierung rekombinanter Klone eingebaut. Anschließend werden mit einem der üblichen Restriktionsenzyme die dazwischen liegenden Abschnitte (B bis D) eingeschnitten und entfernt.
Die in der genomischen DNA entfernt liegenden, durch Zirkularisierung verbundenen Fragmente werden in Phagen kloniert und daraus eine Bibliothek angelegt ("Jumping-Bibliothek"). Mit Hilfe einer Sonde für den Abschnitt A kann der Abschnitt (E) aus der Bibliothek isoliert werden. Auf diese Weise ist ein Sprung über größere Abstände von jeweils mehreren hundert kb möglich.
Eine Serie überlappender DNA-Fragmente bezeichnet man als contig (contiguous sequences), vgl. Seite 271.

Literaturhinweise

Davies, K. E. & Reed, A. P.: Molecular Basis of Inherited Disease. Second edition. IRL Press, Washington, 1992.

Watson, J. D., Gilman, M., Witkowski, J., Zoller, M.: Recombinant DNA. 2nd Ed., Scientific American Books, W. H. Freeman and Co., New York, 1992.

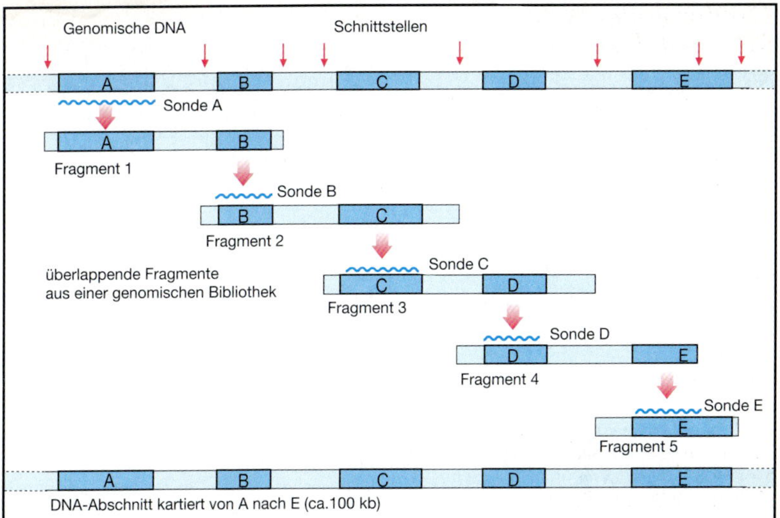

A. Überlappende DNA-Fragmente klonierter DNA definieren den Weg zu einer anderen Region ("Chromosome walking")

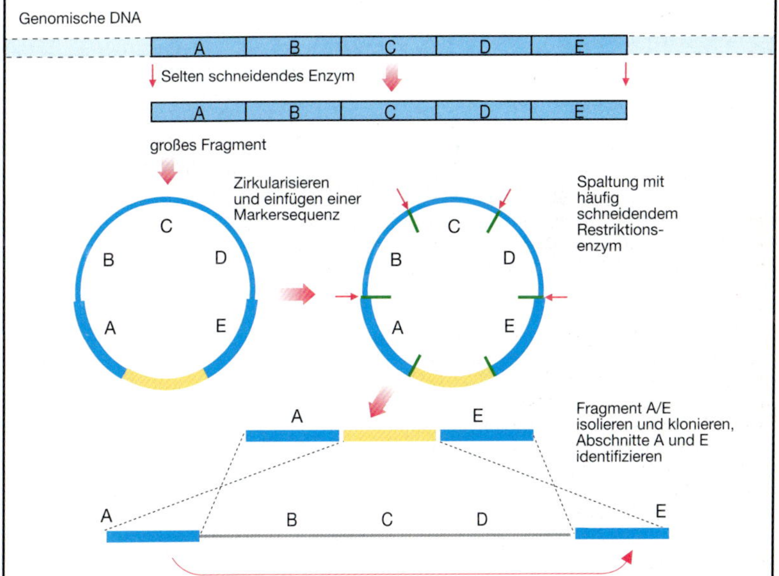

B. "Chromosome jumping"

Identifizierung eines codierenden DNA-Abschnitts

Für die Identifizierung eines gesuchten Gens existieren zahlreiche Methoden, ohne daß größere Abschnitte von DNA sequenziert werden müssen. Hier wird ein Beispiel vorgestellt.

A. Mikrosezierung von Metaphase-Chromosomen

Wenn die chromosomale Lage des gesuchten Gens bekannt ist, kann dieser Bereich mittels Mikrosezierung aus Metaphase-Chromosomen herausgeschnitten werden (Pfeile). Dies hat den Vorteil, daß alle anderen chromosomalen Abschnitte eliminiert sind. Allerdings ist dieses erstmals von B. Horsthemke und Mitarbeitern angewandte Verfahren (Lüdecke et al., 1989) sehr aufwendig (Photo aus K. Buiting et al., Genomics *6*:521–527, 1990).

B. Artifizielle Hefechromosomen (YACs)

Große DNA-Fragmente (200–300 kb) können in Hefezellen vermehrt werden. Sie werden in künstliche Hefechromosomen (Yeast artificial chromosome, YAC, s. S. 104) aufgenommen und darin vermehrt. Die Photographie zeigt eine Transverse Alternierende Feld-Elektrophorese (TAFE) mit neun Bahnen, die nach Ethidium-Bromid-Färbung sechs (Bahn 2–7), verschieden große Fragmente enthalten. Sie entsprechen den natürlichen Hefechromosomen. In jeder Bahn findet sich ein zusätzliches Fragment, das einem artifiziellen Hefechromosom entspricht, mit einem gelben Punkt markiert, unterste Bande in Bahn 2 (YAC9), dritte Bande von unten in Bahn 3, 4 und 6 (YAC41, YAC45, YAC51), sowie unterste Bande in Bahn 7 (YAC52). In Bahn 5 wird YAC50 von einem Hefechromosom maskiert (3. Fragment von unten). Bahn 1 ist der Maßstab für die Größe der Fragmente (Präparat von K. Buiting und B. Horsthemke, Essen).

C. Exon-Trapping

In einem unbekannten Abschnitt DNA kann ein Gen daran erkannt werden, daß codierende Segmente (Exons) vorkommen. Deshalb sucht man nach Exons. Das genomische Fragment wird in einen Vektor cloniert, der aus einem starken Promotor- sowie einem Reporter-Gen besteht. Durch die Donor- und Acceptor-Splice-Signale wird ein vorhandenes Exon herausgeschnitten und gemeinsam mit dem genomischen Fragment exprimiert (Exon Trapping). Aus der mRNA wird cDNA gebildet und mittels PCR vermehrt. Anschließend kann das gefangene Exon sequenziert oder anderweitig charakterisiert werden (Abb. nach K. E. Davis und A. P. Read, 1992).

D. Single Strand Conformation Polymorphismus (SSCP)

Dieses Verfahren dient der Feststellung eines Unterschieds in der Nucleotid-Basensequenz durch Mutation bzw. Polymorphismus. Man prüft, ob denaturierte DNA-Abschnitte (Einzelstrang-DNA) gleicher Herkunft sich in der Laufgeschwindigkeit in einer Polyacrylamid-Gelelektrophorese unter verschiedenen Bedingungen wie Änderung der Temperatur, des pH, etc. unterscheiden. Durch eine Basensubstitution resultiert unter Umständen ein Unterschied in der räumlichen Anordnung (Konformation) des DNA-Abschnitts und einem Mobilitätsunterschied (Bahn 4, Pfeil, Polyacrylamidgel-Elektrophorese und Silberfärbung, D. Lohmann, Essen).

E. „Zoo-Blot"

Die Kreuzhybridisierung von DNA über Spezies-Grenzen hinweg („Zoo-Blot") ist ein Indiz für codierende Sequenzen, weil Gene bei verschiedenen Organismen ähnliche Struktur haben.

Literaturhinweise

Davies, K. E., & Read, A. P.: Molecular Basis of Inherited Disease. 2nd edition, IRL-Press, Oxford, 1992.

Lüdecke, H. J., Senger, G., Claussen, U., Horsthemke, B.: Cloning defined regions of the human genome by microdissection of banded chromosomes and enzymatic amplification. Nature *338* : 348–350, 1989.

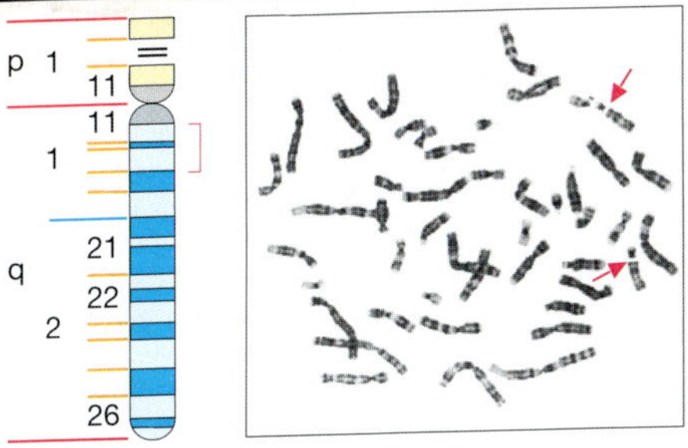

A. Mikrosezierung eines Metaphase-Chromosoms

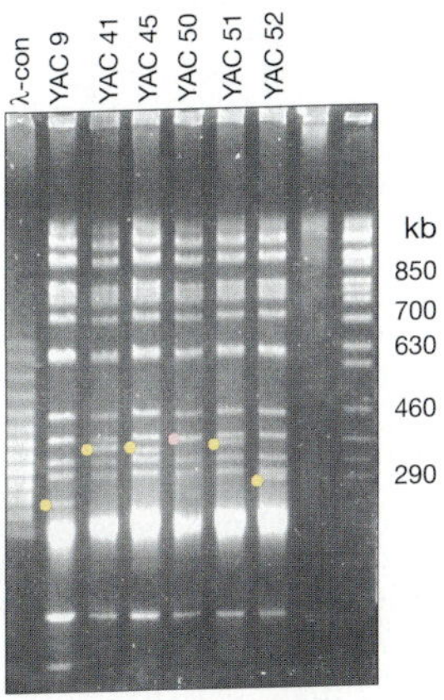

B. Artifizielle Hefechromosomen (YACs) in Pulsfeld-Gelelektrophorese

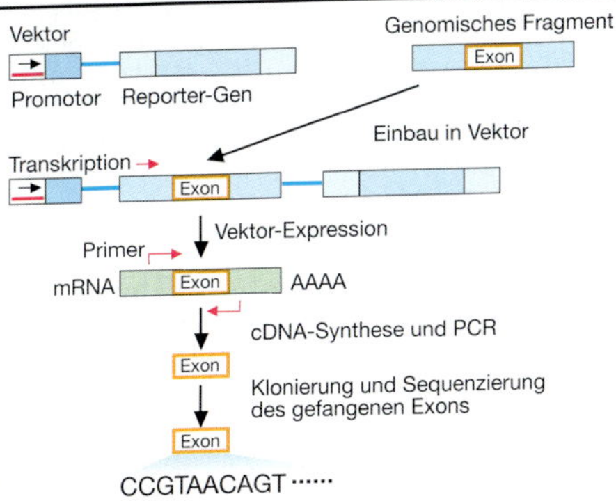

C. Exon Trapping

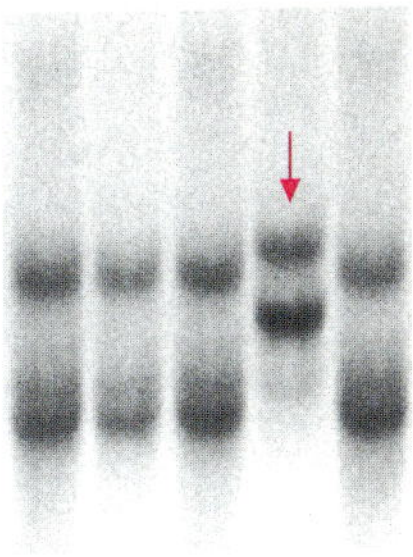

1. Mobilitätsunterschied

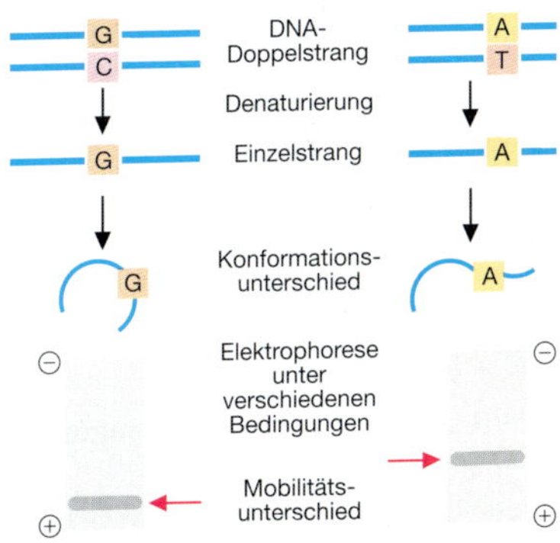

2. DNA-Fragmente mit einem Unterschied

D. Single Strand Conformation Polymorphismus (SSCP)

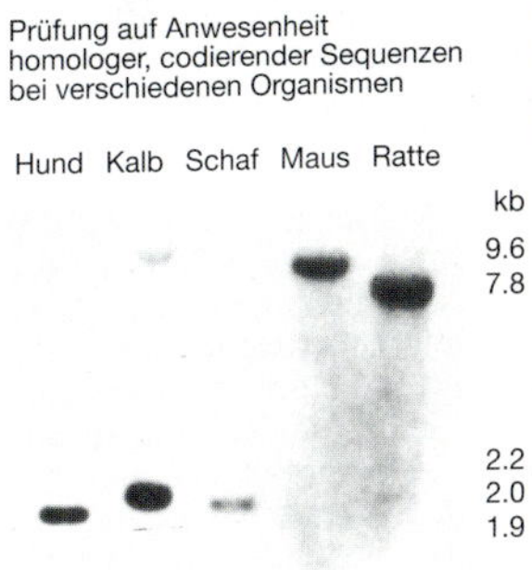

E. "Zoo-Blot"

Isolierung von mutanten Bakterien

Wesentliche Fortschritte der Genetik wurden Anfang der 50er Jahre durch Untersuchungen an Bakterien gemacht. Bakterien haben bestimmte Vorteile gegenüber eukaryoten Organismen, weil sie eine extrem geringe Generationszeit haben, und man Mutanten relativ leicht identifizieren kann. Ein weiterer Vorteil der genetischen Analyse von Prokaryoten liegt darin, daß sie haploid sind. Das Wachstum eines mutanten Bakteriums ist davon abhängig, daß eine bestimmte Substanz im Medium vorhanden ist (Auxotrophie). Bakterienkulturen eignen sich deshalb zur Feststellung von Mutationsereignissen, weil in kurzer Zeit eine praktisch unbegrenzte Anzahl von Zellen geprüft werden kann. Ohne Schwierigkeit ist es möglich, eine Mutante auf 10^7 Kolonien zu entdecken. Eine derartige Effizienz ist bei der genetischen Analyse an eukaryoten Organismen nicht möglich.

A. Replika-Plattierung zur Erkennung von Mutanten

1952 entwickelten Joshua und Esther Lederberg die Replika-Plattierung von Bakterienkulturen. Mit dieser Methode kann man die einzelnen Kulturen einer Agarplatte mit einem Stempel aufnehmen und auf weitere Kulturgefäße mit anderer Zusammensetzung ihres Mediums übertragen. Mutante Bakterien unterscheiden sich im Wachstumsvermögen von nicht mutanten. Es werden mehrere Kolonien in einer Petrischale der Ausgangskultur gezeigt. Jede dieser Kolonien ist ursprünglich aus einer Zelle entstanden. Mittels Replika-Plattierung werden die Kolonien in zwei neue Kulturen übertragen. Die eine Kultur (rechts) enthält im Nährmedium ein Antibiotikum, die andere (links) nicht. Im normalen Medium wachsen alle Kulturen, aber in der Antibiotika-haltigen Kultur nur Kolonien, die aufgrund einer Mutation resistent gegen das Antibiotikum sind. Auf diese Weise lassen sich mutante Kolonien leicht finden.

B. Mutante Bakterien können durch auxotrophes Medium identifiziert werden

Es wird gezeigt, wie zwischen verschiedenen Mutanten unterschieden werden kann, etwa nach Einwirkung einer mutagenen Substanz. Nachdem man die Kultur mit einer mutagenen Substanz behandelt hat, wird zunächst in normalem Nährmedium kultiviert. Durch Replika-Plattierung können die Mutanten identifiziert werden. Die Kultur mit normalem Medium gilt als Kontrolle. Bei einer Kultur mit minimalem Medium, dem eine Reihe von Stoffen fehlen, wachsen zwei Kolonien nicht (auxotrophe Mutanten). Zunächst weiß man nicht, für welchen Wirkstoff die Kolonien auxotroph sind. Fügt man dem minimalen Medium je eine verschiedene Aminosäure zu, z. B. Threonin (Thr) zur einen und Arginin (Arg) zur anderen Kultur, so beobachtet man, daß in dem Threonin-haltigen minimalen Medium die eine Kultur wächst, aber nicht die andere. Diese Kultur ist abhängig von der Anwesenheit von Threonin (Thr-), d. h. auxotroph für Threonin.
Der anderen Kultur mit minimalem Medium wurde Arginin zugesetzt. Hier wächst nur die andere Kolonie. Sie ist auxotroph für Arginin (Arg-). Nachdem die mutanten Kolonien identifiziert wurden, die spezifische Wachstumsbedingungen erfordern, kann deren Natur näher charakterisiert werden. Das Verfahren ist verhältnismäßig einfach und erlaubt die rasche Identifizierung von Mutanten. Viele bakterielle Mutanten werden durch Auxotrophie definiert. Die Wildtyp-Zellen, die keine besonderen zusätzlichen Wachstumsbedingungen benötigen, werden prototroph genannt.

Literaturhinweis

G. S. Stent & R. Calendar: Molecular Genetics. An Introductory Narrative. 2nd ed., W. H. Freeman & Co, San Francisco, 1978.

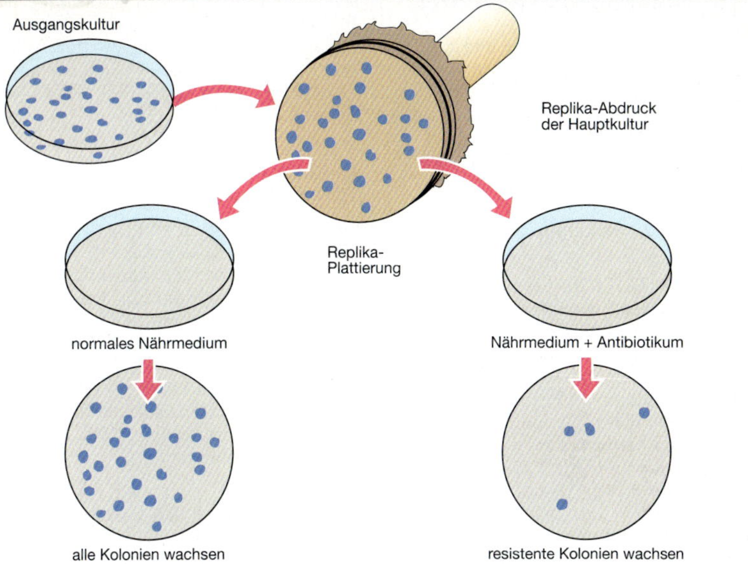

A. Replika-Plattierung zur Erkennung von Mutanten

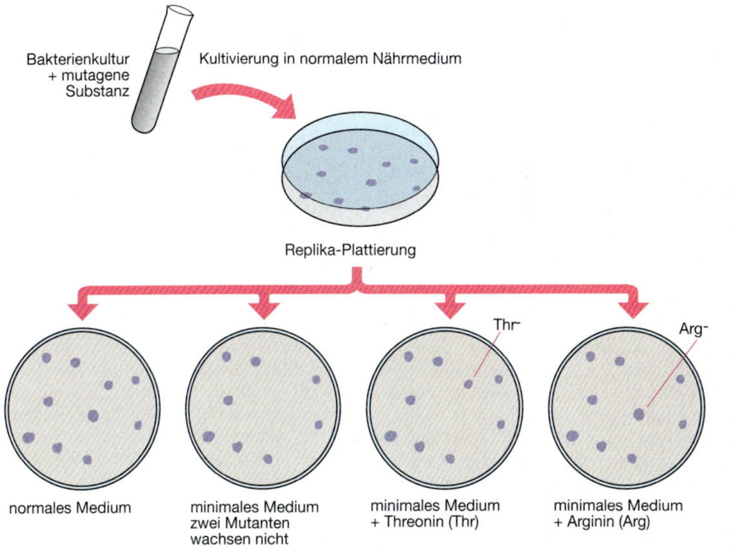

B. Mutante Bakterien können durch auxotrophes Medium identifiziert werden

Rekombination bei Bakterien

Erstmals wiesen J. Lederberg und E.L. Tatum 1946 nach, daß es zwischen verschiedenen mutanten Bakterien-Stämmen zu einem Austausch genetischer Information kommen kann. Dies entspricht einer Art Sexualität und führt zu genetischer Rekombination.

A. Genetische Rekombination bei Bakterien

Lederberg und Tatum verwendeten in ihrem klassischen Experiment zwei verschiedene auxotrophe Bakterien-Stämme. Der eine (A) war auxotroph für Methionin (met^-) und Biotin (bio^-). Dieser Stamm benötigte Methionin und Biotin im Nährmedium, aber nicht Threonin und Leucin (thr^+, leu^+). Umgekehrt war Bakterien-Stamm B auxotroph für Threonin und Leucin (thr^-, leu^-), aber prototroph für Methionin und Biotin (met^+, bio^+). Mischte man die Kulturen ohne Zusatz dieser vier Substanzen und plattierte sie auf einer Agarplatte mit minimalem Medium, so erschienen wider Erwarten einzelne Kolonien (met^+, bio^+, thr^+, leu^+). Zwar war dies selten (etwa einmal auf 10^7 plattierte Zellen), aber bei der großen Zahl ausplattierter Bakterien traten meist einige Kolonien mit geänderten genetischen Eigenschaften auf. Die Interpretation: Genetische Rekombination zwischen Stamm A und Stamm B. Die genetischen Eigenschaften der elterlichen Zellen hatten sich ergänzt (genetische Komplementation).

B. Konjugation bei Bakterien

Erst später konnte visuell (lichtmikroskopisch) gezeigt werden, daß es zu einem genetischen Austausch zwischen Bakterien kommt (Konjugation). Konjugation findet statt, wenn ein Bakterium ein Gen enthält, daß zu häufiger Rekombination befähigt. Abweichend von der Verschmelzung von zwei Gameten bei eukaryoten Organismen erfolgt DNA-Transfer bei Bakterien nur in einer Richtung. "Männliches" chromosomales Material wird in eine "weibliche" Zelle eingeschleust. Sogenannte männliche und weibliche Zellen von *E. coli* unterscheiden sich durch die Anwesenheit eines Fertilitäts-Faktors F. Wenn F^+-Zellen mit F^--Zellen gemischt werden, bilden sich konjugale Paare mit Anheftung eines männlichen (F) Sexpilus an der Oberfläche einer F^--Zelle (Photo aus Science *257* : 1037, 1992).

C. Integration des F-Faktors in ein Hfr^--Chromosom

Der F-Faktor kann mittels spezifischen Crossing-over in das Bakterien-Chromosom integriert werden. Das ursprüngliche Bakterien-Chromosom mit den Abschnitten a, b, c enthält nach der Integration des Faktors weitere Gene, die F-Faktor Gene (e, d). Wegen der hohen Rate an Rekombination mit Genen anderer Zellen infolge Konjugation wird ein solches Chromosom Hfr-Chromosom genannt (Hfr, High frequency of recombination).

D. Transfer von F-DNA von einer F^+- in eine F^--Zelle

Bakterien können den F-Faktor (Fertilität) als ein zusätzliches kleines Chromosom enthalten. Dies ist ein kleines, ca. 94.000 Basenpaare enthaltendes zirkuläres DNA-Molekül (F-Plasmid). Es entspricht etwa 1/40 der gesamten genetischen Information eines Bakterien-Chromosoms. Es kommt einmal pro Zelle vor und kann auf andere Bakterien-Zellen übertragen werden. Etwa ein Drittel der F^+-DNA besteht aus Transfer-Genen, einschließlich Genen für die Bildung der Sexpili. Der Transfer des F-Faktors beginnt nach Öffnung eines Stranges der DNA-Doppelhelix. Ein Strang wird in die aufnehmende Zelle übertragen. Dort wird er repliziert, so daß er doppelsträngig wird. Der in der abgebenden Zelle verbleibende DNA-Strang wird gleichfalls durch Replikation zum Doppelstrang ergänzt. Es findet deshalb DNA-Synthese sowohl in der aufnehmenden Zelle als auch in der abgebenden Zelle statt. Nach Abschluß ist die aufnehmende Zelle zu einer F^+-Zelle geworden.

Literaturhinweis

J. D. Watson et al., Molecular Biology of the Gene, 3th ed., 1987.

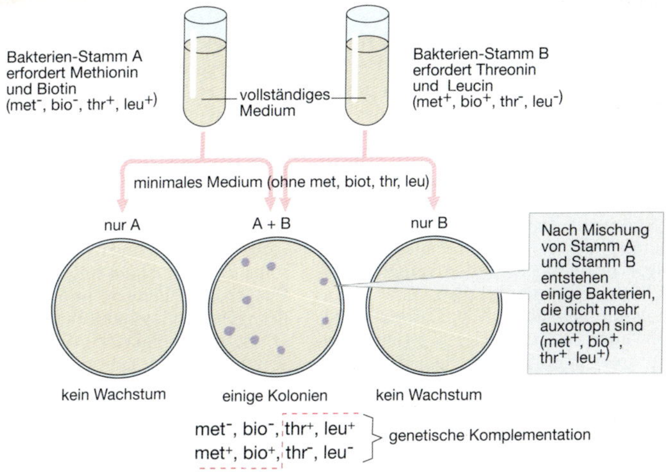

A. Genetische Rekombination bei Bakterien

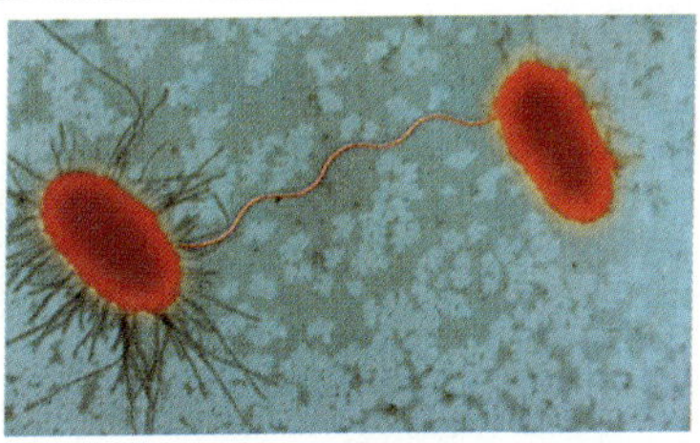

B. Konjugation bei Bakterien

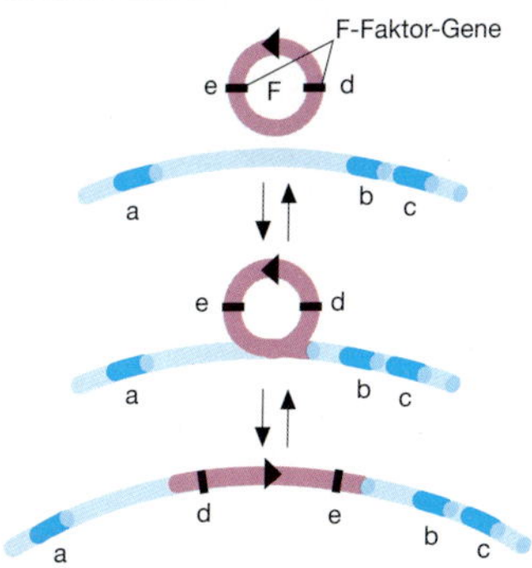

C. Integration des F-Faktors in ein Hfr$^-$-Chromosom

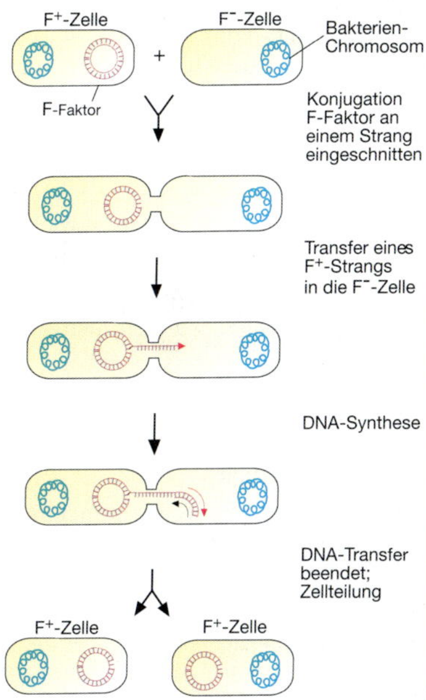

D. Transfer von F-DNA von einer F$^+$- in eine F$^-$-Zelle

Bakteriophagen

Die Entdeckung von bakteriellen Viren (Bakteriophagen oder Phagen) 1941 eröffnete eine neue Phase in der Genetik prokaryoter Organismen. Trog auch die ursprüngliche Hoffnung, daß man sie zur Bekämpfung bakterieller Infektionen einsetzen könnte, dienten sie in den 50iger Jahren als Vehikel für die genetische Analyse von Bakterien. Im Gegensatz zu Viren, die Pflanzen oder Tierzellen befallen, können Phagen in Baktieren-Zellen verhältnismäßig leicht analysiert werden. Wir verbinden damit die Namen Max Delbrück, Salvador Luria, Alfred D.Hershey (Die "Phagengruppe", vgl. J. Cairns, G.S. Stent, J.D. Watson, editors, Phage and the Orgins of Molecular Biology, Cold Spring Harbor, 1966).

A. Anheftung eines Bakteriophagen

Bakteriophagen (Phagen) bestehen aus DNA, einer Hülle (Hüllprotein) als Schutz und einem Anheftungsmechanismus (Schwanzfäden). Wie andere Viren sind Phagen im Grunde nichts anderes als verpackte DNA. Ein oder mehrere Bakteriophagen heften sich an einen Rezeptor der Oberfläche der äußeren Zellmembran eines Bakteriums. Hier wird gezeigt, wie ein angehefteter Phage seine DNA in das innere eines Bakteriums einschleust. Zahlreiche verschiedene Phagen sind bekannt, z. B. bei *Escherichia* coli oder Salmonellen (Phagen T1, T2, P1, F1, Lambda, T4, T7 oder PhiX174).

B. Lytischer und lysogener Zyklus eines Bakteriophagen

Die Vermehrung von Phagen erfolgt nicht durch Zellteilung wie bei Bakterien, sondern durch intrazelluläre Bildung und Zusammenbau (Assembly) der verschiedenen Bestandteile. Dies beginnt mit der Anheftung eines Phagenpartikels an einen spezifischen Rezeptor an der Oberfläche eines sensitiven Bakteriums. Verschiedene Phagen benutzen verschiedene Rezeptoren, woraus eine Spezifität der Interaktion entsteht (Restriktion). Die eingedrungene Phagen-DNA enthält die Information zur Bildung der Hüllproteine neuer Phagen, und Faktoren für DNA-Replikation für Transkription. Translation wird von den Enzymen der Zelle besorgt. Die in der Zelle gebildete Phagen-DNA und die Phagen-Proteine werden zu neuen Phagenpartikeln zusammengesetzt. Anschließend erfolgt die Auflösung (Lysis) der Zelle mit der Entlassung hunderter von Phagenpartikeln. Nach Anheftung an eine neue Zelle kann sich der Vorgang wiederholen (lytischer Zyklus). Nicht immer multiplizieren Phagen, nachdem sie in eine Zelle eingedrungen sind. Gelegentlich wird ihre DNA in das Bakterien-Chromosom integriert und bei der Zellteilung mit diesem repliziert (lysogener Zyklus). In das Bakterien-Chromosom integrierte Phagen-DNA wird als Prophage bezeichnet. Bakterien, die Prophagen enthalten, bezeichnet man als lysogene Bakterien; die entsprechenden Phagen als lysogene Phagen. Der Wechsel vom lysogenen zum lytischen Zyklus ist selten. Er bedarf der Induktion durch äußere Einflüsse und komplexe genetische Mechanismen.

C. Insertion des Phagen Lambda in das Bakterien-Chromosom durch Crossing-over

Die Insertion eines Phagen in das Bakterien-Chromosom erfolgt über verschiedene Mechanismen. Beim Phagen Lambda (λ) erfolgt sie durch Crossing-over zwischen *E. coli*-Chromosom und Lambda-Chromosom. Zunächst wird das Lambda-Chromosom zirkularisiert. Dann heftet es sich an einen homologen Abschnitt des Bakterien-Chromosoms. Sowohl Bakterien-Chromosomen als auch Phagen-Chromosomen werden durch einen Bruch eröffnet und verbinden sich. Da die Homologien der beiden Chromosomen auf sehr kleine Bereiche beschränkt ist, wird Phagen-DNA nur selten integriert. Das Herauslösen (bei Induktion des lytischen Zyklus) geschieht umgekehrt.

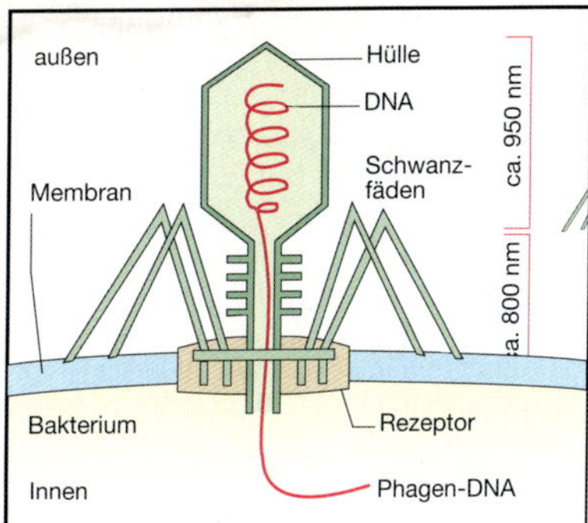

A. Anheftung eines Bakteriophagen

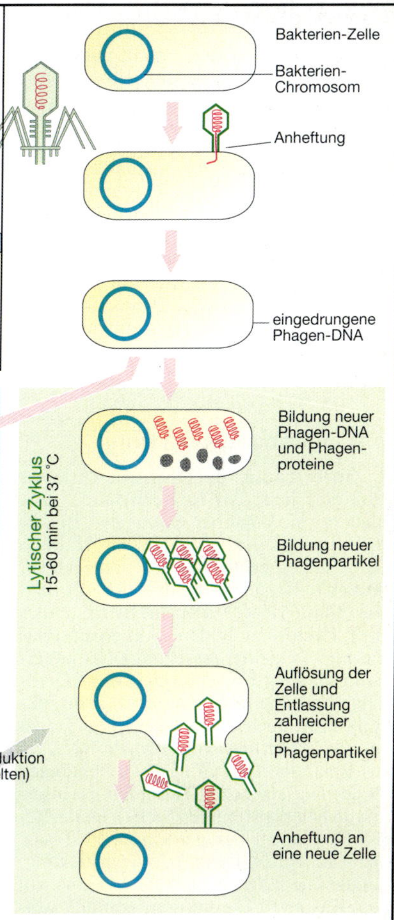
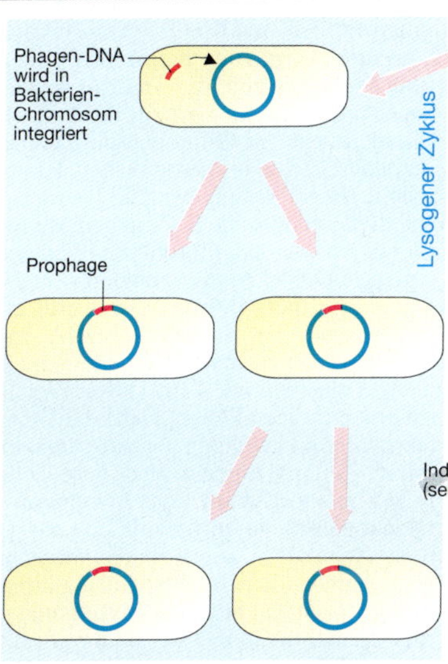

B. Lytischer und lysogener Zyklus eines Bakteriophagen

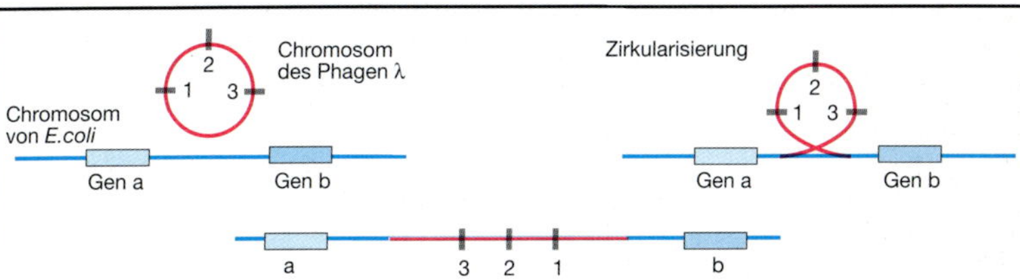

C. Insertion des Phagen Lambda in das Bakterien-Chromosom durch Crossing-over

DNA-Transfer zwischen Zellen

Transfer von DNA findet nicht nur durch Fusion von Gameten bei sexueller Reproduktion statt, sondern auch zwischen anderen Zellen prokaryoter und eukaryoter Organismen (Konjugation zwischen Bakterien, Transduktion zwischen Bakteriophagen und Bakterien, Transformation durch Plasmide in Bakterien, Transfektion in Kulturen eukaryoter Zellen). Die durch Aufnahme von DNA genetisch veränderte Zellen bezeichnet man als transformiert (vgl. S. 32). Der Begriff Transformation wird in verschiedenen Zusammenhängen verwendet und bezieht sich auf das Ergebnis, nicht den Mechanismus.

A. Transduktion durch Viren

N. Zinder und J. Lederberg beschrieben 1952 eine neue Art Rekombination zwischen zwei Bakterien-Stämmen. Bakterien, die keine Lactose bilden konnten (lac^-), waren nach Infektion von Phagen, die sich in Bakterien mit dem Gen für Lactose-Bildung (lac^+) vermehrt hatten, in der Lage, Lactose zu bilden. Von einem Phagen war ein kleiner Abschnitt DNA aus einem Bakterien-Chromosom in ein anderes Bakterium übertragen worden (Transduktion). Man unterscheidet generelle Transduktion (Insertion von Phagen-DNA in das Bakterien-Genom an jeder beliebigen Stelle) und spezielle Transduktion (Insertion an einer bestimmten Stelle). Durch Regelmäßigkeiten der gemeinsamen Transduktion von Genen (Co-Transduktion) konnte die Lage benachbarter Gene auf dem Bakterien-Chromosom ermittelt werden (Kartierung von Genen bei Bakterien).

B. Transformation durch Plasmide

Plasmide sind kleine, autonom replizierende zirkuläre DNA-Moleküle in der Bakterien-Zelle außerhalb des Chromosoms. Da sie häufig Gene für Antibiotika-Resistenz (z. B. Ampicillin) enthalten, macht ihr Eindringen eine empfindliche Zelle gegen das jeweilige Antibiotikum resistent (Transformation). Nur diese Bakterien wachsen in Ampicillin-haltigem Nährmedium (selektives Medium).

C. Anreicherung eines DNA-Abschnitts in transformierten Bakterien

Plasmide sind hervorragend als Vektoren zur Übertragung von DNA geeignet. Mittels eines selektiven Mediums kann man gezielt nur die Bakterien vermehren, die ein rekombinantes Plasmid mit der zu untersuchenden DNA aufgenommen haben (vgl. S. 56).

D. Transfektion durch DNA

Durch Transfer von DNA zwischen eukaryoten Zellen in Kultur (Transfektion) kann die Übertragung bestimmter genetischer Merkmale geprüft werden (Transfektions-Assay). Links wird ein DNA-Transferexperiment in Fibroblasten-Kulturen der Maus, rechts in menschlichen Tumorzellen (R.A. Weinberg, 1987) gezeigt. Durch das chemische Karzinogen Methylcholantren werden Fibroblasten-Kulturen (vgl. S. 114) der Maus verändert (Tafel D links). Aus diesen Zellen extrahierte, mit Calciumphosphat ausgefällte DNA wird in Zellen einer normalen Kultur aufgenommen (Transfektion). Etwa zwei Wochen später erscheinen Zellen, welche die Kontaktinhibition verloren haben (transformierte Zellen). Injiziert man diese Zellen in Mäuse ohne funktionales Immunsystem (Nacktmäuse), so entwickelt sich ein Tumor. Auch DNA aus Kulturen menschlicher Tumorzellen (rechts) kann normale Zellen nach mehreren Übertragungszyklen transformieren. Dies muß auf einen kleinen DNA-Abschnitt begrenzt sein (ein Gen), weil lange DNA-Abschnitte nach wiederholtem Extrahieren und Ausfällen nicht intakt bleiben würden. Mittels Transfektion wurden erstmals krebsauslösende Gene (Onkogene) in eukaryoten Zellen näher untersucht (vgl. S. 264).

Literaturhinweis

R. A. Weinberg: Molekulare Grundlagen von Krebs. Spektrum der Wissenschaft, Heidelberg, 1987, S. 66–88.

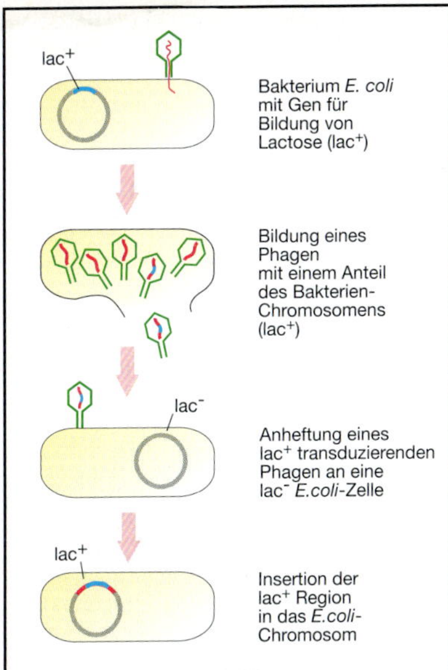

A. Transduktion durch Viren

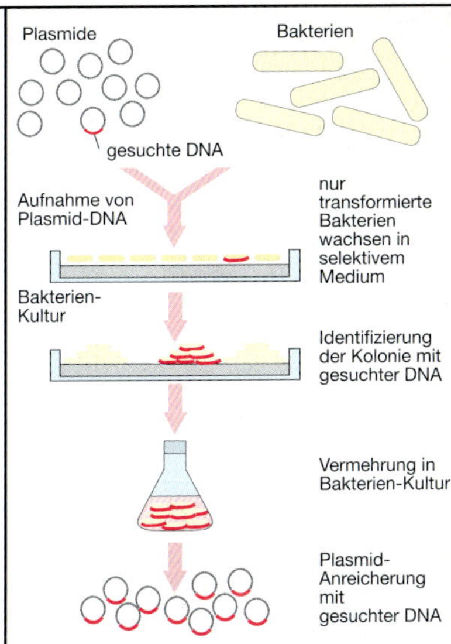

C. Anreicherung eines DNA-Abschnitts in transformierten Bakterien

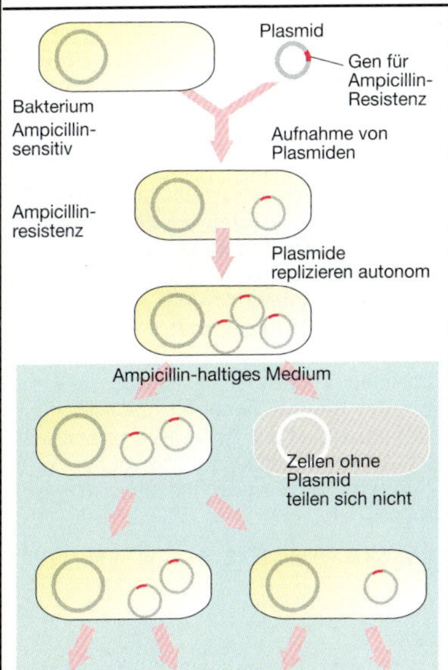

B. Transformation durch Plasmide

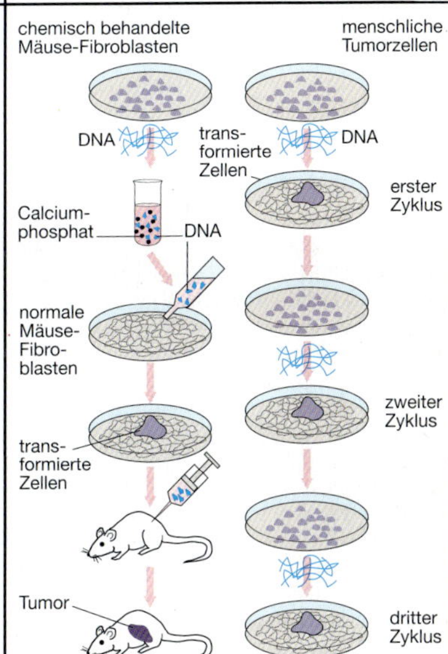

D. Transfektion durch DNA

Viren

Viren sind wichtige Krankheitserreger beim Menschen, bei Tieren und bei Pflanzen. Als Virionen bezeichnet man komplette, infektiöse Partikel. Ihr Genom trägt nur eine begrenzte Menge an genetischer Information und kann sich nur in Wirtszellen vermehren. Die Analyse der Struktur und Expression viraler Gene hat zur Erkennung und Aufklärung fundamentaler biologischer Vorgänge geführt, wie der DNA-Replikation, der Steuerung der Transkription, der Modifikation von mRNA (RNA-Splicing, RNA-Capping, RNA-Polyadenylierung), der reversen Transkription von RNA in DNA, der Integration eines Virusgenoms in eukaryote DNA, Tumor-induzierende Viren, Zelloberflächenproteine und anderes. Die extrazelluläre Form eines Viruspartikels besteht aus einer Proteinhülle (Capsid), die bei einer Reihe von Viren zusätzlich von einer Lipidmembran-Hülle umschlossen ist, und dem Genom, bestehend aus DNA oder RNA. Die Capside bestehen aus multiplen Einheiten eines oder weniger verschiedener Proteinmoleküle, die vom Virus codiert werden. Sie haben meist eine annähernd sphärische, icosahedrale (etwa 20 plane Flächen) oder gelegentlich helicale Struktur.

A. Klassifikation von Viren

Viren lassen sich aufgrund des Aufbaus ihrer Virushülle, der Art ihres Genoms und ihrer Organ- bzw. Gewebespezifität unterscheiden. Das Genom von Viren wird entweder von einer Virus-codierten Proteinhülle (Capsid) oder zusätzlich von einer Phospholipid-Membran umschlossen, die von der Zelle stammt. Das Genom von Viren kann aus einsträngiger DNA (z. B. Parvovirus), aus doppelsträngiger DNA (z. B. Papovavirus, Adenovirus, Herpesvirus und Poxvirus) oder aus einsträngiger RNA (z. B. Picornavirus, Togavirus, Myxovirus, Rhabdovirus) oder doppelsträngiger RNA (z. B. Reovirus) bestehen. Viren mit einem Genom aus einsträngiger RNA können zusätzlich danach unterschieden werden, ob ihr Genom ein sog. positiver (Plus-RNA) oder ein sog. negativer RNA-Strang (Minus-RNA) ist. Nur von einem RNA-Plus-Strang kann als Vorlage zur Transkription (5′- nach 3′-Orientierung) dienen (Sinn-Strang, vgl. S. 44).

B. Replikations- und Transkriptionsschema von Viren

Durch die Verschiedenheit des Genoms von Viren unterscheidet sich auch der Mechanismus der Replikation ihres genetischen Materials. Da Viren auf einem kleinen Genom viel genetische Information unterbringen müssen, können von einer Transkriptionseinheit (Gen) auf dem Virusgenom meist mehrere, alternativ gespleißte mRNAs gebildet werden, die jede für sich für ein oder mehrere Proteine codiert. Von der mRNA einiger RNA-Viren werden zunächst große Vorläuferproteine gebildet, die anschließend in mehrere kleinere, funktionelle Proteine gespalten werden. Ein RNA Plus-Strang kann direkt zur Synthese von Proteinen dienen. Von einem RNA Minus-Strang muß zunächst mittels einer Transkriptase ein RNA-Plus Strang gebildet werden, der dann für die Translation verwendet werden kann. Zur Replikation ihres RNA-Genoms enthalten RNA-Viren eine Transkriptase. RNA-Viren, bei deren Replikation DNA-Zwischenstufen entstehen (Retroviren), enthalten eine Reverse Transkriptase. Diese kann RNA in DNA überschreiben. Die DNA-Zwischenstufen bei der Replikation von Retroviren wird in das Genom der Wirtszelle integriert. Einige RNA-Viren haben ein segmentiertes Genom. Sie bestehen aus individuellen RNA-Genomstükken, von denen jedes für ein oder mehrere Proteine codiert (z. B. Influenza-Virus). Bei der Bildung neuer Virusstämme (z. B. Influenza) hat der Austausch individueller RNA-Genomstücke verschiedener Virus-Serotypen eine große Bedeutung (reassortment).

(Angaben nach J. D. Watson et al., (1987)

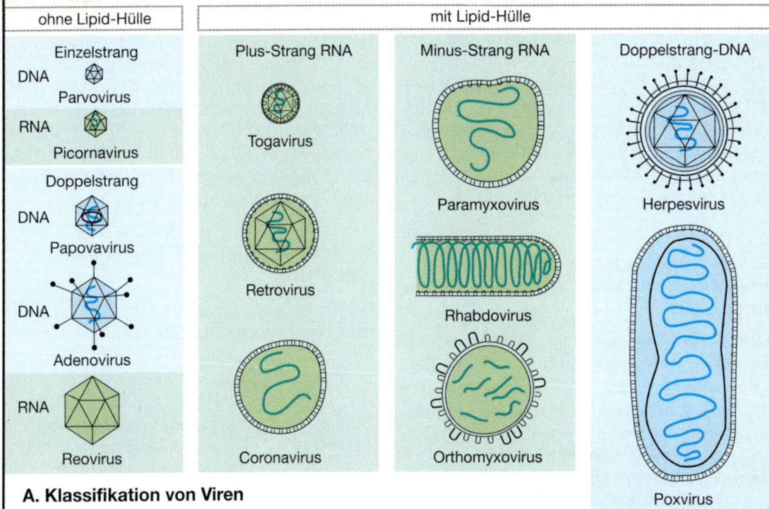

A. Klassifikation von Viren

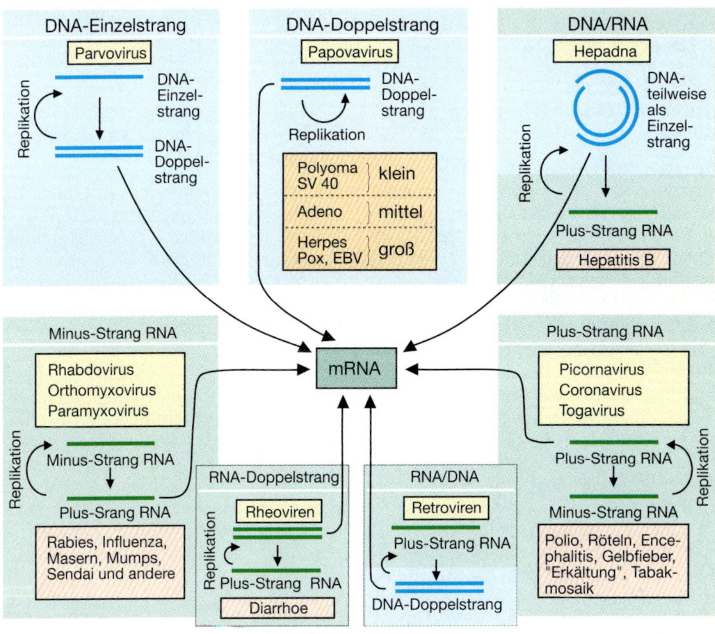

B. Replikations- und Transkriptionsschema von Viren

Vermehrungszyklus von Viren

Bei aller Verschiedenheit ihrer genomischen Struktur, Form und Größe haben Viren dem Prinzip nach einen verhältnismäßig einfachen Vermehrungszyklus. Im Gegensatz zu Bakteriophagen, bei denen nur das Genom in das Bakterium gelangt, wird das komplette Virus (Genom und Capsid) in die eukaryote Zelle aufgenommen.

A. Generelles Schema des Vermehrungszyklus eines Virus in einer Zelle

Der Vermehrungszyklus eines Virus besteht aus fünf prinzipiellen, aufeinanderfolgenden Schritten: (1) Das Eindringen in die Zelle und das Freisetzen des Genoms (uncoating), (2) die Transkription viraler Gene und Translation der mRNAs zur Bildung Virus-eigener Proteine, (3) die Replikation des Virusgenoms, (4) der Zusammenbau neuer Viruspartikel in der Zelle, und (5) die Freisetzung des fertigen Virions aus der Wirtszelle.

B. Aufnahme eines Virus durch Endocytose

Neben der Fusion der Lipidmembran von Membran-umhüllten Viren mit der Zellmembran der Wirtszelle ist eine spezifische Form der Endocytose der häufigste Mechanismus für den Eintritt eines Virions in die Zelle. Das Virus benutzt zum Anheften an die Zellmembran zelluläre Oberflächenstrukturen (Rezeptoren), die für die Zelle andere wichtige Funktionen haben, z. B. bei der Aufnahme von Makromolekülen. Ähnlich wie diese wird das Virus über einen spezialisierten Mechanismus, der Rezeptor-vermittelten Endocytose (coated pits, coated vesicles), in das Cytoplasma aufgenommen (vgl. S. 292). Innerhalb der Zelle fusioniert das Virus-haltige Vesikel mit anderen zellulären Vesikeln (z. B. primäre Lysosomen). In dem endocytotischen Vesikel wird die Virushülle weitgehend abgebaut und das sog. Viruscore (Genom, assoziiert mit Virus-codierten Proteinen) abhängig vom Virustyp ins Cytoplasma oder in den Nucleus freigesetzt. Es folgt die Replikation und Expression des Virusgenoms. Eine spezifische Interaktion zwischen Virus und zellulärem Rezeptor entscheidet darüber, ob eine Zelle vom Virion infiziert werden kann. Einige Viren wie Paramyxoviren (z. B. Mumps- und Sendaivirus) treten durch direkte Fusion viraler und zellulärer Membranen in die Zelle ein, die durch ein virales Hüllglycoprotein (F oder Fusionsprotein) vermittelt wird.

C. Transkription und Replikation eines Virus

Nach der Aufnahme des Virus in die Zelle und der Freisetzung des Genoms werden als erstes sog. frühe Gene des Virusgenoms exprimiert. Genprodukte dieser frühen viralen Gene regulieren die Transkription der übrigen viralen Gene und sind an der Replikation des Virusgenoms beteiligt. Mit Beginn der Replikation des Genoms werden die Capsidproteine synthetisiert und neue Virionen aus dem Genom und Nucleocapsiden gebildet (assembly). Die Virionen werden dann abhängig vom Virustyp auf verschiedenen Wegen aus der Zelle freigesetzt.

D. Freisetzung eines Virus durch Knospung (Budding)

Die Ausschleusung eines mit einer Lipidmembran umhüllten Virus erfolgt in zwei Schritten: Zunächst werden Moleküle eines Virus-codierten Glycoproteins in die Zellmembran eingebaut, an die sich Viruscapsid bzw. Viruscore, das das Virusgenom enthält, anheftet. Die Anheftung führt zu einer wachsenden Ausstülpung des Bereiches der Zellmembran. In diese werden die viralen Glycoproteine eingebaut. Nach vollständigem Umschließen des Viruscapsids folgt die Freisetzung (Abschnürung) von Phospholipidmembran-umhüllten Viruspartikeln. Die Ausschleusung von Virionen aus der Zelle kann kontinuierlich und in großer Zahl erfolgen, ohne daß die Virus-produzierende Zelle stirbt.

Literaturhinweis

B. Alberts et al., Molecular Biology of the Cell, 3rd ed., 1989.

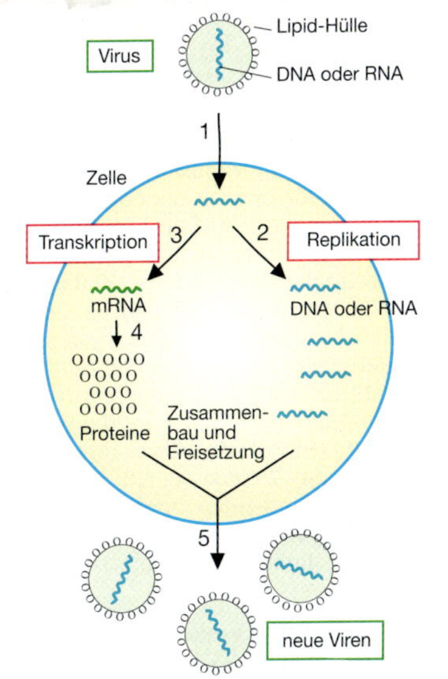

A. Generelles Schema des Vermehrungs-zyklus eines Virus in einer Zelle

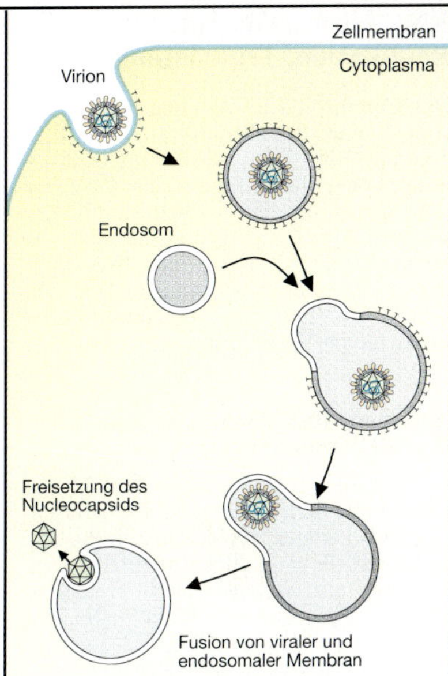

B. Aufnahme eines Virus durch Endocytose

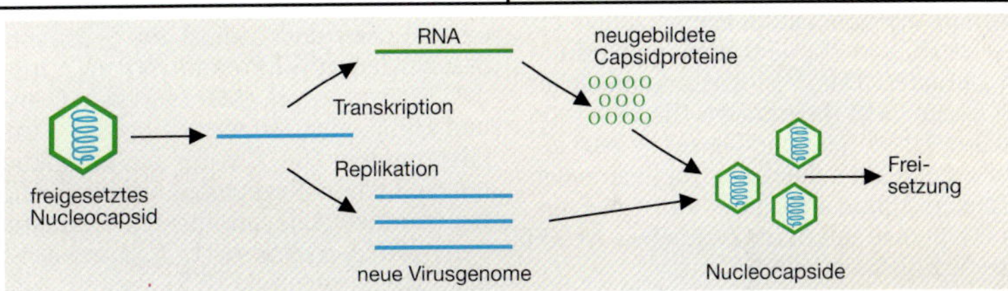

C. Transkription und Replikation eines Virus

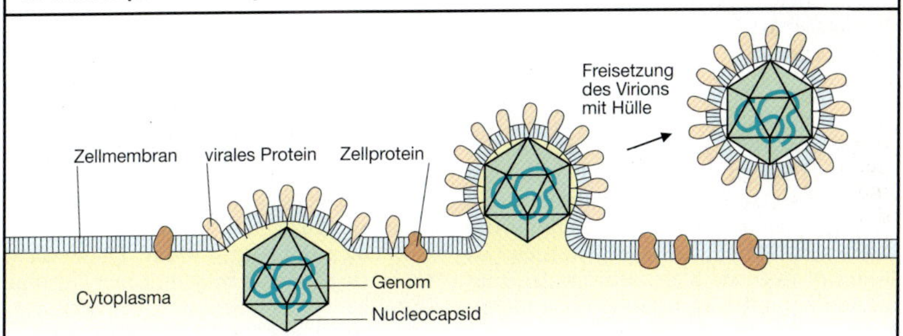

D. Freisetzung eines Virus durch Knospung

RNA-Viren: Genom, Replikation, Translation

Das Genom von RNA-Viren besteht aus doppel- oder einzelsträngiger RNA. Einzelstrang-RNA kann Plus-Strang (translatierbar) oder Minus-Strang sein. Da eukaryote Zellen nicht über Enzyme zum Kopieren von RNA verfügen, enthalten RNA-Viren eine Transkriptase, die RNA replizieren und transkribieren kann. Die meisten RNA-Viren bringen Transkriptase-Moleküle im Viruspartikel mit.

A. Genom des Poliovirus und dessen Translationsprodukte

Das Genom des Poliovirus besteht aus Plus-Strang RNA von etwa 7400 Basenpaaren bekannter Nucleotidbasensequenz. Es codiert für ein großes Vorläuferprotein, aus dem anschließend durch proteolytische Spaltung kleinere, funktionelle Proteine gebildet werden. (VP0, 1, 2, 3 und 4), von denen jeweils etwa 60 Kopien pro Virion vorhanden sind. VP1 ist für die Anheftung an den zellulären Rezeptor verantwortlich, der sich nur auf Epithelzellen, Fibroblasten und Nervenzellen von Primaten befindet. Das Poliovirus kann daher nur einen sehr begrenzten Bereich von Wirtszellen infizieren. Dieses Virus gehört zu den am schnellsten replizierenden animalen Viren; innerhalb von 6-8 Stunden kann eine infizierte Zelle etwa 10.000 neue Virionen entlassen.

B. Togavirus: Replikation und Translation

Togaviren (z. B. Gelbfieber, Röteln, Encephalitis-Virus) haben einen RNA Plus-Strang von etwa 12.000 Basenpaaren als Genom. Es wird von einem Nucleocapsid und einer Lipidmembran umschlossen. Von der genomischen RNA kann nur das Replikaseprotein translatiert werden, da weiter 3′ liegende Startcodons (AUG) für die Initiation der Translation nicht hinreichend erkannt werden. Capsidproteine werden daher erst spät nach Infektion gebildet. Dies ermöglicht eine zeitliche und quantitative Regulation der viralen Genexpression.

C. Influenzavirus

Das Genom des Influenzavirus besteht aus 8 Segmenten von Minus-Strang-RNA. Jedes codiert für mindestens ein, einige für mehr als ein Protein. Die Lipidmembran enthält zwei Virus-codierte Glycoproteine: Hämagglutinin (HA), das Zelloberflächen-Rezeptoren erkennt und an sie bindet, und Neuraminidase (NA), ein rezeptorzerstörendes Enzym. Ferner enthalten Virionen ein Matrix- (M) und ein Nucleocapsid-Protein (N). Nach Infektion einer Zelle mit zwei verschiedenen Influenzavirus-Stämmen können durch Austausch von Genomsegmenten neue Influenzavirus-Typen entstehen. Dies erschwert die Erkennung durch das Immunsystem.

D. Rhabdovirus (Vesikuläres Stomatitisvirus, VSV)

Das RNA Minus-Strang-Genom von Rhabdoviren ist von einer charakteristisch geformten Hüllmembran (Geschoßform) umschlossen und codiert für 5 Proteine, das Nucleocapsid-Protein (N) im Virion, das Matrixprotein (M) zwischen Capsid und Hülle, einem transmembranen Virus-Glycoprotein (G), das für die Interaktion mit zellulären Rezeptoren verantwortlich ist, und zwei Enzyme für die Replikation und mRNA-Synthese (L = large) sowie das nicht-strukturelle (NS) Protein. Eines der bekanntesten Mitglieder der Rhabdoviren ist das Tollwutvirus.

E. Transkription und Translation eines Minus-Strang RNA-Virus

RNA-Viren mit einem Minus-Strang als Genom (z. B. Rhabdoviren, Myxoviren) bilden zunächst mittels der im Viruspartikel mitgebrachten Virus-codierten Replikase einen RNA Plus-Strang. Dieser dient als Vorlage für die Bildung neuer Genome (Replikation) und für mRNAs (Transkription) zur Synthese Virus-codierter Proteine (Translation). Die neuen Virusgenome werden anschließend in Virionen verpackt.

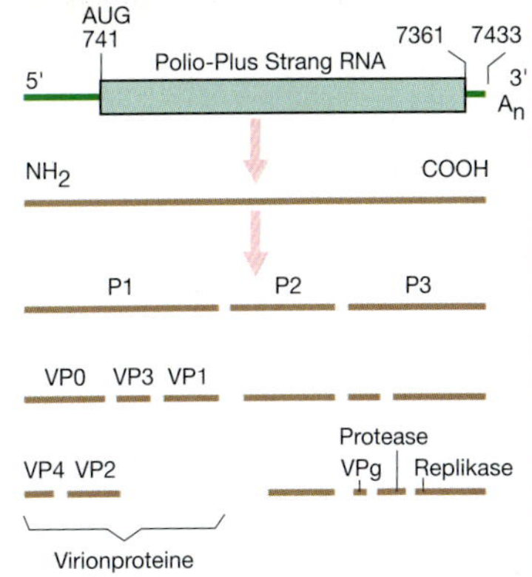

A. Genom des Poliovirus und dessen Translationsprodukte

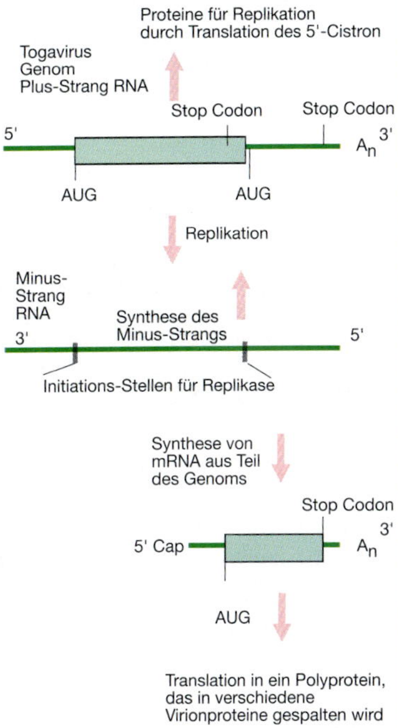

B. Togavirus: Replikation und Translation

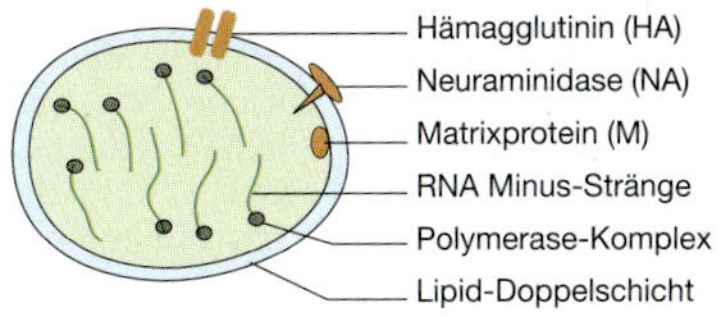

C. Influenzavirus

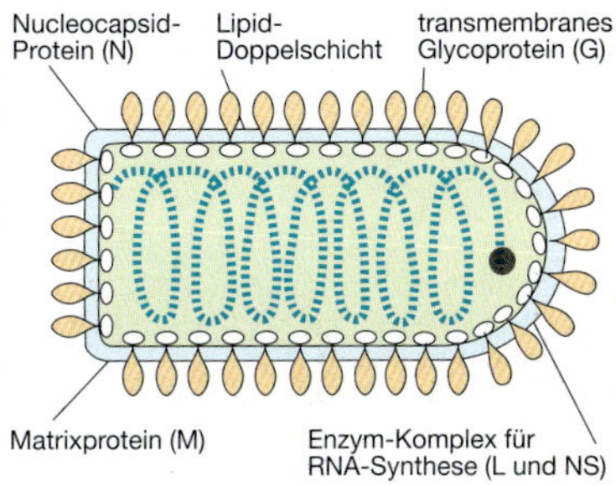

D. Rhabdovirus (Vesikuläres Stomatitisvirus, VSV)

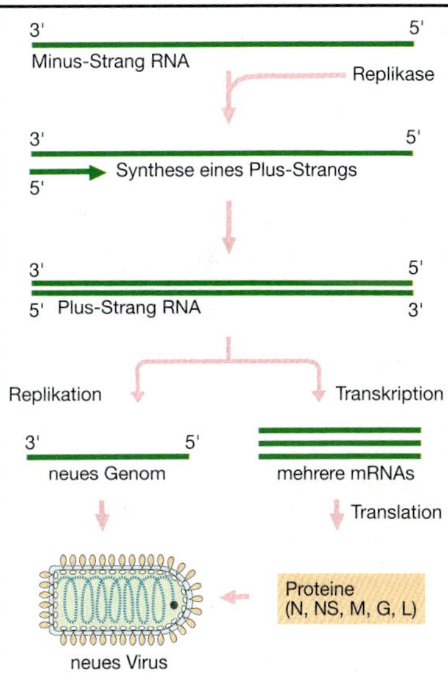

E. Transkription und Translation eines Minus-Strangs RNA-Virus

DNA-Viren

DNA-Viren sind für ihre Replikation auf DNA-Synthese der Wirtszelle angewiesen. Da die dafür erforderlichen zellulären Proteine nur in der S-Phase des Zellzyklus gebildet werden, induzieren die meisten DNA-Viren die DNA-Synthese in der Zelle. Einige enthalten Gene für eigene DNA-Polymerasen und andere Proteine zur DNA-Synthese. Virale Gene werden in strenger zeitlicher Kontrolle exprimiert. Wichtige DNA-Viren sind z. B. die Herpes- und die Poxviren.

A. SV40-Virus

Das SV40-Virus (Simian Virus 40) hat ein doppelsträngiges zirkuläres DNA-Genom (5243 Basenpaare) und gehört zu den Papovaviren. Die Proteinhülle des Virion besteht aus drei Virus-codierten Proteinen (VP1, VP2, VP3). Von einem vierten späten Gen wird ein kleines Protein (Agno-Protein) unbekannter Funktion codiert. Nach dem Zeitpunkt ihrer Expression unterscheidet man eine frühe und eine späte Region des Virusgenoms. Dazwischen liegt eine regulative Region. Zwei alternativ gespleißte mRNAs der frühen Region codieren das große Tumorantigen (T, ca. 90 Kilodalton (kD) und das kleine Tumorantigen (t, ca. 20 kD). Sie regulieren die weitere Transkription, die Initiation der Replikation und die Expression spezifischer zellulärer Gene. Die für die Capsid-Proteine codierende späte Region wird mit Beginn der viralen DNA-Synthese vom gegenüberliegenden DNA-Strang in entgegengesetzter Richtung transkribiert. Die späten Proteine werden von verschieden gespleißten, sich überlappenden mRNA's translatiert. Die DNA-Replikation des Virusgenoms beginnt an einer definierten Stelle (OR, Origin of Replication).

B. Adenovirus

Das Adenovirus-Genom (1) besteht aus linearer doppelsträngiger DNA von etwa 33.000 Basenpaaren (33 kb). An jedem Ende befindet sich eine repetitive Nucleotidsequenz (inverted terminal repeat), die wichtig für die DNA-Replikation ist. Frühe Transkripte (E) treten ca. 2-3 Stunden nach Infektion und 6-8 Stunden vor Beginn der viralen DNA-Replikation auf, und werden von spezifischen Regionen transkribiert. Die Region E1a codiert für Proteine, die für die Initiation der Transkription aller anderen viralen Gene und für Einflüsse auf die Expression spezifischer zellulärer Gene verantwortlich sind. Die E2 Region codiert für direkt an der DNA-Replikation beteiligte Proteine, unter anderem für eine Virus-eigene DNA-Polymerase (Adenovirus-spezifischer Replikationsmechanismus). Die Transkription der späten Region (L) wird von einem einzigen Promoter kontrolliert und in eine große primäre RNA transkribiert (2). Diese wird anschließend durch alternatives Splicing in mindestens 20 verschiedene mRNA's verarbeitet. Alle mRNAs besitzen den gleichen 5'Terminus. Im Gegensatz zu den frühen Transkripten werden die späten Gene nur von einem DNA-Strang codiert. Sie codieren im wesentlichen für Virus-Hüllproteine.

C. Parvovirus

Parvoviren sind kleine Einzelstrang-DNA-Viren, die nur in proliferierenden Zellen replizieren können. Durch Bildung einer spezifischen Genomstruktur (Haarnadelstruktur) kann die Replikation des DNA-Einzelstranges sich selbst initiieren (primen).

D. Herpesvirus-Genom

Herpes- und Poxviren sind große, repetitive Sequenzen enthaltende DNA-Viren mit Genomen von 80-200 kb. Sie codieren für eine große Anzahl von verschiedenen Proteinen (50-200) einschließlich einer eigenen DNA-Polymerase. Andere Proteine greifen in die Regulation des Nucleotid-Stoffwechsels der Zelle ein. Zu der Gruppe der Herpesviren gehören das Epstein-Barr-Virus, das Varicellen-Zoster-Virus und das Cytomegalievirus.

(Angaben nach J. D. Watson et al., 1987)

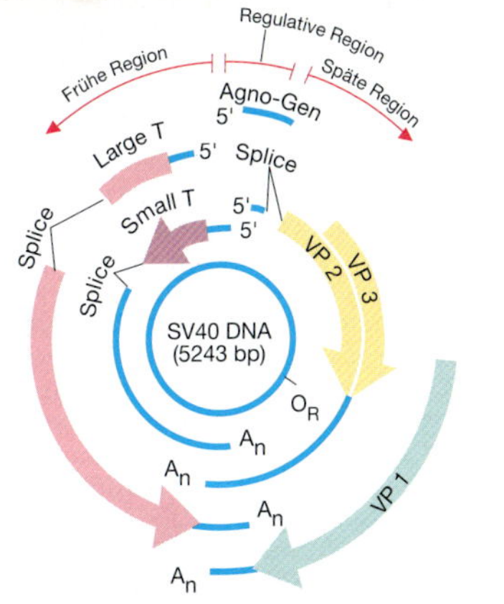

A. SV40-Genom und Transkription

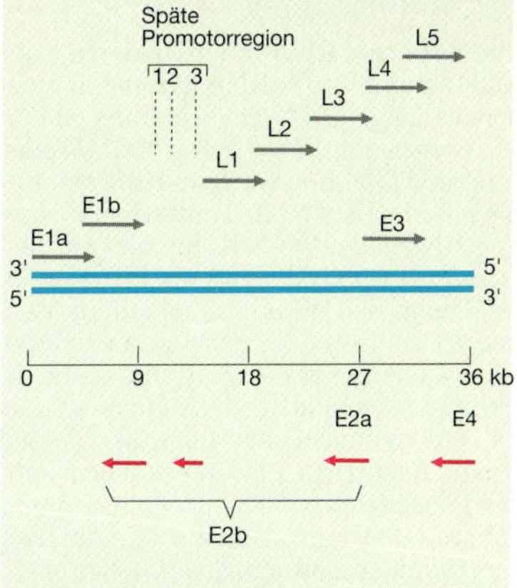

1. Adenovirus-Genom

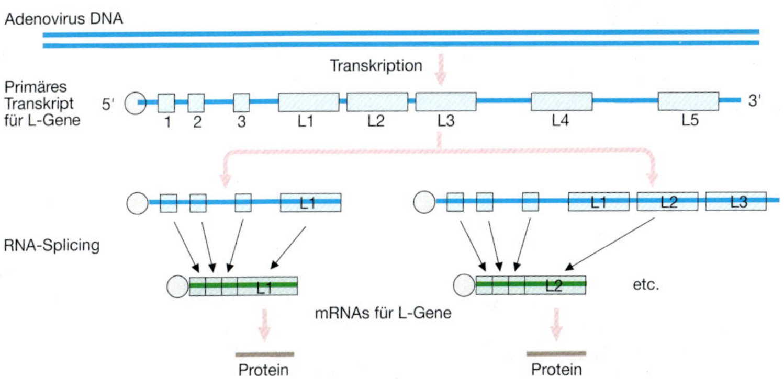

2. Adenovirus-Transkription und RNA-Splicing

B. Adenovirus

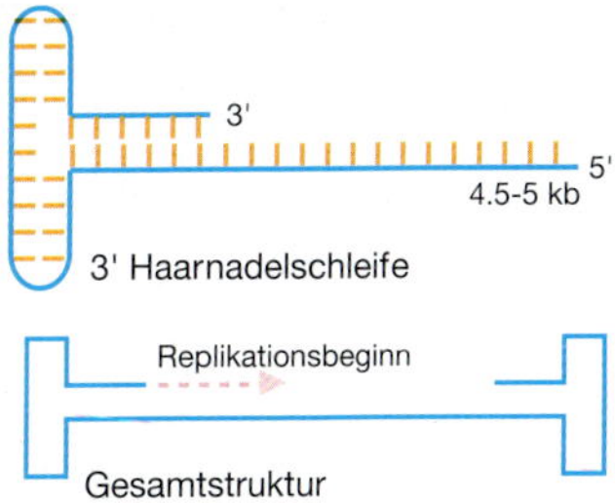

C. Parvovirus

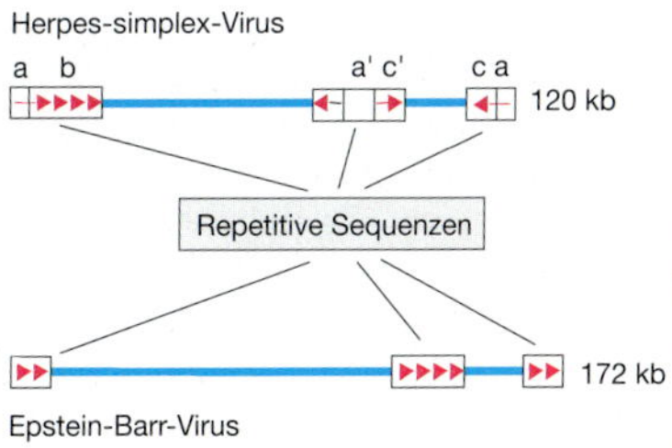

D. Herpesvirus-Genom

Retroviren

Retroviren sind RNA-Viren, in deren Entwicklungszyklus das RNA-Genom in eine doppelstränige DNA überschrieben und in das Wirtsgenom integriert wird (Provirus). Nach Infektion wird mit Hilfe der Virus-codierten Reversen Transkriptase eine doppelsträngige DNA-Kopie des RNA-Genoms synthetisiert und als Provirus in das Genom der Wirtszelle integriert. Von dieser DNA-Kopie werden von der zellulären RNA-Polymerase II RNAs transkribiert, die sowohl als mRNA zur Synthese von Virusproteinen als auch als Genom dienen. Integrierte Proviren können aufgrund spezifischer Sequenzbereiche ihres Genoms wieder aus dem Wirtsgenom herausgeschnitten und an neuen Stellen integriert werden. Dabei nehmen sie gelegentlich benachbarte zelluläre Sequenzen mit, die sie an andere Stellen des Wirtsgenoms oder in das Genom anderer Zellen transportieren (Retrotransposon). Wichtige Retroviren sind z. B. das AIDS-Virus (HIV) sowie bestimmte Tumorviren (vgl. S. 264).

A. Retrovirus-Replikation

Das Virion wird nach Anheftung an Zelloberflächen-Rezeptoren in die Zelle aufgenommen. Unmittelbar nach Eintritt in die Zelle wird das RNA-Genom mittels Reverser Transkriptase in doppelsträngige DNA transkribiert und als Provirus in die DNA der Wirtszelle integriert. Neu gebildete Virionen werden durch einen spezifischen Prozess aus der Zelle ausgeschleust, ohne diese zu töten.

B. Genom einiger Retroviren

Die RNA-Genom eines typischen Retrovirus enthält an beiden Enden kurze repetitive (R) und singuläre (U) Sequenzen (RU5 am 5'-Ende und U3R am 3'-Ende). Dazwischen liegen in der Regel drei Protein-codierende Gene: *gag* (Gruppen-spezifisches Antigen), *pol* (Reverse Transkriptase) und *env* (ein Gen, das für ein Glycoprotein codiert, das in die Lipidmembranhülle des Virions eingebaut wird). Am 5'-Ende des Genoms befindet sich eine Nucleotidsequenz, die komplementär zum 3'-Ende einer tRNA der Wirtszelle ist. An diese Nucleotidsequenz bindet die t-RNA und initiiert den ersten Schritt der Überschreibung der Genom-RNA in DNA durch die Reverse Transkriptase. HIV-Viren (HIV I/III) tragen am 3'Ende des Genoms eine vierte Gruppe von Genen (*px*, *lor* und *tat*), die unter anderem an der Regulation der Transkription der viralen Gene beteiligt sind. Das AIDS-Virus (HIV I/II) enthält weitere, in anderen Retroviren nicht vorkommende Gene. Dazu gehören *vif* (*v*irion *in*fecticity *f*actor, frühere Bezeichnung *sor*), *rev* (*re*gulator of *e*xpression of *v*irion proteins) und *nef* (*ne*gative *f*actor, frühere Bezeichnung *orf*). Die Feinstruktur des Genoms ist komplexer als hier gezeigt. (Hinweis: In der vorletzten Gruppe der Abbildung müßte es HTLV I und II heißen anstatt HIV I und HIV II.)

C. DNA-Synthese eines Retrovirus

Reverse Transkriptase überschreibt das RNA-Genom in DNA durch RNA-abhängige DNA-Polymeraseaktivität und katalysiert die folgenden Schritte durch DNA-abhängige DNA-Polymeraseaktivität. Die Reverse Transkriptase besitzt eine RNaseH-Aktivität zur Degradierung der RNA in dem zunächst gebildeten RNA/DNA-Hybridmolekül. Der erste Schritt der Replikation des Retrovirusgenoms wird durch eine an das 5'-Ende des RNA-Genoms hybridisierte tRNA der Wirtszelle initiiert (1). Nach der Synthese des ersten DNA-Strangs, und Entfernung des t-RNA Primers beginnt die DNA-Synthese des zweiten DNA-Strangs (Plus-Strang) an der RU5-Region (2). Dabei dient der zuvor gebildete Minus-DNA-Strang als Primer (3). Nachdem die DNA-Synthese fortgesetzt und die restliche RNA degradiert worden ist (4), wird der DNA-Plus-Strang vollständig synthetisiert (5,6). Die doppelsträngige DNA-Kopie des Virus enthält an beiden Enden Long Terminal Repeats (LTR). Diese ermöglichen die Integration der viralen DNA-Zwischenstufe in die DNA der Wirtszelle und enthalten die notwendigen regulatorischen Sequenzen für die Transkription der Provirus-DNA (vgl. S. 96).

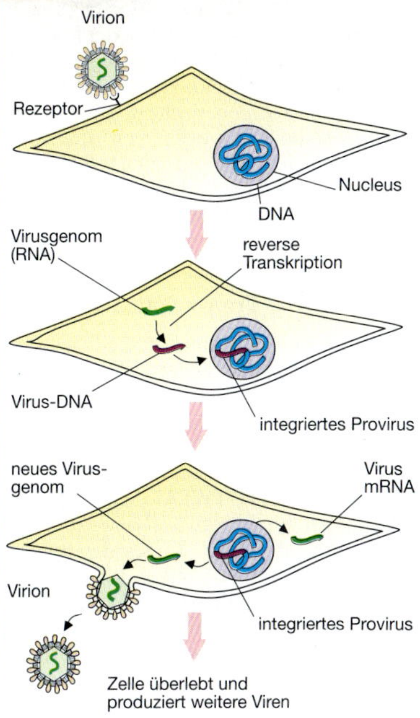

A. Retrovirus Replikation

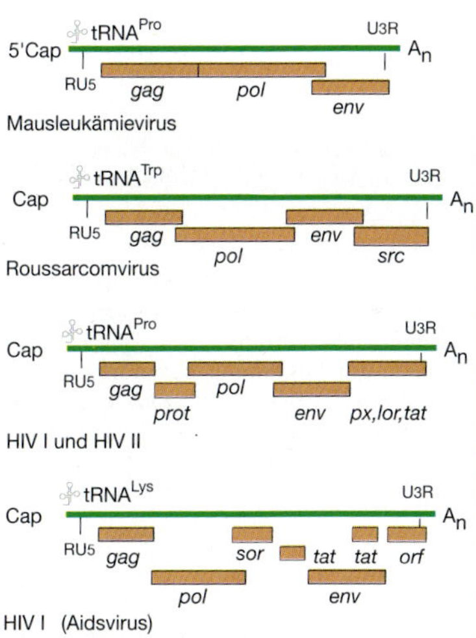

B. Genom einiger Retroviren

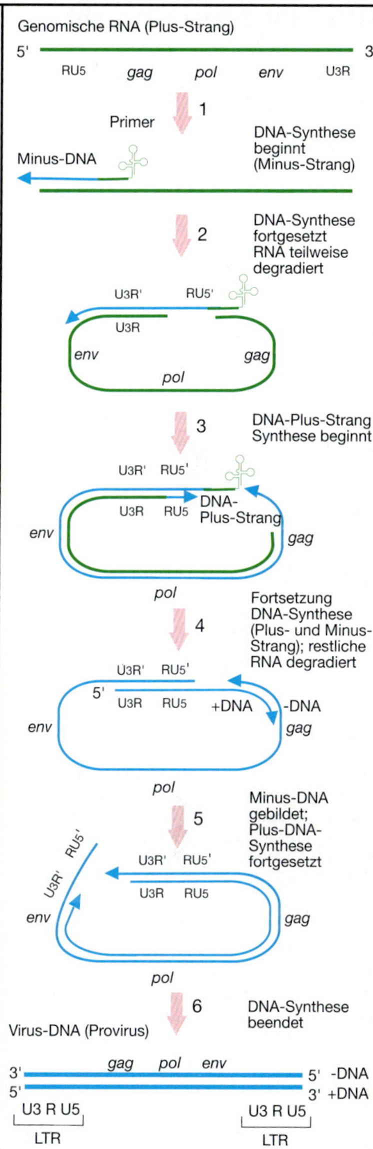

C. DNA-Synthese eines Retrovirus durch Reverse Transkriptase

Retrovirus-Integration und Transkription

Die Integration der DNA-Kopie eines Retrovirus kann an beliebiger Stelle der Wirtszell-DNA erfolgen. Deshalb können zelluläre Gene verändert werden (Insertionsmutation). Die viralen Gene der Provirus-DNA werden von der zellulären RNA-Polymerase II transkribiert. Die mRNA kann einerseits zur Translation dienen und andererseits als RNA-Genom in Virionen verpackt werden. Neben den Virus-spezifischen Genen können Retrovirus-Genome zusätzlich ein virales Oncogen (v-onc) tragen. Virale Oncogene sind ehemals vom Virus aufgenommene zelluläre Gene (c-onc). Mit dem Virus in eine Zelle gelangt, können sie die Wirtszelle derart verändern (transformieren), daß diese Ausgangspunkt eines Tumors wird (Tumorvirus) (vgl. S. 264).

A. Retrovirus-Integration in zelluläre DNA

Zunächst wird die aus dem RNA Virusgenom gebildete doppelsträngige DNA (1, Virus-DNA) im Kern der Wirtszelle durch Verbindung der LTRs (Long Terminal Repeats) in eine ringförmige Struktur gebracht (2). Dies ist möglich, da die LTRs Nucleotidsequenzen enthalten, die zueinander komplementär sind. Erkennungssequenzen in den LTRs und in der zellulären DNA (3) erlauben die Öffnung der zirkulären viralen DNA an spezifischer Stelle (4) und die Integration der viralen DNA über einen noch nicht aufgeklärten Mechanismus. Vom integrierten Provirus (5) können dann die Virusgene transkribiert werden (6). In der Regel verbleibt das Provirus im Genom der Wirtszelle, ohne daß Funktionen der Zelle beeinträchtigt werden. Eine Ausnahme bildet z. B. das AIDS-Virus, das eine spezifische Population von Lymphocyten (Helfer-T-Zellen) zerstört (vgl. S. 258). Das Genom von Wirbeltieren einschließlich des Menschen enthält zahlreiche DNA-Sequenzen, die aus endogenen Proviren bestehen. Bei der Maus kann dies bis zu 0,5% der Gesamt-DNA ausmachen. Das Genom höherer Organismen enthält LTR-ähnliche Sequenzen, die einem endogenen Retrovirus sehr ähneln. Sie können ihre Lokalisation im Genom ändern (mobile genetische Elemente oder Transposons). Da viele von ihnen die grundsätzliche Struktur eines Retrovirus haben (LTR-Gen(e)-LTR), bezeichnet man sie als Retrotransposons (vgl. S. 94 und S. 354).

B. Retrovirus-Transkriptionskontrolle

Die LTRs sind nicht nur für die Integration des Virus in die zelluläre DNA wichtig, sondern enthalten auch alle Regulationssignale, die für eine effiziente Transkription der viralen Gene notwendig sind. Typische Transkriptionssignale sind die sog. "CCAAT"- und "TATA"-Sequenzen des Promotors, die sich etwa 80 bzw. 25 Basenpaare oberhalb des 5'-Endes der transkribierten Sequenzen befinden. Weiter stromaufwärts (in Richtung 5'-Ende) liegen Nucleotidsequenzen, welche die Expression der viralen Gene verstärken können (Enhancer). Ähnliche regulierende Sequenzen finden sich am 5'-Ende von eukaryoten Genen. Neusynthetisierte Virus-RNA wird am 5'-Ende strukturell modifiziert (Cap). Am 3'-Ende werden zahlreiche Adenin-Reste angehängt (polyadenyliert, Poly A, vgl. S. 204).

C. Virusprotein-Synthese durch posttranskriptionale Modifikation der RNA

Die mittels zellulärer RNA Polymerase II vom Provirus synthetisierten RNA-Transkripte dienen entweder der Translation in Virus-codierte Proteine (*gag, pol*) oder als Genom zur Bildung neuer Virionen. Ein Teil der RNA wird durch Splicing zu neuen mRNAs verarbeitet, die für Hüllproteine (*env*) codieren.

(Angaben nach J. D. Watson et al., 1987)

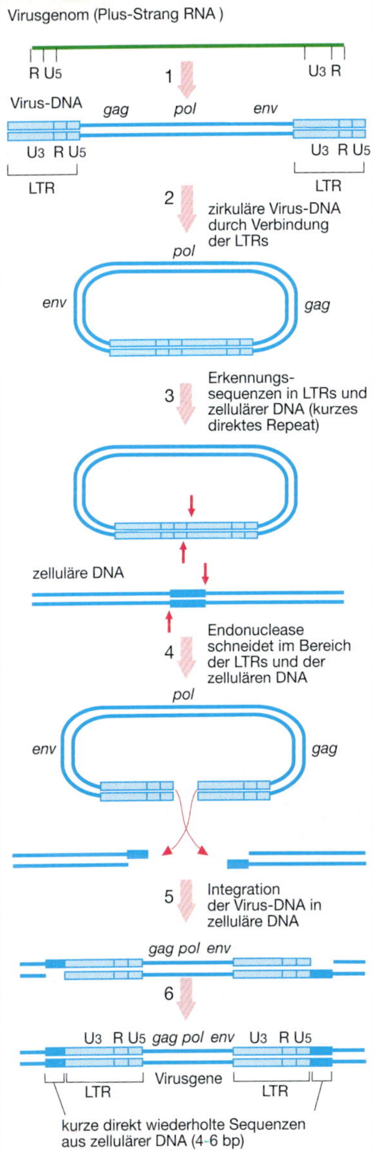

A. Retrovirus-Integration in zelluläre DNA

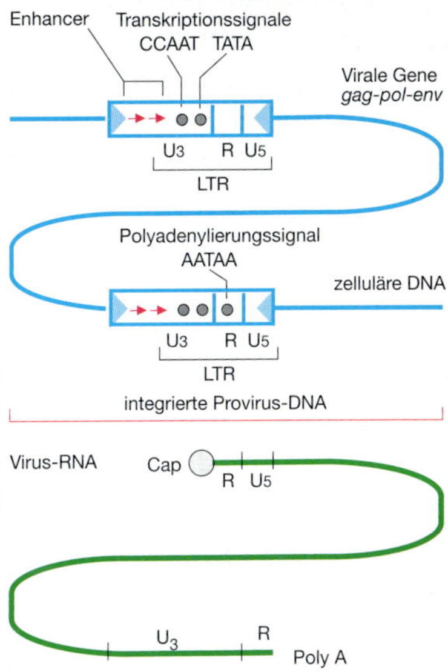

B. Retrovirus-Transkriptionskontrolle

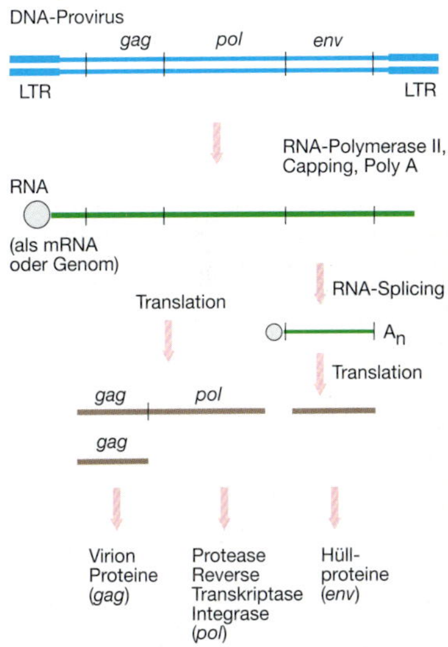

C. Virusprotein-Synthese durch post-transkriptionale Modifikation der RNA

Hefe: Eukaryote Zelle mit diploider und haploider Phase

Hefen sind einzellige Pilze. Etwa 40 Arten sind bekannt. Hefezellen sind eukaryot, teilen sich ähnlich häufig wie Mikroorganismen und durchlaufen eine haploide und eine diploide Phase. Sie sind deshalb für genetische Studien eukaryoter Organismen besonders geeignet.

Ihr haploides Genom enthält etwa 1.4×10^7 Basenpaare in 16 Chromosomen und ist nur 3 1/2mal größer als das von *Escherichia coli* (4×10^6 bp). Das Genom von Drosophila (1.7×10^8) enthält bereits die 12fache DNA-Menge.

Die Bäcker-Hefe, *Saccharomyces cerevisiae,* besteht aus Zellen von rund 3 µm Durchmesser, die sich unter guten Ernährungsbedingungen alle 90 Minuten teilen können. Die Zellen enthalten alle für eine eukaryote Zelle charakteristischen Kompartments, wie endoplasmatisches Retikulum, Golgi-Apparat, Mitochondrien, Peroxisomen sowie eine den Lysosomen analoge Vakuole.

A. Lebenszyklus von Hefe *(S. cerevisiae)*

Zwei haploide Zellen von entgegengesetztem Paarungstyp, a und α, vereinigen sich und bilden eine diploide Zelle. Unter guten Wachstumsbedingungen kommt es zu einer Zellvermehrung durch Knospung. Dies entspricht formal einer Mitose. Die entstandene Zelle ist zunächst kleiner als die größere Mutterzelle. Bei guten Wachstumsbedingungen vermehren sich die Zellen durch wiederholte mitotische Teilungen. Verschlechtern sich die Wachstumsbedingungen, insbesondere durch Stickstoff-Mangel, so tritt eine Zellteilung durch Meiose ein. Die für eine Meiose charakteristische Rekombination (vgl. S. 108) tritt bei Hefe etwa 10-20mal pro Chromosom ein, also 10mal häufiger als beim Menschen.

Es werden vier haploide Sporen gebildet, die in ein sackförmiges Gebilde (Ascus) eingeschlossen sind. Herrschen wieder gute Wachstumsbedingungen, so kann sich aus jeder Spore durch vegetatives Wachstum (mitotische Teilung) eine Kolonie haploider Zellen bilden. Diese können fusionieren und diploide Zellen bilden. Es fusionieren stets nur Zellen vom entgegengesetzten Paarungstyp (Typ a oder α).

Der Zellzyklus von Hefezellen wird durch eine Reihe von Genen gesteuert (Zellzyklus-Gene, *cdc* [cell division cycle]). Durch Analyse von Mutationen sind mehr als 50 *cdc*-Gene bekannt. Gene ähnlicher Struktur und Funktion zur Steuerung des Zellzyklus existieren auch bei Wirbeltieren, einschließlich des Menschen.

B. Paarungstyp-Determinationswechsel

Während des Lebenszyklus einer Hefezelle kann der Paarungstyp wechseln. Die nach der ungleichen Teilung größere Zelle kann z. B. von α nach a wechseln. Die kleinere Tochterzelle kann dies nicht. Erst nach einer erneuten Teilung kann die größere Zelle den Paarungstyp wechseln.

C. Gene für Paarungstyp

Der Paarungstyp wird an drei Genloci auf Chromosom 3 determiniert: Locus MAT, Locus α (HMLα) und Locus a (HMRa) (1). Der MAT-(Mating Type) Locus kann entweder vom Typ α oder Typ a sein. Ist er α, so hat die Zelle den Paarungstyp α (2), ist er a, so ist die Zelle vom Paarungstyp a (3). Der Wechsel in der Paarungstyp-Determination wird vom MAT-Locus gesteuert. Die Loci HMLα und HMRa liegen auf gegenüberliegenden Seiten des Centromers (CEN). HMLα und HMRa enthalten zusätzliche stille Kopien von α- und a-Sequenzen. Die Paarungstyp-Determination bei Hefezellen ist ein Modell für die Genregulationen in eukaryoten Zellen (vgl. S. 204).

(Angaben. nach J. Darnell et al., 1990, und J. D. Watson et al., 1987)

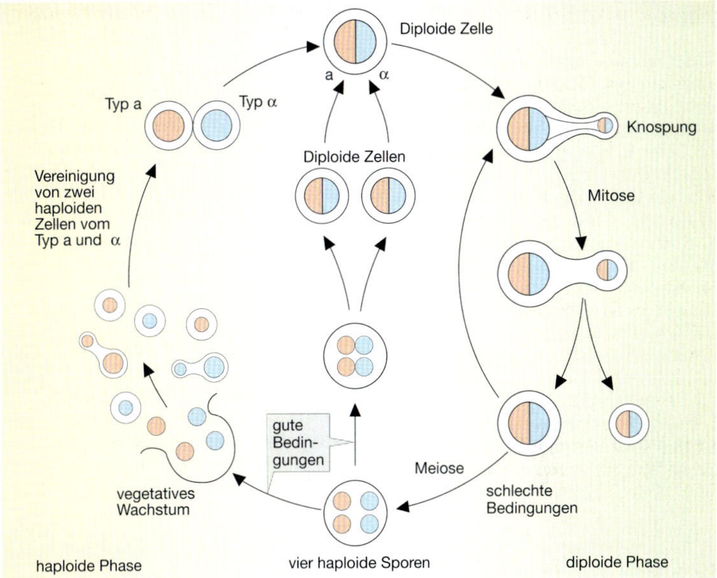

A. Lebenszyklus von Hefe (*S. cerevisiae*)

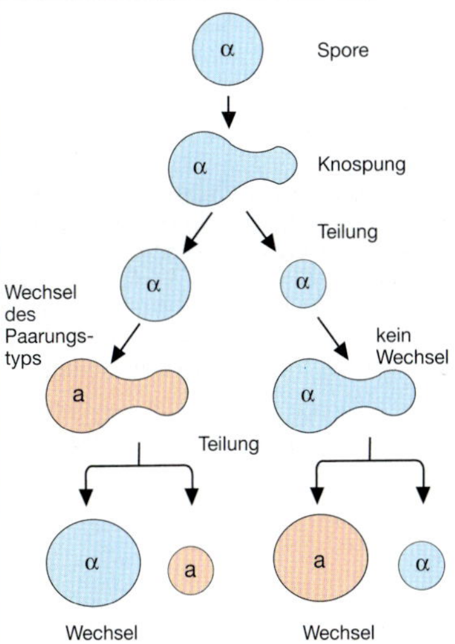

B. Paarungstyp-Determinationswechsel

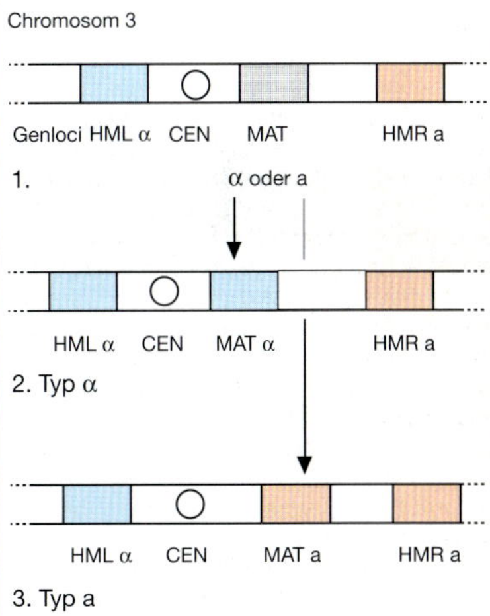

C. Gene für Paarungstyp

Paarungstyp-Determination bei Hefe

Das Hefegenom enthält etwa 5000 Gene, von denen etwa 1500 durch eine Mutation charakterisiert, knapp 1000 kartiert und 700 sequenziert sind. Sie enthalten in der Regel keine Introns und sind sehr dicht angeordnet. Der Übergang von mitotischer zu meiotischer Teilung findet unter unterschiedlichen Umweltbedingungen statt (vgl. S. 98). Nach einer meiotischen Teilung sind Hefezellen haploid. Jeweils zwei haploide Zellen unterschiedlichen Paarungstyps (α und a) verschmelzen. Der Paarungstyp ist genetisch bedingt. α-Zellen produzieren ein als α-Pheromon bezeichnetes Polypeptid und einen a-Rezeptor. a-Zellen produzieren ein a-Pheromon und einen α-Rezeptor. Unter schlechten Ernährungsbedingungen binden die Pheromone an ihre Rezeptoren und stoppen damit das weitere Zellwachstum.

A. Genetische Regulation des MAT-Locus

Der MATa-Locus codiert für ein a1-Protein, das keinen regulierenden Effekt in a-Zellen besitzt. Es gibt ein a2-Protein, dessen Funktion nicht bekannt ist. In der Abwesenheit eines spezifischen Effekts des a1-Proteins sind nur a-spezifische Gene aktiv, während die α-spezifischen Gene inaktiv bleiben. MATα-Locus codiert für zwei Peptide, α2 und α1. α2 ist ein negativer Regulator der a-spezifischen Gene, die inaktiviert werden. α1 aktiviert als positiver Regulator die α-spezifischen Gene. Haploid-spezifische Gene sind sowohl in a-Zellen wie in α-Zellen aktiv. In diploiden Zellen werden weder a-spezifische, α-spezifische, noch haploid-spezifische Gene exprimiert. Diploide Zellen produzieren ein α2-Protein, das einen Komplex mit dem α1-Protein bildet und die haploid-spezifischen Gene unterdrückt. Der α2/α1-Komplex verhindert ebenfalls die Transkription des α1-Gens. Insgesamt werden also drei die Paarungstyp-Determination regulierende Proteine gebildet (α1-, α2- und a1-Proteine). Der Zelltyp hängt davon ab, welche Sequenzen am MAT-Locus vorhanden sind (s. unten).

B. Kassettenmodell der Paarungstyp-Determination

Der Paarungstyp-Wechsel in Hefezellen beruht auf einem Austausch von DNA-Sequenzen am MAT-Locus in einer Richtung. MAT ist der Empfänger, HML(α) oder HMR(a) sind Donor. MATa wird durch eine Kopie von HML (α) ersetzt (Kassettenmodell). Das Kassettenmodell der Paarungstyp-Determination besagt, daß MAT über eine aktive Kassette (vom α- oder a-Typ) verfügt, die jeweils eine inaktive Kassette am HML- oder HMR-Locus ersetzt. Zwar enthalten alle Kassetten Informationen zur Codierung des Paarungstyps, aber nur die aktive Kassette am MAT-Locus ist exprimiert.
Paarungswechsel (mating switch) tritt ein, wenn eine aktive Kassette am MAT-Locus durch eine andere ersetzt wird. Der Paarungstyp-Wechsel ist reversibel. Das heißt, aus einem a-Typ kann ein α-Typ werden. Stille αSequenzen an anderer Stelle des Genoms werden kopiert und ersetzen am MAT-Locus die a-Sequenzen. Diese werden entfernt und der MAT-Locus von α-Sequenzen besetzt, wodurch der Wechsel vom MAT-Typ a zum MAT-Typ α bewirkt wird. Beim nachfolgenden Wechsel von Typ α nach Typ a werden am MAT-Locus α Sequenzen entfernt und die Kopie eines stillen a-Gens eingefügt. Das Entfernen der Sequenzen am MAT-Locus geschieht durch eine Endonuclease (HO-Endonuclease), die von einem HO-Locus reguliert wird. Eine Reihe von Genen (SWI-Gene, switch) codieren für Proteine, die am Paarungstyp-Wechsel beteiligt sind.

(Angaben nach Darnell et al., 1990)

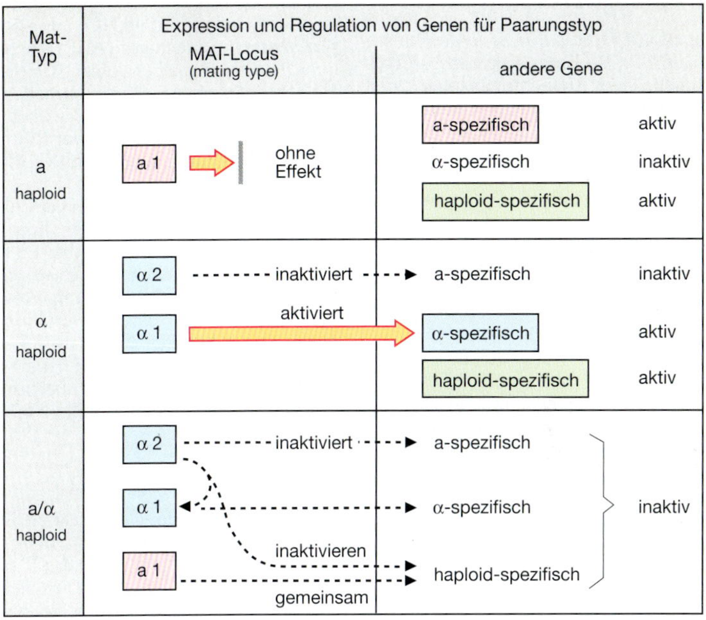

A. Genetische Regulation des MAT-Locus

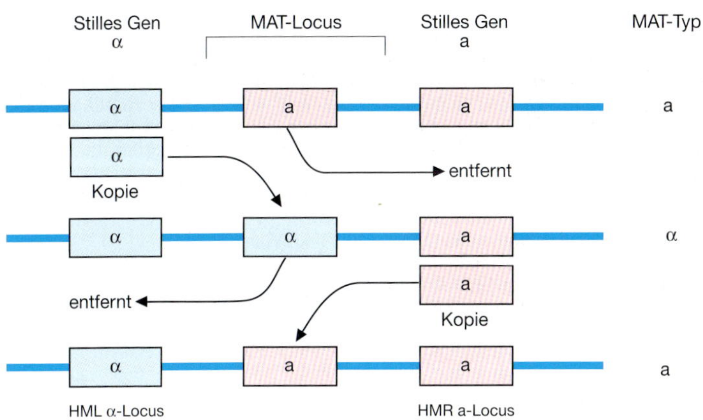

B. Kassettenmodell der Paarungstyp-Determination

Funktionelle Elemente in Hefechromosomen

Das haploide Genom von *S. cerevisiae* besteht aus 1.4 x 10^7 Basenpaaren in 16 Chromosomen. Aus Hefechromosomen sind funktionelle DNA-Sequenzen isoliert und charakterisiert worden. Diese sind für Replikation und normale Verteilung der Chromosomen in der Mitose (mitotische Segregation) erforderlich. Da sie auf demselben Chromosom liegen, bezeichnet man sie als cis-Elemente (im Gegensatz zu *trans* auf gegenüberliegenden Chromosomen). Sie sind genetisch stabil und können in vitro mit DNA beliebiger Herkunft zu in Hefezellen stabilen künstlichen Chromosomen verknüpft werden (vgl. S. 104).
Drei Arten von funktionellen DNA-Sequenzen sind bekannt: autonom replizierende Sequenzen (ARS), centromere Sequenzen (CEN) und telemere Sequenzen (TEL). Alle eukaryoten Chromosomen enthalten diese funktionellen Elemente, aber in Hefechromosomen läßt sich dies besonders gut nachweisen.

A. Autonom replizierende Sequenzen (ARS)

Replikation verläuft in zwei Richtungen (bidirektional). Die ARS entsprechen den Replikationsstartpunkten in Chromosomen. Ihre funktionelle Bedeutung ist durch ein Transformationsexperiment erkennbar. Eine mutante Hefezelle (z. B. mit der Unfähigkeit, Leucin zu bilden, Leu^-) kann durch Transfektion mit klonierten Plasmiden, die das Gen für Leucin-Bildung (Leu) enthalten, in eine Leucin-bildende (Leu^+) Zelle transformiert werden (1). Jedoch bleiben die Tochterzellen Leucin-abhängig (Leu^-), weil das Plasmid nicht replizieren kann. Enthält das Plasmid dagegen neben dem Leu-Gen autonom replizierende Sequenzen (ARS), so bleiben ein kleiner Teil der Tochterzellen Leu^+, weil Plasmidreplikation stattgefunden hat (2). Jedoch bleiben die meisten Tochterzellen Leu^-, weil die mitotische Verteilung (Segregation) defekt ist.

B. Centromere Sequenzen (CEN)

Enthält die Plasmid-DNA (1) neben dem Gen für Leucin (Leu) und den autonom replizierenden Sequenzen (ARS) auch Sequenzen aus dem Centromer (CEN) des Hefechromosoms, so findet normale mitotische Segregation statt (2). Dies beweist, daß CEN-Sequenzen für die normale Verteilung von Chromosomen in der Mitose (vgl. S. 106) erforderlich sind.
Die centromeren Sequenzen in verschiedenen Hefechromosomen sind ähnlich, aber nicht identisch. Sie enthalten drei Elemente von insgesamt etwa 220 Basenpaaren (bp), die in allen Centromeren vorkommen. Element I ist eine konservierte Sequenz von 8 bp, Element II ist AT-reich und hat ca. 80 bp, Element III hat etwa 25 bp. Dieser Abschnitt ist nuclease-geschützt und für die mitotische Stabilität sehr wichtig.

C. Telomere Sequenzen (TEL)

Liegt das Plasmid im Gegensatz zu Tafelteil B jedoch linear vor, so kommt es zwar zur Transformation (1), aber das Plasmid repliziert nicht (2). Heftet man an den Plasmid an beiden Enden telomere Sequenzen (TEL) an (3), so folgt auf die Transformation der Hefezellen nach Aufnahme des Plasmids (4) eine normale Replikation und Mitose (5).
Diese Beobachtungen beweisen, daß für die normale Funktion eines Chromosomes (vgl. S. 164) autonom replizionale Sequenzen (Startpunkte der Replikation), centromere Sequenzen und telomere Sequenzen (vgl. S. 188) erforderlich sind. Mittels dieser funktionellen Elemente (ARS, CEN, TEL) kann man künstliche Hefechromosomen (Artificial Yeast Chromosomes, YAC) herstellen.

Literaturhinweise

J. Darnell, H. Lodish, D. Baltimore: Molecular Cell Biology, 2nd ed., Scientic American Books, W. H. Freeman & Co, New York, 1990, S. 327.

Traut, W.: Chromosomen. Klassische und molekulare Cytogenetik. Springer-Verlag Heidelberg, Seite 148, 1991.

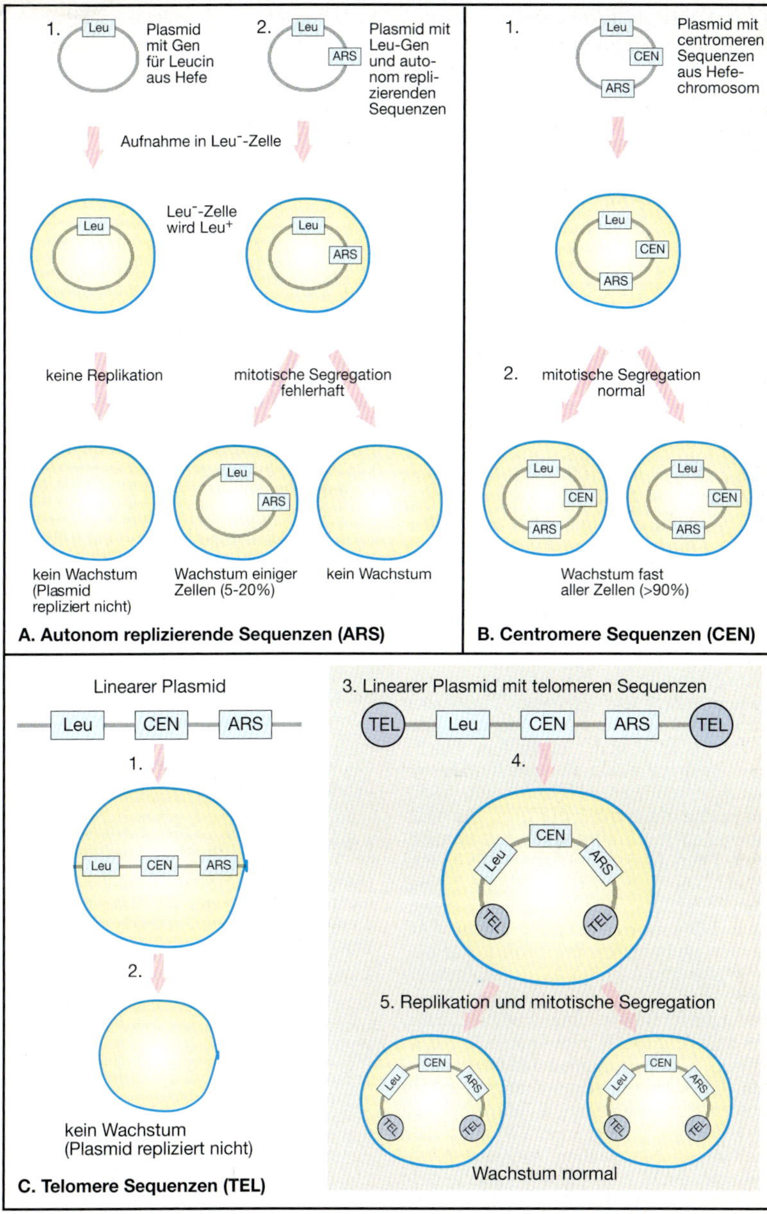

A. Autonom replizierende Sequenzen (ARS)

B. Centromere Sequenzen (CEN)

C. Telomere Sequenzen (TEL)

Künstliche Chromosomen zur Analyse komplexer Genome

Die Kartierung komplexer und großer Genome, etwa des Menschen mit 3 Milliarden Basenpaaren, wäre nicht möglich, wenn man nur über klonierte Fragmente von einigen Dutzend bis einigen Tausend Basenpaaren verfügt (bei Cosmiden etwa bis zu 50 kb). Große Entfernungen können nicht überbrückt werden, weil zwischen den übersprungenen Abschnitten nicht klonierbare DNA-Abschnitte liegen. Da eine physikalische Kartierung dieser Abschnitte nicht möglich ist, hat man sich um die Entwicklung von Vektoren zur Klonierung großer DNA-Fragmente bemüht.
Man kann künstliche Chromosomen aus Hefe (YAC, Yeast Artificial Chromosome) konstruieren. Diese können ein DNA-Fragment von etwa 100 - 1000 kb aufnehmen. Da sie während des Wachstums stabil sind, stellen sie ein wichtiges Instrument für die Genkartierung dar.

A. Konstruktion künstlicher Chromosomen (YAC) zur Klonierung und Kartierung

Ausgangspunkt ist ein linearer Vektor. Dieser besteht aus telomeren Sequenzen (TEL) und selektierbaren Markern, hier Leucin (LEU) und Tryptophan (TRP), dem Ausgangspunkt für die Replikation (autonom replizierende Sequenzen, ARS), sowie einem Centromer (CEN). Der Vektor wird aufgeschnitten und das zu vermehrende DNA-Fragment (fremde DNA) eingebaut. Die Kapazität eines YAC beträgt etwa 750kb. Anschließend kann die eingebaute DNA in Hefezellen in einem YAC kloniert und amplifiziert werden. Auf diese Weise kann eine YAC-Bibliothek erstellt werden, die in übersehbarer Weise das gesamte Genom eines komplexen Organismus enthält. Daraus kann eine physikalische Karte aus großen und überlappenden DNA-Fragmenten (contigs) erstellt werden. In zunehmendem Maße werden auch künstliche Säugetier-Chromosomen entwickelt (Mammalian Artificial Chromosome, MAC). In diesem Falle besteht ein Arm aus einem YAC mit einem selektierbaren Marker, Replikationsbeginn und Telomer, die mit Fragmenten der Säugetier-DNA mit zugehörigem Telomer verbunden werden.
Künstliche Hefechromosomen wurden auf S. 77, in B gezeigt.

B. YAC-Vektormodifikation

Auf verschiedene Weise können YACs modifiziert werden. Sequenzen können eingebaut werden, mit deren Hilfe die beiden Enden des YAC als Plasmide in *E. coli* zurückgewonnen werden können (1). Voraussetzung ist der Einbau von Plasmidsequenzen mit selektierbaren Markern (2), hier für Ampicillin-Resistenz (Amp^R) und Neomycin-Resistenz (Neo^R), sowie dem Beginn der Plasmidreplikation (ORI). Nach Verdauung mit einem geeigneten Restriktionsenzym entstehen Fragmente der eingebauten Fremd-DNA, sowie der beiden Vektorarme (3). Nach Zirkularisierung und Aufnahme in *E.coli* kann für hybride Plasmide (4) mit den selektiven Markern (Amp^R und Neo^R) selektioniert werden (5).
Die Verwendung von YACs hat die genetische Analyse großer Genome erheblich vereinfacht. Während eine komplette Genombibliothek des Menschen etwa 500000 Klone aus Lambda Phagenvektoren erfordert, reduziert sich die Anzahl der Klone bei einer YAC-Bibliothek aus 150 kb DNA-Fragmenten auf etwa 60000.

Literaturhinweise

D. Schlessinger: Yeast artificial chromosomes: tools for mapping and analysis of complex genomes. Trends Genet. *6:* 248–258, 1990.

Burke, D. T.: Cloning of large segments of exogenous DNA into yeast by means of artificial chromosome vectors. Science *236:* 806–812, 1987.

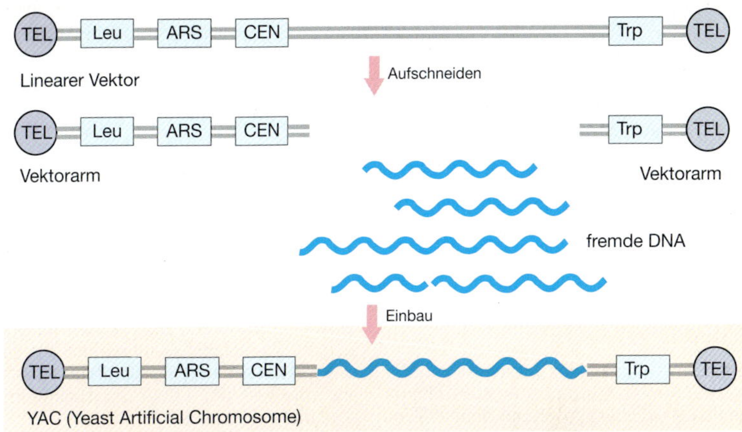

A. Konstruktion künstlicher Chromosomen (YAC) zur Klonierung und Kartierung

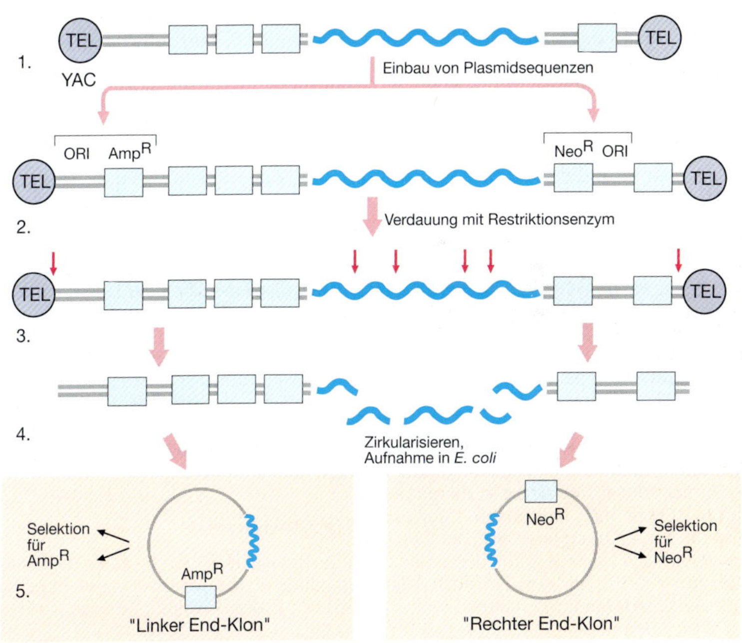

B. YAC-Vektormodifikation

Zellteilung: Mitose

Fadenähnliche Strukturen in sich teilenden Zellen wurden erstmals 1879 von Flemming beobachtet. Er führte die Bezeichnung Mitosis für die Teilung von Zellen ein. Auch die longitudinale Teilung von Chromosomen während der Mitose hat Flemming beobachtet. Strasburger prägte 1884 die Begriffe Prophase, Metaphase und Anaphase für die verschiedenen Stadien der Zellteilung. Das Ergebnis einer Mitose sind zwei genetisch identische Tochterzellen.

A. Mitose

Beim Übergang von der Interphase zur Mitose werden die Chromosomen als längliche Fäden sichtbar (Prophase). Jedes Chromosom ist an einer bestimmten Stelle der Kernmembran angeheftet und erscheint in der frühen Prophase als Doppelstruktur (Schwesterchromatiden). Dies ist das Resultat der zuvor abgelaufenen DNA-Synthese. Die Chromosomen werden während der späten Prophase durch Kontraktion dicker und kürzer (chromosomale Kondensation). In der späten Prophase verschwindet die Kernmembran und die Metaphase beginnt. Zu diesem Zeitpunkt wird die Mitosespindel als dünne Fäden sichtbar. Sie beginnt an zwei polartigen Strukturen (Centriolen). Die Chromosomen ordnen sich in der Äquatorialebene an, aber es findet keine Paarung von homologen Chromosomen statt. In der späten Metaphase, beim Übergang in die Anaphase, teilen sich die Chromosomen auch im Bereich des Centromers. Je ein Chromatid wandert zum entgegengesetzten Pol. Dies leitet die Telophase ein. Die Telophase beginnt mit der Bildung einer Kernmembran. Dann teilt sich auch das Cytoplasma (Cytokinese). In der frühen Interphase verlieren die Chromosomen ihre individuell sichtbare Struktur. In der Interphase sind die Chromosomen als Chromatin bezeichnete (Flemming 1879), mit Kernfarbstoffen anfärbbare Strukturen im Zellkern.

B. Metaphase-Chromosom

Für die in die Mitose sichtbaren gut anfärbbaren fädigen Strukturen prägte Waldeyer (1888) den Begriff Chromosom. Ein Metaphase-Chromosom besteht aus zwei Chromatiden (Schwesterchromatiden), zwei oder gegebenenfalls einem Chromosomenarm (bestehend aus den Schwesterchromatiden), einer Region an beiden Enden der Chromatiden (Telomer), sowie einem Bereich, in dem die beiden Schwesterchromatiden zusammenhängen (Centromer). Durch das Centromer wird das Chromosom in zwei Arme eingeteilt. Der Ansatzpunkt der Mitosespindel ist das Kinetochor. Chromosomen sind in der Metaphase bzw. Prometaphase individuell als einzeln gut identifizierbare längliche Strukturen von 3–7 μm Länge im Lichtmikroskop sichtbar (vgl. S. 170).

C. Zellzyklus (Mitose)

Eukaryote Zellen durchlaufen einen Zyklus von Zellteilungen (Zellzyklus). Jede Zellteilung beginnt in eukaryoten Zellen mit einer etwa 8-stündigen Phase der DNA-Synthese (S-Phase). Auf sie folgt eine etwa 4-stündige Phase (G_2). In der G_2-Phase (GAP-2) ist das gesamte Genom verdoppelt. Die Mitose (M) dauert bei eukaryoten Zellen etwa eine Stunde (vgl. A). Daran schließt sich eine zeitlich sehr variable Phase G_1 an (Interphase). Sie entspricht der normalen funktionellen Phase. Zellen, die sich nicht mehr teilen, befinden sich in der G_0-Phase. Jede Zelle muß über ein "Gedächtnis" verfügen, ob sie sich in G_1 oder in G_2 befindet, weil eine Teilung der Chromosomen vor ihrer Verdopplung letal wäre. Nach neuen Erkenntnissen wird der Übergang von G_1 nach S und von G_2 nach M von spezifischen Zellzyklus-Proteinen gesteuert.

Literaturhinweis

Whitehouse, H. L. K.: Towards the Understanding of the Mechanism of Heredity. 3rd ed., Edward Arnold, London, 1973.

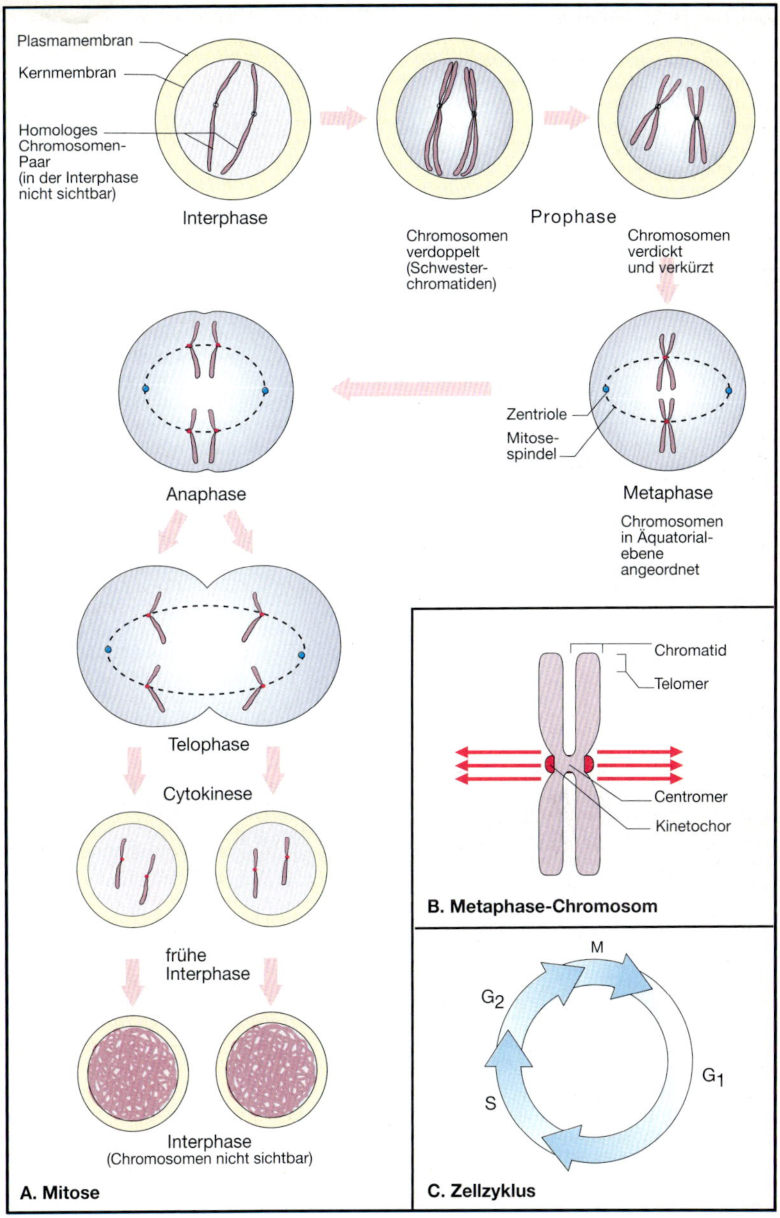
Plasmamembran
Kernmembran
Homologes Chromosomen-Paar (in der Interphase nicht sichtbar)
Interphase
Prophase
Chromosomen verdoppelt (Schwester-chromatiden)
Chromosomen verdickt und verkürzt
Zentriole
Mitose-spindel
Metaphase
Chromosomen in Äquatorial-ebene angeordnet
Anaphase
Telophase
Cytokinese
frühe Interphase
Interphase (Chromosomen nicht sichtbar)
A. Mitose
Chromatid
Telomer
Centromer
Kinetochor
B. Metaphase-Chromosom
M
G_2
G_1
S
C. Zellzyklus

Reifeteilung: Meiose

Abweichend von der Teilung von Körperzellen findet bei der Bildung von Keimzellen eine besondere Art von Zellteilung statt. Strasburger führte dafür 1884 die Bezeichnung Meiose (Reduktionsteilung oder Reifeteilung) ein.
Meiose unterscheidet sich von der Mitose in cytologischer und genetischer Hinsicht grundlegend. Erstens, es paaren sich homologe Chromosomen. Zweitens, es kommt zwischen homologen Chromosomenpaaren regelmäßig zu einem Austausch (Crossing-over). Dies resultiert in Chromosomenabschnitten mit neuer Zusammensetzung (genetische Rekombination). Drittens, der Chromosomensatz wird in einer zweiten Zellteilung halbiert (Meiose II). Deshalb sind die aus dieser Teilung entstehenden Tochterzellen haploid (Reduktionsteilung).
Meiose ist zellulär und biochemisch ein komplexer Vorgang. Der cytologisch beobachtbare Ablauf der Meiose und die resultierenden genetischen Folgen korrespondieren zeitlich nicht genau. Der jeweilige genetische Vorgang ist meist erst in einer darauffolgenden Phase cytologisch manifest.

A. Meiose I

Eine vollständige Meiose besteht aus zwei Zellteilungen, Meiose I und Meiose II. Die relevanten genetischen Vorgänge (genetische Rekombination durch Crossing-over) finden in der Meiose I statt. Die Reduktion auf den haploiden Chromosomensatz ist das Ergebnis von Meiose II.
Die Meiose beginn mit DNA-Replikation. Zunächst werden die Chromosomen in der späten Interphase nur als fädige Strukturen sichtbar, wie in der Mitose. Zu Beginn der Prophase I sind die Chromosomen verdoppelt, aber dies wird erst in einer späteren Phase der Prophase I sichtbar (vgl. S. 110). Danach wird auch die homologe Paarung von Chromosomen sichtbar. Dies ermöglicht einen Austausch zwischen homologen Chromosomenpaaren (Crossing-over) durch Aneinanderlagerung von homologen Chromatiden (Chiasmabildung).
Das Ergebnis des Crossing-over ist ein Austausch zwischen zwei Chromatiden homologer Chromosomen (genetische Rekombination). Dieser Austausch ist erfolgt, wenn die Zelle in die Metaphase I eintritt. Durch Wanderung der homologen Chromosomen zu entgegengesetzten Polen wird die Anaphase I eingeleitet.

Meiose II

Die Meiose II besteht aus einer Längsteilung der verdoppelten Chromosomen (Chromatiden) und einer weiteren Zellteilung. Jede Tochterzelle erhält je ein Chromosom eines Chromosomenpaares und ist deshalb haploid. Durch die in der Prophase I erfolgte Rekombination unterscheiden sich die Chromosomen der resultierenden haploiden Zellen von den Chromosomen der Ausgangszelle.
In einigen Abschnitten ist durch den Austausch zwischen homologen Chromosomen eine neuartige Zusammensetzung entstanden. Deshalb sind die Tochterzellen im Gegensatz zur Mitose mit der Ausgangszelle genetisch nicht identisch. Auf jedem Chromosomen kann man rekombinante und nicht-rekombinante Abschnitte unterscheiden. Die dafür relevanten genetischen Vorgänge spielen sich in der Prophase der Meiose I ab (vgl. S. 110).
Die Verteilung der Chromosomen in der Meiose erklärt die Segregation (Trennung oder Aufspaltung) von Merkmalen gemäß den Mendelschen Gesetzmäßigkeiten (1 : 1 Aufspaltung, vgl. S. 126).
Rekombination ist der auffälligste Vorgang bei der Meiose. Jedoch gibt es auch mitotische Rekombination, u. a. bei der DNA-Reparatur. Als Gen-Konversion wird ein einseitiger, nicht reziproker Austausch bezeichnet. Dabei geht ein Allel zugunsten eines anderen verloren. Die molekularen Mechanismen der Rekombination sind komplex.

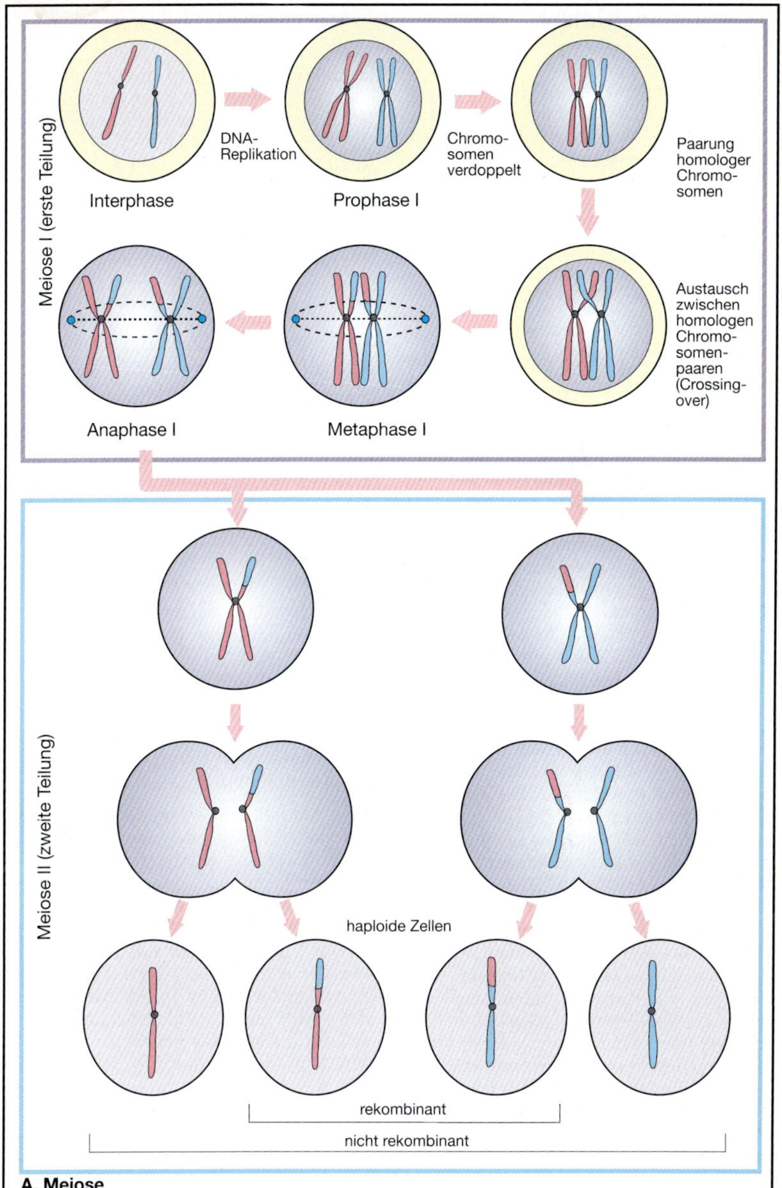
Meiose I (erste Teilung)
DNA-Replikation
Interphase
Prophase I
Chromosomen verdoppelt
Paarung homologer Chromosomen
Austausch zwischen homologen Chromosomenpaaren (Crossing-over)
Anaphase I
Metaphase I
Meiose II (zweite Teilung)
haploide Zellen
rekombinant
nicht rekombinant

A. Meiose

Crossing-over in der Prophase I

Die Prophase der Meiose I ist ein komplexer Vorgang, in der wichtige cytologische und genetische Vorgänge (vgl. 124) ablaufen. In dieser Phase kommt es regelmäßig zu einem Austausch zwischen homologen Chromosomen durch Crossing-over. Dies resultiert in neu kombinierten Chromosomenabschnitten (genetische Rekombination).

A. Prophase der Meiose I

Die Prophase der Meiose durchläuft eine Reihe von Stadien, die schematisch voneinander abgegrenzt werden können, auch wenn sie kontinuierlich ablaufen. Im Stadium des Leptotän werden Chromosomen erstmals als feine fädenartige Strukturen sichtbar (es wird nur ein Chromosomenpaar schematisch gezeigt). Im Zygotän sieht man, daß Chromosomen paarweise angeordnet sind. Teilweise sind sie aneinander angelagert (Bildung von Synapsen). Zu diesem Zeitpunkt ist jedes Chromosom bereits verdoppelt und besteht aus zwei Chromatiden, die im Centromer zusammengehalten werden (jedes Chromatid enthält eine DNA-Doppelhelix). Die durch Synapsen zusammenhängenden Chromosomen werden als Bivalent bezeichnet. Im Stadium des Pachytän sind die Bivalente verdickt und verkürzt. Im Diplotän trennen sich die beiden homologen Chromosomen, bleiben aber zunächst in einigen Bereichen miteinander verbunden. Erst in dem darauf folgenden Stadiun des Diplotän trennt sich jedes Chromosomenpaar weitgehend, vor allem im Bereich des Centromers, bis auf eine oder mehrere distal gelegene Kontaktstellen (Chiasmata). Jedes Chiasma entspricht einem Bereich, in dem Crossing-over stattgefunden hat. Im letzten Stadium der Prophase I, der Diakinese sind die Chromosomen weit auseinander gewichen und hängen nur noch distal zusammen. Die Chiasmata haben sich distal verlagert (Terminalisation). Mit dem Ende der Diakinese verschwindet die Nuklearmembran und die Zelle tritt in die Metaphase I ein.

B. Synaptonemaler Komplex

Kurz vor Beginn des Pachytän-Stadiums lagern sich homologe Chromosomen eng aneinander und bilden einen synaptonemalen Komplex. Dies ist die Voraussetzung für Crossing-over und daraus folgender Rekombination (Abb. nach J. D. Watson et al., Molecular Biology of the Gene, 3rd., 1987).

C. Chiasma

Bei der Bildung eines Chiasmas können sich verschiedene Chromatiden eines homologen Chromosomenpaares aneinander lagern. Die Chiasmabildung ist die cytologische Voraussetzung für Crossing-over und ist wichtig für die abschließende Trennung (Segregation) der Chromosomen. Das Centromer (Cen) hat eine wichtige Funktion für die Paarung von Chromosomen.

D. Genetische Rekombination durch Crossing-over

Durch Crossing-over entstehen neu kombinierte Chromosomenabschnitte (Rekombination). Man kann deshalb rekombinante und nicht-rekombinante Chromosomenabschnitte unterscheiden.

E. Pachytän und Diakinese im Lichtmikroskop

In einer lichtmikroskopischen Photographie sind die Chromosomen in Pachytän als Bivalente gut sichtbar (a). In der Diakinese (b) sieht man, daß sie sich weitgehend getrennt haben (Photographien aus E. Therman: Human Chromosomes. Structure and Behavior, Second Edition. Springer-Verlag Heidelberg-New York, 1986). Für Untersuchungen in der Meiose werden heute meist elektronenmikroskopische Aufnahmen verwendet.
Eine auffällige Struktur im Pachytän bilden das X- und Y-Chromosom. Sie erscheinen End-zu-End aneinandergelagert. Tatsächlich ist ein kurzer Abschnitt des kurzen Armes im Bereich homologer Sequenzen gepaart (pseudoautosomale Region, vgl. S. 324).

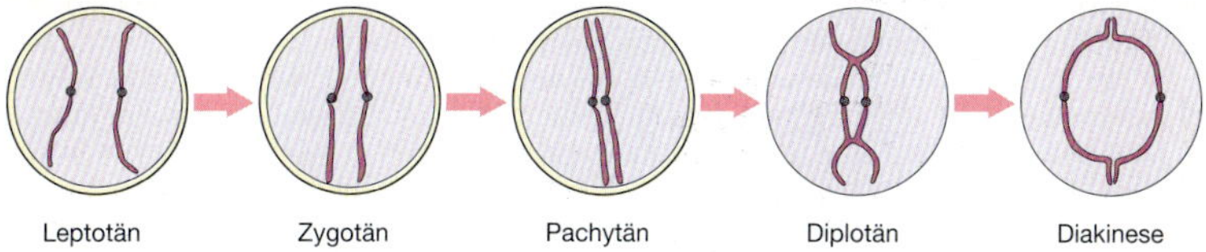

A. Prophase der Meiose I

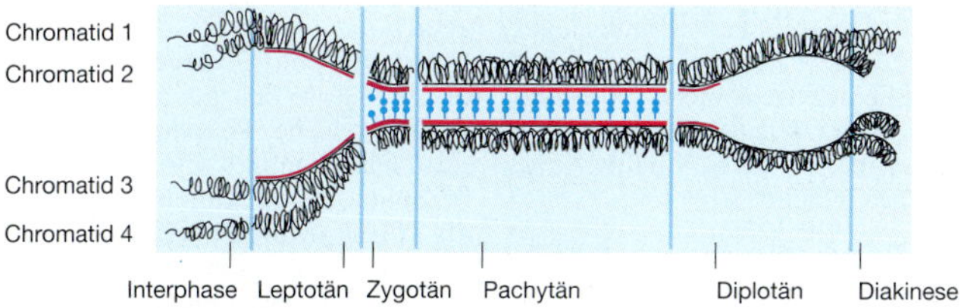

B. Synaptonemaler Komplex

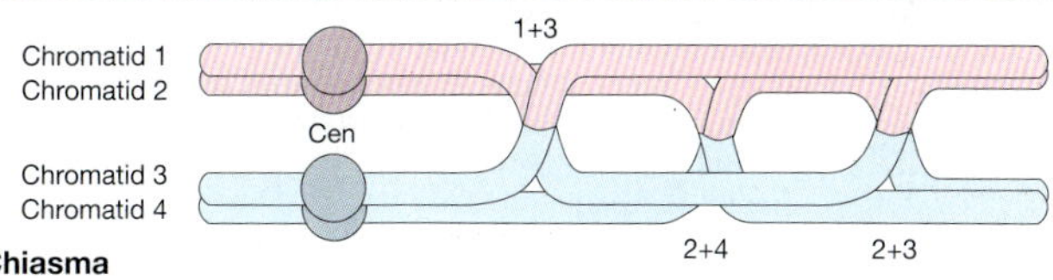

C. Chiasma

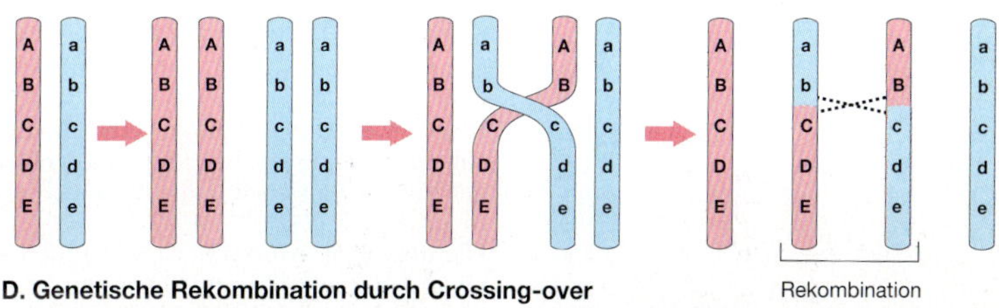

D. Genetische Rekombination durch Crossing-over

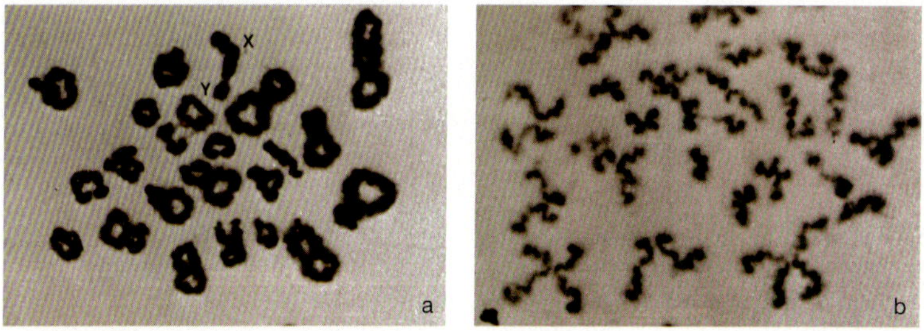

E. Pachytän und Diakinese im Photo

Gametenbildung

Die Bildung der Keimzellen (Gameten) findet in Keimdrüsen (Gonaden) statt. Dies ist im weiblichen Geschlecht die Oogenese (Bildung von Eizellen) und im männlichen Geschlecht die Spermatogenese (Bildung von Spermatozoen). Die in der Embryonalentwicklung in die Gonaden eingewanderten primordialen Keimzellen vermehren sich durch mitotische Teilung. Die eigentliche Bildung der Keimzellen (Gametogenese) beginnt mit der Meiose. Die auf die Meiose folgenden Zellteilungen unterscheiden sich in Ablauf und Ergebnis im weiblichen und männlichen Geschlecht.

A. Spermatogenese

Durch wiederholte mitotische Zellteilungen entstehen diploide Spermatogonien. Mit Beginn der Pubertät beginnen Zellen mit der Differenzierung in primäre Spermatocyten. Diese Zellen beginnen mit der ersten meiotischen Zellteilung. Aus jedem primären Spermatocyten werden nach Abschluß der Meiose I zwei sekundäre Spermatocyten, jeder mit einem vollständigen Satz duplizierter Chromosomen (Rekombination wird hier nicht gezeigt). Jedes Chromosom besteht aus zwei Schwesterchromatiden, die im Verlauf der Meiose II getrennt werden. Jede der beiden sekundären Spermatocyten teilt sich ein zweites Mal (Meiose II). Insgesamt bildet somit jeder primäre Spermatocyt vier Spermatiden, jeder mit einem haploiden Satz Chromosomen. Die Spermatiden differenzieren in reife Spermatozoen. Spermatogenese ist im männlichen Geschlecht ein kontinuierlich ablaufender Vorgang. Zwischen Differenzierung in einen primären Spermatocyt bei Eintritt in die Meiose I und der Bildung der reifen Spermatozoen liegen beim Menschen etwa sechs Wochen.

B. Oogenese

Die Oogenese (Bildung von Eizellen) unterscheidet sich von der Spermatogenese im zeitlichen Ablauf und im Ergebnis. Zunächst vermehren sich im Ovar die eingewanderten Keimzellen durch wiederholte Mitosen (Bildung von Oogonien). Etwa vier Wochen vor der Geburt (beim Menschen) beginnt im weiblichen Geschlecht die Meiose I. Es werden primäre Oocyten gebildet. Jedoch wird die Meiose I in einem als Diktyotän bezeichneten Stadium der Prophase arretiert. In diesem Stadium verharrt die primäre Oocyte bis zur Ovulation. Erst dann wird die Meiose I fortgesetzt (Rekombination wird hier nicht gezeigt).

Im weiblichen Geschlecht findet sowohl in der Meiose I als auch der Meiose II eine asymmetrische Teilung des Cytoplasmas statt. Das Ergebnis sind zwei ungleich große Zellen, eine sekundäre Oocyte und eine als Polkörperchen bezeichnete kleine Zelle. Durch Teilung der sekundären Oocyten entsteht die haploide Eizelle Meiose II. Wiederum ist die Zellteilung ungleich: es entsteht nur eine Eizelle und ein weiteres Polkörperchen. In der sekundären Oocyte besteht jedes Chromosom noch aus zwei Schwesterchromatiden. Diese trennen sich erst in der darauffolgenden Zellteilung (Meiose II). Die Polkörperchen degenerieren. Bei den meisten Wirbeltieren wird die Reifung der sekundären Oocyte in der Meiose II arretiert. Erst bei der Ovulation wird die sekundäre Oocyte aus dem Ovar freigegeben und, falls Fertilisation eintritt, die Meiose vollständig beendet. Eine fehlerhafte Verteilung von Chromosomen (Non-disjunction) kann sowohl in der Meiose I als auch in der Meiose II eintreten (vgl. S. 342).

Die maximale Anzahl von Keimzellen im Ovar des menschlichen Fetus um den 5. Monat beträgt 6.8×10^6. Dies ist bei der Geburt auf 2×10^6 reduziert und bei der Pubertät auf etwa 200000. Davon kommen etwa 400 zur Ovulation. Die lange Phase zwischen Meiose I und Ovulation ist vermutlich ein ursächlicher Faktor bei der häufigeren Fehlverteilung homologer Chromosomen bei älteren Müttern (J. M. Connor & M. A. Ferguson-Smith: Essential Medical Genetics. Blackwell Scientific Publ., 4th ed., London, 1993).

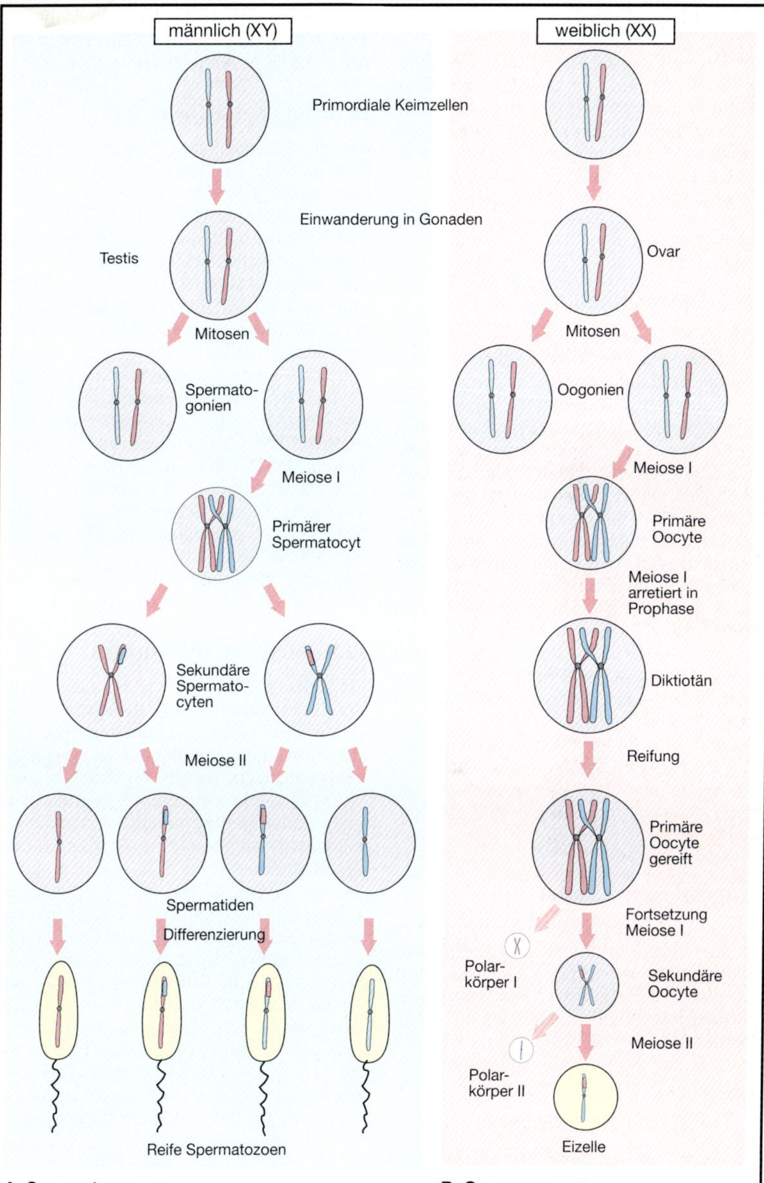

A. Spermatogenese **B. Oogenese**

Zellkultur

Die Vermehrung lebender Zellen in einer Kultur (Zellkultur) ist eine der wesentlichen Voraussetzungen der modernen Genetik. An Zellkulturen können bei höheren Organismen mit langer Generationszeit und bei der Unmöglichkeit von Kreuzungsexperimenten, wie beim Menschen, Untersuchungen durchgeführt werden, die sonst nicht möglich wären.

A. Fibroblasten-Kultur

Zerkleinert man ein steril entnommenes Stückchen Haut in kleine Stückchen mit glattem Rand und bringt diese in ein Gefäß mit geeignetem Nährmedium, so sprossen etwa 10 bis 20 Tage später Fibroblasten-artige Zellen aus. Die kleinen Hautstückchen müssen Kontakt zum Boden des Kulturgefäßes haben und dürfen nicht im Nährmedium schwimmen (Adhäsions-Kultur). Die aussprossenden Fibroblasten vermehren sich und bilden innerhalb von zwei bis drei Wochen eine aus nebeneinander liegenden Zellen bestehende Schicht (Monolayer). Zellen im Monolayer teilen sich nicht mehr (Kontaktinhibition). Man kann sie zu weiterem Wachstum anregen, indem man die am Boden des Zellkulturgefäßes haftenden Zellen ablöst und in ein größeres oder in zwei Kulturgefäße überträgt (Subkultur). Zellen in der Kultur haben eine begrenzte Lebensspanne von durchschnittlich rund 20 bis 30 Zellteilungen.

B. Lymphocyten-Kultur

Bringt man Lymphocyten des peripheren Blutes in ein Kulturgefäß mit geeignetem Nährmedium, so vermehren sie sich durch maximal 3-5 Zellteilungen in Suspension (Suspensionskultur). Sie müssen durch Mitosestimulierung zur Teilung angeregt werden z. B. durch Phytohämagglutinin.

C. Transformierte Zellen in der Kultur

Zellen werden als transformiert bezeichnet, wenn sie u. a. ein gegenüber der Norm verändertes Zellteilungsverhalten zeigen, etwa durch Verlust der Kontaktinhibition. Transformierte Zellen weisen gewisse Ähnlichkeit zu Krebszellen in vivo auf.

D. Bildung von Hybridzellen

Mit bestimmten Viren (Sendaivirus) oder Polyethylenglycol können Zellen zur Fusion gebracht werden. Fusionieren Zellen unterschiedlicher Herkunft, z. B. Zelle A und Zelle B, so bilden sie eine gemeinsame Zelle, die zwei verschiedene Zellkerne enthält (Heterokaryon). Durch Verschmelzung der beiden Zellkerne entsteht eine Hybridzelle, die in ihrem Kern den Chromosomensatz der beiden Ausgangszellen enthält. Ein häufig verwendetes selektives Medium ist HAT-Medium (es enthält Hypoxanthin, Aminopterin und Thymin). Es selektiert für Hybridzellen, die aus mutanten Zellen für HGPRT-Defizienz (Hypoxanthin-Phosphoribosyl-Transferase) und Thymidin-Kinase-defizienten Zellen (TK^-) hervorgegangen sind. Die Teilung von TK^--Zellen wird durch den Enzymmangel blockiert, die Teilung der $HGPRT^-$-Zellen durch Aminopterin.

E. Kolonien aus Hybridzellen

Hybridzellen können wie normale Zellen durch Subkultivierung vermehrt werden. Bei wiederholten Zellteilungen gehen die Chromosomen einer der beiden Ausgangszelltypen nacheinander regellos verloren. Unterscheiden sich die elterlichen Ausgangszellen in bestimmten Merkmalen, so kann man durch selektives Medium für die Hybridzellen selektionieren, d.h. es teilen sich nur Hybridzellen, nicht die Ausgangszellen. Es entstehen Kolonien aus Hybridzellen (Zellklone), die sich in ihren genetischen Eigenschaften unterscheiden, weil sie verschiedene Chromosomen enthalten. Durch Vergleich der An-oder Abwesenheit genetischer Merkmale und der An- oder Abwesenheit bestimmter Chromosomen können Rückschlüsse auf die chromosomale Lokalisation von Genen für die jeweils untersuchte Eigenschaft gezogen.

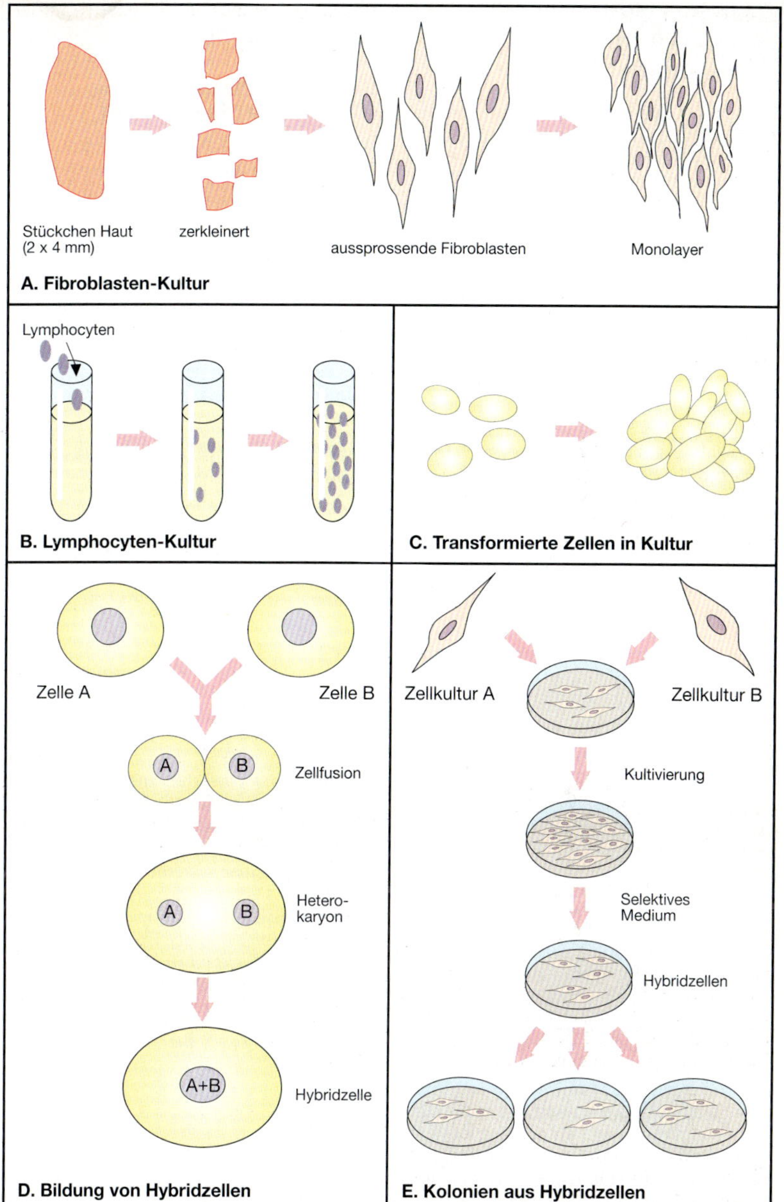
Stückchen Haut
(2 x 4 mm)
zerkleinert
aussprossende Fibroblasten
Monolayer
A. Fibroblasten-Kultur
Lymphocyten
B. Lymphocyten-Kultur
C. Transformierte Zellen in Kultur
Zelle A
Zelle B
A
B
Zellfusion
Hetero-
karyon
A+B
Hybridzelle
D. Bildung von Hybridzellen
Zellkultur A
Zellkultur B
Kultivierung
Selektives
Medium
Hybridzellen
E. Kolonien aus Hybridzellen

Genetisch gesteuerte energieliefernde Vorgänge in Mitochondrien

Eukaryote Organismen enthalten essentielle genetische Information außerhalb der DNA des Nucleus in extrachromosomalen Genomen. Die Mitochondrien aller Eukaryoten und die Chloroplasten grüner Pflanzen und Algen enthalten cytoplasmatische DNA-Moleküle (mitochondriale DNA, mtDNA). Als solche werden sie ausschließlich maternal in nicht-Mendelscher Weise vererbt. Mitochondrien und Chloroplasten sind der Ort wichtiger, energieliefernder Prozesse und Photosynthese. Im Gegensatz zur nucleären DNA ist das Genom in Mitochondrien und Chloroplasten ringförmig. Homologe Abschnitte sprechen dafür, daß evolutionäre Beziehungen bestehen. Insbesondere ist der evolutionäre Transfer von DNA-Abschnitten von Chloroplasten zu Mitochondrien und Chloroplasten zu nucleärer DNA eukaryoter Organismen nachgewiesen. Die in mitochondrialer DNA enthaltenen Gene codieren für Proteine der Atmungskette, Untereinheiten des ATPase-Komplexes, Untereinheiten des NADPH-Dehydrogenase-Komplex (ND), sowie die entsprechenden Gene für Transfer RNA (tRNA). Eine Reihe von Erkrankungen durch Mutationen und Deletionen in mtDNA beim Menschen sind bekannt.

A. Prinzipielle Vorgänge im Mitochondrium

Der wesentliche energiekonservierende Prozeß in Mitochondrien ist oxidative Phosphorylierung. Aus der Verbrennung von Kohlenhydraten, Fetten und anderen Nahrungsmitteln werden durch Oxidation zunächst einfache Energieträger wie NADH und $FADH_2$ gewonnen (Nicotinamid-Adenin-Dinucleotid in der reduzierten Form und Flavin-Adenin-Dinucleotid in der reduzierten Form). Durch eine Serie von biochemischen Reaktionen in der inneren Membran von Mitochondrien (Atmungskette) wird aus Adenosin-Diphosphat (ADP) durch oxidative Phosphorylierung Adenosin-Triphophat (ATP) als Energieträger gebildet.

B. Oxidative Phosphorylierung (OXPHOS) in Mitochondrien

Adenosin-Triphosphat (ATP) nimmt die zentrale Rolle im Energieaustausch biologischer Systeme ein. ATP ist ein Nucleotid, das aus Adenin, einer Ribose und einer Triphosphat-Einheit besteht. Es ist energiereich, weil die Triphosphat-Einheit zwei Phospho-Anhydrid-Bindungen enthält. Durch Hydrolyse von ATP zu ADP wird Energie frei. Die in ATP enthaltene freie Energie ist an Phosphat gebunden und wird zum Beispiel bei der Muskelkontraktur freigesetzt.

C. Elektronentransfer in der inneren mitochondrialen Membran

Das Genom von Mitochondrien und Chloroplasten enthält Gene für die Bildung der verschiedenen Komponenten der Atmungskette und der oxidativen Phosphorylierung. Drei Enzymkomplexe steuern den Elektronentransfer, der NADH-Dehydrogenase-Komplex, der b-c_1-Komplex und der Cytochrom-Oxidase-Komplex. Zwischengeschaltet sind Quinonabkömmlinge (Q) wie Ubiquinon und Cytochrom c. Der Elektronentransport führt zur Bildung von Protonen (H^+). Diese führen durch Umwandlung von ADP und P_i (Phosphor) zur Bildung von ATP (Oxidative Phosphorylierung). ATP stellt ein Phosphat-gebundenes Reservoir von Energie dar, das für alle biologischen Systeme als Energielieferant dient. Dies macht verständlich, weshalb genetische Defekte in Mitochondrien sich in erster Linie als Erkrankungen mit reduzierter Muskelkraft und anderen degenerativen Erscheinungen manifestieren.

(Nähere Angaben in B. Alberts et al., Molecular Biology of the Cell. 2nd edition, 1989).

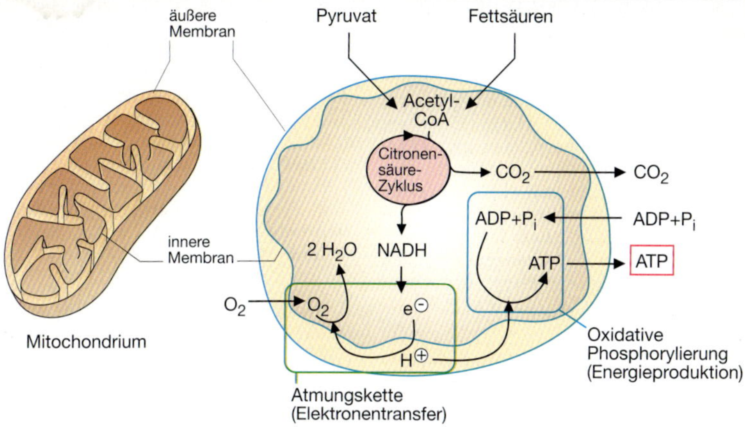

A. Prinzipielle Vorgänge im Mitochondrium

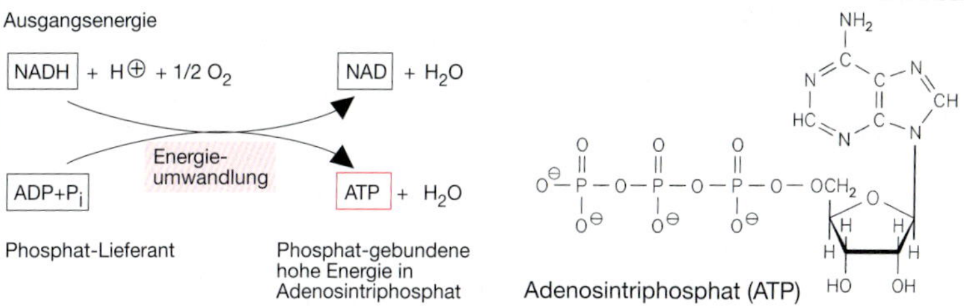

B. Oxidative Phosphorylierung (OXPHOS) in Mitochondrien

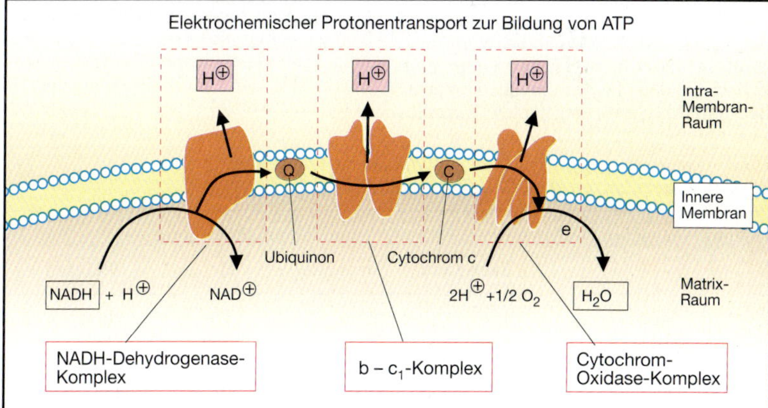

C. Elektronentransfer in der inneren mitochondrialen Membran

Das Genom in Chloroplasten und Mitochondrien

Chloroplasten höherer Pflanzen und Mitochondrien eukaryoter Zellen enthalten ein Genom aus zirkulärer DNA. Zwischen dem Genom in Chloroplasten und Mitochondrien besteht eine Homologie von etwa 12000 Basenpaaren (12 kb). Ferner finden sich homologe Regionen in nucleärer DNA. Es wird deshalb angenommen, daß evolutionäre Beziehungen zwischen der DNA in Chloroplasten, Mitochondrien und nucleärer DNA existieren.

A. Gene in Chloroplasten eines Moos (Leberblümchen, *Marchantia polymorpha*)

Das Genom in Chloroplasten ist sehr groß, 121 kb in einem Moos (Leberblümchen) und 155 kb in der Tabakpflanze. Dennoch ist die Organisation ihrer Gene sehr ähnlich und ihre Gesamtzahl praktisch identisch. Der Proteinsynthese-Apparat hat gewisse Ähnlichkeiten mit Bakterien. Viele der ribosomalen Proteine sind homolog zu denen in *E. coli.* Gene im Chloroplasten-Genom sind unterbrochen und enthalten Introns. Das Chloroplasten-Genom codiert für vier ribosomale RNAs (16S-rRNA, 23S-rRNA, 4.5S-rRNA und 5S-rRNA) in je zwei Kopien. Die Gene für ribosomale RNA finden sich in zwei DNA-Abschnitten mit umgekehrter Orientierung (Inverted Repeats), die charakteristisch für das Chloroplasten-Genom sind. Zwischen den beiden inverted repeats liegt ein Abschnitt von kurzen Einzelkopien von etwa 18–19 kb Größe. Das Genom von Chloroplasten enthält genetische Information für etwa 30 tRNAs und etwa 50 Proteine. Die Proteine gehören dem Photosystem I (2 Gene), dem Photosystem II (7 Gene), dem Cytochromsystem (3 Gene) und dem H^+-ATPase-System (6 Gene) an. Auf NADH-Dehydrogenase entfallen 6 Gene, Ferridoxin 3 Gene, Ribulose 1 Gen. 29 Gene sind bisher nicht identifiziert (Angaben nach B. Lewin, Genes IV, Oxford University Press, 1990).

B. Mitochondriale Gene in Hefe (*C. cerevisiae*)

Das mitochondriale Genom von Hefen ist groß (ca. 84 kb) und enthält Introns. Es enthält Gene für die tRNAs, die Atmungskette (Cytochromoxidase 1, 2 und 3, sowie Cytochrom b), für 15S- und 21S-rRNA, sowie für die Untereinheiten 6, 8 und 9 des ATPase-Systems. Das Genom in Mitochondrien von Hefe ist bemerkenswert wegen der ansonsten nicht üblichen Trennung von Genen für ribosomale RNA. Das Gen für 21S-rRNA enthält ein Intron. Etwa 25% des mitochondrialen Genoms von Hefe enthält AT-reiche DNA ohne codierende Funktion.

Der genetische Code des mitochondrialen Genoms unterscheidet sich vom universalen Code in nucleärer DNA durch unterschiedliche Verwendung einiger Codons. Das nucleäre Stopcodon UGA codiert in Mitochondrien für Tryptophan, während umgekehrt die nucleären Codons für Arginin (UGA und UGG) in Mitochondrien von Säugetieren als Stopcodon fungieren.

Unterschiede im genetischen Code des mitochondrialen Genoms gegenüber dem universellen Code nucleärer DNA

Codon	nucleäre DNA	mitochondriale Genome			
		Säugetiere	Drosophilia	Hefen	Pflanzen
UGA	Stop	Trp	Trp	Trp	Stop
AUA	Ile	Met	Met	Met	Ile
CUA	Leu	Leu	Leu	Thr	Leu
AGA, AGG	Arg	Stop	Ser	Arg	Arg

(nach B. Alberts et al., Molecular Biology of the Cell, 2nd edition)

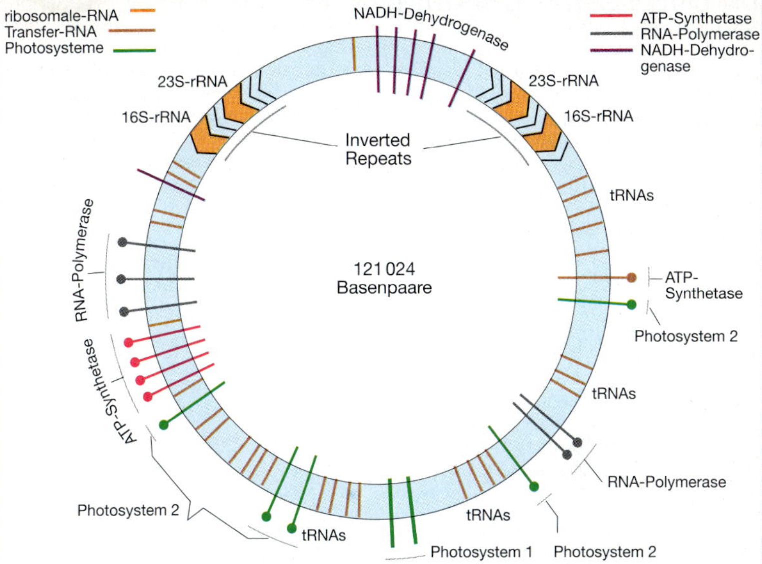

A. Gene in Chloroplasten eines Moos (Leberblümchen, *Marchantia polymorpha*)

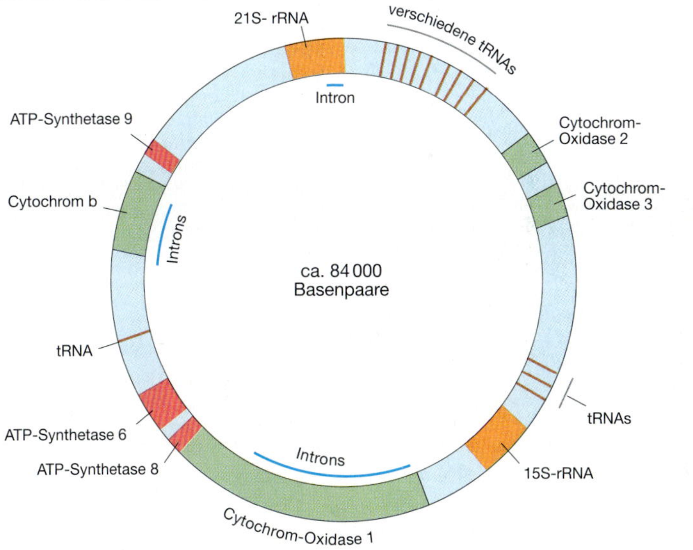

B. Mitochondriale Gene in Hefe (*C. cerevisiae*)

Das mitochondriale Genom bei Säugetieren

Das mitochondriale Genom bei Säugetieren ist klein und kompakt. Es enthält keine Introns und in einigen Bereichen überlappen Gene, so daß praktisch jedes Basenpaar einem Gen angehört. Das mitochondriale Genom des Menschen und der Maus ist sequenziert und enthält weitreichende Homologien. Mit einer Größe von etwa 16,5 kb ist es erheblich kleiner als das bei Hefen.

A. Mitochondriale Gene beim Menschen

Das mitochondriale Genom des Menschen enthält 13 Protein-codierende Regionen: Gene für den Cytochrom c-Oxidase-Komplex (Untereinheit 1,2 und 3), für Cytochrom b, sowie für die Untereinheiten 6 und 8 des ATPase-Komplexes. Im Gegensatz zu Hefe enthält mitochondriale DNA von Säugetieren 6 Untereinheiten für NADH-Dehydrogenase (ND1, ND2, ND3, ND4L, ND4, ND5 und ND6). Insgesamt 60% der mitochondrialen codierenden Kapazität entfällt auf die 7 Untereinheiten von NADH-Reductase (ND). Im Dichtegradienten kann ein schwerer (H, heavy) und ein leichter Einzelstrang (L) unterschieden werden. Die meisten Gene finden sich auf dem H-Strang. Der L-Strang codiert für ein Protein (ADH-Untereinheit 6) und 14 tRNAs. Vom H-Strang werden zwei RNAs transkribiert, eine kurze für die rRNAs und eine lange als mRNA und für die meisten tRNAs. Vom L-Strang wird ein einziges Transkript gemacht. Eine 7S RNA wird entgegen dem Uhrzeigersinn in der Nähe des Replikationsbeginns transkribiert (ORI, Origin of Replikation).

B. Kooperation zwischen mitochondrialem und nucleärem Genom

Einige mitochondriale Proteinen sind Aggregate von Genprodukten nucleärer und mitochondrialer Gene. Diese Genprodukte werden nach nucleärer Transkription und cytoplasmatischer Translation in die Mitochondrien transportiert. Dort bilden sie funktionelle Proteine aus Untereinheiten mitochondrialer und nucleärer Genprodukte. Deshalb treten einige mitochondrial-bedingte genetische Erkrankungen mit Mendelschem Erbgang auf, während rein mitochondrial bedingte Erkrankungen ausschließlich maternal vererbt werden.

C. Evolutionäre Beziehungen des mitochondrialen Genoms

Homologe Abschnitte in der DNA-Sequenz in Chloroplasten, Mitochondrien und zellulärer DNA sind als Folge evolutionärer Beziehungen zu verstehen. Als nachgewiesen gilt eine Übertragung von DNA-Sequenzen von Chloroplasten in Mitochondrien, von Chloroplasten in zelluläre DNA, sowie von Mitochondrien in zelluläre DNA. DNA in Mitochondrien evolviert viel schneller als in nucleärer DNA. Mutationen sammeln sich rund 10mal rascher an. Daraus resultieren ausgeprägte Intraspecies Polymorphismen.

Besonderes Aufsehen erregte 1987 ein Bericht, daß alle mitochondriale DNA beim Menschen auf eine Frau zurückgehen solle, die vor rund 200000 Jahren gelebt hat („Eva"). Dies ist kontrovers. Jedoch ist mtDNA geeignet, Aufschluß über bestimmte evolutionäre Abstammungsverhältnisse zu gewinnen. (Vigilant, L. et al., Science *253* : 1503–1507, 1991; Templeton, A. R., Hedges, S. B. et al., Science *255* : 737 –739, 1991).

Literaturhinweise

Singer, M. & Berg, P.: Genes and Genomes. Blackwell Scientific Publications, Oxford, 1991.

Wallace, D. C.: Mitochondrial diseases: Genotype versus phenotype. Trends in Genetics *9* : 128–133, 1993.

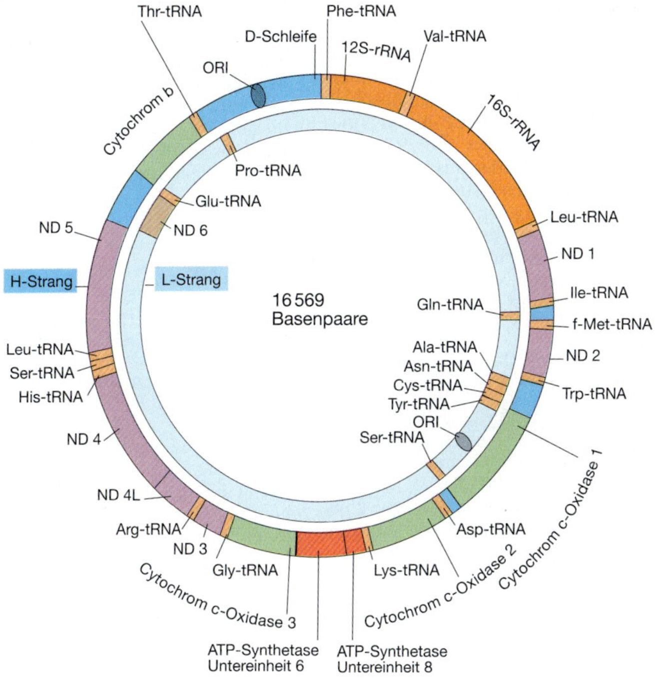

A. Mitochondriale Gene beim Menschen

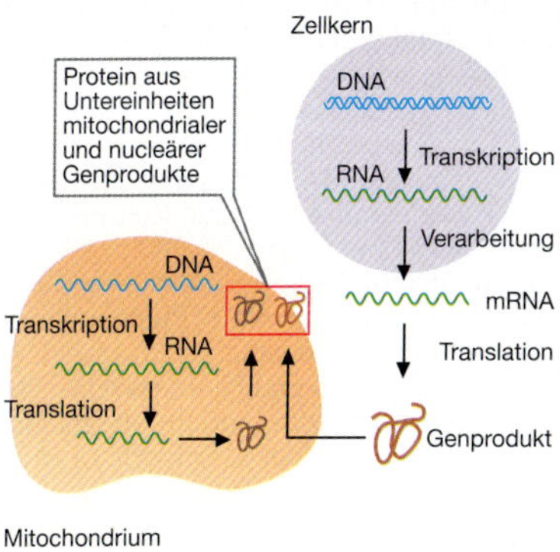

B. Kooperation zwischen mitochondrialem und nucleärem Genom

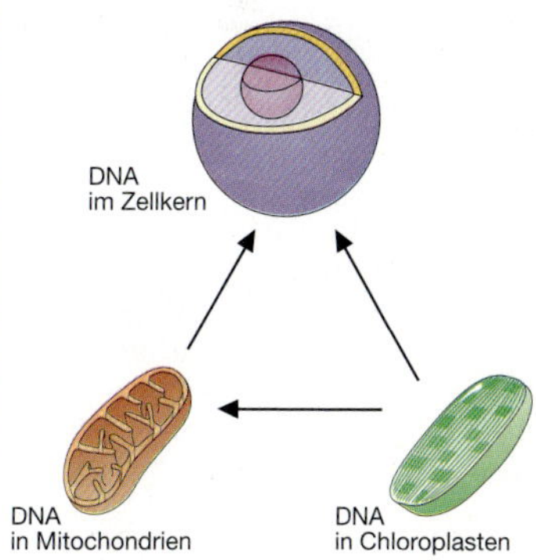

C. Evolutionäre Beziehungen des mitochondrialen Genoms

Mitochondriale Erkrankungen beim Menschen

Zahlreiche Erkrankungen beim Menschen durch Veränderungen in mitochondrialer DNA sind bekannt. Da oxidative Phosphorylierung die primäre Quelle für Energie im Gehirn, Muskel, Herz, Leber, Niere und den Insulin-bildenden Inseln im Pankreas ist, manifestieren sich mitochondriale Erkrankungen vorwiegend in diesen Organen. Die Schwere und das klinische Bild resultieren aus der Art der mtDNA-Mutation, dem Anteil mutanter DNA und der Gewebsverteilung.

A. Mutationen und Deletionen in mitochondrialer DNA des Menschen

Punktmutationen sind bekannt z. B. an Position 3243 (Nummer des betroffenen Nucleotidbasenpaares) für mitochondriale Enzephalomyopathie (MELAS), für Leber'sche Hereditäre Opticus Neuropathie (LHON), sowie andere Erkrankungen (vgl. Tabelle). Auch eine Reihe von Deletionen ist beobachtet worden. Die größte Deletion umfaßt 10,4 kb von etwa Position 1400 bis ca. 4500 (D.C. Wallace, Science *256* : 628, 1992).

B. Maternale Vererbung einer mitochondrialen Cytopathie

Erbliche mitochondriale Erkrankungen werden nur über die mütterliche Linie vererbt, weil Spermatozoen kaum Mitochondrien enthalten. Die Erkrankung wird deshalb nie von einem erkrankten Mann auf die Söhne vererbt, aber stets von einer erkrankten Mutter auf alle Nachkommen. Die Töchter von erkrankten männlichen Individuen sind in der Regel nicht erkrankt (Hinweis: Individuum III–3 müßte auch erkrankt sein).

C. Heteroplasmie für mitochondriale Mutationen

Häufiger als eine germinale Mutation finden sich Mutationen oder Deletionen in Mitochondrien auf einzelne Gewebe beschränkt (mitochondriale Cytopathie). In diesen Fällen enthalten die Zellen einen unterschiedlichen Anteil betroffener Mitochondrien (Heteroplasmie). Der Anteil gestörter Mitochondrien wechselt nach wiederholten Zellteilungen. Dies trägt zu der erheblichen Variabilität mitochondrialer Erkrankungen bei.

Erkrankungen aufgrund von Mutationen und Deletionen in mitochondrialer DNA

Abkürzung	MIM-Nr.	Bezeichnung
LHON	308900	Leber'sche Hereditäre Opticus-Neuropathie
MELAS	251900	Mitochondriale Encephalomyopathie
	251950	Lactat-Acidose mit Schlaganfall-ähnlichen Symptomen
MERRF	165130	Myoklone Epilepsie und Ragged Red Fibers
MMC	252010	Maternal vererbte Myopathie und Cardiomyopathie
NARP	251900	Neurogene Muskelschwäche mit Ataxie und Retinitis pigmentosa
CEOP	258470	Chronische externe Ophthalmoplegie
KSS	165100	Kearns-Sayre-Syndrom (Ophthalmoplegie, Pigmentdegeneration der Retina und Cardiomyopathie)
PEAR	260560	Pearson-Syndrom (Knochenmark- und Pankreasversagen)
ADMIMY	251900	Autosomal dominant erbliche Mitochondriale Myopathie mit mitochondrialen Deletionen in der D-Schleife (Typ Zeviani)

(MIM: Mendelian Inheritance in Man, McKusick's Catalogue of Autosomal Dominant, Autosomal Recessive, and X-linked Phenotypes, Johns Hopkins University Press, Baltimore, 1992)

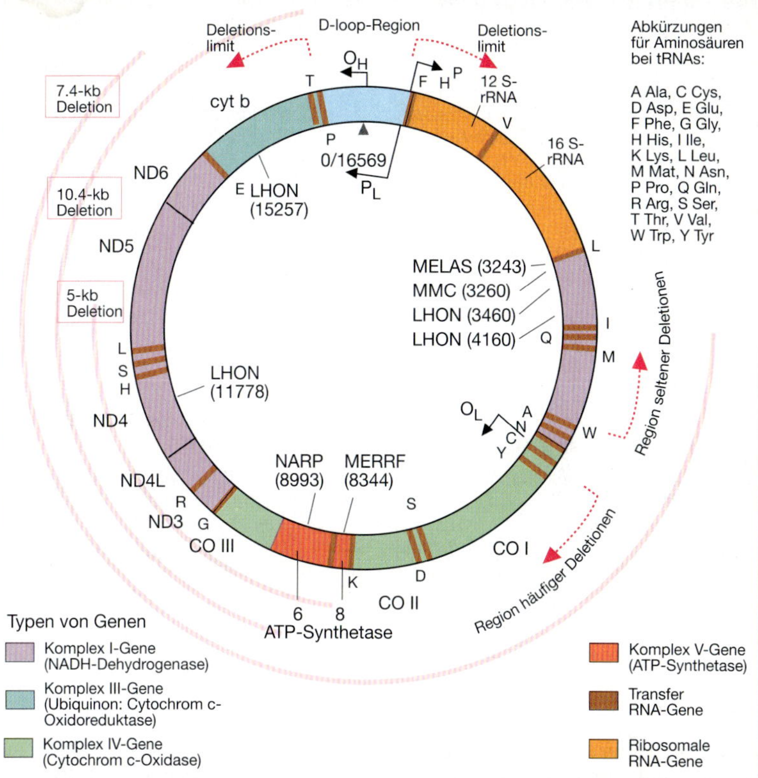

A. Mutationen und Deletionen in mitochondrialer DNA des Menschen

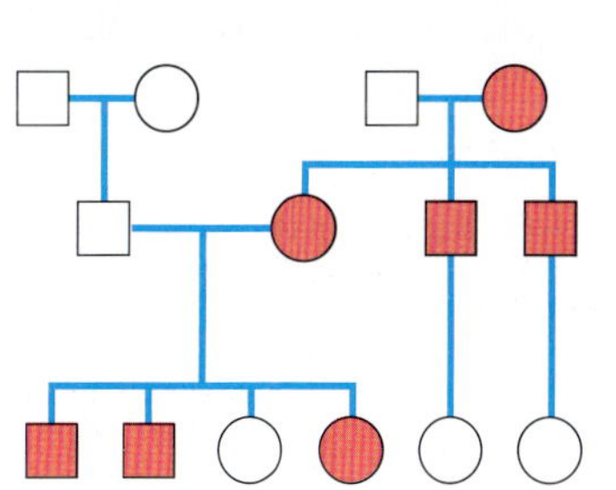

B. Maternale Vererbung einer mitochondrialen Erkrankung

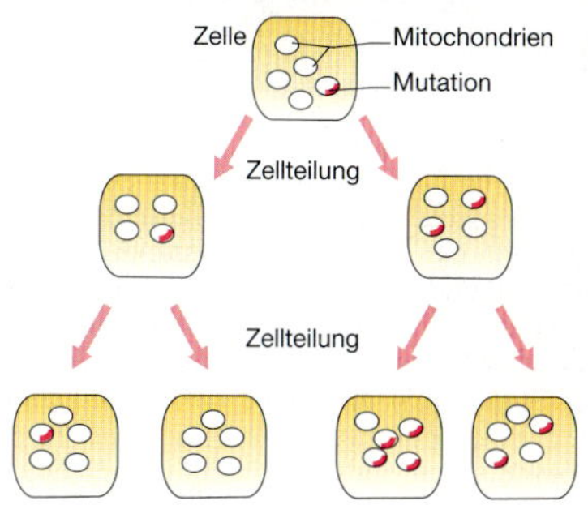

C. Heteroplasmie für mitochondriale Mutationen

Die Mendelschen Merkmale

Im Jahre 1865 veröffentlichte der Augustinerpater Gregor Mendel in den Berichten der Naturgeschichtlichen Vereinigung von Brünn bemerkenswerte Untersuchungen, die aber bis 1900 praktisch nicht beachtet wurden. In der „Versuche über Pflanzenhybriden" genannten Arbeit legt Mendel dar, daß bestimmte Merkmale der Gartenerbse (*Pisum sativum*) als unveränderte Merkmale unabhängig voneinander vererbt werden. Dabei beobachtete Mendel bestimmte Regelmäßigkeiten im Auftreten bzw. Nichtauftreten einzelner Merkmale in aufeinanderfolgenden Generationen. Hier wird die Pflanze und die beobachteten Merkmale vorgestellt.

A. Die Erbsenpflanze *(Pisum sativum)*

Die Pflanze besteht aus Stamm, Blättern, Blüten und Hülsen (befruchteter reifer Fruchtknoten). In der Blüte lassen sich Staubbeutel, Griffel, Samenanlage, Fruchtknoten und Kelchblatt unterscheiden. Die Gartenerbse vermehrt sich normalerweise durch Selbstbefruchtung. Pollen aus dem Staubbeutel können auf die Samenanlagen derselben Blüte fallen. Andererseits ist es relativ einfach, Kreuzbefruchtung durchzuführen. Mendel öffnete dazu eine Blüte und entfernte die Staubbeutel, bevor Pollen austreten konnten und verwendete stattdessen Pollen einer anderen Blüte. Die fertige Hülse enthält die Samen, aus denen sich neue Pflanzen entwickeln.

B. Die beobachteten Merkmale (Phänotypen)

Mendel beobachtete insgesamt 7 charakteristische Merkmale: (1) Große und kleine Pflanzen, (2) Axiale und endständige Blüten und Hülsen entlang der Pflanze, (3) grüne und gelbe Hülsen, (4) volle und geschrumpfte Form der Hülsen, (5) die Form der Samen, (6) die Farbe der Samen und (7) die Farbe der Samenhüllen. Mendel beobachtete, daß die Vererbung jedes Merkmalpaares unabhängig von der des anderen Merkmalpaares war. Die Vererbung unabhängiger Merkmale in bestimmten Gesetzmäßigkeiten ist Mendel's wesentliche Erkenntnis. Dies war eine grundlegend neue Einsicht in die Vorgänge bei der Vererbung. Sie wich deutlich von den damals vorherrschenden Vorstellungen über Vererbung ab. Dies hat dazu beigetragen, daß ihre Bedeutung zunächst nicht erkannt wurde.

Wir wissen heute, daß genetisch determinierte Merkmale nur dann unabhängig vererbt werden (segregieren), wenn sie auf verschiedenen Chromosomen liegen (d. h. wenn keine genetische Kopplung vorliegt). Dies ist für die von Mendel untersuchten Gene der Fall. Einige dieser Gene sind in den vergangenen Jahren näher charakterisiert und kloniert worden.

Abweichungen von den Mendelschen Gesetzmäßigkeiten

Nicht immer treten Mendelsche Merkmale in den erwarteten Proportionen auf (vgl. S. 126). Durch das Phänomen des Meiotischen Drive kann ein Merkmal viel häufiger auftreten als das andere. Beispiele sind t-Komplex der Maus (etwa 99% der Nachkommen von heterozygoten t/+ männlichen Mäusen sind ebenfalls heterozygot anstatt 50%) und Segregation Distorter (SD) bei Drosophila. Kürzlich wurde eine Mauspopulation in Sibirien beschrieben, bei der 85% bzw. 65% der Nachkommen heterozygot für eine Inversion sind. Homozygotie für die Inversion führt zu reduzierter Fitness und bedeutet einen selektiven Nachteil. Die Verschiebung war nicht das Ergebnis frühembryonalen Absterbens (A. Pomiankowski & L. D. Hurst: Siberian mice upset Mendel. Nature *363* : 396–397, 1993; S. Agulik et al., Genet. Res. *61* : 97–100, 1993). Möglicherweise sind Abweichungen von den Mendelschen Gesetzmäßigkeiten häufiger als bisher angenommen. Eine weitere Abweichung entsteht durch Genomisches Imprinting (vgl. S. 214).

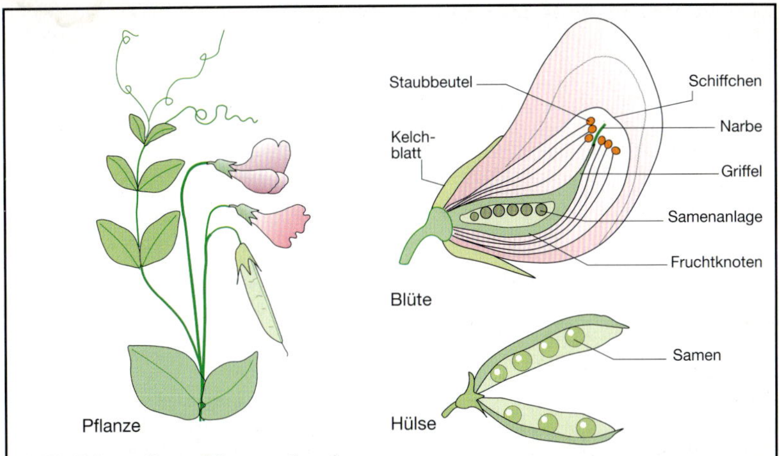

A. Die Erbsenpflanze (*Pisum sativum*)

B. Die beobachteten Merkmale (Phänotypen)

Aufspaltung (Segregation) Mendelscher Merkmale

Mendel beobachtete die verschiedenen Merkmale der Erbsenpflanze und verfolgte ihr Auftreten in aufeinander folgenden Generationen. Dabei stellten sich bestimmte Gesetzmäßigkeiten heraus (Mendelsche Gesetzmäßigkeiten bzw. sog. Mendelsche Gesetze).

A. Segregation dominanter und recessiver Merkmale

In zwei verschiedenen Experimenten beobachtete Mendel die Form der Samen (glatt bzw. runzlig) und die Farbe (gelb bzw. grün). Wenn er Pflanzen der elterlichen (parentalen) Generation P kreuzte, also glatt x runzlig bzw. gelb x grün, so beobachtete er in der ersten Filial- (Tochter–) Generation F1, daß alle Samen glatt bzw. gelb waren.
Nach einer weiteren Generation durch die bei der Erbse übliche Selbstbefruchtung traten in der F2-Generation die in der elterlichen Generation beobachteten Merkmale wieder auf (glatt bzw. runzlig und grün bzw. gelb). Unter insgesamt 7324 Samen des einen Experiments fanden sich 5474 mit glatten und 1850 mit runzligen Samen. Dies entsprach einem Verhältnis 3:1. Im Experiment mit unterschiedlichen Farben (gelb bzw. grün) beobachtete Mendel in der F2-Generation unter insgesamt 8023 Samen 6022 mit gelber Farbe und 2001 mit grüner Farbe, wiederum entsprechend im Verhältnis 3:1.
Das in der F1-Generation allein zu beobachtende Merkmal (rund bzw. gelb) nannte Mendel dominant, das in der F1-Generation nicht erscheinende Merkmal (runzlig bzw. grün) nannte er recessiv. Diese Aufspaltung (Segregation) eines dominanten und recessiven Merkmalpaares im Verhältnis 3:1 wird als erstes Mendelsches Gesetz bezeichnet.

B. Rückkreuzung einer F1-Hybridpflanze mit einer Elternpflanze

Wenn Mendel die F1-Hybridpflanze mit der Elternpflanze des recessiven Merkmals rückkreuzte (1), traten in der nächsten Generation die beiden Merkmale im Verhältnis 1:1 auf (106 runde gegenüber 102 runzligen). Dies wird als zweites Mendel'sches Gesetz bezeichnet.
Die Interpretation (2) dieses Experiments, Rückkreuzung einer F1-Hybridpflanze mit der Elternpflanze, wird dadurch erklärt, daß unterschiedliche Keimzellen (Gameten) gebildet werden.
Die F1-Hybridpflanze (rund) enthält zwei Merkmale, eines für rund (R, dominant über runzlig, r) und eines für runzlig (r, recessiv gegenüber rund, R). Diese Pflanze ist mischerbig (heterozygot) und kann deshalb zwei Arten von Gameten bilden (R und r).
Die andere Pflanze dagegen ist reinerbig (homozygot) für runzlig (r). Sie kann nur eine Art von Gameten bilden (r,runzlig).
Die Hälfte der Nachkommen der mischerbigen Pflanze erhält das dominante Merkmal (R,rund), die andere Hälte das recessive Merkmal (r,runzlig). Es resultiert eine Verteilung der beobachteten Merkmale im Verhältnis von 1:1 oder jeweils 50%.
Das beobachtete Merkmal wird als Phänotyp (Erscheinungsbild) bezeichnet. Die Zusammensetzung der beiden Faktoren (Gene) R und r (Rr) bzw. (rr) wird als Genotyp bezeichnet. Die alternativen Formen eines Merkmals (hier rund bzw. runzlig) bezeichnet man als Allele. Sie sind das Ergebnis unterschiedlicher genetischer Information an einem Genlocus.
Unterscheiden sich die Allele. so ist der Genotyp heterozygot, sind sie gleich, so ist er homozygot (diese Aussage bezieht sich jeweils nur auf einen Genlocus).

Literaturhinweise

Corcos, A. F. & Monaghan, F. V.: Gregor Mendel's Experiments on Plant Hybrids. Rutgers Univ. Press, New Brunswick, 1993.

Weiling, F.: Johann Gregor Mendel. Der Mensch und Forscher. II. Teil. Der Ablauf der Pisum Versuche nach der Darstellung. Med. Genetik *2*:208–222, 1993

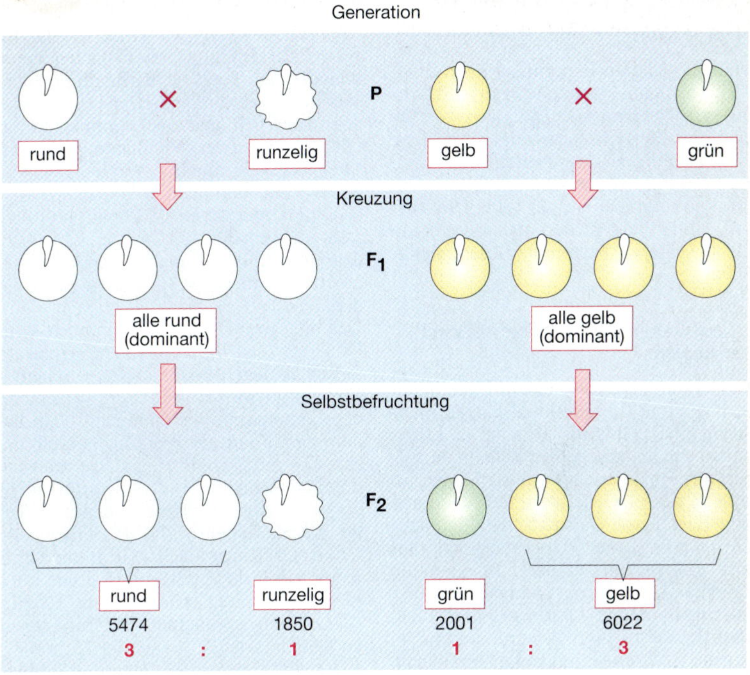

A. Segregation dominanter und recessiver Merkmale

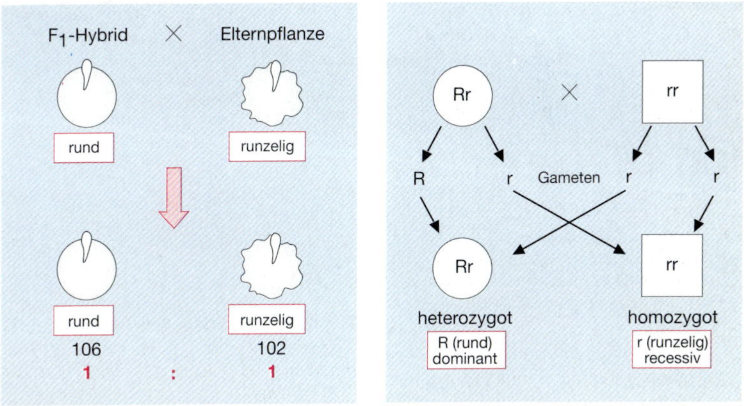

1. Experiment

2. Interpretation

B. Rückkreuzung einer F_1-Hybridpflanze mit einer Elternpflanze

Unabhängige Verteilung von zwei verschiedenen Merkmalen

In einem weiteren Experiment beobachtete Mendel, daß zwei verschiedene Merkmale unabhängig voneinander vererbt werden. Jedes Merkmalspaar zeigt die gleiche 3:1-Verteilung des dominanten über das recessive Merkmal in der F2-Generation wie er es zuvor beobachtet hatte. Die Aufspaltung der beiden Merkmalspaare ergab jedoch wiederum bestimmte Gesetzmäßigkeiten.

A. Unabhängige Verteilung von zwei Merkmalen

Mendel untersuchte in einem Experiment die Kreuzung des Merkmalspaares rund/runzlig und gelb/grün. Kreuzte er Pflanzen mit runden und gelben Samen mit solchen mit runzligen und grünen Samen, so traten in der F1-Generation nur runde und gelbe Samen auf. Dies entsprach durchaus dem ursprünglichen Experiment, wie auf Seite 127 gezeigt. In der F2-Generation trat eine Aufspaltung der beiden Merkmalspaare auf: 315 Samen gelb und rund, 108 gelb und runzlig, 101 grün und rund , 32 grün und runzlig, entsprechend einem Aufspaltungsverhältnis von 9:3:3:1. Dies wird als drittes Mendelsches Gesetz bezeichnet.

B. Interpretation der Beobachtung

Die Verteilung der Merkmale ist das Ergebnis der Bildung von Gameten unterschiedlichen Typs, je nachdem, wie die Merkmale zusammentreffen (z. B. zwei dominante gelb und zwei dominante rund, GRGR oder zwei dominante gelbe und zwei recessive runzlige, GrGr). Das Verhältnis des dominanten Merkmals gelb (G) zum recessiven Merkmal grün (G) steht im Verhältnis 12 : 4 oder 3 : 1. Auch das Verhältnis dominanter runder (R) zu recessiven runzligen (r) Samen ist 12 : 4, d. h. 3 : 1.

Das hier gezeigte Quadrat (Punnett'sches Quadrat) zeigt die Zusammensetzung der verschiedenen Merkmalspaare (Genotypen) aufgrund der Verteilung verschiedener Gameten. (GR = dominant *G*elb und dominant *R*und, Gr = dominant Gelb und recessiv runzlig, gR = recessiv grün und dominant Rund, gr = recessiv grün und recessiv runzlig). Insgesamt gibt es 9/16 gelbe runde Samen (GRGR, GRGr und GrGR, GrgR und gRGR, GRgr und GrgR, sowie gRGr und grGR), 3/16 grüne runde gRgR, gRgr, grgR), 3/16 gelbe runzlige (GrGr, Grgr, grGr) und 1/16 grüne runzlige Samen (grgr).

Jedes der beiden Merkmale (dominant Gelb gegenüber recessiv grün bzw. dominant Rund gegenüber recessiv runzlig) tritt im Verhältnis 3 : 1 (dominant gegenüber recessiv) auf.

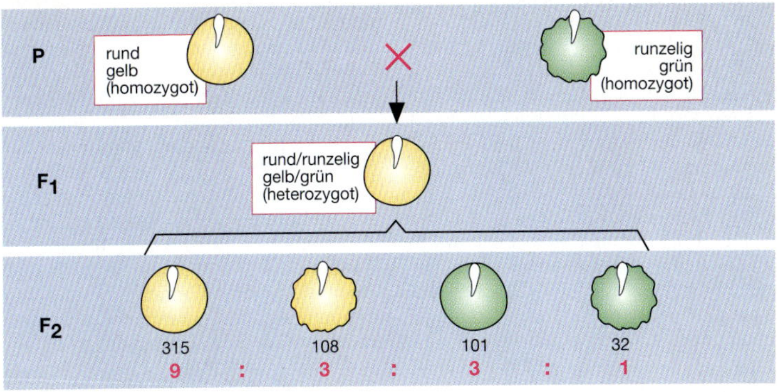

A. Unabhängige Verteilung von zwei Merkmalen

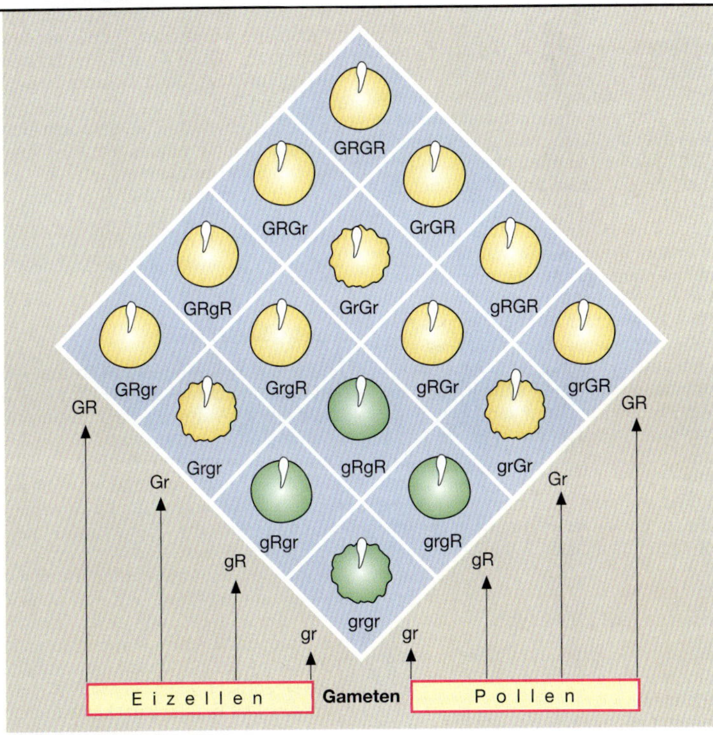

B. Interpretation der Beobachtung

Phänotyp und Genotyp

Die formalgenetische Analyse untersucht die auf Verwandtschaft beruhenden genetischen Beziehungen von Individuen. Diese Beziehungen werden in einem Stammbaum dargestellt (Stammbaumanalyse). Ein beobachtetes Merkmal wird als Phänotyp bezeichnet. Dies kann eine bestimmte Blutgruppe sein, ein DNAMarker, eine Proteinvariante, eine Krankheit oder ähnliches. Der Phänotyp ist in hohem Maße von der Genauigkeit und Methodik der Beobachtung bestimmt. Als Genotyp bezeichnet man die dem Phänotyp zugrundeliegende genetische Information (s.u.).

A. Symbole zur Aufzeichnung eines Stammbaumes

Die dargestellten Symbole zeigen ein verbreitetes Schema zur Aufzeichnung eines Stammbaumes. Männliche Individuen werden als Quadrat, weibliche Individuen als Kreis gezeigt. Individuen nicht bekannten Geschlechts (z. B. wegen unzulänglicher Information) werden mit einem über Eck stehenden Quadrat gekennzeichnet. In der Medizinischen Genetik sollte der Grad der Zuverlässigkeit der Feststellung eines Phänotyps, z. B. Anwesenheit einer Krankheit, angegeben werden. Jeweils muß angegeben werden, um welchen Phänotyp (z. B. welche Krankheit) es sich handelt. Zwischen gesicherter Diagnose (Daten vollständig), möglicher Diagnose (Daten unvollständig) und fraglicher Diagnose (Angaben oder Daten unsicher) sollte unterschieden werden. Eine falsche Angabe eines Phänotyps kann zu falschen Schlüssen über den Erbgang führen. Eine Reihe von weiteren Symbolen werden verwendet, z. B. für heterozygote weibliche bei X-chromosomalem Erbgang (vgl. S. 134).

B. Genotyp und Phänotyp

Die Begriffe Genotyp und Phänotyp beziehen sich auf die genetische Information an jeweils einem Genlocus. Dies ist der Ort auf einem Chromosom, an dem die genetische Information für das jeweilige Merkmal liegt. Unterschiedliche Formen der genetischen Information an einem Genlocus werden als Allele bezeichnet. Bei diploiden Organismen, also allen Tieren und vielen Pflanzen, gibt es bei zwei Allelen drei mögliche Genotypen: (1) homozygot für ein Merkmal, (2) heterozygot für zwei verschiedene Merkmale (Allele) und (3) homozygot für das andere Merkmal.
Allele können danach unterschieden werden, ob sie im heterozygoten Zustand oder nur im homozygoten Zustand erkannt werden können. Können sie im heterozygoten Zustand erkannt werden, bezeichnet man sie als dominant. Können sie nur im homozygoten Zustand erkannt werden, sind sie recessiv. Die Begriffe dominant und recessiv sind ein Attribut der Beobachtungsgenauigkeit und auf molekularer Ebene nicht anwendbar. Wenn im heterozygoten Zustand beide Allele nebeneinander beobachtbar sind, bezeichnet man sie als co-dominant (z. B. Allele A und B des Blutgruppensystems AB0; Null ist recessiv gegenüber A und B).
Bei mehr als zwei Allelen an einem Genlocus kann es entsprechend mehr Genotypen geben. Bei drei Allelen sind es sechs Genotypen, z. B. beim ABO-Blutgruppensystem AA, A0 (beide Phänotyp A), BB, B0 (beide Phänotyp B), AB und 00 (tatsächlich gibt es mehr als drei Allele im AB0-System).

Genetische Beratung

Genetische Beratung ist ein Kommunikationsprozeß, der sich auf die Diagnose und das mögliche Auftreten einer genetisch bedingten Erkrankung in einer Familie und weiteren Verwandten bezieht. Auf der Grundlage einer gesicherten Diagnose wird das individuelle Risiko für eine Erkrankung für die ratsuchende Person selbst oder deren Kinder ermittelt. Das Ziel der Genetischen Beratung ist eine umfassende Information der Ratsuchenden unter Berücksichtigung aller Entscheidungsmöglichkeiten, Krankheitsverlauf, Betreuung und Behandlung. Ärztliche Schweigepflicht und Datenschutz sind zu beachten. Der Berater trifft keine Entscheidung.

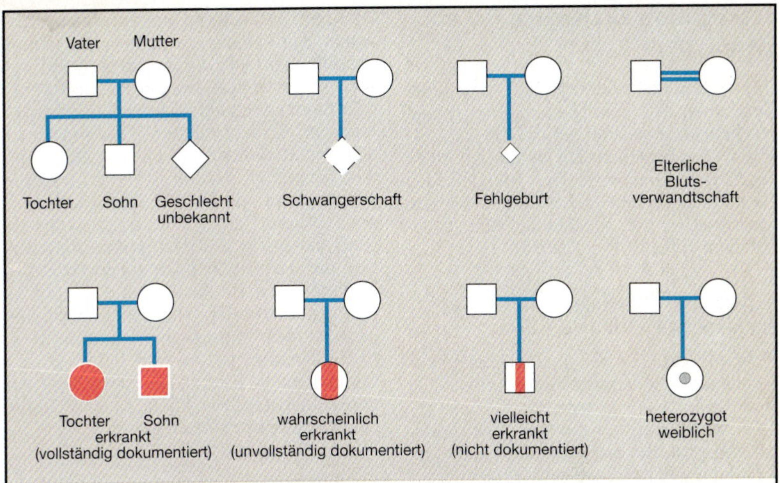

A. Symbole zur Aufzeichnung eines Stammbaums

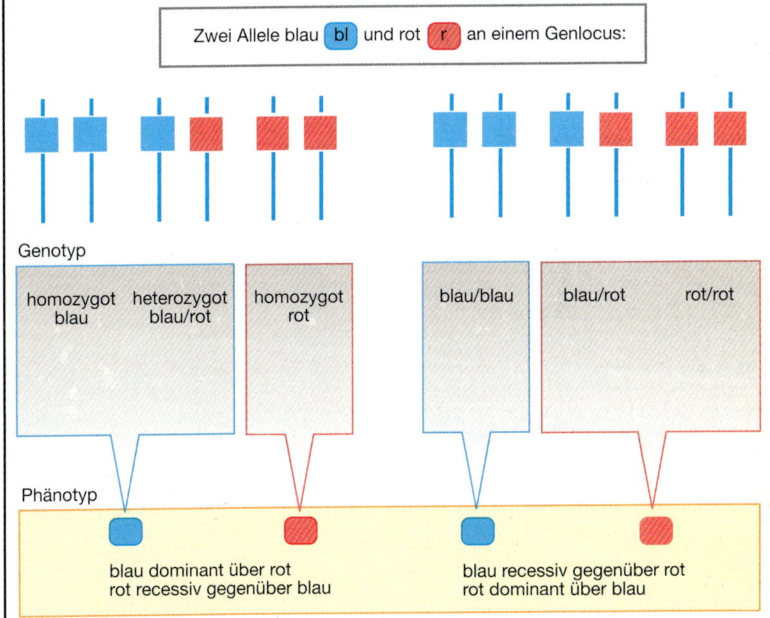

B. Genotyp und Phänotyp

Segregation elterlicher Genotypen

Die Verteilung (Segregation) elterlicher Genotypen bei den Nachkommen hängt von den allelen Kombinationen bei den Eltern ab. Sie beziehen sich jeweils auf einen gegebenen Genlocus. Die Mendelschen Gesetzmäßigkeiten geben die erwartete Kombination von Allelen bei den Nachkommen eines Elternpaares an.

A. Mögliche Paarungskombination der Genotypen für zwei Allele

Für zwei Allele an einem Genlocus gibt es sechs mögliche Kombinationen elterlicher Genotypen. Hier werden zwei Allele gezeigt, blau (bl) und rot (r). Blau sei dominant über rot. Bei drei elterlichen Genotyp-Kombinationen (1, 3, 4) zeigt keiner der Eltern das recessive Allel rot. An drei elterlichen Kombinationen (2, 5, 6) sind Eltern beteiligt, die das recessive Allel manifestieren, weil sie homozygot sind. Daraus folgen bestimmte Gesetzmäßigkeiten für die Verteilung der Genotypen und Phänotypen bei den Nachkommen der Eltern.

B. Verteilungsmuster bei den Nachkommen für Eltern mit zwei Allelen A und a

Bei drei elterlichen Paarungstypen für zwei Allele A (dominant über a) und a (recessiv gegenüber A) gibt es drei Kombinationen, die zur Segregation (Aufspaltung) der Allele bei den Nachkommen führen. Diese entsprechen den in A gezeigten elterlichen Kombinationen 1, 2 und 3. Beim Paarungstyp 1 ist einer der Eltern heterozygot (Aa der Vater) und der andere Elternteil homozygot (aa die Mutter). Die Verteilung der zu beobachteten Genotypen bei den Nachkommen steht im Verhältnis 1:1, d.h., sie beträgt jeweils 50% (0,50) für heterozygot Aa und 50% (0,50) für homozygot aa. Wenn beide Eltern heterozygot Aa (Paarungstyp 3) sind, stehen die Proportionen der zu erwartenden Genotypen der Nachkommen im Verhältnis 1:2:1 (AA, Aa, aa). Jeweils 25% (0,25) der Nachkommen werden homozygot AA sein, 50% (0,50) heterozygot Aa und 0,25% (0,25) homozygot aa. Sind beide Eltern homozygot für verschiedene Allele, so sind sämtliche Nachkommen heterozygot.

C. Phänotypen und Genotypen bei den Nachkommen von Eltern bei einem dominant erblichen Allel

Ein dominantes Allel (beim Vater, A) ist bei 50% der Nachkommen zu erwarten. Sind beide Eltern heterozygot, werden 25% der Nachkommen homozygot aa sein. Sind beide Eltern homozygot für das dominante Allel A bzw. das recessive Allel a, so sind sämtliche Nachkommen obligat heterozygot (d.h., sie müssen heterozygot sein). Es sei betont, daß es sich um prozentual zu erwartende Verteilungen der Genotypen handelt. Bei geringer Kinderzahl kann die tatsächlich auftretende Verteilung von der erwarteten abweichen.

Erwartete Verteilung der Genotypen bei den Eltern mit verschiedenen Kombinationen von Genotypen für ein dominantes Allel A und ein recessives Allel a

Eltern	Nachkommen	Verteilung
AA× AA	AA	1
AA× Aa	AA, Aa	1 : 1
Aa × Aa	AA, Aa, aa *)	1 : 2 : 1 *)
AA× aa	Aa	1
Aa × aa	Aa, aa	1 : 1
aa × aa	aa	1

*) dominanter Phänotyp gegenüber recessiv 3 : 1

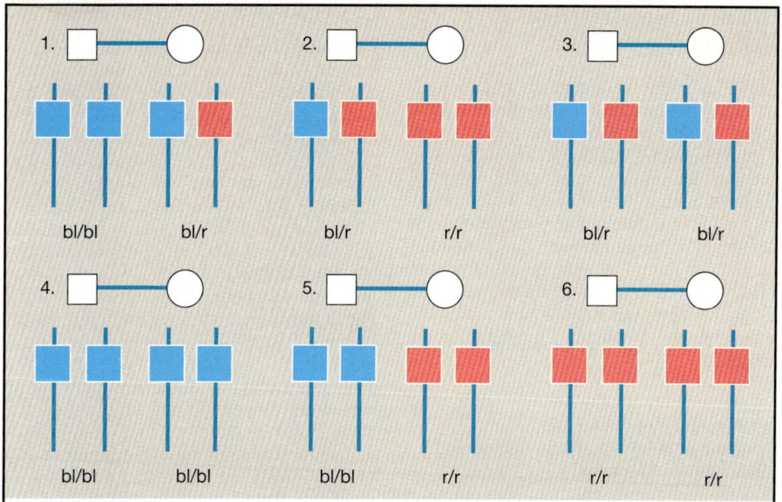

A. Mögliche Paarungskombinationen der Genotypen für zwei Allele (bl dominant über r)

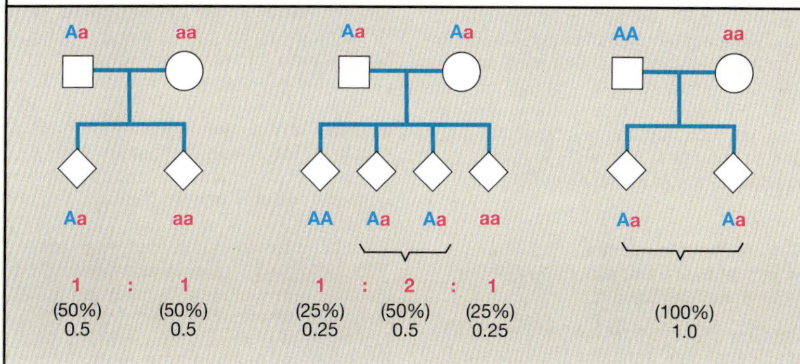

B. Verteilungsmuster bei den Nachkommen von Eltern mit zwei Allelen A und a

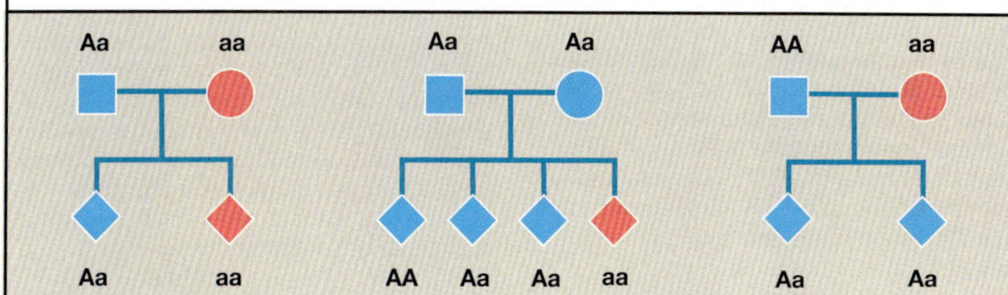

C. Phänotypen und Genotypen bei den Nachkommen von Eltern bei einem Allel A dominant über a

Die drei Mendelschen Erbgänge

Ein Allelenpaar A (dominant) und a (recessiv) kann in drei Erbgängen auftreten, autosomal dominant, autosomal recessiv und X-chromosomal. In der Medizinischen Genetik ist es üblich, aufeinander folgende Generationen mit römischen Zahlen zu bezeichnen. Innerhalb einer Generation werden die erfaßten Individuen mit fortlaufenden arabischen Zeichen gekennzeichnet. Man kann einzelne Individuen auch mit nicht überlappenden Zahlenkombinationen festlegen, etwa für Computerberechnungen.

A. Vererbungsmuster in Stammbäumen mit einem autosomal dominanten Merkmal

Erkrankte Individuen folgen unmittelbar aufeinander und betreffen sowohl das männliche wie das weibliche Geschlecht. Das Merkmal tritt nicht bei den Nachkommen nicht erkrankter Individuen auf. Die erwartete Aufspaltung erkrankter und nicht erkrankter Nachkommen eines erkrankten Individuums beträgt 50% (0,50). Die Stammbäume 2 und 3 zeigen eine neue Mutation in Generation II.

B. Vererbungsmuster in Stammbäumen mit einem autosomal recessiven Merkmal

Das Merkmal tritt bei Geschwistern beiderlei Geschlechts auf. Die Elternpaare II-3 und II-4 von Stammbaum 1, I-1 und I-2 von Stammbaum 2, sowie III-1 und III-2 von Stammbaum 3 sind obligat heterozygot. In Stammbaum 3 läßt sich die Homozygotie des erkrankten Kindes auf gemeinsame Vorfahren zurückführen, da sie Cousin und Cousine ersten Grades sind. Elterliche Blutverwandtschaft (Consanguinität) zwischen III–1 und III–2 wird durch einen Doppelstrich angezeigt.

C. X-chromosomale Vererbung

Da männliche Individuen nur ein X-Chromosom haben, muß bei Töchtern ein X-Chromosom vom Vater stammen, das andere von der Mutter (1). Söhne (XY) können entweder das eine oder das andere X-Chromosom von der Mutter erhalten, Töchter stets das eine X-Chromosom vom Vater (2). Relativ hoch ist der Anteil neuer Mutationen (3). Bei schweren Erkrankungen machen sie ein Drittel der Erkrankten aus (Haldanesche Regel). Neue Mutationen bei weiblichen Individuen kommen vor (4), sind aber weniger eindeutig zu erkennen.

Stammbaum 1 zeigt die Verteilung der drei elterlichen X-Chromosomen (eins vom Vater, zwei von der Mutter) bei den Nachkommen. Der typische X-chromosomale Erbgang (5) ist leicht erkennbar. Erkrankte männliche Individuen treten in aufeinanderfolgenden Generationen auf, jeweils verbunden über die weibliche Linie (das Stammbaummuster entspricht dem Bewegungsmuster des Springers beim Schachspiel). Eine Vater-Sohn-Übertragung eines X-chromosomalen Erbgangs ist nicht möglich, weil der Sohn vom Vater nicht das X- sondern das Y-Chromosom erbt. Ein X-chromosomales Merkmal tritt bei den Nachkommen eines nicht-erkrankten männlichen Individuums nicht wieder auf.

Weibliche Heterozygote, die aufgrund der Verteilung von Phänotyp und Genotyp heterozygot sein müssen, bezeichnet man als obligat heterozygot. Wer das Merkmal tragen kann, aber nicht tragen muß, ist fakultativ heterozygot (z. B. III–5 und IV–2). Da häufig nicht zwischen neuer Mutation und Heterozygotie unterschieden werden kann, z. B. bei Individuum I-2 in Stammbaum 5, bezeichnet man ein solches Individuum als fakultativ heterozygot. Die Unterscheidung von dominanten und recessiven Merkmalen spielt bei der X-chromosomalen Vererbung eine untergeordnete Rolle, weil im männlichen Geschlecht in jedem Falle eine Manifestation eintritt.

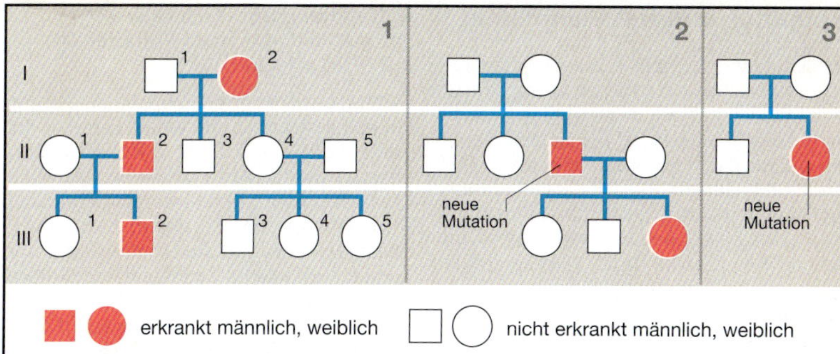

A. Vererbungsmuster in Stammbäumen mit einem autosomal dominantem Merkmal

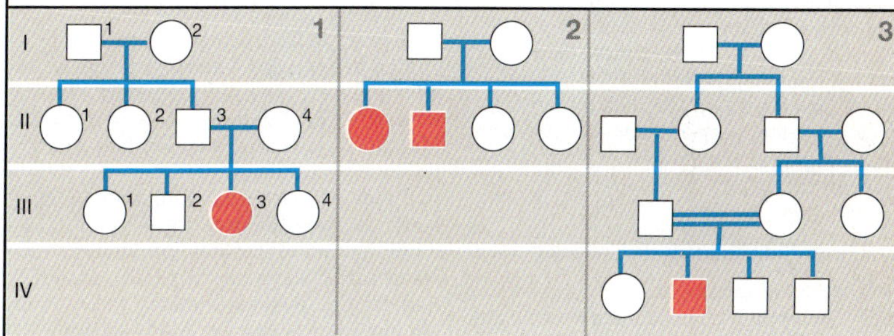

B. Vererbungsmuster in Stammbäumen mit einem autosomal recessivem Merkmal

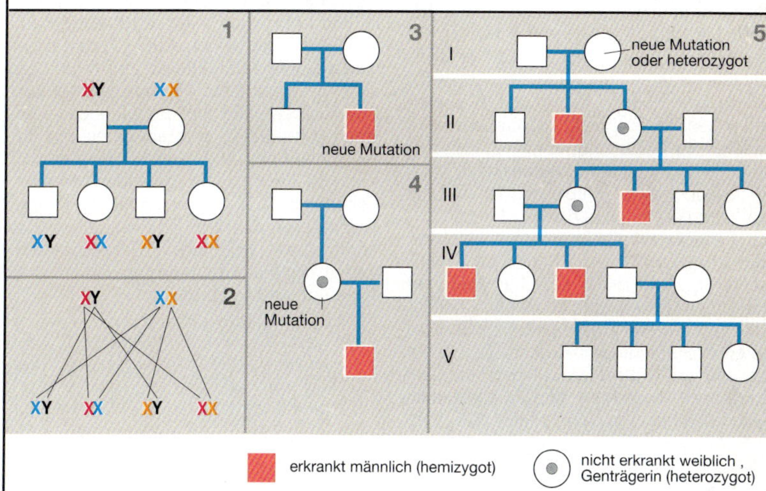

C. X-chromosomale Vererbung

Kopplung und Rekombination

Als Kopplung bezeichnet man die gemeinsame Vererbung von zwei oder mehr Genen. Dies ist möglich, wenn ihre Loci relativ nahe beieinander auf demselben Chromosom liegen. Je näher sie beieinander liegen, desto häufiger werden sie gemeinsam (gekoppelt) vererbt. Rekombination führt zur Bildung einer neuen Kombination von gekoppelten Genen durch Crossing-over zwischen den Loci (Bruch und Wiederverbindung in der Meiose, vgl. S. 110). Kopplung bezieht sich nicht auf bestimmte Allele, sondern auf Genloci. Im Gegensatz zu Kopplung wird die gemeinsame Vererbung von Allelen an verschiedenen Genloci als Assoziation bezeichnet. Geschieht dies häufiger oder seltener als nach der individuellen Häufigkeit der beteiligten Allele zu erwarten wäre, so spricht man von Kopplungsungleichgewicht (Kopplungs-Disäquilibrium).

A. Rekombination durch Crossing-over

Es hängt vom cytologischen Vorgang (1) in der Meiose ab, ob benachbarte Gene auf demselben elterlichen Chromosom verbleiben oder getrennt werden. Tritt zwischen den beiden Genloci A und B mit den Allelen A und a bzw. B und b kein Crossing-over ein, so bleiben sie auf demselben Chromosom zusammen (gekoppelt). Die in der Meiose gebildeten Gameten sind in diesem Fall nicht rekombinant und entsprechend den elterlichen Chromosomen. Tritt dagegen Crossing-over zwischen den beiden Genloci ein, so sind die gebildeten Gameten in Bezug auf diese beiden Genloci rekombinant. Der cytologische Vorgang (1) spiegelt sich im genetischen Ergebnis wider (2). Für zwei auf demselben Chromosom benachbart liegende Genloci A und B gibt es zwei Möglichkeiten des genetischen Ergebnisses: Nicht rekombinant (Gameten entsprechen dem elterlichen Genotyp) und rekombinant (neue Kombination). Die beiden Möglichkeiten können allerdings nur dann unterschieden werden, wenn der elterliche Genotyp heterozygot ist (Aa bzw. Bb).

B. Kopplung eines Genlocus mit autosomal dominanter Mutation (B) mit Markerlocus (A)

Gezeigt wird die Segregation von zwei gekoppelten Genloci in einer Familie. Es gibt zwei Möglichkeiten: 1. Keine Rekombination und 2. Rekombination. Der eine Locus (B) stellt eine autosomal dominante Mutation dar, der zu einem bestimmten Phänotyp führt, z. B. einer autosomal dominant erblichen Krankheit. Betroffen sind der Vater und drei Kinder (rote Symbole im Stammbaum). Der andere Locus (A) ist ein benachbarter Markerlocus. Alle drei Erkrankten haben vom Vater sowohl das mutante Allel B als auch das Markerallel A geerbt. Die drei nicht erkrankten Individuen haben vom Vater das normale Allel b und das Markerallel a geerbt. Das väterliche Allel a zeigt die Abwesenheit der Mutation (Allel B). Es ist keine Rekombination eingetreten (1).

In Situation 2 ist bei zwei Individuen (markiert) Rekombination aufgetreten. Dadurch hat ein erkranktes Individuum vom Vater die Allele a und B geerbt, anstatt A und B. Ein nicht erkranktes Individuum hat das Allel A und das Allel b geerbt.

Voraussetzung für die Unterscheidung der väterlichen Genotypen ist Heterozygotie an den Loci beim Vater. Im vorliegenden Fall liegen die beiden Allele A und b auf dem einen und die Allele a und B auf dem anderen väterlichen Chromosom (in *cis*-Position). Es wäre auch möglich, daß beim Vater das Allel A auf dem einen und das Allel B auf dem anderen Chromosom liegt (in *trans*-Position). Diese beiden Möglichkeiten stellen zwei verschiedene Kopplungsphasen dar. Die Erkennung von Rekombination gegenüber Nicht-Rekombination setzt die Kenntnis der elterlichen Kopplungsphase voraus.

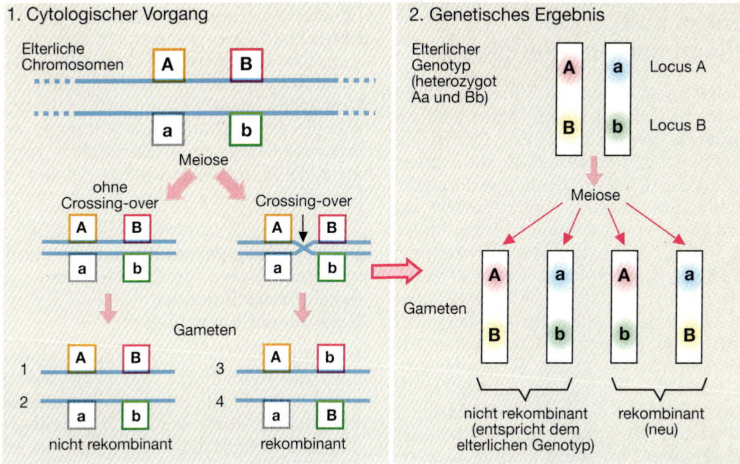

A. Rekombination durch Crossing-over

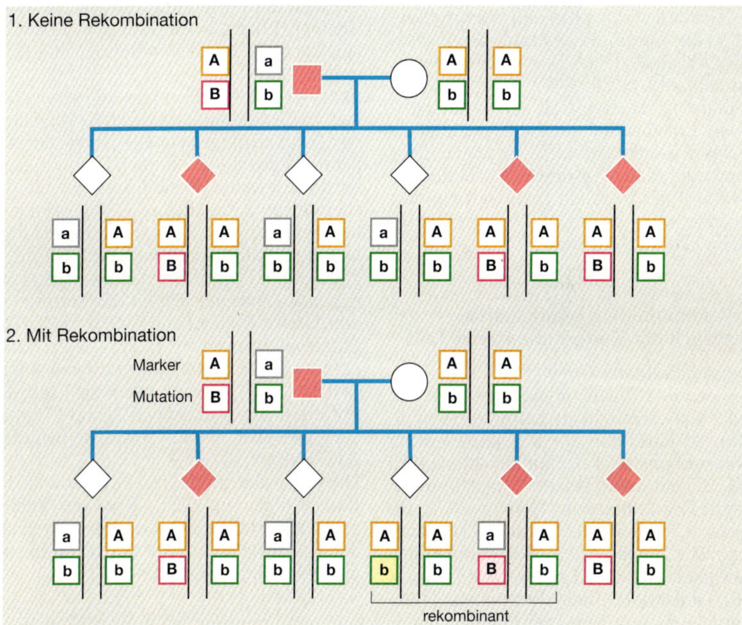

B. Kopplung eines Genlocus mit autosomal dominanter Mutation (B) mit Markerlocus (A)

Genetische Entfernung zweier Genloci und Rekombinationshäufigkeit

Je näher zwei Genloci auf demselben Chromosom benachbart liegen, desto häufiger werden sie gemeinsam vererbt (genetische Kopplung), und je weiter sie auseinander liegen, desto häufiger werden sie durch Rekombination getrennt. Dabei beträgt der Höchstwert beobachtbarer Rekombination 50% (0,5). Dies entspricht der erwarteten Häufigkeit infolge getrennter Vererbung auf verschiedenen Chromosomen. Zwischen sehr weit auseinander liegenden Genloci auf demselben Chromosom tritt deshalb praktisch immer Rekombination ein. Für näher beieinanderliegende Genloci spiegelt die Rekombinationshäufigkeit die relative Entfernung der Loci wider. Die relative Entfernung zweier Genloci kann deshalb durch die genetische Rekombinationshäufigkeit angegeben werden (im Gegensatz zur physikalischen Entfernung, die durch die Anzahl der dazwischen liegenden DNA-Basenpaare angegeben wird, vgl. S. 356).
Syntänie (J. H. Renwick, 1971) bezeichnet die Lokalisation von Genloci auf demselben Chromosom ohne Aussage über Kopplung. Der Ausdruck Syntänie bezieht also ausdrücklich auch weit entfernt liegende, nicht gekoppelte Loci auf demselben Chromosom ein.

A. Rekombinationshäufigkeit als Ausdruck der Entfernung zweier Loci

Zwei benachbarte Genloci A und B können bei den Nachkommen rekombinant und nicht-rekombinant auftreten (vgl. S. 136). Ist einer der Eltern heterozygot an zwei gekoppelten Loci mit den Allelen Aa und Bb, so kann bei den Nachkommen durch Rekombination Homozygotie für Locus A (1) bzw. für Locus B (2) entstehen. Die beobachtete Rekombinationshäufigkeit zwischen Locus A und Locus B (3%) entspricht ihrer Entfernung. Man sagt, daß diese beiden Loci 0.03 Rekombinationseinheiten (3 cM) entfernt sind. Eine Rekombinationseinheit ist ein Centi-Morgan (cM). Eine Rekombinationshäufigkeit von 1% (0.01) entspricht 1 cM. Die Bezeichnung Morgan geht auf den amerikanischen Genetiker zurück, der 1911 erstmals Rekombination und Kopplung bei Drosophila beschrieben hat. Seinerzeit war die Beobachtung von Kopplung und Rekombination ein wesentliches Argument dafür, daß Gene linear entlang der Chromosomen angeordnet sind.

B. Ermittlung der relativen Entfernung und Reihenfolge von drei Genloci durch Feststellung der Rekombinationshäufigkeit

Nicht nur die relative Entfernung, sondern auch die Reihenfolge von Genloci kann durch Vergleich ihrer Rekombinationshäufigkeiten ermittelt werden. Im vorliegenden Beispiel soll die Reihenfolge von drei Genloci A, B und C unbekannter Entfernung ermittelt werden (1). Experimentell läßt sich die Entfernung von jeweils zwei Genloci (Locus A von Locus B, Locus B von Locus C, Locus A von Locus C) feststellen.
In der experimentellen Genetik verwendet man dafür bestimmte Kreuzungsversuche. Als Testkreuzungen eignen sich gegensätzliche homozygote elterliche Genotypen. Es wird jeweils ein homozygoter elterlicher Genotyp mit einem anderen gekreuzt. Die beobachteten Rekombinationshäufigkeiten (2) geben die relativen Entfernungen der drei Loci untereinander an. Im vorliegenden Beispiel beträgt die Entfernung von Locus A zu Locus C 0.08 (8%), die Entfernung von Locus B und Locus C 0.23 (23%) und die Entfernung zwischen A und B 0.31 (31%). Daraus ergibt sich mit der Entfernung 0.08 zwischen A und C sowie 0.23 zwischen C und B die Reihenfolge A-C-B (3).
Diese Art der indirekten Feststellung der Reihenfolge von Genloci in der klassischen experimentellen Genetik wird heute durch direkte Methoden der rekombinanten DNA-Technik ersetzt.

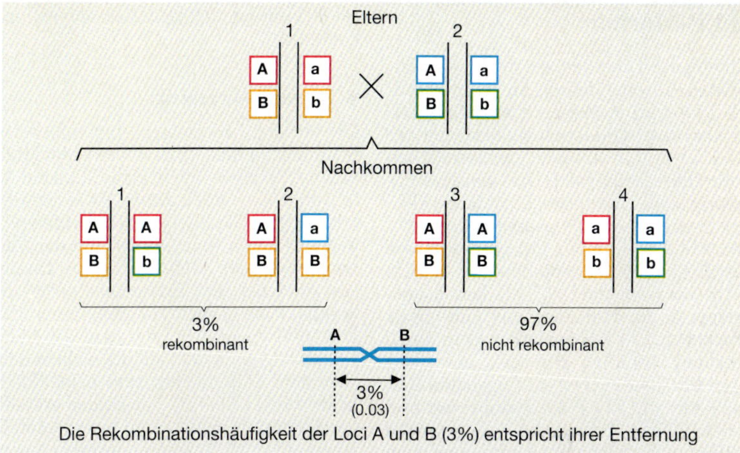

A. Rekombinationshäufigkeit als Ausdruck der Entfernung zweier Loci

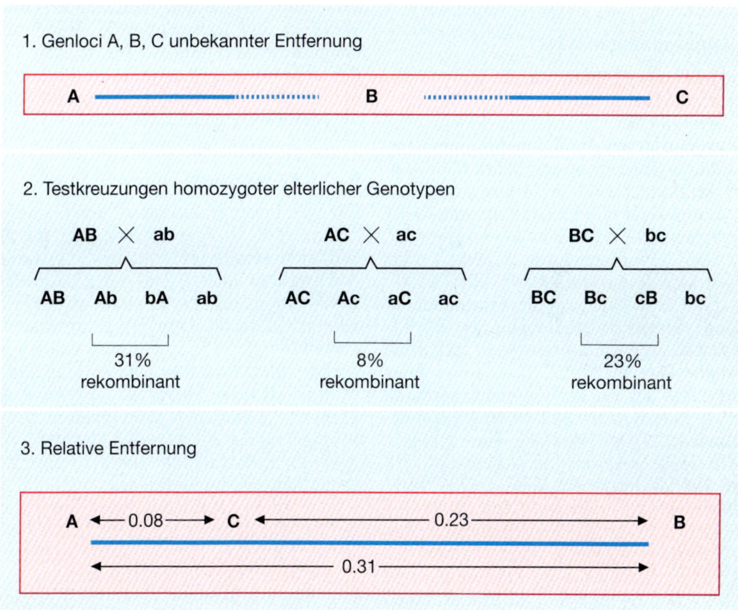

B. Ermittlung der relativen Entfernung und Reihenfolge von drei Genloci durch Feststellung der Rekombinationshäufigkeit

Segregationsanalyse mittels RFLP-Marker

Individuelle Unterschiede in der Nucleotidbasen-Abfolge führen zu unterschiedlich häufigem Auftreten von Schnittstellen von Restriktionsenzymen entlang der DNA. Daraus resultieren unterschiedlich große DNA-Fragmente. Dies kann als Polymorphismus nachgewiesen werden (Restriktionsfragment-Längenpolymorphismus, RFLP, vgl. S. 64). Der Nachweis von Kopplung bzw. Rekombination mittels RFLP- oder anderen DNA-Markern hat besonders in der Humangenetik eine große Bedeutung. Ein DNA-Marker kann durch Kopplung wichtige Hinweise auf einen Krankheitslocus geben. Es folgen drei Beispiele für eine RFLP-Analyse bei den drei Mendelschen Erbgängen. Zunehmend werden auch andere Marker mit größerem Informationsgehalt verwendet (Mikrosatelliten, vgl. S. 356).

A. Autosomal dominant

Es werden zwei mittels RFLP-Analyse untersuchte Stammbäume gezeigt. Oben ist der Stammbaum, darunter ein Schema des Southern-Blot des darüber befindlichen Individuums. In dem Stammbaum ohne Rekombination (1) sind die Mutter (Individuum 2) und zwei Kinder (Individuum 4 und 5) erkrankt. Die Mutter ist heterozygot für zwei DNA-Fragmente von 2.1 und 1.6 kb Größe. Der Vater ist homozygot für das Allel von 1.6 kb Größe. Alle Erkrankten in diesem Stammbaum haben das 2.1 kb Fragment, alle nicht-erkrankten Individuen nicht. Das die Mutation tragende Allel wird durch das 2.1 kb Fragment repräsentiert. In Familie 2 hat Rekombination stattgefunden (2). Der erkrankte Vater (Individuum 1) ist heterozygot (Allele von 2.1 und 1.6 kb Fragmentgröße liegen vor), ebenso wie das erkrankte Kind (Individuum 4). Das Fragment 1.6 repräsentiert das die Mutation tragende Allel. Jedoch hat ein nicht erkranktes Kind (Individuum 5) dieses Allel. Es muß deshalb eine Rekombination eingetreten sein. Die Häufigkeit von Rekombination entspricht der Häufigkeit einer Fehlbestimmung. Deshalb verwendet man möglichst eng gekoppelte Marker mit sehr geringer Rekombinationshäufigkeit.

B. Autosomal recessiv

Die beiden erkrankten Individuen im Stammbaum links (Individuum 4 und Individuum 7) haben von beiden Eltern ein Allel von 4.0 kb Größe geerbt. Zwei der nicht erkrankten Geschwister (Individuum 5 und Individum 6) haben ein von der Mutter stammendes Allel von 2.6 kb. Da dieses Allel bei den Erkrankten nicht vorkommt, kann es nicht die Mutation tragen. Das mütterliche Allel 4.0 muß die Mutation anzeigen. In dem auf der rechten Seite gezeigten Stammbaum sind beide Eltern heterozygot (2.6/4.0). Die beiden erkrankten Kindern (3 und 5) sind homozygot. Es findet sich eine Rekombination bei Individuum 6. Dieses Kind ist nicht erkrankt, obwohl es homozygot für Allel 2.6 ist, wie die beiden erkrankten Geschwister (Indiviuum 3 und Individuum 5). Wiederum hängt die Zuverlässigkeit der Aussage von der tatsächlichen Häufigkeit der Rekombination ab. (Das Minuszeichen zeigt das die Mutation tragende Allel an.)

C. X-chromosomal

Die weiblichen Individuen 2 und 6 müssen heterozygot (obligat heterozygot) für die Mutation sein. Dies wird bestätigt durch Nachweis je eines 6.2 und 4.1 kb großen DNA-Fragments aus dem Bereich des relevanten Genlocus. Drei erkrankte männliche Individuen (5, 8, 10) sind hemizygot für das Allel von 6.2 kb. Dieses Allel repräsentiert also die Mutation. Alle nicht erkrankten männlichen Individuen sind hemizygot für das Allel von 4.1 kb Größe. Allerdings muß bei Individuum 13 eine Rekombination eingetreten sein. Individuum 9 ist homozygot für das Allel von 4.1 kb Größe. Deshalb ist sie nicht heterozygot für die Mutation. Individuum 12 ist heterozygot, also Trägerin der Mutation.

Die hier im Schema gezeigten Beispiele sind typisch für das Vorgehen bei der indirekten DNA-Diagnostik von genetisch bedingten Krankheiten.

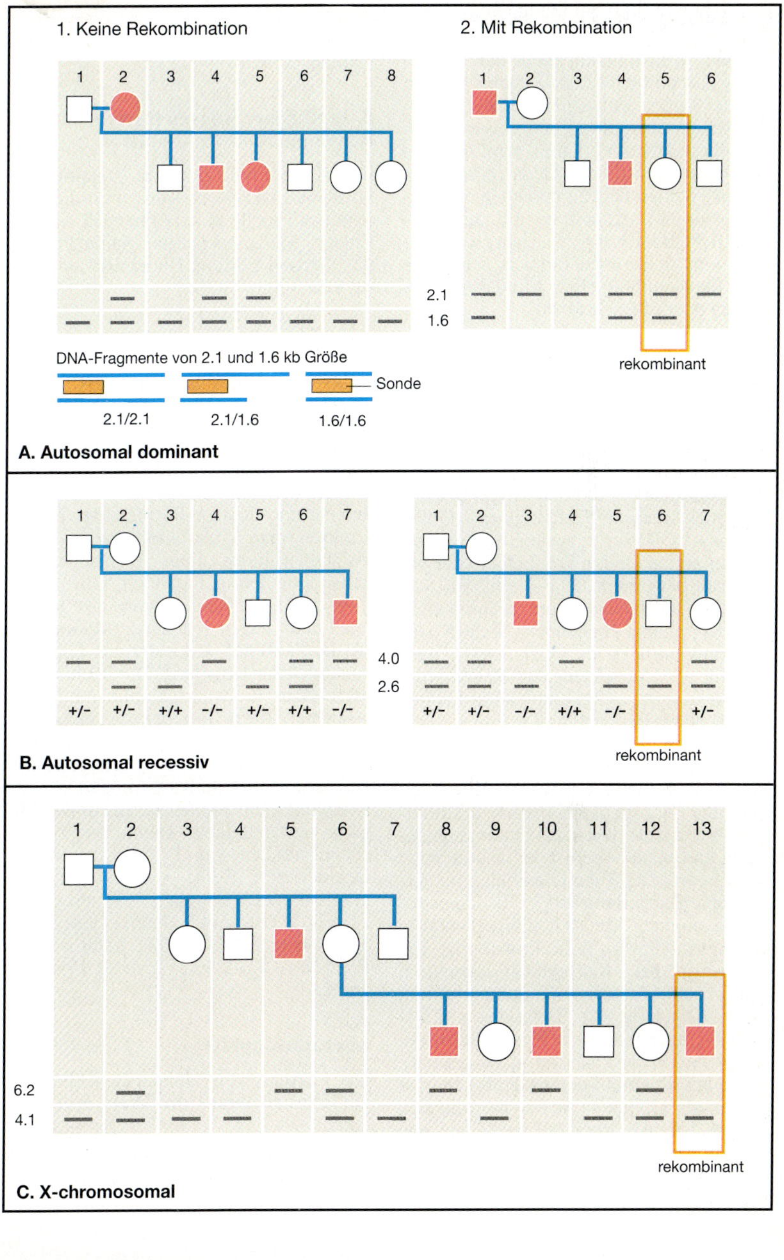
1. Keine Rekombination
1 2 3 4 5 6 7 8
DNA-Fragmente von 2.1 und 1.6 kb Größe
Sonde
2.1/2.1
2.1/1.6
1.6/1.6
2. Mit Rekombination
1 2 3 4 5 6
2.1
1.6
rekombinant
A. Autosomal dominant
1 2 3 4 5 6 7
4.0
2.6
+/- +/- +/+ -/- +/- +/+ -/-
1 2 3 4 5 6 7
+/- +/- -/- +/+ -/- +/-
rekombinant
B. Autosomal recessiv
1 2 3 4 5 6 7 8 9 10 11 12 13
6.2
4.1
rekombinant
C. X-chromosomal

Kopplung und LOD Score

Für die Wahrscheinlichkeit der genetischen Kopplung von zwei benachbarten Genloci stehen sich zwei Annahmen gegenüber, *für* Kopplung und *gegen* Kopplung. Ihr relatives Verhältnis wird mit dem Englischen Ausdruck Odds bezeichnet (ein aus Wetten bei Pferderennen entlehnter Ausdruck). Kopplung, d.h. nachbarschaftliche Beziehung zwischen zwei Genloci, wird dann angenommen, wenn die Odds für Kopplung einen Mindestwert erreichen oder überschreiten.

A. LOD Scores

Von der Annahme einer Kopplung zweier Genloci geht man aus, wenn die Wahrscheinlichkeit für Kopplung gegenüber der Wahrscheinlichkeit gegen Kopplung mindestens 1000:1 (10^3:1) beträgt. Der Logarithmus dieses Verhältnisses (Odds) wird als LOD Score ausgedrückt (Logarithmus of the Odds). Der LOD Score beträgt 3.0 bei einem Odds-Verhältnis von 1000:1. Die beobachteten Häufigkeiten von Kopplung gegenüber Nicht-Kopplung, ausgedrückt als LOD Scores, werden für die verschiedenen Rekombinationsfraktionen (Rekombinationshäufigkeiten) durch Beobachtung in Familien ermittelt. Eine Rekombinationsfraktion von 0.0 bedeutet Identität der Loci, 0.05 bedeutet 5% Rekombinationshäufigkeit etc. Je näher die Loci aneinanderliegen, desto seltener werden sie durch Rekombination getrennt und desto höher ist der resultierende LOD Score. Die Tabelle enthält eine vereinfachte Darstellung von LOD Scores für enge Kopplung bei Rekombinationsfraktion unter 0.05 (a), hohe Probabilität von Kopplung bei Rekombinationsfraktion von 0.15 (b), schwache Kopplung (c) und keine Kopplung (d). Beträgt ein LOD score weniger als 0, so ist Kopplung ausgeschlossen (in der Tabelle nicht gezeigt). Bei einer Rekombinationshäufigkeit von größer als 0.5 kann nicht unterschieden werden, ob die Loci auf verschiedenen Chromosomen liegen und deshalb in 50 % der Fälle getrennt (d.h. nicht gekoppelt) segregieren oder ob sie so weit auf dem gleichen Chromoson auseinanderliegen, daß sie regelmäßig durch Rekombination getrennt werden.

B. LOD Score Kurven für verschiedene Rekombinationsfraktionen

Das Diagramm zeigt in vereinfachter Form die LOD Score-Kurven für die Werte in der Tabelle in A (Abb. nach A. E. H. Emery: Methodology in Medical Genetics, Second Edition, Churchill Livingstone, Edinburgh, 1986).

C. Multilocus Analyse

Wegen der Vielzahl verfügbarer Marker auf DNA-Ebene (RFLP bzw. Minisatelliten) führt man eine Kopplungsanalyse mit zahlreichen Markern durch (Multilocus-Analyse). Allerdings muß ihre Reihenfolge bekannt sein. Unter Berücksichtigung der chromosomalen Position der Marker ermittelt man einen Lokalisations-Score als Logarithmus eines Wahrscheinlichkeitsquotienten (Likelihood ratio). Man trägt den Lokalisation Score des gesuchten Locus gegen jeden der Marker-Loci (A, B, C, D) auf. Jeder der vier Gipfel ist Ausdruck der Kopplung. Der höchste Gipfel markiert die wahrscheinliche Lage des gesuchten Locus. Ergeben sich keine Gipfel, so liegt keine Kopplung vor und der gesuchte Locus liegt nicht in dem getesteten Bereich (Ausschlußkartierung). Für die Kopplungsberechnung stehen zur Bewältigung umfangreicher Daten aus zahlreichen Familien und Prüfung zahlreicher Genloci eine Reihe von Computerprogrammen zur Verfügung (z. B. Programm LIPED [J.Ott, Am.J. Hum. Genet. *26* : 588, 1974], MLINK [G.L. Lathrop et al., Proc. Natl. Acad. Sci. *81* : 3443, 1984] und andere.

Literaturhinweise

Ott, J.: Analysis of Human Genetic Linkage. Johns Hopkins Univ. Press, Baltimore, 1991.

Emery, A. E. H.: Methodology in Medical Genetics. 2nd ed. Churchill Livingstone, Edinburgh, 1986.

	Rekombinationsfraktion									
	<0.05	0.05	0.10	0.15	0.20	0.30	0.35	0.40	0.45	0.50
a	3	0.7	0.3	0.2	0.01	0				
b		0	0.1	3	0.2	0				
c	0	0.2	0.7	1.6	1.0	0				
d		0	0.1	0.2	0.3	0.2	0.1	0.1	0	

A. LOD Scores

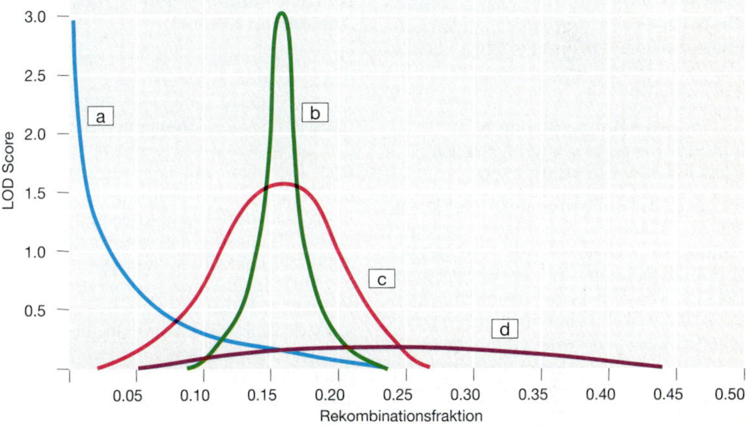

B. Lod Score Kurven für verschiedene Rekombinationsfraktionen

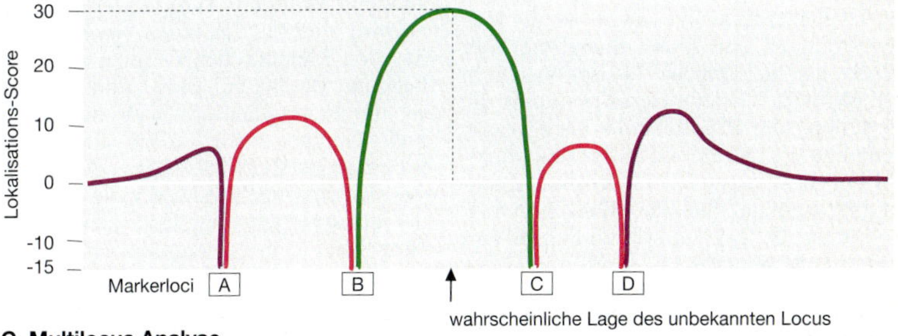

C. Multilocus Analyse

Quantitative Unterschiede genetischer Merkmale

Die nach den Mendelschen Gesetzmäßigkeiten beobachtbaren Merkmale (Phänotypen) unterscheiden sich in qualitativer Hinsicht. Daneben gibt es quantitativ bestimmbare erbliche Merkmale. Auch wenn sie nicht einem der Mendelschen Erbgänge folgen, sind sie zumindest teilweise genetisch determiniert. Ihre Wirkung ist einzeln nicht nachweisbar; sie sind polygen. Ein Merkmal wird als multifaktoriell bezeichnet, wenn eine Interaktion multipler Gene mit Umweltfaktoren angenommen wird. Da weder die Umweltfaktoren noch die genetischen Faktoren im einzelnen bekannt sind, ist die Unterscheidung von polygen und multifaktoriell etwas willkürlich. In der Praxis werden die beiden Ausdrücke deshalb oft austauschbar verwendet.

A. Länge der Blumenkrone bei *Nicotiana longiflora* nach Kreuzung verschiedener Elternpflanzen

Die Länge der Blumenkrone bei der Tabakpflanze *(Nicotiana longiflora)* ist durch quantitative Unterschiede genetischer Merkmale bedingt. In der Elterngeneration (P) sind Pflanzen von durchschnittlich 40 cm bzw. 90 cm Länge gezeigt. Jede dieser Elterntypen bestehen aus einer Population kurzer und langer Pflanzen von etwa 35 bis 45 cm bzw. 85 bis 95 cm Länge. Die Pflanzengröße der ersten Filialgeneration (F1) weicht von der Elterngeneration durch einen um 65 cm Pflanzengröße liegenden Durchschnitt ab. Alle Pflanzen der F1-Generation sind länger als die kurzen Pflanzen der Elterngeneration, aber kürzer als die langen Tabakpflanzen. In der nächsten Generation (F2) nimmt die Verteilung der Pflanzenhöhe nach beiden Seiten zu. Es entstehen längere und kürzere Pflanzen als in der F1-Generation. Züchtet man nunmehr einzelne Pflanzen in relativ kurzer (50 cm) und durchschnittlicher Länge (um 60 cm) und größerer Länge (um 80 cm), so ergibt sich in der F3-Generation eine unterschiedliche Verteilung der Pflanzenhöhe. Daraus kann man schließen, daß Pflanzen verschiedene Gene enthalten, die bei gleichen Umweltbedingungen zu einer zu kurzen bzw. langen Pflanze prädisponieren. Elternpflanzen von durchschnittlicher Länge haben im Durchschnitt Nachkommen von durchschnittlicher Länge. Ähnliche Beobachtungen gibt es für zahlreiche quantitativ faßbare Unterschiede bei Pflanze, Tier und Mensch.
Beim Menschen gehören dazu Körperhöhe, intellektuelle Entwicklung, bestimmte angeborene Fehlbildungen (z. B. Neuralrohrdefekte, Lippen-Kiefer-Gaumen-Spalte, angeborene Herzdefekte u. a.). (Abb. nach Campbell, Biology, 2nd ed., 1990.)

B. Häufigkeitsverteilung in der F2-Generation bei unterschiedlicher Anzahl von Genloci

Die in A gezeigten Beobachtungen werden verständlich, wenn man sie auf eine begrenzte Anzahl unterschiedlicher Genloci reduziert. In der Elterngeneration (P) werden ein Genpaar mit den Allelen a und A, zwei Genpaare mit den Allelen a und A bzw. b und B, drei Genpaare bzw. eine beliebige Anzahl von Genpaaren zugrunde gelegt. Wenn die Elterngeneration an jedem der Genpaare homozygot ist, müssen alle Individuen der F1-Generation heterozygot sein. Für ein quantitativ beobachtbares Merkmal würden deshalb alle Individuen der F1-Generation einem Mittelwert der beiden elterlichen Merkmale entsprechen. Ohne Einfluß von Umweltvariation würde in einer weiteren Generation (F2-Generation) eine den Mendelschen Gesetzmäßigkeiten entsprechende Aufspaltung erfolgen. Wirklich beobachtbar ist dies aber nur für einen Genlocus, wie aus den Mendelschen Gesetzmäßigkeiten bekannt. Bereits bei zwei Genloci kommt es zu einer quantitativen Verteilung. Je mehr Genloci einen Einfluß auf die Ausprägung des Merkmals haben, desto weniger sind die einzelnen Merkmale voneinander abzugrenzen. Durch zusätzliche Einflüsse und Umweltvariation entsteht eine zunehmend glatte Kurve. Je größer die Zahl der Genloci, desto kontinuierlicher die Verteilung des Merkmals.

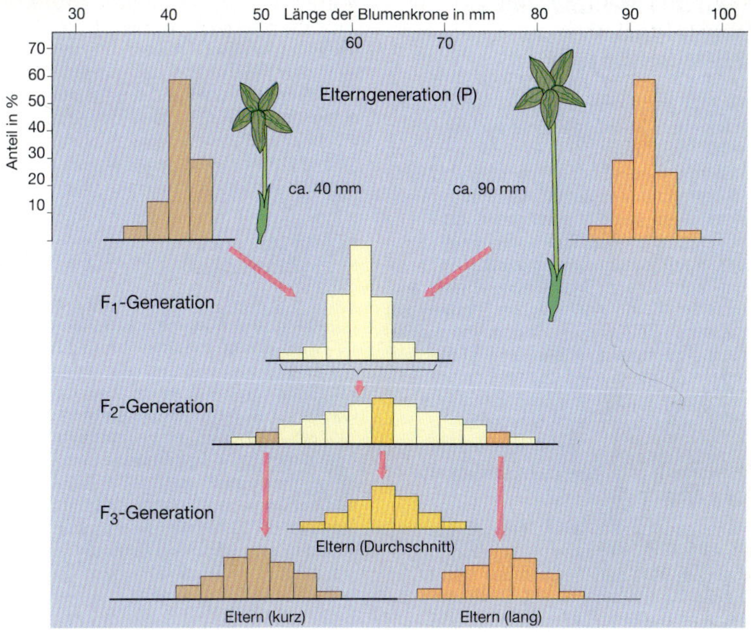

A. Länge der Blumenkrone bei *Nicotiana longiflora* nach der Kreuzung verschiedener Elternpflanzen

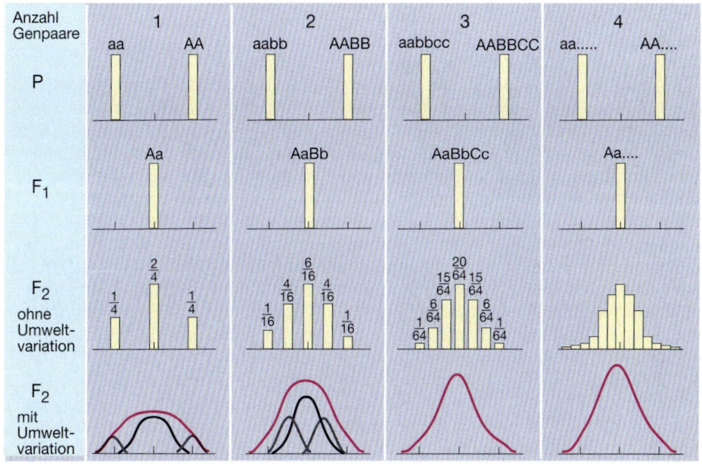

B. Häufigkeitsverteilung in der F_2-Generation bei unterschiedlicher Anzahl von Genloci

Normalverteilung und multifaktorielles Schwellenwertmodell

Bei Analyse eines polygenen bzw. multifaktoriellen Merkmals geht es vor allem darum, wie man eine Population durch Messung einer Stichprobe charakterisieren kann und wie zuverlässig die Schlußfolgerungen aus der Stichprobe sind. Die phänotypische Variation der Population besteht aus kontinuierlich verteilten variablen Einzeldaten. Man muß prüfen, wie man zwischen verschiedenen Phänotypen unterscheiden kann und worin die genetischen Determinanten bestehen. Der Anteil genetischer Variation gegenüber umweltbedingter Variation muß ermittelt werden.

A. Normalverteilung der Häufigkeit eines Merkmals

Trägt man die Meßdaten einer Probe auf, lassen sich die Daten in zwei gleiche Hälften (a und b) teilen, getrennt durch den Durchschnittswert ($\bar{x}$) (1). Teilt man die Kurve an Punkten, die eine Standardabweichung unterhalb (–1s) bzw. oberhalb (+1s) liegen (2), so sind die Anteile c und d oberhalb (+1s) bzw. unterhalb der Standardabweichung (–1s). Durch weitere Unterteilungen kann man den Anteil der unter der Kurve liegenden Fläche durch weitere Abstände vom Mittelwert angeben, wie -2s und +2s oder -3s bzw. +3s (Gauss'sche Normverteilung). Der Durchschnittswert $\bar{x}$ setzt sich aus der Summe der individuellen Einzelmessungen (x) und der Anzahl n Individuen in der Stichprobe zusammen (Formel 1). Viele Einzelmessungen ergeben die Summe Häufigkeit fx (2). Die Varianz σ^2 (3) ist ein Ausdruck der Variabilität. Dabei repräsentiert x jede individuelle Messung in der Population, μ den Durchschnittswert und N die Anzahl der Individuen. Da Bevölkerungsdurchschnitt und Gesamtzahl der Individuen meistens nicht direkt zu ermitteln sind, wird die Varianz (σ^2) durch die Bestimmung einer Stichprobe ermittelt. Dazu wird ein Korrekturfaktor n–1 eingeführt, weil die Anzahl der unabhängigen Messungen n-1 ist. Daraus resultiert eine Schätzung der Stichprobenvarianz S^2 (4, 5) und die Standardabweichung S (Formel 6). Da aus einer Stichprobe auf die tatsächliche Verteilung der untersuchten Population geschlossen wird, setzt die richtige Interpretation, die Kenntnis des Meßverfahrens und der Stichprobengröße sowie eine geeignete statistische Analyse voraus.

B. Multifaktorielles Schwellenwertmodell

Für ein nicht die Mendelschen Gesetzmäßigkeiten zeigendes Merkmal wird eine genetische Prädisposition (Krankheitsneigung, engl. liability) zum Auftreten der Erkrankung angenommen. Diese folgt einer Gauss'schen Normalverteilung. Läßt sich für ein Merkmal, wie eine Erkrankung oder angeborene Fehlbildung ein qualitativer Unterschied treffen: erkrankt oder nicht erkrankt, so spricht man vom Schwellenwert. Ein Schwellenwert teilt die Population in erkrankte und nicht erkrankte Individuen (1). Verwandte ersten Grades eines Erkrankten unterscheiden sich in der Krankheitsneigung (genetische Prädisposition) um die Hälfte des Durchschnitts der Bevölkerung (1/2 X) (2), Verwandte zweiten Grades um (1/4 X) (3).

C. Unterschiedlicher Schwellenwert

Für bestimmte Erkrankungen beobachtet man einen Geschlechtsunterschied in der Häufigkeit der Erkrankung, z. B. daß weibliche Erkrankte einen niedrigeren Schwellenwert zeigen als männliche (1). In diesem Falle sind Verwandte ersten Grades eines männlichen Probanden (2) seltener erkrankt als Verwandte eines weiblichen Probanden (3). Dies wird durch unterschiedliche Krankheitsneigung erklärt. Sie muß in dem Geschlecht höher sein, das in der Bevölkerung häufiger erkrankt ist. Demzufolge ist der relative Anteil genetischer Faktoren im häufiger betroffenen Geschlecht niedriger. Umgekehrt bedarf es eines höheren Anteils genetischer Faktoren bevor es zur Manifestation der Erkrankung in dem seltener betroffenen Geschlecht kommt.

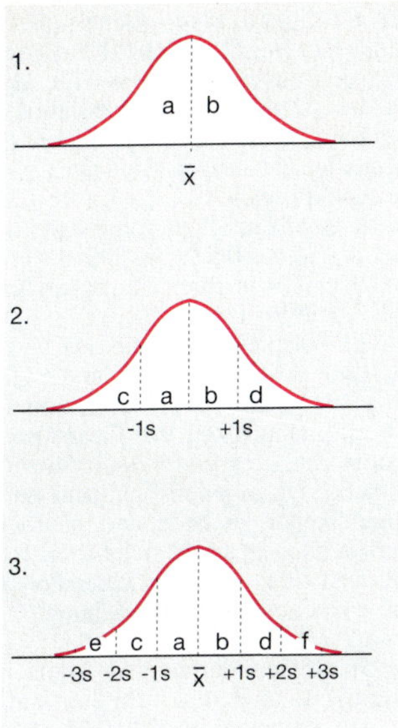

1 $$\bar{x} = \frac{\sum x}{n}$$ (Durchschnitt)

2 $$\bar{x} = \frac{\sum fx}{n}$$

3 $$\sigma^2 = \frac{\sum (x - \mu)^2}{N}$$ (Varianz)

4 $$s^2 = \left[\frac{\sum (x - \bar{x})^2}{n}\right]\left[\frac{n}{n - 1}\right]$$

5 $$s^2 = \frac{\sum (x - \bar{x})^2}{(n - 1)}$$

6 $$s = \sqrt{\frac{\sum f\,(x - \bar{x})^2}{n - 1}}$$ (Standardabweichung)

A. Normalverteilung der Häufigkeit eines Merkmals

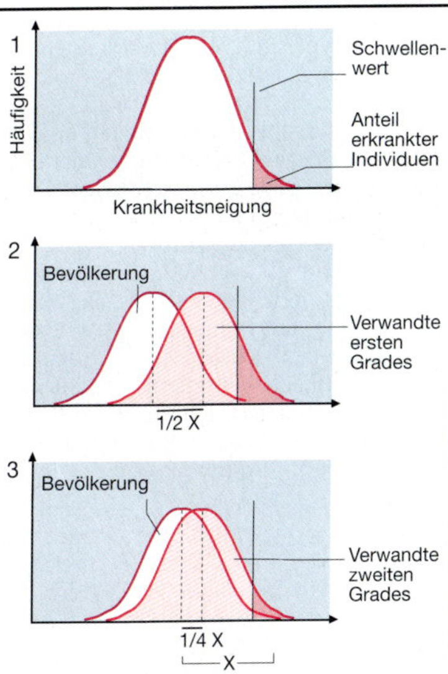

B. Multifaktorielles Schwellenwertmodell

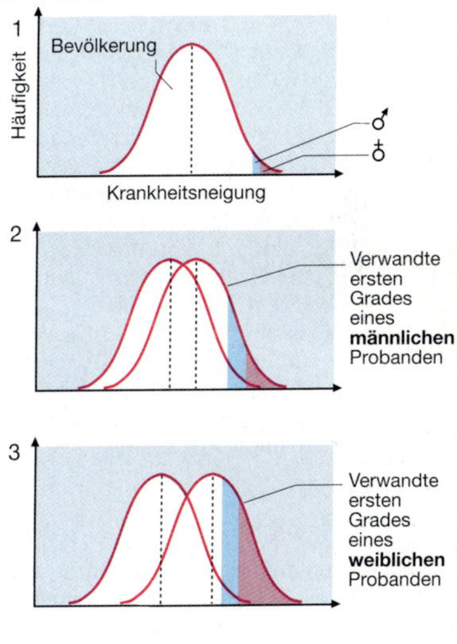

C. Unterschiedlicher Schwellenwert

Verteilung von Genen in einer Population

Eine Population kann durch die Verteilung von Genen, d.h. die Häufigkeit von Allelen an verschiedenen Genloci definiert werden. Das Gebiet der Populationsgenetik beschäftigt sich mit den Gesetzmäßigkeiten und den Faktoren, welche die Häufigkeit von Allelen verändern bzw. aufrechterhalten. Man würde erwarten, daß ein Allel, das zu einer Beeinträchtigung des betroffenen Indivuums infolge einer Krankheit führt, früher oder später aus der Population verschwinden würde. Aus den unten dargelegten Gründen ist dies meist nicht der Fall. Die Grundlage für das Verständnis der Verteilung von Genen in der Population ist die Verteilung von Genotypen bei den Nachkommen der verschiedenen elterlichen Paarungstypen.

A. Erwartete Häufigkeit von Genotypen bei den Kindern von Eltern mit verschiedenen Paarungstypen

Wie auf S. 132 gezeigt, sind bei einem Genlocus mit zwei Allelen (ein dominant erbliches Allel A und ein recessiv erbliches Allel a) sechs Paarungstypen möglich (1-6). Für jeden Paarungstyp gibt es eine nach den Mendelschen Gesetzmäßigkeiten erwartete Verteilung der Genotypen bei den Nachkommen. Wenn einer der Eltern homozygot und einer der Eltern heterozygot ist, wie in den Paarungstypen 2 und 4, resultiert eine 1:1 Verteilung der Genotypen bei den Nachkommen (Genotypen 0,5 AA und 0,5 Aa). Sind beide Eltern heterozygot (Paarungstyp 3), so treten bei ihren Kindern drei Genotypen im Verhältnis 1:2:1 auf (0,5 AA, 0,5 Aa und 0,5 aa). Bei den Paarungstypen 1, 5 und 6 tritt bei den Kindern ein einziger Genotyp auf.

B. Allelen-Häufigkeit

Populationsgenetik befaßt sich u.a. mit dem Auftreten der Häufigkeit der verschiedenen Genotypen in einer Population. Die Häufigkeit (Frequenz), mit der ein Allel in einer Population an einem gegebenen Genlocus vertreten ist, bezeichnet man als Allelen-Häufigkeit (auch Genfrequenz genannt). Der Begriff Allelen-Häufigkeit bezieht sich ausschließlich auf die Häufigkeit des Allels in einer Population, aber nicht unmittelbar auf die Häufigkeit der individuellen Genotypen. Sind etwa zwei Allele A und a gleich häufig (je 0.5), so haben sie eine Häufigkeit von $p = 0.5$ für das Allel A und $q = 0.5$ für das Allel a (1).
Unabhängig von ihrer Häufigkeit gilt für zwei Allele $p + q = 1$.
Beträgt beispielsweise die Häufigkeit p des Allels A 0.6 (60%), so ist die Häufigkeit q des Allels a 0.4 (40%). Daraus ergibt sich eine Häufigkeit der Genotypen von 0.36 für AA, 2 x 0.24 (= 0.48) Aa und 0.16 für aa (2). Da an jedem Genlocus nur zwei Möglichkeiten gegeben sind, nämlich AA oder Aa oder aa, ergibt sich für die Häufigkeit der beiden Allele in einer Population eine einfache Binomialbeziehung:
$(p + q)^2 = 1$.
Die Häufigkeit der beiden Allele (p für Häufigkeit von A und q für die Häufigkeit von a) zusammen beträgt 100% (1.0). Die Verteilung in der Population entspricht demnach $p^2 + 2pq + q^2 = 1.0$.
Der Ausdruck p^2 entspricht der Häufigkeit der Genotypen AA, der Ausdruck 2pq entspricht der Häufigkeit Heterozygoten Aa und q^2 sind die Homozygoten aa.
Aus der Kenntnis der Häufigkeit eines Allels kann man auf die Häufigkeit der Genotypen einer Population schließen. Umgekehrt kann man aus der Beobachtung der Häufigkeit eines der Genotypen auf die Allelen-Häufigkeit schließen. Kennt man nur die Homozygoten aa (z.B. weil sie durch eine autosomal recessiv erbliche Krankheit beobachtbar sind), so würde q^2 der Krankheitshäufigkeit entsprechen. Aus $p = 1 - q$ läßt sich die Häufigkeit der Heterozygoten (2pq) und der homozygot Normalen (p^2) ermitteln.

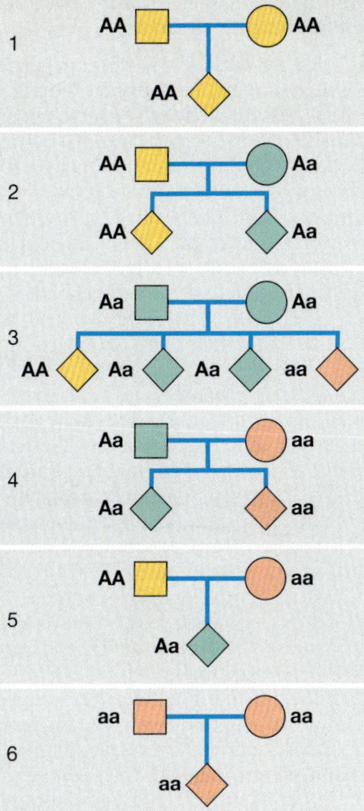

	Genotyp bei den Eltern	Genotyp bei den Nachkommen
1	**AA und AA**	**1.0 AA**
2	**AA und Aa**	**0.50 AA** **0.50 Aa**
3	**Aa und Aa**	**0.25 AA** **0.50 Aa** **0.25 aa**
4	**Aa und aa**	**0.50 Aa** **0.50 aa**
5	**AA und aa**	**1.0 Aa**
6	**aa und aa**	**1.0 aa**

A. Erwartete Häufigkeit von Genotypen bei den Kindern von Eltern mit verschiedenen Paarungstypen

1

Eltern	**0.5 A**	**0.5 a**
0.5 A	**AA 0.25**	**Aa 0.25**
0.5 a	**Aa 0.25**	**aa 0.25**
	Kinder	

p = 0.50 (Häufigkeit von A)
q = 0.50 (Häufigkeit von a)

2

	A = 0.60	**a = 0.40**	
A 0.6	**0.36 AA**	**0.24 Aa**	p
a 0.4	**0.24 Aa**	**0.16 aa**	q
	p	q	

$$p^2 + 2pq + q^2 = 1$$
$$0.36 + 0.48 + 0.16 = 1.0$$
(AA) (Aa) (aa)

B. Allelen-Häufigkeit

Hardy-Weinberg-Äquilibrium

Wenn ein Allel im homozygoten oder ggf. auch heterozygoten Zustand zu einer schweren Erkrankung führt, die durch Schwere und Zeitpunkt ihres Auftretens das betroffene Individuum an der Fortpflanzung hindert, entsteht ein selektiver Nachteil für dieses Individuum. Deshalb würde man annehmen, daß im Laufe der Zeit das mutante Allel aus der Population wieder verschwindet. Dies ist jedoch aufgrund bestimmter Gesetzmäßigkeiten nicht der Fall. Vielmehr kommt es zu einem Gleichgewicht der Häufigkeiten, deren Gesetzmäßigkeit und Bedingungen 1908 von dem englischen Mathematiker Hardy und dem Stuttgarter Arzt Weinberg erstmals geklärt wurden (Hardy-Weinberg-Äquilibriumsprinzip).

A. Konstante Allelen-Häufigkeit (Hardy-Weinberg-Äquilibrium)

Ein im homozygoten Zustand zu einer schweren Erkrankung führendes Allel (hier genannt Allel a) findet sich in einer Population überwiegend unentdeckbar im heterozygoten Zustand. Nur die Homozygoten (aa) fallen durch Erkrankung auf. Die Heterozygoten (Aa) bleiben unerkannt und sind nach dem Erscheinungsbild (Phänotyp) von den Homozygoten (AA) nicht zu unterscheiden. Die Häufigkeit der Erkrankten (Homozygote aa) wird von der Häufigkeit des Allels a (entsprechend q) bestimmt. Die Häufigkeit der drei Phänotypen ergibt sich aus der Binomialbeziehung $(p + q)^2 = 1$, wobei p der Häufigkeit des Allels A und q der Häufigkeit des Allels a entspricht. Die in jeder Generation durch Erkrankung bei Homozygoten (aa) ausscheidenden Allele werden durch neue Mutation ersetzt. Zwischen dem Ausscheiden durch Krankheit und der Mutationshäufigkeit kommt es zu einem Gleichgewicht. Eine Änderung der Mutationshäufigkeit ist von einer Änderung der Häufigkeit der entsprechenden Allele begleitet. Jeweils kommt es jedoch zu einem Gleichgewicht.

B. Einige die Allelen-Häufigkeit beeinflussende Faktoren

Das Hardy-Weinberg-Äquilibriumsprinzip gilt nur unter bestimmten Voraussetzungen. Das Gleichgewichtsprinzip nach Hardy-Weinberg setzt zunächst voraus, daß die Population ausreichend groß ist und die möglichen Paarungstypen entsprechend der Häufigkeit der Allele vorkommen. Selektion für ein Allel (z. B. bei Heterozygoten gegenüber Homozygoten) führt zu einer Erhöhung der entsprechenden Allelen-Häufigkeit. Im Laufe der Zeit werden in einer solchen Population bestimmte Allele häufiger als nach dem Gleichgewichtsprinzip erwartet. Die Häufigkeit eines Allels kann ferner durch nicht zufällige Paarung verschoben werden. Treten bestimmte Paarungstypen bevorzugt auf (assortative Paarung), so kann es zu einer Verschiebung der Häufigkeit des entsprechenden Allels kommen. Das Hardy-Weinberg-Äquilibriumsprinzip setzt deshalb nicht zufällige Paarung (Panmixie) voraus.
Wie bereits erwähnt, kann die Änderung der Mutationshäufigkeit die Häufigkeit eines Allels verschieben. In diesem Falle tritt jedoch nach einmaliger Änderung der Mutationshäufigkeit ein Gleichgewicht auf einem anderen Niveau innerhalb einer Generation ein. Nur bei fortgesetzter Änderung der Mutationshäufigkeit kommt es zu entsprechender Verschiebung der Häufigkeit des Allels.
In einer kleinen Population kann sich durch zufällige Fluktuation der Anteil der Genotypen verschieben. Es kommt zu zufälligen Häufigkeiten der verschiedenen Paarungstypen und daraus resultierender Verschiebung der Allelen-Häufigkeit (genetische Drift). Ein in einer Population nicht vorhandenes oder seltenes Allel kann durch Wanderung (Migration) in die Population eingeführt werden und sich anschließend bei Vergrößerung der Population ausbreiten (Gründereffekt).

(Photographie-Ausschnitt aus "Coney Island, 1938, Photograph by Weegee", hilma hilcox, Fotofolio).

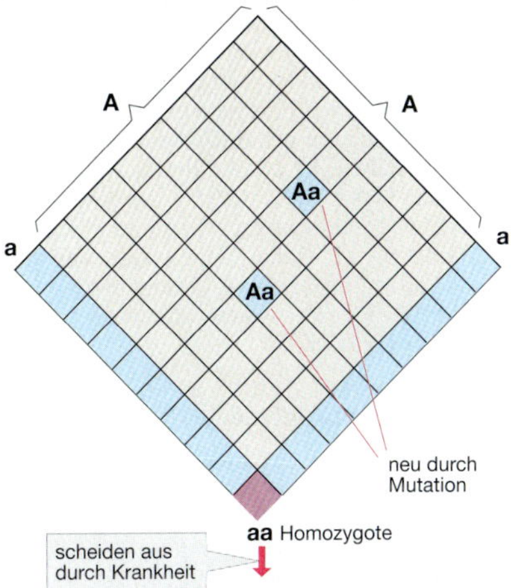

Die aus einer Population durch schwere Erkrankung bei Homozygoten **aa** ausscheidenden Allele **a** werden durch neue Mutation ersetzt. Es besteht ein Gleichgewicht.

Genotypen		Häufigkeit
Homozygote	**AA**	p^2
Heterozygote	**Aa**	$2pq$
Homozygote	**aa**	q^2

A. Konstante Allelen-Häufigkeit (Hardy-Weinberg-Äquilibrium)

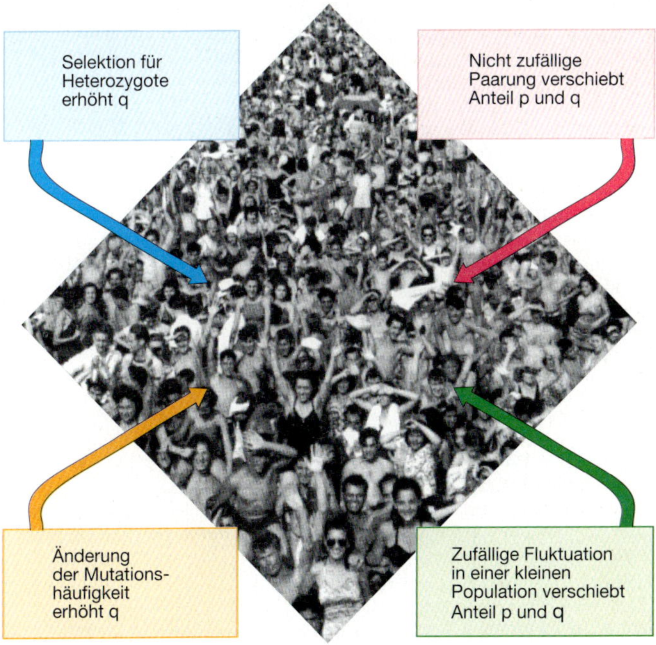

B. Einige die Allelen-Häufigkeit beeinflussende Faktoren

Blutsverwandtschaft und Inzuchtkoeffizient

Consanguinität heißt wörtlich „vom selben Blut“. Genetisch bedeutet Consanguinität der Eltern (elterliche Consanguinität), daß Individuen durch Abstammung von einem (oder mehreren) gemeinsamen Vorfahren genetisch verwandt sind. Der Grad der genetischen Verwandtschaft hängt von der genetischen Nähe des gemeinsamen Vorfahrens ab. Elterliche Blutsverwandtschaft erhöht die Wahrscheinlichkeit, daß ein bei einem gemeinsamen Vorfahren vorhandenes Allel bei beiden Eltern gleicher Abstammung vorkommt und bei deren Nachkommen in homozygoter Form auftreten kann. Elterliche Blutsverwandtschaft hat keinen Einfluß auf die Mutationshäufigkeit, sondern verschiebt lediglich den Anteil heterozygoter Individuen zugunsten homozygoter.

Der Begriff Inzucht bezieht sich auf besonders nahe stehende Blutsverwandtschaft, wie Verbindung zwischen Geschwistern, Vater und Tochter etc. In der experimentellen Genetik werden Inzuchtstämme durch wiederholte Bruder-Schwester-Verbindungen erzeugt. Auf diese Weise wird die normalerweise allen Populationen innewohnende Heterozygotie und vorhandene recessive Mutanten durch forcierte Homozygotie aus der Population eleminiert und schließlich Homozygotie an nahezu allen Genloci erzeugt. Das Ergebnis sind genetisch weitgehend identische Individuen. Unbekannte und indirekte Einflüsse durch Heterozygotie an vielen Genloci werden dadurch vermieden bzw. deren Einfluß vermindert. Dadurch ist es möglich, spezifische Locuseffekte zu beobachten.

A. Einfache Typen von Blutsverwandtschaft

Geschwisterverbindung (1), Verbindung zwischen Cousine und Cousin ersten Grades (2) und Onkel-Nichten-Verbindung (3) sind häufige Typen von Blutsverwandtschaft. Der Weg eines gegebenen Allels von jedem der gemeinsamen Vorfahren ist einfach. Jeweils beträgt die Wahrscheinlichkeit der Weitergabe eines bestimmten Allels 1/2 (50% oder 0,50). Der Grad der Consanguinität kann auf zweierlei Weise ausgedrückt werden. Der Coeffizient der Verwandtschaft (r) ist die Wahrscheinlichkeit, daß zwei Personen ein bestimmtes Allel von einem gemeinsamen Vorfahren geerbt haben. Er beschreibt auch den Anteil aller Gene, die infolge Ursprung von einem gemeinsamen Vorfahren identisch sind (gemeinsame Gene). Der Verwandtschaftscoeffizient für Geschwister und Eltern-Kind (Verwandte ersten Grades) beträgt 1/2 (0,50).

B. Inzuchtkoeffizient (F)

Der Inzuchtkoeffizient gibt die Probabilität an, daß zwei Allele bei einer Person durch gemeinsamen Ursprung identisch sind. Um dies zu ermitteln, muß die Anzahl der Generationsschritte von allen gemeinsamen Vorfahren festgestellt werden. In dem gezeigten Diagramm beträgt die Zahl der Generationsschritte von Individuum A nach B viermal 1/2 $(1/2)^4$. Auch zur Person D beträgt dies $(1/2)^4$. Die Zahl der Schritte vom gemeinsamen Vorfahren A zu C und D beträgt demzufolge $(1/2)^4 + (1/2)^4 = (1/2)^8$. Das Gleiche gilt für den Weg von B nach C und D.

Da der Ursprung von Individuum A und B unabhängig ist, muß die Probabilität für Homozygotie durch gleichen Ursprung durch Addition der Einzelwerte ermittelt werden. Der Inzuchtkoeffizient kann sowohl für ein Individuum als auch für eine ganze Population angegeben werden. In jedem Fall bedeutet er einen Ausdruck für die Probabilität von Homozygotie durch gemeinsamen Ursprung. Der Inzuchtkoeffizient für die Nachkommen von Cousine und Cousin ersten Grades beträgt 1/16 (0,0625). Dies heißt, daß für einen beliebigen Genlocus eine a priori Wahrscheinlichkeit für Homozygotie von 6,25% besteht, oder anders ausgedrückt, 1/16 aller Allele identisch durch gleichen Ursprung sind.

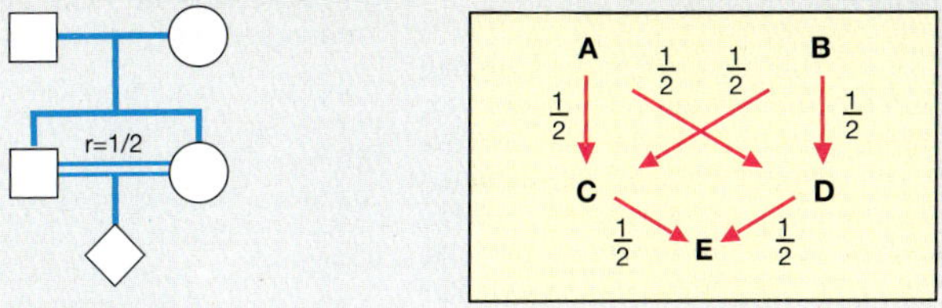

1. Geschwister-Verbindung

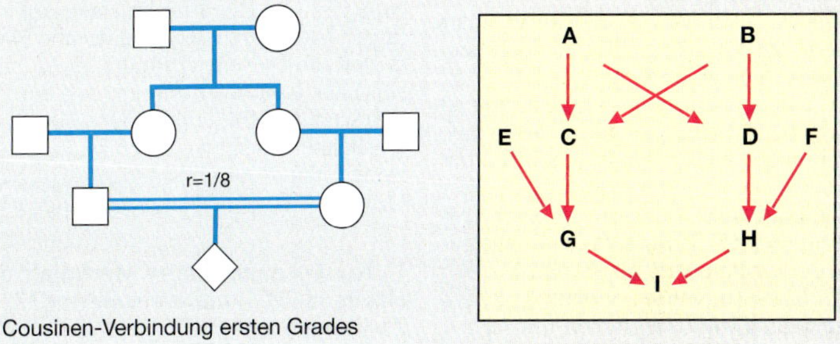

2. Cousinen-Verbindung ersten Grades

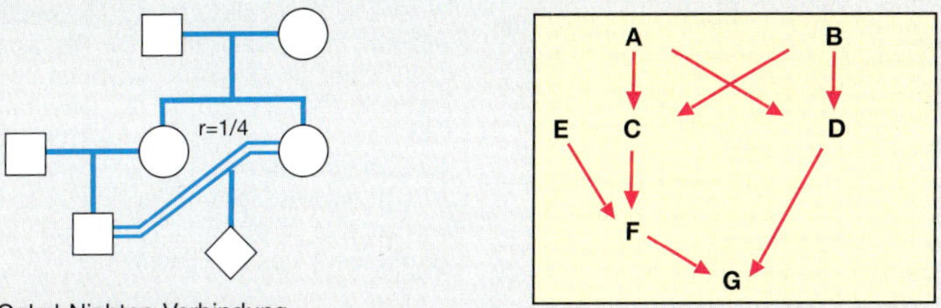

3. Onkel-Nichten-Verbindung

A. Einfache Typen von Blutsverwandtschaft

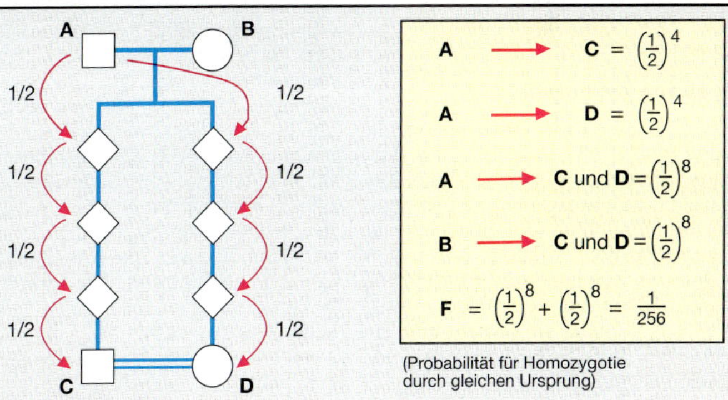

(Probabilität für Homozygotie durch gleichen Ursprung)

B. Inzuchtkoeffizient (F)

Zwillinge

Mehrlingsschwangerschaften kommen bei zahlreichen Tierarten regelmäßig vor, beim Menschen vorwiegend als Zwillinge. Sie können einer einzigen befruchteten Eizelle (monozygote Zwillinge - MZ) oder zwei verschiedenen Eizellen entstammen (dizygote Zwillinge - DZ). Monozygote Zwillinge sind genetisch identisch. Der Vergleich zwischen MZ und DZ kann Aufschlüsse über den Anteil genetischer Einflüsse auf komplexe Merkmale geben. Besonders aufschlußreich ist der Vergleich von gemeinsam aufgewachsenen monozygoten Zwillingen und getrennt aufgewachsenen. Dies erlaubt Einblick über den Anteil genetischer Faktoren gegenüber den Umwelteinflüssen. In einer größeren Studie, der Minnesota-Zwillingsstudie (T.J. Bouchard et al., Science *250* : 223–228, 1990), wurden monozygote und dizygote Zwillinge verglichen, die in der Säuglingszeit getrennt worden waren. In einer Reihe von komplexen Tests, die Rückschlüsse auf Persönlichkeit, Temperament, außerberufliche Interessen, soziale Einstellung und andere Persönlichkeitsvariablen einbezogen, erwiesen sich getrennt aufgewachsene gegenüber zusammen aufgewachsenen monozygoten Zwillingen trotz ihrer verschiedenen Umweltbedingungen als sehr ähnlich oder gleich. Etwa 70% der Varianz geistiger Fähigkeiten (Intelligenzquotient in verschiedenen Varianten ermittelt) war mit genetischer Variation assoziiert.

A. Typen von Zwillingen

Monozygote Zwillinge entstehen durch Trennung in sehr frühen Stadien der Entwicklung. Sie haben stets eine gemeinsame Plazenta (monoplazentar). Sie können in zwei Amnionhöhlen (diamnial) oder in einer gemeinsamen Amnionhöhle liegen (monoamnial). Zweieige (dizygote) Zwillinge (DZ) haben stets eine eigene Amnionhöhle (diamnial). Sie können eine eigene Plazenta (diplazentar) oder eine gemeinsame Plazenta besitzen.

B. Pathologische Zustände bei monozygoten Zwillingen

Eine unvollständige Trennung (sog. Siamesische Zwillinge) oder Verbindung des Blutkreislaufs führen zu krankhaften Zuständen bei monozygoten Zwillingen. Eine verhältnismäßig häufige Form der unvollständigen Trennung sind in verschiedenem Ausmaß im Bereich des Brustkorbs zusammengewachsene Zwillinge (Thoracopagus) (1). Der Blutkreislauf von Zwillingen kann durch die gemeinsame Placenta verbunden sein (Bildung eines Shunt) (2). Dies kann dazu führen, daß ein Zwilling weniger Blut erhält oder sogar ausblutet. Besonders schwere Fehlbildungen entstehen durch unvollständig ausgebildete Organe, z. B. ohne Herz (Acardius) (3).

C. Konkordanz einiger Merkmale bei eineiigen (MZ) und zweieiigen (DZ) Zwillingen

Wenn Zwillinge das gleiche Merkmal aufweisen, bezeichnet man sie als konkordant, wenn sie sich unterscheiden, als diskordant. Der Vergleich der Konkordanz läßt Rückschlüsse auf den relativen Anteil genetischer Faktoren bei den Ursachen zu. Allerdings wird durch Vergleich der Konkordanzrate kein Aufschluß über die eigentlichen Ursachen gewonnen.

D. Ausscheidungsrate eines Medikaments (nach Vesell)

Nicht nur bezüglich bestimmter Krankheiten, körperlicher oder psychischer Merkmale unterscheiden sich monozygote und dizygote Zwillinge, sondern auch in biochemischer Hinsicht. Aufgrund genetischer Unterschiede werden zahlreiche Medikamente unterschiedlich rasch abgebaut oder ausgeschieden, weil die entsprechenden Enzyme unterschiedlich aktiv sind, wie zum Beispiel die Ausscheidungsrate von c-Phenylbutazon. Die Substanz wird bei monozygoten Zwillingen mit identischer Rate ausgeschieden, während sich dizygote Zwillinge wie Geschwister unterscheiden.

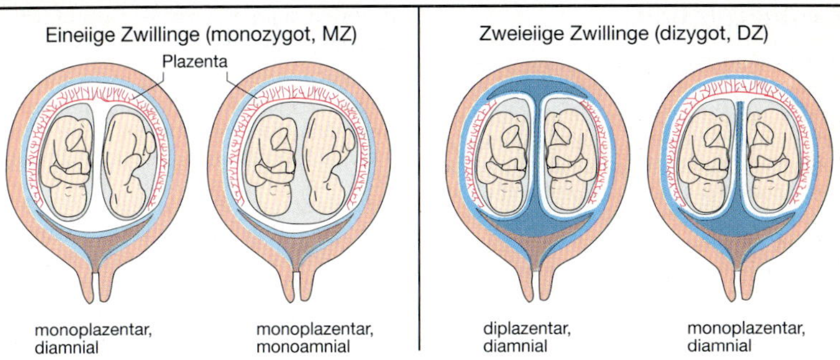

A. Typen von Zwillingen

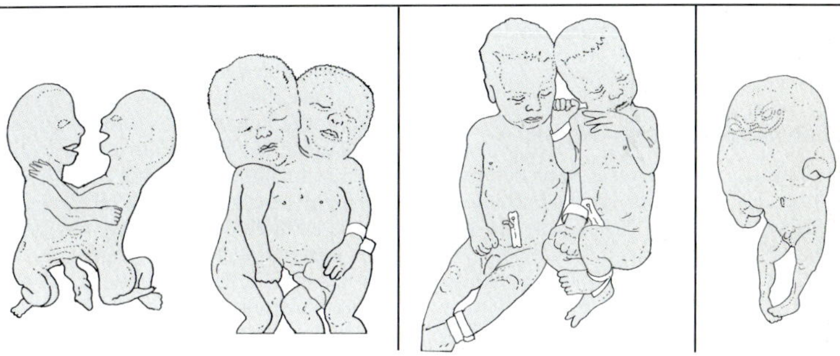

1. Thoracopagus
2. MZ durch Shunt verbunden
3. Acardius

B. Pathologische Zustände bei monozygoten Zwillingen

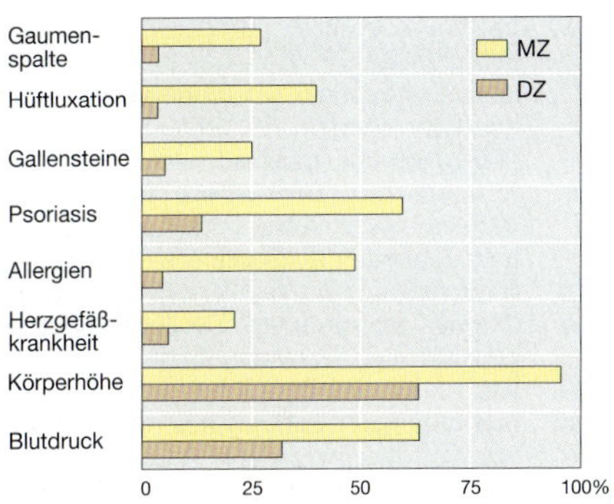

(Angaben nach Connor & Ferguson-Smith, 1991)

C. Konkordanz einiger Merkmale bei eineiigen (MZ) und zweieiigen (DZ) Zwillingen

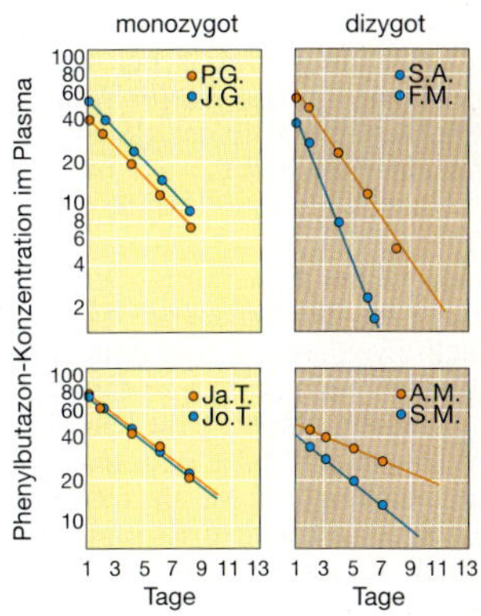

D. Ausscheidungsrate eines Medikaments (nach Vesell)

Polymorphismus

In der Natur kommen Lebewesen vielgestaltig (polymorph) vor. Diese Unterschiede sind genetisch bedingt. An vielen Genloci kommen zwei oder mehr Allele vor. Als genetischer Polymorphismus wird das Vorkommen in einer Population von zwei oder mehr genetisch determinierten alternativen Phänotypen durch verschiedene Allele definiert, wobei die seltenste Form nicht allein durch wiederholte Mutation aufrechterhalten werden kann. Ein Genlocus wird als polymorph bezeichnet, wenn das oder die seltenen Allele eine Häufigkeit von mindestens 0.01 (1%) haben und demzufolge Heterozygote für dieses Allel mit einer Häufigkeit von mehr als 2% vorkommen.

A. Polymorphismus des Phänotyps

Ein eindrucksvolles Beispiel für Polymorphismus des Phänotyps ist das Farbmuster auf den Deckflügeln des asiatischen Marienkäfers (*Harmonia axyridis*) (1). In dem von Sibirien bis Japan reichenden Verbreitungsgebiet können verschiedene Varianten unterschieden werden (F.J. Ayala, Mechanismen der Evolution, in: Evolution, Spectrum der Wissenschaft, Heidelberg, 1988). Die verschiedenen Farbkombinationen werden auf unterschiedliche Varianten desselben Gens zurückgeführt (1). Bei der kalifornischen Königsschlange (*Lampropeltis getulus californiae*) (2) kommen innerhalb der gleichen Art derart verschiedene Farbmuster vor, daß man annehmen könnte, es handle sich um verschiedene Arten. Der Mensch (*Homo sapiens*) kommt in unterschiedlichen Formen der Gesichtszüge, Hautpigmentierung, Hautfarbe, Körperhöhe und anderen Merkmalen vor. Sie sind das Ergebnis von Anpassung an verschiedene klimatische und landschaftliche Bedingungen im Zusammenhang mit der Besiedlung der Erde durch den Menschen. Es sind äußere Merkmale, die weitergehende genetische Unterschiede zwischen Bevölkerungsgruppen vortäuschen.

B. Polymorphismus in Beziehung zu Umweltbedingungen

Ein Polymorphimus wird als neutral bezeichnet, wenn die Anwesenheit oder Abwesenheit eines bestimmten Allels keinen Vor- oder Nachteil bedeutet. Nicht selten stellt ein Polymorphismus jedoch einen Vorteil für die Population dar. In einer polymorphen Population finden sich mit größerer Wahrscheinlichkeit Individuen, die auf bestimmte Umweltbedingungen oder ihre Änderung besser vorbereitet sind, als wenn genetische Einförmigkeit besteht. Die meisten Lebewesen zeigen geographische Variation, d.h. es bestehen Unterschiede in der Häufigkeit von Allelen zwischen Populationen derselben Art in verschiedenen Gebieten. Die Unterschiede können graduell sein und eine Adaptation an Umweltbedingungen widerspiegeln. So zeigt die Schafgarbe (Yarrow plant) an den Hängen der Sierra Nevada in Kalifornien in zunehmender Höhe des Gebirges eine niedrigere durchschnittliche Pflanzenhöhe (1). Durch den Vergleich des Wachstums von Pflanzen, deren Samen aus verschiedenen Höhen gewonnen wurden und in einem Garten zur Aussaat gebracht wurden, ließ sich zeigen, daß die durchschnittliche Größe der Pflanzen in den verschiedenen Höhenbereichen genetisch determiniert ist (Abbildung nach N.A. Campbell, Biology, 1990). Der Birkenspanner (*Biston betularia*) ist normalerweise hellgefärbt und deshalb auf der üblicherweise hell gefärbten Rinde schlecht zu sehen und deshalb geschützt (2). Ende vorigen Jahrhunderts wurden vor allem in der Nähe von Liverpool (England) viele dunkle Tiere beobachtet. Dies ist ein industriell bedingtes genetisches Anpassungsphänomen. Auf einer flechtenlosen dunkel eingefärbten Rinde im Industriegebiet fällt das dunkle Tier kaum auf. Da der farblich angepaßte Typ bessere Überlebenschancen hat, findet man ihn in dem jeweiligen Gebiet in höherer Zahl als den nichtangepaßten. (Bildnachweis: F.J. Ayala (A1), J.H. Tashjian, San Diego Zoo (A2), N.A. Campbell, Biology, 1990 (B1), Laßwitz und K. Jäkel, Okapia, Frankfurt (B2).

1. Asiatischer Marienkäfer *Harmonia axyridis*

2. Kalifornische Königsschlange *Lampropeltis getulus californiae*

A. Polymorphismus des Phänotyps

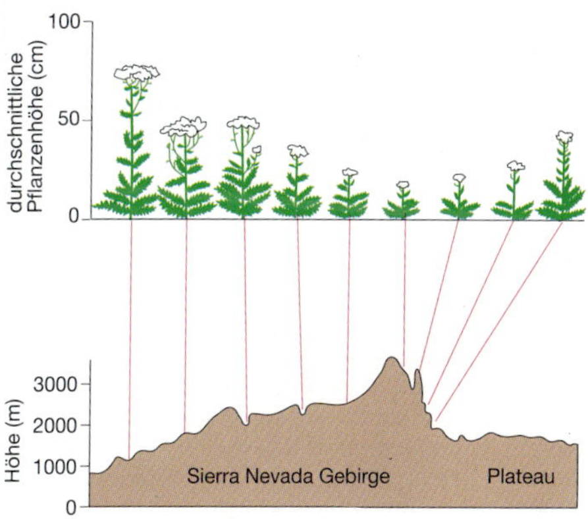

1. Schafgarbe in der Sierra Nevada

2. Birkenspanner *Biston betularia*, helle und dunkle Form

B. Polymorphismus in Beziehung zu Umweltbedingungen

Biochemischer Polymorphismus

Meist ist Polymorphismus nicht äußerlich sichtbar. Individuelle Unterschiede in der Nucleotidbasen-Abfolge der DNA (vgl. S. 64, Restriktionsfragment-Längenpolymorphismus) lassen sich durch DNA-Analyse erfassen. Wenn ein Unterschied in der Nucleotidbasen-Abfolge zu einer Änderung eines Codons führt, wird an entsprechender Stelle eine andere Aminosäure eingebaut. Dies kann durch Analyse des Genprodukts nachgewiesen werden.

A. Erkennen von Polymorphismus durch Gel-Elektrophorese

Den Polymorphismus eines Proteins (Genprodukt) kann man durch Gel-Elektrophorese feststellen, wenn die varianten Formen sich durch Einbau einer Aminosäure mit unterschiedlicher elektrischer Ladung unterscheiden. In diesem Fall können die allelen Formen eines Genprodukts durch unterschiedliche Laufgeschwindigkeit in einem elektrischen Feld unterschieden werden. Besteht ein Genprodukt aus zwei Untereinheiten (dimeres Protein), so treten bei heterozygoten Individuen drei Banden auf. Ein Polymorphismus, der nicht zu einer Änderung der elektrischen Ladung führt, kann mit dieser Methode nicht erkannt werden. Deshalb führt die Analyse der Häufigkeit von Polymorphismen an Genprodukten zu einer Unterschätzung.

B. Nachweis von Polymorphismen an Genprodukten

Für drei typische Genprodukte, die Enzyme Phosphogluco-Mutase, Malat-Dehydrogenase und Saure Phosphatase bei verschiedenen Drosophila-Arten ließ sich zeigen, daß Polymorphismus häufig ist. In 1, 2 und 3 wird von 12 Taufliegen jeweils eine Stärke-Gel-Elektrophorese gezeigt, die für das jeweilige Protein spezifisch angefärbt wurde. Es zeigen sich bei der Phosphogluco-Mutase (1) unterschiedliche Laufgeschwindigkeiten, etwa bei den homozygoten Individuen gegenüber den Heterozygoten (2, 4 und 10). Die Malat-Dehydrogenase (2) ist ein dimeres Protein, so daß heterozygote Individuen (4, 5, 6, 8) drei Bänder zeigen. Bei der Sauren Phosphatase (3) entsteht ein komplexes Muster, weil es sich um vier Allele handelt (Darstellung nach Ayala und Kiger, 1984).

C. Häufigkeit von Polymorphismus

Bei einer Studie der durchschnittlichen Heterozygotie (1) fanden sich bei *Drosophila willistoni* bei 180 Genloci 17,7% heterozygot. Die durchschnittliche Heterozygotie ist der Anteil heterozygoter Individuen in der Population, bezogen auf die Anzahl der analysierten Loci. Man bestimmt dies durch Addition des Anteils der Heterozygoten pro Gesamtzahl der Individuen pro Genlocus. Den besten Einblick in die enorme Häufigkeit von Polymorphismus gibt die direkte Analyse von DNA. In einigen Bereichen des Genoms finden sich hypervariable Regionen. Hier findet man nach Einwirkung eines Restriktionsenzyms ein individuell unterschiedliches Muster verschieden großer DNA-Fragmente. In (2) wird ein Polymorphismus bei 16 Individuen an einem Locus in der Nähe der H-Kette der Immunglobulin-J-Region gezeigt (R. White et al., Cold Spring Harb. Symp. *51* : 29, 1986). Hypervariable Regionen führen zu einem für jeden Menschen individuellen Muster (DNA-Fingerprinting).

D. Genetische Vielfalt und Evolution

Eine Population aus genetisch relativ homogenen Individuen ist sich verändernden Umweltbedingungen weniger gut angepaßt als eine genetisch vielfältige Art. Es werden zwei Populationen von *Drosophila serrata* verglichen, die bei begrenztem Nahrungs- und Raumangebot 25 Generationen lang getrennt in geschlossenen Flaschen gehalten wurden. Die eine bestand aus einer Rasse, die andere aus einer Kreuzung von zwei Rassen. Die Population mit der größeren genetischen Vielfalt war an die Umweltbedingungen besser angepaßt; die Anzahl überlebender Individuen war am Ende des Experiments größer als bei der homogenen Rasse (Diagramm nach Ayala, 1980).

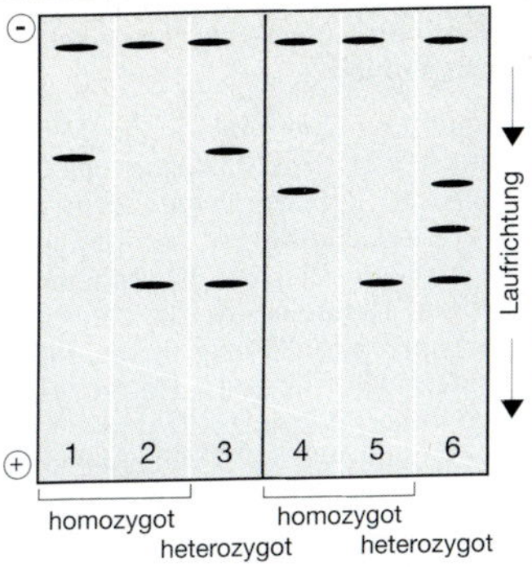

A. Erkennen von Polymorphismus durch Gel-Elektrophorese

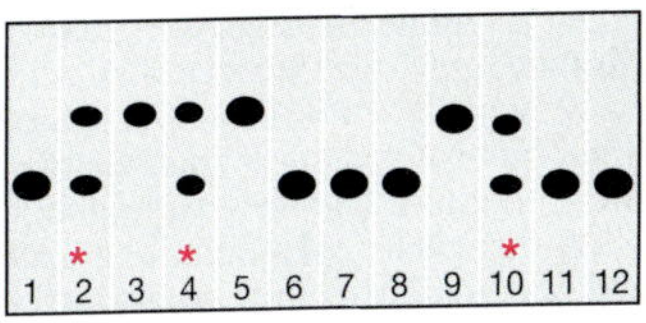

1. Phosphogluco-Mutase bei *Drosophila pseudoobscura*

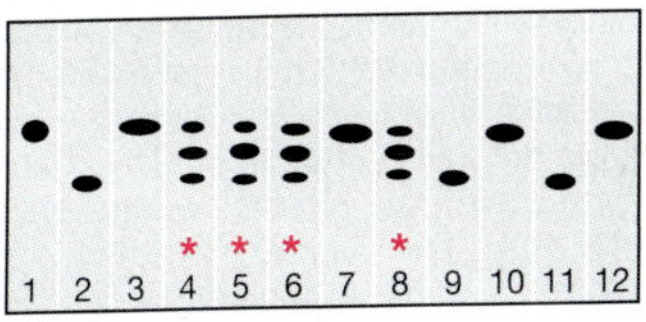

2. Malat-Dehydrogenase bei *Drosophila equinoxialis*

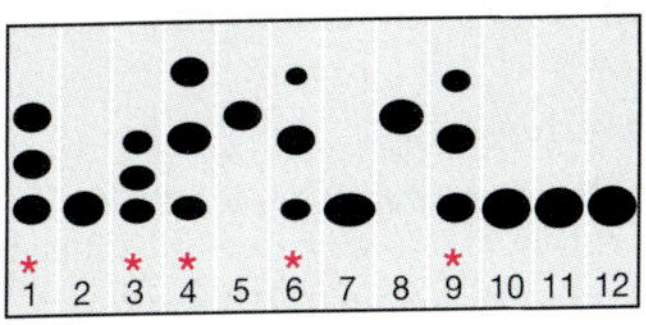

3. Saure Phosphatase bei *Drosophila equinoxialis*

(* = Heterozygote Fruchtfliegen)

B. Nachweis von Polymorphismus an Genprodukten

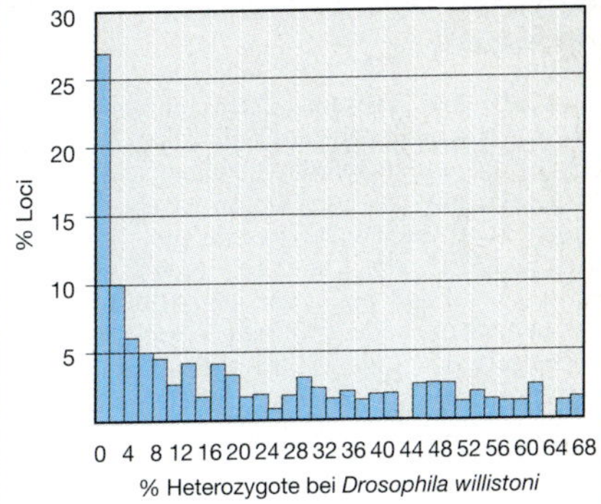

1. Hohe durchschnittliche Heterozygotie (17.7 % bei 180 Loci)

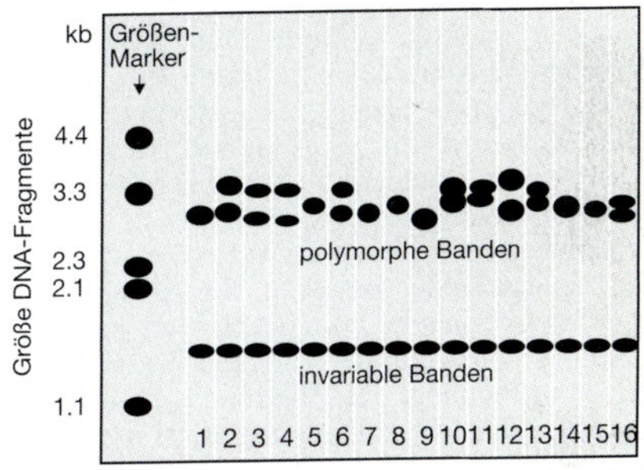

2. DNA-Polymorphismus beim Menschen (16 Individuen)

C. Häufigkeit von Polymorphismus

Zwei Populationen von *Drosophila serrata*

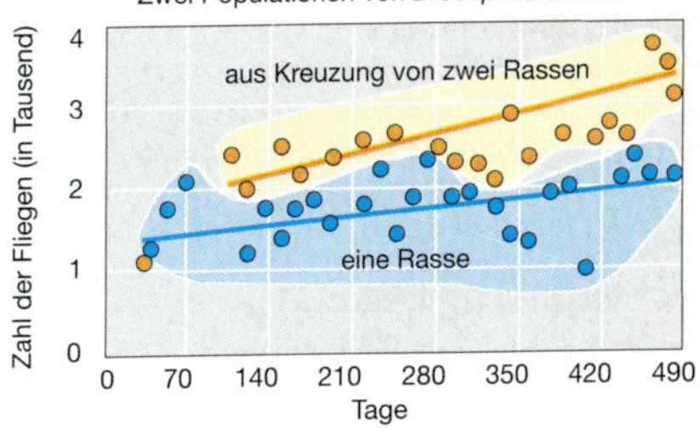

Begrenztes Nahrungs- und Raumangebot

D. Genetische Vielfalt und Evolution

Geographische Verteilung von Genen

Innerhalb einer Art treten Allele eines Genlocus in verschiedenen geographischen Regionen mit unterschiedlicher Häufigkeit auf. Dies kann entweder das Ergebnis zufälliger Häufigkeitsunterschiede sein (genetische Drift) oder das Ergebnis von Selektion. Selektion heißt, daß ein Allel gegenüber einem anderen einen Vorteil für das betreffende Individuum bedeutet (selektiver Vorteil), weil es die Überlebenswahrscheinlichkeit erhöht. Ein selektiver Nachteil bedeutet das Gegenteil (selektiver Druck).

A. Unterschiedliche Häufigkeit von Erbkrankheiten, z. B. in Finnland

Genetisch bedingte Erkrankungen beim Menschen (Erbkrankheiten) kommen in verschiedenen Gebieten der Erde unterschiedlich häufig vor. Es gibt keine grundsätzlichen Unterschiede in der Häufigkeit genetisch bedingter Erkrankungen beim Menschen, aber geographische bzw. ethnische Unterschiede. Beispiel: Die Verteilung der Großeltern von Erkrankten mit drei autosomal recessiv erblichen Erkrankungen in Finnland. Die Häufung (Clustering) für die drei Erkrankungen ist verschieden, weil die Mutation in verschiedenen Regionen Finnlands aufgetreten ist: Für die angeborene flache Hornhaut im Westen des Landes (1), für den finnischen Typ der angeborenen Nephrose (eine schwere Nierenkrankheit) in südlichen Landesteilen (2) und für die Diastrophe Skelettdysplasie in anderen südlichen Landesteilen (3). In diesen Fällen gibt es keine Anhaltspunkte für einen selektiven Vorteil des mutanten Allels. Die unterschiedliche Verteilung spiegelt lediglich Ort und relativen Zeitpunkt der Mutation wider. Die Mutationen müssen nach der Besiedlung Finnlands entstanden sein, weil sie in Finnland ungewöhnlich häufig sind. Sie sind nicht ein generelles genetisches Merkmal der finnischen Bevölkerung. Ähnliche Beispiele finden sich in vielen anderen Gegenden der Welt und in anderen Populationen.

B. Verbreitung von Malaria und Häufigkeit von Heterozygoten durch selektiven Vorteil

Die Verbreitung von Malaria im Mittelmeerraum, Westafrika, Subsahara und Ostafrika einschl. Niltal, sowie Asien (1) stimmt mit der Häufigkeit von Mutanten für Heterozygote für drei Krankheitsformen überein. Heterozygote für drei genetisch bedingte Krankheitsgruppen haben einen selektiven Vorteil. Heterozygote sind gegenüber normalen Homozygoten relativ geschützt, weil die Malaria-Parasiten im Blut von Heterozygoten weniger gute Bedingungen vorfinden, als bei Homozygoten. Glucose-6-Phosphat-Dehydrogenase-Mangel (2) ist ein X-chromosomales Merkmal und führt bei erkrankten männlichen Individuen (Hemizygoten) zu schweren Krankheitszuständen. Ebenso sind Homozygote für Sichelzell-Anämie (3) und verschiedene Formen einer gestörten Hämoglobin-Bildung (Thalassämien, 4) schwer erkrankt. Die Heterozygoten jedoch sind nicht oder allenfalls sehr leicht erkrankt und genießen einen relativ ausgeprägten Schutz vor Malaria (selektiver Vorteil). Dadurch ist es zu einer Ausbreitung der entsprechenden mutanten Allele in Malaria-Gebieten gekommen. Der Schutz der Heterozygoten geschieht auf Kosten der homozygot Erkrankten, wirkt sich aber auf die Population als Ganzes günstig aus, weil die Krankheitshäufigkeit begrenzt wird. Die Sichelzell-Mutante ist mindestens viermal unabhängig in verschiedenen Gebieten entstanden und hat sich dort durch selektiven Vorteil erhalten. Ähnliches gilt für die Thalassämien (vgl. S. 284 ff.).

Literaturhinweise

Norio, R., Nevanlinna, H. R., Perheentupa, J.: Hereditary diseases in Finland. Ann. Clin. Res. 5 : 109–141, 1973.

Norio, R.: Diseases of Finland and Scandinavia, p. 359–415, in: Biocultural Aspects of Disease, H. R. Rothschild, editor, Academic Press, New York, 1981.

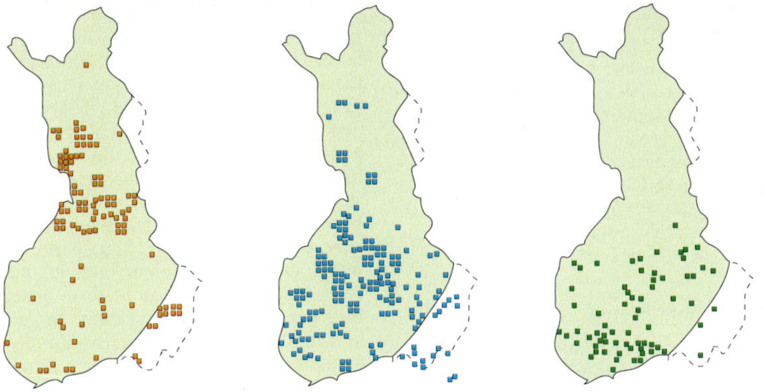

1. Angeborene flache Hornhaut 2. Angeborene Nephrose 3. Diastrophe Skelettdysplasie

A. Unterschiedliche Häufigkeit von Erbkrankheiten, z.B. in Finnland

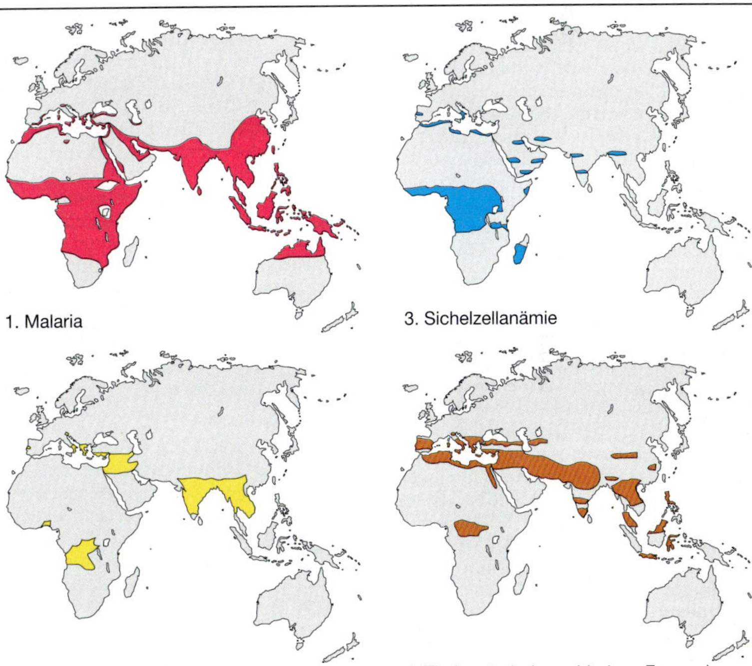

1. Malaria

3. Sichelzellanämie

2. Glucose-6-Phosphat-Dehydrogenase-Mangel

4. Thalassämie (verschiedene Formen)

B. Verbreitung von Malaria und Häufigkeit von Heterozygoten durch selektiven Vorteil

Nucleosomen

Die Gesamtlänge an DNA im haploiden Chromosomensatz von Säugetieren entspricht etwa 1 Meter. Da die Gesamtlänge der Chromosomen des Menschen in der Metaphase etwa 115 μm des haploiden Chromosomensatz entspricht, muß DNA in Metaphase Chromosomen muß um das 10.000fache verkürzt werden. Die Verpakkung der DNA geschieht in diskreten Einheiten, den Nucleosomen.

A. DNA und Histon

Histon-Proteine (Histone) sind relativ kleine Proteine, die wegen ihres hohen Anteils positiv geladener Aminosäuren (Lysin und Arginin) fest an die negativ geladene DNA-Doppelhelix binden können. Histon-Moleküle bestehen aus fünf Typen, H1, H2A, H2B, H3 und H4. Ausgenommen H1 kommen sie in exakt gleicher Anzahl vor. Histone sind evolutionär hoch konserviert. Das heißt, sie unterscheiden sich zwischen verschiedenen Lebewesen sehr wenig. Besonders eng ist die räumliche Beziehung zwischen DNA und Histonen im Bereich der AT-reichen Anteile der kleinen Furchen. Hier kann sich die DNA-Doppelhelix am besten verformen. Die Verformung geschieht nicht gleichmäßig, sondern in relativ scharfen Biegungen.

B. Nucleosom

Ein Nucleosom besteht insgesamt aus Histonen und die in 2½ Windungen außen herumlaufende DNA-Doppelhelix (168 Basenpaare). Je zwei Histone H2A, H2B, H3 und H4 bilden ein rundliches Octamer von etwa 60 x 100 Ångström Durchmesser. Der Kontakt der DNA mit den Histonen eines Nucleosoms ist in der Reihenfolge H2A, H2B, H4, H3, H3, H4, H2B und H2A. Die Gene für Histone sind in Serie tandemartig hintereinander angeordnet und enthalten keine Introns. Ihre Nucleotidbasen-Sequenz ist evolutionär von allen Genen am stärksten konserviert.

C. Chromatin-Strukturen

Im Zellkern ist DNA eng mit Proteinen verbunden, Histone und Nicht-Histon-Proteine in etwa gleicher Menge. Dieser Gesamtkomplex aus DNA und DNA-bindenden Proteinen im Zellkern eukaryoter Organismen wird als Chromatin bezeichnet. Im elektronenmikroskopischen Bild kann sich Chromatin in unterschiedlich dichter Formation darstellen. In einigen Bereichen bildet es dichte und kompakte Strukturen, entsprechend einer eng gefalteten Anordnung der Nucleosomen. In anderen Bereichen ist Chromatin relativ aufgelokkert und läßt diskrete Einzelstrukturen erkennen, entsprechend einer teilweisen Faltung von Nucleosomen. Chromatin kann elektronenmikroskopisch sehr aufgelokkert aus einzelnen Einheiten bestehen. Dies entspricht einem nicht gefalteten Abschnitt von Nucleosomen. In diesem Bereich ist DNA zwischen Nucleosomen nicht an Histone gebunden wie in der teilweise gefalteten Anordnung. Dort ist DNA an eine fünfte Art von Histon gebunden, Histon H1. Die dichten Abschnitte des Chromatins werden als Heterochromatin bezeichnet, die aufgelockerten als Euchromatin. Gene in Heterochromatin sind nicht aktiv. Allerdings ist die Faltung von DNA im Chromatin kein Mittel zur vorübergehenden Kontrolle der Expression. Hier finden sich meist permanent nicht exprimierte Gene in vollständig gefaltetem Chromatin-Abschnitten.

D. Chromatin-Abschnitt

Das Chromatin des Zellkerns besteht aus Abschnitten von Nucleosomen in unterschiedlichen Faltungsgrund. In zwischen Serien von Nucleosomen liegenden Abschnitten von DNA finden sich sequenzspezifische DNA-bindende Proteine. Sie regulieren die Expression (Aktivität) von Genen (vgl. S. 206 u. 164). (Abb. nach B. Alberts et al., Molecular Biology of the Cell, 2nd edition, 1989).

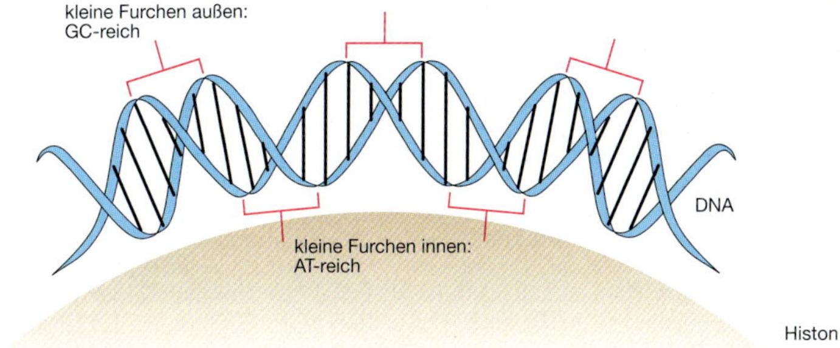

A. DNA und Histon

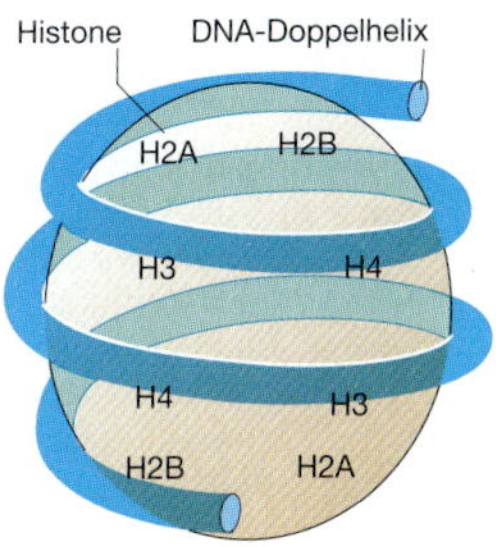

B. Nucleosom

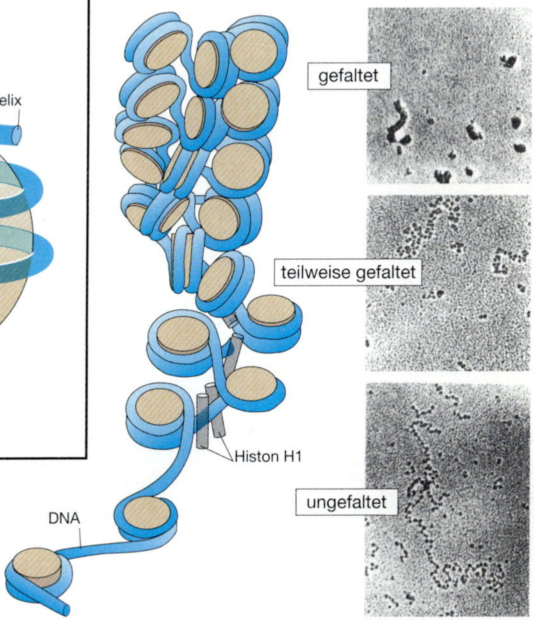

C. Chromatin-Strukturen

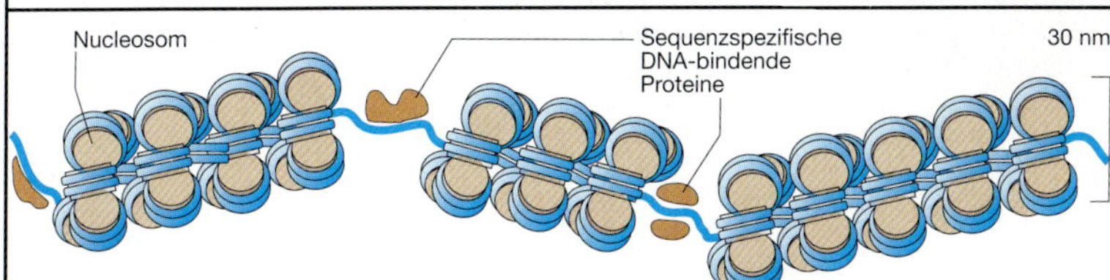

D. Chromatin-Abschnitt

DNA in Chromosomen

Bei eukaryoten Organismen befindet sich DNA in Chromosomen. Chromosomen bestehen aus DNA und eng mit DNA assoziierten Proteinen, den Histonen und den Nicht-Histon-Proteinen in etwa gleicher Menge. Chromosomen in Interphase bilden das Chromatin des Zellkerns. Chromosomen sind als einzelne Strukturen nur während der Mitose sichtbar. Das haploide Genom des Menschen enthält 3 Milliarden DNA-Basenpaare (3×10^9) in 22 Autosomen und zwei Geschlechtschromosomen (X und Y).

A. DNA im Metaphase-Chromosom

Ein Gen ist eine Nucleotid-Sequenz, die als funktionelle Einheit für die Bildung eines komplementären RNA-Moleküls dient (Transkriptionseinheit). Ein Chromosom besteht aus einem einzigen, sehr langen DNA-Molekül, das eine Serie von Genen enthält. Es ist auf komplexe Weise gefaltet und räumlich angeordnet. Die räumliche Anordnung wird durch Nucleosomen gewährleistet.

In eukaryoten Zellen ist DNA eng mit Histonen verbunden, die charakteristische Strukturen bilden, die Nucleosomen. Daneben existieren Hunderte von sequenzspezifischen DNA-bindenden Proteinen, die kurze DNA-Abschnitte erkennen. Ihre Bindung ist ein wichtiger Mechanismus bei der Regulation der Aktivität von Genen (Genexpression).

DNA in Chromosomen ist auf effiziente Weise gefaltet und verpackt. Schematisch können mehrere Ebenen der Verpackung von DNA in einem Metaphase-Chromosom unterschieden werden. Im oberen Tafelteil wird ein Abschnitt aus DNA-Doppelhelix Teil eines Chromatin-Abschnitts gezeigt. Der Chromatin-Abschnitt besteht aus einigen Nucleosomen (vgl. S. 162). Durch Faltung eines Chromatin-Abschnitts entsteht ein elektronenmikroskopisch sichtbarer Chromatin-Faden von 30 nm Durchmesser. Er besteht aus einer Serie eng gefalteter verpackter Nucleosomen. Diese wiederum bilden Teil eines Chromosomenabschnitts von etwa 300 nm Querdurchmesser im ausgedehnten Stadium. Eine weitere Verpackungsebene ist durch einen verdickten Abschnitt eines Metaphase-Chromosoms repräsentiert. Man nennt dies einen kondensierten Chromosomenabschnitt. Dieser Abschnitt entspricht nur einem kleinen Teil eines Chromatids eines Metaphase-Chromosoms. Wie auf S. 170 gezeigt, besteht jedes Metaphase-Chromosom aus zwei Chromatiden (Schwesterchromatiden), weil ein Chromatid das Ergebnis einer DNA-Replikation in der S-Phase ist. Im Chromatin von mitotischen Chromosomen findet keine Transkription statt. RNA-Synthese wird mit Beginn der Chromosomen-Kondensation (Verdichtung) abgestoppt (Abb. in Anlehnung an B. Alberts, Molecular Biology of the Cell, 2d Edition, 1989).

Die beiden Schwesterchromatiden können durch differentielle Färbung unterschiedlich dargestellt werden. Man kultiviert Zellen für zwei Replikationen (entsprechend zwei Zellteilungen) in Anwesenheit von 5-Bromdeoxyuridin. Dadurch wird dieses Basenanalog bei der ersten Replikation in den neuen DNA-Strang in beide Chromatiden eingebaut. Bei der zweiten Replikation wird in einem Chromatid auch der zweite DNA-Strang substituiert. Dieses Chromatid färbt sich schwächer als das zur Hälfte substituierte. Es resultiert eine longitudinale, harlekin-ähnliche unterschiedlich helle Anfärbung der beiden Schwesterchromatiden. Ein Austausch zwischen den Chromatiden ist deutlich sichtbar (Schwesterchromatid-Austausch, SCE) (vgl. S. 339).

Literaturhinweis

Tyler-Smith, C. & Willard, H. F.: Mammalian chromosome structure. Current Opinion Genet Develop *3* : 390–397, 1993.

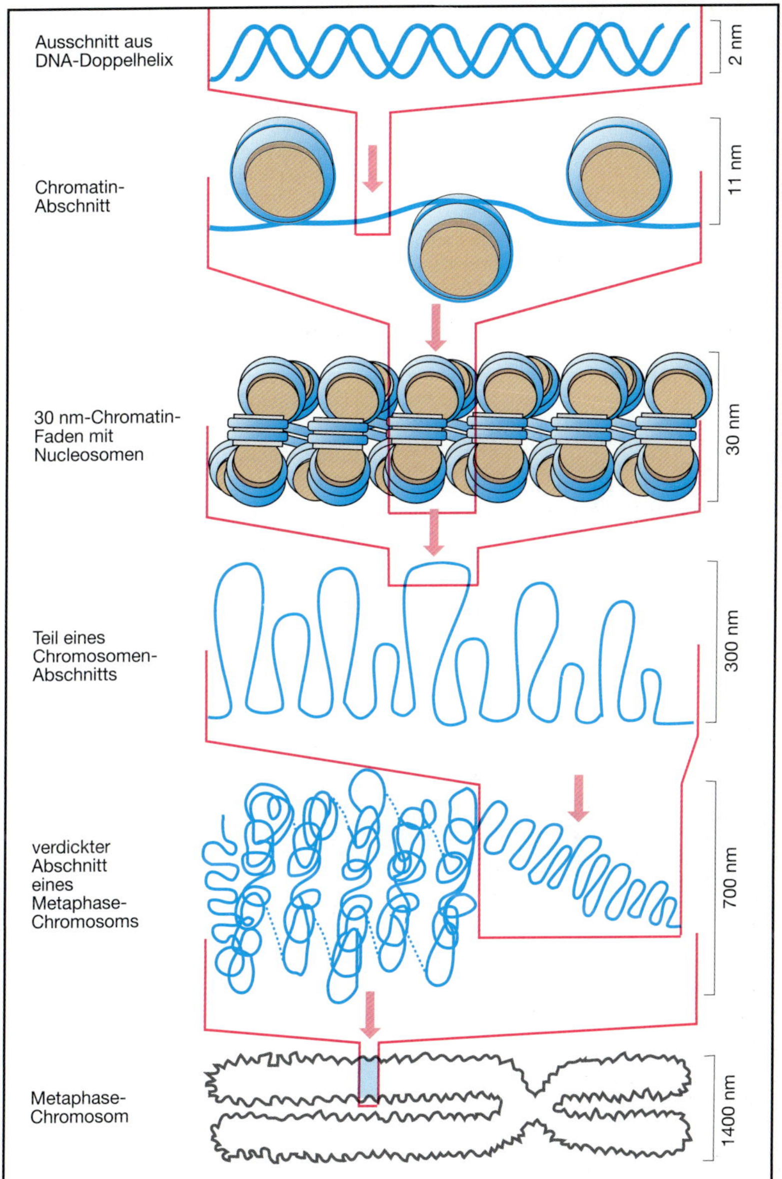

A. DNA im Metaphase-Chromosom

Polytäne Chromosomen

In bestimmten Zellen von Insekten sind Chromatin-Strukturen als einzelne schleifenartige Domänen lichtmikroskopisch sichtbar. Diese Zellen und die darin befindlichen Chromosomen sind durch vorhergehende DNA-Synthese ohne Zellteilung enorm vergrößert. Sie enthalten deshalb etwa tausendmal mehr DNA als üblicherweise. Die mehrfachen Kopien der homologen Chromosomen bleiben in diesen Zellen Seite an Seite und bilden ein riesiges polytänes Chromosom. Würden die vielfachen Kopien eines polytänen Chromosoms nicht Seite an Seite vorliegen, sondern als einzelne Chromosomen, würde man dies als Polyploidie bezeichnen. Da es einen direkten Übergang von polytänen zu polyploiden Chromosomen gibt, dürften polytäne Chromosomen grundsätzlich der Struktur eines normalen Chromosoms entsprechen. Polytäne Chromosomen sind im Lichtmikroskop gut sichtbar, weil sie so groß sind und präzise aneinandergelagert sind.

A. Polytäne Chromosomen in Speicheldrüsen von Drosophila-Larven

Polytäne Chromosomen zeigen im Lichtmikroskop gut erkennbare Muster von alternierenden dunklen und hellen Bändern. Die hellen Bänder werden als Interbanden (interbands) bezeichnet. Ein polytänes Chromosom resultiert aus der Replikation in 10 Zyklen ohne Trennung in Tochterchromosomen. Es handelt sich somit um 1.024 (2^{10}) identische Chromatid-Stränge, die strikt Seite an Seite liegen. Etwa 85% der DNA in polytänen Chromosomen entfällt auf Bänder und etwa 15% auf Interbanden. Das Chromatin in den dunkel gefärbten Bändern ist viel stärker kondensiert als das Chromatin in Interbanden. Dies ist auf eine besonders hohe Rate an Faltung zurückzuführen. Je nach Größe enthält ein individuelles Band zwischen 3.000 und 300.000 Nucleotidbasenpaaren. Insgesamt enthält das Drosophila-Genom etwa 5.000 Bänder und die gleiche Anzahl Interbänder. Diese sind numeriert, so daß eine polytäne Chromosomenkarte existiert. Ein Ausschnitt eines polytänen Chromosoms aus Drosophila-Speicheldrüsen im Lichtmikroskop zeigt das charakteristische Bandenmuster. Diese dunkel gefärbten Bänder sind das Ergebnis der Chromatin-Kondensation in den großen polytänen-Chromosomen der Interphase. Sie müssen von dem nur in Metaphase nach besonderer Färbetechnik sichtbaren Bandenmuster des Karyotyps eukaryoter Organismen unterschieden werden (vgl. S. 172). Stark anfärbbare Chromosomenabschnitte entsprechen einem hohen Verpackungsgrad und sind genetisch nicht aktiv (Heterochromatin), Abschnitte mit aufgelockerter Struktur sind weniger deutlich anfärbbar und entsprechen Abschnitten mit genetischer Aktivität (Euchromatin).

B. Funktionszustände in polytänen Chromosomen

Polytäne Chromosomen bilden Strukturen, die Funktionszuständen entsprechen. So treten in polytänen Chromosomen von Drosophila während der Larvenentwicklung in zeitlich abgestufter Weise eine Serie von Ausstülpungen (Puffs) auf. Chromosomenpuffs sind dekondensierte, ausgedehnte Abschnitte, die aktiven chromosomalen Regionen mit Transkription entsprechen. Durch Einbau markierter RNA läßt sich nachweisen, daß in diesen Bereichen RNA-Synthese stattfindet, ein Zeichen von Genaktivität. Der zeitliche und örtliche Ablauf der Transkription, lichtmikroskopisch sichtbar als Puffs und nachweisbar durch Einbau radioaktiv markierter RNA, spiegelt die verschiedenen Stadien der Larvenentwicklung wider.

(Abb. in Anlehnung an B. Alberts, Molecular Biology of the Cell, 2d Edition, 1989, und J. D. Watson et al., Molecular Biology of the Gene, 3rd Edition, 1987)

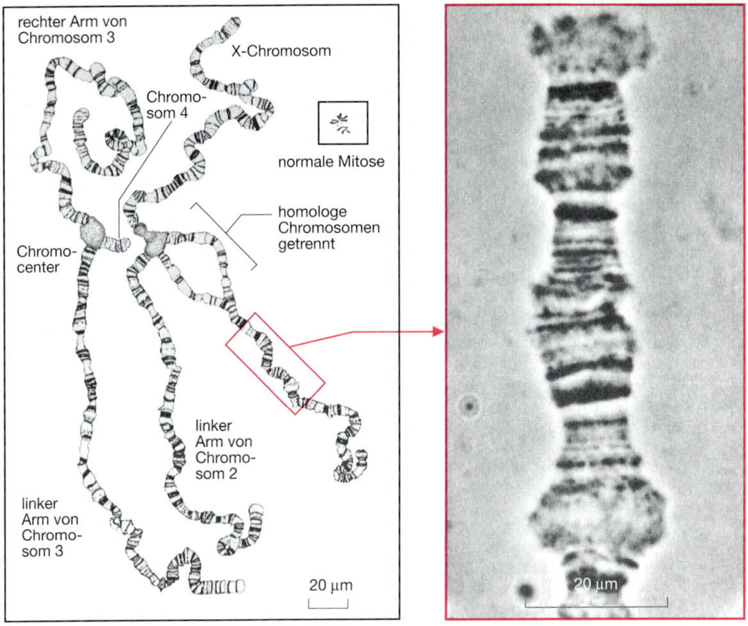

A. Polytäne Chromosomen in Speicheldrüsen von Drosophila-Larven Ausschnitt

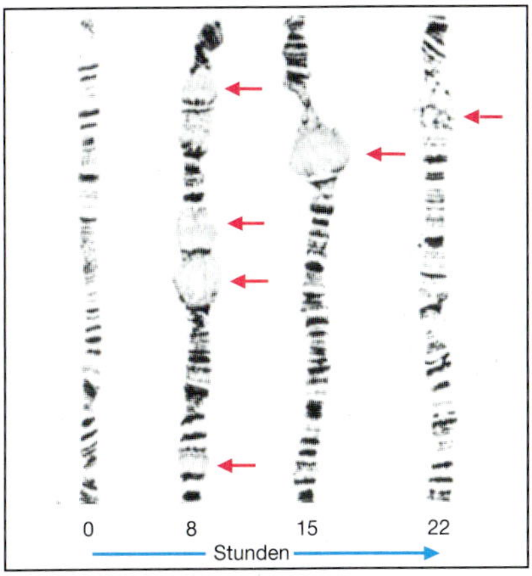

1. Bildung von Puffs (Pfeile)

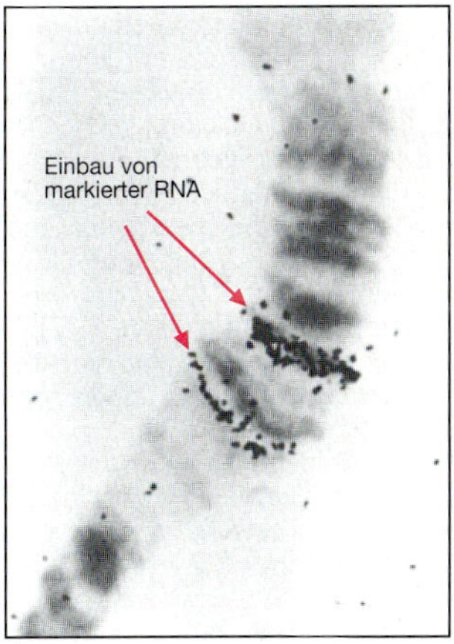

2. Nachweis von Gen-Aktivität

B. Funktionszustände in polytänen Chromosomen

DNA in Lampenbürsten-Chromosomen

Normalerweise ist die Verpackung von Chromatin im Interphase-Kern zu dicht, als daß die einzelnen Chromatin-Fäden direkt sichtbar werden. Eine Ausnahme machen Chromosomen in Interphase einiger Zellen. Dazu gehören in der Meiose gepaarte Chromosomen in unreifen Oocyten von Amphibien. Ihre Chromosomen zeigen RNA-Synthese und bilden ungewöhnliche Chromatin-Schleifen. Sie sind mit neu transkribierter RNA bedeckt und in dichte RNA-Proteinkomplexe verpackt. Diese sind als sogenannte Lampenbürsten-Chromosomen im Lichtmikroskop sichtbar.

A. Chromosomen-Struktur in Amphibien-Oocyten (Lampenbürsten-Chromosomen)

Die in der Meiose gepaarten Chromosomen der Oocyten bestehen aus zahlreichen, entlang einer Achse angeordneten Chromatin-Schleifen. An verschiedenen Stellen ist die Chiasmabildung sichtbar. Jeder Abschnitt eines Lampenbürsten-Chromosoms besteht aus einer Serie von Chromatin-Schleifen, die von einer Achse ausgehen. Dort findet sich eine verdickte Struktur, das Chromomer. Jede Chromatin-Schleife enthält stets die gleiche DNA-Sequenz und formt sich mit Wachstum der Oocyte in gleicher, wiederkehrender Weise. Jede Schleife entspricht einer bestimmten Einheit von entfaltetem Chromatin, das entknäuelt und transkriptionell aktiv ist. Jede Zelle enthält vier Kopien einer Schleife, zwei pro Chromosom (4-Strangstruktur). Transkription findet entweder entlang einer ganzen Schleife oder an Teilen einer Schleife statt. Chromatin-Schleifen eines Chromosoms sind spiegelbildlich doppelte Strukturen. Jede entspricht der Schleife eines Schwester-Chromatids. Die Chromomeren am Ursprungsort der Schleifen bestehen aus verdichtetem Chromatin, während die Chromatin-Schleife nicht verdichtet ist. Lampenbürsten-Chromosomen in Amphibien-Oocyten sind im Verhältnis zu mitotischen Chromosomen ungewöhnlich groß (ca. 400 µm lang gegenüber höchstens 10 µm), wie in der lichtmikroskopischen Photographie (Phasenkontrastaufnahme) gezeigt (Joseph G. Gall, On the submicroscopie structure of chromosomes. Brookhaven Symp. Biol. *8*: 17–32, 1956). Nach der DNA-Replikation zu Beginn der Meiose sind die homologen Chromosomenpaare aneinandergelagert und bilden charakteristische Strukturen aus insgesamt vier Chromatiden.
Lampenbürsten-Chromosomen zeichnen sich durch eine besonders hohe RNA-Transkriptionsrate aus. Die meisten RNA-Transkripte sind länger als an den anderen Chromosomen. Jedoch wird angenommen, daß DNA-Moleküle in anderen Chromosomen in der Interphase in üblicher Weise in verschiedene Abschnitte unterteilt und von der Nachbarregion getrennt sind.

Literaturhinweise

Alberts, B., et al.: Molecular Biology of the Cell, 2d Edition, 1989.

Callan, H. G.: Lampbrush chromosomes. Proc. Royal Soc. Lond. (Biol.) *214*: 417–448, 1982.

Traut, W.: Chromosomen. Klassische und molekulare Cytogenetik. Springer-Verlag Heidelberg, 1991.

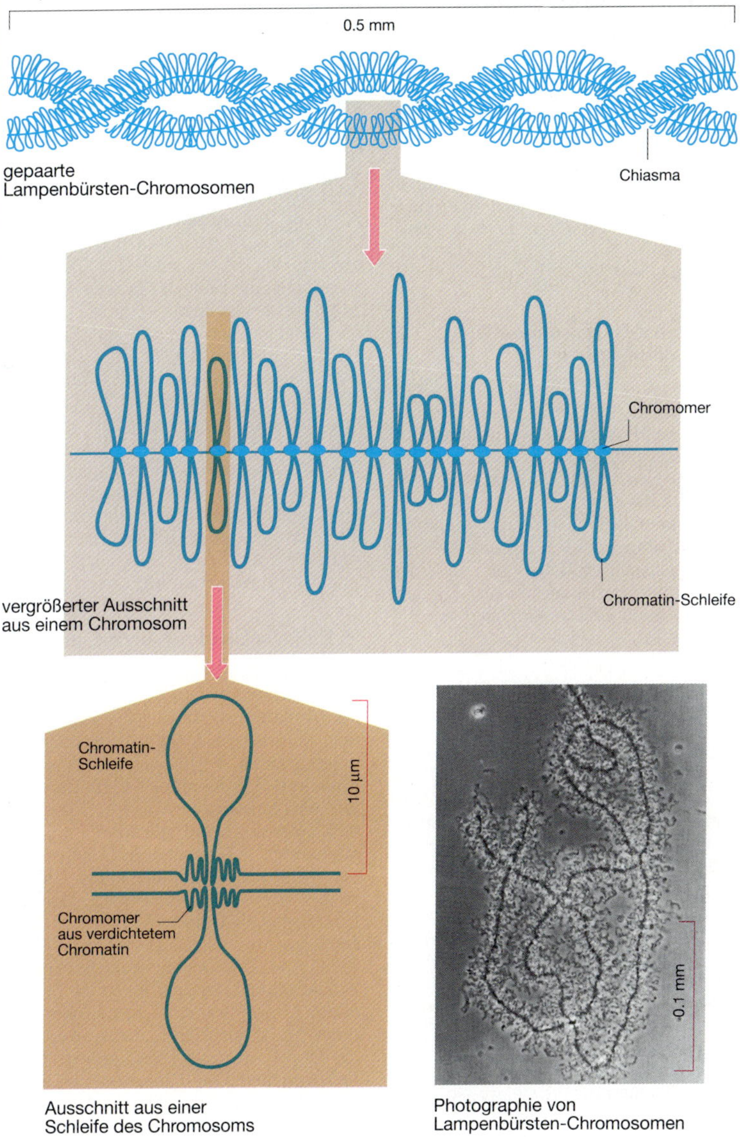

A. Chromosomen-Struktur in Amphibien-Oocyten „Lampenbürsten-Chromosomen“

Metaphase-Chromosomen

Chromosomen sind nur in der Mitose als einzelne Strukturen sichtbar. In der Interphase sind Chromosomen im Chromatin individuell nicht zu unterscheiden. Einige Erkenntnisse über die Struktur von Chromosomen stammen aus elektronenmikroskopischen Untersuchungen. DNA hat in Chromosomen gegenüber der Interphase eine etwa 10.000-fach höhere Verpakkungsdichte.

A. Histon-freies Chromosom im Elektronenmikroskop

Wenn man aus Chromosomen verschiedene Proteine, inbesondere die Histone entfernt, wird im Elektronenmikroskop das Skelett eines Chromosoms sichtbar (Aufnahmen von J.R. Paulson und U.K. Laemmli, Cell *12* : 817–828, 1977) (1). Dies ist von zahlreichen dunkel anfärbbaren Fäden umgeben. Bei höherer Vergrößerung (2) zeigt sich, daß es sich um einen einzigen durchgehenden Faden handelt. Er entspricht der DNA-Doppelhelix.

B. Metaphase-Chromosomen des Menschen im Lichtmikroskop

Bei etwa 1000facher Vergrößerung im Lichtmikroskop sind die Metaphase-Chromosomen des Menschen und anderer Wirbeltiere als einzelne stäbchenartige Strukturen gut erkennbar. Gezeigt wird eine Metaphase in etwa 1500-facher Vergrößerung. Die Chromosomen unterscheiden sich in Länge, Anordnung und Breite der quer verlaufenden hellen und dunklen Bänder (Bandenmuster), sowie Ansatzpunkt der Spindel (Centromer), der als Verschmälerung erkennbar ist. Im Stadium der Prometaphase sind Chromosomen länger als in Metaphase und zeigen mehr Bänder. Deshalb werden für bestimmte Zwekke Chromosomen in Prometaphase untersucht.

C. Typen von Metaphase-Chromosomen

Je nach Lage des Centromers (Ansatzpunkt der Spindel bei der Mitose) kann man submetacentrische, metacentrische, akrocentrische und telocentrische Chromosomen unterscheiden. Das Centromer teilt submetacentrische Chromosomen in einen kurzen Arm (p-Arm) und einen langen Arm (q). Bei metacentrischen Chromosomen sind der kurze und der lange Arm etwa gleich. Akrocentrische Chromosomen tragen am Ende des kurzen Armes als Satelliten bezeichnete verdickte Anhängsel (nicht zu verwechseln mit Satelliten-DNA). Ihre Größe ist für jedes akrocentrische Chromosom eines Individuums verschieden (chromosomaler Polymorphismus). Telocentrische Chromosomen tragen keine Satelliten und haben keinen kurzen Arm. Beim Menschen kommen keine telocentrischen Chromosomen vor; bei der Hausmaus *Mus musculus* erscheinen alle Chromosomen telocentrisch. Indessen ist strittig, ob es wirklich telocentrische Chromosomen gibt.

D. Einfache Strukturaberration

Eine funktionell relevante Abweichung von der normalen Struktur bezeichnet man als Strukturaberration. Diese ist von einem chromosomalen Polymorphismus zu unterscheiden. Verlust (Deletion) und Duplikation (Verdopplung) eines bestimmten Abschnitts kommen vor. Eine Deletion kann an einem Ende des Chromosoms eingetreten sein (terminale Deletion) oder den mittleren Abschnitt eines Chromosoms betreffen (interstitielle Deletion). Eine terminale Deletion setzt einen Bruch, eine interstitielle Deletion zwei Brüche voraus. Als Duplikation bezeichnet man einen Abschnitt, der verdoppelt ist. In Metaphase-Chromosomen sieht man die Aberration in beiden Chromatiden, weil sie in der Regel vor der S-Phase eingetreten ist. Deletion und Duplikation stellen gegensätzliche, in mancher Beziehung komplementäre Aberrationen der Chromosomenstruktur dar.

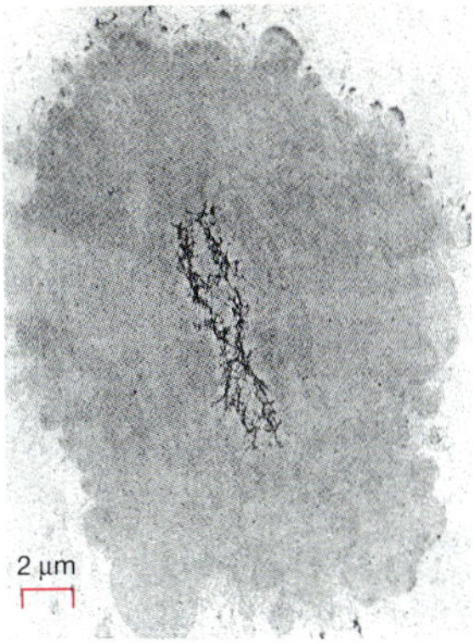

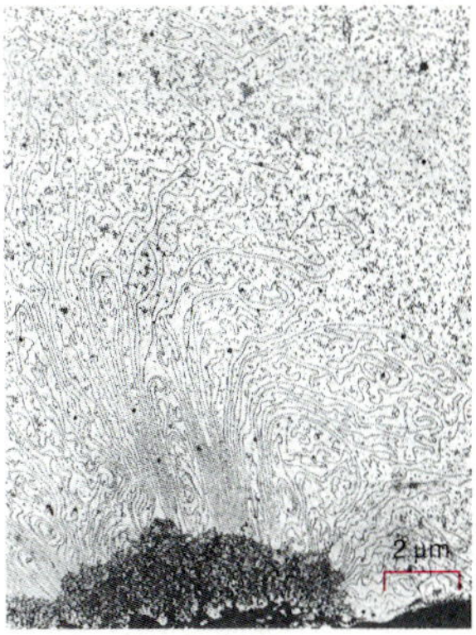

A. Histon-freies Chromosom im Elektronenmikroskop

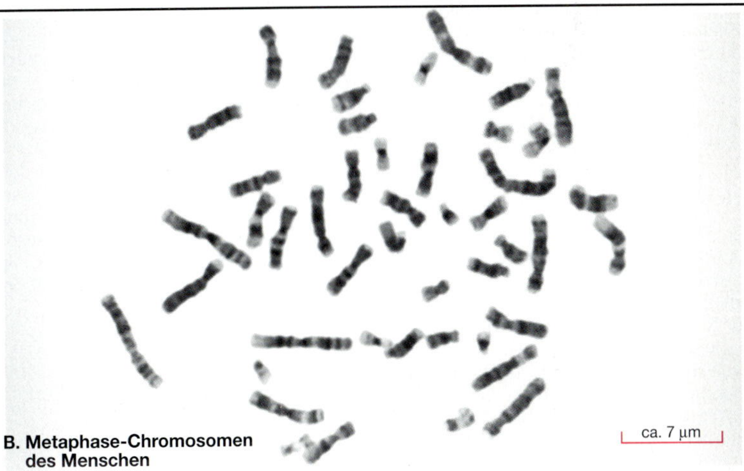

B. Metaphase-Chromosomen des Menschen

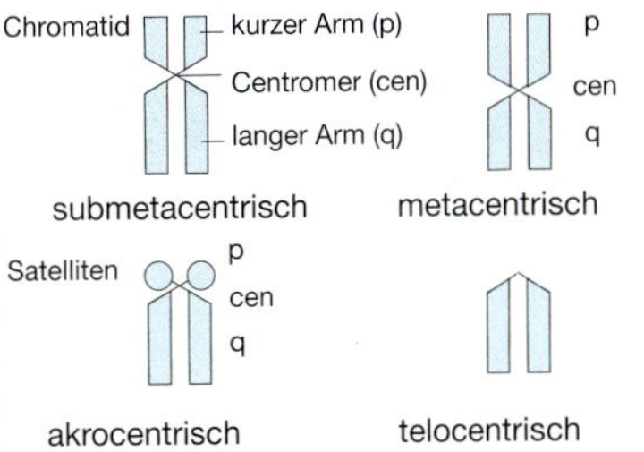

C. Typen von Metaphase-Chromosomen

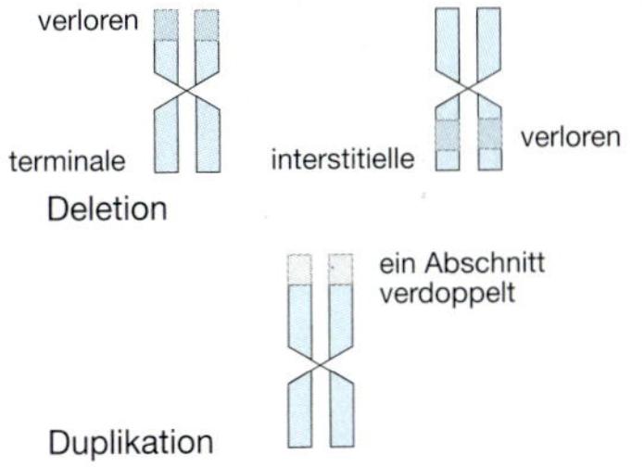

D. Einfache Typen von Strukturaberration

Karyotyp

Als Karyotyp bezeichnet man die Anordnung von Chromosomen in homologen Paaren. Diese werden nach einer Konvention angeordnet und numeriert. Der Karyotyp ist für jede Spezies charakteristisch. Der Begriff Karyotyp kann jedoch auch für ein einzelnes Individuum oder eine einzelne Zelle verwendet werden.

A. Karyotyp des Menschen

Der Mensch (*Homo sapiens*) hat 22 Chromosomenpaare (Autosomen) und zuzüglich entweder zwei X-Chromosomen im weiblichen Geschlecht oder ein X- und ein Y-Chromosom im männlichen Geschlecht (Karyotyp 46,XX bzw. 46,XY). Die Karyotypformel gibt die Gesamtzahl aller vorhandenen Chromosomen vor dem Komma an, nach dem Komma wird die Zusammensetzung der Geschlechtschromosomen angegeben. Die 22 Chromosomenpaare (Autosomen) des Menschen sind in sieben Gruppen (A-G) eingeteilt.

B. Karyotyp der Maus (*Mus musculus*)

Der Standardkaryotyp der Maus besteht aus 19 Chromosomenpaaren, sowie dem X- und dem Y-Chromosom. Alle Chromosomen sind telocentrisch mit Ausnahme des X- und Y-Chromosoms und sie sind vergleichbarer Größe (1). Sie unterscheiden sich jedoch durch das für jedes Chromosomenpaar charakteristische Bandenmuster und sind deshalb individuell identifizierbar. In bestimmten Mäusestämmen kann es Varianten des Karyotyps geben(2). Diese Varianten sind aus der Fusion von bestimmten Chromosomen entstanden. In dem hier gezeigten Beispiel entsprechen lediglich die Chromosomenpaare 1, 15, 19 und X dem Standard-Karyotyp, während die anderen aus Fusions-Chromosomen bestehen, z. B. Chromosom 4 und 2, Chromosom 8 und 3 etc. Strukturelle Umordnungen des Karyotyps sind eine Folge der Trennung verschiedener Spezies in der Evolution. (Abbildung aus W. Traut: Chromosomen. Klassische und molekulare Cytogenetik. Springer-Verlag Heidelberg, 1991; Photographien von H. Winking, Lübeck.)

C. Durchfluß-Cytometrie-Karyotyp

Infolge ihrer verschiedenen Länge können Metaphasen-Chromosomen auch in einem auf Durchfluß-Cytometrie beruhenden Karyotyp dargestellt werden. Bei dieser Methode geben angefärbte, an einer Laser-Lichtquelle vorbei geführte einzelne Chromosomen ein ihrer Größe entsprechendes Signal. Zwar gibt es Überlappungen, wie z. B. zwischen den in der Größe ähnlichen Chromosomen 9-12 oder bei Chromosom 1 und 2, aber insgesamt ergibt sich auf der jeweiligen Chromosomengröße beruhendes Verteilungsmuster von Lichtimpulsen. Das X-Chromosom liegt in der Größe etwa zwischen Chromosom 8 und 7, das Y-Chromosom entspricht in der Regel der Größe eines Chromosom 22, doch kann es erhebliche Größenunterschiede des Y-Chromosoms geben. Wegen des technischen Aufwandes und Unschärfen in der Auflösung wird die Durchfluß-Cytometrie in der praktischen Diagnostik jedoch wenig verwendet. Für bestimmte Zielsetzungen hat sie jedoch Vorteile. (Abbildung aus J. M. Connor & M. A. Ferguson-Smith: Essential Medical Genetics. 3rd ed., Blackwell Scientific Publications, London, 1991.)

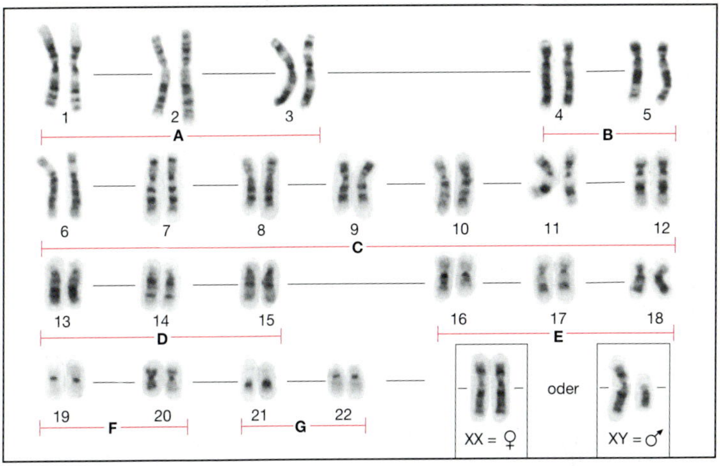

A. Karyotyp des Menschen

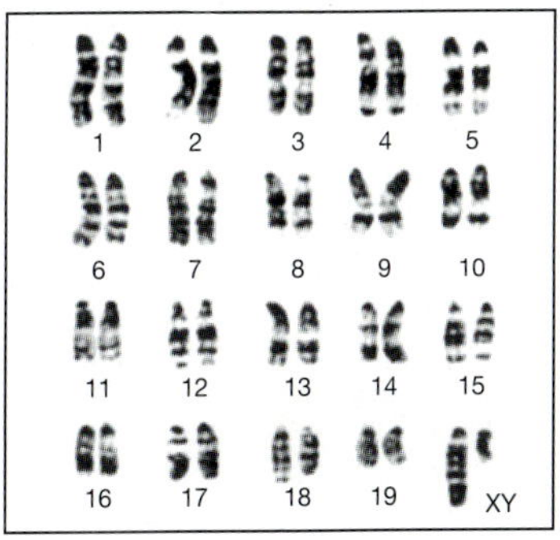

1. Standard

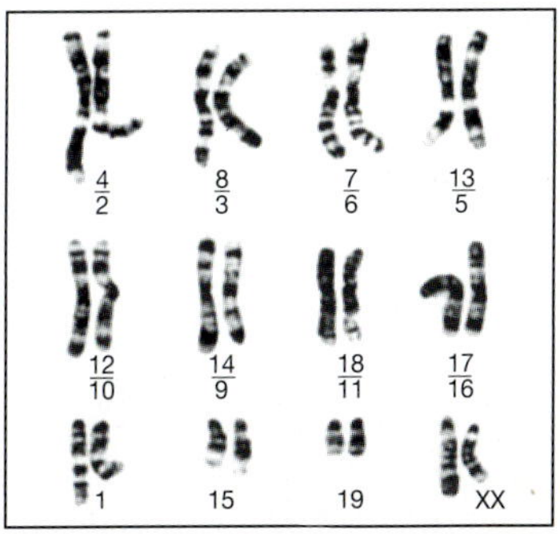

2. Variante aus einer Population mit Fusionschromosomen

B. Karyotyp der Maus (*Mus musculus*)

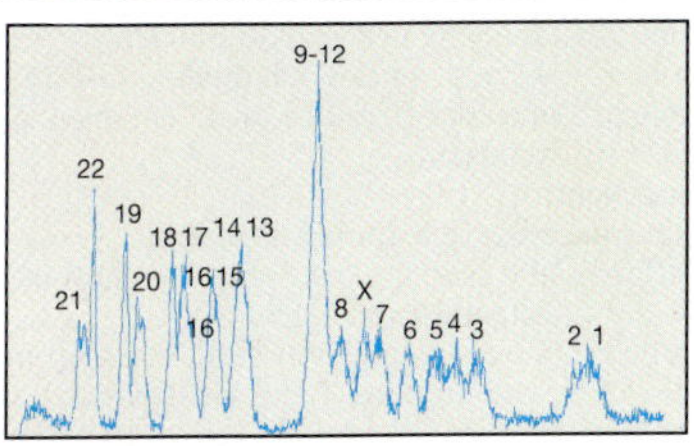

1. normal weiblich

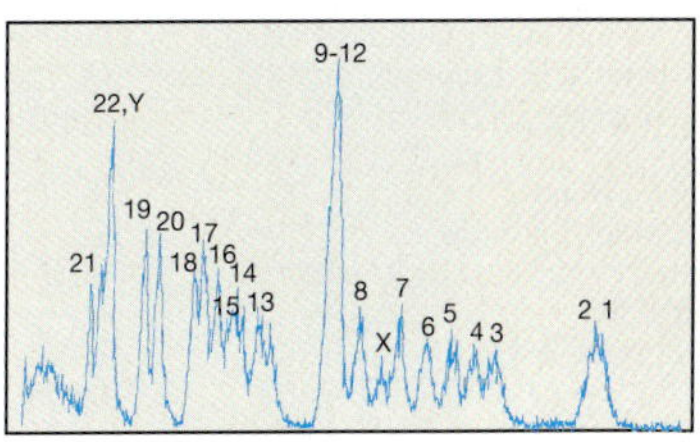

2. normal männlich

C. Durchfluß-Cytometrie-Karyotyp

G- und R-Banden-Muster von Metaphase-Chromosomen des Menschen

Je nach Präparation und Färbeverfahren kann man in Chromosomen der Metaphase bzw. Prometaphase im Lichtmikroskop helle und dunkle Bänder unterscheiden. Jedes Chromosomenpaar und jeder Chromosomenabschnitt von ausreichender Länge läßt ein charakteristisches, für das jeweilige Chromosom spezifisches Banden-Muster erkennen. Die grundlegenden Typen sind G-Bänder (Giemsa-Färbung-induziert) und R-Bänder (Reverse-Bänder). Ein in der Praxis gleichfalls angewandtes fluoreszenz-mikroskopisches Verfahren erzeugt Quinacrin-induzierte Bänder (Q-Bänder). Ihr Muster entspricht dem der G-Bänder. Seite 175 und 177 zeigen Photographien menschlicher Metaphase-Chromosomen mit Darstellung der G-Bänder (links) bzw. der R-Bänder (rechts). Innen befindet sich jeweils ein Diagramm des Chromosoms mit G- bzw. R-Banden-Muster. Beginnend am Centromer ist jedes Chromosom in distaler Richtung in definierte Regionen und Bänder eingeteilt. Die in der Photographie dunklen Bänder sind im Diagramm schwarz, helle Bänder sind weiß dargestellt. Lediglich die Numerierung nach dem G-Banden-System ist angegeben. Etwa 550 individuell unterscheidbare Bänder im haploiden Chromosomensatz sind in der Abbildung erkennbar (550-Banden-Stadium).

A. Metaphase Chromsomen des Menschen (Paar 1–22, X und Y)

Die 22 Autosomenpaare (1-22) werden in 7 Gruppen eingeteilt. Die Chromosomen 1-3 bilden die Gruppe A (Chromosom 1 und 3 sind metacentrisch, Chromosom 2 ist submetacentrisch), die Chromosomen 4 und 5 bilden die Gruppe B, 6-12 die Gruppe C usw. Die akrocentrischen Chromosomen des Menschen gehören den Gruppen D und G an. Die Chromosomen der Gruppe F sind metacentrisch. Die Möglichkeit der Identifizierung jeder Chromosomenregion und vieler Bänder erlaubt die Festlegung von Bruchpunkten und die Angabe der Lokalisation von Genen nach Region und Bandnummer auf jedem Chromosom. Läßt sich ein Band in guten Präparaten nochmals unterscheiden, so wird durch Verwendung der Dezimale eine Auffächerung erreicht. Zum Beispiel werden aus Band 3.1 die Bänder 31.1, 31.2 und 31.3. [Bildnachweis: Die Abb. S. 175 und 177 entsprechen Abb. 5 aus ISCN 1985, An International System for Human Cytogenetic Nomenclature (1985), Harnden DG & Klinger HP, editors; veröffentlicht durch Cytogenetics Cell Genetics (Karger, Basel 1985) und in Birth Defects: Original Article Series, Vol. 21, No. 1 (March of Dimes Birth Defects Foundation, New York 1985)]. Die G-gebänderten Photographien stammen aus U. Francke, Cytogenet. Cell. Genet. *31*: 24, 1981 und die R-gebänderten Photographien aus Camargo und Cervenka, Am. J. Hum. Genet. *34*, 757, 1982.

Wesentliche Arten von Chromosomenbändern

Bänderungsmethode	*Typ*	*Prinzipielle Aussage*
Trypsin-induzierte Giemsa-Färbung	G	unterscheidet helle und dunkle Bänder
AT-spezifische Fluorochrome (Quinacrin, Hoechst 33258)	Q	helle Fluoreszenz im Bereich dunkler G-Bänder, einiger Centromer-Bereiche, distaler langer Arm des Y-Chromosom
Reverse Bänder	R	umgekehrt wie G
Centromer-Färbung	C	Centromer-Bereich dunkel angefärbt
Bromdeoxyuridin (BrdU) für zwei Zellzyklen	SCE	Differentielle Färbung der Schwesterchromatiden (Sister Chromatid Exchanges)
Distamycin A-DAPI	DA/ DAPI	Helle Fluoreszenz im kurzen Arm von Chromosom 15, sowie im Bereich des Centromers von 1, 9, 16, distaler langer Arm Y.
Silbernitrat-Färbung	NOR	kurzer Arm aller akrozentrischen Chromosomen
Giemsa 11	G11	Centromer von Chromosom 9

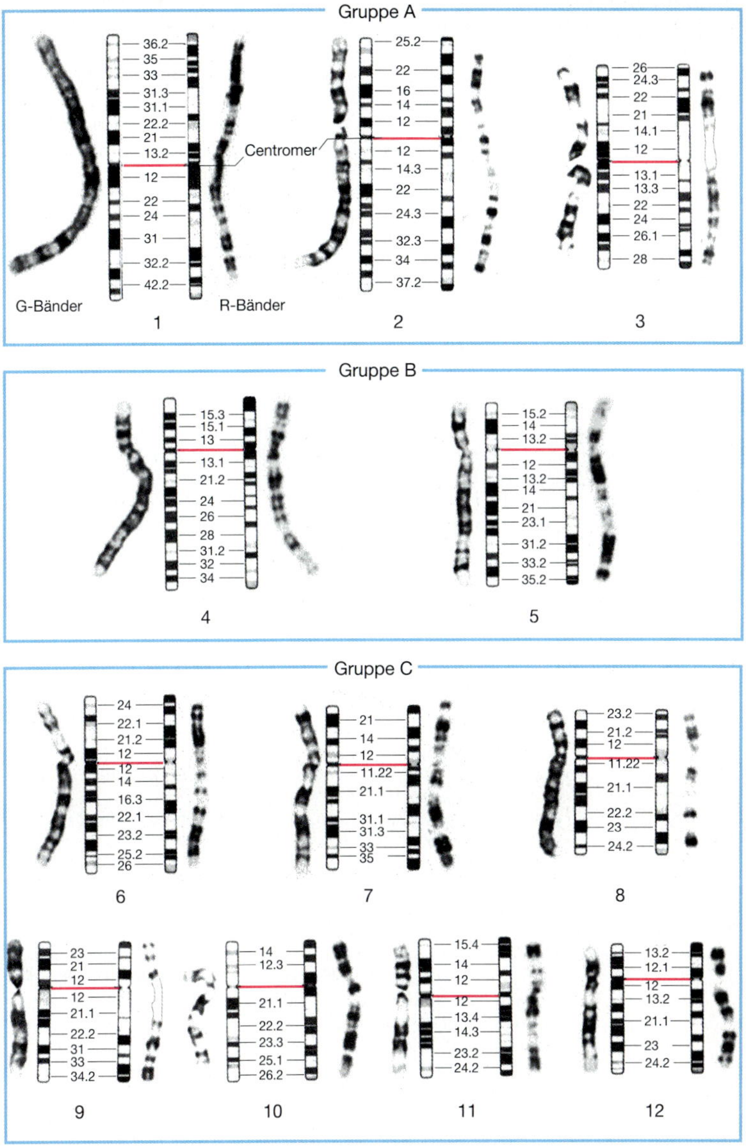

A. Metaphase-Chromosomen des Menschen (Paar 1-12)

Bezeichnung von Chromosomenaberrationen

Die folgende Liste enthält die Schreibweise der wichtigsten Typen von Chromosomenaberrationen beim Menschen entsprechend dem International System for Human Cytogenetic Nomenclature (ISCN 1985).

46,XX	normaler weiblicher Karyotyp mit 46 Chromosomen (zwei X-Chromosomen)
46,XY	normaler männlicher Karyotyp mit 46 Chromosomen (X und Y-Chromosom)
47,XXY	Karyotyp mit 47 Chromosomen (zwei X-Chromosomen, ein Y-Chromosom)
47,XY,+21	Karyotyp mit 47 Chromosomen (X- und Y-Chromosom) und einem zusätzlichen Chromosom 21 (Trisomie 21)
13p	kurzer Arm von Chromosom 13
13q	langer Arm von Chromosom 13
3q14	Region 1, Band 4 des langen Arms von Chromosom 13
3q14.2	Subband 2 von 13q14
2q–	Verkürzung des langen Arms von Chromosom 2
del(2)	Deletion in Chromosom 2
del(2)(q21→qter)	Deletion in Chromosom 2 von Region 2, Band 1 (2q21) des langen Arms bis zum Ende (Telomer) des langen Arms (qter)
inv(4)	Inversion von Chromosom 4
inv(4)(p11q21)	Inversion von Chromosom 4, 4p11 bis 4q21 (pericentrische Inversion)
dup(1)	Duplikation in Chromosom 1
inv dup(1)	invertierte Duplikation in Chromosom 1
inv dup(2) (p23→24)	invertierte Duplikation der Banden p23 bis p24 in Chromosom 2
r(13)	ringförmiges Chromosom 13 (impliziert Deletion)
i(Xq)	Isochromosom für den langen Arm eines X-Chromosoms
dic(Y)	dicentrisches Y-Chromosom
idic(X)	isodicentrisches X
t(2;5)	reziproke Translokation zwischen einem Chromosom 2 und einem Chromosom 5
t(2q–;5q+)	reziproke Translokation zwischen einem Chromosom 2 und einem Chromosom 5; dabei wurde der lange Arm von 2 verkürzt und der von 5 verlängert
t(2;5)(q21;q31)	reziproke Translokation mit den Buchpunkten in q21 von Chromosom 2 und q31 von Chromosom 5
der(2)	von Chromosom 2 abgeleitetes (‚derivatives') Chromosom
t(13q14q)	Translokation vom Typ der centrischen Fusion, aus dem langen Arm eines Chromosom 13 und eines Chromosom 14. Es resultiert ein einziges Chromosom, deshalb kein Semikolon.
ins(5)	Insertion in Chromosom 5
ins(5;2)(p14;q22q32)	der Abschnitt 2q22 bis 2q32 eines Chromosom 2 wurde in die Region p14 eines Chromosom 5 eingeschoben
fra(X)(q27.3)	fra(X)(q27.3)X-Chromosom mit einer brüchigen Stelle an Position q27.3

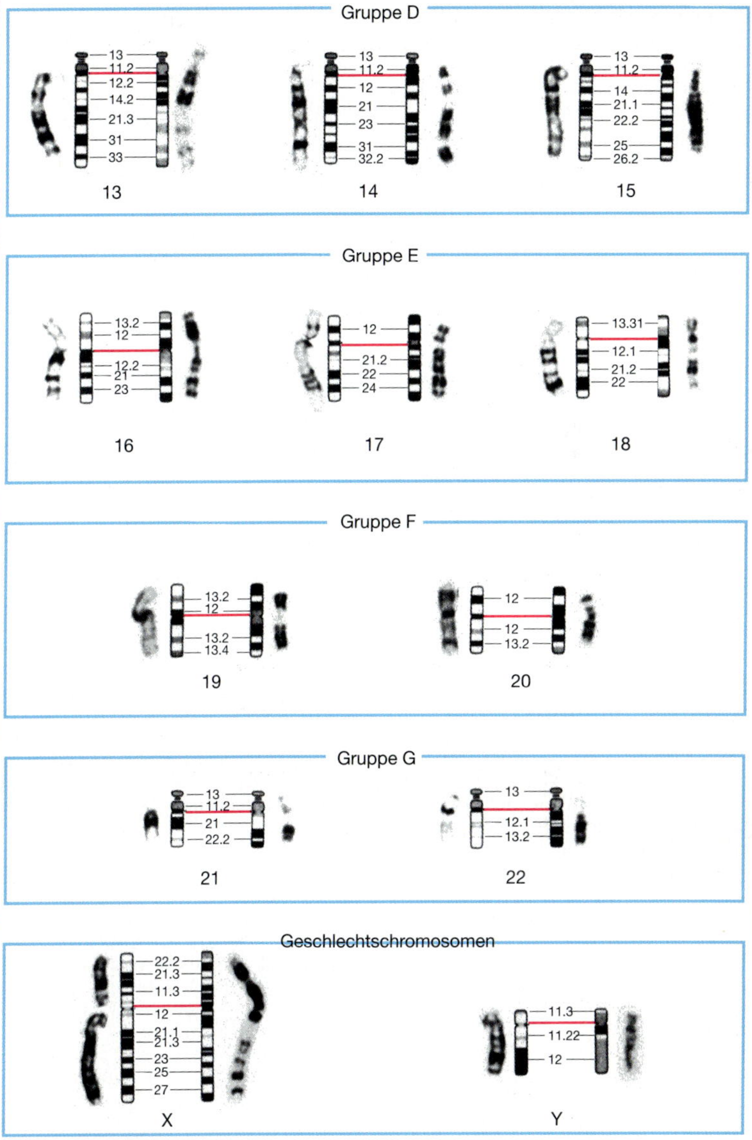

A. Metaphase-Chromosomen des Menschen (Paar 13 – 22, X und Y)

Darstellung von Metaphase-Chromosomen für Untersuchungszwecke

Da Chromosomen nur im Stadium der Metaphase, mit bestimmter Zielsetzung und unter besonderen Voraussetzungen auch in der Prometaphase, als einzelne Strukturen nach entsprechender Präparation im Lichtmikroskop sichtbar sind, erfordert jede Chromosomen-Analyse Zellen in Teilung. *In vivo* enthalten nur Zellen des Knochenmarks einen ausreichenden Anteil mitotischer Zellen. Deshalb ist eine Chromosomen-Analyse aus Zellen *in vivo* auf Knochenmark beschränkt. Alle Verfahren zur Untersuchung von Chromosomen in Mitose erfordern eine Kultivierung geeigneter Zellen (Kultur). Das gängigste Verfahren ist die Präparation von Chromosomen aus Blutzellen nach vorhergehender Kultivierung. Daneben können Fibroblasten aus einem Stückchen Haut in einer Zellkultur vermehrt und anschließend analysiert werden (vgl. S. 114). Dieses Verfahren ist jedoch aufwendiger und dauert länger, so daß es bestimmten Fragestellungen vorbehalten ist.

A. Chromosomen-Analyse aus Blut

Für die Zellkultur kann entweder peripheres Blut direkt verwendet werden oder aus dem peripheren Blut isolierte Lymphocyten (B-Lymphocyten). Als Ausgangsmaterial benötigt man ca. 2-5 ml peripheres Blut. Das Blut muß durch in der Spritze befindliches Heparin ungerinnbar gemacht werden, weil eine Verklumpung der Blutzellen keine Zellkultur erlauben würde (der Anteil Heparin zu Blut beträgt etwa 1:20). Eine geeignete Menge peripheren Blutes oder isolierter Lymphocyten wird in ein Röhrchen mit Nährmedium gebracht. Die Stimulierung zur Mitose geschieht üblicherweise mit Phytohämagglutinin, einem aus Pflanzen gewonnenen Polysaccharid, das unspezifisch B-Lymphocyten zur Teilung stimuliert. Die Kultur zur Zellvermehrung erfordert etwa 72 Stunden bei 37^0 C. Lymphocyten-Kulturen bilden eine Suspensionskultur, das heißt, die Zellen vermehren sich im Nährmedium, ohne sich an das Gefäß anzuheften. Die Zellkultur wird durch Zugabe eines Colchicin-Derivats (Colcemid) in geeigneter Konzentration für ca. zwei Stunden beendet. Colcemid unterbricht die Mitose im Stadium der Metaphase, so daß es zu einer relativen Anreicherung von Zellen in Metaphase kommt. Auf die Zellkultur folgt die Präparation. Sie besteht aus Zentrifugation, Aufnahme des Zellsediments in leicht hypoosmotischem Kaliumchlorid (0,075 molare Lösung und Inkubation für ca. 20 Minuten, gefolgt von erneuter Zentrifugation). Das anschließend gewonnene Zellsediment wird in Fixativ aufgenommen. Die Fixierlösung besteht aus einem Gemisch von Methylalkohol und Eisessig im Verhältnis 3:1. Üblicherweise wird das Fixativ durch anschließende Zentrifugation zwei- bis dreimal gewechselt. Danach können die fixierten Zellen in eine Pipette aufgenommen und auf einen Objektträger aufgetropft werden. Nach dem Färben des Präparats wird der Objektträger unter einem Deckglas eingedeckt. Nach der Präparation beginnt die Analyse. Zunächst werden geeignete Metaphasen im Mikroskop bei ca. 400facher Vergrößerung aufgesucht und anschließend bei etwa 1.250facher Vergrößerung analysiert. Bei der direkten Analyse im Mikroskop wird die Chromosomenzahl und die An- bzw. Abwesenheit aller Chromosomen und erkennbarer Chromosomenabschnitte analysiert. Wegen präparativ bedingter Abweichungen von der normalen Chromosomenzahl und gelegentlich auch -struktur reicht die Analyse einer einzigen Zelle nicht aus. Je nach Fragestellung müssen zwischen 5 und 100 Metaphasen analysiert werden, meist 10–15. Einige Metaphasen werden im Mikroskop photographiert und anschließend ausgeschnitten (Karyotypieren). Auf diese Weise kann aus einer photographierten Metaphase der Karyotyp erstellt werden.

Der Zeitaufwand für eine Chromosomen-Analyse ist je nach Fragestellung variabel, liegt aber bei durchschnittlich 3–4 Stunden. Die Analyse und Karyotypierung kann durch Computer-Verfahren abgekürzt werden.

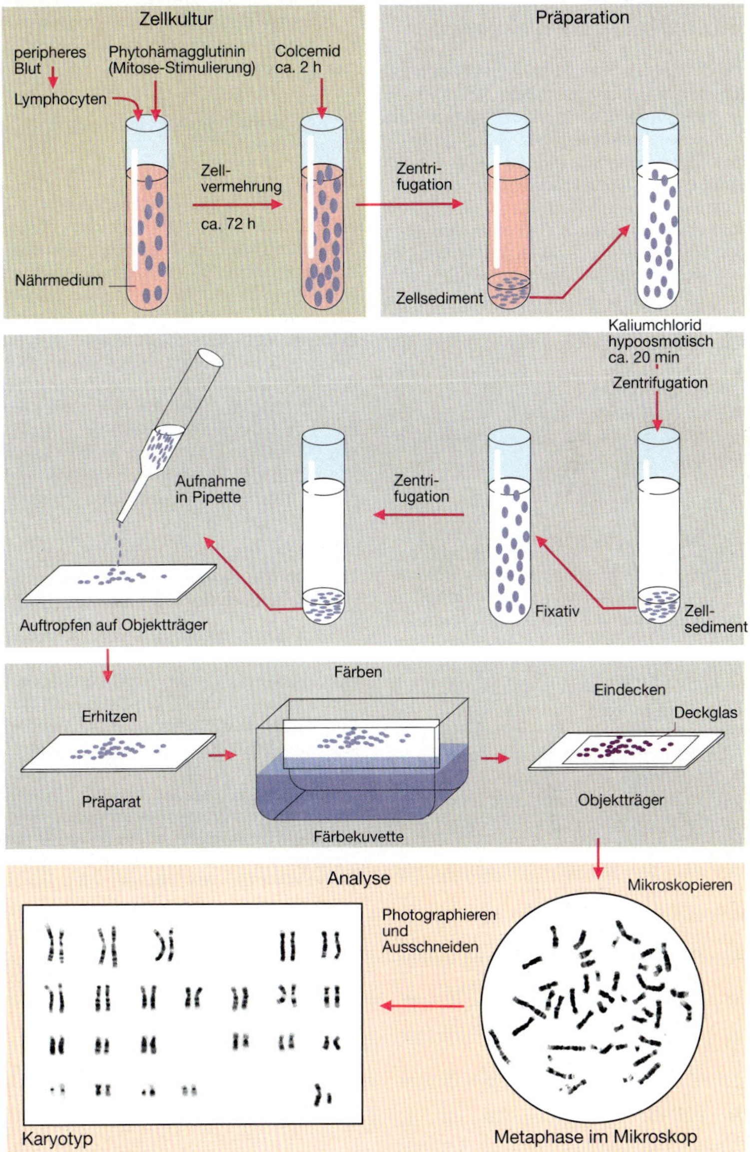

A. Chromosomen-Analyse aus Blut

Numerische Chromosomenaberrationen

Abweichungen eines einzelnen Chromosomenpaares von der normalen Zahl werden als Aneuploidie bezeichnet. Numerische Chromosomenaberrationen kommen beim Menschen etwa einmal auf 400 Neugeborene vor. Abweichungen der Chromosomenzahlen entstehen durch Fehlverteilung (Non-disjunction) in der Meiose I oder II (meiotische Non-disjunction). Bei meiotischer Non-disjunction findet sich die Aberration in sämtlichen Zellen eines Organismus. Entsprechend der beiden meiotischen Teilungen kann Non-disjunction in Meiose I oder in Meiose II unterschieden werden (vgl. S. 108, 342). Mitotische Fehlverteilung führt nur in einem Teil der Zellen zu einer Aberration (chromosomales Mosaik).

A. Triploidie (alle Chromosomen dreifach)

Triploidie bezeichnet eine Abweichung aller Chromosomen von der normalen Zahl. Jedes Chromosom liegt dreifach anstatt wie üblich paarweise vor. Bei der Tetraploidie liegt jedes Chromosom vierfach vor. Triploidie entsteht formal dadurch, daß entweder eine abnorme Oocyte mit doppeltem (46,XX) Chromosomensatz anstelle des haploiden Chromosomensatzes (23,X) gebildet wird. Nach der Fertilisation durch ein normales Spermatozoon entsteht eine Triploidie (69,XXX oder 69,XXY) mütterlicher Herkunft. In diesem Fall ist jedes Chromosom von der mütterlichen Seite doppelt vorhanden. Wenn Triploidie in der Spermatogenese entsteht, resultiert ein abnormes Spermatozoon, das nicht einen haploiden Chromosomensatz enthält wie normal, sondern einen diploiden (46,XY). In diesem Fall ist die Triploidie (69,XXY) väterlicher Herkunft (vgl. S. 344).

B. Aneuploidie

Bei einer Trisomie (1) ist nur ein Chromosom dreifach vorhanden, alle anderen Chromosomenpaare sind normal. Selten gibt es zwei verschiedene Trisomien und verschiedene Chromosomenpaare (doppelte Aneuploidie). Fehlt ein Chromosom eines Chromosomenpaares, so bezeichnet man dies als Monosomie (2).

C. Entstehung von Trisomie und Monosomie

Das Ergebnis der aus zwei Zellteilungen (nicht gezeigt) bestehenden Meiose (vgl. S. 108) ist normalerweise eine normale Verteilung und ein haploider Chromosomensatz. Durch Fehlverteilung (Non-disjunction entweder in der Meiose I oder in der Meiose II) entsteht eine Gamete mit einem zusätzlichen Chromosom und eine mit einem fehlenden Chromosom. Nach der Fertilisation enthält die Zygote dann ein Chromosom dreifach (Trisomie) bzw. ein Chromosom nur einfach (Monosomie). Fehlverteilung kann in der Oogenese (maternale Non-disjunction) oder in der Spermatogenese (paternale Non-disjunction) eintreten.

D. Beim Menschen vorkommende Abweichungen der Chromosomenzahl

Beim Menschen kommen folgende autosomale Trisomien vor: Trisomie 13 mit einer Häufigkeit von 1 auf 5000 Neugeborene vor, Trisomie 18 mit 1 auf 3000 und Trisomie 21 mit etwa 1 auf 650 Neugeborene (1). Ein zusätzliches X- oder Y-Chromosom (2) ist mit je ca. 1 auf 800 Neugeborene viel häufiger als autosomale Trisomie. Im Gegensatz zu den autosomalen Trisomien führt dies jedoch nicht zu einem definierten klinischen Bild und macht sich bei Tripel X (47,XXX) oder mit zusätzlichem Y-Chromosom (47,XYY) überhaupt nicht bemerkbar. Dagegen führt Monosomie X (3) zum Krankheitsbild des Turner-Syndroms (vgl. S. 344).

Literaturhinweise

Therman, E. & Susman, M.: Human Chromosomes. Structure, Behavior, and Effects. 3rd. edition. Springer-Verlag, Heidelberg, 1993.

Traut, W.: Chromosomen. Klassische und molekulare Genetik. Springer-Verlag, Heidelberg, 1991.

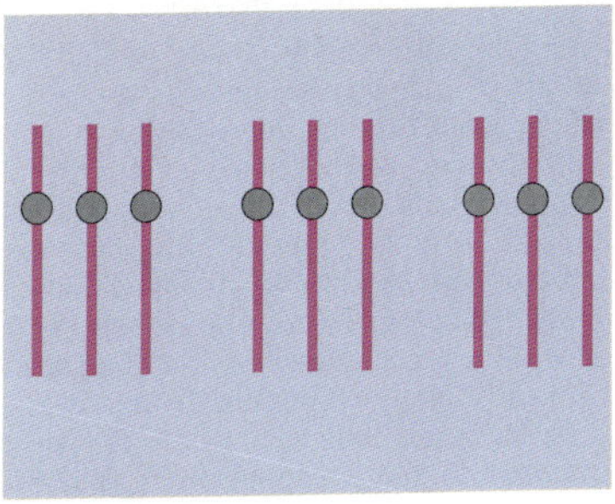

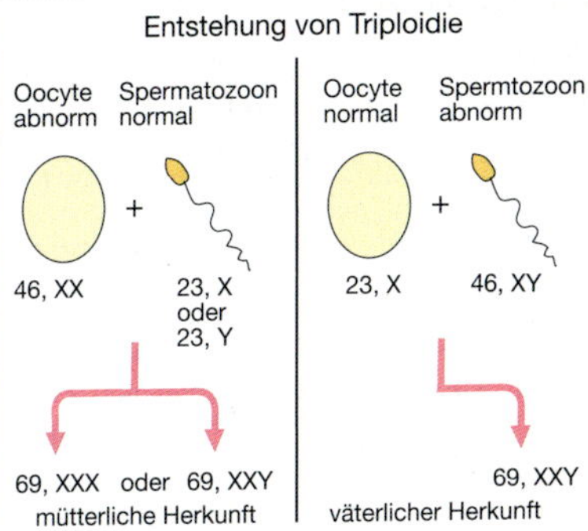

A. Triploidie (alle Chromosomen dreifach)

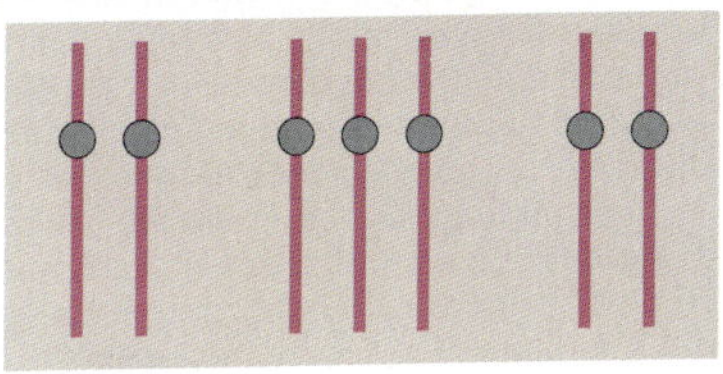

1. Trisomie

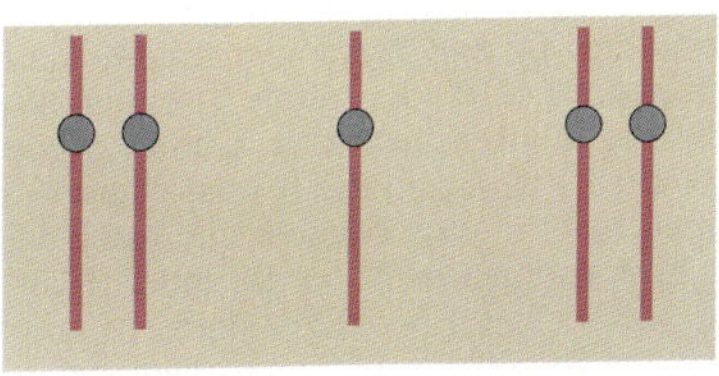

2. Monosomie

B. Aneuploidie

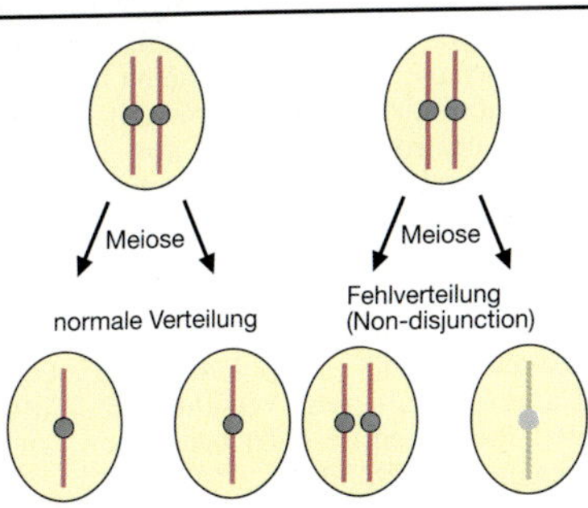

C. Entstehung von Trisomie und Monosomie

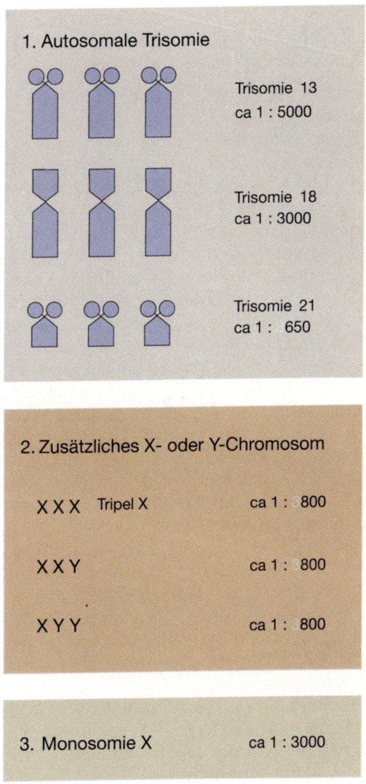

D. Beim Menschen vorkommende Abweichungen der Chromosomenzahl

Translokation

Als Translokation bezeichnet man den Austausch von Chromosomenteilen. Eine Translokationen kann durch zentrische Fusion von zwei akrocentrischen Chromosomen (Robertson'sche Translokation) oder durch Austausch zwischen zwei Chromosomen entstehen (reciproke Translokation). Bei zentrischer Fusion sind zwei ganze Chromosomen beteiligt, bei einer reziproken Translokation nur Teile von zwei Chromosomen ausgetauscht. Bei einer Translokation ist die Bestimmung des Bruchpunktes in jedem der beteiligten Chromosomen wichtig.

A. Zentrische Fusion von akrocentrischen Chromosomen

Chromosom 14 und Chromosom 21 (1) sind am häufigsten an einer Fusion beteiligt (ca. 1 auf 1000 Neugeborene). Durch die Fusion entsteht ein aus dem langen Arm von Chromosom 21 (21q) und dem langen Arm von Chromosom 14 (14q) bestehendes Chromosom, t14q21q (2). Der satellitentragende kurze Arm beider Chromosomen geht verloren, aber dies ist unbedeutend. Bei der Bildung der Keimzellen (Gameten) kann es zu Abweichungen von der normalen Chromosomenzahl kommen (3). Da sich in der Meiose Chromosom 14 und Chromosom 21 paaren, können folgende mögliche Gameten gebildet werden: Chromosom 14 allein (kein Chromosom 21), ein Chromosom 14 und ein Chromosom 21 (normal), das mit Chromosom 21 fusionierte Chromosom 14 (balanciert) oder das Fusionschromosom und ein Chromosom 21 (insgesamt zwei Chromosomen 21). Nach der Fertilisation enthält die entsprechende Zygote entweder nur ein Chromosom 21 (nicht lebensfähige Monosomie 21), einen normalen Chromosomensatz, das Fusionschromosom (balancierter Chromosomensatz) oder eine Gamete mit insgesamt drei Chromosomen 21 (Trisomie 21). Im letzten Falle resultiert das Krankheitsbild des Down-Syndroms (früher genannt Mongolismus).

B. Reciproke Translokation

Eine reciproke Translokation ist der Austausch von Chromosomenmaterial zwischen zwei Chromosomen. Da bei einer reciproken Translokation meist kein chromosomales Material verlorengeht oder hinzukommt, führt sie nicht zu klinischen Ausfallserscheinungen (d.h. sie ist balanciert). Träger einer reciproken Translokation können jedoch Gameten mit unbalanciertem Chromosomensatz bilden. In der Meiose nehmen die an einer reciproken Translokation beteiligten Chromosomenpaare wie üblich an der homologen Paarung in der Meiose I teil. Dabei bildet sich eine charakteristische Quadriradial-Struktur. Je ein an der Translokation nicht beteiligtes Chromosom paart sich mit dem an der Translokation beteiligten homologen Partner. Dies füht im translocierten Bereich zu einer Abwinklung. Durch Trennung (Segregation) der vier beteiligten Chromosomen können mehrere Möglichkeiten auftreten. Bei alternierender Segregation erhält eine Gamete die beiden normalen Chromosomen und die andere die an der Translokation beteiligten Chromosomen, d.h. sie ist balanciert. Bei der nicht alternierenden Segregation (benachbarte Chromosomen, adjacent) gelangen die beiden Chromosomen links in eine Gamete und die beiden Chromosomen rechts in die andere Gamete (adjacent-1). Bei der anderen Möglichkeit gelangen die Chromosomen oben in eine Gamete und die Chromosomen unten in die andere (adjacent-2). Das Ergebnis ist jeweils eine unbalancierte Verteilung der beteiligten Chromosomenabschnitte. Zum Beispiel enthalten Gameten nach Segregation adjacent-1 eine partielle Duplikation des rot markierten Chromosomenanteils und eine partielle Defizienz des blau markierten Chromosomenanteils (linkes Chromosomenpaar) bzw. eine partielle Duplikation des blau markierten Anteils und eine partielle Defizienz des rot markierten Anteils (Duplikation/Defizienz). Daraus resultieren verschiedene Arten von Störungen, je nach beteiligten Chromosomenabschnitten.

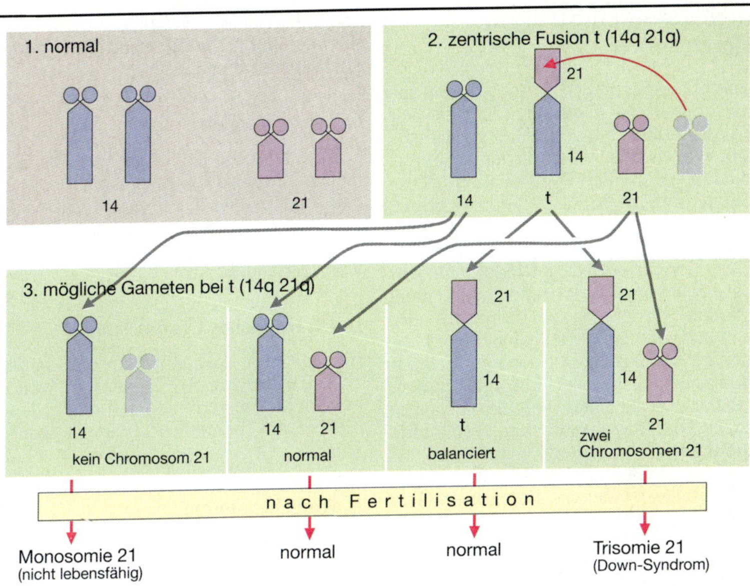

A. Zentrische Fusion von akrozentrischen Chromosomen

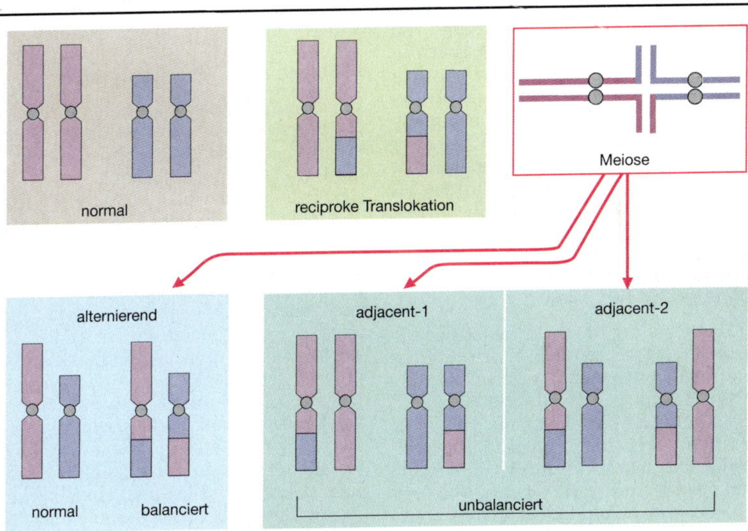

B. Reciproke Translokation

Chromosomen-Strukturaberrationen

Strukturveränderungen von Chromosomen können nach cytologischen Typen und Auswirkung auf den Phänotyp klassifiziert werden. Die wesentlichen cytologischen Typen sind Translokation (Austausch) (vgl. S. 182), Deletion (Verlust, vgl. S. 170), Inversion, Insertion (Einschub), Isochromosom (s.u.), dicentrisches Chromosom (s.u.), Ringchromosom (s.u.). Nach ihrer Auswirkung kann unterschieden werden, ob sie balanciert oder nicht balanciert sind. Bei balancierter Umordnung ist kein chromosomales Material verlorengegangen oder hinzugekommen. Unbalanciert bedeutet, daß chromosomales Material hinzugekommen ist (partielle Duplikation) oder verlorengegangen ist (partielle Defizienz). Einfache Typen von Strukturaberrationen wie Deletion und Duplikation sind auf S. 170 gezeigt.

A. Inversion

Eine Inversion ist eine Richtungsänderung eines Chromosomenabschnitts um 180 Grad. Jede Inversion setzt einen Bruch in zwei verschiedenen Bereichen voraus, gefolgt von einer Wiederverbindung des invertierten Abschnitts. Je nach Beteiligung des Centromers kann eine pericentrische Inversion (das Centromer liegt im Bereich der Inversion) und eine paracentrische Inversion unterschieden werden.

B. Folgen von Crossing-over im Bereich einer Inversion

Im Bereich einer Inversion bildet sich bei der homologen Paarung in der Meiose eine Inversionsschleife. Wenn der invertierte Abschnitt relativ groß ist, kann es in diesem Bereich der Inversion zu einem Crossing-over kommen. In den Tochterzellen kann dadurch in einem Chromosom eine Duplikation (z. B. für den Abschnitt A und B) sowie eine Defizienz (für den Abschnitt F) bestehen (3), während das andere Chromosom eine Defizienz für den Abschnitt A und B, sowie eine Duplikation für F aufweist (4). Diese Chromosomenabschnitte sind nicht balanciert (Aneusomie durch Rekombination).

C. Isochromosom

Ein Isochromosom entsteht, wenn ein normales Chromosom (1) sich nicht longitudinal, sondern quer geteilt hat, so daß es aus zwei langen Armen (2) oder aus zwei kurzen Armen besteht (3). Zugleich fehlt jeweils der andere Arm.

D. Dicentrisches Chromosom

Ein dicentrisches Chromosom enthält zwei Centromere. Es ist instabil, weil es bei der Mitose zerreißen und ungleich auf die beiden Tochterzellen verteilt werden kann.

E. Ringchromosom

Ein Ringchromosom entsteht nach zwei Brüchen und nach Wiedervereinigung der beiden Enden. Die distalen Abschnitte gehen verloren. Deshalb ist ein Ringchromosom unbalanciert.

F. Folgen eines Ringchromosoms

Ein Ringchromosom ist instabil, weil es in der Prophase der Mitose zu einem Bruch mit Wiedervereinigung („Crossing-over") der Chromatiden und dadurch zu Schwierigkeiten kommen kann. In der Metaphase und Telophase entsteht dann ein großes ringförmiges Chromosom mit zwei Centromeren. Da sich in der Anaphase die Centromere in verschiedene Richtung bewegen, zerreißt der Ring. Geschieht dies nicht streng symmetrisch, so resultieren Tochterzellen, in denen bestimmte Abschnitte fehlen (Defizienz) oder verdoppelt sind (Duplikation). Im gezeigten Beispiel entsteht eine Tochterzelle mit einer Defizienz für Abschnitt 4 und eine Tochterzelle mit einer Duplikation für Abschnitt 4. Nicht selten geht ein Ringchromosom gänzlich verloren und es entsteht eine Monosomie.

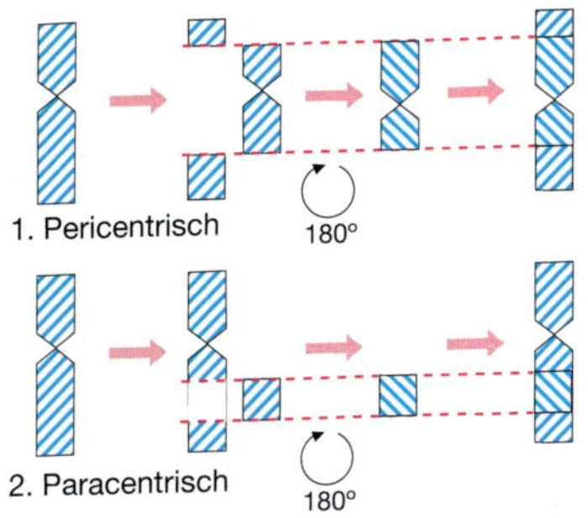

A. Inversion

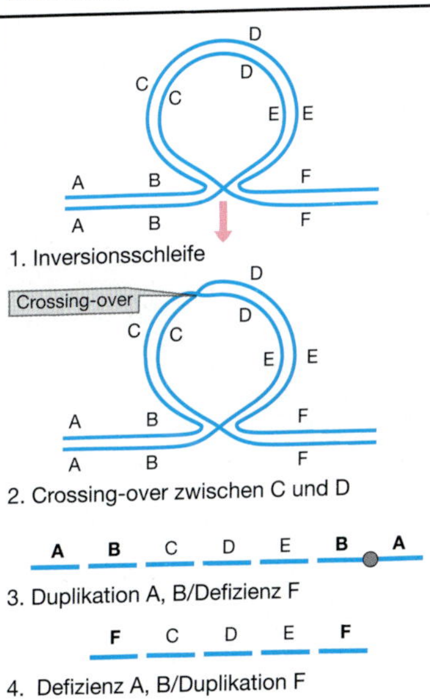

B. Folgen von Crossing-over im Bereich einer Inversion

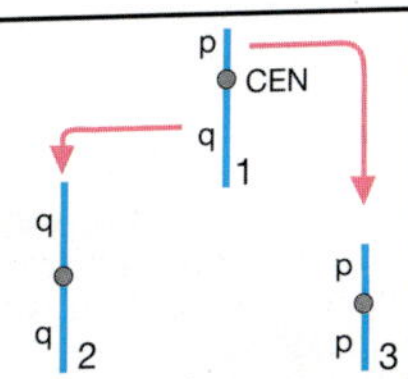

C. Isochromosom

D. Dicentrisches Chromosom

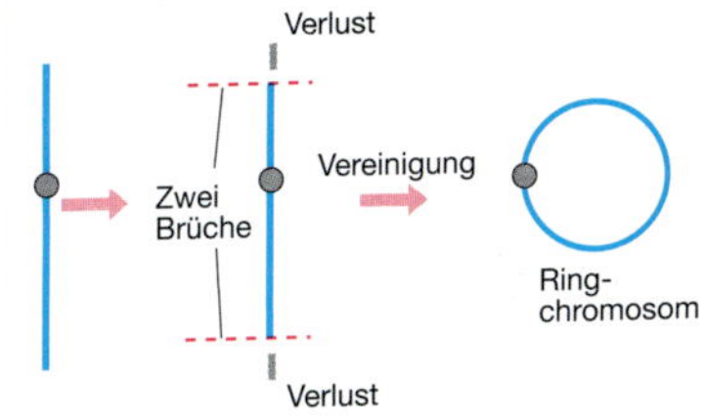

E. Ringchromosom

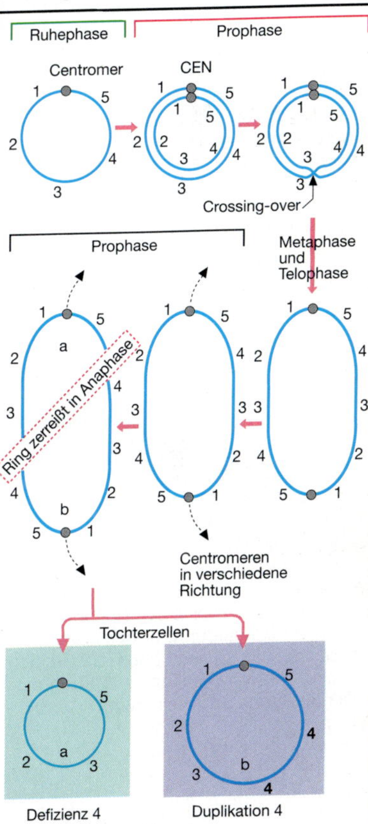

F. Folgen eines Ringchromosoms

Korrelation von Struktur und Funktion in Chromosomen

In einem Chromosom lassen sich verschiedene Bereiche unterschiedlicher Struktur und Funktion unterscheiden. Das Centromer ist Ansatzpunkt der Mikrotubuli der Mitosespindel (Kinetochor). Das Telomer an den Enden enthält keine Gene und hat eine besondere Struktur.

A. Heterochromatin und Euchromatin

Emil Heitz beobachtete 1928, daß bestimmte Teile von Chromosomen eines Moos (*Pellia epiphylla*) auch während der Interphase verdichtet und stark anfärbbar bleiben, wie Chromosomen sonst nur in der Mitose. Er nannte diese Strukturen Heterochromatin, im Gegensatz zu dem in der späten Telophase und anschließenden Interphase unsichtbar werdenden Euchromatin. Funktionell wird Heterochromatin definiert als Bereich, in dem wenig oder keine Gene liegen und sich repetitive DNA-Sequenzen befinden. Gelangen aktive Gene in die Nähe von Heterochromatin, so werden sie in der Regel inaktiviert (Positionseffekt-Variegation) (Abb. aus E. Heitz: Das Heterochromatin der Moose. I. Jahrb. Wiss. Bot. *69*: 762–818, 1928).

B. Markante Bereiche

Centromer und Telomer enthalten repetitive DNA-Sequenzen. Sie sind evolutionär konserviert, weil sie für die Stabilität des Chromosoms wichtig sind. Der zwischen Telomer und Centromer liegende Abschnitt besteht aus Trypsin-sensitiven hellen und Trypsin-resistenten dunklen G-Bändern. In den G-hellen Bereichen bildet die DNA Schleifen, in denen Protein-codierende Gene liegen. Die DNA-Schleifen sind mittels besonderer Anheftungsstellen mit einer Protein-Matrix verbunden.

C. Modell eines Chromosomen-Abschnitts in Interphase

In einem dreidimensionalen Modell eines Chromosomen-Abschnitts sieht man das constitutive Heterochromatin (C-Band) im Bereich des Centromers sehr dicht gewunden. Das Euchromatin ist in den hellen G-Bändern relativ leicht, in den dunklen G-Bändern etwas enger verpackt (mit freundlicher Genehmigung der Autorin L.Manuelidis: View of metaphase chromosomes, Science *250* : 1533–1540, 14. December 1990, Copyright 1990 by the AAAS).

D. Constitutives Heterochromatin (C-Bänder) im Bereich des Centromers

Im Bereich des Centromers läßt sich das constitutive Heterochromatin spezifisch anfärben (C-Band). Auch die distale Hälfte des langen Arms des Y-Chromosoms ist C-Band positiv. Das centromere Heterochromatin in Chromosom 1, 9 und 16 beim Menschen, sowie der lange Arm des Y-Chromosoms sind polymorph. Individuen können sich in der Länge des heterochromatischen Abschnitts in einem oder mehreren dieser Bereiche unterscheiden (aus A.S. Verma und A. Babu: Human Chromosomes, Pergamon-Press, New York, 1989).

E. Funktionelle Merkmale im Bereich von Euchromatin

Die hellen und dunklen G-Bänder unterscheiden sich in funktioneller Hinsicht. Ein durchschnittliches G-Band enthält rund 1,5 Mb DNA.

Literaturhinweise

Bickmore, W. A. & Sumner, A. T.: Mammalian chromosome banding: an expression of genome organization. Trends Genet. *5*: 144–148, 1989.

Passarge, E.: Emil Heitz and the concept of heterochromatin: Longitudinal chromosome differentiation was recognized fifty years ago. Amer. J. Hum. Genet. *31*: 106–115, 1979.

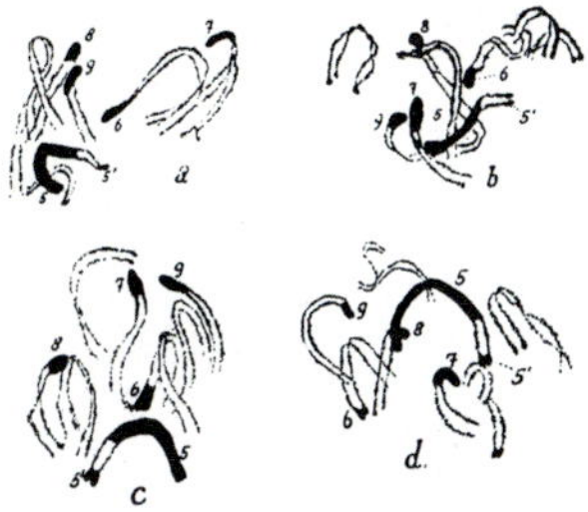

A. **Heterochromatin und Euchromatin**

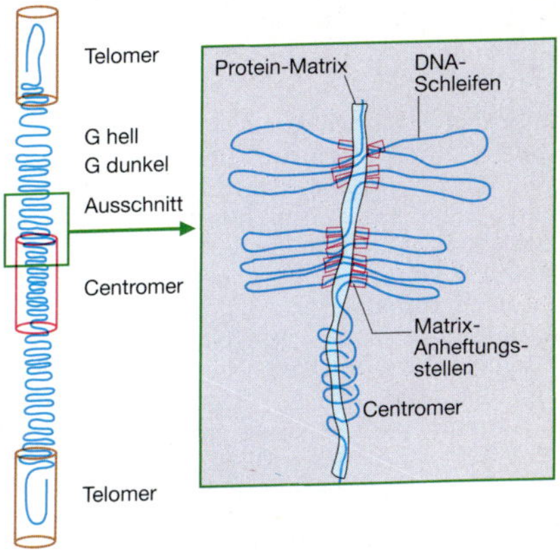

B. **Markante Bereiche eines Chromosoms**

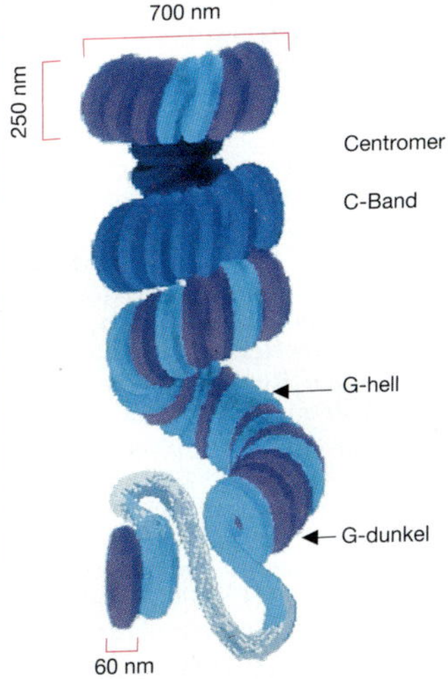

C. **Modell eines Chromosomen-Abschnitts in Interphase**

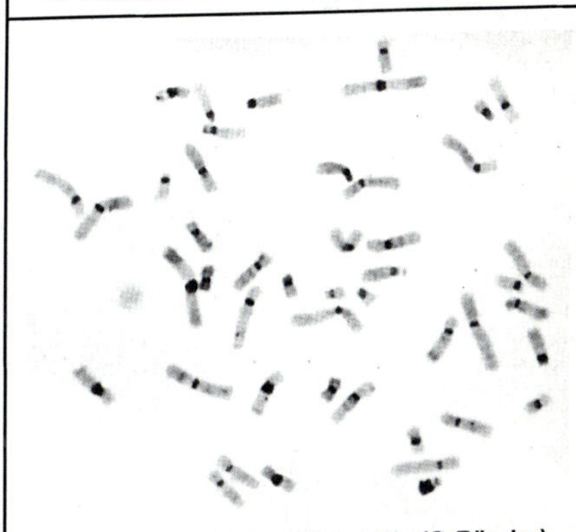

D. **Constitutives Heterochromatin (C-Bänder) im Bereich des Centromers**

helle G-Bänder	dunkle G-Bänder
GC-reich	AT-reich
Fluoreszenz mit G-spezifischen Fluorchromen, z.B. Olivomycin	Fluoreszenz mit AT-spezifischen Fluorchromen, z.B. Quinacrin
früh replizierend	spät replizierend
Gen-reich	Gen-arm
Alu Repeats	LINE-Repeats (long interspersed repetitive Sequences)
SINE-Repeats (short interspersed repetitive DNA-Sequences)	HMG-1 Nicht Histon-Proteine an AT-reiche Abschnitte gebunden
Z-DNA Konformation möglich	Minisatelliten

E. **Funktionelle Merkmale im Bereich von Euchromatin**

Besondere Struktur an den Enden eines Chromosoms: Das Telomer

An beiden Enden eines eukaryoten Chromosoms befindet sich ein Telomer. Dieser 1938 von H.J. Muller eingeführte Begriff wurde ursprünglich funktionell verwendet. Chromosomen sind ohne Telomer unstabil und können sich mit anderen Chromosomen verbinden, so daß dicentrische Chromosomen oder Ringchromosomen entstehen. Neue Erkenntnisse haben gezeigt, daß telomere DNA-Sequenzen sich in Struktur und Funktion von anderen DNA-Sequenzen unterscheiden und wesentliche biologische Bedeutung haben.

A. Replikationsproblem an den Enden linearer DNA

Da neue DNA nur in 3'-Richtung gebildet werden kann (vgl. Seite 38), würde an jedem 5'-Ende des neuen DNA-Stranges nach Entfernung des RNA-Primers eine nicht schließbare Lücke entstehen. In diesem Bereich bliebe DNA als unstabiler Einzelstrang. In aufeinander folgenden Replikationszyklen (Zellteilungen) würde deshalb der neue Strang immer kürzer werden. Dies müßte schließlich zum Verlust von funktionell wichtigen Sequenzen (Genen) führen.

B. G-reiche repetitive Sequenzen im Telomer-Bereich

Das Chromosom enthält im Telomer-Bereich G-reiche repetitive Sequenzen. Durch haarnadelartige Umfaltung und G-G-Paarungen wird die einsträngige DNA stabilisiert.

C. Replikationsmodell des Telomers

Die Replikation im Bereich des Telomers unterscheidet sich von anderer chromosomaler DNA. Durch Brüche in C-reichen Sequenzen (1) im 3' → 5'-Strang entsteht ein überhängender Einzelstrang (5' → 3') (2). Die Replikation des 5' → 3'-Stranges bezieht diese 12–16 Basenpaare Einzelstrang nicht ein (3). Nach Beendigung der Replikation entsteht durch Umfalten doppelsträngige DNA, und die verbleibende Lücke wird durch DNA-Synthese geschlossen (5). Der 3' → 5'-Strang wird bis zum Ende regulär repliziert (4). Dann tritt eine für das Telomer charakteristische DNA-Replikation ein (6). Der 5' → 3'-Strang wird mittels eines RNA als Vorlage zur Bildung neuer DNA enthaltenden Enzyms (RNA-Telomerase) verlängert, das einzelne Nucleotide der Telomer-spezifischen Repeats zufügt. Nach Verlängerung des 5' → 3'-Endes faltet sich der Einzelstrang in eine haarnadelartige Endschleife (7), so daß zwei unverkürzte Chromosomenenden (5 und 7) entstehen.

D. Allgemeine Struktur eines Telomers

In den terminalen 6 bis 10 kb eines Chromosoms können telomere Sequenzen und Telomer-assoziierte Sequenzen unterschieden werden (1). In den Telomer-assoziierten Sequenzen finden sich autonom replizierende Sequenzen (ARS). Die telomeren Sequenzen bestehen aus etwa 250 bis 1500 G-reichen Repeats (ca. 9 kb). Sie sind innerhalb einer Spezies hoch konserviert (2) (vgl. S. 192). Zwischen verschiedenen Klassen von Organismen unterscheiden sich die Repeats, aber das allgemeine telomere Motiv ist ähnlich aufgebaut. Es besteht aus 1 bis 4 Adenin/Thymin-Paaren und 1 bis 8 G/G-Paaren. Telomerase-Aktivität ist essentiell für Protozoen und Hefe. Bei Vertebraten kommt sie im wesentlichen nur in Keimzellen vor, während somatische Zellen keine oder wenig Telomerase-Aktivität besitzen. Dies erklärt die dort beobachtete allmähliche zellteilungsabhängige Abnahme der Telomer-Länge von durchschnittlich nur 4-5 kb. Dies wird in Beziehung zum Alterungsprozeß gesehen.

Literaturhinweise

E.H. Blackburn: Structure and function of telomeres. Nature *350*:569-573, 1991.
V.A. Zakian: Structure and function of telomeres. Ann.Rev.Genet. *23*:579-604, 1989.

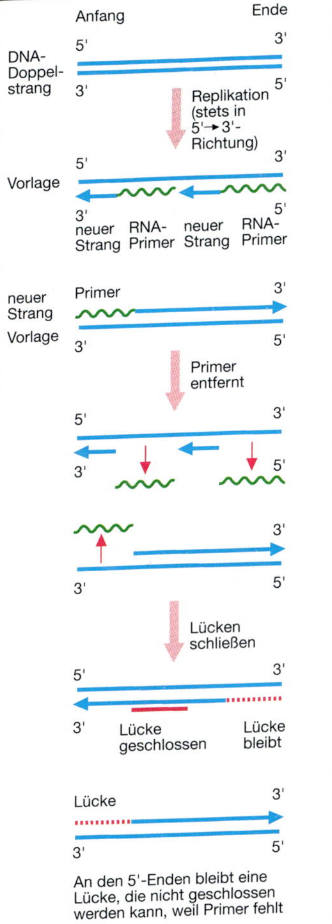

A. Replikationsproblem an den Enden linearer DNA

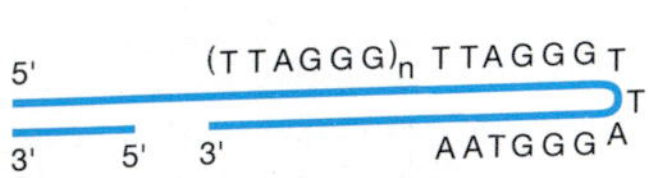

B. G-reiche repetitive Sequenzen im Telomer-Bereich

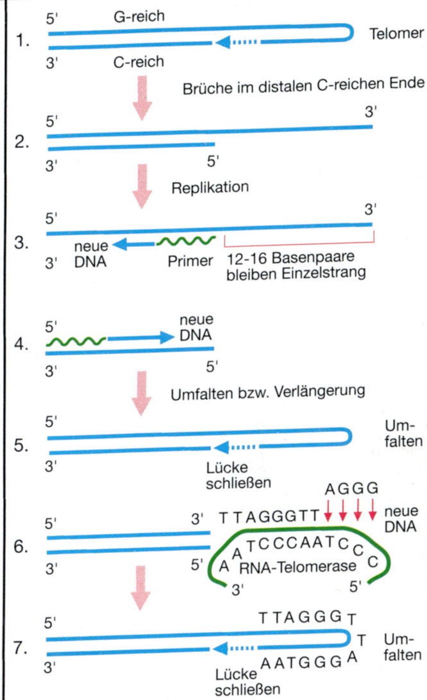

C. Replikationsmodell des Telomers

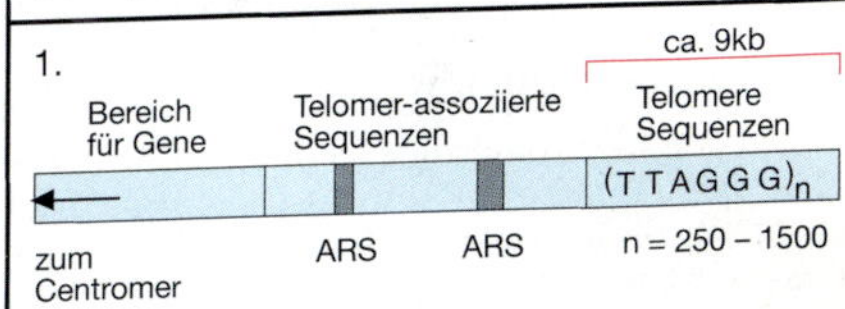

2. Beispiele für telomere Repeats

Protozoen	z.B. Tetrahymena Mikrochromosomen 5' – TTGGGG – 3'
Hefen	z.B. Saccharomyces 5' – TGTGGGG – 3'
Vertebraten	5' – TTAGGG – 3'
allgemein	5' – $(T/A)_{1-4}(G)_{1-8}$ – 3' (telomere Richtung nach rechts)

D. Allgemeine Struktur eines Telomers

X-Chromosom-Inaktivierung

Obwohl somatische Zellen von weiblichen Säugetieren zwei X-Chromosomen enthalten, ist die Aktivität von X-chromosomal codierten Enzymen nicht größer als in männlichen Zellen mit nur einem X-Chromosom. Dies ist darauf zurückzuführen, daß bei weiblichen Säugetieren in jeder Zelle nur jeweils eines der beiden X-Chromosomen Gene exprimiert, aber nicht beide (Prinzip der X-Chromosom-Inaktivierung, früher Lyon-Hypothese, Mary F. Lyon, 1961).

A. X-Chromatin

Barr und Bertram beobachteten 1949 im Zellkern von Nervenzellen weiblicher Katzen ein färbbares Anhängsel (1 und 3), dagegen nicht bei männlichen Tieren (2). Dies nannten sie „Geschlechts-Chromatin". Ähnliche Strukturen fanden sich bei anderen weiblichen Säugetieren, u. a. beim Menschen als Trommelschlegel in Leukocyten des peripheren Blutes (4), als randständiges Körperchen im Zellkern von Fibroblasten und in Zellkernen der Mundschleimhaut (5). Da es sich dabei um eines der beiden X-Chromosomen handelt, wird es heute als X-Chromatin bezeichnet (Abb. 1–3 aus M. L. Barr & E. G. Bertram, Nature *163* : 676, 1949).

B. Dosiskompensation

Die meisten X-chromosomal codierten Enzyme (A: Glucose-6-Phosphat-Dehydrogenase, B: Phosphogluco-Mutase, C: Hypoxanthin-Guanin-Phosphoribosyl-Transferase, HGPRT) zeigen keine Unterschiede in der Aktivität bei Individuen mit unterschiedlicher Anzahl von X-Chromosomen, weil nur ein X-Chromosom vollständig aktiv ist.

C. Mosaikbildung

Infolge der weitgehenden Inaktivierung eines der beiden X-Chromosomen ist in jeder Zelle an den meisten X-chromosomalen Loci nur ein Allel exprimiert. Bei Heterozygoten für eine Mutation resultiert eine mosaikartige Verteilung von Zellen, die nur das mutante oder nur das normale Allel exprimieren. X-chromosomale Fellfarben-Mutanten der Maus führen zu einem Mosaik heller und dunkler Flecken (1, nach M.W. Thompson, Can J Genet Cytol *7*:202-213, 1965). Beim Menschen findet sich eine ähnliche mosaikartige Verteilung normaler und fehlender Schweißporen bei weiblichen Heterozygoten für Hypohidrotische Ektodermale Dysplasie. Bei Hemizygoten sind die Schweißporen nicht bzw. extrem unterentwickelt (Hypohidrose). Die Fingerbeeren von weiblichen Heterozygoten zeigen Bezirke mit normalen Schweißporen (schwarze Punkte) und fehlenden Schweißporen (2a und 2b, aus E. Passarge und E. Fries, Nature New Biology *245*: 58-59, 1973). In Zellkulturen von weiblichen Heterozygoten mit X-chromosomalem HGPRT-Mangel (HGPRT-Hypoxanthin-Guanin-Phosphoribosyl-Transferase-Defizienz) sind die verschiedenen Kolonien entweder HGPRT- oder HGPRT+ (3), weil jede Kolonie aus einer Zelle hervorgegangen ist (aus B.R. Migeon, Amer J Hum Genet *23*:199-200, 1971, mit freundlicher Genehmigung von Autorin und Verlag).

D. Schema der X-Inaktivierung

Eines der beiden X-Chromosomen wird in der frühen Embryonalzeit inaktiviert. Die Inaktivierung betrifft entweder das X-Chromosom mütterlicher (X^M) oder väterlicher Herkunft (X^P). Die jeweilige Inaktivierung bleibt in allen Tochterzellen stabil und ist nicht reversibel. Es resultiert ein Mosaik für paternal oder maternal exprimierte Allele auf dem X-Chromosom, im statischen Mittel mit einer 1:1-Verteilung. Abweichungen mit bevorzugter Inaktivierung eines Zelltyps sind möglich.

E. Ausnahmen von der X-Inaktivierung

Von der X-Inaktivierung ausgenommen ist das extreme Ende des kurzen Armes des X-Chromosoms und einige andere Genloci auf dem kurzen und auf dem langen Arm. Die X-Chromosom-Inaktivierung wird von einem nur auf dem inaktivierten Chromosom exprimierten X-Inaktivations-Zentrum (XIC) gesteuert.

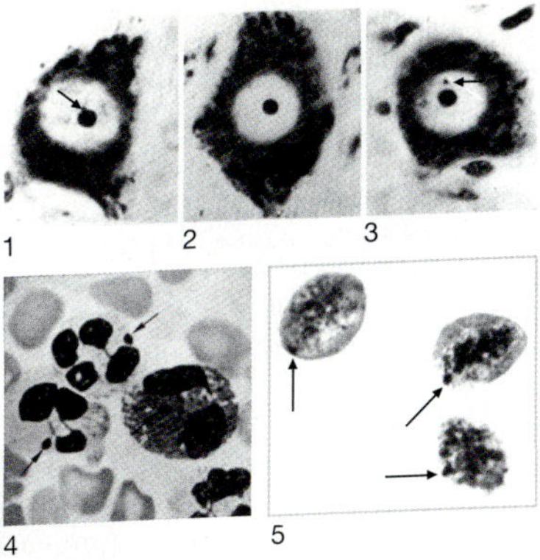

A. X-Chromatin

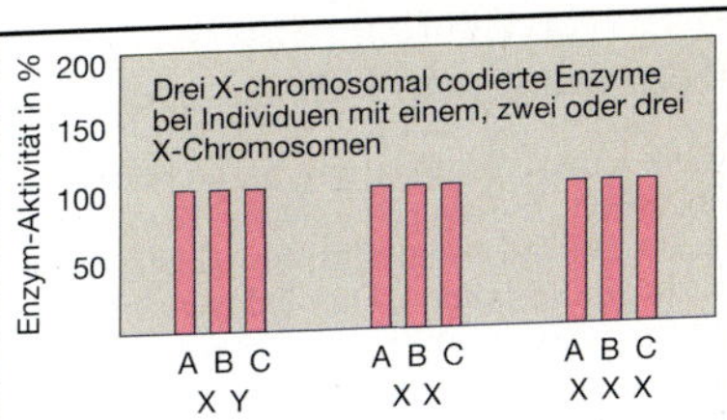

B. Dosiskompensation

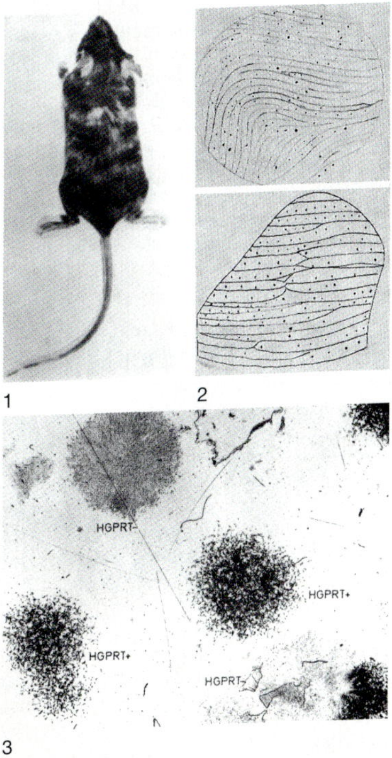

C. Mosaikbildung

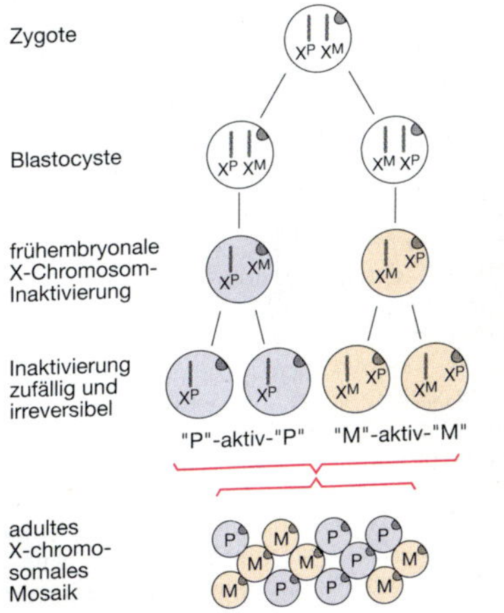

D. Schema der X-Inaktivierung

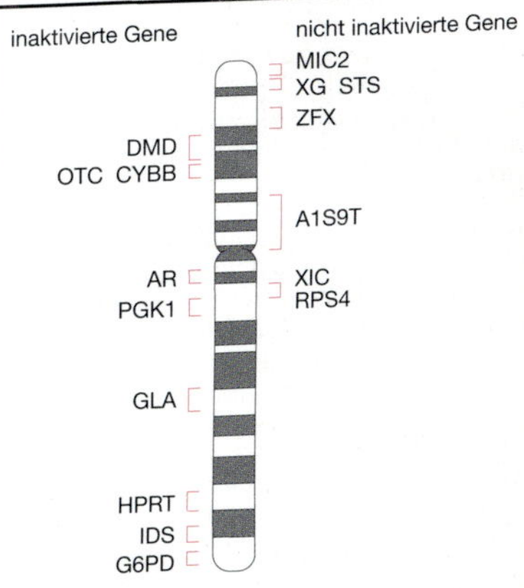

E. Ausnahmen von der X-Inaktivierung

In situ-Hybridisierung in Metaphase und Interphase

Als *in situ*-Hybridisierung bezeichnet man Verfahren, die den Nachweis von DNA-Sequenzen auf einem Chromosomenpräparat (*in situ*) erlauben. Durch das verhältnismäßig gute Auflösungsvermögen von etwa 12 x10^7 Basenpaaren, ist eine genaue regionale Lokalisierung auf dem entsprechenden Chromosom möglich.

A. Prinzip der *in situ*-Hybridisierung

Zellen in Metaphase oder Interphase werden auf einem Objektträger fixiert und denaturiert. Dadurch wird die doppelsträngige DNA (1a) in Einzelstrang-DNA überführt (2). Die Hybridisierung erfolgt mit den komplementären DNA-Sequenzen (1b) auf dem Chromosomen- oder Interphasepräparat (3). Ihre Lokalisation wird mittels eines primären Antikörpers gegen Biotin sichtbar gemacht, der mit einem Fluorochrom verbunden ist (4), z. B. Fluoreszein-Isothiocyanat (FITC). Da das primäre Signal nur schwach ist, wird ein sekundärer Antikörper (z. B. Avidin) angeheftet, der mit Biotin verbunden ist (5). An den sekundären Antikörper kann ein weiterer primärer Antikörper angeheftet werden. Dies führt zur Verstärkung des Signals (6), das lichtmikroskopisch nachgewiesen werden kann.

B. Nachweis der Philadelphia-Translokation bei Chronisch Myeloischer Leukämie (CML)

Die Philadelphia-Translokation (1) bei Chronisch Myeloischer Leukämie (CML) (vgl. S. 270) kann mittels *in situ*-Hybridisierung sowohl in Metaphase (2) als auch in Interphase (3) nachgewiesen werden. In der Interphase besteht das normale Signal bei Verwendung einer Sonde für das *BCR*-Gen auf Chromosom 22 aus zwei fluoreszierenden Punkten. Wenn die Sonde den Bruchpunkt der Translokation einschließt, entstehen drei Signale: Das größere über dem normalen Chromosom 22 und je ein kleineres über den im distalen langen Arm von Chromosom 22 (22q) verbliebenen *BCR*-Sequenzen und den an den distalen langen Arm von Chromosom 9 translocierten Sequenzen (Photographien freundlicherweise überlassen von Priv.Doz. Dr. T.Cremer, Heidelberg; aus: Lengauer, C. et al.: Metaphase and interphase cytogenetics with Alu-PCR-amplified yeast artificial chromosome clones containing the BCR gene and the protooncogenes c-raf-1, c-fms, and c-erbB-2. Cancer Research *52*:2590-2596, 1992).

C. Translokation 4;8

Dieses Präparat zeigt eine Translokation von einem Teil des langen Armes eines Chromosom 8 auf den kurzen Arm eines Chromosom 4 bei einer Patientin mit Langer-Giedeon-Syndrom. Die Hybridisierung erfolgte mit einem 170 kb YAC, der den Translokationsbruchpunkt im Bereich 8q24 überspannt. Es resultieren drei fluoreszierende Signale: über dem normalen Chromosom 8 (Pfeil), dem auf Chromosom 4 translocierten Teil von 8q24 (offener Pfeil) und den auf Chromosom 8 verbliebenen Sequenzen (Pfeilspitze). Die Chromosomen 4 und 8 wurden mit alphoiden Sonden hybridisiert, die spezifisch für den Centromerbereich sind (Präparat H. J. Lüdecke, Essen).

D. Telomer-Sequenzen in Metaphase-Chromosomen

Der Ausschnitt einer Metaphase und *in situ*-Hybridisierung mit telomeren Sequenzen (vgl. S. 188) des Menschen zeigt am Ende jedes Chromosoms (Telomer) über jedem Chromatid zwei Signale (Photographie von Dr. Robert K. Moyzes, Los Alamos National Laboratory, mit freundlicher Erlaubnis des Autors, aus Spektrum der Wissenschaft, Seite 52, Oktober 1991).

Literaturhinweis

Tkachuk, D.C. et al.: Detection of *bcr-abl* fusion in chronic in myelogenous leukemia by in situ hybridization. Science *250*:559-562, 1990.

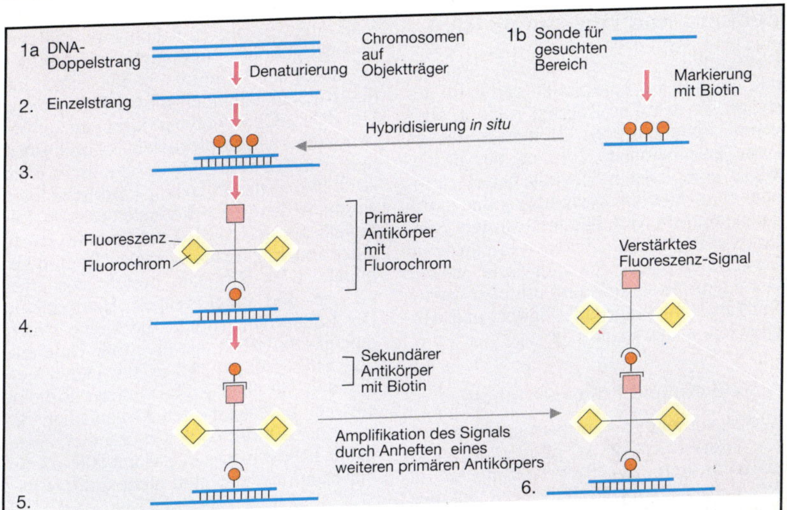

A. Prinzip der *in situ*-Hybridisierung

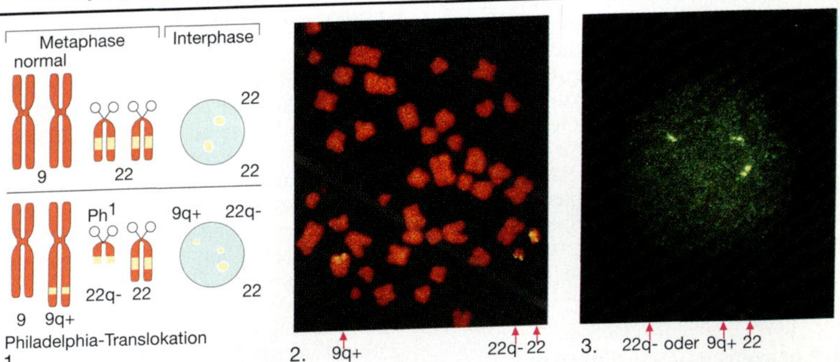

B. Nachweis der Philadelphia-Translokation bei Chronisch Myeloischer Leukämie

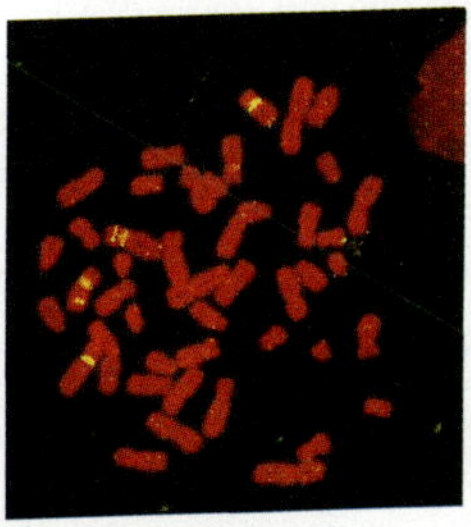

C. Translokation 4;8

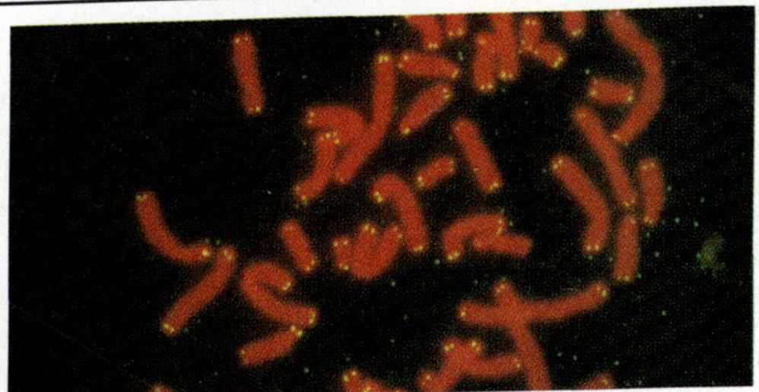

D. Telomer-Sequenzen in Metaphase-Chromosomen

Zellkern und ribosomale RNA

Der Zellkern (Nucleus) ist die Zentrale, von der aus die Funktionen der Zelle gesteuert werden. Die Bildung von körpereigenen Eiweißkörpern (Protein-Synthese) ist der entscheidende Vorgang. Für die Katalyse komplexer biochemischer Reaktionen, zur Energiegewinnung, und zum Transport von Molekülen ist Protein-Synthese erforderlich. Zellen verschiedener Gewebe unterscheiden sich darin, welche Gene exprimiert sind und mittels Protein-Synthese ein Genprodukt bilden, und welche Gene inaktiv sind.

A. Zellkern und Protein-Synthese

Transkription und Verarbeitung des primären Transkripts (RNA-Splicing) findet im Zellkern statt. Zur Stabilisierung ist die RNA im Zellkern an nucleäre, RNA-bindende Proteine gebunden. Die fertige RNA wird dann aus dem Zellkern ausgeschleust und dient im Cytoplasma bei der Translation als Vorlage für die Bildung eines Polypeptids. Der gesamte Vorgang von der Transkription bis zum Abschluß der Translation wird als Protein-Synthese bezeichnet. Voraussetzung für die Translation ist die Bindung von mRNA an Ribosomen. Ribosomen sind komplexe Proteine, die aus zahlreichen Untereinheiten zusammengesetzt sind, die ihrerseits das Ergebnis individueller Gene sind (ribosomale Gene).

B. Nucleolus und Synthese von Ribosomen

Ribosomen werden im Nucleolus gebildet. Der Nucleolus ist eine morphologisch und funktionell bestimmte Region im Zellkern. Die Bildung der zahlreichen Untereinheiten eines Ribosoms erfolgt durch die Transkription eines 45S-rRNA-Vorläufermoleküls. Der Ausdruck 45S bezieht sich auf die Größe des Moleküls, ausgedrückt in der Sedimentationsgeschwindigkeit bei der Ultrazentrifugation (große S-Werte zeigen ein großes, kleine S-Werte ein kleines Molekül an). Im Nucleolus wird nach der Transkription des 45S-rRNA-Vorläufers ein großes Ribonucleo-Protein-Partikel gebildet. Im Cytoplasma gebildete ribosomale Proteine und RNA-Proteine des Nucleus sind Teil dieses Komplexes. Die rRNA-Gene liegen in Gruppen auf bestimmten chromosomalen Abschnitten beieinander, beim Menschen im kurzen Arm der akrocentrischen Chromosomen, der nucleolus-organisierenden Region. Lediglich 5S-rRNA wird von einem Gen in einer anderen chromosomalen Region gebildet. Jedes Ribosom besteht aus einer kleinen und einer großen Untereinheit. Bei Eukaryoten enthält die kleine Untereinheit 18S-rRNA und die große Untereinheit 5.8S-, 5S-und 28S-rRNA. Durch Verbindung mit einer Reihe weiterer Proteine entsteht bei eukaryoten Organismen das aus einer 40S-und 60S-Untereinheit bestehende Ribosom von insgesamt 80S (die Sedimentationswerte sind nicht additiv).

C. Schema der Struktur und Komponenten von Ribosomen

Ribosomen von prokaryoten und eukaryoten Organismen unterscheiden sich in Größe und Zusammensetzung ihrer ribosomalen RNA und Proteine, sind aber im Grundaufbau durchaus vergleichbar. Das fertige Ribosom hat bei Prokaryoten eine Größe von 70S, bei Eukaryoten 80S. Sie bestehen aus einer großen Untereinheit von 50S bei Prokaryoten und 60S bei Eukaryoten und einer kleinen Untereinheit von 30S bzw. 40S. Während prokaryote Ribosomen in der großen Untereinheit 5S- und 23S-rRNA enthalten, besteht die große Untereinheit bei eukaryoten Ribosomen aus drei Arten von rRNA (5S, 28S, 5.8S). Die kleine Untereinheit enthält jeweils nur eine kleine rRNA. Die Anwesenheit zahlreicher Proteine der großen Untereinheit verleiht den Ribosomen eine charakteristische Zusammensetzung und dreidimensionale Struktur.

Literaturhinweis

B. Alberts et al., Molecular Biology of the Cell, 2nd edition, 1989.

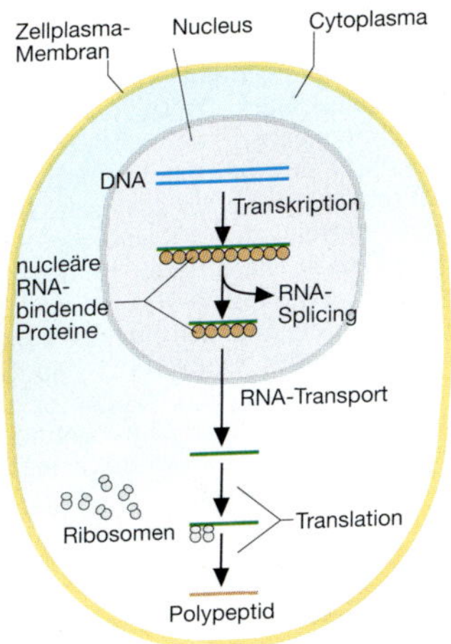

A. Zellkern und Protein-Synthese

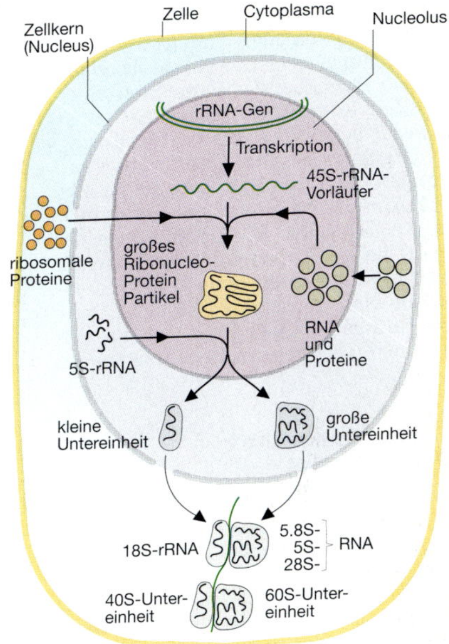

B. Nucleolus und Synthese von Ribosomen

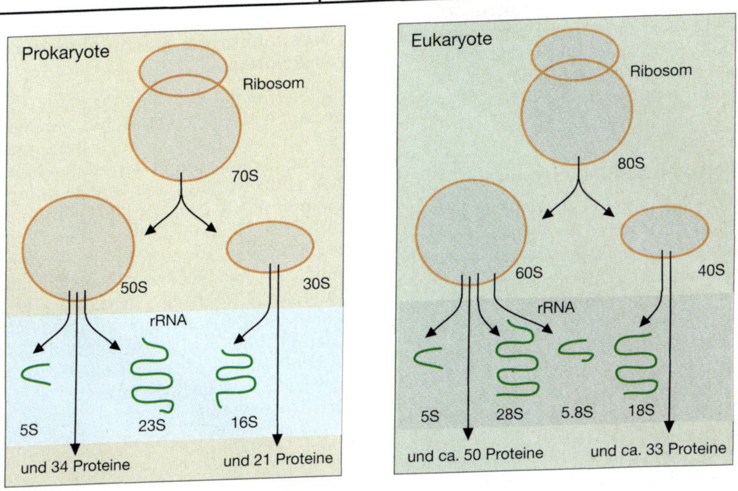

C. Schema der Struktur und Komponenten von Ribosomen

Transkription

Die Transkription eines Strangs der DNA in ein komplementäres RNA-Molekül ist die erste Phase bei der Expression eines Gens. Die Kontrolle der Transkription ist ein wesentliches Element der Regulierung der Genaktivität. Die Transkription erfolgt durch RNA-Polymerase. Sie besteht bei Bakterien aus einem, bei Eukaryoten aus drei Enzymen. RNA-Polymerase bei E. coli hat vier Typen von Untereinheiten (ein Alpha, zwei Beta und ein Sigma), jeweils codiert von eigenen Genen. RNA-Polymerasen bei Eukaryoten sind aus vielen Untereinheiten zusammengesetzt (vgl. S. 202).

A. Transkription durch RNA-Polymerase

RNA-Polymerase bindet bei der Initiation (1) an die DNA-Doppelhelix. Zugleich beginnt die Entwindung der DNA und es beginnt die RNA-Synthese mit der Elongation (2). Die Polymerase wandert entlang der DNA und bildet dabei mRNA. Hinter der Polymerase wird die DNA wieder aufgewunden. Bei der Termination (3) wird die RNA-Polymerase wieder von der DNA entfernt. Zu diesem Zeitpunkt ist die Bildung des instabilen Primärtranskripts beendet. Wegen der Instabilität wird es bei Prokaryoten sofort translatiert und bei Eukaryoten modifiziert (verarbeitet) (vgl. S. 50).

B. Polymerase-Bindungsstelle

Bei der bakteriellen Polymerase werden etwa 60 Basenpaare der DNA bedeckt und es lassen sich mehrere aktive Zentren unterscheiden.

C. Promotor der Transkription

Ein Promotor ist ein Abschnitt der DNA, der durch Bindung an RNA-Polymerase den Beginn der Transkription steuert. An zwei Bereichen oberhalb des Startpunkts finden sich übereinstimmende, bei der Evolution konservierte DNA-Sequenzen (Konsensus-Sequenzen). Etwa 10 Basenpaare oberhalb des Startpunkts befindet sich ein Promotor mit einer aus sechs Basenpaaren bestehenden Konsensus-Sequenz TATAAT (nach dem Entdecker Pribnow-Box oder TATA-Box genannt). Die Konservierungsrate der einzelnen Basen variiert von über 50 bis 100% (vgl. S. 202). Etwa 35 Basenpaare weiter oberhalb des Transkriptionsbeginns befindet sich eine weitere Konsensus-Sequenz TTGACA (Hogness-Box).

D. Eine Transkriptionseinheit

Eine Transkriptionseinheit ist die Gesamtheit der in einem gegebenen Abschnitt im RNA transkribierten DNA-Sequenzen. Sie beginnt am Promotor und endet am Terminator. Im Promotor liegende Bereiche bezeichnet man als proximal, die im Terminator als distal.

E. Bestimmung des Startpunktes der Transkription

Den Startpunkt der Transkription kann man durch Vergleich zwischen gebildeter RNA und der DNA-Vorlage bestimmen. Nach der Transkription wird die gebildete RNA (Einzelstrang) mit einem komplementären DNA-Einzelstrang hybridisiert (RNA/DNA-Hybridisierung). Durch eine nur DNA-Einzelstrang einschneidende Endonuclease (S1-Nuclease) wird die nicht hybridisierte Einzelstrang-DNA abgebaut. Anschließend kann man die RNA entfernen und den transkribierten DNA-Abschnitt analysieren (z. B. die Größe bestimmen oder sequenzieren).

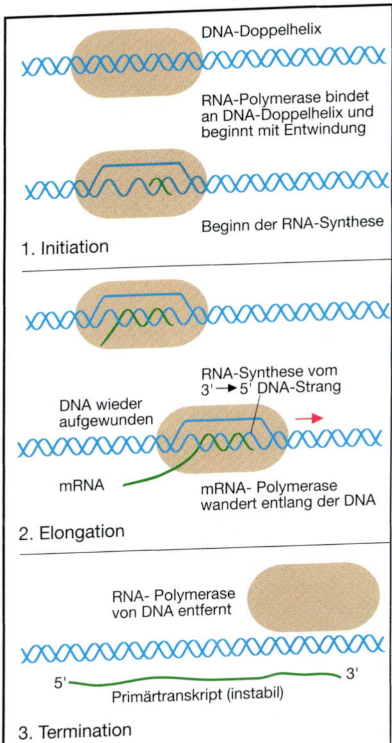

A. Transkription durch RNA-Polymerase

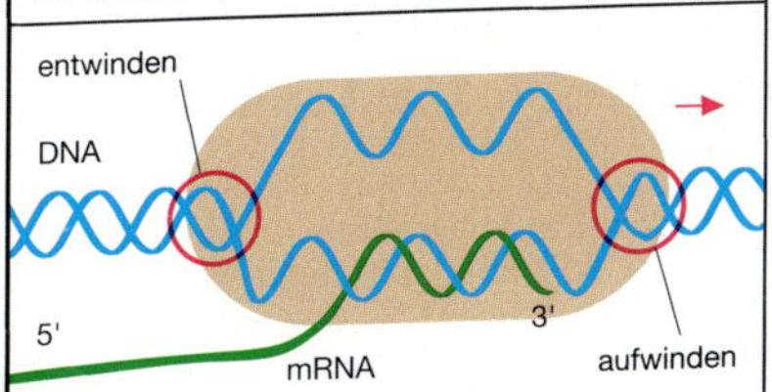

B. Polymerase-Bindungsstelle

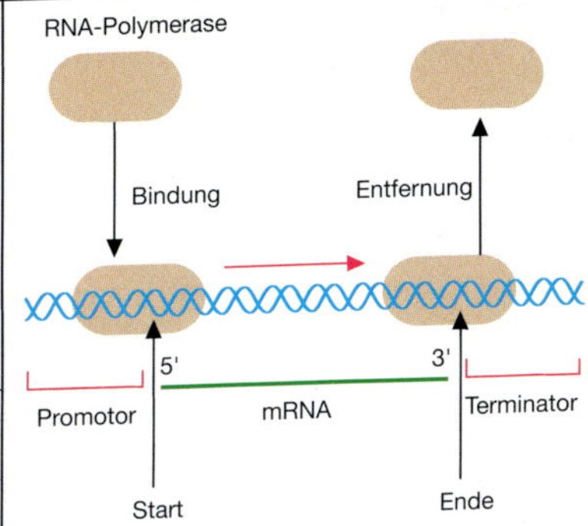

D. Eine Transkriptionseinheit

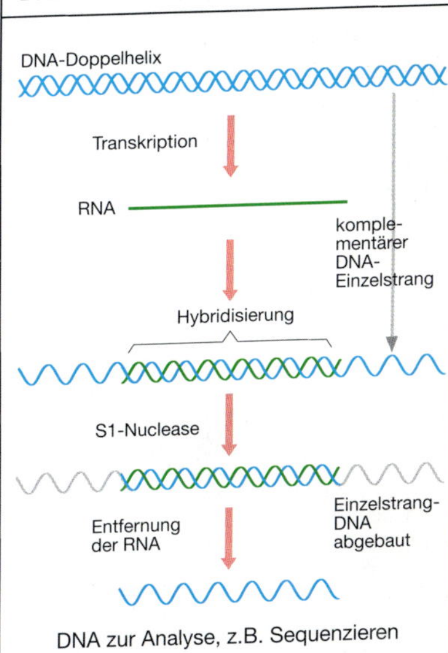

E. Bestimmung des Startpunktes der Transkription

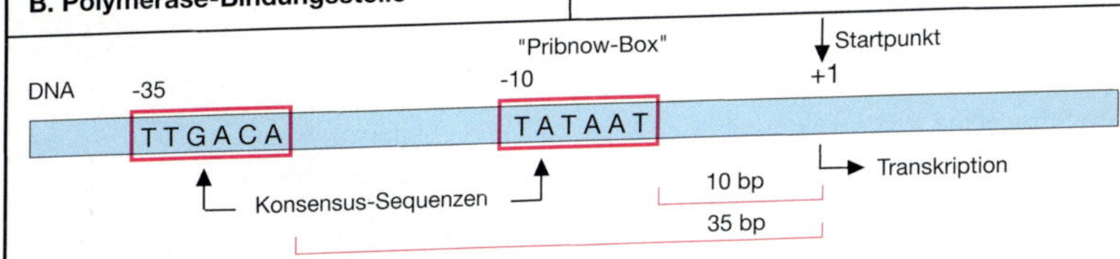

C. Promotor der Transkription

Kontrolle von Gen-Expression bei Bakterien durch Induktion

Die Regulierung der Expression von Genen gehört zu den fundamentalen Aufgaben bei prokaryoten und eukaryoten Organismen. Prokaryote Organismen sind auf rasche Anpassung an rasch wechselnde äußere Bedingungen angewiesen. Üblicherweise im Nährmedium nicht vorhandene Substanzen müssen bei Angebot abgebaut und nicht mehr selbst synthetisiert werden. Umgekehrt müssen fehlende Substanzen durch eigene Synthese ausgeglichen werden. Die Kontrolle der Genexpression erfolgt auf verschiedenen Ebenen. Häufig sind es regulatorische Proteine, die entweder als Repressor (Unterdrückung der RNA-Polymerase-Aktivität) oder als Aktivator (Induzierung der RNA-Polymerase-Aktivität) wirken. Die Kontrolle wird dadurch erleichtert, daß bei Prokaryoten Gene für verwandte Funktionen meist zusammenliegen und deshalb gemeinsam kontrolliert werden können (Operon).

A. Induktion von Enzymen bei Bakterien

Die Anwesenheit bestimmter Substanzen im Nährmedium führt bei Bakterien zu einer Induktion von Enzymen für die Verwertung der betreffenden Substanz. Ein Beispiel bei *Echerichia coli* (*E. coli*) ist die durch Lactose induzierte Aktivierung von drei Enzymen für Lactose-Abbau. Nach Zugabe von Lactose zum Nährmedium kommt es binnen etwa 10 Minuten zu einer mehrfachen Steigerung der Enzyme β-Galactosidase, β-Galactosid-Permease und β-Galactosid-Transacetylase (1). β-Galactosidase ist das Lactose-spaltende Enyzm, durch das Lactose in Galactose und Glucose gespalten wird (2).

B. Das Lactose Operon bei *E. coli*

Eine Serie von koordiniert regulierten Genen bezeichnet man als Operon. Drei Strukturgene codieren für die Bildung der Lactose-abbauenden Enzyme (Gene *Lac* Z, *Lac* Y und *Lac* A und bilden das Lactose-Operon (*Lac* operon). Diese drei Gene werden von einem Promotor am 5'-Ende reguliert und von einer gemeinsamen mRNA transkribiert (polycistronisches Transkript). Normalerweise ist die Aktivität sehr gering, weil die Bildung von *Lac* mRNA durch einen *Lac* Repressor verhindert wird. Dieser ist das Genprodukt des *Lac* I Regulator-Gens. *E. coli* kann Lactose als einzige Quelle für Kohlenstoff und Energie verwenden, weil in kurzer Zeit große Mengen β-Galactosidase gebildet werden können.

C. Kontrolle des Lac-Operon

Die Kontrolle der drei Strukturgene des *Lac*-Operon, *Lac* Z, *Lac* Y und *Lac* A, geschieht durch Bindung eines Repressor-Proteins an die Promotor-/Operator-Region (P-O). Durch die Bindung des Repressors an die P-O Region wird die Bindung von RNA-Polymerase an die Promotor-Region verhindert und die Transkription blokkiert (1). Deshalb werden die drei Genprodukte nicht gebildet. Die Aktivierung des *Lac* Operons erfolgt durch Bindung des Repressors (2). β-Galactoside binden an eine der Repressor-Untereinheiten und inaktivieren den Repressor. RNA-Polymerase kann an die Promotor-Region binden und es erfolgt die Transkription.

D. Gen-regulierende Nucleotid-Sequenzen

Promotor- und Operator-Region überlappen teilweise. Ein positives Signal zur Expression des *Lac*-Operon führt zur Bindung eines katabolischen Aktivatorproteins (CAP) mit cyclischem Adenosinmonophosphat (cAMP) an eine spezifische Nucleotid-Sequenz oberhalb (in 5'-Richtung) des *Lac* Promotors. Die RNA-Polymerase-Bindungsstelle enthält spezifische Nucleotid-Sequenzen (Promotor-Elemente). 35 bzw. 10 Nucleotidbasenpaare in 5'-Richtung (stromaufwärts) des Startcodons für die Translation des *Lac* Z-Gens. Die Gen-regulierende Wirkung dieser Nucleotid-Sequenzen ergibt sich aus der Beobachtung von Mutationen in diesem Bereich, die zu einer Inaktivierung des Gens führen.

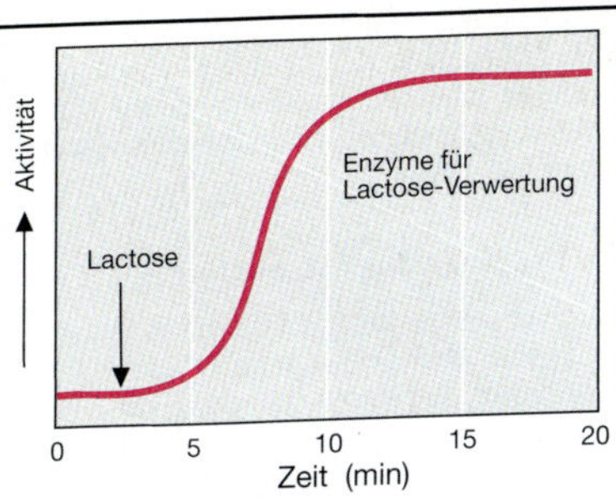

1. Induktion durch Lactose

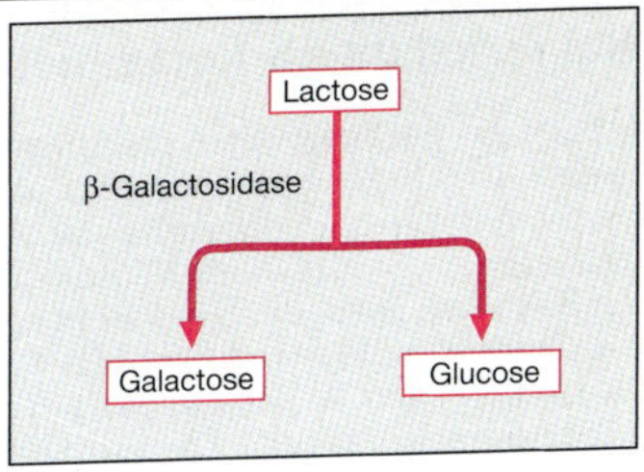

2. Enzymatische Lactose-Spaltung

A. Induktion von Enzymen bei Bakterien

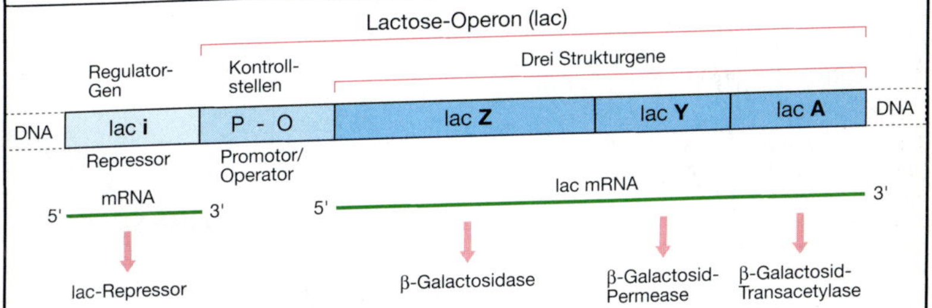

B. Das Lactose-Operon bei *E. coli*

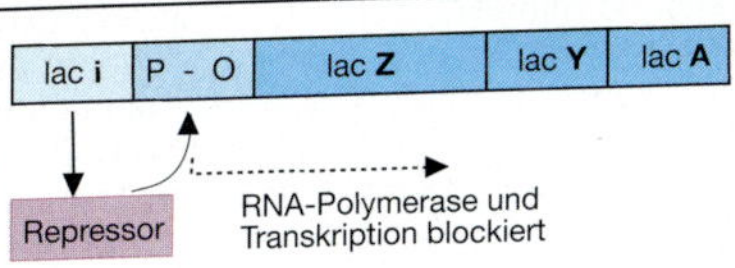

1. Gen-Inaktivierung durch einen Repressor

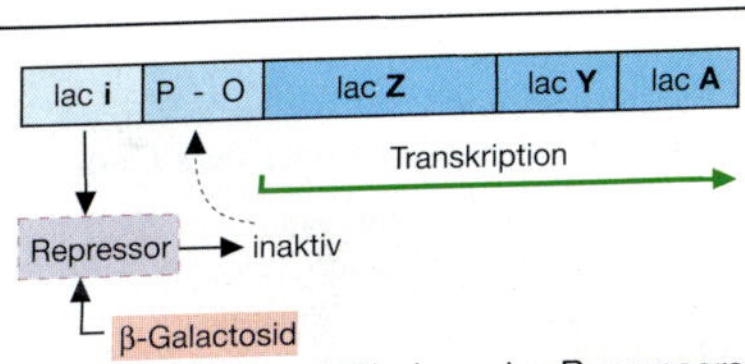

2. Inaktivierung durch Bindung des Repressors

C. Kontrolle des Lac-Operon

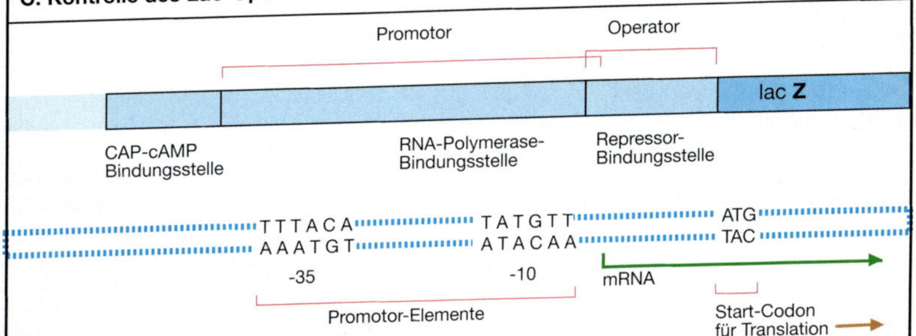

D. Gen-regulierende Nucleotid-Sequenzen

Kontrolle von Gen-Expression bei Bakterien durch Repression

Wenn ein Gen normalerweise exprimiert wird (aktiv ist), bezeichnet man dies als konstitutiv. Je nach An- oder Abwesenheit einer bestimmten Substanz im Nährmedium von Bakterien, kann die Expression erheblich schwanken. Ein wichtiger Mechanismus ist die Kontrolle der Transkription durch ein Signal, das die Transkription bzw. Translation beenden kann (Terminationssignal). Es liegt zwischen Promotor und dem Anfang des ersten Strukturgens und wird als Attenuator bezeichnet (Abschwächung der Translation).

A. Einfluß auf die Bildung der Aminosäure Tryptophan bei *E. coli*

Tryptophan ist bei eukaryoten Organismen eine essentielle Aminosäure. Bakterien können Tryptophan bilden, jedoch nur, wenn es im Nährmedium nicht vorhanden ist (1). Wenn Tryptophan dem Nährmedium zugefügt wird, reduzieren die Zellen binnen etwa 10 Minuten die Aktivität der Enzyme für Tryptophan-Biosynthese (2).

B. Biosynthese von Tryptophan durch fünf Enzymaktivitäten und fünf Gene

Die Bildung von Tryptophan aus Chorismarsäure erfolgt über vier Zwischenstufen in fünf Schritten, gesteuert durch fünf Enzymaktivitäten. Sie werden von fünf Genen codiert (Tryp E-A) (CdRP = Carboxyphenyl-Amino-Deoxyribulose-Phosphat).

C. Tryptophan-Operon bei *E. coli*

Das Tryptophan-Operon bei *E. coli* besteht aus diesen fünf Genen und regulierenden Sequenzen. Dazu gehören Promotor und Operator, eine Leader-Sequenz (Leitsequenz) und Attenuator-Sequenzen. Die Translation der fünf Strukturgene erfolgt von einer durchgehenden trp-Operon mRNA. In dieser sind Leitsequenzen vorgeschaltet, die von den L-Sequenzen codiert werden. Die Attenuator-Sequenzen sind Teil der L-Sequenzen. Wenn Tryptophan im Nährmedium vorhanden ist, wird die Translation der trp-Leader mRNA im Bereich einer Attenuator-Sequenz vor Erreichen des ersten Strukturgens abgebrochen.

D. Die Rolle des Attenuators

Die Abschwächung (Attenuation) der Expression des Tryptophan-Operators wird von einer Sequenz von etwa 100-140 Basenpaaren nach Beginn der Transkription (in 3'-Richtung) kontrolliert. Bei Anwesenheit von Tryptophan wird der trp-mRNA-Leader im Bereich einer Attenuator-Sequenz abgebrochen (1). Bei Abwesenheit von Tryptophan wird die Translation fortgesetzt. Das trp Leader-Peptid enthält zwei Tryptophan-Reste (2). Dies führt bei Tryptophan-Mangel zu einer Verzögerung der Translation und Abschwächung eines Stop-Signals.

E. Stop-Signal durch mRNA Konformation

Die im trp-Operontranskript enthaltenden Peptide in zwei tandem Tryptophan-Resten (UGG-UGG) sind wichtig. Ist Tryptophan vorhanden, geht die Transkription rasch voran. In zwei Bereichen kommt es durch inverted repeats zu intramolekularer Basenpaarung: eine kurz vor Position 90 und die andere zwischen Position 114 und 130. Dabei entsteht eine haarnadelförmige Schleife mit einem Stop-Codon UAA (Terminator-Haarnadel). Dies führt zu einem Ende der Translation an Position 141. Bei Tryptophan-Mangel verzögert sich die Translation im Bereich der beiden Codons für Tryptophan (UGG) und intramolekulare Basenpaarung findet nur in einem Bereich statt. Die Terminator-Schleife wird nicht gebildet und das Stop-Codon bleibt einzelsträngig und ist abgeschwächt (attenuiert). Deshalb wird Translation über die gesamte etwa 7000 Nucleotiden lange vollständige trp-mRNA fortgesetzt. Attenuation ist ein häufiger Mechanismus zur Regulation der Genexpression bei Bakterien.

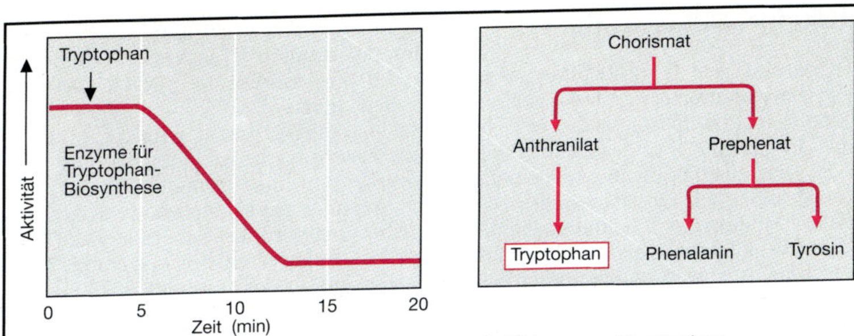

1. Verminderung der Tryptophan-Bildung

2. Bildung von Tryptophan

A. Einfluß auf die Bildung der Aminosäure Tryptophan bei *E. coli*

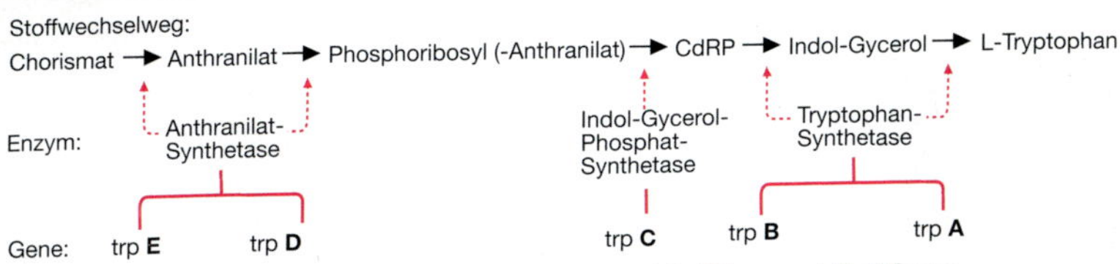

B. Biosynthese von Tryptophan durch fünf Enzymaktivitäten und fünf Gene

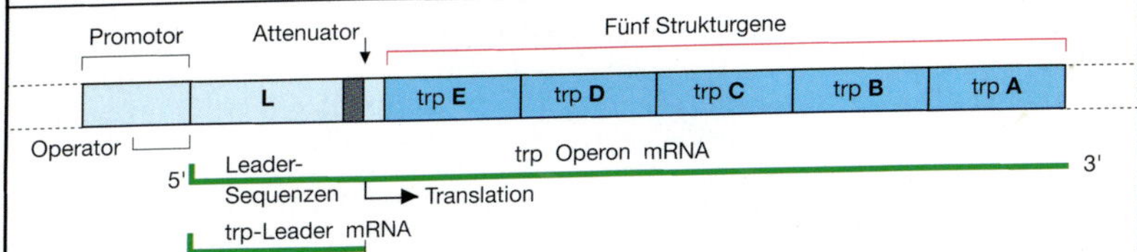

C. Tryptophan-Operon bei *E. coli*

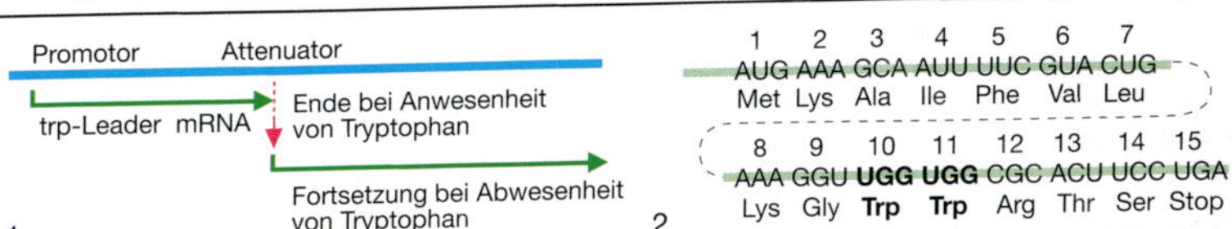

Das trp-Leader-Peptid enthält zwei Trp-Reste

D. Die Rolle des Attenuators

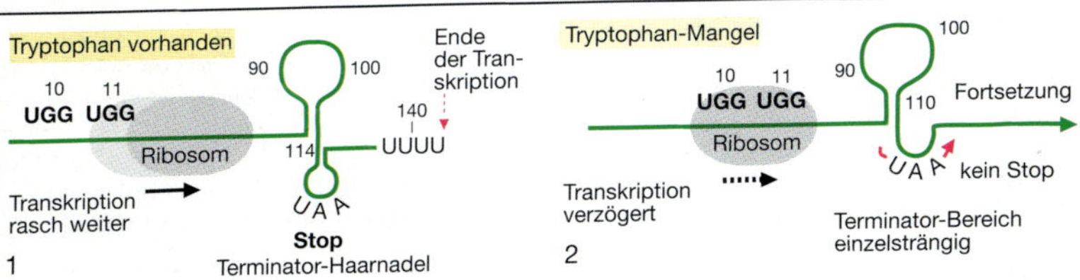

E. Stop-Signal durch mRNA-Konformation

Transkriptionskontrolle

Die Kontrolle der Transkription eines Gens ist die Voraussetzung für die richtige Funktion. Transkriptionskontrolle geschieht durch eine Serie verschiedener DNA-Sequenzen und ggf. andere Strukturmerkmale außerhalb der eigentlichen codierenden Regionen. Sie unterscheiden sich bei Prokaryoten und Eukaryoten, doch stimmen sie zugleich in anderer Hinsicht überein. Charakteristisch für alle Gene ist eine in 5'-Richtung liegende Region oberhalb der codierenden Sequenzen, die sog. Promotor-Region (vgl. S. 196 und 198).

A. Promotor-Region bei Prokaryoten

Die Analyse von Mutationen im Bereich der regulierenden Sequenzen (Promotor-Region) hat gezeigt, daß bestimmte Bereiche äußerst empfindlich gegen Basenaustausch (Mutation) sind. Zwar führen einige Mutationen nur zu milden Effekten auf die Kontrolle der Transkription, aber die meisten sind ausgeprägt (1). Als besonders wichtig haben sich in der Promotor-Region zwei Bereiche erwiesen, die 35 bzw. 10 Nucleotidbasenpaare oberhalb (in 5'-Richtung) des Beginns der Transkription liegen. Diese werden „CAT-Box" (nach beteiligten Sequenzen CAT genannt) und „TATA-Box" bzw. Pribnow-Box genannt. Sie sind praktisch bei sämtlichen lebenden Organismen gleich, d.h. sie sind evolutionär konserviert, weil sie elementare Bedeutung für die Funktion von Genen haben (2).

B. Transkriptionseinheiten bei prokaryoten Genen

Bei Prokaryoten kann man Gene für ein einziges Protein unterscheiden (1) und Gene für mehrere funktionell verwandte Proteine, die gemeinsam gesteuert werden und als Operon bezeichnet werden (2). Für ribosomale Gene gibt es eigene Transkriptionseinheiten (3). Sie enthalten Information für die Bildung von 16S-ribosomaler RNA (rRNA), 23S-RNA, 5S-rRNA und tRNA nebst zugehöriger regulatorischer Regionen. Charakteristisch für die meisten prokaryoten Transkriptionseinheiten ist die polycistronische mRNA. Von ihr werden mehrere funktionell zugehörige Proteine übersetzt und gemeinsam reguliert. Es erfolgt keine Modifizierung oder Verarbeitung des primären Transkripts, das vielmehr direkt in mehrere Polypeptide übersetzt wird. Im Gegensatz dazu werden bei Eukaryoten die einzelnen Transkripte, die für die multiplen RNAs codieren, nach der Transkription spezifisch gespalten, bevor reife stabile RNA-Produkte entstehen. Die für verschiedene RNAs codierenden Regionen enthalten eingestreute Sequenzen (Spacer-Sequenzen), die während der Verarbeitung der rRNAs und tRNAs eliminiert werden.

C. RNA-Polymerasen

Die Initiation der Transkription durch RNA-Polymerase ist bei Prokaryoten und Eukaryoten ähnlich. Bei *E. coli* finden sich zwei gut abgrenzbare Kontrollregionen 10 bzw. 35 Basenpaare oberhalb (5'-Richtung) der Startstelle für Transkription. Am 3'-Ende eines Gens finden sich Sequenzen, die das Ende der Transkription regulieren (Terminator) (1). In eukaryoten Genen gibt es drei RNA-Polymerasen, Pol I, Pol II und Pol III (2). Sie transkribieren drei verschiedene Klassen von Genen, die jeweils mit verschiedenen spezifischen Transkriptionskontrollsignalen versehen werden. Diese regulatorischen Sequenzen bestehen aus relativ kurzen DNA-Sequenzmotiven. Jedes Motiv ist eine Bindungsstelle für ein spezifisches Protein, einen Transkriptionsfaktor. Die Distanz der kontrollierenden Regionen von der Startstelle für Transkription ist variabel. Polymerase I codiert für ribosomale Gene, Polymerase II für Polypeptide und einige RNAs und Polymerase III für tRNAs, 5S RNAs und einige kleinere RNAs. RNA-Polymerase II ist extrem empfindlich gegen α-Amanitin, das Gift des Knollenblätterpilzes *Amanita phalloides* (Abb. nach Singer & Berg, 1991).

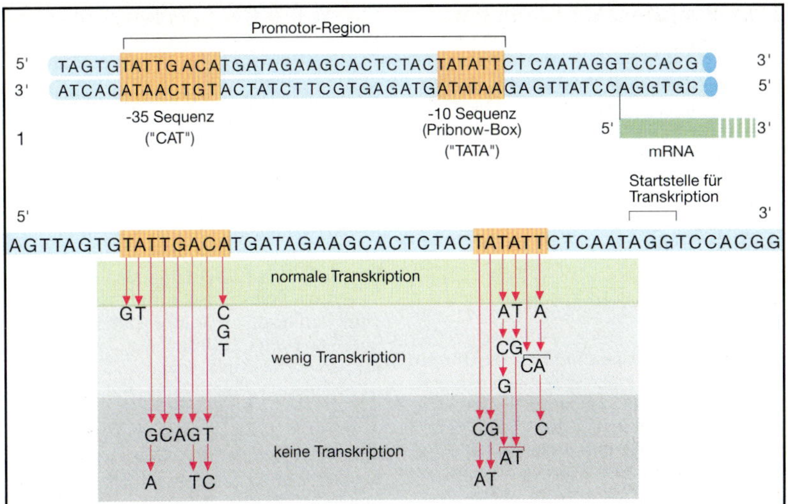

2 Effekt von Mutationen in der Promotor-Region auf die Transkriptionsrate

A. Promotor-Region bei Prokaryoten

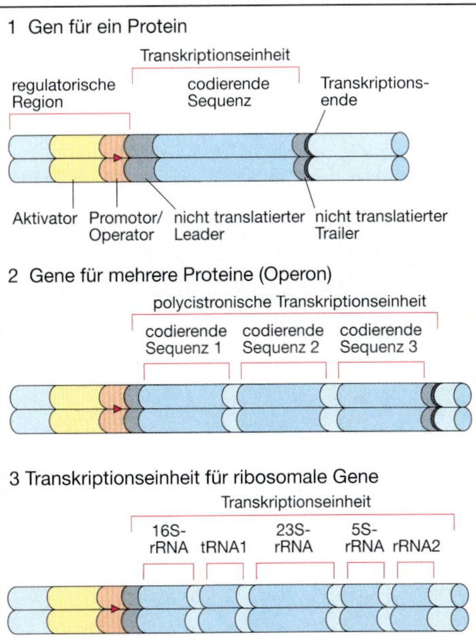

B. Transkriptionseinheiten bei prokaryoten Genen

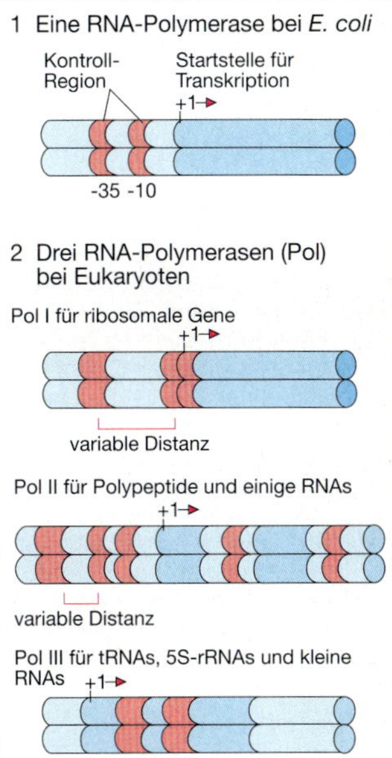

C. RNA-Polymerasen

Transkriptionskontrolle bei Eukaryoten

Im Gegensatz zu Prokaryoten codiert ein Gen für ein einziges Polypeptid (monocistronische Transkriptionseinheit). Anders als bei Prokaryoten dient Messenger-RNA nicht direkt als Vorlage zur Translation. Vielmehr finden außer Intron-Splicing (vgl. S. 50) wesentliche Modifikationen an beiden Enden statt.

A. Prototyp eines eukaryoten Struktur-Gens

Ein Struktur-Gen ist ein Gen, das für ein Genprodukt mit einer spezifischen Struktur codiert. Es läßt sich in die an der Transkription beteiligten Abschnitte (Transkriptionseinheit) und regulatorische Sequenzen unterteilen. Regulatorische Sequenzen finden sich sowohl oberhalb (in 5'-Richtung), als auch unterhalb (in 3'-Richtung) des Gens. Zusätzlich können Introns interne regulatorische Sequenzen enthalten. Die regulatorischen Sequenzen können zum Teil sehr weit oberhalb des Gens liegen. Gemeinsam mit dem Promotor (vgl. S. 196) sind sie für die Kontrolle der Transkription erforderlich.

B. Prototyp einer fertigen eukaryoten mRNA

Die fertige eukaryote mRNA entsteht durch Verarbeitung einer vorläufigen RNA durch Entfernen von Introns, Hinzufügen einer 5'-Kappe (Cap) am 5'-Ende und Hinzufügen von zahlreichen Adenin-Resten am 3'-Ende (Polyadenylierung). Vor dem Startsignal (AUG) für die Translation findet sich eine nicht codierende Sequenz (5'-Leader). Jenseits des Stopsignals für Translation (UAA) findet sich eine Trailer-Sequenz am 3'-Ende. Sowohl das Hinzufügen der Kappe, als auch die Polyadenylierung ist das Ergebnis von enzymatischen Reaktionen.

C. 7-Methyl-Guanosin-Kappe (Cap)

Die Translation eukaryoter mRNA ist ähnlich wie die der prokaryoten mRNA, mit drei deutlichen Unterschieden: (1) Transkription und Translation finden bei Eukaryoten an verschiedenen Orten der Zelle statt, (2) Transkription findet im Zellkern und Translation im Cytoplasma statt, (3) die 5'- und 3'-Enden der eukaryoten mRNA haben besondere Strukturen. Die Struktur am 5'-Ende wird Kappe genannt (Cap). Durch Einwirkung von Guanosin-7-Methyl-Transferase wird Guanosin über eine Triphosphat-Brücke mit der ersten und zweiten Ribose der vorläufigen mRNA-Kette verbunden. Das Guanosin ist in Position 7 methyliert, ebenso wie die beiden ersten Ribose-Reste der beginnenden RNA-Kette. Mit Ausnahme der mRNAs, die von DNA-Viren transkribiert werden, enthält eukaryote mRNA gewöhnlich eine einzige Protein-codierende Sequenz (monocistronischer Messenger).

D. Polyadenylierung am 3'Ende

Eukaryote Terminationssignale sind bisher weniger gut bekannt als die Regulation der Genaktivität am 5'-Ende. Eukaryote primäre Transkripte werden kurz hinter der Sequenz AAAUAA durch eine spezifische Endonuclease gespalten. Anschließend werden durch eine Poly A-Polymerase etwa 100 - 250 Adenin-Reste am 3'-Ende des Transkripts angeheftet (Polyadenylierung). Das PolyA-Ende bindet an ein Protein. Lediglich mRNAs, die für Histon-Proteine codieren, besitzen keinen PolyA-Terminus (Abb. nach Singer & Berg, 1991).

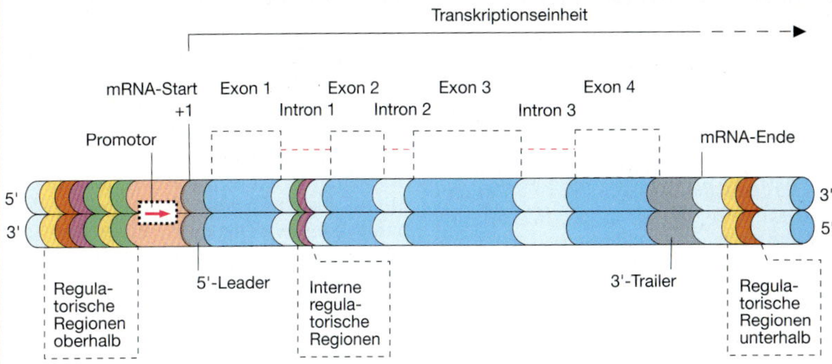

A. Prototyp eines eukaryoten Struktur-Gens

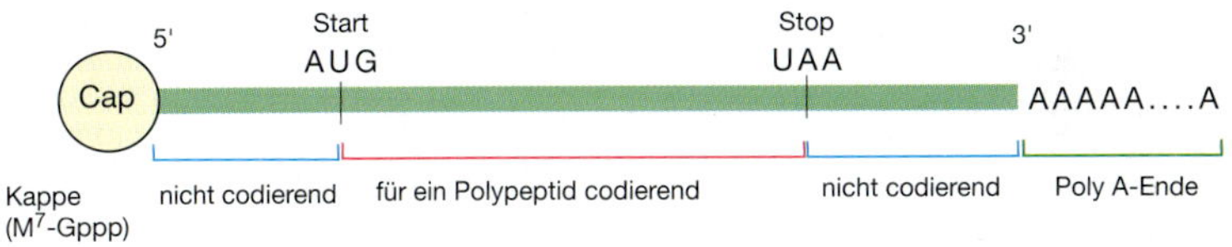

B. Prototyp einer fertigen eukaryoten mRNA

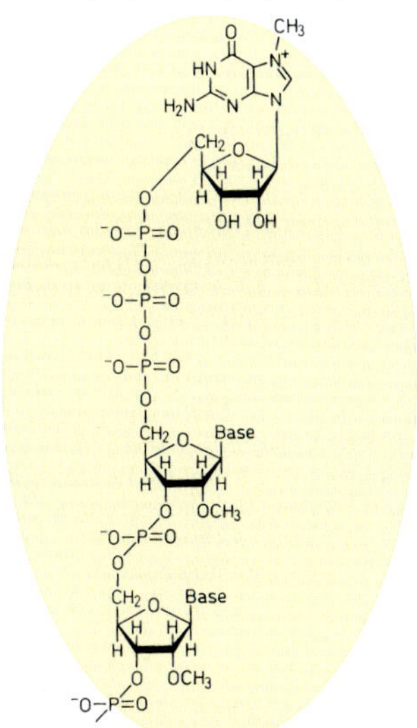

C. 7-Methyl-Guanosin-Kappe (Cap)

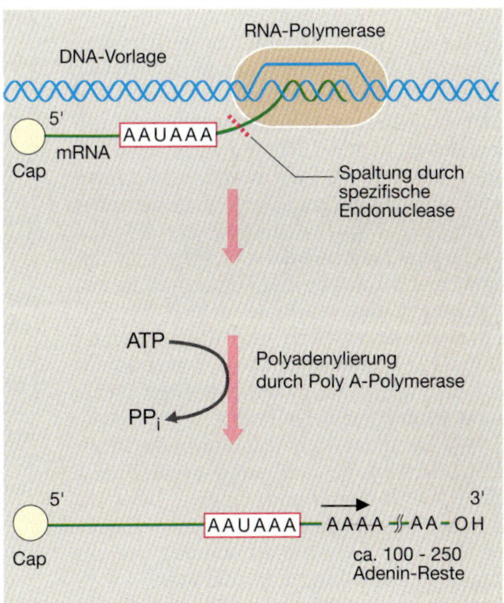

D. Polyadenylierung am 3'-Ende

Transkriptionsfaktoren I

Die Kontrolle der Gen-Expression ist von unmittelbarer Bedeutung für die Funktion und das Überleben einer Zelle. Bei Prokaryoten ist sie eine Voraussetzung für die funktionelle Anpassung an die jeweiligen Bedingungen der Umgebung. Bei eukaryoten Organismen ist die Regulation der Transkription die Voraussetzung für die differenzierte Entwicklung und Funktion in verschiedenen Geweben. Dies geschieht mittels Proteinen, die an DNA binden (Transkriptionsfaktoren). Drei grundlegende regulatorische DNA-Motive (kurze DNA-Sequenzen, die Transkription regulieren) können unterschieden werden: (1) Sequenzen, die den genauen Beginn der Transkription festlegen, (2) DNA-Abschnitte, die das Ende der Termination regulieren und (3) DNA-Sequenzen in der Nähe des Promotors, die spezifische Einflüsse auf die Aktivität eines Gens ausüben (Repressoren, Aktivatoren, Enhancer und andere).

A. Allgemeiner Effekt von Transkriptionsfaktoren

Die für die Transkription von eukaryoten Genen für Polypeptide und einige RNAs (vgl. S. 202) erforderliche Aktivität von RNA-Polymerase II reicht nicht aus, um eine ausreichende mRNA-Synthese zu gewährleisten. RNA-Polymerase allein führt zu einer an mehreren Stellen ungeordnet beginnenden mRNA-Synthese und die Syntheserate ist schwach (1). Fügt man dagegen einen Extrakt aus Zellkernen hinzu, so resultiert eine optimale mRNA-Synthese mit genauem Start und ausreichender Menge (2). Zellkerne enthalten aktivierende Faktoren in genügender Menge (Abb. in Anlehnung an Knippers, 1990, Abb. 12.14). Da diese Faktoren zumindest teilweise nicht im benachbarten Bereich desselben DNA-Abschnitts liegen, bezeichnet man sie als trans-aktivierende Faktoren. In ihrer Gesamtheit werden sie als Transkriptionsfaktoren bezeichnet.

B. DNA-bindendes Protein

Das am besten charakterisierte Motiv für DNA-Bindung ist Helix-Turn-Helix. In den DNA-bindenden Domänen des Proteins sind zwei benachbarte α-Helices des Proteins stereochemisch so angeordnet, daß die eine Helix mit sechs Basen der großen Furche (major groove) eine enge Bindung mit DNA eingehen kann (Erkennungsbereich). Die andere bildet den stabilisierenden Bereich (Abb. nach Singer & Berg, 1991). Entscheidend ist die strukturelle Geometrie, nicht die Aminosäuren-Sequenz. Es gibt eine Vielzahl von Transkriptionsfaktoren, die nach Struktur und Bindungsstelle der DNA unterschieden werden können. Eine Klasse von Transkriptionsfaktoren sind Proteine, die an Promotorelemente vom Typ der CCAAT Box („CAT-Box") binden. Dazu gehören CAAT-bindender Transkriptionsfaktor (CTF), CCAAT-bindende Proteine (CBP), Enhancer und CBP-bindende Proteine (E/CBP), Nukleärer Faktor I (NFI) und andere.

C. Transkriptionsfaktoren mit Zinkfingermotiv

Einige DNA-bindende Proteine enthalten charakteristische Strukturen, die wegen ihrer Ähnlichkeit mit Fingern und ihres Zinkgehalts als „Zinkfinger" bezeichnet werden. Ein Zink-Atom ist mit je einem Paar Cystein (Cys) und Histidin (His) so verbunden, daß sich eine fingerförmige Schleife von etwa 10 Aminosäuren bildet. Ihre Seitenketten können mit DNA reagieren. Eine Reihe von Transkriptionsfaktoren, wie der Säugetier Sp1-Faktor, Steroid-Rezeptor, Gene für LDL-Lipoproteinakzeptor, Estrogen-Rezeptor und andere enthalten Zinkfinger. Es gibt mindestens drei Arten von Zinkfingern, die sich nach Zahl und Lage der Zink-verbundenen Cystein- und Histidin-Reste unterscheiden.

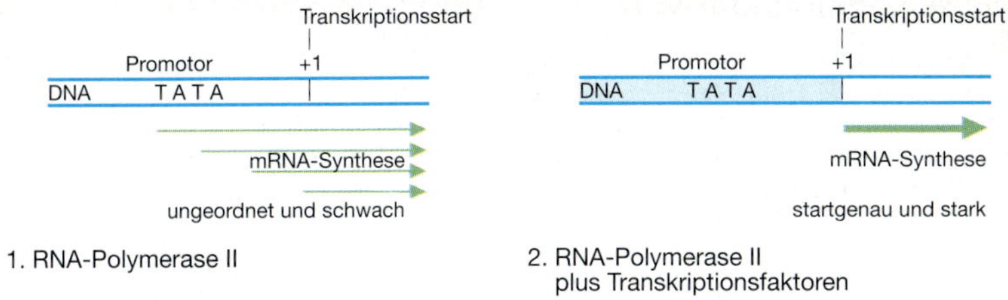

A. Allgemeiner Effekt von Transkriptionsfaktoren

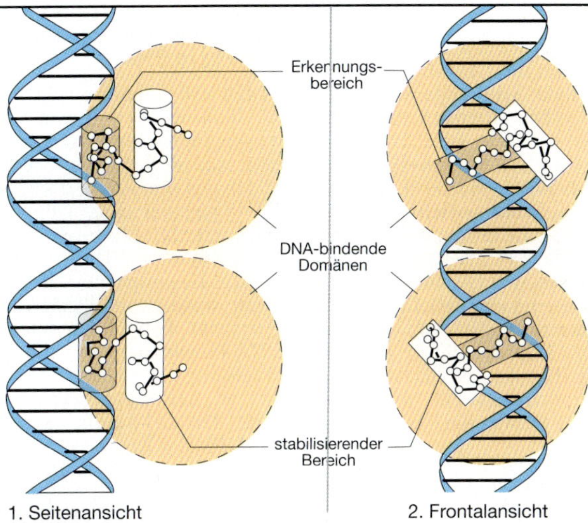

B. DNA-bindendes Protein

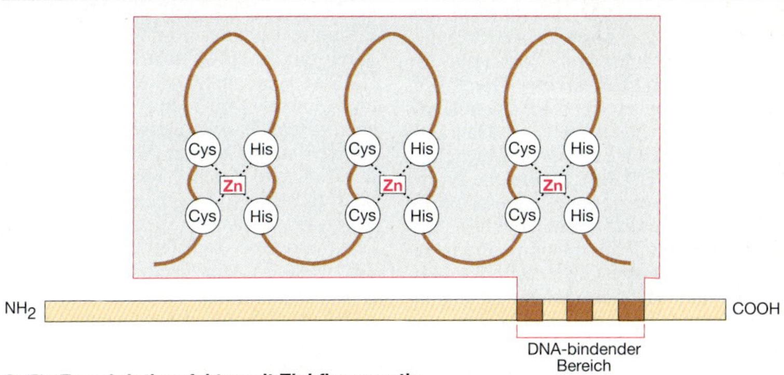

C. Ein Transkriptionsfaktor mit Zinkfingermotiv

Transkriptionsfaktoren II

Eine Reihe von Transkripionsfaktoren wie C/EBP (CAT-enhancer-binding protein), *c-myc* und *c-fos*-Gene (vgl. S. 262) enthalten ein ungewöhnliches Strukturmotiv, genannt Leucin-Zipper. Die Bezeichnung beruht darauf, daß die Struktur einem Reißverschluß ähnelt.

A. Transkriptionsfaktor mit Leucin-Zipper

In dem jeweiligen Leucin-Zipper-Protein kann ein Bereich für DNA-Bindung und der Leucin-Zipper unterschieden werden (1). Das wesentliche Element eines Leucin-Zippers ist die periodische Wiederholung von vier Leucin Resten an einem relativ langen α-helicalen Segment des Proteins (2). Das aus einer α-Helix bestehende Protein ist so strukturiert, daß die Leucin-Reste jeweils von sieben anderen Aminosäuren getrennt sind (Aminosäure 2-7). Dadurch können die vier Leucin-Reste jeweils auf einer Seite der Helix eine Art Reißverschluß (Zipper) bilden (3). Die Leucin-Zipper Domäne in Säugetier- und Hefe-Transkriptionsfaktoren unterscheidet sich für jede Genfamilie.

B. Aktivierung durch Steroidhormon-Bindung

Transkriptionale Enhancer (Verstärker) sind regulatorische Regionen der DNA-Bindungsfähigkeit zur Verstärkung der Transkription. Ihr Abstand und Orientierung im Verhältnis zur Startstelle der Transkription ist sehr variabel. Durch Bindung an einen Hormon-Rezeptor-Komplex wird der Enhancer aktiviert. Dies aktiviert den Promotor. Es beginnt die Transkription (aktives Gen). Zahlreiche für die Entwicklung von Säugetieren wichtige Gene werden durch Steroide reguliert (Steroid-responsive Transkription). Dazu gehören vor allem die Glucocorticoide, Mineralocorticoide, Steroide des Glycogen- und Mineral-Stoffwechsels, sowie die Funktion der Geschlechtshormone bei der embryonalen Geschlechtsdifferenzierung und Reproduktionskontrolle, Schilddrüsenhormon und andere. Normale Knochenentwicklung und -funktion unterliegt der Kontrolle des steroidähnlichen Vitamin D. Retinoinsäure, das in der Struktur den Steroiden ähnelt, ist ein wichtiger Regulator der Differenzierung während der Embryogenese (Morphogen). Der physiologische Effekt dieser Hormone beruht auf einer Assoziation mit einem jeweils steroidspezifischen transzellulären Rezeptor (Hormon-Rezeptor-Komplex).

C. Nachweis eines proteinbindenden Bereichs in DNA

Es gibt eine Reihe von Möglichkeiten, Protein-bindende Bereiche in DNA nachzuweisen. Ihr Nachweis ist deshalb von Interesse, weil sie regulatorische Bereiche anzeigen und ihre Analyse Rückschlüsse auf die Regulation eines Gens geben kann. Der Band-Shift-Nachweis (1) besteht in einer Analyse von DNA-Fragmenten mittels Gel-Elektrophorese. Freie DNA-Fragmente wandern im elektrischen Feld entsprechend ihrer Größe schneller als ein DNA-Proteinkomplex gleicher DNA-Fragmentgröße. Dieser wandert langsamer als freie DNA durch das Maschenwerk der Gel-Matrix. Man findet den DNA-Protein-Komplex an einer anderen Stelle („band-shift"). DNA-Footprinting (2) ist ein anderes Verfahren zur Identifizierung von Proteinbindungsstellen an DNA. Das Prinzip des DNA-Footprinting beruht darauf, daß der an Protein gebundene DNA-Bereich, z. B. der Polymerase-Promotor-Komplex von der Einwirkung durch ein die DNA schneidendes Enzym (DNAse I) geschützt ist. Mit der Footprinting-Methode kann man feststellen, in welchem Bereich normalerweise die DNA-Proteinbindung erfolgt. Die zuvor isolierte DNA wird durch Wirkung der DNAse in verschiedene Fragmente zerschnitten, diese werden anschließend in einer Gel-Elektrophorese nach Größe geordnet. Da der DNA-Protein-Bindungsbereich von Einschnitten der DNAse I verschont wird (DNAse I-Schutz-Experiment), fehlen DNA-Banden im Bereich der Bindungsstelle („foot print").

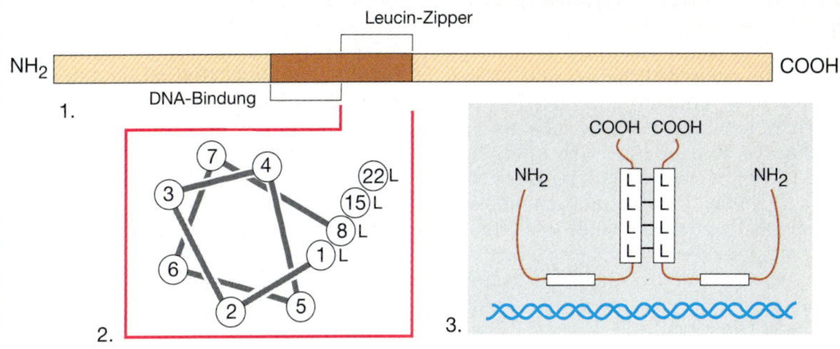

A. Transkriptionsfaktor mit Leucin-Zipper

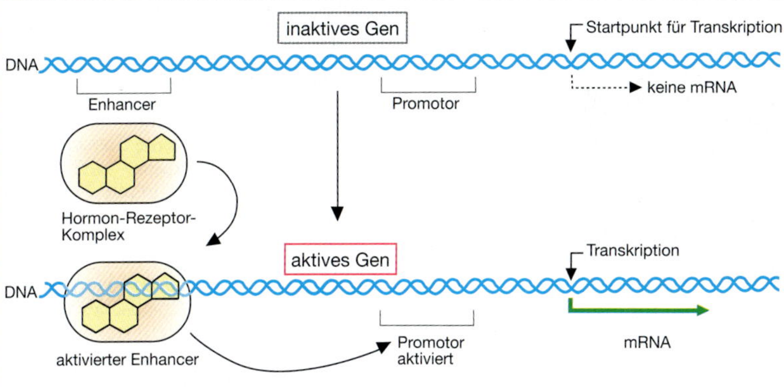

B. Aktivierung durch Steroidhormon-Bindung

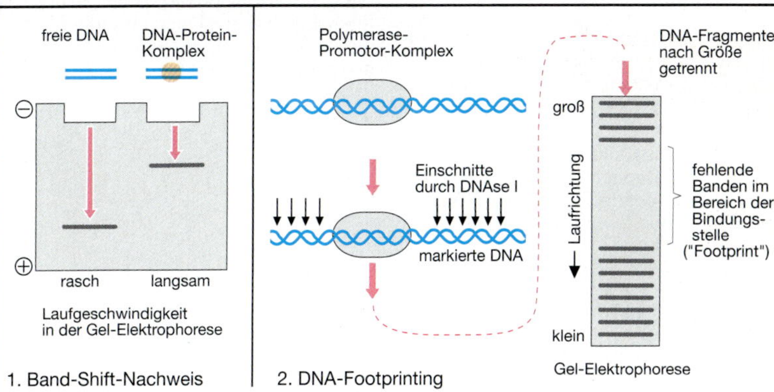

C. Nachweis eines proteinbindenden Bereichs in DNA

Inhibitoren der Transkription und Translation

Eine Reihe von natürlichen und künstlichen Stoffen können Transkription oder Translation hemmen. Sie können als Antibiotika zur Behandlung von Infektionen oder in der Krebsbehandlung verwendet werden. Zwar sind die meisten Substanzen unspezifisch und deshalb zur Behandlung nicht geeignet. Einige jedoch sind sehr spezifisch und deshalb für das Verständnis von Transkription und Translation oder therapeutisch wichtig. Grundsätzlich kann man unterscheiden, ob der Angriffspunkt in der Transkription oder in der Translation liegt.

A. Interkalierender Einbau von Actinomycin D zwischen einem GC-Basenpaar

Actinomycin D ist ein von Pilzen der Spezies Streptomyces gebildetes komplexes Polypeptid. Es besteht aus einem Phenoxazon-Ring, der an zwei Stellen mit zwei symmetrischen Seitenketten verbunden ist (1). Seine Wirkung beruht auf Interkalation (Einschub) zwischen zwei benachbarte GC-Basenpaare in doppelsträngiger DNA. Das Actinomycin D-Molekül wird so in die DNA eingelagert, daß es in der Seitenansicht (2) eine schmale Schicht innerhalb der DNA-Doppelhelix bildet, verbunden durch die beiden benachbarten GC-Basenpaare. Sieht man gewissermaßen von oben in die DNA-Doppelhelix (3), so ist das eingeschobene Actinomycin D-Molekül deutlich. Der Grad der Inhibition durch Actinomycin D ist unterschiedlich. In hohen Konzentration blockiert Actinomycin D die Replikation, während Transkription auch bereits in niedrigen Konzentrationen inhibiert werden kann.

B. Puromycin imitiert eine Aminoacyl-tRNA

Puromycin, ein Polypeptid aus *Streptomyces alboniger* blockiert die Polypeptid-Synthese in Ribosomen von Pro- und Eukaryoten. Die Wirkung beruht auf struktureller Ähnlichkeit mit einer Aminoacyl-tRNA. Eine Aminoacyl-tRNA ist ein tRNA-Molekül, an dessen 3'-Ende eine Aminosäure angeheftet ist. Normalerweise kommt es durch eine Peptidyl-Transferase zu einer Peptidbindung zwischen der Amino-Gruppe der hereinkommenden Aminoacyl-tRNA an der A-Stelle und der Carboxy-Gruppe der an der P-Stelle vorhandenen Peptidyl-tRNA. Puromycin hat eine ähnliche Struktur wie eine Aminoacyl-tRNA, aber weil die Bindung der Aminosäure über ein N-Atom erfolgt, kann Puromycin nicht an die A-Stelle im Ribosom angeheftet werden. Das resultierende Polypeptidyl-Puromycin-Addukt wird aus dem Ribosom entfernt und die Protein-Synthese vorzeitig beendet.

C. Inhibitoren der Protein-Synthese

Zahlreiche in der Natur vorkommende oder künstlich hergestellte Substanzen inhibieren Protein-Synthese, weil sie die Transkription oder bestimmte Phasen der Translation hemmen. Einige haben klinische Bedeutung als Antibiotika, andere haben toxikologische Bedeutung. Ein Beispiel für die Spezifität einiger Inhibitoren ist α-Amanitin, ein bizyklisches Octapeptid des Knollenblätterpilzes (*Amanita phalloidis*). Es bindet in sehr niedriger Konzentration an RNA-Polymerase II und blockiert dadurch die Bildung von vorläufiger mRNA in Eukaryoten. Dagegen ist RNA-Polymerase I unempfindlich gegen dieses Toxin und Polymerase III bindet nur in höheren Konzentrationen.

(Angaben nach Singer & Berg, 1991.)

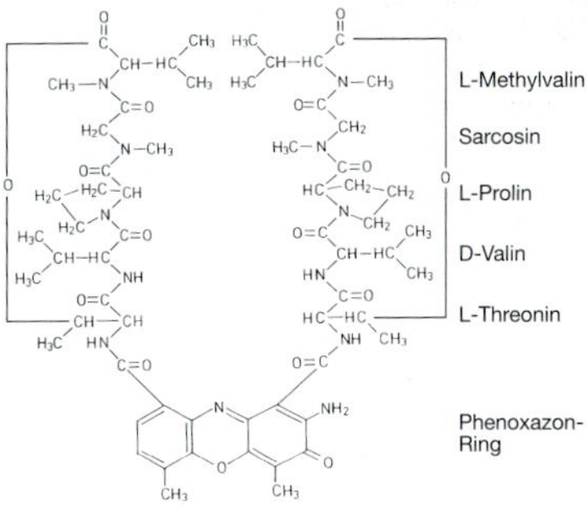

1. Actinomycin D

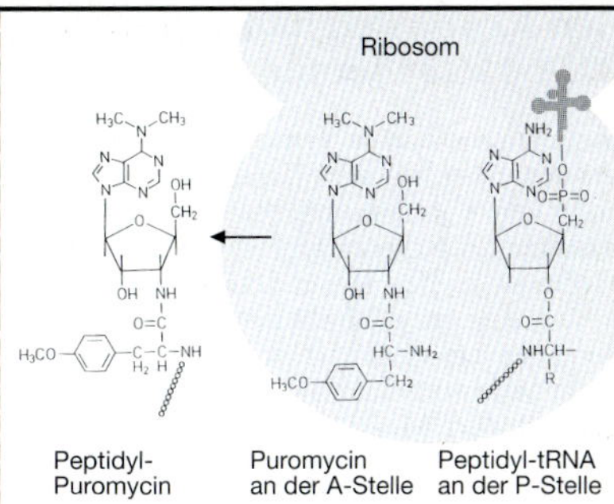

B. Puromycin imitiert eine Aminoacyl-tRNA

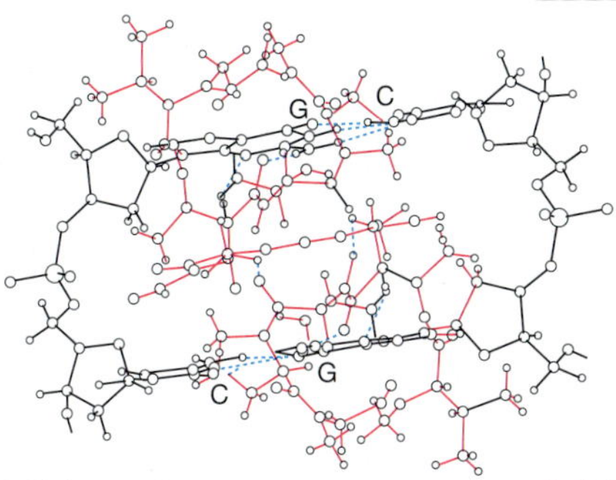

2. Sicht von oben

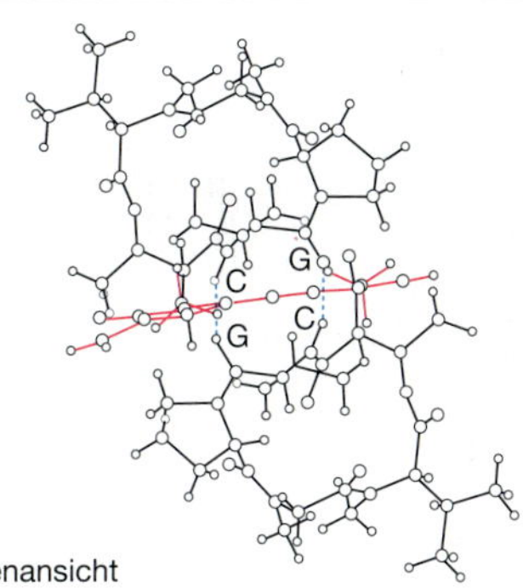

3. Seitenansicht

A. Interkalierender Einbau von Actinomycin D zwischen ein GC-Basenpaar

Bei Prokaryoten (Beispiele) :	
Actinomycin	Bindung zwischen benachbarten G - C Basen in DNA (Interkalation)
Chloramphenicol	inhibiert Peptidyltransferase des 70S-Ribosoms
Erythromycin	bindet an 50S-Partikel und verhindert Bildung des 70S-Ribosoms
Neomycin	bindet an die 30S-ribosomale Untereinheit und inhibiert die Bindung einer tRNA
Puromycin	vorzeitige Kettentermination
Rifamycin	inhibiert RNA-Synthese durch Bindung an die β-Untereinheit des RNA-Polymerase Holoenzyms
Streptomycin	wie Erythromycin
Tetracyclin	inhibiert die Bindung von tRNA an die 30S-ribosomale Untereinheit
Bei Eukaryoten (Beispiele) :	
α-Amanitin	inhibiert Polymerase II
Chloramphenicol	inhibiert Peptidyltransferase von mitochondrialen Ribosomen
Cycloheximid	inhibiert Peptidyltransferase
Diphterietoxin	inhibiert Initiationsfaktor 2 und Translokation

C. Inhibitoren der Protein-Synthese

Gen-Expression und DNA-Methylierung

Die Expression von Genen bei Wirbeltieren korreliert mit dem Grad der Methylierung von Cytosin innerhalb und in der Nähe Gen-regulierender Regionen. Genaktivität ist in der Regel mit Abwesenheit oder reduzierter Methylierung in diesen Bereichen assoziiert (Hypomethylierung). Nicht exprimierte DNA-Abschnitte enthalten vermehrt Methyl-Gruppen (Hypermethylierung). DNA-Methylierung ist über viele Generationen von Zellteilungen stabil.

A. Inaktive DNA ist in Cytosin-reichen Sequenzen methyliert

Methyl-Gruppen in eukaryoter DNA sind an Position 5 eines Cytosinrests angeheftet, so daß 5-Methylcytosin (5-meC) entsteht. Deshalb findet sich Methylierung vorwiegend in CG-reichen Sequenzen. 5-Aza-Cytosin ist die Pyrimidin-Base von 5-Aza-Cytidin. Die Anwesenheit eines Stickstoff-Atoms in Position 5 (N-5) verhindert die Methylierung. Durch 5-Aza-Cytosin kann die Methylierung von 5-Methyl-Cytosin rückgängig gemacht werden, weil nach Einbau von 5-Aza-Cytosin keine Methylierung möglich ist. Die Regulation der Genexpression im allgemeinen erfolgt jedoch nicht durch Methylierung. Dies geht daraus hervor, daß sich bei *Drosophila* keine methylierte DNA findet.

B. Methylierungs-sensitives Restriktionsenzym

Das Methylierungsmuster von DNA kann durch ein Methylierungs-sensitives Restriktionsenzyme ermittelt werden. Dies schneidet nur, wenn die Erkennungssequenz nicht methyliert ist. Ist sie dagegen methyliert, so erfolgt kein Einschnitt.

C. GC-reicher Abschnitt in DNA

In etwa 25 bis 75% der DNA kommen GC-reiche Abschnitte vor. Hier ist Methylierung besonders häufig.

D. Erkennung eines methylierten DNA-Abschnitts

Ein methylierter Abschnitt kann im Southern-Blot erkannt werden. Die Restriktionsendonuclease HpaII schneidet eine nicht-methylierte Erkennungssequenz CCGG. MspI schneidet die gleiche Erkennungssequenz unabhängig vom Methylierungszustand. Befinden sich in einem gegebenen DNA-Abschnitt zwei Erkennungssequenzen für MspI und HpaII, von denen eine methyliert ist, so bilden sich nach Einwirkung von MspI drei DNA-Fragmente, nach Einwirkung von HpaII dagegen nur zwei Fragmente. Die methylierte Erkennungssequenz kann von HpaII nicht geschnitten werden, so daß an dieser Stelle nur ein größeres DNA-Fragment entsteht.

E. Nicht-methylierter GC-reicher Abschnitt am 5'-Ende eines exprimierten Gens

Die meisten CG-Dinucleotide in Vertebraten-DNA sind hochmethyliert. Etwa 1% der DNA bei Wirbeltieren bildet nach Verdauung mit der Restriktionsendonuclease HpaII eine Vielzahl kleiner Fragmente von durchschnittlich 120 Basenpaaren CpG islands (Cytosin-Phosphat-Guanin, CpG). Da HpaII ein Methylierungs-sensitives Enzym ist, muß es sich um nicht-methylierte DNA-Fragmente handeln (HTF, HpaII tiny fragments). Die Lage dieser nicht methylierten Inseln korrespondiert mit dem 5'-Ende von exprimierten Genen. Eine CpG-Insel besteht aus einem etwa 1-2 kb langen Abschnitt von CG-Dinucleotiden. Das Genom von Säugetieren enthält etwa 30.000 solcher CpG-Inseln mit einem durchschnittlichen Abstand von etwa 100 kb. Ihre Anwesenheit gilt als Hinweis auf den Beginn eines Strukturgens. Jedoch gibt es Gene, die keine CpG-Inseln enthalten, z. B. die β-Globin-Familie, Wachstumshormon, Insulin, α-Interferon u. a.

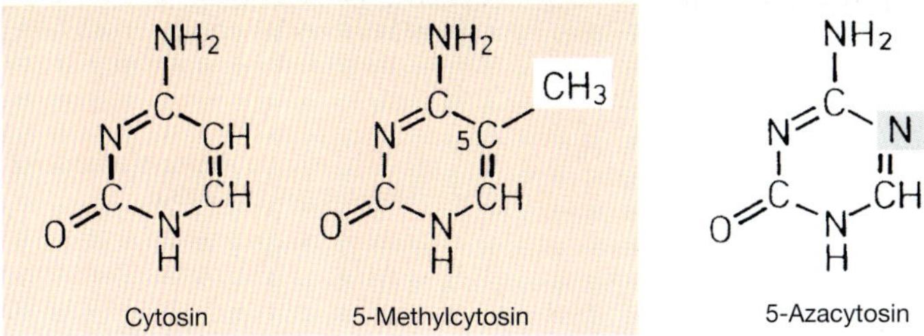

A. Inaktive DNA ist in Cytosin-reichen Sequenzen methyliert

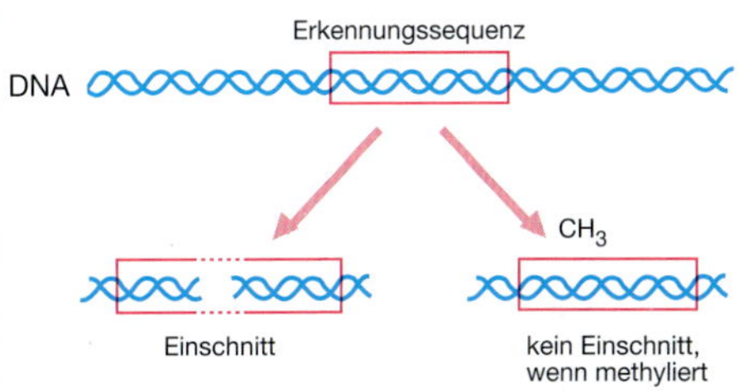

B. Methylierungs-sensitives Restriktionsenzym

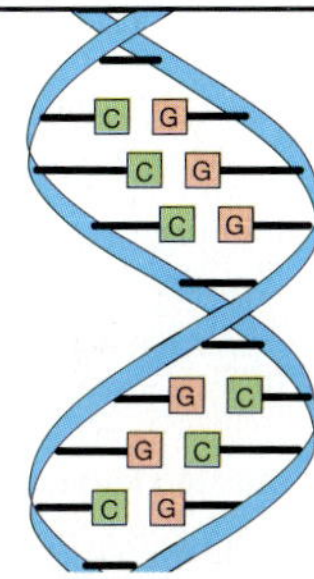

C. CG-reicher Abschnitt in DNA

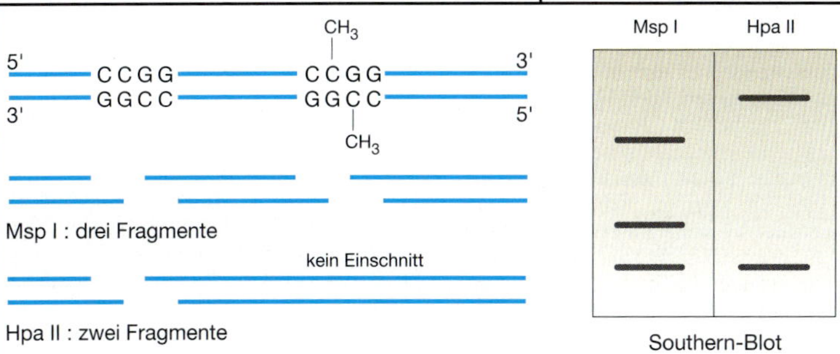

D. Erkennung eines methylierten DNA-Abschnitts

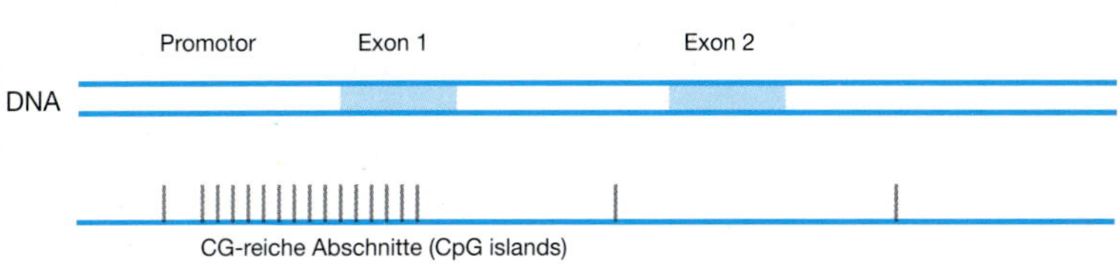

E. Nicht-methylierter CG-reicher-Abschnitt am 5'-Ende eines exprimierten Gens

Genomisches Imprinting

Eine Reihe bemerkenswerter tierexperimenteller und klinischer Beobachtungen lenkten etwa Mitte der 80er Jahre die Aufmerksamkeit auf unerwartete Befunde, die nicht ohne weiteres mit den Mendelschen Gesetzmäßigkeiten vereinbar sind. Bestimmte Bereiche des mütterlichen und väterlichen Genoms sind nicht gleichwertig. Kommt in einem solchen Abschnitt das genetische Material ausschließlich von der Mutter, nicht aber vom Vater, so hat dies andere Folgen als wenn der gleiche Abschnitt vom Vater kommt. Für bestimmte Funktionen tragen das väterliche (paternale) und mütterliche (maternale) Genom auf unterschiedliche Weise zum sich entwickelnden Embryo bei. Dieses Phänomen der Prägung der Expression eines Gens wird als Genomisches Imprinting bezeichnet.

A. Uniparentale Disomie

Uniparentale Disomie (UPD) ist das Vorhandensein von zwei Chromosomen (oder Chromosomenabschnitten) von einem Elternteil und Fehlen des entsprechenden Chromosoms vom anderen Elternteil. Bei Isodisomie handelt es sich um dasselbe elterliche Chromosom, bei Heterodisomie um je eines der beiden Chromosomen vom selben Elternteil. Erhält eine Maus zwei Chromosomen 11 von der Mutter, so ist sie kleiner als normal. Erhält sie zwei Chromosomen11 vom Vater, so wird sie größer als normal. UPD für andere Chromosomen ist meist letal. Auch beim Menschen ist uniparentale Disomie als Ursache von Krankheiten nachgewiesen (vgl. S. 340).

B. Genomisches Imprinting

Genomisches Imprinting bezeichnet die unterschiedliche Expression eines Allels je nachdem, ob es mütterlicher oder väterlicher Herkunft ist. Sicher nachgewiesen ist Imprinting für Teile von Chromosom 2, 6, 7 und 11 der Maus. Für einen Teil dieser chromosomalen Regionen sind homologe Bereiche auf Chromosomen des Menschen bekannt. Genomisches Imprinting bzw. uniparentale Disomie ist für mehrere Erkrankungen beim Menschen nachgewiesen, wie Prader-Willi-Syndrom und Angelman-Syndrom auf Chromosom 15p (vgl. S. 350).

C. Unterschiedliche Expression durch Methylierungsunterschiede

Genomisches Imprinting ist u. a. durch unterschiedliche Methylierung erklärbar. Wird ein Gen paternaler Herkunft methyliert (inaktiv), aber nicht das maternale, so ist lediglich das maternale Gen exprimiert. Ist umgekehrt das maternale Gen methyliert (inaktiv), wird nur das paternale Gen exprimiert.

D. Imprinting des distalen Chromosom 7 bei Maus-Embryonen

Besonders gut ist Genomisches Imprinting für das distale Drittel von Chromosom 7 der Maus nachgewiesen. Wenn bei Maus-Embryonen das distale Drittel von Chromosom 7 in beiden Chromosomen vom Vater stammt, entwickeln sie sich größer als normale Kontrollen. Stammt dagegen das distale Drittel von Chromosom 7 in beiden Chromosomen von der Mutter, so sind die Embryonen zu klein und sterben um den 16. Tag der Entwicklung. Als Erklärung wird unterschiedliches Imprinting des in diesem Bereich liegenden Gens für den insulinähnlichen Wachstumsfaktor 2 (*Igf*-2) angenommen, das für die embryonale Entwicklung wichtig ist. Der distale Anteil von Chromosom7 der Maus ist homolog zum mittleren Drittel des kurzen Arms von Chromosom 11 des Menschen (11p15). In diesem Bereich prädisponiert uniparentale Disomie zu einem mit Überwuchs assoziierten, Krebs-disponierenden Syndrom beim Menschen (Beckwith-Wiedemann-Syndrom).

Literaturhinweise

Ferguson-Smith, A. C., et al.: Embryological and molecular investigations of parental imprinting on mouse chromosome 7. Nature *351* : 667, 1991.

Wilson, G. N., Hall, J. G., Cruz, de la F.: Genomic imprinting: Summary of an NICHD conference. Am. J. Med. Genet. *46* : 675–680, 1993.

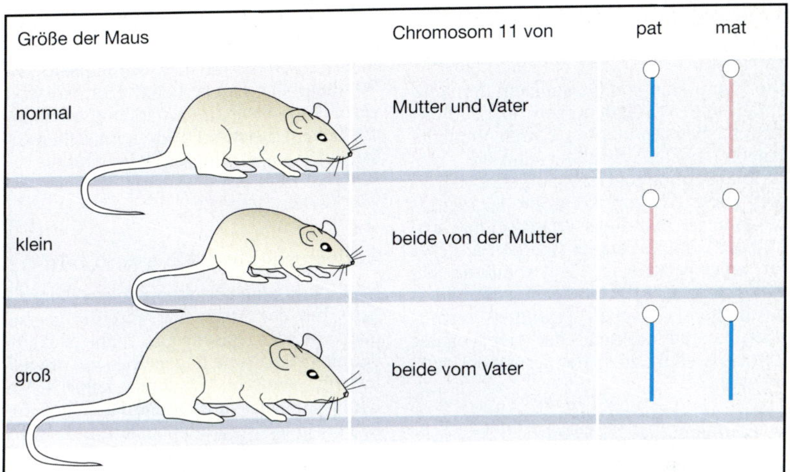

A. Uniparentale Disomie

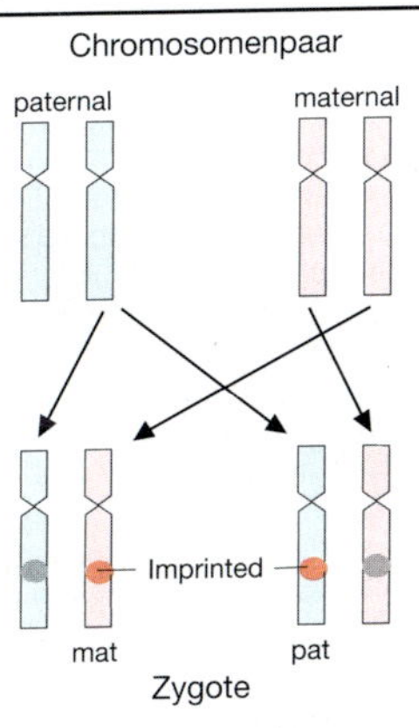

B. Genomisches Imprinting

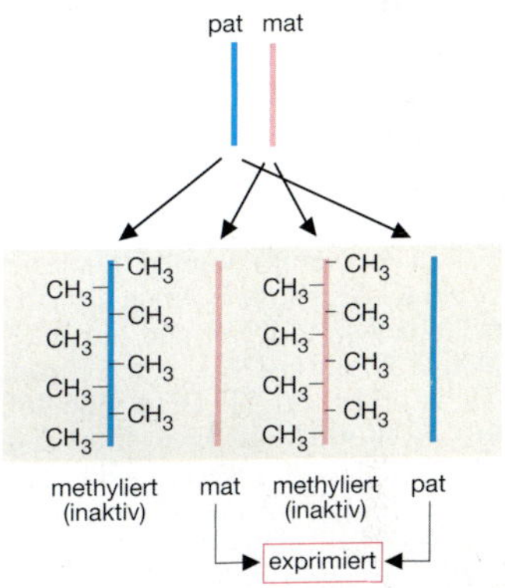

C. Unterschiedliche Expression durch Methylierungsunterschiede

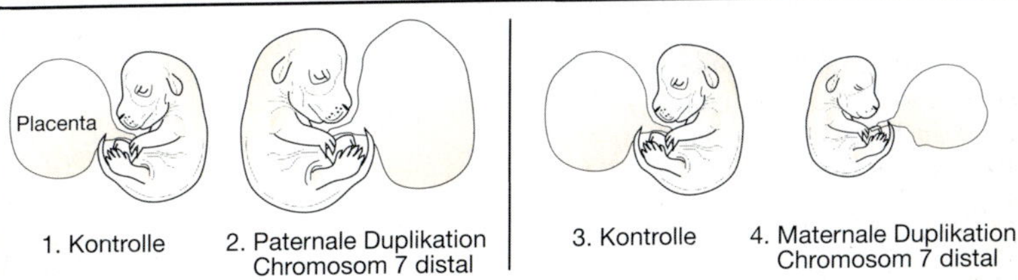

D. Imprinting des distalen Chromosom 7 bei Mäuse-Embryonen

Topologische Veränderungen der DNA-Struktur

Die Expression von Genen kann durch topologische Veränderungen der DNA-Struktur bewirkt werden. Durch Veränderungen der DNA-Struktur kann die Transkription ermöglicht bzw. aufgehoben werden. Diese Art von Kontrolle der Genexpression ist allerdings relativ global und unspezifisch. Sie eignet sich deshalb eher für eine permanente Unterbindung der Transkription, z. B. von Genen, die nur in bestimmten Geweben exprimiert werden oder die nur während der embryonalen Zeit aktiv sind und später permanent inaktiv sind.

A. Drei Formen von DNA

Die DNA-Doppelhelix kommt nicht in einer einzigen Struktur vor, sondern stellt eine Strukturfamilie mit verschiedenen Typen dar. Die ursprünglich von Watson und Crick 1953 ermittelte klassische Form ist die der B-DNA. Das wesentliche Strukturmerkmal der B-DNA ist die Bildung von zwei Furchen, einer großen Furche (major groove) und einer kleinen Furche (minor groove). In der Natur kommen mindestens zwei weitere alternative Formen der DNA-Doppelhelix vor, Z-DNA und die seltene A-DNA. Während B-DNA eine rechtshändige Helix bildet, zeigt Z-DNA eine linkshändige Konformation. Dies führt dazu, daß die Abstände zwischen den Basenpaaren größer sind (0,77 nm) als in B-DNA und einen Zickzackkurs nehmen (dies hat zur Bezeichnung Z-DNA geführt). Die seltene A-DNA existiert nur im dehydrierten Zustand und unterscheidet sich in der von der B-Form durch Drehung der Perpendikularachse der Helix um 20 Grad. A-DNA hat eine tiefe große Furche und eine flache kleine Furche.

B. Große und kleine Furche in B-DNA

Die Basenpaarung in DNA (Adenin-Thymin bzw. Guanin-Cytosin) führt zur Bildung einer großen und einer kleinen Furche, weil die glycosidischen Bindungen an die Deoxyribose (dRib) nicht diametral gegenüberliegen. In B-DNA liegen die Purin-und Pyrimidin-Ringe 0.34 nm auseinander. DNA hat die zehn Basenpaare pro Windung der Doppelhelix. Der Abstand von einer vollständigen Windung zur anderen beträgt 3.4 nm. Dadurch entstehen lokalisierte Kurven in der Helix. Daraus resultieren eine etwas größere und eine etwas kleinere Furche.

C. Übergang von B-DNA nach Z-DNA

B-DNA ist eine perfekte reguläre Doppelhelix mit der Ausnahme, daß die gegenüberliegenden Basenpaare nicht exakt in der gleichen Ebene liegen. Sie sind propellerartig verdreht. Dadurch kann DNA leicht gebogen werden, ohne daß sich die lokale Struktur wesentlich ändert. In Z-DNA folgt das Zucker-Phosphatgerüst einem ausgesprochenen Zickzackmuster.
Z-DNA hat nur eine einzige Furche mit einer größeren Dichte negativ geladener Moleküle. Z-DNA kommt in vivo in begrenzten Abschnitten vor. Ein aus GC-Paaren bestehender Abschnitt kann in Z-DNA überführt werden, in dem die Basen um 180 gedreht werden. Normalerweise ist Z-DNA thermodynamisch relativ unstabil. Der Übergang zur Z-Form ist jedoch erleichtert, wenn das Cytosin in Position 5 (C-5) methyliert ist. Die Modifikation von DNA durch Methylierung von Cytosin ist in bestimmten Bereichen der DNA bei Eukaryoten häufig. Es gibt spezifisch an Z-DNA-bindende Proteine, aber ihre Bedeutung für die Regulation der Transkription ist unklar.

Literaturhinweise

Watson, J. D., et al.: Molecular Biology of the Gene, 3rd edition, 1987.

Stryer, L.: Biochemistry, 3rd edition, 1988.

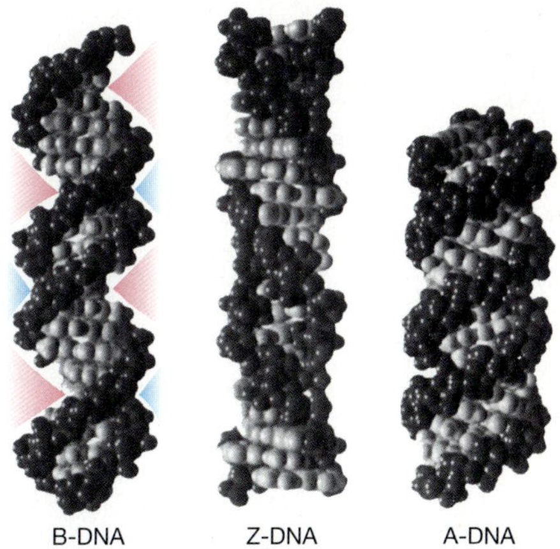

A. Drei Formen von DNA

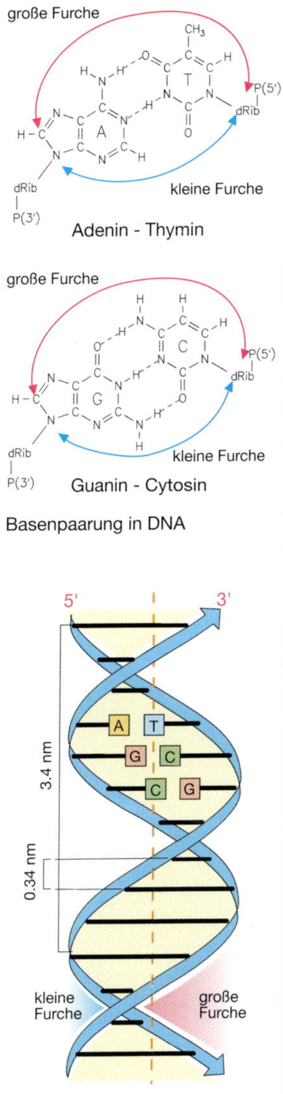

B. Große und kleine Furche in B-DNA

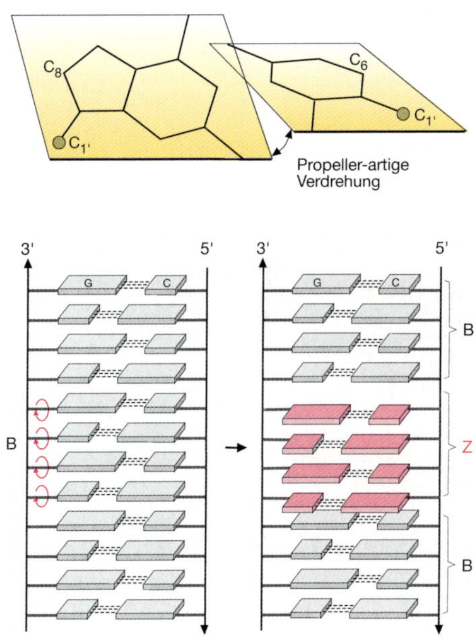

C. Übergang von B-DNA nach Z-DNA

Funktionsbereiche

Typen von Zelloberflächen-Rezeptoren

Spezifische Rezeptoren an Oberflächen von Zellen (bzw. im Nucleus oder Cytosol) vermitteln Signale in Zellen und die funktionelle Antwort. Die Grundstruktur ihrer Gene ist ähnlich, weil sie sich von einer relativ kleinen Gruppe ancestraler Gene ableiten. Die Bindung an den Liganden (signalauslösendes Molekül) und zelluläre Antwort sind spezifisch. Durch die Bindung des Liganden an den Rezeptor wird eine Serie von Reaktionen ausgelöst, welche die Funktion der Zelle ändern. Rezeptoren mit direkter und indirekter Liganden-Wirkung können unterschieden werden.

A. Zelloberflächen-Rezeptoren mit direkter Liganden-Wirkung

Viele Hormone können die Plasmamembran nicht überwinden. Sie interagieren mit Zelloberflächen-Rezeptoren. Ihre Wirkung ist direkt und sehr rasch. In Ligandenaktivierten Ionenkanälen (1) wird durch die Bindung des Liganden an den Rezeptor eine Konformationsänderung des Rezeptor-Proteins bewirkt. Dies führt zur Öffnung eines Ionen-spezifischen Kanals im Protein selbst. Es resultiert ein Ionendurchfluß, der die elektrische Ladung der Zellmembran ändert. Bei Rezeptoren mit Liganden-aktivierter Proteinkinase (2) wird ein Substrat-Protein aktiviert. Die meisten Proteinkinasen phosphorylieren Tyrosin (Tyrosinkinase), Serin oder Threonin durch Übertragung eines Phosphat-Restes von Adenosin-Triphosphat (ATP), das dadurch in Adenosin-Diphosphat (ADP) überführt wird. Andere Rezeptoren vermitteln eine Abtrennung von Phosphat von einer phosphorylierten Tyrosin-Seitenkette durch eine Phosphatase-Aktivität (3). Guanylat-Cylase (4) bewirkt nach Bindung des Liganden die Bildung von cyclischem Guanosin-Monophosphat (cGMP) aus Guanosin-Triphosphat (GTP). Das cGMP wirkt als zweiter Bote und vermittelt die rasche Änderung der Aktivität von Enzymen oder nicht-enzymatischen Proteinen. Die Entfernung oder Degradation des Liganden reduziert den Spiegel des zweiten Boten und beendet die Reaktion (Abb. nach J. Darnell, H. Lodish, D. Baltimore, Molecular Cell Biology, 2nd ed., 1990).

B. Hormone mit sofort wirksamer Zellreaktion

Wichtige Beispiele für als Liganden wirkende Hormone sind Aminosäuren-Derivate, Abkömmlinge von Arachidonsäure, sowie eine große Zahl von Peptid-Hormonen. Adrenalin, Noradrenalin und Histamine wirken sehr rasch und unmittelbar. Peptidhormone wie Insulin oder Adrenocorticotropes Hormon (ACTH) werden zunächst als ein vorläufiges Polypeptid gebildet, das durch spezifische Proteasen in aktive Moleküle gespalten wird. Einige Peptidhormone werden von einem gemeinsamen Gen codiert, dessen Transkript durch alternatives RNA-Splicing verschiedene Vorlagen für die Translation ergibt. (Verwendete Abkürzungen: ACTH = Adrenocorticotropes Hormon, FSH = Follikel-stimulierendes Hormon, LH = Luteinisierendes Hormon, TSH = Thyreoid-stimulierendes Hormon) (Angaben in der Tabelle nach J. Darnell, H.Lodish, D.Baltimore: Molecular Cell Biology, 2nd edition, Scientific American Books, New York, 1990.)

C. Zelloberflächen-Rezeptoren mit indirekter Liganden-Wirkung

Viele Zelloberflächen-Rezeptoren wirken indirekt. Durch die Bindung des Liganden wird eine Serie intrazellulärer Aktivierungsvorgänge induziert. Das Reaktionssystem besteht aus dem Rezeptor-Protein, einem an einen Guanosyl-Rest gekoppeltes Protein (G-Protein) und ein zu aktivierendes Enzym. Die Bindung des Liganden verändert das Rezeptor-Protein und aktiviert das G-Protein (2)). Dies wandert an den Effektor, z. B. ein Enzymkomplex (3) und aktiviert ihn (4). Dadurch wird ein zweiter Bote gebildet, der weitere Reaktionen in der Zelle auslöst, wie zum Beispiel zyklisches Adenosin-Monophosphat (cAMP) durch das Enzym Adenylat-Cyclase (vgl. S. 226).

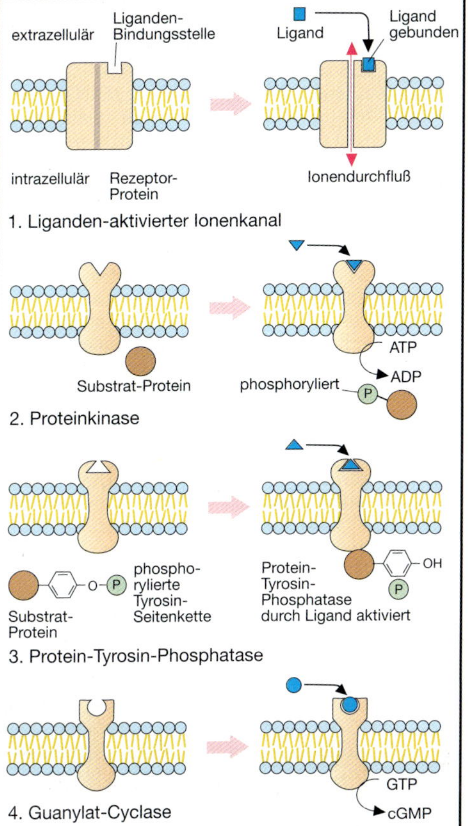

A. Zelloberflächen-Rezeptoren mit direkter Liganden-Wirkung

Beispiele für Liganden:

Aminosäure-Derivate
- Adrenalin
- Noradrenalin
- Histamin

Derivate von Arachidonsäure:
- Prostaglandine

Peptidhormone:
- Glucagon
- Insulin
- Gastrin
- Secretin
- Cholecystokinin
- ACTH
- FSH
- LH
- TSH
- Parathyreoidhormon
- Vasopressin
- TSH-releasing Hormon
- LH-releasing Hormon

B. Hormone mit sofort wirksamer Zellreaktion

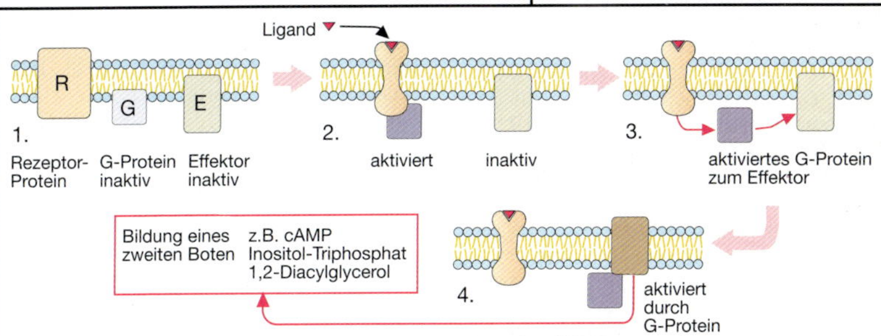

C. Zelloberflächen-Rezeptoren mit indirekter Liganden-Wirkung

Rezeptoren für Neurotransmitter

Die Übertragung von Impulsen zwischen Nervenzellen oder zwischen Nerven- und Muskelzellen erfolgt durch verschiedene Überträgermoleküle (Neurotransmitter). Ihre Wirkung wird durch Rezeptoren in der Plasmamembran der Zelle übertragen. Rezeptoren können danach unterschieden werden, ob ihre Wirkung direkt oder indirekt ist.

A. Acetylcholin als Neurotransmitter

Cholinerge Synapsen übertragen den Nervenimpuls von einer Nervenzelle zur anderen und ggf. von einer Nervenzelle zu einer Muskelzelle (motorische Endplatte). Acetylcholin führt zu einer postsynaptischen Depolarisierung durch Abgabe von Kalium-Ionen (K^+) und Aufnahme von Natrium-Ionen (Na^+). Dieser Vorgang wird von einem Acetylcholin-Rezeptor gesteuert.

B. Acetylcholin-Rezeptor

Der Acetylcholin-Rezeptor besteht aus zwei genetisch und funktionell verschiedenen Typen. Pharmakologisch können sie nach der Wirkung auf Nicotin bzw. Muscarin unterschieden werden. Der Nicotin-empfindliche Acetylcholin-Rezeptor ist ein Ionenkanal für Kalium bzw. Natrium. Er besteht aus fünf Untereinheiten, zwei α, einer β, einer γ und einer δ (1). Acetylcholin bindet als Ligand an die beiden α-Untereinheiten. Jede Untereinheit besteht aus vier transmembranen Anteilen (2). Jede Untereinheit wird von einem Gen codiert (3), dessen Struktur und Nucleotid-Basensequenz ähnlich ist. Der Liganden-geöffnete Ionenkanal ist ein Beispiel für den direkten Transport ohne Zwischenübertragung. Eine Mutation in der zweiten transmembranen Region verändert die Ionenselektivität von Kationen zu Anionen (J.-L. Galzi, Nature *359:* 500, 1992).
Der Muscarin-empfindliche Acetylcholin-Rezeptor ist ein aus sieben transmembranen Untereinheiten bestehendes Protein (4). Da die Polypeptid-Kette in den sieben transmembranen Abschnitten in Form einer α-Helix vorliegt, spricht man von einem Sieben-Helix-Transmembran-Protein. Das Amino-Ende (NH2) liegt extrazellulär, das Carboxy-Ende (COOH) liegt intrazellulär. Die transmembranen Anteile sind durch je drei intrazelluläre und extrazelluläre Polypeptidschleifen verbunden (4). Entsprechend der Lokalisation und des relativen Anteils hydrophiler und hydrophober Aminosäuren lassen sich am Gesamtprotein verschiedene Domänen unterscheiden (5). Das Amino-Ende und das Carboxy-Ende bilden je eine Domäne. Die intrazellulär gelegenen (a-c) und die extrazellulär gelegenen verbindenden Anteile (d-f) bilden eigene Domänen. Die in der Plasmamembran gelegenen transmembranen Domänen (1-7) bestehen vorwiegend aus hydrophoben Aminosäuren. Die Struktur des Genprodukts (6) entspricht der generellen Struktur des Gens. Die verschiedenen Domänen werden von individuellen Exons codiert. Die Nucleotid-Basensequenz ähnelt sich innerhalb funktionell ähnlicher Domänen.
Ein Sieben-Helix-Transmembran-Protein kommt bei vielen Rezeptoren vor. Die generelle Struktur des Gens bzw. des Genprodukts sind sehr ähnlich, aber sie unterscheiden sich in der Spezifität der Bindung an funktionell relevante andere Moleküle (G-Proteine). Sie spielen nicht nur eine Rolle als Neurotransmitter, sondern auch bei der Übertragung von Licht- und Geruchs- sowie Geschmacksempfindung.

Literaturhinweis

J. D. Watson, M. Gilman, J. Witkowski, M. Zoller, Recombinant DNA. 2nd. ed., Scientific American Books, W. H. Freeman & Co., New York, 1992.

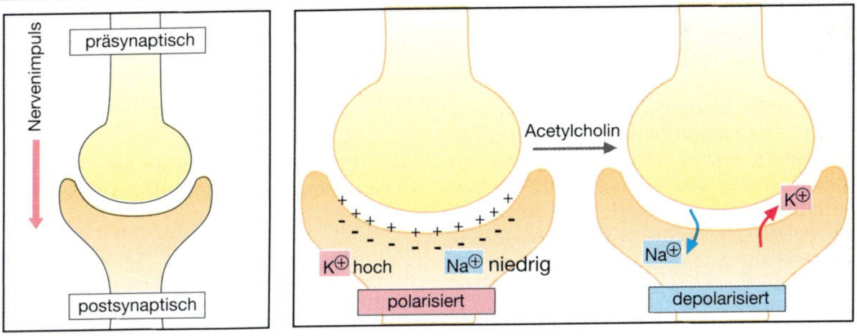

Cholinerge Synapse (Nerv/Nerv oder Nerv/Muskel)

A. Acetylcholin als Neurotransmitter

Zwei Typen von Acetylcholin-Rezeptoren

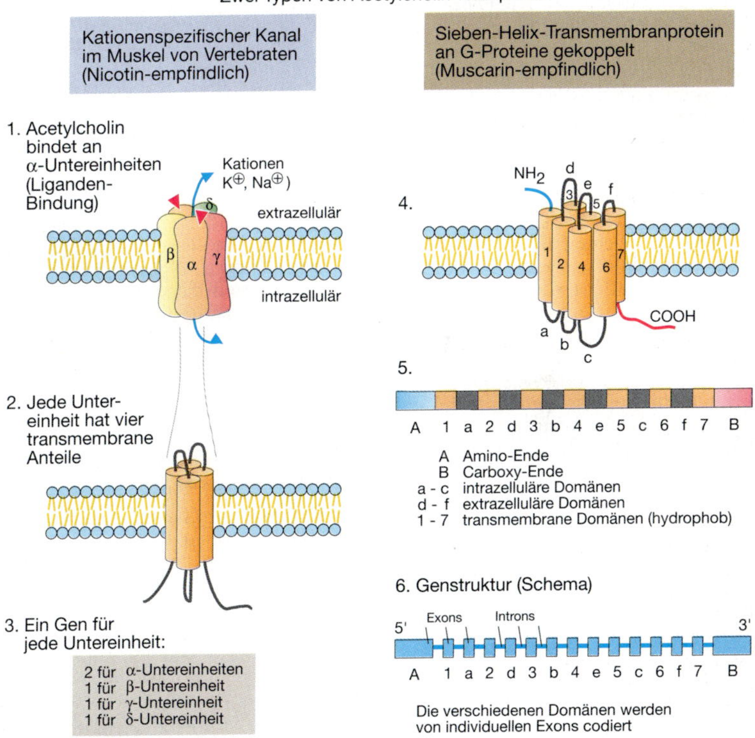

B. Acetylcholin-Rezeptor

Strukturmotive von transmembranen Signalüberträgern

Funktionelle Signale zwischen Zellen werden von transmembranen Proteinen als Signalträgern übernommen. Aus relativ einfachen Vorläufer-Genen hat sich in der Evolution eine Vielzahl strukturell und funktionell verwandter Gene gebildet. Sie codieren für entsprechende Proteine und dienen der Übertragung von Ionen (Natrium, Kalium, Calcium, Chlorid und anderen), als Neurotransmitter, Licht- und Geruchsempfindung usw. Die Klonierung dieser Gene hat wichtige Aufschlüsse über Vielfalt der Funktion von transmembranen Signalüberträgern ergeben. Dennoch läßt sich ihre Struktur auf relativ einfache Grundmotive zurückführen.

A. Transmembran-Struktur von Volt-gesteuerten Ionenkanälen

Ionenkanäle steuern den direkten Durchfluß von Ionen. Die aus mehreren Untereinheiten bestehenden transmembranen Proteine sind in der Plasmamembran so angeordnet, daß sie eine Pore bilden, die geöffnet und geschlossen werden kann. Das einfachste Modell ist der Kalium-Kanal (1). Er besteht aus sechs transmembranen Anteilen, die durch drei extrazelluläre und zwei intrazelluläre Polypeptid-Ketten verbunden sind. Das Amino-und das Carboxy-Ende liegt intrazellulär. Der Durchfluß der Ionen wird durch Änderungen der elektrischen Ladung bewirkt. Maßgebend für die Ladungsunterschiede ist die Untereinheit vier aufgrund ihrer Zusammensetzung mit polaren Aminosäuren. Im Gegensatz zum Kalium-Kanal bestehen Natrium- und Calcium-Kanal aus vier Domänen (2) von ähnlicher Struktur. Jede Domäne ähnelt der Struktur des Kalium-Kanals. Die Ähnlichkeit ist das Ergebnis gemeinsamer evolutionärer Herkunft ihrer Gene. Die vier Domänen des Natrium-Kanals (3) lagern sich so zusammen, daß sie einen im Vergleich zum Kalium-Kanal sehr engen porenartigen Durchgang durch die Plasmamembran bilden. Der Ionentransport wird durch Membran-Depolarisierung (3 und 4) bewirkt (Volt-gesteuerter Ionenkanal). Jede der vier Untereinheiten hat bei der Bildung des Kanals eine definierte Position (Abb. nach J. D. Watson et al., 1992).

B. Sieben-Helix-Struktur bei Transmembran-Signalüberträgern

Häufiger als direkte Übertragung von Ionen oder Liganden-gesteuerte Impulsübertragung ist indirekte Signalübertragung. Hier übernimmt ein transmembranes Protein nur den ersten Schritt der Signalübertragung. Dann folgen weitere Schritte. Ein besonders häufig verbreitetes Strukturmotiv sind transmembrane Proteine mit sieben in der Plasmamembran gelegenen Anteilen in Form einer α-Helix. Das Aminoende liegt extrazellulär, das Carboxy-Ende intrazellulär. Meist finden sich verschiedene Oligosaccharid-Seitenketten auf der extrazellulären Seite. Auf der intrazellulären Seite finden sich Bindungsstellen an andere Moleküle, die für die Signalübertragung von Bedeutung sind. Das Sieben-Helix-Motiv ist die charakteristische Struktur G-Protein-gebundener Rezeptoren. Wie die G-Proteine selbst, bilden diese Rezeptoren und ihre Gene eine große Familie mit einer langen evolutionären Vorgeschichte. Bei Hefe dienen sie dazu, die Pheromone der Paarungstypen zu entdecken, bei höheren Organismen bilden sie die Grundlage für die Übertragung von Signalen durch Licht, Geruchsstoffe und Geschmack (Abb. nach L. Stryer, 1988).

C. Rezeptor mit zwei transmembranen Proteinketten α und β

Der Rezeptor für Gamma-Amino-Buttersäure (GABA) ist ein Beispiel für die Verwendung von zwei transmembranen Proteinketten α und β. Sowohl Amino- als auch Carboxy-Ende befinden sich extrazellulär. Die beiden Ketten werden von verschiedenen Genen codiert. Auf der extrazellulären Seite finden sich mehrere Oligosaccharid-Seitenketten. Die β-Kette enthält eine Phosphorylierungsstelle für cAMP-abhängige Proteinkinase.

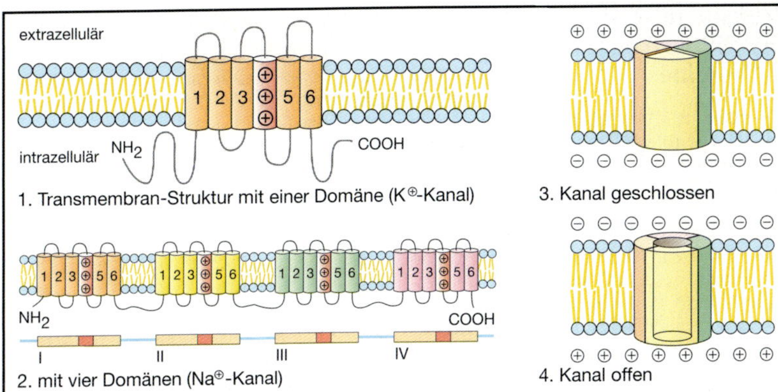

A. Transmembran-Struktur von Volt-gesteuerten Ionenkanälen

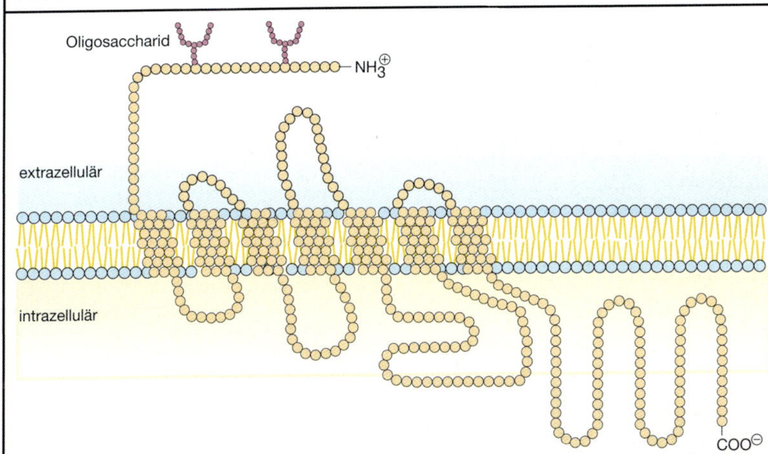

B. Sieben-Helix-Struktur bei G-Protein gesteuerten Transmembran-Signalüberträgern

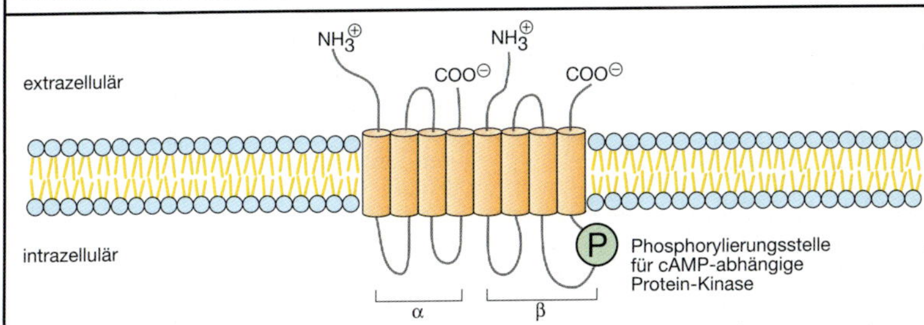

C. Rezeptor mit zwei transmembranen Proteinketten α und β

Transmembrane Signalübertragung durch G-Proteine

Die indirekte Übertragung von Signalen in die Zelle wird von transmembran gelegenen Proteinen vermittelt. Ein erster Botenstoff, z. B. ein Hormon wie Adrenalin, löst durch Bindung an einen spezifischen Rezeptor eine intrazelluläre Reaktion aus. Diese führt zur Aktivierung eines zweiten Botenstoffes (second messenger), der seinerseits eine Reihe von Reaktionen auslöst, die in einer Veränderung des Zellverhaltens resultieren. Die Gene für die verschiedenen, an der indirekten Signalübertragung beteiligten Proteine sind weitgehend bekannt.

A. Stimulatorisches G-Protein (G_s) und Hormon-Rezeptor-Komplex

Es existieren viele körpereigene Botenstoffe (Hormone) mit jeweils spezifischen Rezeptoren. Zunächst bindet das Hormon an den Rezeptor (Bildung des Hormon-Rezeptor-Komplexes). Die intrazelluläre Signalübertragung wird im wesentlichen von G-Proteinen bewirkt. Ihr Name rührt daher, daß sie Guanyl-Nucleotide binden können. Die Bindung an ein Guanyl-Triphosphat (GTP, ein Nucleotid aus Guanin, einem Zucker und drei Phosphatgruppen) aktiviert das G-Protein und löst die weiteren Reaktionen aus. G-Proteine bestehen aus drei Untereinheiten: α, β und γ. Die α-Untereinheit (stimulatorisches G-Protein, G_s) bindet an ein Effektorprotein. Unmittelbar danach wird G_α durch Hydrolyse von GTP zu GDP (Guanosyl-Diphosphat) inaktiviert (GTPase). Dies überführt das G-Protein in die inaktive Form (G_i).

B. Vier Hormonklassen

Vier prinzipielle Hormonklassen können unterschieden werden, 1) Aminosäure-Derivate wie Adrenalin und Adrenalin-Abkömmlinge, 2) Polypeptide wie Glucagon, 3) Steroide wie Cortisol und dessen Abkömmlinge und 4) Fettsäure-Derivate wie Prostaglandine.

C. Bildung und Hydrolyse von cAMP

Die entscheidende Reaktion ist die Bildung von zyklischem Adenosinmonophosphat (cAMP) aus Adenosintriphosphat (ATP) durch Adenylat-Cyclase. Das cyclische AMP überträgt intrazellulär die durch den Hormon-Rezeptor-Komplex ausgelöste Aktivierung, ohne daß ein Molekül die Plasmamembran passiert hätte. cAMP ist verantwortlich für eine Vielzahl physiologischer Wirkungen. Durch Phosphatdiesterase wird cAMP inaktiviert und in Adenosinmonophosphat (AMP) überführt. Anstelle von cAMP kann cGMP (zyklisches Guanosylmonophosphat) oder Phospholipase C die intrazelluläre Wirkung auslösen (vgl. S. 221).

D. G-Protein-Zyklus zur Aktivierung von Adenylat-Cyclase

Nach Bindung des Hormons an den spezifischen Rezeptor kommt es zu einer Strukturveränderung (1). Dies führt zur Aktivierung der α-Untereinheit und Loslösung von der β- und γ-Untereinheit (2). Das stimulatorische G-Protein (G_s-α) bindet das Effektorprotein, meistens Adenylat-Cyclase, und aktiviert es (3). Es kommt zur Bildung von cAMP aus ATP und Hydrolyse von GTP nach GDP an der G-α-Untereinheit. Sie wird inaktiviert und die Bildung von cAMP beendet. Dadurch dauert das Signal nur sehr kurze Zeit, und die Ausgangssituation ist wiederhergestellt. Zahlreiche Toxine unterbrechen diesen Zyklus. Das Cholera-Toxin z. B. unterbricht die Inaktivierung des G_s-α-Proteins, so daß Adenylat-Cyclase aktiviert bleibt und dadurch große Mengen an Natrium und Wasser aus der Darmschleimhaut verloren gehen.

Literaturhinweise

Bourne, H.R., D.A. Sanders, F. McCormick: The GTPase superfamily: Conserved structure and molecular mechanism. Nature 349:117-127, 1991.

Linder, M.E. & Gilman, A.G.: G-Proteine, Spektrum der Wissenschaft, September 1992, S. 54-62.

Watson, J.D., Gilman, M., Witkowski, J., Zoller, M.: Recombinant DNA. 2nd ed., Scientific American Books, W.H. Freeman & Co., New York, 1992.

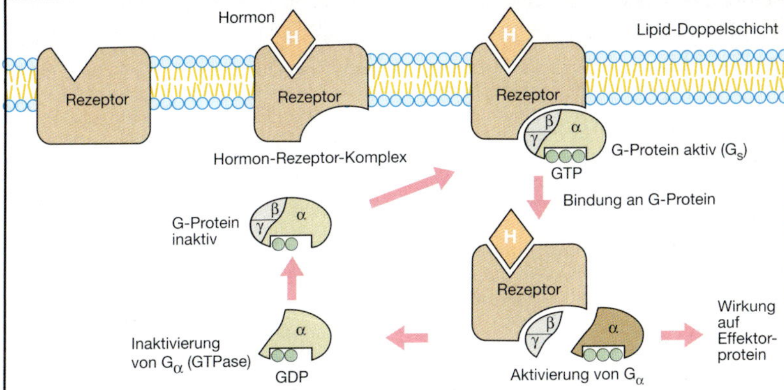

A. Stimulatorisches G-Protein (G_S) und Hormon-Rezeptor-Komplex

Adrenalin
(Aminosäure-Derivat)

Glucagon
(Polypeptid)

Cortisol
(Steroid)

Prostaglandin A2
(Fettsäure-Derivat)

B. Vier Hormonklassen

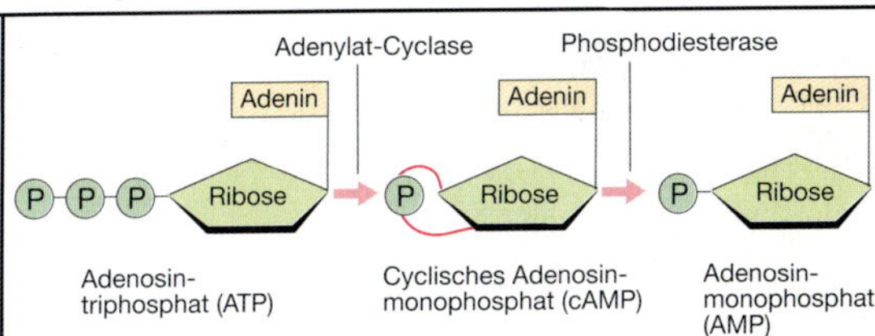

C. Bildung und Hydrolyse von cAMP

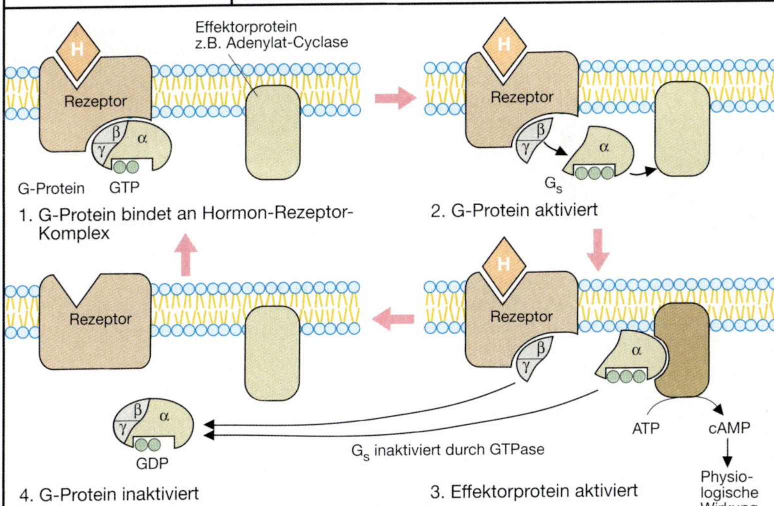

D. G-Protein-Cyclus zur Aktivierung von Adenylat-Cyclase

Rhodopsin als Photorezeptor

Die Netzhaut (Retina) des Menschen enthält etwa 1Mio Stäbchenzellen für Sehen im Dunkeln und 3Mio Zapfenzellen für Farbsehen im Hellen. Sie enthalten Photorezeptoren, die Licht in einen Nervenimpuls umwandeln. Rhodopsin ist der Photorezeptor für schwaches Licht. Das lichtübertragende System besteht aus zahlreichen Komponenten, die von Genen codiert werden, die strukturelle und funktionelle Ähnlichkeit mit Genen für andere transmembrane Signalüberträger-Moleküle haben.

A. Stäbchenzelle

Eine Stäbchenzelle besteht aus einem äußeren Segment mit Photorezeptor-Bereich und einem inneren Segment aus Zellkern, Cytoplasma und endoplasmatischem Retikulum, Golgi-Apparat und Mitochondrien. Das äußere Segment enthält etwa 1000 Scheiben mit Rhodopsin-Molekülen in der Membran. In der Peripherie sind die etwa 16 nm dicken Scheiben durch das Protein Peripherin gefaltet (Abb. nach L. Stryer, 1988).

B. Photo-Erregung

George Wald und Mitarbeiter entdeckten 1958, daß *11-cis*-Retinal (1) durch Licht in *all-trans* -Retinal (2) sehr schnell isomerisiert wird, aber im Dunkeln praktisch überhaupt nicht (etwa 1 Molekül/1000 Jahre). Die lichtbewirkte Strukturveränderung ist so groß, daß eine atomare Bewegung entsteht, die einen verläßlichen und reproduzierbaren Nervenimpuls auslösen kann. Das Absorptionsspektrum von Rhodopsin (3) stimmt mit dem Sonnenspektrum überein, bei einem Optimum um 500nm Wellenlänge. Obwohl Vertebraten, Arthropoden und Mollusken anatomisch ganz verschiedene Augentypen besitzen, verwenden alle drei Stämme *11-cis*-Retinal bei der Photo-Erregung.

C. Lichtkaskade

Photo-erregtes Rhodopsin löst eine Serie enzymatischer Vorgänge aus (Lichtkaskade). Als erstes wird durch photo-erregtes Rhodopsin ein Signal übertragendes Protein des Sehvorgangs, Transducin, aktiviert. Transducin gehört zur G-Protein-Familie, d.h. es kann eine inaktive GDP- und eine aktive GTP-Form annehmen. GTP aktiviert Phosphodiesterase. Diese hydrolysiert sehr schnell cGMP. Dadurch wird im Cytosol der cGMP-Spiegel erniedrigt. Dies führt zu einer Schließung von Natrium-Ionen-Kanälen. Unmittelbar danach wird Phosphodiesterase durch einen G-Protein-Zyklus inaktiviert.

D. Rhodopsin

Rhodopsin ist ein Sieben-Helix transmembranes Protein mit Bindungsstellen für funktionell wichtige Moleküle wie Transducin, Rhodopsin-Kinase und Arrestin auf der cytosolischen Seite. Die Bindungsstelle des lichtempfindlichen Moleküls (Chromophor) ist Lysin in Position 296 der sieben transmembranen Domäne. Die lichtabsorbierende Gruppe besteht aus *11-cis-Retinal*. Das Amino-Ende von Rhodopsin befindet sich im Scheibenzwischenraum, das Carboxy-Ende auf der cytosolischen Seite. Etwa die Hälfte des Moleküls entfällt auf die sieben transmembranen hydrophoben Domänen, je ein Viertel auf Scheibenzwischenraum und auf die cytosolische Seite.

E. cGMP als Transmitter des Sehvorgangs

Die Lichtkaskade endet mit einer raschen Hydrolyse von cGMP, dem internen Transmitter des Sehvorgangs. Dies führt zur raschen Schließung der Natrium-Ionen-Kanäle und Hyperpolarisierung der Membran. Dies löst einen Nervenimpuls aus, der als Signal zum Gehirn übertragen wird.

Literaturhinweise

Stryer, L.: Molecular basis of visual excitation. Cold Spring Harbor Symp. Quant. Biol. *53*:283-294, 1988.

Schoenlein, R.W. et al.: The first step in vision: Femtosecond isomerization of rhodopsin. Science *254*:412-415, 1991.

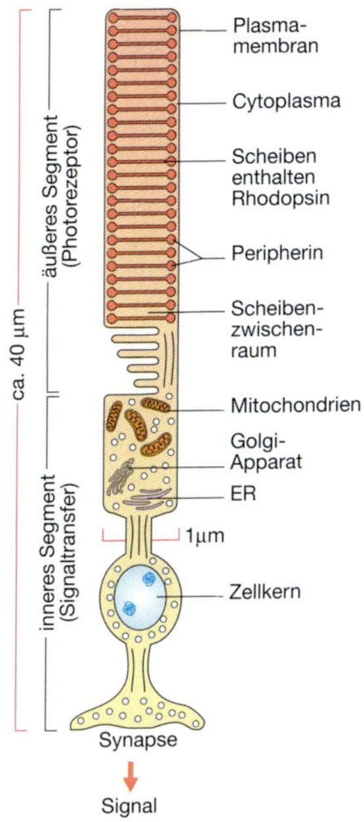

A. Stäbchenzelle

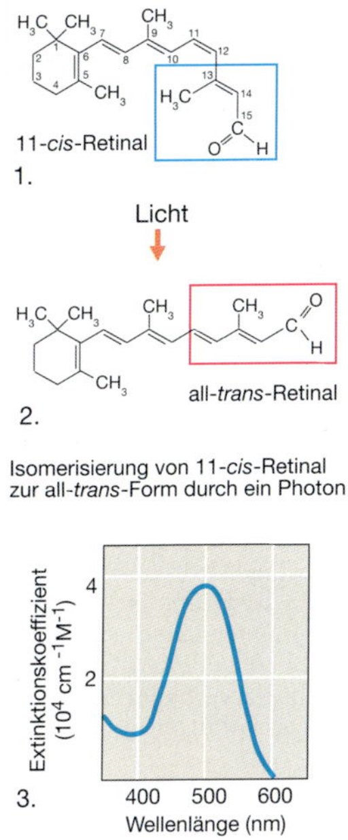

B. Photo-Erregung

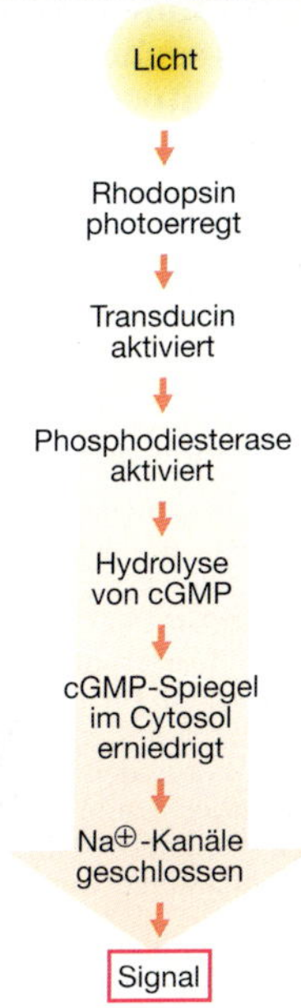

C. Lichtkaskade

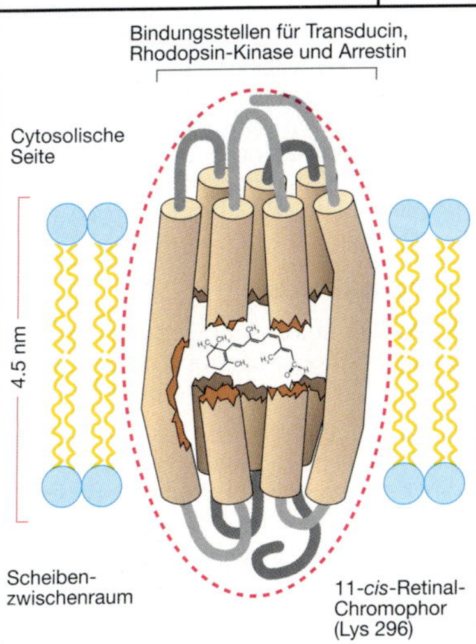

D. Rhodopsin

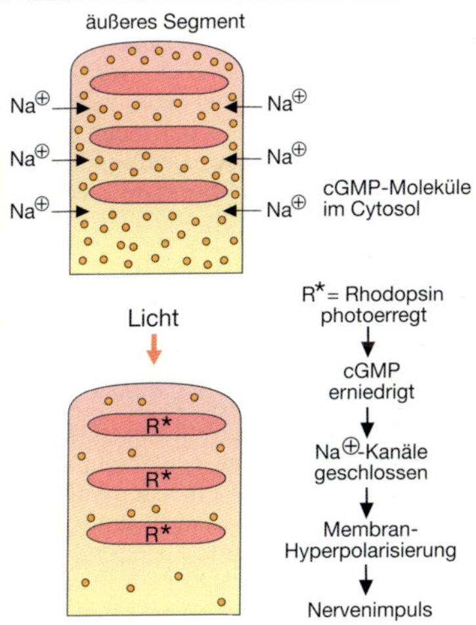

E. cGMP als Transmitter des Sehvorgangs

Mutationen im Rhodopsin-Gen als Ursache von Retinitis pigmentosa

Retinitis pigmentosa ist eine genetisch heterogene Krankheitsgruppe, die zu fortschreitendem Sehverlust mit Pigmentdegeneration der Netzhaut (Retina) bis zur Blindheit führt. Zahlreiche Mutationen im Rhodopsin-Gen sind als Ursache bekannt.

A. Retinitis pigmentosa

Der Augenhintergrund (Fundus) zeigt deutliche Pigmentverschiebungen mit Hyper- und Depigmentationen. Die Papille (Austrittsort des Sehnerven) ist wachsgelb verfärbt. Der Sehverlust, vor allem bei schwachem Licht (Nachtblindheit), schreitet von der Peripherie zum Zentrum je nach Form der Erkrankung unterschiedlich rasch voran bis schließlich nur noch ein sehr enges zentrales Sehfeld verbleibt (Photographie von E. Zrenner, Tübingen).

B. Punktmutation in Codon 23

Die erste im Rhodopsin-Gen nachgewiesene Punktmutation (T.P. Dryja et al., Nature *343*:364, 1990) ist eine Transversion von Cytosin nach Adenin in Codon 23. Dadurch wird das Codon CCC für Prolin (Pro) in CAC für Histidin (His) geändert. Da Prolin in Position 23 bei mehr als 10 verwandten G-Proteinrezeptoren vorkommt, muß es für die normale Funktion sehr wichtig sein.

C. Mutationen im Rhodopsin

Der Genlocus für Rhodopsin (RHO) liegt beim Menschen im langen Arm vom Chromosom 3, Region 2, Band 1.4 (3q21.4). Dominant erbliche und autosomal recessiv erbliche Mutationen sind beim Menschen nachgewiesen. Die meisten Mutationen führen zu einem Austausch einer Aminosäure, doch treten auch Deletionen auf. An 38 der 348 Aminosäuren von Rhodopsin liegt bei Vertebraten in verschiedenen Positionen eine identische (invariante) Aminosäure vor. Mehr als 40 verschiedene Mutationen sind bei autosomal dominant erblicher RP bekannt. Daneben sind mindestens zwei weitere Genloci bekannt, die zur autosomal recessiv erblichen Renitis pigmentosa führen, eine Mutation im Gen für Peripherin, im kurzen Arm von Chromosom 6 des Menschen (6p) und ein Locus in der centromeren Region von Chromosom 8. Weitere Photorezeptor-Kandidatengene als mögliche Krankheitsursache infolge Mutationen sind die α- und β-Untereinheit (cGMP) von Phosphodiesterase (PDE).

D. Nachweis der Mutation in Codon 23 durch Oligonucleotide nach PCR

Der Stammbaum mit autosomal dominant erblicher Retinitis pigmentosa infolge Mutationen in Codon 23 (1) umfaßt 13 erkrankte Individuen in zwei Generationen (erkrankte weibliche Individuen schwarzer Kreis, erkrankte männliche Individuen schwarzes Quadrat). Durch Polymerase-Kettenreaktion (PCR) (vgl. S. 72) haben Dryja et al. (1990) die Mutation in amplifizierten Fragmenten aus Exon 1 nachgewiesen (2). Das normale Oligonucleotid entsprach der normalen Sequenz zwischen Codon 26 und 20. Die mutante Sequenz des Oligomers „Rp“ enthielt die mutante Sequenz CAC. Alle erkrankten Individuen gaben ein Hybridisierungssignal (2) (II-2 und III-4 wurden nicht untersucht). Nicht-Erkrankte gaben mit „RP“-Oligomer kein Signal (zum Nachweis einer Punktmutation durch Oligonucleotide vgl. S. 70). (Bei II-4 fehlt der senkrechte Strich.)

Literaturhinweise

Dryja, T.P. et al.: A point mutation of the rhodopsin gene in one form of retinitis pigmentosa. Nature *343*:364-366, 1990.

Zrenner, E. und Mitarb.: Retinitis pigmentosa. Klinische Befunde, molekulargenetische Ergebnisse und Forschungsperspektiven. Ophthalmologe *89*:5-21, 1992.

McInnes, R.R. & Bascom, R.A.: Retinal genetics: a nullifying effect for rhodopsin. Nature Genetics *1*:155-157, 1992.

Wright, A.F.: New insights into genetic eye disease. Trends Genet. *8*:85-91, 1992

Eine Krankheitsgruppe mit hereditärer Pigmentdegeneration der Netzhaut (Retina)

Nachtblindheit

Fortschreitender Sehverlust bis Blindheit

Häufigkeit ca. 1:3500

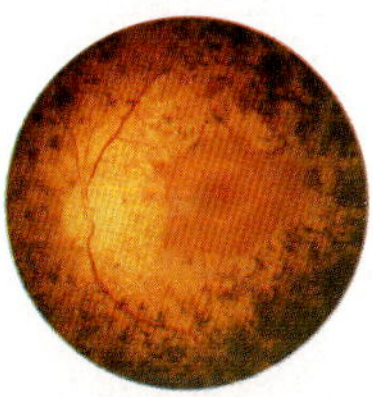

Typischer Augenhintergrund mit Pigmentveränderungen, engen Gefäßen und wachsgelber Papille

Häufigkeit der verschiedenen Vererbungsformen

ca. 25% autosomal dominant
ca. 20% autosomal recessiv
ca. 8% X-chromosomal
ca. 47% Erbgang im Einzelfall unklar

Wichtige diagnostische Zeichen

Augenhintergrund
Gefäßverengung
Wachsgelbe Papille
Makulaveränderungen
Reflexverbreiterung
Pigment-Epithel-Veränderungen
Elektroretinogramm-Veränderungen

Sekundäre Erscheinungen im vorderen Augenabschnitt
Glaskörperveränderungen
LInsentrübung (Katarakt)
Kurzsichtigkeit (Myopie)

A. Retinitis pigmentosa

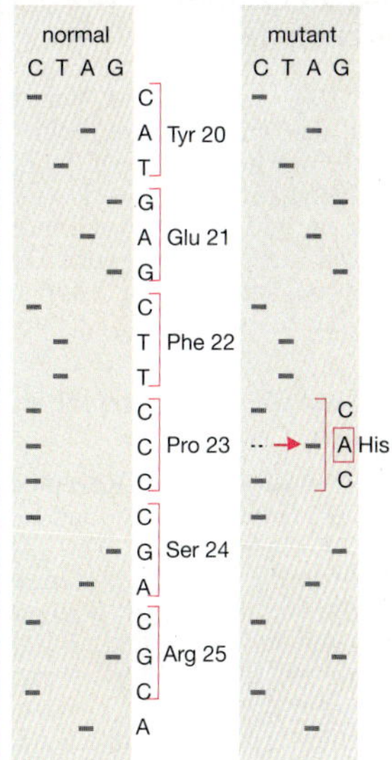

B. Punktmutation in Codon 23

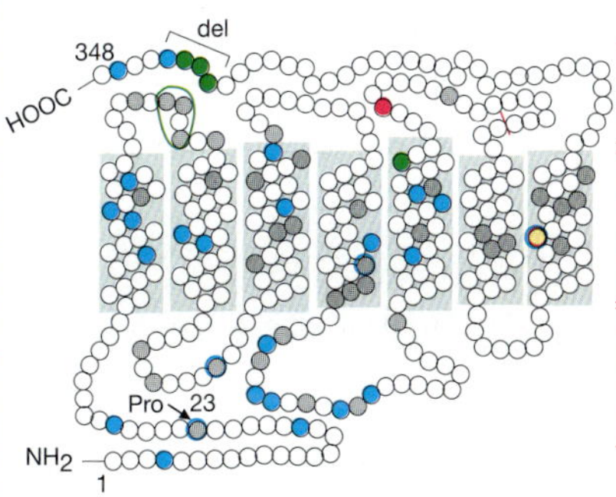

Cytoplasma des äußeren Segments

Transmembrane Domänen

Scheibenzwischenraum

= invariante Aminosäuren bei verschiedenen Vertebraten
= Retinal-Bindungsstelle
= Punktmutationen*
= Deletionen*
= Punktmutation bei autosomal recessiver RP
= gt → tt Intron 4-Donor Splicestellen-Mutation

* bei autosomal dominanter *Retinitis pigmentosa*

C. Mutationen im Rhodopsin

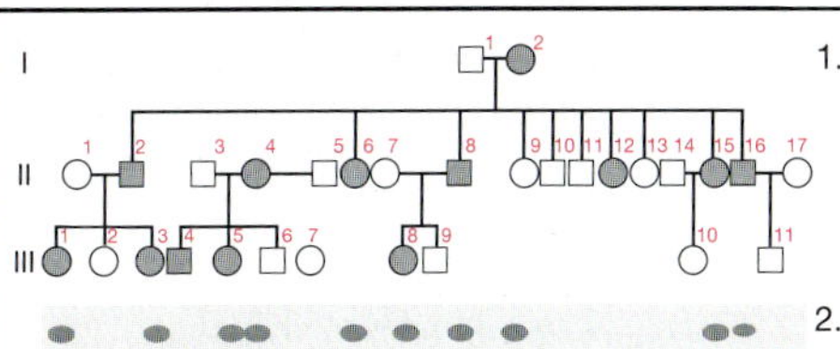

1. Stammbaum mit autosomal dominanter Retinitis pigmentosa infolge Mutation in Codon 23

2. Autoradiogramm der Hybridisierung von amplifizierten DNA-Fragmenten im Bereich von Codon 23 mit dem Oligomer 3'-CATGAGCTTCACCGACGCA-5' für die mutante Sequenz

D. Nachweis der Mutation in Codon 23 durch Oligonucleotide nach PCR

Photorezeptoren für Farbensehen

Wie 1902 von Thomas Young vermutet, wird das Farbensehen beim Menschen durch drei Rezeptortypen in Zapfenzellen der Netzhaut vermittelt, je einer für blau, für grün und für rot. Auch hier ist *11-cis*-Retinal der Chromophor. Der Übertragungsmechanismus in Zapfen entspricht dem der Stäbchen.

A. Gene für Photorezeptor-Proteine in Zapfen

Das Gen für den Blau-Rezeptor ist autosomal, die Gene für Grün- und Rot-Rezeptor sind X-chromosomal. Das Absorptionsspektrum der drei Rezeptoren zeigt ein Maximum von 426 nm für blau, etwa 530 für grün und etwa 550 für rot. Für den Rot-Rezeptor existiert ein kürzlich entdeckter Polymorphismus für zwei etwas unterschiedliche Absorptionsmaxima bei 552 und 557 nm.

B. Evolution der Gene für Sehpigment-Photorezeptoren

Die Gene für Photorezeptoren sind aus einem ancestralen Gen (Ur-Gen) hervorgegangen. Das Rhodopsin-Transducin-Paar findet sich bei Wirbellosen und ist mindestens 700 Millionen Jahre alt. Der Blau-Rezeptor ist fast so alt wie Rhodopsin, ca. 500 Millionen Jahre. Die Trennung in je einen Rezeptor für grün und rot dürfte erst vor etwa 30 Millionen Jahren nach der Trennung von Altwelt- und Neuwelt-Affen entstanden sein, weil nur Mensch und Altwelt-Affen drei Zapfenpigmente besitzen, Neuwelt-Affen aber nur zwei.

C. Strukturähnlichkeit der Sehpigmente

J. Nathans und Mitarbeiter haben 1986 die Gene für Farb-Photorezeptoren, sequenziert und ausgeprägte Strukturähnlichkeit festgestellt, vor allem zwischen Grün- und Rot-Rezeptor-Genen.

D. Polymorphismus im Photorezeptor Rot

A.G. Motulsky und Mitarbeiter (J. Winderickx et al., Nature *356*: 431,1992) haben im Rot-Rezeptor in drei Bereichen des Gens variante Codons nachgewiesen (1). Bei 60% der untersuchten männlichen Individuen fand sich in Position 180 Serin und bei 40% Alanin. An Position 230 betraf der Polymorphismus Isoleucin (Ile) und Threonin (Thr), an Position 233 Alanin (Ala) und Serin (Ser) (2). Durch Farbmisch-Testverfahren nach Raleigh ließen sich Unterschiede in der Rot-Farbwahrnehmung feststellen (3).

E. Normales und gestörtes Rot-Grün-Sehen

Ein Gen für Rot- und ein bis drei für Grün-Absorption liegen eng beieinander auf dem langen Arm des X-Chromosom des Menschen (1). Wegen der Ähnlichkeit der Sequenz dieser Gene kommt es nicht selten zu ungleichem Crossing-over (2). Intergen resultiert Verlust (Grün-Blindheit) bzw. Duplikation, intragen ein Hybridgen (Rot-Blindheit). Grün-Blindheit entsteht durch Verlust des Gens für den Grün-Rezeptor, Rot-Blindheit durch defekten oder fehlenden Rot-Rezeptor. Bei Rot-Grün-Blindheit ist weder ein normaler Rot- noch ein normaler Grün-Rezeptor vorhanden. Etwa 1% aller Männer sind rot-grün-blind und etwa 2% grün-blind. Etwa 8% haben eine Schwäche in der Unterscheidung von rot und grün.

Literaturhinweise

J. Nathans, D. Thomas, D.S. Hogness: Molecular genetics of human color vision: The genes encoding blue, green, and red pigments. Science *232*:193-202, 1986. – J. Nathans et al.: Molecular genetics of inherited variation in human color vision. Science *232*:203-210, 1986. – J. Winderickx et al.: Polymorphism in red photopigment underlies variation in colour matching. Nature *356*:431-433, 1992.

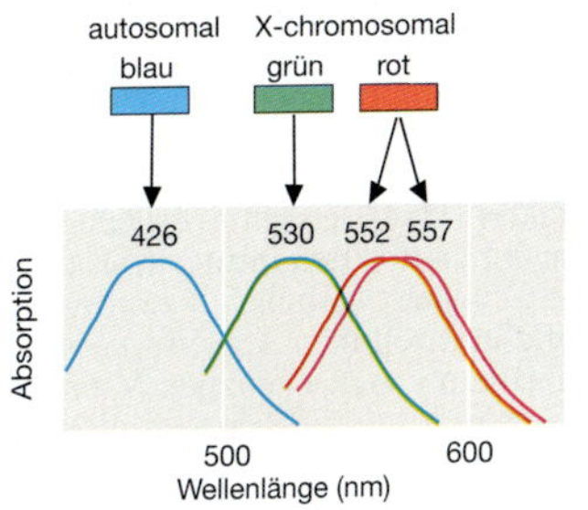

A. Gene für Photorezeptor-Proteine in Zapfen

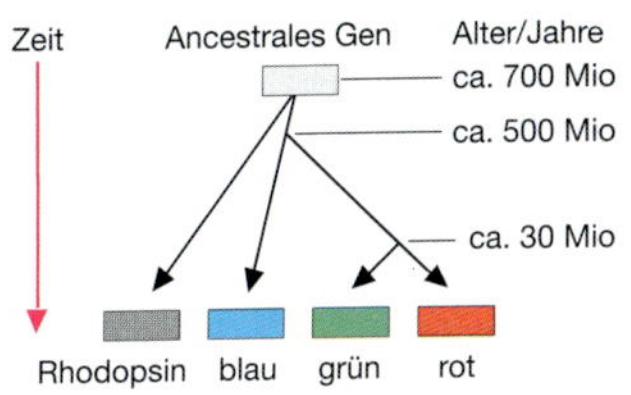

B. Evolution der Gene für Sehpigment-Photorezeptoren

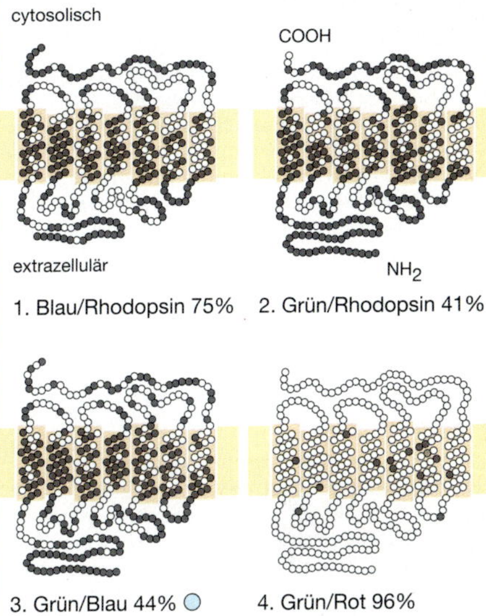

C. Strukturähnlichkeit der Sehpigmente

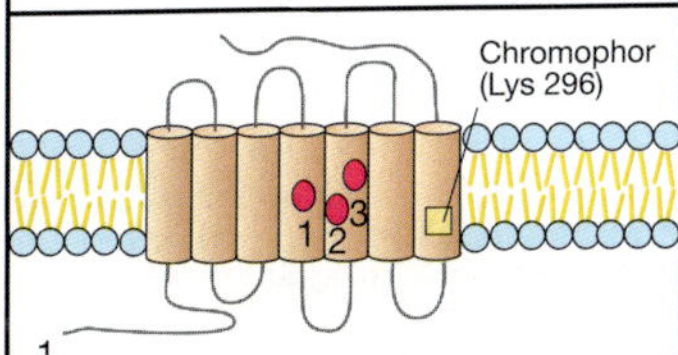

Aminosäure-Position

	1	2	3	
	180	230	233	Häufigkeit
■	Ser	Ile	Ala	0.60
■	Ala	Ile	Ala	0.36
■	Ala	Thr	Ser	0.02
■	Ser	Thr	Ser	0.02

2.

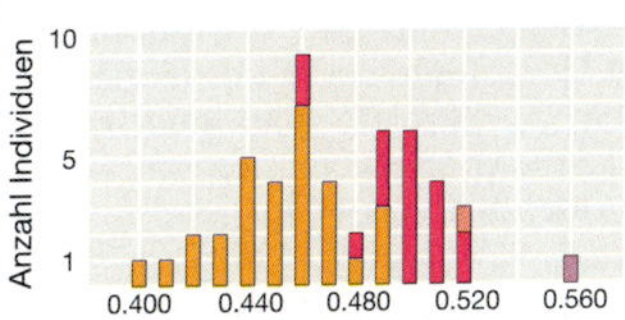

3. Mischungsmittelpunkt rot/rot und grün

D. Polymorphismus im Photorezeptor Rot

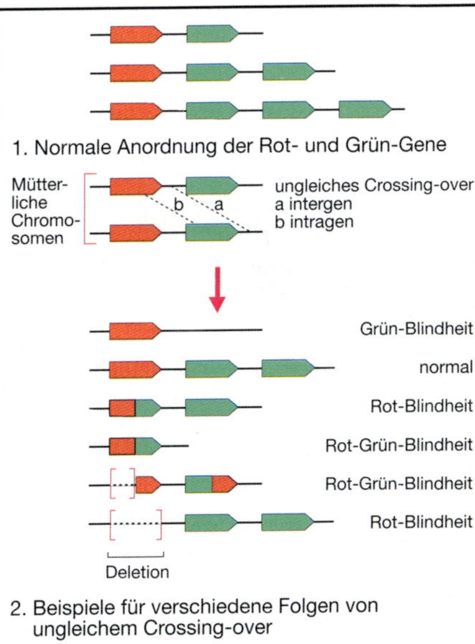

E. Normales und gestörtes Rot-Grün-Sehen

Odorant-Rezeptor-Gen-Familie

Säugetiere können tausende von einzelnen Gerüchen unterscheiden. Während verschiedene Farbtöne mit nur drei Klassen von Photorezeptoren unterschieden werden, wird die Geruchsempfindung durch eine große Multigen-Familie mit hoher Spezifität von Rezeptoren für einzelne Geruchsstoffe (Odoranten) gesteuert. Etwa 1000 Gene codieren für spezifische Olfaktor-Rezeptoren und sind ausschließlich im Riech-Epithel des olfaktorischen Systems der Nasenschleimhaut exprimiert.

A. Olfaktorische Nervenzellen in der Nasenschleimhaut

Das periphere olfaktorische Neuroepithel der Nasenschleimhaut besteht aus drei Zelltypen: olfaktorische sensorische Neuronen, deren Axons zum Bulbus olfactorius führen (1), Stützzellen (2) und Basalzellen (3), die als Stammzellen für die Bildung von olfaktorischen Neuronen während der gesamten Lebenszeit dienen. Jedes olfaktorische Neuron ist bipolar mit olfaktorischen Cilien im Lumen der Nasenschleimhaut und einem Fortsatz zum Bulbus olfactorius, der ersten Relaisstation des olfaktorischen Systems zum Gehirn.

B. Odor-spezifischer Transmembran-Rezeptor und GTP-bindendes Protein [G_S (olf)]

Rezeptoren in den Cilien der olfaktorischen Neuronen binden spezifisch ein Odorant. Die Bindung an den Rezeptor aktiviert Adenylat-Cyclase über ein spezifisches GTP-bindendes Protein [stimulatorisches G-Protein des olfaktorischen Systems, G_S (olf)]. Dies öffnet einen Natrium-Ionenkanal und löst eine Kaskade intrazellulärer Signale aus, die in einem Nervenimpuls resultieren, der dem Gehirn übermittelt wird.

C. Olfaktorisches Rezeptor-Protein

Die Klonierung einer großen Gen-Familie aus dem Riech-Epithel der Ratte (L. Buck u. R. Axel, Cell *65* : 175–187, 1991) zeigte, daß das Rezeptor-Protein sieben transmembrane Regionen enthält und ausgeprägte Strukturhomologie mit Rhodopsin und β-andrenergen Rezeptoren aufweist. Im Gegensatz zum Rhodopsin enthalten die olfaktorischen Rezeptor-Proteine vor allem in der vierten und fünften transmembranen Domäne variable Aminosäuren. Die dritte intrazelluläre Schleife zwischen den transmembranen Domänen V und VI ist im Gegensatz zu anderen Rezeptor-Proteinen relativ kurz (17 Aminosäuren). Es wird angenommen, daß hier der Kontakt zu verschiedenen G-Proteinen stattfindet (Buck u. Axel, 1991).

D. Zuordnungen von Olfaktor-Rezeptor RNA zu Neuronen

Die Expression der Gene für Odorant-Rezeptoren ist auf jeweils wenige Neuronen beschränkt. Im Riechepithel des Katzenwels *(Ictalurus punctatus)* haben J. Ngai et al. (Cell *72* : 657–666 und 667–680, 1993) Olfaktor-Rezeptor-RNA einzelnen olfaktorischen Neuronen zugeordnet. Individuelle Rezeptor-Sonden, wie z. B. Sonde 202 (1) und 32 (2) erkennen nur 0,5 –2% aller olfaktorischen Neuronen. Gerüche werden im Gehirn offenbar danach unterschieden, welche Neuronen stimuliert wurden. Die topographische Lage der Neuronen ist spezifisch.

E. Subfamilien innerhalb der Multigen-Familie

Die aus der partiellen Nucleotidsequenz abgeleiteten Aminosäuresequenz der von Buck und Axel (1991) untersuchten cDNA-Klone (1) (F2–F24) ist vor allem in der Transmembran-Domäne III und IV sehr variabel. Innerhalb von Subfamilien besteht Homologie durch konservierte Sequenzen (2). Zum Beispiel unterscheiden sich F12 und F13 nur in vier von 44 Positionen (Identität von 91%).

Literaturhinweise s. S. 371

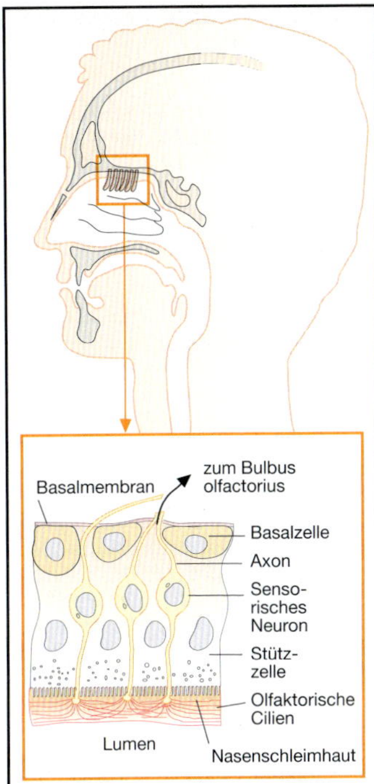

A. Olfaktorische Nervenzellen in der Nasenschleimhaut

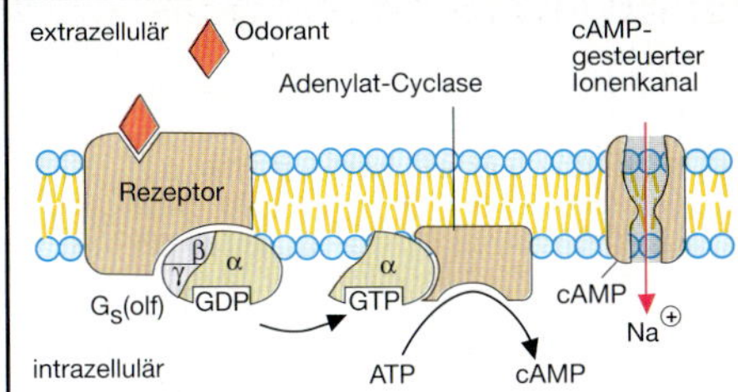

B. Odor-spezifischer Transmembran-Rezeptor und GTP-bindendes Protein [G_S(olf)]

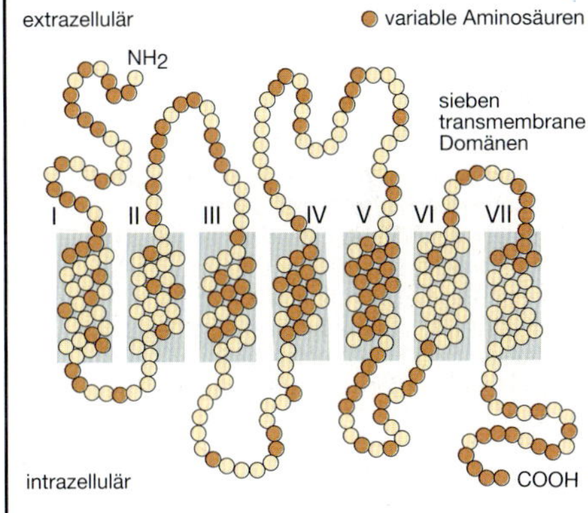

C. Olfaktorisches Rezeptor-Protein

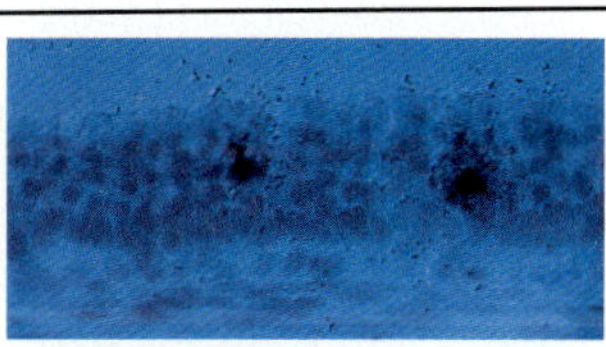

1. Rezeptor 202-Sonde

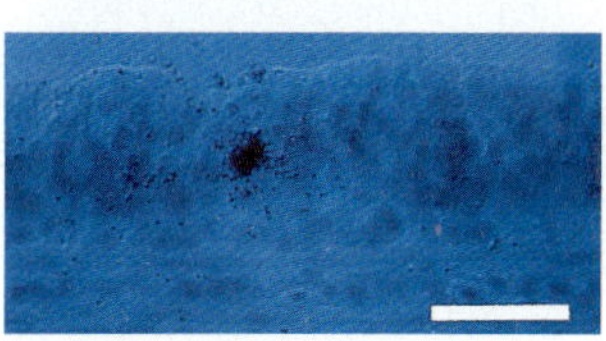

2. Rezeptor 32-Sonde 25 µm

D. Zuordnung von Olfaktor-Rezeptor RNA zu Neuronen

cDNA-Klone		Transmembrane Domäne	
F2	RVNE	VVIFIVVSLFLVLPFALIIMSYV	RIVSSILKVPSSQGIYK
F3	FLND	LVIYFTLVLLATVPLAGIFYSYF	KIVSSICAISSVHGKYK
F5	HLNE	LMILTEGAVVMVTPFVCILISYI	HITCAVLRVSSPRGGWK
F6	QVVE	LVSFGIAFCVILGSCGITLVSYA	YIITTIIKIPSARGRHR
F7	HVNE	LVIFVMGGIILVIPFVLIIVSYV	RIVSSILKVPSARGIRK
F8	FPSH	LTMHLVPVILAAISLSGILYSYF	KIVSSIRSMSSVQGKYK
F12	FPSH	LIMNLVPVMLAAISFSGILYSYF	KIVSSIHSISTVQGKYK
F13	FPSH	LIMNLVPVMLAAISFSGILYSYF	KIVSSIRSVSSVKGKYK
F23	FLND	VIMYFALVLLAVVPLLGILYSYS	KIVSSIRAISTVQGKYK
F24	HEIE	MIILVLAAFNLISSLLVVLVSYL	FILIAILRMNSAEGRRK

1. Variable Aminosäuren-Sequenz

F12	FPSH	LIMNLVPVMLAAIISFSGILYSYF	KIVSSIHSISTVQGKYK
F13	FPSH	LIMNLVPVMLAAIISFSGILYSYF	KIVSSIRSVSSVKGKYK
F8	FPSH	LTMHLVPVILAAIISLSGILYSYF	KIVSSIRSMSSVQGKYK
I12	FPSH	LIMNLVPVMLGAIISLSGILYSYF	KIVSSVRSISSVQGKHK
F23	FLND	VIMYFALVLLAVVVPLLGILYSYS	KIVSSIRAISTVQGKYK
F3	FLND	LVIYFTLVLLATVVPLAGIFYSYF	KIVSSICAISSVHGKYK

2. Homologie innerhalb von Subfamilien

E. Subfamilien innerhalb der Multigen-Familie

Entwicklungsmutanten bei *Drosophila melanogaster*

Die embryonale Entwicklung eines Organismus wird von Genen bestimmt, die nur während bestimmter Phasen aktiv sind. Die genetische Analyse von Mutanten der Embryonalentwicklung der Fruchtfliege, *Drosophila melanogaster*, hat wichtige Einsichten für das Verständnis der genetischen Steuerung von Entwicklungsvorgängen geliefert. Die frühen embryonalen Entwicklungsphasen sehr verschiedener Lebewesen werden von sehr ähnlichen Genen gesteuert.

A. Segmentaufbau der Fruchtfliege (*Drosophila melanogaster*)

Die Entwicklung der Fruchtfliege von der befruchteten Eizelle zum erwachsenen Tier dauert neun Tage. Sie resultiert in einem segmental aufgebauten Körper. Die Larven schlüpfen nach einem Tag, durchlaufen definierte Stadien der embryonalen Entwicklung und bilden nach fünf Tagen eine Puppe, aus der durch Metamorphose das erwachsene Tier von etwa 2mm Länge hervorgeht. Es besteht aus einem Kopf mit drei Segmenten (C1-3), drei Thorax-Segmenten (T1-3) und acht Abdominalsegmenten (A1-8). Der Segmentaufbau ist in der Larve vorgegeben und sichtbar. Insgesamt 14 Parasegmente (P1-14) entsprechen jeweils der letzten Hälfte eines und der ersten Hälfte des nächsten Segments.

B. Embryonal letale Mutanten

Wenn embryonale Mutanten letal sind, müssen sie durch geeignete Kreuzungen sichtbar gemacht werden. Heterozygote Fliegen (A/a) für eine embryonal-letale Mutante (a) haben ein Viertel homozygote Nachkommen (aa) für das mutante Allel (1). Wenn eine Mutation durch mütterlichen Effekt vorliegt, tritt die letale Mutante bei einem Viertel der Nachkommen von weiblichen Homozygoten (bb) auf (2). Bei diesen Mutationen sind mütterliche Gene betroffen. Sie codieren für frühe Genprodukte, welche die Polarität des Embryos determinieren (mütterliche Effekt-Gene), vgl. C.

C. Beispiele für Entwicklungsmutanten

Eine Vielzahl von Entwicklungsmutanten bei *Drosophila melanogaster* sind bekannt. Sie können verschiedenen hierarchisch geordneten Gen-Klassen zugeordnet werden. Die normale Larve (Wildtyp) besteht aus drei Kopf-, drei Thoraxsegmenten, acht Abdominalsegmenten und dem Schwanzende (1). Eine Mutation mit anteriorem maternalem Effekt, *bicoid*, führt zur Entwicklung einer Larve ohne Kopf oder Thorax (2). Mutanten der *Gap*-Gene führen zu Lücken (gaps) im segmentalen Aufbau der Larve. Bei der *Krüppel*-Mutante (3) fehlen alle thorakalen und die abdominalen Segmente 1 - 5, bei *Knirps* (4) die abdominalen Segmente 1 - 6. *Gap*-Gene legen das Grundmuster des Segmentaufbaus fest. Die Gene der *Paar-Regel (pair-rule)*bestimmen die Zuordnung von Zellen zu den 14 Parasegmenten. Ihre Mutationen betreffen jedes zweite Segment. Bei *even-skipped* (5) fehlen alle geradzahligen Parasegmente. Bei Mutation des Gens *fushi tarazu* (6) werden nicht genügend Segmente gebildet (Fushi tarazu heißt auf Japanisch zu wenig Segmente). *Segment-Polaritäts*-Gene bestimmen die Polarität der Segmente (7). Es gibt mehr als zehn *Segment-Polaritäts*-Gene. *Homeotische Selektor*-Gene (8) bestimmen das endgültige Schicksal jedes Segments. Bei der Mutante *Antennapedia* (Ant) wird die normalerweise kurz unterhalb des Auges ansetzende Antenne durch ein Bein ersetzt (homeotisches Bein).

Literaturhinweise

Lawrence, P.A.: The Making of a Fly. The Genetics of Animal Design. Blackwell Scientific Publications, Oxford, 1992.

Nüsslein-Volhard, C., Frohnhöfer, H.G., Lehmann, R.: Determination of anterio-posterior polarity in *Drosophila*. Science *238* :1675-1681, 1987.

Watson, J.D., Gilman, M., Witkowski, J., Zoller, M.: Recombinant DNA. 2nd Ed., Scientific American Books, W.A. Freeman and Co., New York, 1992.

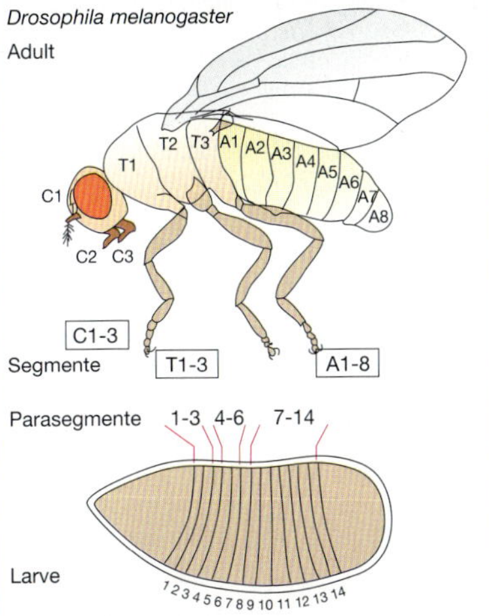

A. Segmentaufbau der Fruchtfliege (*Drosophila melanogaster*)

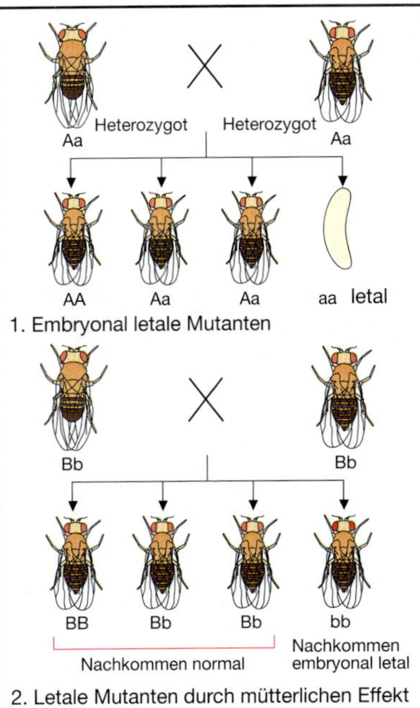

B. Embryonal letale Mutanten

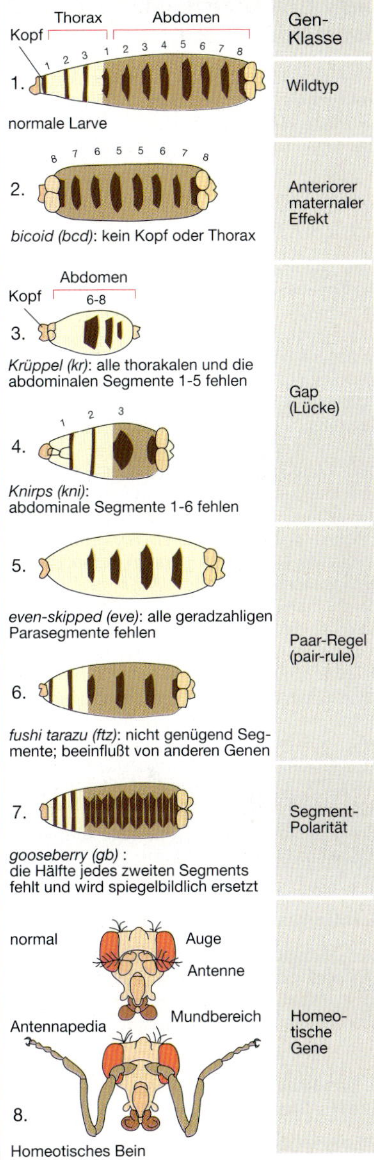

C. Beispiele für Entwicklungsmutanten

Gene für embryonale Entwicklung

Die Gene für embryonale Entwicklung bei *Drosophila* sind funktionell hierarchisch geordnet. Ähnliche, in bestimmten Anteilen sogar identische Gene kommen auch bei der Maus und beim Menschen vor.

A. Hierarchie von Entwicklungs-Genen

Vier unabhängige genetische Systeme steuern die embryonale Entwicklung von *Drosophila melanogaster* . Das *Bicoid*-Gen (bcd) determiniert die Entwicklung im antero-posterioren Teil (Kopf), das *Nanos*-Gen im posterioren Bereich. Sie aktivieren die *Gap*-Gene. Die drei wichtigsten Vertreter, *Hunchback, Knirps* und *Krüppel*, codieren für Transkriptionsfaktoren vom Zinkfingertyp. Hunchback-Protein findet sich in einem Gradienten vom vorderen Anteil bis zur Mitte des Embryos. *Krüppel* wird im Bereich der thorakalen Segmente 4-6 und der ersten 6 abdominalen Segmente exprimiert, *Knirps* weiter posterior. Die *Gap*-Gene induzieren die *Paar-Regel*-Gene (*pair-rule*). *Segment-Polaritäts* -Gene bestimmen die richtige Orientierung der einzelnen Segmente. Nach Abschluß der Segmentierung bestimmen *Selektor*-Gene die weitere Entwicklung. Sie bestehen aus drei großen Genkomplexen, dem *Antennapedia*-Komplex (*ANT*-C), dem *Bithorax*-Komplex (*BX*-C) und dem *Ultrabithorax*-Komplex (*UBX*). Mutanten dieser Gen-Komplexe führen zu ungewöhnlichen Strukturen.

B. Bithorax-Mutation

Eine Mutante des Bithorax-Komplex (*B*X-C) bildet ein zusätzliches Thoraxsegment mit vollständig ausgebildeten Flügeln (Abbildung aus Lawrence, nach E.B. Lewis).

C. Struktur des *Antennapedia*-Gens mit Homeo-Box

Antennapedia ist ein Gen aus dem *Antennapedia complex* (*ANT*-C), das in Parasegment 5 und 6 exprimiert ist. Es enthält einen charakteristischen Abschnitt von DNA-Sequenzen in Exon 8, der Homeobox, die für etwa 60 Aminosäuren codieren (Homeo-Domäne). Die Homeo-Domäne enthält vier Abschnitte eines helicalen Proteins mit DNA-bindender Funktion (W.J. Gehring et al., 1990).

D. Homeotische Gene bei Drosophila und Hox-Gene bei der Maus

Eine Homeo-Box findet sich auch bei Vertebraten. Eine Serie anterior nach posterior orientierter homeotischer Gene, dem ANT- und dem BX-Komplex (*ANT*-C und *BX*-C) entsprechend , finden sich in derselben anterior-posterioren Anordnung im embryonalen Gehirn der Maus. Die zeitliche Expression entspricht dieser Orientierung.

E. Homeo-Box-Gene (HOX-Gene)

Beim Menschen und bei der Maus gibt es je vier Gruppen (Cluster) von Genen, die mit den Homeo-Genen bei Drosophila übereinstimmen (HOX-1 bis 4 beim Menschen, Hox-1 bis 4 bei der Maus). Da Mutationen in diesen Genen bei der Maus zu charakteristischen Ausfallserscheinungen führen, wird vermutet, daß sie auch beim Menschen eine klinische Bedeutung haben.

Literaturhinweise

Gehring, W.J. & Hiromi, Y.: Homeotic genes and the homeobox. Ann. Rev. Genet. *20*:147-173, 1986. – Gehring, W.J. et al.: The structure of the homeodomain and its functional implications. Trends Genet. *6*:323-329, 1990. – Marx, J.: Homeobox genes go evolutionary. Science *255*:399-401, 1992. – Murtha, M.T., Leckman, J.F., Ruddle, F.H.: Detection of homeobox genes in development and evolution. Proc.Nat.Acad.Sci. *88*:10711-10715, 1991. – Reddihough, G.: Homing in on the homeobox. Nature *357*:643-644, 1992. – Scott, M. P.: A rational nomenclature for vertebrate homeobox (HOX) Genes. Nucleic Acids Res. *21*: 1687–1688, 1993.

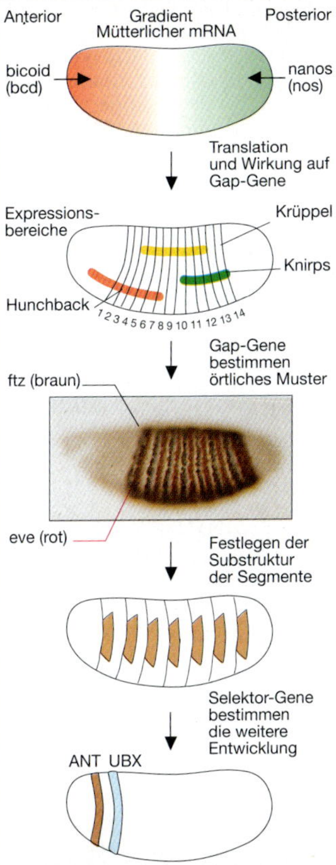

A. Hierarchie von Entwicklungs-Genen

B. Bithorax-Mutation

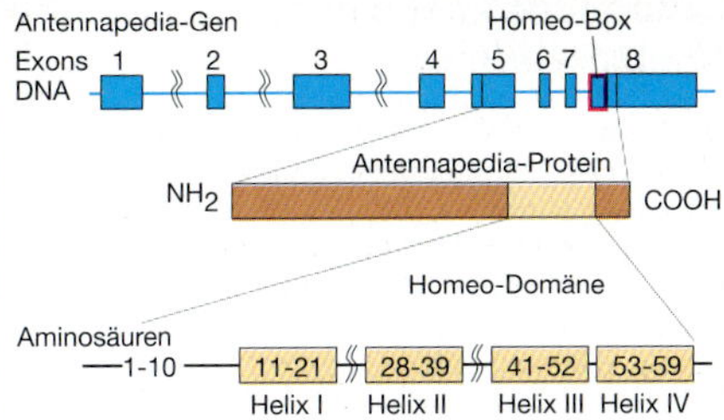

C. Struktur des Antennapedia-Gens mit Homeo-Box

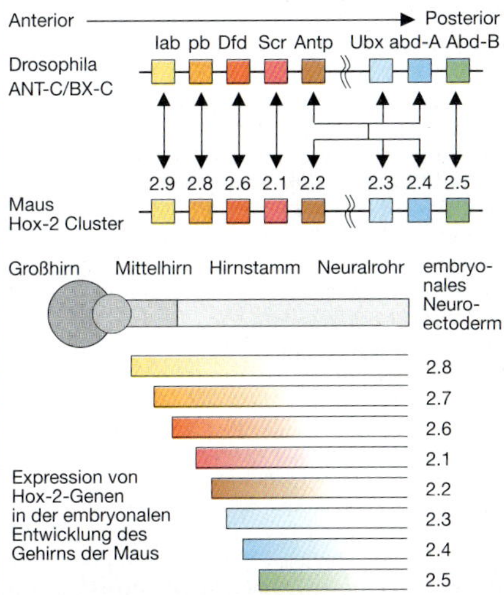

D. Homeotische Gene bei Drosophila und Hox-Gene bei der Maus

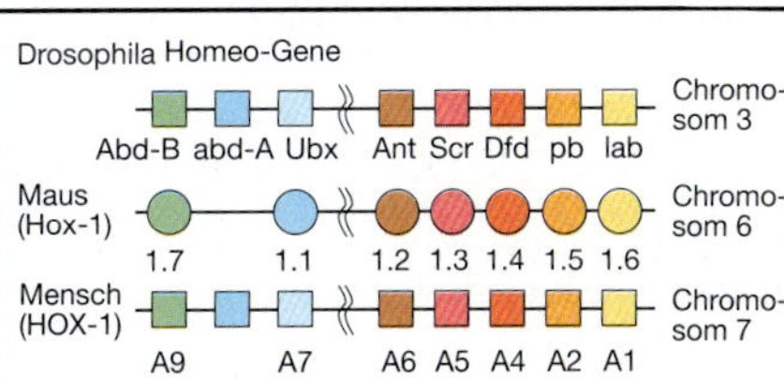

Weitere Gen-Cluster beim Menschen:

HOX-2 auf Chromosom 17q21-22 (Maus Chromosom 11)

HOX-3 auf Chromosom 12q11-21 (Maus Chromosom 15)

HOX-4 auf Chromosom 2q31-37 (Maus Chromosom 4)

E. Homeobox-Gene (HOX)

Mutationen in einem Pflanzenembryo

Nicht nur bei Tieren, sondern auch bei Pflanzen ist der grundlegende Bauplan genetisch determiniert. Bei der Pflanze *Arabidopsis thaliana* (Ackerschmalwand) bestimmen neun Gene mit zahlreichen Allelen die Organisation des Pflanzenembryos entlang einer apicalen-basalen Längsachse. Sie bestimmen ein radiales Muster und die Form (U. Mayer et al., Nature *353*:402-407, 1991). Die beobachteten Mutanten lassen auf die genetische Steuerung der embryonalen Entwicklung bei einer Pflanze schließen.

A. Normale Entwicklung und Aufbau

Blütenpflanzen unterscheiden sich zwar in der adulten Form sehr, aber in der Embryonalphase durchlaufen sie ein ähnliches Stadium. *Arabidopsis* ist für eine genetische Analyse besonders geeignet, weil sie klein ist, eine kurze Generationszeit und ein diploides Genom hat. Der grundlegende Bauplan läßt sich aus der Überlagerung eines achsialen und eines radialen Musters verstehen. Bevor der Keimling (seedling) gebildet ist, lassen sich ein Octant-Stadium, ein Globular-Stadium und ein herzförmiges Stadium unterscheiden. Die Regionen A', C' und B' im Octant-Stadium entsprechen den Regionen A, C und B im sog. Herz-Stadium. Region A bildet die Kotelydonen und das Meristem, C die Hypocotyl-Region und B die Wurzel. Der Keimling besteht aus einer Reihe von identifizierbaren Strukturen einschließlich Gefäßen (v), äußere Epidermis (e), Short Meristem (s), Kotelydonen (c) und Hypocotelydonen (h). Im Herzstadium ist der prinzipielle Aufbau der Pflanze vorgegeben.

B. Deletionen im apicalen-basalen Muster

Die Mutanten wurden durch 0,3% Ethylmethansulfonat induziert. Durch Komplementationsanalyse ermittelten Mayer et al. (1991) Mutanten in drei Bereichen des Pflanzenaufbaus. Sie betreffen das apical-basale Muster, das radiale Muster und die Form. Apical-basale Deletionen können mehrere Gene betreffen, die jeweils zu einem charakteristischen Phänotyp führen: Apicale Deletion (*Gurke*), zentrale Deletion (*Fackel*), basale Deletion (*Monopteros*) und terminale Deletion (*Gnom*).

C. Wildtyp

Der normale Aufbau von *Arabidopsis* resultiert aus zwei grundlegenden Vorgängen, Bildung von Mustern (apicale-basale und radiale Orientierung) und Morphogenese durch unterschiedliche Zellformen und regional verschiedene Zellteilungen.

D. Phänotyp embryonaler Mutanten

Die vier mutanten Phänotypen im apicalbasalen Muster sind *Gurke* (9 Allele), *Fakkel* (5 Allele), *Monopteros* (11 Allele) und *gnom* (15 Allele) (vgl. Tafelteil B). Deletionen im radialen Muster führen zum Phänotyp *Keule* (9 Allele) und *Knolle* (2 Allele). Mutanten der Form sind *Fass* (12 Allele), *Knopf* (6 Allele) und *Mickey* (8 Allele) (Abb. aus U. Mayer et al., 1991).
Das monopteros-Gen *(mp)* ist offenbar ein für die apicale-basale Entwicklung besonders wichtiges Gen. Jedoch hat es auch indirekte Wirkung auf die räumliche Anordnung der apicalen Strukturen. Für die Entwicklung der Wurzel wird es nicht benötigt (Berleth & Jürgens, 1993).

Literaturhinweise

Berleth, T., & Jürgens, G.: The role of the monopteros gene in organising the basal body region of the Arabidopsis embryo. Development *118*:575–587, 1993.

Mayer, U., Torres Ruiz, R.A., Berleth, T., Miséra, S., Jürgens, G.: Mutations affecting body organization in the *Arabidopsis* embryo. Nature *353*: 402-407, 1991.

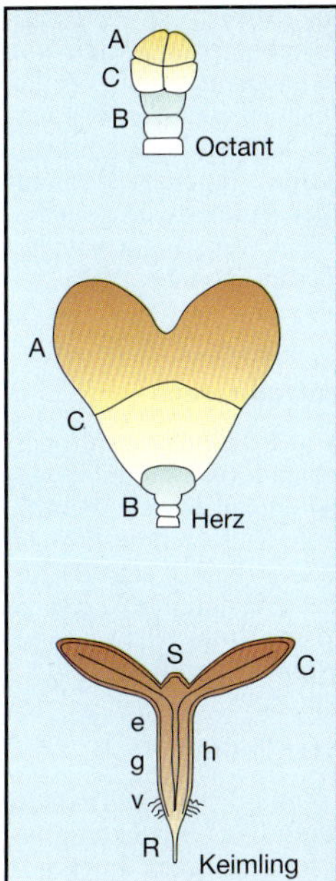

A. Normale Entwicklung und Aufbau

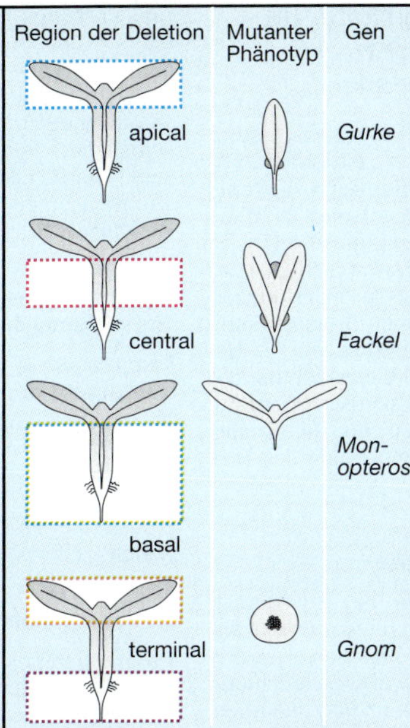

B. Deletionen im apicalen-basalen Muster

C. Wildtyp

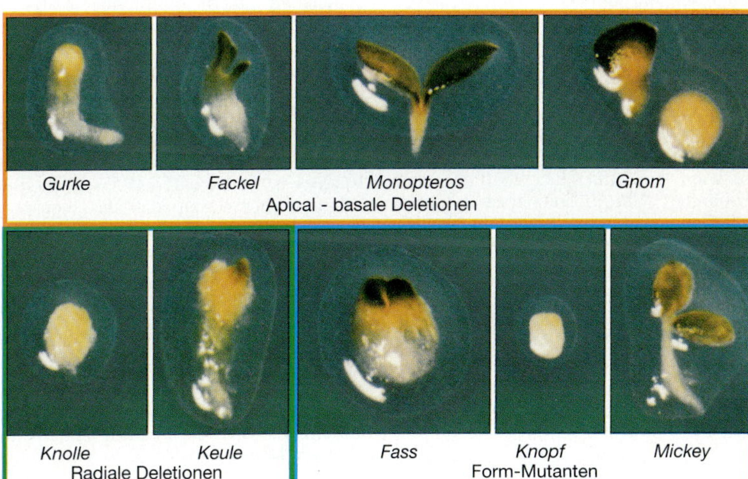

D. Phänotyp embryonaler Mutanten

Entwicklungsprogramm für einzelne Zellen beim Nematoden *C.elegans*

Die Entwicklung von der Zygote zum adulten Organismus erfordert zeitlich und örtlich geordnete Zellteilungen. Während man bei komplexen Organismen nicht die Herkunft von Zellen bestimmen kann, ist beim Nematoden *Caenorhabditis elegans* eine Abstammungsanalyse jeder einzelnen Zelle möglich. Sydney Brenner führte 1965 die genetische Analyse von *C. elegans* als Modell für die Untersuchung des Zusammenspiels von genetischen, anatomischen und verhaltensphysiologischen Merkmalen bei der Entwicklung des Nervensystems ein.

A. *Caenorhabditis elegans*

Caenorhabditis elegans ist ein kleiner, durchsichtiger Wurm von etwa 1mm Länge und einem Lebenszyklus von etwa drei Tagen. Er existiert in zwei Geschlechtern, als Zwitter (Hermaphrodit) und männlich. Hermaphroditen produzieren Oocyten und Spermien, und können mittels Selbstfertilisation reproduzieren. Der erwachsene hermaphroditische Wurm hat 959 somatische Zellkerne, der erwachsene männliche Wurm 1031. Es kommen 1000 bis 2000 Keimzellen hinzu. Das haploide Genom besteht aus 8 x 10^7 Nucleotidbasenpaaren (etwa achtmal so groß wie das der Hefe *Saccacharomyces* und etwa halb so groß wie *Drosophila*). Es enthält auf sechs homologen Chromosomenpaaren etwa 3000 Gene, von denen etwa 800 identifiziert sind. Der Bauplan besteht aus einem bilateral symmetrisch langgestreckten Körper aus Nerven, Muskel, Haut und Darm (Abbildung aus W.B. Wood 1988, nach Sulston und Horvitz 1977).

B. Embryonale Herkunft der einzelnen Zellen

Es läßt sich der Entwicklungsweg jeder einzelnen Zelle verfolgen. Alle Gewebe entstehen aus sechs Gründerzellen. 302 von 959 sind Nervenzellen. Mit Ausnahme der Zellen des Darms und der Keimbahn stammen differenzierte Gewebe von verschiedenen Gründerzellen ab. Zellen gleicher Funktion sind nicht unbedingt verwandt, andererseits können Zellen mit verschiedener Funktion gleicher Herkunft sein. Genetisch determinierte Regeln bestimmen an jeder Verzweigung das weitere Schicksal der beiden Tochterzellen.

C. Mutationen in Entwicklungskontroll-Genen

Durch Analyse von Ethylmethansulfonat-induzierten Punktmutationen konnten viele Entwicklungskontroll-Gene identifiziert werden. Einige Mutanten bestimmen einen falschen Zelltyp (z. B. Z statt B), andere fällen die Entscheidung auf einer zu frühen oder zu späten Stufe (Teilungsmutanten), z. B. zweimal C statt B und C.

D. Programmierter Zelltod

Programmierter Zelltod (Apoptosis) ist normaler Bestandteil der Entwicklung bei Vertebraten und Invertebraten. Im Laufe der Embryo-Entwicklung von *C. elegans* stirbt eine von acht somatischen Zellen regelhaft zu einem definierten Zeitpunkt und Verzweigungsort ab (1). Die Photographien (2) zeigen einen Zelltod (Zelle P11.aap) im Ablauf von etwa 40 Minuten (aus Wood 1988, nach Sulston und Horvitz 1977). Mutanten, die den programmierten Zelltod verhindern, können zu schwerwiegenden Störungen führen. Vaux et al., Science *258*:1955–1957, 1992 haben nachgewiesen, daß das menschliche *bcl-2* Gen in Zellen von *C. elegans* den programmierten Zelltod verhindern kann, so daß ein gleicher Mechanismus angenommen werden muß.

Literaturhinweis

Wood, W. B. and the Community of *C. elegans* Rescerchess: The Nematode *Caenorhabditis elegans*. Cold Spring Harbor Laboratory Monograph 17, New York, 1988.

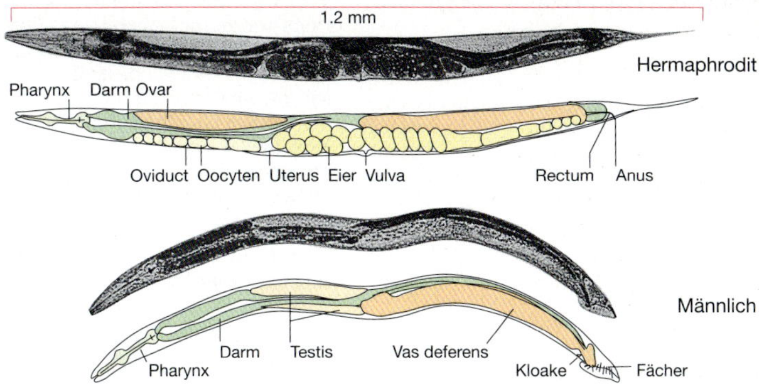

A. ***Caenorhabditis elegans***

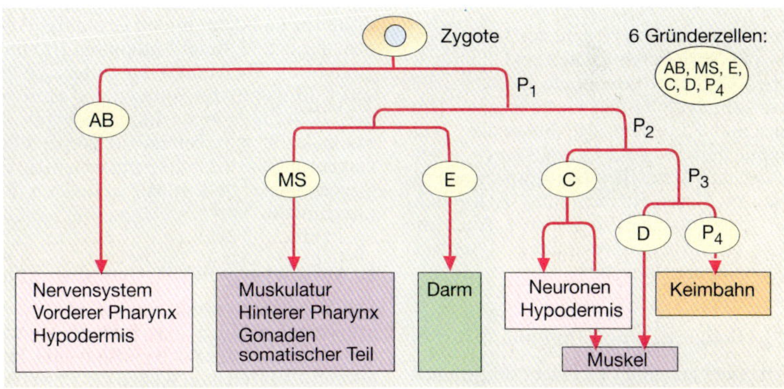

B. Embryonale Herkunft der einzelnen Zellen

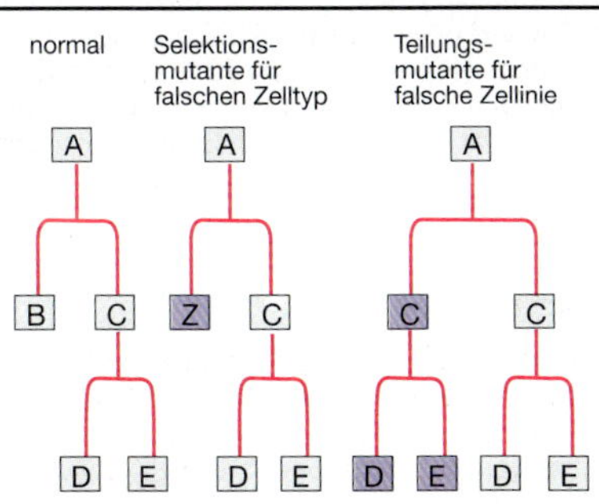

C. Mutationen in Entwicklungskontroll-Genen

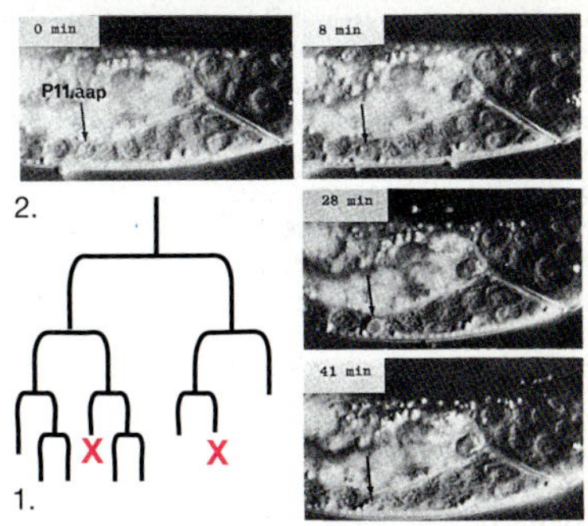

D. Programmierter Zelltod (X)

Komponenten des Immunsystems

Das Immunsystem muß eingedrungene Fremdorganismen erkennen und beseitigen. Die Immunantwort muß spezifisch sein und sich ausschließlich gegen Fremdmoleküle richten, aber nicht gegen eigene. Sie muß rasch sein. Die Effektormoleküle müssen auf Kontakte mit einer Vielfalt von Organismen und Molekülstrukturen vorbereitet sein. Unter diesen Anforderungen hat sich in der Evolution ein äußerst effizientes, genetisch vielfältiges Immunsystem entwickelt. Zahlreiche Gene steuern seine Entwicklung und Funktion.

A. Lymphatische Organe

Das Immunsystem besteht aus Lymphocyten des peripheren Blutes und lymphatischen Organen (lymphoide Gewebe). Die primären lymphoiden Gewebe sind Thymus und Knochenmark. Sekundäre lymphoide Gewebe sind Lymphknoten in verschiedenen Bereichen des Körpers, vor allem im Nasen-Rachenraum, Achselhöhlen, Leistenbeugen und Darm. Auch die Milz wird zu den sekundären lymphatischen Organen gezählt.

B. Lymphocyten und Immunantwort

Lymphocyten sind die Träger der Immunantwort. Ist die normale Immunantwort einer Maus nach Gabe eines Antigens (Fremdorganismus, fremde Molekülstruktur) durch Röntgenstrahlen einer bestimmten Dosis zerstört (das Immunsystem ist besonders strahlenempfindlich), so kann dies durch Lymphocyten einer genetisch identischen (bei Inzuchtstämmen) unbestrahlten Maus wiederhergestellt werden. Die Übertragung anderer Zellen vermag dies nicht, weil Lymphocyten die Immunantwort bewirken.

C. T-Zellen und B-Zellen

Lymphocyten existieren in zwei funktionell und morphologisch unterschiedlichen Typen, T-Lymphocyten und B-Lymphocyten. T-Zellen durchlaufen während der Embryonal- und Fetalentwicklung eine Differenzierung im Thymus, daher die Bezeichnung T-Zelle. B-Zellen differenzieren in verschiedenen Stadien bei Säugetieren im Knochenmark (bone marrow), bei Vögeln in der Bursa Fabricii (daher die Bezeichnung B-Zelle). Weitere Differenzierungsschritte erfolgen in Lymphknoten (T-Zellen) und der Milz (B-Zellen).

D. Zelluläre und humorale Immunantwort

Die erste Phase der durch ein Antigen ausgelösten Immunantwort (z. B. Bakterien, Viren, Pilze oder Fremdprotein) besteht aus rascher Proliferation von B-Zellen (humorale Immunantwort). Sie reifen zu Plasmazellen und diese bilden gegen das Antigen gerichtete freie Antikörper (Immunglobuline). Es kommt zu einer spezifischen Bindung von Antigen und Antikörper. Die humorale Immunantwort ist rasch, kann aber bereits in Körperzellen eingedrungene Fremdorganismen nicht erfassen. Diese obliegt der zellulären Immunantwort.

E. Antikörpermolekül (Grundstruktur)

Das prinzipielle Strukturmotiv eines Antikörpermoleküls ist ein Y-förmiges Protein, das aus zwei schweren Ketten (H-Kette) und zwei leichten Ketten (L-Kette) besteht. Sie werden durch Disulfid-Bindungen zusammengehalten. L-Kette und H-Kette bestehen aus variablen und konstanten Bereichen (Aminosäuren-Sequenzen).

F. Antigen-Antikörper-Bindung

Im Bereich der Antigen-Bindungsstelle wird das Antigenmolekül fest gebunden. Drei hypervariable Regionen unterscheiden sich in der Aminosäuren-Sequenz von einem Molekül zum anderen. Dies führt dazu, daß ein breites Spektrum von verschiedenen Antigenmolekülen gebunden werden kann (Abbildungen in Anlehnung an B. Alberts et al., Molecular Biology of the Cell).

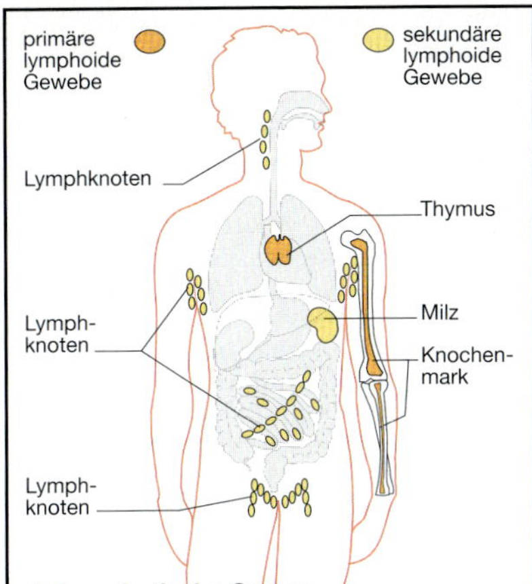

A. Lymphatische Organe

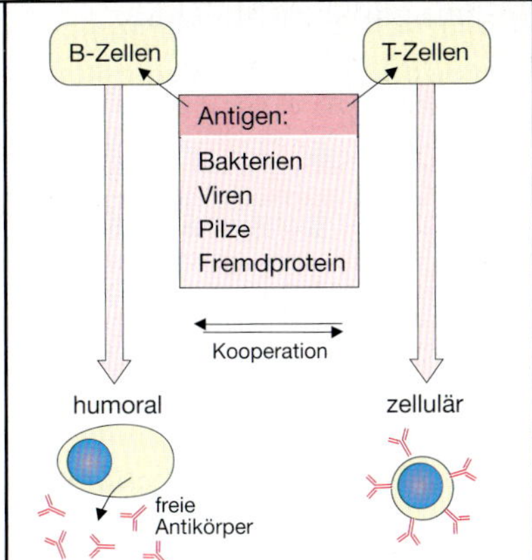

D. Zelluläre und humorale Immunantwort

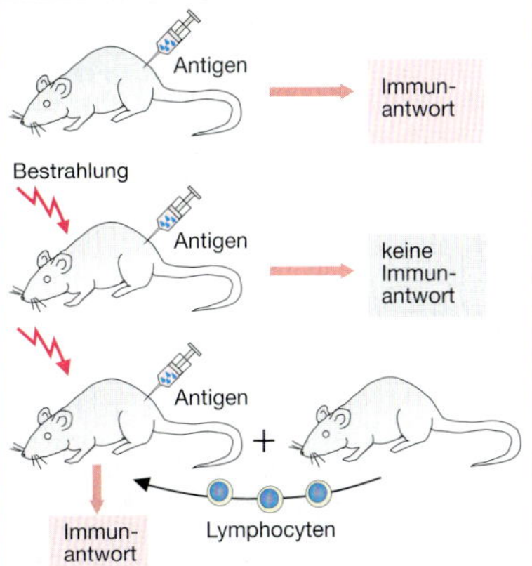

B. Lymphocyten und Immunantwort

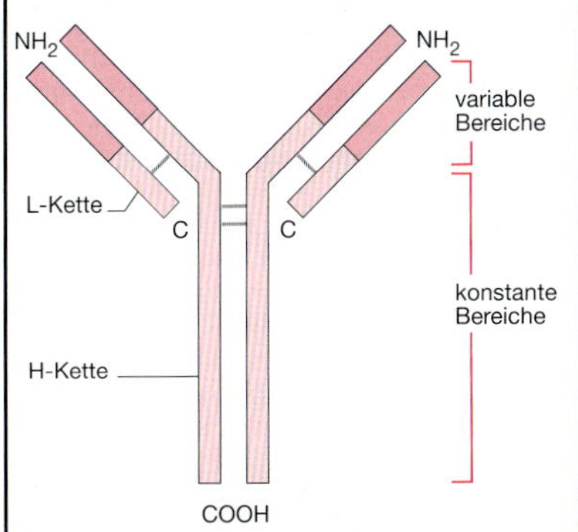

E. Antikörpermolekül (Grundstruktur)

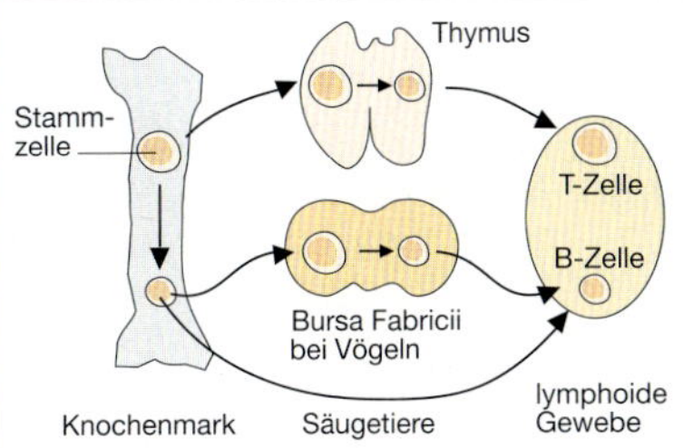

C. T-Zellen und B-Zellen

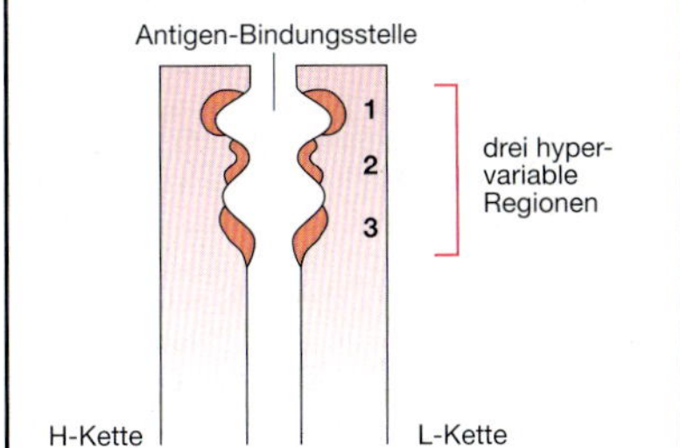

F. Antigen-Antikörper-Bindung

Immunglobulin-Moleküle

Immunglobuline sind die Effektormoleküle des Immunsystems. Sie treten membrangebunden als Zelloberflächen-Rezeptoren oder als freie Antikörper auf. In den variablen Bereichen zeigen sie eine ungeheure Diversität. Dies befähigt sie zur Bindung an eine Vielzahl sehr verschiedener Antigene. Sie unterscheiden sich in Struktur und Funktion, sind aber letztlich auf ein relativ einfaches Grundmuster zurückzuführen.

A. Immunglobulin G (IgG)

Alle Antikörpermoleküle sind relativ ähnlich in ihrer Grundstruktur und grundlegenden physikochemischen Eigenschaften. Immunglobulin G ist der charakteristische Vertreter von Abkömmlingen der B-Lymphocyten (Plasmazellen). Das Molekül besteht aus zwei H-Ketten von insgesamt 446 Aminosäuren, von denen die ersten 109 auf die variable Region am N-terminalen Ende entfallen. Die L-Kette besteht aus 214 Aminosäuren. Auch in der L-Kette bilden die ersten 109 Aminosäuren die variable Region. Jede H-Kette besteht aus drei konstanten Domänen (CH1, CH2 und CH3) und der variablen Region V_H. Eine L-Kette besteht aus einer variablen (V_L) und einer konstanten Domaine (C_L). Jede Domäne besteht aus etwa 110 Aminosäure-Resten. Zwischen der konstanten Region 1 (CH1) und der konstanten Region 2 (CH2) der schweren Kette befindet sich ein als Gelenk bezeichneter (Hinge) Bereich, der eine Beweglichkeit zwischen CH1 und CH2 zuläßt. Die H-Ketten untereinander, sowie die H-und die L-Ketten sind durch Disulfid-Brücken (–S-S–) miteinander verbunden. Ferner befinden sich Disulfid-Brücken im Bereich der konstanten und variablen Domänen. Neben Immunglobulin G (IgG) gibt es andere Typen von Immunglobulinen, die sich im konstanten Teil der H-Kette unterscheiden: IgA (Cα), IgD (Cδ), IgE (Cε), sowie das aus fünf IgG-Einheiten zusammengesetzte IgM. Die verschiedenen Typen von H-Ketten werden als Isotypen bezeichnet. Der Antigen-Bindungsbereich in den variablen Domänen enthält drei hypervariable Bereiche (CDR, Complementarität-determinierende Regionen).

B. T-Zellrezeptor (TCR)

Der Antigen-Rezeptor an der Oberfläche der T-Zellen ist ein Heterodimer aus covalent gebundenen Polypeptid-Ketten, einer α- und einer β-Kette. Die β-Kette ist geringfügig größer. Die konstante Region der α- und β-Ketten (C) besteht aus je etwa 140-180 Aminosäuren, die von vier Exons, entsprechend vier Domänen codiert werden. Die variable Region (V) besteht aus 102-109 Aminosäuren und enthält drei hypervariable Regionen, wie das Immunglobulin-Molekül. Ferner gibt es T-Zellrezeptor γ- und δ-Gene. Der TCRδ-Locus liegt beim Menschen auf Chromosom 14 innerhalb der Loci für TCRα und γ, für TCRβ auf Chromosom 13.

C. Die verschiedenen Domänen eines Immunglobulin-Moleküls werden von verschiedenen Genen codiert

Die einzelnen Domänen eines Immunglobulins werden von Sequenzen aus Serien von verschiedenen Genen codiert. Die variable (V_L) und die konstante Domäne (C_L) der leichten L-Ketten wird von je einer genetischen Region der entsprechenden L-Kette codiert. Beim Menschen und bei der Maus sind in der embryonalen DNA eine Region für zahlreiche Gene der H-Kette und je eine Region für die Bildung der beiden L-Ketten (Kappa und Lambda) gut charakterisiert. Diese Gen-Regionen liegen auf verschiedenen Chromosomen, beim Menschen für die H-Kette auf dem langen Arm von Chromosom 14 (14q32), für die Kappa-Kette auf dem kurzen Arm von Chromosom 2 (2p12) und für die Lambda-Kette auf dem langen Arm von Chromosom 22 (22q11). Bei der Maus liegen sie auf Chromosom 14 (H-Kette), Chromosom 6 (Kappa) und Chromosom 16 (Lambda).

Literaturhinweis

Strominger, J. L.: Developmental biology of T cell receptors. Science *244*: 943–950, 1989.

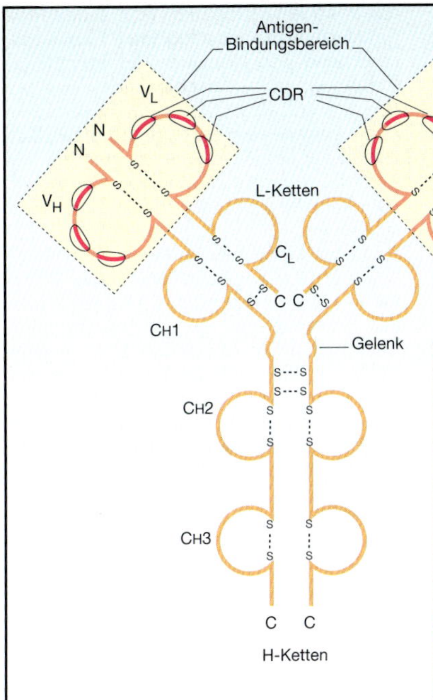

A. Immunglobulin G

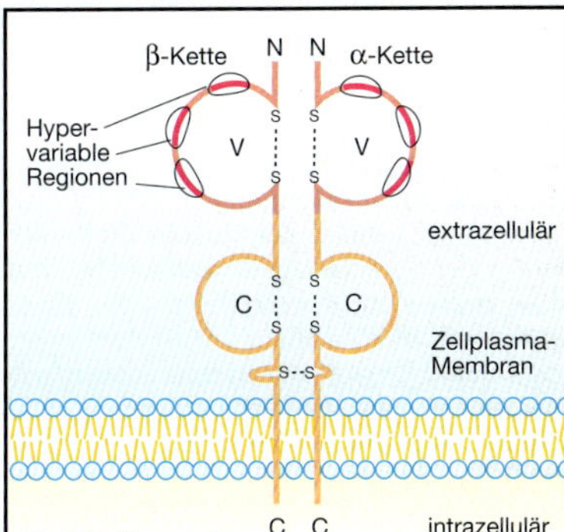

B. T-Zellrezeptor

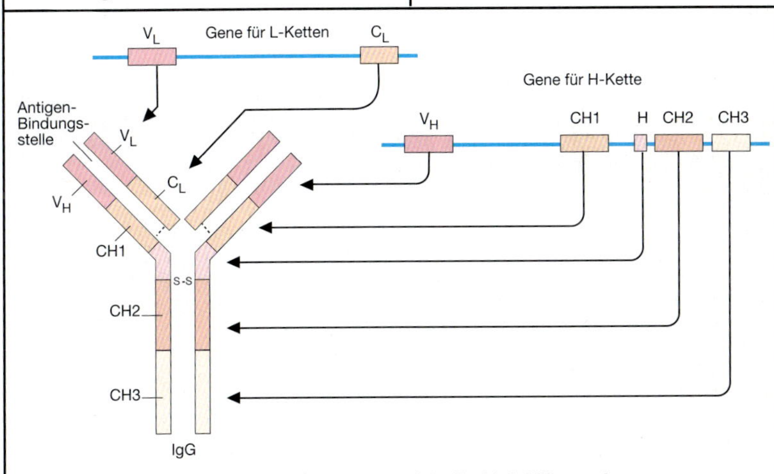

C. Die verschiedenen Domänen eines Immunglobulin-Moleküls werden von verschiedenen Genen codiert

Genetische Diversität durch somatische Rekombination

Würde jedes der vielen verschiedenen Immunglobulin-Moleküle und der variablen Regionen durch eigene Gene codiert, so wären viele Millionen Gene erforderlich. Dies ist nicht der Fall. Vielmehr wird durch Rekombination einer übersehbaren Anzahl von Genen während der Differenzierung von Lymphocyten eine praktisch unbegrenzte Anzahl verschiedener Zellen erzeugt. Dies geschieht durch somatische Rekombination von Genen während der Differenzierung von B-Zellen und T-Zellen. Die Antikörper-Diversität entsteht durch folgende genetische Mechanismen: (1) multiple DNA-Sequenzen der Keimbahngene für H- und L-Ketten können Ig-Moleküle mit verschiedenen Spezifitäten codieren, (2) durch somatische Rekombination der verschiedenen DNA-Abschnitte wird die Zahl der möglichen Kombinationen erheblich erhöht, (3) in den hypervariablen Regionen treten somatische Mutationen auf, die zu weiteren genetischen Unterschieden führen.

A. Somatische Rekombination bei der Bildung von Immunglobulin-Molekülen

Somatische Rekombination findet bei der Reifung von B-Zellen innerhalb der Gene für L-Ketten und H-Ketten, sowie in reifenden T-Zellen innerhalb der Gene für die vier Ketten des T-Zellrezeptors statt. Hier wird ein Beispiel für die genetischen Vorgänge bei der Bildung der H-Kette eines Immunglobulins gezeigt. Am 5'-Ende des IgH-Locus liegen die Exons (V1 bis Vn) der variablen Region (V). Sie sind voneinander durch nicht-codierende DNA unterschiedlicher Länge getrennt. Mehr als 90 Basenpaare in 5'-Richtung des V-Region-Exons befindet sich ein kleines Exon (60-90 Basenpaare), das für ein Initiationssignal zur Translation codiert (Leader- oder Signalpeptid, L). Die Leadersequenzen werden später entfernt. In unterschiedlicher Entfernung in 3'-Richtung von den V-Genen liegen die D-Gene der konstanten Regionen (C). Jede C-Region besteht aus verschiedenen Exons, entsprechend den Domänen der kompletten C-Region und verschiedenen Isotypen (C_u, C_δ) etc. Rearrangements in der DNA von Lymphocyten der Gene für die H-Kette und die beiden L-Ketten eines Immunglobulins führen regelmäßig zu Genkombinationen, die sich von Zelle zu Zelle unterscheiden.

Zunächst kommt es zu einer Verbindung eines D-Gen-Segments und eines J-Segments (D-J Verknüpfung). Danach erfolgt die Verknüpfung dieses DJ-Abschnitts mit einem der V-Abschnitte. Da es in jeder Zelle zu einer anderen Kombination von V-, D- und J-Abschnitten kommt, sind angesichts der vorhandenen Zahl der verschiedenen Abschnitte mindestens 25.000 Kombinationen möglich (100-250 V-Segmente, 12 D-Segmente und 4 J-Segmente). Durch die Verknüpfung entsteht das primäre RNA-Transkript. Noch vorhandene nicht-codierende Abschnitte (Introns) und mit einem D-Abschnitt nicht unmittelbar verbundene J-Abschnitte werden entfernt (in dem gezeigten Beispiel ist ein D2 mit einem J1 verbunden, aber nicht mit J2-4, so daß J2-4 entfernt werden). Nach der RNA-Verarbeitung durch Spleißen entsteht die endgültige messenger RNA (mRNA) als Vorlage für die Translation des Polypeptids für eine H-Kette. Durch weitere Verarbeitung wie Entfernung des Führungsabschnitts (L) und Glycosylierung des Proteins an bestimmten Stellen entsteht schließlich die endgültige H-Kette, im gezeigten Beispiel vom Typ **μ**. Im Gegensatz zu den H-Ketten enthalten die L-Ketten keine Diversitätsgene (D), so daß bei der Umordnung der DNA in Lymphocyten ein J und ein V-Gen durch somatische Rekombination direkt miteinander verknüpft werden.

Literaturhinweis

A. K. Abbas, A. H. Lichtman, J. S. Pober: Cellular and Molecular Immunology, 1991.

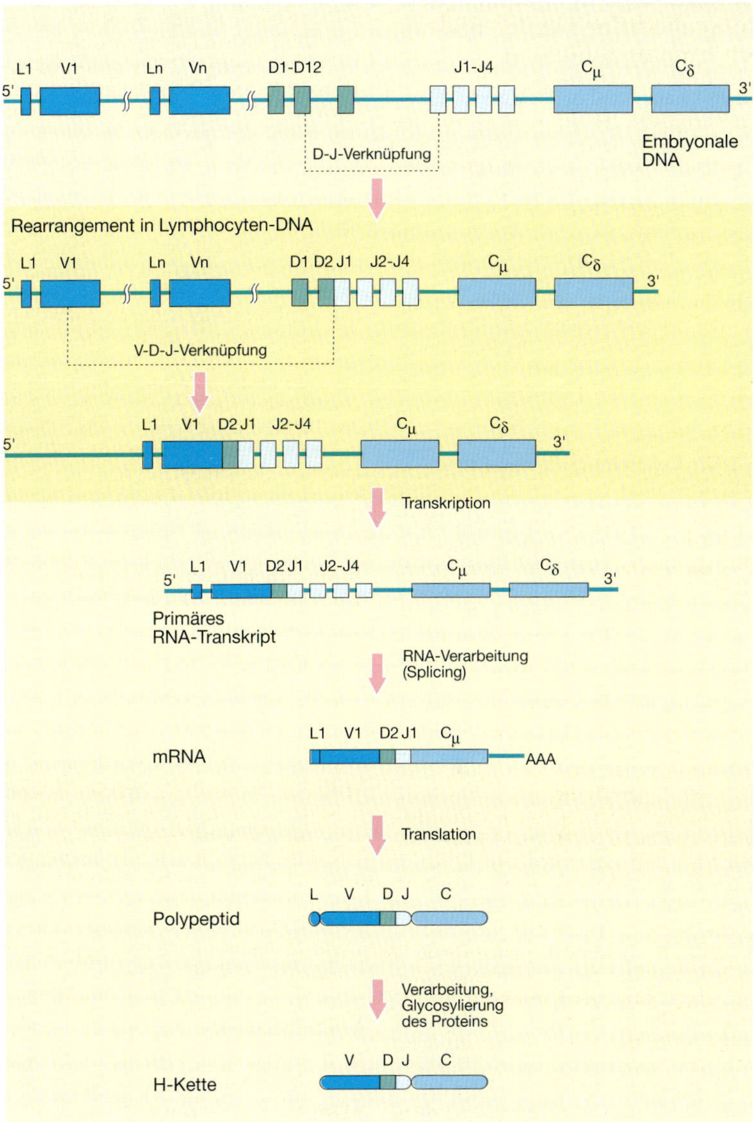

A. Somatische Rekombination bei der Bildung von Immunglobulin-Molekülen

Mechanismen der somatischen Rekombination bei der Bildung von Immunglobulinen

Die Rekombination in der Keimbahn vorhandener Gene für die Bildung von Immunglobulinen und den T-Zellrezeptor in bestimmten Vorstufen der B-Zellen (prä-B-Zelle) und T-Zellen geschieht durch Herausschneiden (Excision) von nicht-codierender DNA zwischen den Genen für die verschiedenen Bereiche des Moleküls und anschließende Verknüpfung (Ligation). Im Gegensatz zur Rekombination bei der Meiose stellen IgG-Rearrangements eine besondere Art der Rekombination dar, weil nicht-homologe Genabschnitte rekombiniert werden.

A. DNA-Erkennungssequenzen für Rekombination

Die Rekombination zwischen den DNA-Abschnitten für die Bildung eines Immunglobulin-Moleküls wird durch spezifische DNA-Erkennungssequenzen gesteuert. Diese befinden sich in den angrenzenden, nicht-codierenden DNA-Abschnitten am 3'-Ende jedes V-Exons (Exons für die variable Region) und am 5'-Ende jedes J-Segments. Die D-Segmente werden auf beiden Seiten von einer Erkennungssequenz flankiert. Erkennungssequenzen sind nicht codierende, aber hochkonservierte DNA-Abschnitte von 7 Basenpaaren (Heptamer) bzw. 9 Basenpaaren (Nonamer). Sie sind durch einen Spacer (Platzhalter) von 23 Basenpaaren bzw. 12 Basenpaaren in genau festgelegtem Abstand getrennt. Stromaufwärts (5'-Richtung) und stromabwärts (3'-Richtung) eines D-Segments hat der Spacer eine Länge von je 12 Basenpaaren. Die Sequenz der Nucleotid-Basenpaare der Spacer ist nicht konserviert. Das für Ig-Moleküle und TCR-Rezeptor charakteristische Rearrangement zwischen benachbarten Signalsequenzen ist offenbar nur möglich, wenn die dazwischen liegenden Spacer (Platzhalter) unterschiedlich lang sind, d.h. 12 bzw. 23 Basenpaare betragen (sog. 12/23-Regel). Bei der Bildung einer H-Kette findet eine nicht-homologe Paarung des Heptamers eines D-Segments und eines J-Segments statt. Durch Rekombination kommt es zur Verknüpfung eines D-Segments und eines J-Segments (D-J-Verknüpfung). Im Bereich der Spacer von 12 bzw. 23 Basenpaaren, sowie der gesamten dazwischenliegenden DNA kommt es zu einer Schleifenbildung. Durch Herausschneiden der zwischen dem jeweiligen D- und J-Segment liegenden DNA werden ein D-Segment und ein J-Segment verknüpft. Durch Paarung und Rekombination der Erkennungssequenzen am 5'-Ende des DJ-Segments und der Erkennungssequenzen am 3'-Ende eines V-Gens kommt es zur Verknüpfung eines V-Segments mit dem DJ-Segment. In analoger Weise verläuft die Rekombination von Genen für die Bildung des T-Zellrezeptors (vgl. S. 254). Defekte in Genen für die Steuerung der VDJ-Verknüpfung (Rekombinase) sind eine der Ursachen für schwere Kombinierte Immundefizienz (vgl. S. 258).

B. Genetische Diversität in Immunglobulin- und T-Zellrezeptor-Genen

Die Gesamtdiversität von rund 10^{18} Kombinationsmöglichkeiten für alle Typen von Genen für Immunglobuline und T-Zellrezeptoren resultiert aus verschiedenen Mechanismen. Zunächst steht eine verschiedene Anzahl variabler DNA-Abschnitte zur Auswahl (250-1000 für die H-Kette, 250 für die L-Ketten, 75 für die α-Kette des T-Zellrezeptors TCRα) etc. Die Anzahl verschiedener D-Segmente und J-Segmente erhöht die kombinatorischen Möglichkeiten. Zusätzlich treten in den hypervariablen Regionen regelmäßig Änderungen der DNA-Sequenz auf (somatische Mutationen), die die Kombinationsmöglichkeiten weiter erhöhen.

Literaturhinweis

A.K. Abbas, A.H. Lichtman, J.S. Pober: Cellular and Molecular Immunolgy, W. B. Saunders, Philadelphia, 1991, Seite 176

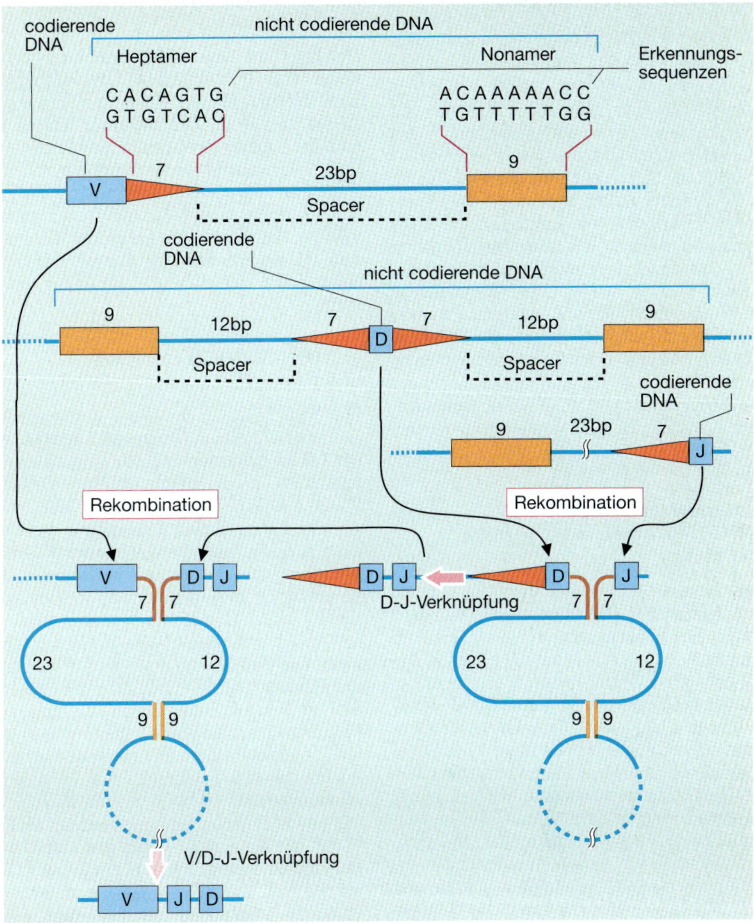

A. DNA-Erkennungssequenzen für Rekombination

Mechanismen	Immunglobulin H-Kette	Immunglobulin L-Ketten	TCRαβ α	TCRαβ β	TCRγδ γ	TCRγδ δ
Variable Abschnitte	250 – 1000	250	75	25	7	10
Anzahl D-Segmente	12	0	0	2	0	2
Anzahl J-Segmente	4	4	50	12	2	2
Variable Segment-Kombination	65 000 – 250 000		1825		70	
Gesamtdiversität	ca. 10^{11}		ca. 10^{16}		ca. 10^{18}	

B. Genetische Diversität in Immunglobulin- und T-Zellrezeptor-Genen

Gene der MHC-Region

Die MHC-Region (Major Histocompatibility Complex, MHC) ist eine Serie hochpolymorpher Gene (ca. 10-50 Allele pro Locus), die sich über etwa 3500 kb auf dem kurzen Arm von Chromosom 6 des Menschen und Chromosom 17 der Maus erstrecken. Sie werden an der Oberfläche verschiedener Zellen exprimiert. Ihre Genprodukte können mit serologischen Testverfahren oder durch zelluläre Reaktion im gemischten Lymphocytentest nachgewiesen werden. MHC-Gene kontrollieren die Immunantwort auf Antigen-Proteine durch spezifische Bindung von T-Zellen. Bei einer Organ- oder Gewebstransplantation müssen bei Spender und Empfänger die Allele an den MHC-Loci übereinstimmen, um eine Abstoßungsreaktion zu vermeiden.

A. Grundstruktur der MHC-Genkomplexe bei Mensch und Maus

Die Genloci der MHC-Region werden drei Klassen (I-III) zugeordnet. Klasse I bilden beim Menschen HLA-A, HLA-B und HLA-C, bei der Maus D, L und K des H2-Systems. Viele andere Loci dieser Klasse existieren, wie HLA-E bis -J. Klasse II bilden HLA-DP, -DQ, -DR beim Menschen, I-A und I-E (Buchstabe I, nicht römisch I) bei der Maus. Die Gene der Klasse III gehören nicht zu den MHC-Loci im engeren Sinne. Sie enthalten Gene für verschiedene Complementproteine und einige andere Gene. Allele werden nach einem numerischen System bezeichnet, wie z. B. HLA-A2, -B5, DR4 etc. Die Genprodukte der Allele des HLA-Systems (Human Leukocyte Antigens) werden durch Zellabtötung von Leukocyten durch das Serum von definierten Spezifitäten nachgewiesen (serologische Cytotoxizität). Nur wenn Spezifität des Serums und der getesteten Zellen übereinstimmen, kommt es nicht zu Cytolyse. Die Genprodukte der Allele des HLA-D-Systems werden durch Proliferation von Lymphocyten als Reaktion auf fremde T-Zellen im gemischten Lymphocytentest unterschieden.

B. Genomische Organisation der MHC-Loci

Die Loci der Klasse II bestehen aus einer Serie von genomischen Untereinheiten, zum Beispiel HLA-DP aus je zwei Genen Alpha und Beta. Die Loci der Klasse III enthalten Gene für Complementfaktor C2 und C4, Steroid-21-Hydroxylase, sowie Cytokine (Tumor-Nekrose-Faktor, TNFA, und Lymphotoxin, LT, neue Bezeichnung TNFB). Die Zahl der Gene der Klasse I und III ist erheblich größer als hier gezeigt. Von vielen ist die Funktion unbekannt.

C. MHC-Moleküle der Klasse I und Klasse II

Die Moleküle der Klasse I bestehen aus zwei verschiedenen Polypeptid-Ketten, einer MHC-codierten α-Kette und einer assoziierten, nicht MHC-codierten β-Kette (Beta-2-Mikroglobulin). Die α-Kette besteht im extrazellulären Anteil aus drei Domänen, α3, α2 und α1 von je etwa 90 Aminosäureresten. α1 und α2 bilden die hochpolymorphe Peptid-bindende Region, α3 und β_2-Mikroglobulin entsprechen strukturell einer Immunglobulin-ähnlichen Region. Die Aufdeckung der Kristallstruktur der Klasse I MHC-Moleküle hat gezeigt, daß α1 und α2 interagieren und eine Art Plattform von achtsträngigen, β-gefalteten Proteinen bilden. Die zwischen α1 und α2 entstehende Spalte (25 Å x 10 Å x 11 Å) kann ein aus 10 bis 20 Aminosäuren bestehendes Proteinfragment binden. MHC-Moleküle der Klasse II bestehen aus zwei Polypeptid-Ketten α und β mit je zwei Domänen, α1 und α2 bzw. β1 und β2 von etwa 90 Aminosäure-Resten und einer transmembranen Region aus etwa 25 Aminosäure-Resten. Wie bei den Molekülen der Klasse I ist die Peptid-bindende Region (α_1 bzw. β_1) hochpolymorph. Im Gegensatz zur β1 Domäne enthält α1 keine Disulfid-Brücke.

Literaturhinweis

Trowsdale, J.: Genomic structure and function in the MHC. Trend. Genet. *9*: 117–122, 1993.

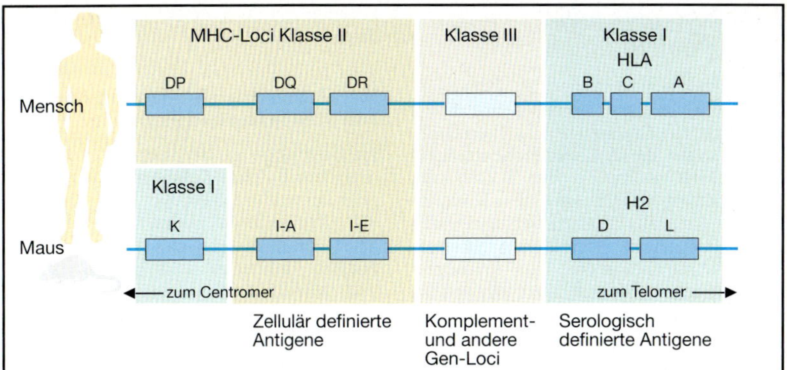

A. Grundstruktur der MHC-Genkomplexe bei Mensch und Maus

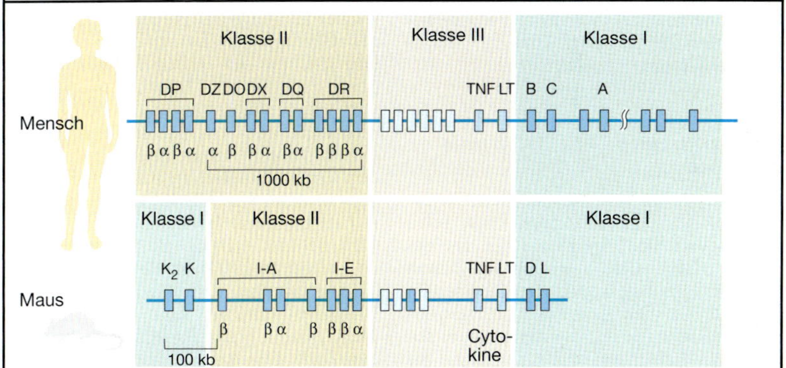

B. Genomische Organisation der MHC-Loci

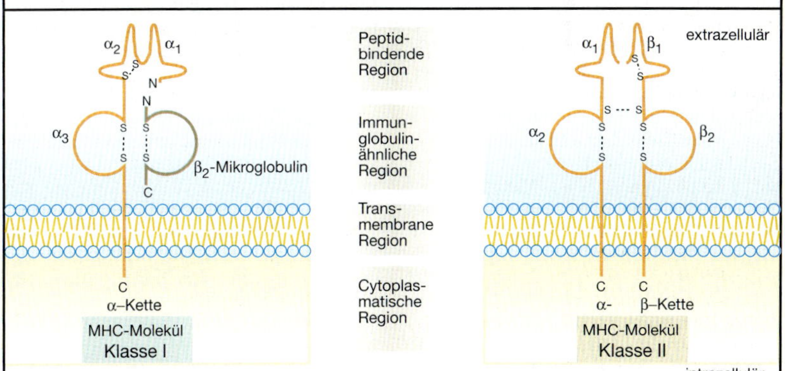

C. MHC-Moleküle der Klasse I und Klasse II

T-Zellrezeptor und MHC-System

T-Lymphocyten enthalten an ihrer Zelloberfläche Rezeptormoleküle mit hoher Spezifität zur Erkennung von Fremdantigenen, sowie die Zelloberflächenmoleküle des MHC-Komplex. Der T-Zell-Antigen-Rezeptor besteht aus einem Komplex mehrer integraler Plasmamembranproteine. Im Gegensatz zu B-Zellen erkennen T-Zellen nur Fragmente von Fremdprotein-Antigenen. Zudem sind sie pysikalisch mit dem MHC-Komplex der Antigenpräsentierenden Zellen verbunden. Während der Reifung von T-Zellen im Thymus werden die T-Zell-Genabschnitte rekombiniert und in einer definierten Reihenfolge aneinandergelagert (somatische Rekombination, ähnlich wie bei der Bildung von Immunglobulinen).

A. T-Zellrezeptor-Gene (TCR) beim Menschen

In der Keimbahn bestehen die Gene für die β-Kette des T-Zellrezeptors aus etwa 75-100 variablen Anteilen (V_β), D-Segmenten (Dβ1, Dβ2), Joining-Segmenten (Jβ1, Jβ2), sowie konstanten Segmenten (Cβ1, Cβ2). Die genomische Organisation der Gene für die α- und δ-Kette, sowie die γ-Kette ist ähnlich. Die Gene für die α-Kette sind beim Menschen auf Chromosom 7 lokalisiert, bei der Maus auf Chromosom 6. Während der T-Lymphocytenreifung werden durch somatische Rekombination verschiedene Abschnitte verknüpft wie bei der Bildung der Immunglobuline. Die Genloci für die α- und δ-Kette liegen beim Menschen und bei der Maus jeweils auf Chromosom 14. Die Gene für die γ-Kette liegen beim Menschen auf Chromosom 7, bei der Maus auf Chromosom 13. Die genomische Organisation bei Mensch und Maus ist sehr ähnlich. In einer gegebenen T-Zelle wird nur einer der beiden α-Kettenloci und nur einer der beiden β-Kettenloci funktionell rearrangiert und exprimiert (allelische Exklusion). Wie bei der Bildung der Immunglobulingene tragen verschiedene Mechanismen zur Erzeugung von Diversität von T-Zellrezeptor-Genen bei.

B. T-Zellrezeptor-Bindung an Antigen und MHC-Oberflächenproteine

Im Gegensatz zu B-Zellen erkennen und reagieren T-Zellen auf Fremdprotein-Antigene nur, wenn das Antigen an die Oberfläche von anderen Zellen angeheftet ist. Zwei verschiedene Klassen von T-Lymphocyten erkennen verschiedene Typen von MHC-Genprodukten. T-Zellen mit der Fähigkeit, andere Zellen durch Cytolyse zu töten (cytolytische T-Lymphocyten, CTLs oder „Killer-Zellen"), sind spezifisch für Klasse I-MHC-Moleküle. Diese Zellen enthalten einen Co-Rezeptor, CD8 (früher T8). CD8 ist ein membrangebundenes Glycoprotein aus zwei Dimeren (α und β), die im extrazellulären Anteil durch zwei Disulfid-Brücken miteinander verbunden sind (entweder α-Ketten-Homodimere oder α-β-Heterodimere). Die extrazellulären aminoterminalen Domänen sind Immunglobulin-ähnlich. Die Gesamtstruktur von CD8 ähnelt einer Box mit abgerundeten Ecken (Leahy et al., Cell *68*:1145-1162, 1992; P. Param, Nature *357*:538-539, 1992). Andere Klassen von T-Lymphocyten („Helfer-Zellen") haben Bindungsspezifität für Moleküle der MHC-Klasse II der Antigen-präsentierenden Zelle. Das Antigen besteht aus einem relativ kleinen Peptid-Fragment des Fremdproteins. Bei der Antigen-Präsentation geben eine Reihe von Oberflächenmolekülen physikalische Hilfe, z. B. CD3, CD4 und CD8. CD4 (früher T4) ist ein Co-Rezeptor. CD4 ist ein stäbchenförmiges einzelnes Polypeptid mit einem aus vier Immunglobulin-ähnlichen Domänen bestehenden extrazellulären Teil. Das gp120-Protein des HIV-Virus reagiert mit der zweiten Domäne von CD4. An der spezifischen Bindung zwischen TCR und MHC nehmen eine Reihe akzessorischer Membranproteine des CD3-Systems teil (TCR-CD3-Komplex).

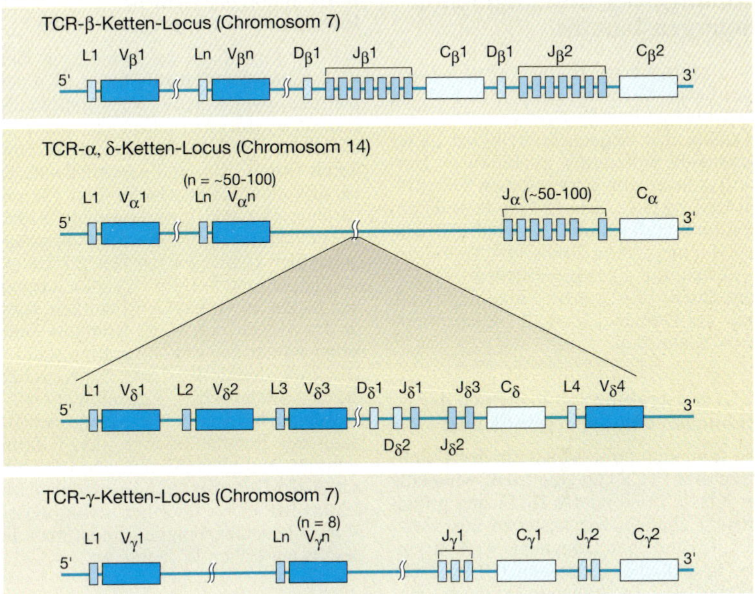

A. T-Zellrezeptor-Gene (TCR) beim Menschen

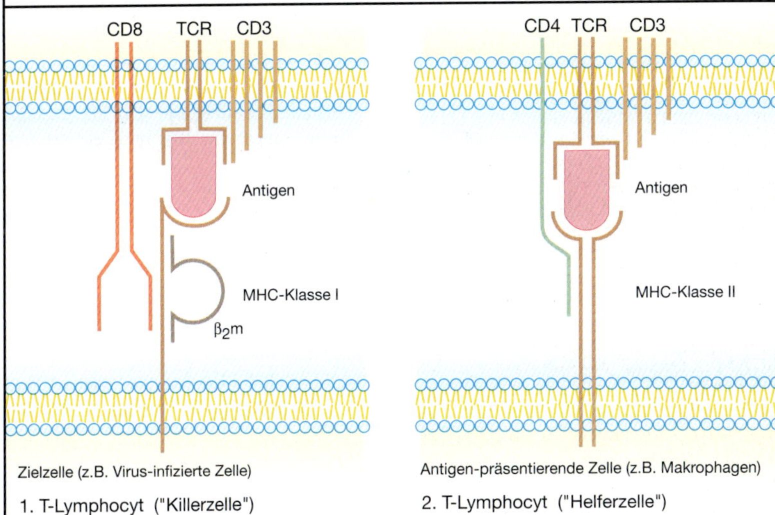

B. T-Zellrezeptor-Bindung an Antigen und MHC-Oberflächenproteine

Evolution der Immunglobulin-Supergen-Familie

Die zahlreichen Immunglobulin-ähnlichen Gene bilden eine Supergen-Familie. Die Grundstruktur der Domänen ihrer Genprodukte und Sequenzhomologien dieser Gene läßt sich durch evolutionäre Herkunft von einem gemeinsamen ancestralen Gen erklären. Die Ig-Gen-Familie codiert für homologe Immunglobulin-Domänen von meist etwa 70 bis 110 Aminosäure-Resten, die einer Ig-variablen (V) oder konstanten (C)-Domäne homolog sind. Jede Ig-Domäne enthält konservierte DNA-Sequenzen.

A. Grundstruktur von Proteinen der Immunglobulin-Supergen-Familie

Die Immunglobulin-Moleküle der T-Zellrezeptoren (TCR) und die MHC-Moleküle der Klasse I und Klasse II (1) sind grundsätzlich ähnlich. Sie bestehen aus variablen, Ig-ähnlichen Domänen (V), konstanten, Ig-ähnlichen Domänen (C) oder aus primordialen, Ig-ähnlichen Domänen (H).

Ihre Gene sind auf verschiedenen Chromosomen lokalisiert, auch wenn die Genprodukte miteinander funktionelle Komplexe bilden. Lediglich die V-, D- und J-Gensegmente aller Antigenrezeptoren und ihre Gene für die C-Domäne liegen eng beieinander. Auch die Gene für die MHC-Loci, sowie die beiden CD8-Ketten liegen eng beieinander. Akzessorische Moleküle (2) wie CD2, CD3, CD4 und CD8, sowie Thymosin I (Thy-1) zeigen relativ einfache Grundstrukturen. Weitere Mitglieder der Ig-Superfamilie (3) sind Fc-Rezeptor II (FcRII), Poly-Immunglobulin-Rezeptor (p-IgR), der Antikörper durch die Membran von Epithelzellen transportiert sowie NCAM (Neuralzell-Adhäsionsmolekül) und PDGFR (Platelet Derived Growth Factor Receptor) (3) (nach T. Hunkapiller und L. Hood, Advances in Immunology *44*:1-63, 1989).

B. Evolution der Gene der Immunglobulin-Supergen-Familie

Auf der Grundlage der homologen Gene für Ig-ähnliche Moleküle lassen sich definierbare evolutionäre Verwandtschaften erkennen Aus einem Gen für einen primordialen Zelloberflächenrezeptor muß durch Duplikation und anschließende Diversifikation ein Vorläufer-Gen für eine variante (V) und eine konstante Region (C) entstanden sein. Ein solches ursprüngliches Gen könnte wie das Gen für Thymosin (Thy-1) und Poly-Ig-Rezeptor ausgesehen haben. In diesen Gen-Familien, sowie in den Genen des MHC-Komplex findet keine somatische Rekombination statt.
Die Umordnung der Gene der Keimbahn durch somatische Rekombination in Lymphocyten ist die Grundlage der Bildung der Immunglobuline, der T-Zellrezeptoren und CD8. Somatische Rekombination der Gene für Antigen-bindende Moleküle hat einen enormen evolutionären Vorteil bedeutet. Folglich findet man dies bereits bei frühen Wirbeltieren.

Literaturhinweise

A.K. Abbas, A.H. Lichtman, J.S. Pober: Cellular und Molecular Immunology, W.B. Saunders, Philadelphia, 1991.

L. Hood, M. Kronenberg, T. Hunkapiller: T-Cell antigen receptors and the immunglobulin supergene family. Cell *40*:225, 1985.

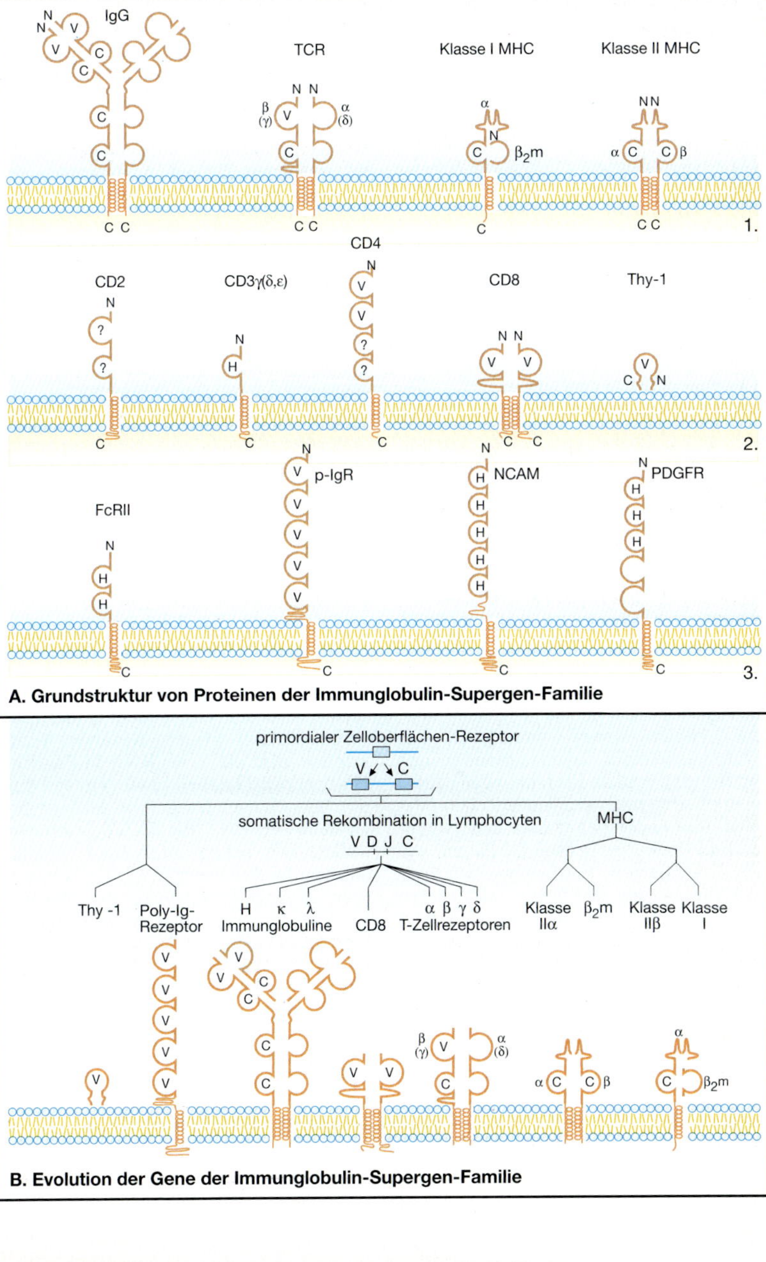

A. Grundstruktur von Proteinen der Immunglobulin-Supergen-Familie

B. Evolution der Gene der Immunglobulin-Supergen-Familie

Hereditäre und erworbene Immundefizienz

Der Schutz durch das Immunsystem gegen infektiöse Organismen und deren Wirkung nach erfolgreichem Eindringen ist eine grundlegende Voraussetzung für das Überleben. Störungen in der Funktion des Immunsystems führen zu schwerwiegenden Erkrankungen, den Immundefizienz-Krankheiten. Die primäre Ursache kann entweder angeboren durch genetische Defekte (hereditäre oder primäre Immundefizienz) oder erworben sein (sekundäre Immundefizienz).

A. Beispiele für hereditäre Immundefizienz-Krankheiten

Viele genetisch bedingte Defekte des Immunsystems sind bekannt. Ein Defekt in den gemeinsamen Vorläuferzellen der B- und der T-Zellen führt zur Krankheitsgruppe der Schweren Kombinierten Immundefizienz (SCID, Severe Combined Immune Deficiency). Bei dieser Krankheitsgruppe sind sowohl die B-Zellen als auch die T-Zellen betroffen. Dies hat entsprechend schwere klinische Auswirkung. Mindestens eine X-chromosomale und eine autosomal recessive Form sind bekannt. Eine Störung der Reifung der B-Zellen führt zum Fehlen freier Immunglobuline (X-chromosomale Agammaglobulinämie Typ Bruton). Andere Erkrankungen betreffen die Differenzierung von B-Zellen (Variable Immundefizienz) und den Isotyp-Wechsel (isolierter Ig-Isotyp-Mangel, wie z. B. IgA-Mangel). Eine embryonale Entwicklungsstörung des dritten und vierten Kiemenbogens resultiert in Fehlen oder deutlich verkleinertem (hypoplastischen) Thymus und der Nebenschilddrüsen (Parathyreoidea), ggf. des Aortenbogens (Di-George-Syndrom). Wegen der Hypoplasie des Thymus können T-Lymphocyten nicht reifen. Fehlen oder Hypoplasie der Nebenschilddrüsen führt zu schweren Störungen im Calcium-Stoffwechsel. Bei der Nackten Maus fehlt der Thymus, so daß ein schwerer T-Zell-Defekt resultiert.

B. Beispiel für erworbene Immundefizienz: HIV-1-Infektion

Erworbene Immundefizienz ist eine häufige Begleiterscheinung von Erkrankungen und die Immunität unterdrückenden Medikamenten, sowie Folge einer Ganzkörper-Röntgenbestrahlung in schädigender Dosis. Besondere Bedeutung hat in den vergangenen zehn Jahren eine durch das HIV-1-Virus ausgelöste Infektion (AIDS, Aquired Immune Deficiency Syndrome) erlangt. Sie betrifft CD4-exprimierende T-Zellen (T-Helferzellen und Makrophagen). Das HIV-Virus gehört zur Gruppe der Lente-Virus-Familie. Es ist ein Retrovirus mit einem RNA-Genom aus zwei identischen RNA-Strängen von etwa 9.2 - 9.7 kb Länge, das sich im Inneren eines viralen Proteins befindet (s. S. 94). Dies ist von einer Phospholipid-Membran umgeben, in das zwei Glycoproteine eingelagert sind, ein transmembranes Glycoprotein von 41 kD Gewicht (gp41) und ein aus der Hülle ragendes Glycoprotein von 120 kD Gewicht (gp120). Die Proteine gp120 und gp41 sind entscheidend für die HIV-Infektion. Gp120 bei Primaten (Mensch und Menschenaffen) hat hohe Bindungsaffinität an die CD4-Rezeptoren von T-Zellen und mononucleären Phagocyten. Nach der Bindung von gp120 an den CD4-Rezeptor wird das Virusgenom in die Zelle aufgenommen. Mittels Reverser Transkriptase wird die Virus-RNA in Provirus-DNA umgeschrieben. Die Virusproduktion beginnt nach Integration der Provirus-DNA in die DNA der T-Zelle (infizierte Zelle). Die neuen infektiösen Virionen werden durch Ausbuchtung der Zellmembran ausgeschleust. Wird die Provirus-DNA nicht in das Genom der Wirtszelle integriert, entsteht eine latent infizierte Zelle. Durch Aktivierung (z. B. Stimulierung des T-Zellrezeptors oder Cytokine) kann die Virus-Produktion aktiviert werden. Die Infektion führt zum Verlust von $CD4^+$ T-Zellen und zur Immundefizienz. Zusätzlich ist die Bindung von $CD4^+$ T-Zellen an MHC-Klasse II Moleküle von Antigen-präsentierenden Zellen blockiert.

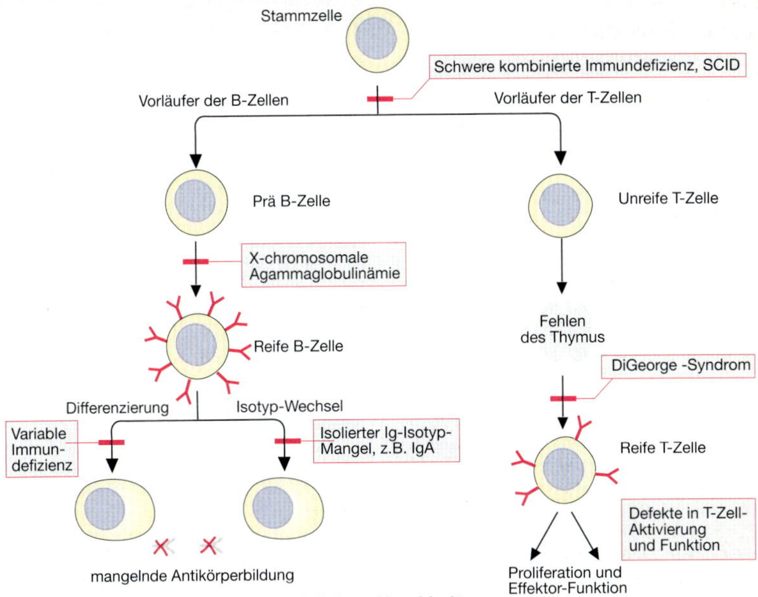

A. Beispiele für hereditäre Immundefizienz-Krankheiten

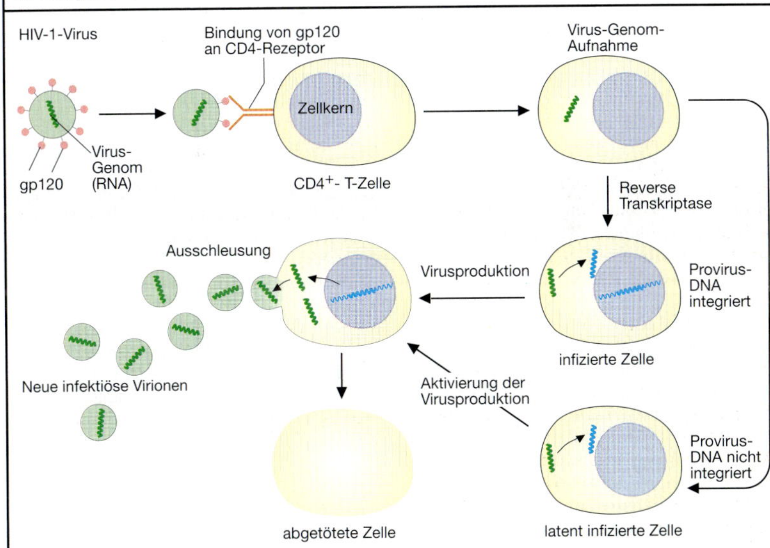

B. Beispiel für erworbene Immundefizienz: HIV-1-Infektion

Einfluß von Wachstumsfaktoren auf die Zellteilung

Die Entwicklung und Differenzierung, sowie die Aufrechterhaltung der Lebensfunktionen erfordert eine genaue Regulierung von Zeitpunkt und Ort von Zellteilungen. Die rasche Vermehrung von Zellen in embryonalen Geweben muß ebenso kontrolliert werden wie die stationäre Phase in adulten Geweben. Rasche Antwort auf Verletzung oder bei der Immunantwort setzt kontrollierte Zellteilungen voraus. Multizelluläre Organismen verfügen über ein breites Repertoire von genetisch gesteuerten Mechanismen zur Kontrolle von Zellteilung und Gewebsproliferation. In ihrer Gesamtheit werden sie als Wachstumsfaktoren bezeichnet. Jeder Wachstumsfaktor hat einen spezifischen Rezeptor an der Zelloberfläche. Bindung an den Rezeptor leitet eine Zellteilung ein oder blockiert sie gegebenenfalls. Die meisten Wachstumsfaktoren regulieren nur bestimmte Arten von Zellen und Geweben.

A. Kontrolle der Zellteilung durch Wachstumsfaktoren

Grundsätzlich kann die Zellteilung (Mitose) durch Stimulierung oder Inhibition kontrolliert werden. Unterbleibt die Stimulierung bzw. findet aktive Inhibition statt, so tritt keine Mitose ein. Wachstumsfaktoren wirken nicht nur spezifisch auf bestimmte Arten von Zellen, sondern auch zu definierten Phasen des Zellzyklus. Der häufigste Kontrollzeitpunkt ist ein durch einen Wachstumsfaktor bewirkter Übergang von G_0 nach G_1 des Zellzyklus. Wachstumsfaktoren für epidermale Zellen (EGF), Nervenzellen (NGF), bindegewebige (mesenchymale) Zellen (Fibroblasten, FGF) oder Thrombusbildende Zellen in der inneren Schicht (Endothel) von Blutgefäßen (PDGF) gehören dazu. Der stimulierenden Wirkung kann eine antagonistische Wirkung gegenübergestellt werden (z. B. TGF, Transforming Growth Factor oder TNF, Tumor-Nekrose-Faktor).

B. Aktivierung eines Wachstumsfaktor-Rezeptors

Ein Wachstumsfaktor-Rezeptor wird durch spezifische extrazelluläre Bindung an den Wachstumsfaktor aktiviert. Dies aktiviert ein Substratprotein.

C. PDGF-Rezeptor-Kinasen wirken auf zahlreiche Substrate

Ein Rezeptor kann auf zahlreiche Substrate wirken, wie z. B. der PDGF-Rezeptor (*p*latelet *d*erived *g*rowth *f*actor). Zu den Substraten des PDGF-Rezeptors gehören die Ras-Proteine (vgl.D), das Src-Protein (der Name ist abgeleitet von einem Tumor, dem Sarkom, bei dem es zuerst gefunden wurde), Phospholipase C (ein Signalüberträger) und andere.

D. Ras-Proteine als Signalüberträger

Ein zentrale Rolle als Signalüberträger nehmen die Ras-Proteine ein. Sie gehören zur Gruppe der GTP-bindenden-Proteine (an einen Guanosyl-Rest bindendes Protein mit Signalüberträgerfunktion, vgl. S. 226). Die Bindung des Wachstumsfaktors, z. B. PDGF, aktiviert das Ras-Protein durch Bildung von GTP (Guanosyltriphosphat) und löst ein zeitlich begrenztes Signal aus, das die Zellteilung einleitet. Die physiologisch erforderliche zeitliche Begrenzung resultiert aus Inaktivierung von Ras durch ein GTPase-aktivierendes Protein (GAP), das GTP in GDP überführt. Durch Mutation des Ras-Proteins oder von GAP kann die zeitliche Begrenzung des zellteilungsstimulierenden Signals aufgehoben werden. Es resultiert ein aktiver Zustand mit unkontrollierter Zellteilung. Dies kann zu einem unkontrolliert wachsenden (bösartigen) Tumor führen. Mehrere definierte Mutationen in den verantwortlichen Genen sind bekannt.

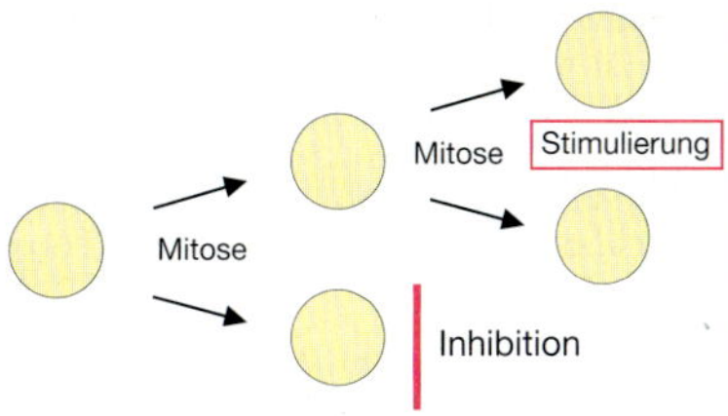

Stimulierung der Zellteilung durch Wachstumsfaktoren, Inhibition durch Antagonisten

Wichtige Wachstumsfaktoren und Antagonisten:

1. $G_0 \longrightarrow G_1$
Epidermaler Wachstumsfaktor (EGF)
Nerven-Wachstumsfaktor (NGF)
Fibroblasten-Wachstumsfaktor (FGF)
Platelet Derived Growth Factor (PDGF)

2. $G_1 \longrightarrow S$
Insulin-ähnlicher Wachstumsfaktor (IGF-1)

3. Antagonisten
Transformierender Wachstumsfaktor β (TGFβ)
Tumor-Nekrosefaktor (TNF)

A. Kontrolle der Zellteilung durch Wachstumsfaktoren

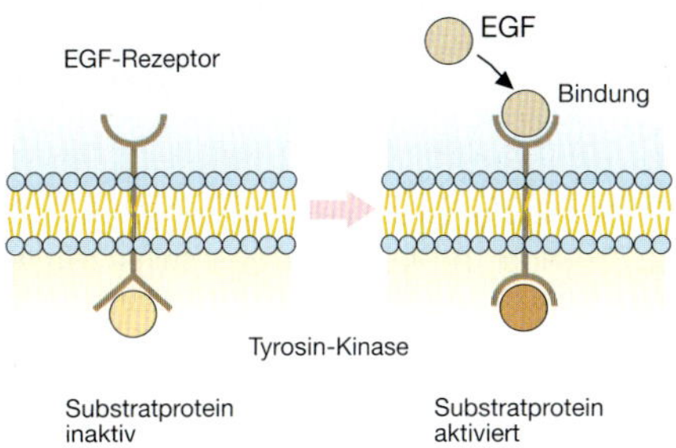

B. Aktivierung eines Wachstumsfaktor-Rezeptors

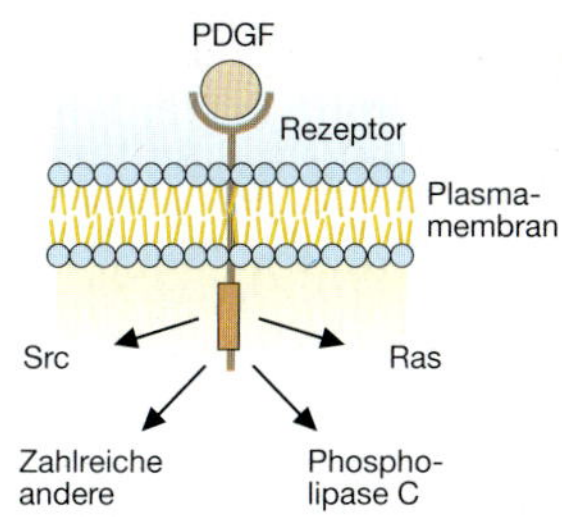

C. PDGF-Rezeptor-Kinasen wirken auf zahlreiche Substrate

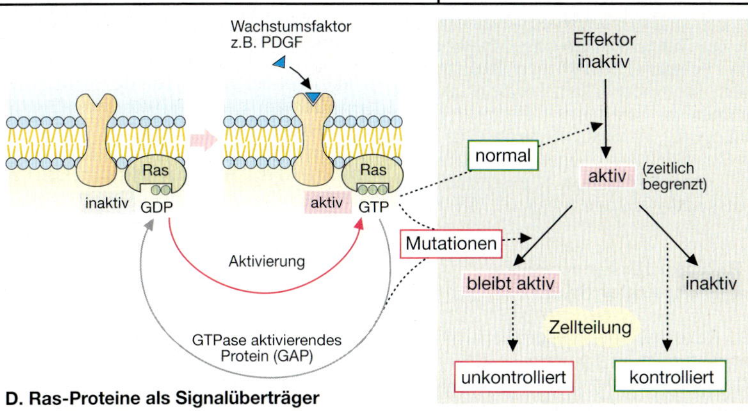

D. Ras-Proteine als Signalüberträger

Wachstumsfaktoren und ihre Rezeptoren

Wachstumsfaktoren kontrollieren in Säugetierzellen die zeitlich und örtlich kontrollierte Zellteilung (Wachstum), entweder durch Stimulierung oder Inhibition der Zellteilung. Ihre Wirkung beruht auf einer Vielzahl von biochemischen Mechanismen, aber die Gene und Genprodukte bestehen aus verhältnismäßig wenigen Grundmustern.

A. Vier Typen von Wachstumsfaktoren

Wachstumsfaktoren können vier Klassen zugeordnet werden: Zur Klasse I gehören Epidermaler Wachstumsfaktor (EGF), Wachstumshormon (Somatotropin), Erythropoetin, oder PDGF (Platelet Derived Growth Factor). Klasse II sind Hormon-Rezeptoren an der Oberfläche von Zellen. Sie sind häufig Protein-Tyrosin-Kinasen in der cytoplasmatischen Domäne des Rezeptors (vgl. S. 226). Klasse III bildet die große Gruppe der intrazellulären Signalüberträger (Transducer). Sie gehören verschiedenen Familien an, wie Protein-Kinasen, z. B. *src* oder die *ras*-Proteine, wie z. B. H-ras-Virus (Harvey murines Sarkom). Klasse IV sind nucleäre Transkriptionsfaktoren. Das Gen für *jun* codiert für ein Protein AP1, das an DNA-Sequenzen im Promoter und Enhancer vieler Gene bindet. Weitere nucleäre Transkriptionsfaktoren sind *fos*, *myc* (von Myelocytomatose bei Hühnern), *myb* (von Myeloblastose bei Hühnern) oder N-*myc*. Rudimentäre Gene für diese Transkriptionsfaktoren kommen in bestimmten Retroviren vor (Onkogene). Andere, wie Protein p53 und das Retinoblastom-Genprodukt (RB) sind die Zellproliferation unterdrückende Transkriptionsfaktoren (vgl. S. 268, 274).

B. Rezeptor für Epidermalen Wachstumsfaktor (EGF)

Der Rezeptor für Epidermalen Wachstumsfaktor (EGF, Epidermal Growth Factor) ist der Prototyp eines Wachstumsfaktor-Rezeptors. Er besteht aus zwei extrazellulären Liganden-bindenden Domänen, die Cystein-reich sind um die Domänen zu stabilisieren, aus einer transmembranen Domäne, einem kurzen juxtamembranösen Abschnitt und der für die intrazelluläre Funktion wichtigen Tyrosin-Kinase-Domäne (Abb. nach Branden & Tooze, 1991).

C. Domänenstruktur von vier Wachstumsfaktor-Rezeptoren

Die evolutionäre Verwandtschaft von bestimmten Wachstumsfaktor-Rezeptoren und ihrer Gene ist an der Ähnlichkeit der Struktur- und Nucleotidbasensequenz ersichtlich. Der EGF-Rezeptor besteht aus 1186 Aminosäuren. Die verschiedenen Domänen werden von zugehörigen Exons des Gens codiert. Der Rezeptor für den Insulin-ähnlichen Wachstumsfaktor (IGF-1) läßt strukturelle Ähnlichkeit zum EGF erkennen, obwohl er aus je zwei über Disulfid-Brücken (–S-S–) verbundenen α- und zwei β-Ketten besteht. Der von Thrombocyten abgeleitete Rezeptor für Wachstumsfaktor (PDGF, Platelet Derived Growth Factor) hat nur Ähnlichkeit im Protein-Tyrosinase-Bereich. Die aus etwa 500 Aminosäuren bestehenden extrazellulären Domänen 1-5 ähneln strukturell Immunglobulin, obwohl ihre Sequenzhomologie nur etwa 20% beträgt. Alle Liganden-bindenden extrazellulären Domänen bis auf vier, enthalten die für Immunglobuline charakteristischen Disulfid-Brücken zur Stabilisierung. Das virale Onkogen v-*erbB* ähnelt dem EGF-Rezeptor, aber dem Genprodukt fehlt der größte Teil der extrazellulären Domänen des EGF-Rezeptors und 34 Aminosäuren am C-terminalen Ende. Dadurch ist die Tyrosin-Kinase-Region verändert, so daß nach der Virusinfektion unkontrollierte Zellteilung induziert wird.

Literaturhinweise

Branden, C. & Tooze, J.: Introduction to Protein Structure. Garland Publishing, Inc., New York and London 1991. – Aaronson, S. A.: Growth factors and cancer. Science *254* : 1146–1153, 1991.

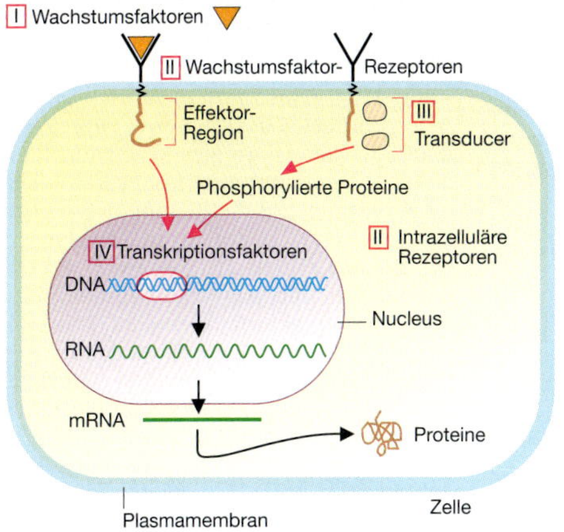

Beispiele:

I. Wachstumsfaktoren
PDGF/*sis*

II. Wachstumsfaktor-Rezeptoren
EGF / *erb* B
PDGF

III. Transducer
Protein-Kinasen / z.B. *src*
ras-Proteine / z.B. H-*ras*

IV. Nucleäre Transkriptionsfaktoren
z.B. jun
fos
myc
myb
N-*myc*
p53
RB

A. Vier Typen von Wachstumsfaktoren

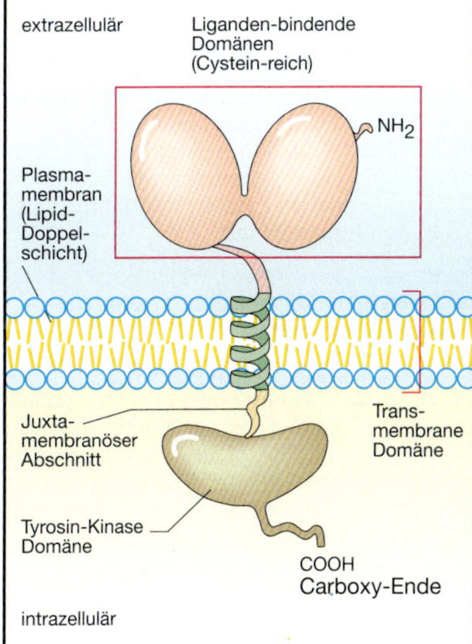

B. Rezeptor für epidermalen Wachstumsfaktor (EGF)

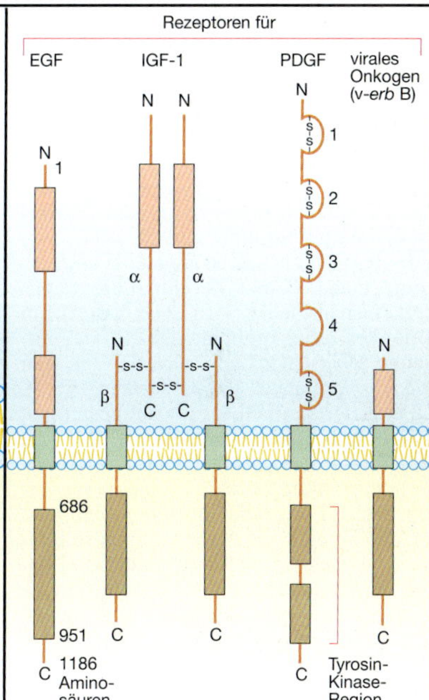

C. Domänenstruktur von vier Wachstumsfaktor-Rezeptoren

Zelluläre Onkogene

Da Mutationen in Genen für die verschiedenen Komponenten von Wachstumsfaktoren zu Verlust der Kontrolle von Zellteilung und dadurch zu einem Tumor führen, bezeichnet man sie als zelluläre Onkogene (abgeleitet von griech. onkos, Tumor). Zelluläre Onkogene sind aufgrund ihrer essentiellen Funktion evolutionär konserviert, d.h. ihre Struktur (und Funktion) ist auch bei nur entfernt verwandten multizellulären Organismen sehr ähnlich oder identisch. Bestimmte Viren (Retroviren mit RNA-Genom) enthalten Teile eines zellulären Onkogens. Dies wird als virales Onkogen, *v-onc* bezeichnet (vgl. S. 94). Nach Eindringen dieses Virus in die Zelle kann dies zur Transformation und anschließender Zellteilung der betreffenden Zelle führen.

A. Zelluläres und virales Onkogen

Ein typisches Retrovirus enthält ein Genom aus RNA, das für drei Gene oder Gruppen von Genen codiert: *gag* (group-specific-antigen), *pol* (Polymerase) und *env* (Hüllprotein, *env*elope). Ein zelluläres Onkogen (*c-onc*) besteht wie alle Gene höherer Organismen aus Exons und Introns in definierter Struktur und Sequenz, wie z. B. das Gen *src* (src ist abgeleitet von sarcoma, einem Tumor, der durch das veränderte Gen ausgelöst wird). Das Virus kann Teile des zellulären Onkogens (*c-src*) enthalten. Dies wird als virales Onkogen (*v-src*) bezeichnet (Rous-Sarkom-Virus). Es induziert bei Hühnern einen bösartigen Tumor (ein Sarkom), der zuerst 1911 von Peyton Rous beobachtet wurde. Da viele zelluläre Onkogene auch in einer veränderten viralen Form bekannt sind, nimmt man an, daß Viren Teile des jeweiligen zellulären Onkogens in ihr Genom integriert haben. Virus-induzierte Tumoren sind vor allem bei Hühnern, Nagetieren und Katzen bekannt. Beim Menschen spielen sie keine besondere Rolle bei der Auslösung von Tumoren.

B. Mechanismen der Onkogen-Aktivierung

Ein zelluläres Onkogen kontrolliert die Zellteilung. Dies führt zu zeitlich und örtlich geordneter Proliferation von Zellen und Geweben (normales Wachstum). Genetische Veränderungen können zu gestörter Kontrolle der Zellteilung, vermehrter Proliferation von Zellen und Bildung eines Tumors führen. Dies läßt sich auf relativ wenige Mechanismen zurückführen. Eine Punktmutation in einem kritischen Bereich des Gens kann zu gestörter Kontrolle der Zellteilung führen. Beispiele sind Mutationen in Codon 12 oder 63 des H-*ras* Gens. Durch Translokation eines Chromosomenabschnitts, der ein zelluläres Onkogen enthält, kann dessen Expression verändert werden. Wird dabei ein normalerweise nicht exprimiertes Gen in den Bereich eines aktiven Gens verlagert, kann das inaktive Gen unprogrammgemäß aktiviert werden. Beim Burkitt-Lymphom wird ein inaktives Gen in den Bereich eines aktiven Gens für die H- oder L-Kette eines Immunglobulins verlagert. In anderen Fällen kann der Bruchpunkt der Chromosomentranslokation in einem zellulären Onkogen liegen und dadurch dessen Expression beeinflussen. Ein Beispiel ist die Philadelphia-Translokation (vgl. S. 270). Vervielfachung (Amplifikation) eines Gens ist ein weiterer Mechanismus, der zu veränderter (meist vermehrter) Expression führen kann.

C. Beispiele für zelluläre Onkogene und ihre Proteine

Die Tabelle zeigt Beispiele der etwa 60 bekannten zellulären Onkogene, ihre grundsätzliche Funktion, einige durch Mutation des zellulären Onkogens *(c-onc)* ausgelösten Tumoren beim Menschen sowie durch das homologe virale Onkogen *(v-onc)* ausgelöste Tumoren bei Wirbeltieren (Angaben nach J. Darnell, H. Lodish, D. Baltimore: Molecular Cell Biology, Second Edition, 1990; L.A. Cannon-Albright et al.: Assignment of a locus for familial melanoma, MLM, to chromosome 9p13-p22. Science *258*: 1148, 1992).

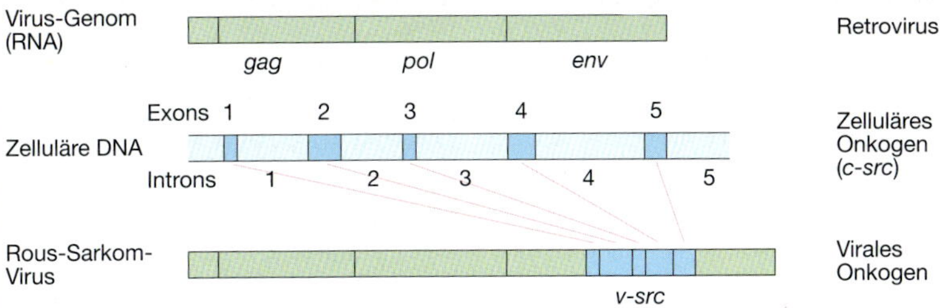

A. Zelluläres und virales Onkogen

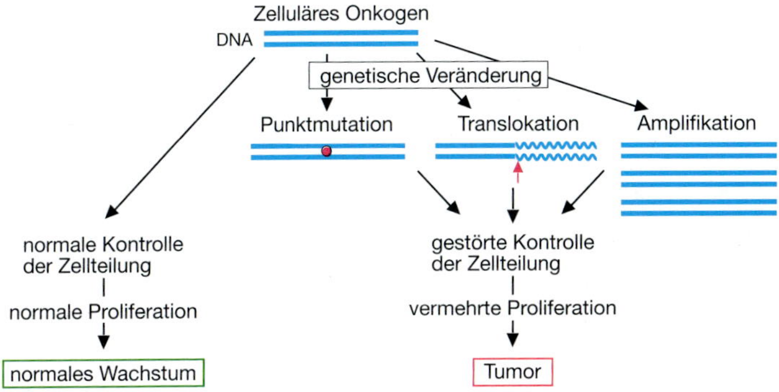

B. Mechanismen der Onkogen-Aktivierung

Onkogen	Funktion	Tumorentstehung durch *c-onc*	Tumorentstehung durch *v-onc*
sis	Eine Form von PDGF		Simian Sarkoma
abl	Tyrosin-Proteinkinase	Chronisch Myeloische Leukämie	Abelson-Mäuse-Leukämie
fes	Tyrosin-Proteinkinase		Katzen-Sarkom
erbB	Epidermaler Wachstumsfaktor	Mamma-Carcinom Ovarial-Carcinom	Erythroblastose bei Hühnern
src	Membran-gebundene Proteinkinase		Rous-Hühner-Sarkom
Ha-*ras* Ki-*ras* N-*ras*	Membran-gebundene G-Proteine mit GTPase-Aktivität	verschiedene Carcinome, Neuroblastom	Harvey-Mäuse-Sarkom Kirsten-Mäuse-Sarkom
fos	Transkriptionsfaktor AP1		Hühner-Osteosarkom
myb	Nucleäres Protein	Leukämien	Hühner-Myeloblastose
myc	Nucleäres Protein	Leukämien	Hühner-Myelocytose
N-*myc*	Nucleäres Protein	Neuroblastom	

C. Beispiele für zelluläre Onkogene und ihre Proteine

Tumor-Suppressor-Gene

Tumor-Suppressor-Gene sind eine Gruppe von Genen, die normalerweise die Teilung von Zellen unterdrücken. Der Verlust der normalen Funktion in beiden Allelen führt zu unkontrollierter Zellteilung und Tumorwachstum. Die Anwesenheit eines normalen Allels unterdrückt die Entstehung des Tumors (Tumor-Suppression). Der Funktionsverlust muß beide Allele betreffen, bevor eine Wirkung eintritt, d.h. Mutationen in Tumor-Suppressor-Genen verhalten sich auf zellulärer Ebene recessiv. Dies setzt mindestens zwei verändernde Ereignisse voraus, unter Umständen auch mehr. Tumor-Suppressor-Gene entsprechen der Bremse eines Wagens, zelluläre Onkogene dem Accelerator.

A. Tumor-Suppressor-Gen

Im Gegensatz zu zellulären Onkogenen, bei denen eine Veränderung eines Allels für die Störung der normalen Funktion ausreicht, müssen beide Allele eines Tumor-Suppressor-Gens ihre Funktion verloren haben, bevor sich ein Tumor entwickelt. Das erste Ereignis ist meist eine Mutation durch Basenaustausch oder Deletion. Das andere Allel (Allel 2) kann auch durch eine Mutation betroffen sein, aber häufiger tritt der Funktionsverlust durch Verlust des Chromosoms durch Fehlverteilung (mitotische Non-disjunction) oder andere Mechanismen ein (z. B. Mitotische Rekombination mit Genkonversion, Ereignis 2).

B. Verlust von Heterozygotie im Tumor

Bei Individuen, die heterozygot an dem untersuchten Genlocus sind, kann der Verlust eines Allels (Ereignis 2) mittels Southern-Blot-Analyse nachgewiesen werden. Im Gegensatz zu somatischen Zellen (Blut) zeigen Tumorzellen den Verlust eines Allels (Verlust von Heterozygotie, LOH). Das verbliebene Allel muß durch eine Mutation verändert sein. Durch Nachweis von LOH kann das mutante Allel identifiziert werden. LOH hat diagnostische Bedeutung und ist ein Hinweis auf die Existenz eines Tumor-Suppressor-Gens.

C. Somatische und germinale Mutation

Die erste Mutation in einem Suppressor-Gen kann entweder bereits in der Zygote vorliegen (germinale Mutation, d.h. Keimzell-Mutation durch Transmission von einem betroffenen Elternteil oder durch neue Mutation) oder in einer einzelnen Zelle des entsprechenden Gewebes auftreten (somatische Mutation). Durch den Funktionsverlust eines Allels (entsprechend Ereignis 1 in A) ist die Zelle für einen Tumor prädisponiert. Bei einer germinalen Mutation sind alle Zellen prädisponiert. Der Tumor beginnt nach Verlust der Funktion des anderen Allels. Dies betrifft bei einer somatischen Mutation selten dieselbe Zelle. Bei einer Keimzellmutation dagegen ist dies häufig, weil alle Zellen die erste Mutation tragen, d.h. prädisponiert sind. Bei der somatischen Mutation tritt der Tumor sporadisch (nicht hereditär) auf und entsteht unifocal aus einer einzigen Zelle. Bei der hereditären Form infolge Keimzellmutation dagegen entstehen in der Regel mehrere Tumoren multifocal aus verschiedenen Zellen und die Tumorneigung kann familiär gehäuft mit autosomal dominantem Erbgang auftreten.

D. Beispiele für Tumor-Suppressor-Gene

Zahlreiche Tumor-Typen entstehen durch Funktionsverlust in beiden Allelen eines Tumor-Suppressor-Gens. In etwa der Hälfte der Patienten ist Verlust von Heterozygotie (LOH) in Tumorzellen nachweisbar.

Literaturhinweise

Stanbridge, E. J.: Human tumor suppressor genes. Ann. Rev. Genet. *24*: 615–657, 1990.

Weinberg, R. A.: Tumor supressor genes. Science *254* : 1138–1146, 1991.

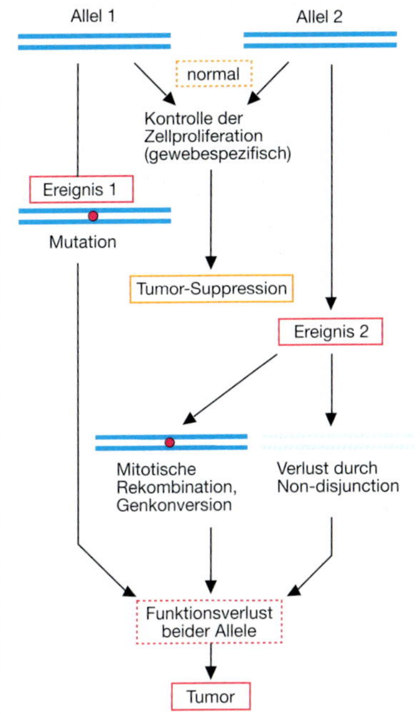

A. Tumor-Suppressor-Gen

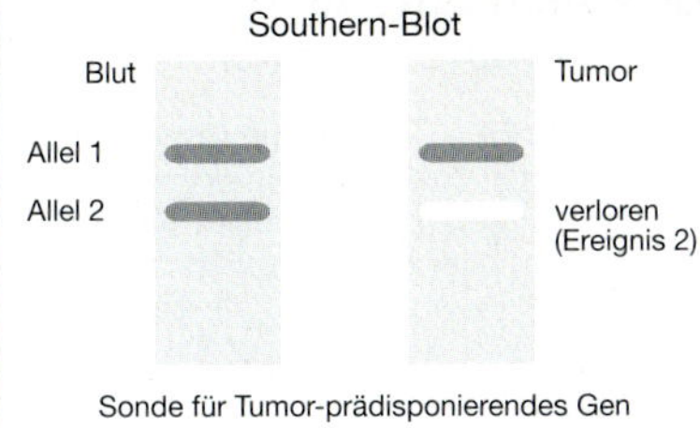

B. Verlust von Heterozygotie im Tumor

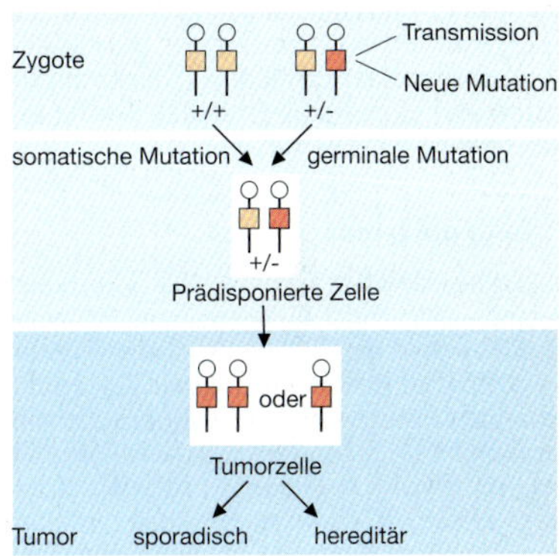

C. Somatische und germinale Mutation

Chromosomale Lokalisation	Tumor-Typ
1p	Melanom; Multiple Endokrine Neoplasie Typ 2; Neuroblastom, andere
1q	Brustkrebs (eine Form)
3p	Nierenzellcarcinom; von Hippel-Lindau-Krankheit
5q	Familiäre Polyposis coli, Coloncarcinom
9p	Familiäres Melanom
9q	Blasencarcinom
10q	Astrocytom, MEN Typ 2
11p	Wilms-Tumor und andere
13q	Retinoblastom; Osteosarcom
17p	Coloncarcinom und andere
17q	Neurofibromatose Typ 1
18q	Coloncarcinom
22q	Neurofibromatose Typ 2; Meningiom

D. Beispiele für Tumor-Suppressor-Gene (Verlust von Heterozygotie nachweisbar)

Retinoblastom, ein Tumor-Supressor-Gen

Retinoblastom ist ein von der undifferenzierten Retina (Netzhaut) ausgehender Tumor des Säuglings- und frühen Kindesalters in einem oder beiden Augen. Mit etwa 1 auf 12.000 ist er der häufigste Tumor des Auges in dieser Altersgruppe. Das normale Genprodukt hat DNA-bindende Funktion und kontrolliert den Zellzyklus am Übergang von der G1- in die S-Phase. Der Verlust der Funktion in beiden Allelen des Gens resultiert in einem Tumor. Retinoblastom tritt in einer erblichen (Keimzellmutation) und einer nicht-erblichen Form (somatische Mutation) auf.

A. Retinoblastom

Ein frühes Zeichen ist ein heller Schimmer in einem oder beiden Augen (sog. Katzenauge)(1). Auf der Netzhaut ist der Tumor als weißliche Erhebung sichtbar (2). Nicht behandelt breitet sich der Tumor rasch von der Netzhaut aus und dringt nach vorne in das Auge vor (3) (Photos Prof. W. Höpping, Essen). Es kommt in späteren Stadien zur Einwanderung in den Sehnerven und anderen Komplikationen. Der Tumor kann auf ein Auge beschränkt sein oder in beiden Augen auftreten (unilaterales und bilaterales Retinoblastom). Der Tumor geht bei somatischer Mutation von einer einzigen Stelle aus (unifocal), bei der hereditären Form von mehreren Stellen (multifocal), aber in der Praxis läßt sich dies häufig nicht unterscheiden.

B. Retinoblastom-Locus auf Chromosom 13

Der Locus für Retinoblastom (RB-1) liegt in Region 1, Band 4.1 bis 4.2 (13q14.1 - q14.2) in der proximalen Hälfte des langen Arms von Chromosom 13 des Menschen.

C. Retinoblastom-Gen (RB-1)

Das Retinoblastom-Gen ist ein großes Gen von etwa 180 kb Länge. Es besteht aus 27 Exons, die für ein kleines Transkript von 4.7 kb Länge codieren. Mehrere genomische Sonden, z. B. die von Dr. S.A. Latt gewonnene Sonde H3-8 für Exon 3 bis Exon 4, werden in der Diagnostik verwendet. Daneben gibt es cDNA-Sonden (z. B. R0.6 und R3.8). Schnittstellen für *Hind*III bilden die wichtigste Restriktionskarte. RFLP (Restriktions-Fragment-Längenpolymorphismus) und Mikrosatelliten können bei familiärem Retinoblastom für eine indirekte DNA-Diagnostik verwendet werden.

D. Nachweis einer Deletion

Der Patient (rotes Quadrat im Stammbaum) zeigt eine interstitielle Deletion eines Chromosoms 13 mit Verlust der Region 13q14.1 und 13q14.2. Eine Southern-Blot-Analyse (Verdauung mit *Hind*III und Verwendung der genomischen Sonde H3-8) zeigt die Deletion auf molekularer Ebene. Der Erkrankte hat von der Mutter ein DNA-Fragment von 2.1 kb Größe (Allel 1) geerbt, jedoch nicht das 1.5 kb große Fragment (Allel 2) vom Vater. Die Schwester hat von der Mutter Allel 1 und vom Vater Allel 2 geerbt (Befund von Prof. B. Horsthemke, Essen). Für sie besteht deshalb kein Risiko für Retinoblastom.

E. Nachweis einer Punktmutation

In der gezeigten Familie (1) sind die Mutter (I-2) und eine Tochter (II-2) betroffen. Eine Sequenzanalyse zeigt, daß bei den Erkrankten in Exon 18 neben dem Codon CAA (Glutamin) an Position 575 die Mutation zu einer C nach T Transversion geführt hat. Dadurch ist ein Stop-Codon TAA entstanden (2) (Befunde von Dr. D. Lohmann, Essen). Es resultiert ein um etwa 300 Aminosäuren zu kurzes Genprodukt, das nicht funktionsfähig ist. Bei der Tochter II-1 kann das Tumorrisiko sicher ausgeschlossen werden, weil die Mutation bei ihr nicht vorliegt. Sie braucht nicht über viele Jahre in häufigen Abständen unter allgemeiner Narkose untersucht zu werden, wie es ansonsten wegen ihres 50%igen Risikos erforderlich gewesen wäre.

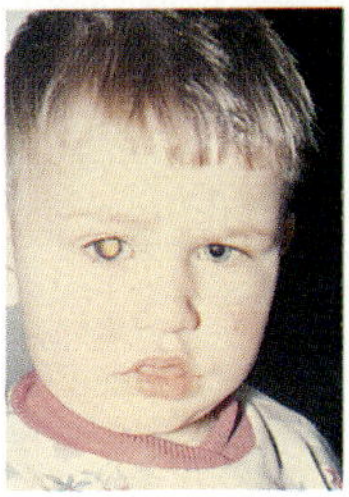

1. Sog. Katzenauge

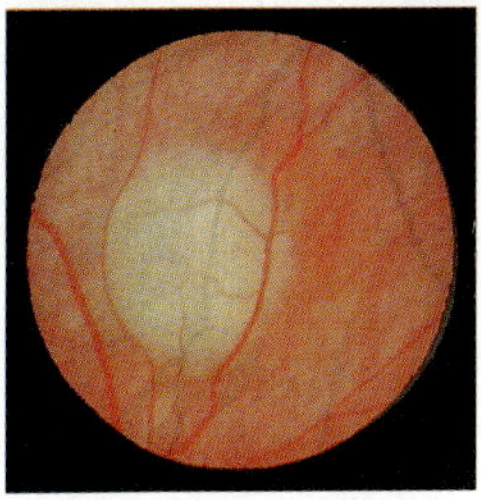

2. Tumor in der Netzhaut

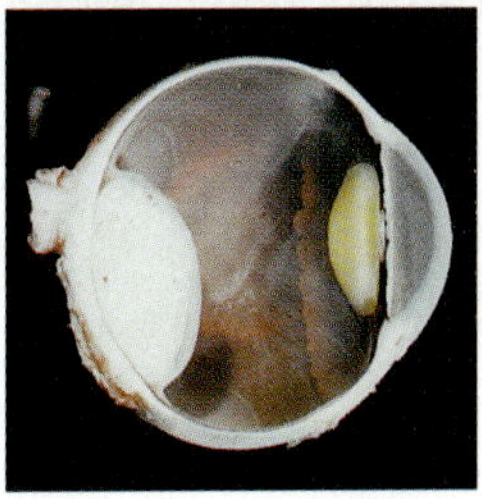

3. Großer Tumor im Auge

A. Retinoblastom

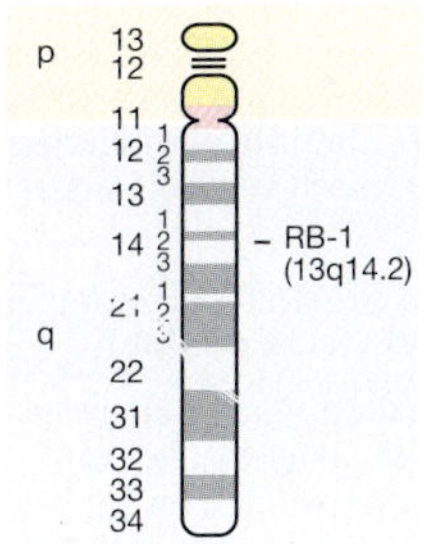

B. Retinoblastom-Locus auf Chromosom 13

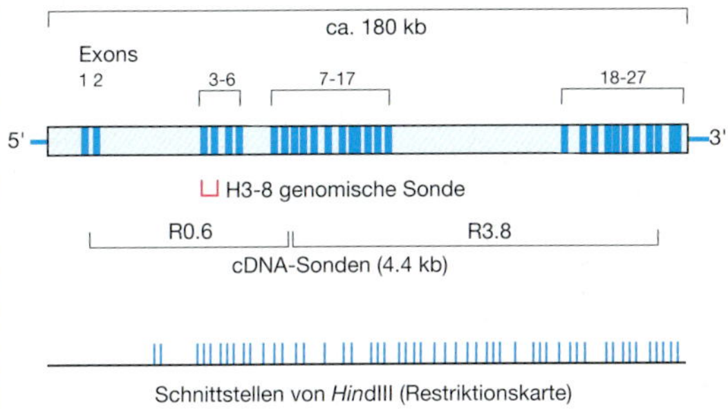

C. Retinoblastom-Gen (RB-1)

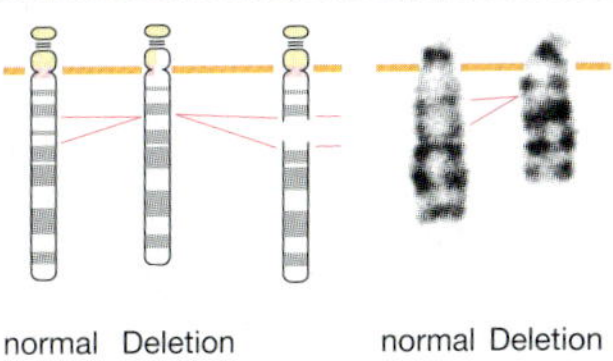

1. Chromosomenpaar 13

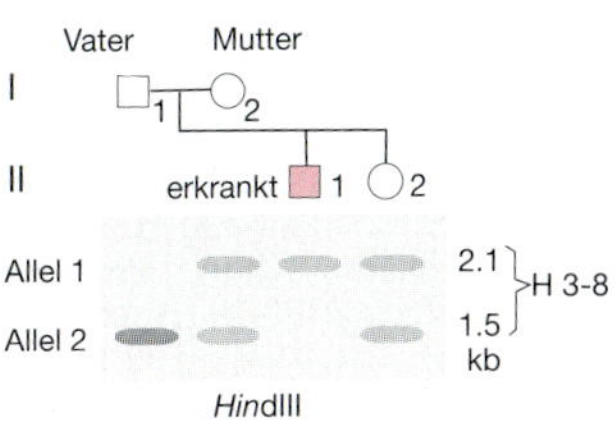

2. Stammbaum und Southern-Blot

D. Nachweis einer Deletion

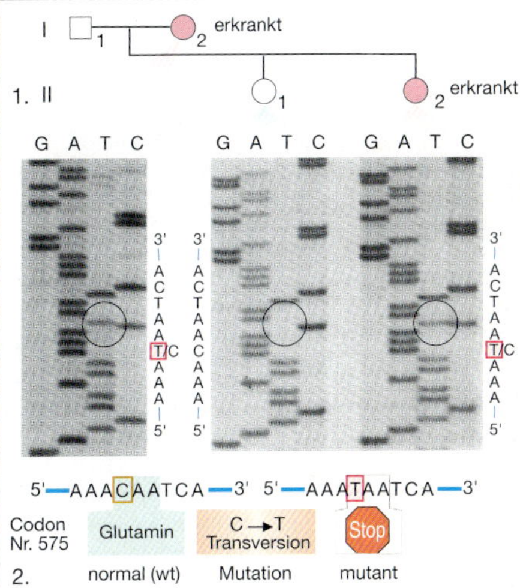

E. Nachweis einer Punktmutation

Tumorentstehung durch eine Chromosomentranslokation

Chronisch Myeloische Leukämie (CML) ist ein aus einer Zelle des Knochenmarks entstehender Blutkrebs des Erwachsenenalters. Die Myelocyten (weiße Blutzellen aus dem Knochenmark) sind stark vermehrt. Die Erkrankung verläuft chronisch. Zwischenzeitlich und zuletzt geht sie in akute Krisen über. Erkrankte Zellen des Knochenmarks enthalten bei etwa 90% der Patienten ein Chromosom 22 mit einem verkürzten langen Arm (22q–, Philadelphia-Chromosom).

A. Philadelphia-Chromosom (Ph^1) bei verschiedenen Formen von Leukämie

Bei der chronischen Form der Erkrankung (CML) findet sich ein Philadelphia-Chromosom (Ph^1) bei der Mehrzahl der Patienten. Wenn es nicht vorhanden ist, verläuft die Erkrankung rascher als sonst und hat eine schlechte Prognose. Daneben gibt es akute Leukämien (Akute Lymphathische Leukämie, ALL; Akute Myeloische Leukämie, AML) bei Erwachsenen und bei Kindern mit Ph^1. Hier bedeutet ein Philadelphia-Chromosom eine schlechte Prognose, während das Fehlen günstig ist.

B. Ph^1-Translokation [t(9;22)(q34;q11)]

Das Philadelphia-Chromosom entsteht durch reziproke Translokation zwischen Chromosom 22 und Chromosom 9. Etwa gut die Hälfte des langen Arms eines Chromosom 22 ist an den langen Arm eines Chromosom 9 verlagert. Ein kleiner, lichtmikroskopisch nicht sichtbarer Abschnitt des distalen langen Arms eines Chromosom 9 (9q34) ist an das Chromosom 22 translociert. Das Philadelphia-Chromosom (22q–) besteht aus dem kurzen Arm und dem proximalen Drittel des langen Arms eines Chromosoms 22 und dem kleinen distalen Abschnitt vom langen Arm des Chromosom 9. Zum Nachweis der Philadelphia-Translokation mittels in situ Hybridisierung (vgl. S. 192).

C. Ph^1-Translokation führt zur Fusion von zwei Genen

Die Bruchpunkte der Ph^1-Translokation liegen auf Chromosom 22 im *BCR*-Gen und auf Chromosom 9 im *ABL*-Gen. Die Translokation führt zu einer Fusion dieser Gene. Die genaue Lage der Bruchpunkte unterscheidet sich von Patient zu Patient, aber im *BCR*-Gen sind sie auf einen kleinen Bereich von knapp 6 kb beschränkt. Dies hat zur Bezeichnung *BCR* geführt (*b*reakpoint *c*luster *r*egion). Bei CML liegen die Bruchpunkte in Exon 10-12 des *BCR*-Gens; bei den Ph^1-positiven Leukämien (z. B. ALL) weiter in 5'-Richtung in Exon 1 oder 2. Im *ABL*-Gen erstreckt sich die Bruchpunkt-Region über 180 kb zwischen Exon 1a und 1b, die durch ein ca. 150 kb großes Intron getrennt sind.

D. Die Genfusion führt zu veränderten Transkripten und Genprodukten

Das *ABL*-Gen codiert durch alternatives Splicing für mRNA-Transkripte von 7 kb (Exon 1b, 2-11) bzw. 6 kb (Exon 1a, 2-11), das für ein Protein von ca. 145.000 Molekulargewicht ($p145^{abl}$) codiert. Durch Fusion der beiden Gene bei CML entsteht ein 8.5 kb mRNA Transkript, das für ein Fusionsprotein von 210.000 Molekulargewicht ($p210^{bcr/abl}$) codiert. Bei der akuten Form der Leukämie (ALL) resultiert ein Transkript, das für ein Fusionsprotein von 190.000 Molekulargewicht ($p190^{bcr/abl}$) codiert. Während das normale Protein niedrige Tyrosinase-Aktivität hat, haben die Fusionsproteine eine erhöhte Aktivität. Dies führt zu gesteigerter Teilung der betroffenen Zellen und dem Tumor.

Literaturhinweise

B.M. Hentze, A.E. Kulozik, C.R. Bartram: Einführung in die medizinische Molekularbiologie. Grundlagen, Klinik, Perspektiven. Springer-Verlag Berlin-Heidelberg-New York, 1990. – R. Kurzrok, J.U. Gutterman, M. Talpaz: The molecular genetics of Philadelphia chromosome-positive leukemias. NEng JMed *319*:990, 1988.

Chronisch Myeloische Leukämie (CML)

Myelocyten im peripheren Blut vermehrt
Anfänglich chronischer Verlauf
Erwachsene betroffen
Ursprung aus einer myeloischen Zelle
Bei ca 90% ein Philadelphia-Chromosom (Ph^1)
(Translokation 22q nach 9q)
Schlechte Prognose, wenn Ph^1-negativ

Andere Ph^1-positive akute Leukämien

Lymphocyten oder Myelocyten vermehrt
Akuter Verlauf
20% Erwachsene mit ALL Ph^1-positiv
2% Erwachsene mit AML Ph^1-positiv
5% Kinder mit ALL Ph^1-positiv
Philadelphia-Translokation wie bei CML
Schlechte Prognose, wenn Ph^1-positiv

A. Philadelphia-Translokation (Ph^1) bei verschiedenen Formen von Leukämie

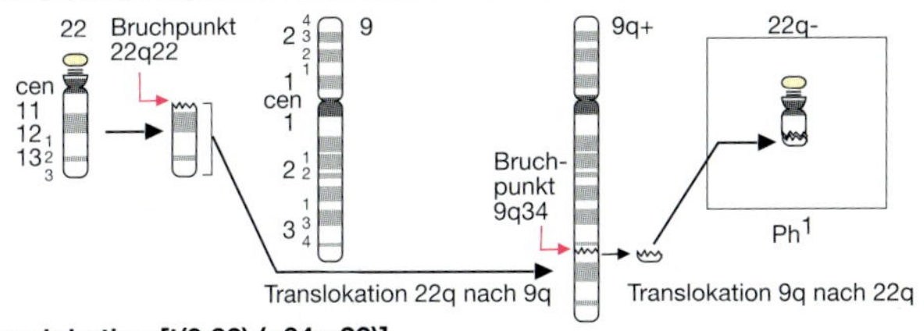

B. Ph^1-Translokation [t(9;22) (q34;q22)]

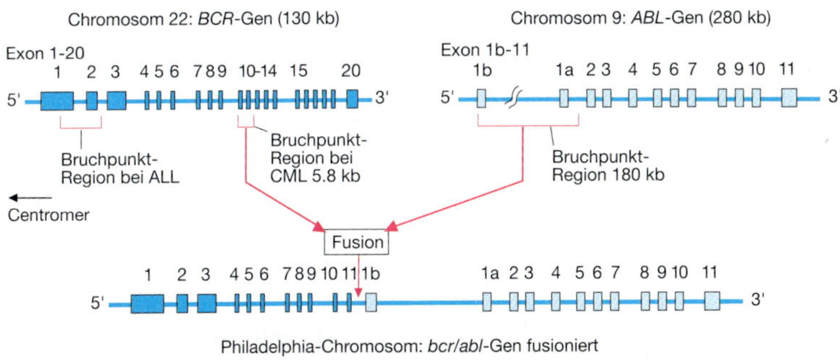

C. Ph^1-Translokation führt zur Fusion von zwei Genen

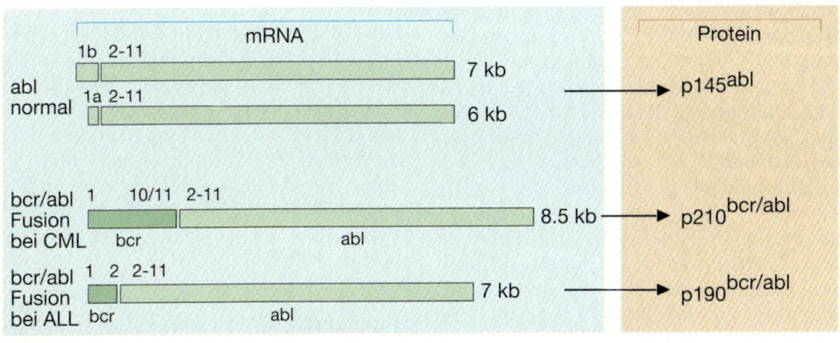

D. Die Genfusion führt zu veränderten Transkripten und Genprodukten

Mutationen bei Darm-Tumoren (Colon-Carcinom)

Das Colon-Carcinom (Darm-Krebs) gehört zu den häufigsten Formen der Krebserkrankung beim Erwachsenen. Eine Neigung zu familiärer Häufung und mehrere Formen von autosomal dominant erblicher Polyposis coli (Polypenbildung im Dickdarm) mit hohem Risiko für Colon-Carcinom sprechen für die Beteiligung von genetischen Faktoren bei der Entstehung.

A. Polyposis coli und Colon-Carcinom

Familiäre Polyposis coli (FAP) ist eine autosomal dominant erbliche Erkrankung. Im späten Kindes- und frühen Erwachsenenalter entwickeln sich bis zu 1000 und mehr Polypen in der Schleimhaut des Dickdarms (Colon) (1). Jeder Polyp kann sich zu einem Colon-Carcinom entwickeln (2). Frühzeitige Erkennung dieses Risikos ist wichtig. Bei etwa 85% der Erkrankten finden sich in der Netzhaut kleine, das Sehvermögen nicht beeinträchtigende angeborener Hypertrophien (3). (Photo 1 und 2 von Prof. U. Pfeifer, Institut für Pathologie der Universität Bonn; Photo 3 aus W. Friedl et al., Dtsch. Ärztebl. *88* : B–851, 1991, mit freundlicher Genehmigung der Autoren).

B. Mutationen an verschiedenen Genloci bei Colon-Carcinom

Mindestens 6 Genloci sind an der Entstehung des Colon-Carcinoms beteiligt. Es sind somatische Mutationen in zwei recessiven Onkogenen (Ras-Gene KRAS1 und KRAS2) und vier dominante Tumor-Suppressor-Gene.

P. Peltomäki et al. (Science *260* : 810–812, 1993) lokalisierten einen Genlocus auf Chromosom 2p15–16, der für Hereditäres Nicht-polypöses Colorectal-Carcinom prädisponiert. Tumorzellen zeigten Instabilität von Dinucleotid-Repeats (CA) (L. A. Aaltonen et al., Science *260* : 812–816, 1993). Da sich kein Verlust an Heterozygotie (LOH) in Tumorzellen fand, ist dies kein Tumor-Supressor-Gen.

C. APC-Gen und Verteilung von Mutationen

Die codierenden Sequenzen des APC-Gens bestehen aus 15 Exons. Das Protein besteht aus 2844 überwiegend hydrophilen Aminosäuren in einer Sequenz ohne Homologie zu anderen bekannten Genen (Groden et al., 1991, Joslyn et al., 1991). Der Verlust der Funktion beider Allele des APC-Gens gilt als Ausgangspunkt der Entwicklung eines Colon-Carcinoms (Ichii et al., 1992). Powell et al. (1992) fanden somatische Mutationen ausschließlich im Bereich der ersten 2000 Aminosäuren, vorzugsweise im mittleren Bereich von Exon 15.

D. Indirekte DNA-Diagnostik bei FAP

Gekoppelte DNA-Marker (RFLPs) in der Nähe des APC-Locus (1) erlauben eine indirekte DNA-Diagnostik. Die Allele von drei flankierenden Markerpaaren (K,k und E,e auf der centromeren Seite und A, a auf der distalen Seite) bilden jeweils einen Haplotyp, z. B. e-K-a und e-k-a bei Individuum I-1 im Stammbaum (2). Der die Mutation tragende Haplotyp muß e-K-a sein. Da sein Sohn (III-2) diesen Haplotyp geerbt hat, besteht für ihn ein Krankheitsrisiko, aber nicht für seine Tochter (III-1).

E. Mehrere Mutationen bei der Entstehung von Colon-Carcinom

Die Tumor-Entstehung durchläuft mehrere Stadien. Ausgangspunkt ist eine somatische oder eine germinale Mutation im APC-Gen. Nach Verlust des anderen Allels (LOH) bildet sich ein Adenom mit verminderter Zelldifferenzierung und Bildung von Polypen. Mutationen in anderen Genen führen zum Übergang in ein Carcinom (nach B.Vogelstein, 1990; E.J. Stanbridge, 1990).

Literaturhinweise s. S. 372

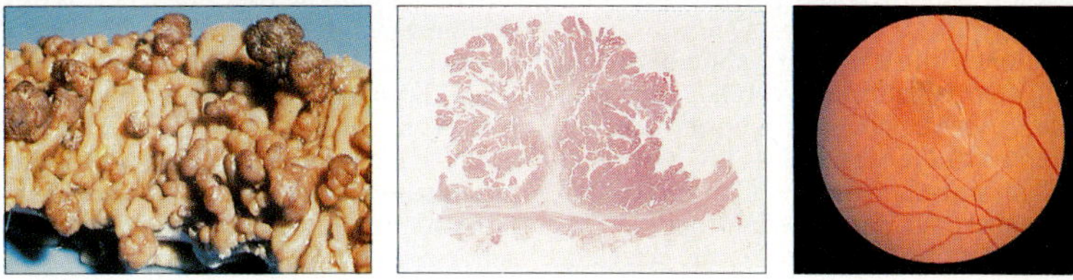

1. 2. 3.

A. Polyposis coli und Colon-Carcinom

McKusick-Nr.	Erkrankung/Betroffenes Gen	Genlocus
190110	Colorectales Adenom/Carcinom (KRAS1)	6p12-11
190070	Colorectales Adenom/Carcinom (KRAS2)	12p12
114500	Isoliertes Colon-Carcinom (somatische Mutation im APC-Gen)	5q21
175100	Familiäre Adenomatöse Polyposis coli (germinale Mutation im APC- Gen)	5q21
175100	APC mit anderen Tumoren: Gardner-Syndrom (allelisch)	5q21
159350	DNA-Sequenzen mutiert in Colon-Carcinom (MCC)	5q21-22
191170	p53-Gen (identisch mit McKusick *120460)	17p12-13
120470	Colorectal-Carcinom betroffenes Gen (DCC)	18q21.3

B. Mutationen an verschiedenen Genloci bei Colon-Carcinom

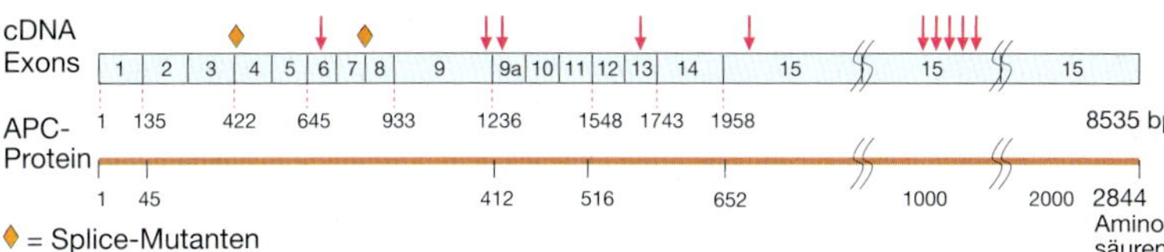

C. APC-Gen (Schema) und Verteilung von Mutationen (↓)

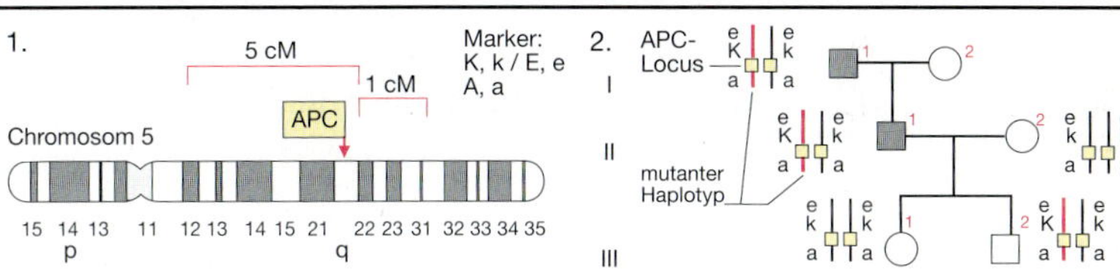

D. Indirekte DNA-Diagnostik bei FAP

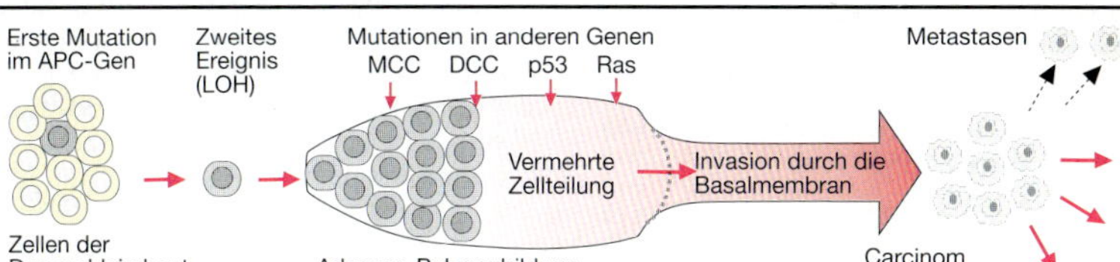

E. Mehrere Mutationen bei der Entstehung des Colon-Carcinoms

Das p53-Gen und Tumoren

Mutationen im p53-Gen gehören zu den häufigsten genetischen Veränderungen in Zellen von verschiedenen bösartigen Tumoren beim Menschen. Das p53-Gen liegt auf dem kurzen Arm von Chromosom 17 und codiert für ein nucleäres Protein von 53.000 Daltons (53 kD, daher die Bezeichnung p53). Das p53-Protein ist ein wichtiger Regulator des Zellzyklus und ist ein Transkriptionsfaktor. Die Inaktivierung von p53 durch Mutation oder durch onkogene Proteine von DNA-Tumorviren resultieren in gestörter Kontrolle des Zellzyklus und Krebsentwicklung.

A. p53-Gen

Das p53-Gen enthält 393 Codons. Es hat am N-terminalen Ende eine Domäne mit Transkriptions-aktivierenden (ACT) Eigenschaften. Mutantes p53 kann im Bereich der HSP-Domäne (Codon 13-29) an Heat-Schock-Proteine binden. Ein Serin-Rest an Position 315 kann durch eine vom CDC2-Gen (ein an der Regulation des Zellzyklus beteiligtes Gen) phosphoryliert werden. Mutationen im p53-Gen sind auf vier Bereiche („Hot-Spots") konzentriert, die in den Codons 129-146, 171-179, 234-240 und 270-287 liegen. Diese Hot-Spots entsprechen evolutionär konservierten Domänen und unterstreichen die funktionelle Wichtigkeit dieser Bereiche.

B. Mutationen im p53-Gen bei verschiedenen Tumoren

Häufig (bei 12 bis 13% aller Tumoren) treten Mutationen in den Codons 275, 248 und 273 auf. Hier liegen CpG-islands, deren 5-Methyl-Cytosin leicht zu Thymin mutieren kann (nach A.J. Levine et al., Nature *351*:453, 1991).

C. Familiäre multiple Tumoren durch Mutationen des p53 Gens

Das Li-Fraumeni-Syndrom (McKusick-Nr. *114480) ist eine autosomal dominant erbliche Erkrankung mit Auftreten eines oder mehrerer verschiedener Tumoren (1). In der Familie findet sich bei sechs Individuen (I-1, II-2, II-3, III-1, III-2 und III-5) in Codon 248 eine CGG (Arg) nach TGG (Tryptophan)-Mutation. Sie sind deshalb von einem hohen Tumorrisiko bedroht, während dies für III-3 und III-4 ausgeschlossen werden kann. Bei Li-Fraumeni-Syndrom findet sich ein charakteristisches Spektrum von Tumoren (2) (nach Malkin et al., Science *250*:1233-1238, 1990).

D. Modell der Funktion der p53-Gens

p53 ist normalerweise inaktiv (1). Mäuse, die homozygot für eine Deletion sind, und Menschen mit Keimzell-Mutation des p53-Gens entwickeln sich normal (L.A. Donehower et al., Nature *356*:215-221, 1992). Jedoch scheint p53 eine wichtige Wachstums-kontrollierende Rolle in geschädigten Zellen zu spielen (2). DNA-Schäden in Zellen führen zu erhöhter Expression von p53 und Unterbrechung des Zellzyklus in G1. Verläuft die DNA-Reparatur erfolgreich, so kann die Zelle den Zellzyklus fortsetzen. Ist die Reparatur nicht erfolgreich, so stirbt die Zelle ab (Zelltod, Apoptosis). Geschädigte Zellen mit mutantem oder an ein virales Onkogen-Protein gebundenen p53-Protein werden nicht in G1 arretiert. Es bleibt nicht genügend Zeit für Reparatur, und in der nächsten S-Phase wird der Schaden verdoppelt (nach D.P. Lane, Nature 358: 15-16, 1992).

Literaturhinweise

Donehower, L.A. et al.: Mice deficient for p53 are developmentally normal, but susceptible to spontaneous tumours. Nature *356*:215, 1992. – Levine A.J., Momand, J., Finlay, C.A.: The p53 tumor suppressor gene. Nature *351*:453, 1991. – Malkin, D. et al.: Germ line p53 mutations in a familial syndrome of breast cancer, sarcomas, and other neoplasms. Science *250*:1233-1238, 1990. – Marx J.: Genetic defect identified in rare cancer syndrome. Science *250*:1209, 1990. – Vogelstein, B. & Kinzler K.W.: p53-function and dysfunction. Cell *70*:523-526, 1992.

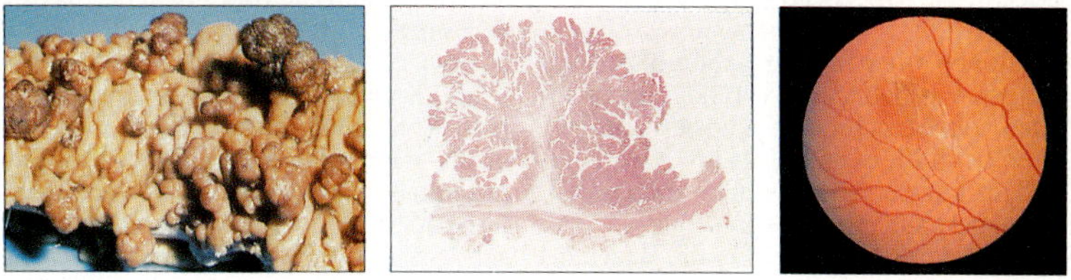

1. 2. 3.

A. Polyposis coli und Colon-Carcinom

McKusick-Nr.	Erkrankung/Betroffenes Gen	Genlocus
190110	Colorectales Adenom/Carcinom (KRAS1)	6p12-11
190070	Colorectales Adenom/Carcinom (KRAS2)	12p12
114500	Isoliertes Colon-Carcinom (somatische Mutation im APC-Gen)	5q21
175100	Familiäre Adenomatöse Polyposis coli (germinale Mutation im APC- Gen)	5q21
175100	APC mit anderen Tumoren: Gardner-Syndrom (allelisch)	5q21
159350	DNA-Sequenzen mutiert in Colon-Carcinom (MCC)	5q21-22
191170	p53-Gen (identisch mit McKusick *120460)	17p12-13
120470	Colorectal-Carcinom betroffenes Gen (DCC)	18q21.3

B. Mutationen an verschiedenen Genloci bei Colon-Carcinom

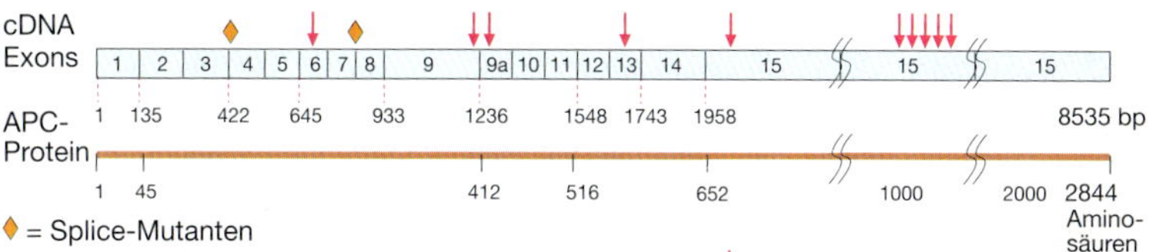

C. APC-Gen (Schema) und Verteilung von Mutationen (↓)

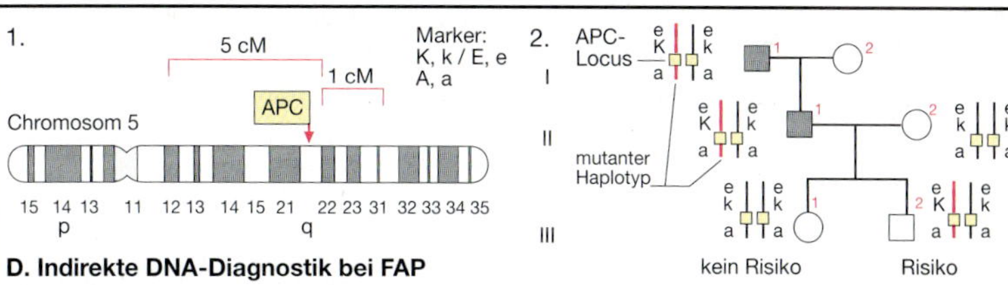

D. Indirekte DNA-Diagnostik bei FAP

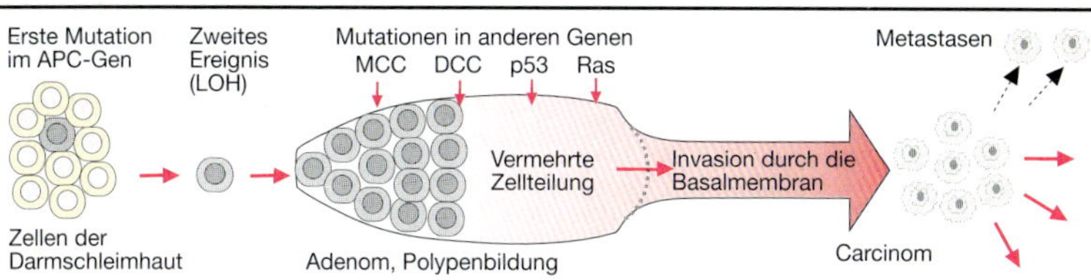

E. Mehrere Mutationen bei der Entstehung des Colon-Carcinoms

Das p53-Gen und Tumoren

Mutationen im p53-Gen gehören zu den häufigsten genetischen Veränderungen in Zellen von verschiedenen bösartigen Tumoren beim Menschen. Das p53-Gen liegt auf dem kurzen Arm von Chromosom 17 und codiert für ein nucleäres Protein von 53.000 Daltons (53 kD, daher die Bezeichnung p53). Das p53-Protein ist ein wichtiger Regulator des Zellzyklus und ist ein Transkriptionsfaktor. Die Inaktivierung von p53 durch Mutation oder durch onkogene Proteine von DNA-Tumorviren resultieren in gestörter Kontrolle des Zellzyklus und Krebsentwicklung.

A. p53-Gen

Das p53-Gen enthält 393 Codons. Es hat am N-terminalen Ende eine Domäne mit Transkriptions-aktivierenden (ACT) Eigenschaften. Mutantes p53 kann im Bereich der HSP-Domäne (Codon 13-29) an Heat-Schock-Proteine binden. Ein Serin-Rest an Position 315 kann durch eine vom CDC2-Gen (ein an der Regulation des Zellzyklus beteiligtes Gen) phosphoryliert werden. Mutationen im p53-Gen sind auf vier Bereiche („Hot-Spots") konzentriert, die in den Codons 129-146, 171-179, 234-240 und 270-287 liegen. Diese Hot-Spots entsprechen evolutionär konservierten Domänen und unterstreichen die funktionelle Wichtigkeit dieser Bereiche.

B. Mutationen im p53-Gen bei verschiedenen Tumoren

Häufig (bei 12 bis 13% aller Tumoren) treten Mutationen in den Codons 275, 248 und 273 auf. Hier liegen CpG-islands, deren 5-Methyl-Cytosin leicht zu Thymin mutieren kann (nach A.J. Levine et al., Nature *351*:453, 1991).

C. Familiäre multiple Tumoren durch Mutationen des p53 Gens

Das Li-Fraumeni-Syndrom (McKusick-Nr. *114480) ist eine autosomal dominant erbliche Erkrankung mit Auftreten eines oder mehrerer verschiedener Tumoren (1). In der Familie findet sich bei sechs Individuen (I-1, II-2, II-3, III-1, III-2 und III-5) in Codon 248 eine CGG (Arg) nach TGG (Tryptophan)-Mutation. Sie sind deshalb von einem hohen Tumorrisiko bedroht, während dies für III-3 und III-4 ausgeschlossen werden kann. Bei Li-Fraumeni-Syndrom findet sich ein charakteristisches Spektrum von Tumoren (2) (nach Malkin et al., Science *250*:1233-1238, 1990).

D. Modell der Funktion der p53-Gens

p53 ist normalerweise inaktiv (1). Mäuse, die homozygot für eine Deletion sind, und Menschen mit Keimzell-Mutation des p53-Gens entwickeln sich normal (L.A. Donehower et al., Nature *356*:215-221, 1992). Jedoch scheint p53 eine wichtige Wachstums-kontrollierende Rolle in geschädigten Zellen zu spielen (2). DNA-Schäden in Zellen führen zu erhöhter Expression von p53 und Unterbrechung des Zellzyklus in G1. Verläuft die DNA-Reparatur erfolgreich, so kann die Zelle den Zellzyklus fortsetzen. Ist die Reparatur nicht erfolgreich, so stirbt die Zelle ab (Zelltod, Apoptosis). Geschädigte Zellen mit mutantem oder an ein virales Onkogen-Protein gebundenen p53-Protein werden nicht in G1 arretiert. Es bleibt nicht genügend Zeit für Reparatur, und in der nächsten S-Phase wird der Schaden verdoppelt (nach D.P. Lane, Nature 358: 15-16, 1992).

Literaturhinweise

Donehower, L.A. et al.: Mice deficient for p53 are developmentally normal, but susceptible to spontaneous tumours. Nature *356*:215, 1992. – Levine A.J., Momand, J., Finlay, C.A.: The p53 tumor suppressor gene. Nature *351*:453, 1991. – Malkin, D. et al.: Germ line p53 mutations in a familial syndrome of breast cancer, sarcomas, and other neoplasms. Science *250*:1233-1238, 1990. – Marx J.: Genetic defect identified in rare cancer syndrome. Science *250*:1209, 1990. – Vogelstein, B. & Kinzler K.W.: p53-function and dysfunction. Cell *70*:523-526, 1992.

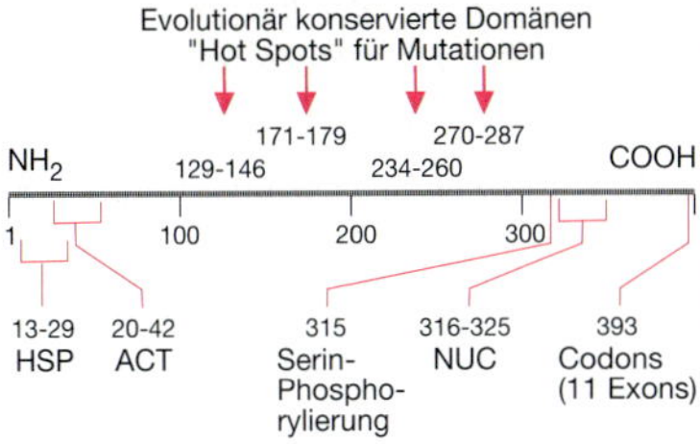

HSP = Heat Shock Protein-Bindung durch mutantes p53

NUC = Nucleäres Lokalisierungs-Signal

ACT = Transkriptions-aktivierende Domäne

A. p53 -Gen

Mutiertes Codon	Tumoren		
	Colon	Lunge	gesamt
175	8 (23%)	0	11 (12%)
248	6 (17%)	1 (3%)	11 (12%)
273	6 (17%)	4 (14%)	12 (13%)
gesamt	20 von 35 (57%)	5 von 29 (17%)	34 von 94 (36%)

B. Mutationen im p53-Gen bei verschiedenen Tumoren

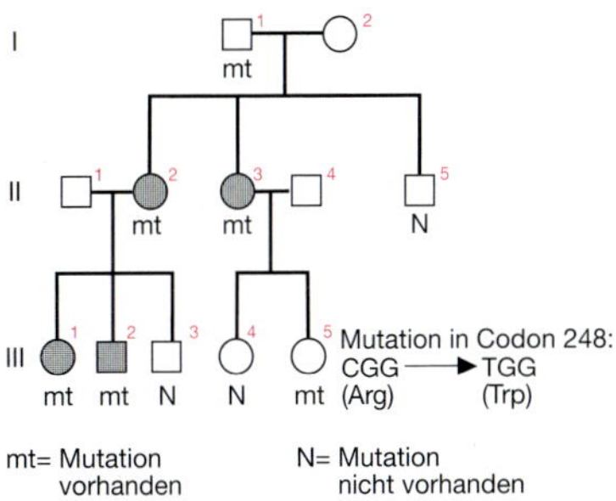

1. Autosomal dominanter Erbgang

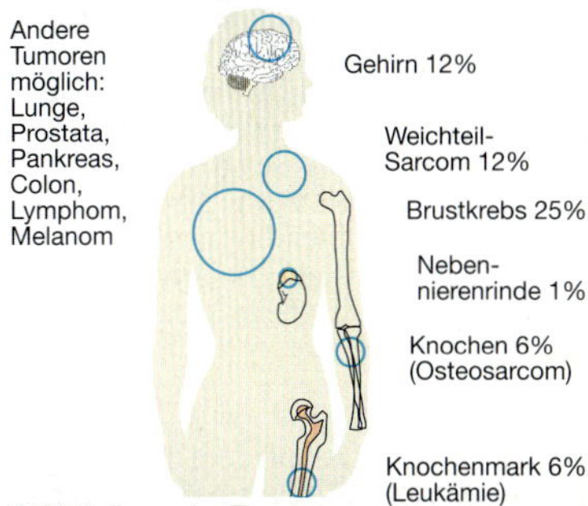

2. Verteilung der Tumoren

C. Familiäre multiple Tumoren durch Mutationen des p53-Gens (Li-Fraumeni-Syndrom)

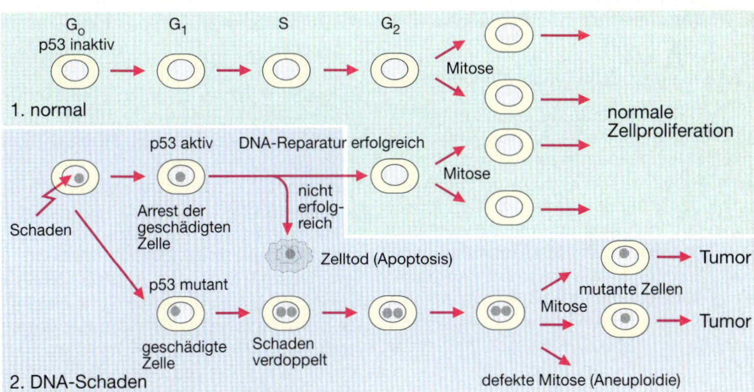

D. Modell der Funktion des p53-Gens

Neurofibromatose 1 und 2

Neurofibromatosen sind klinisch und genetisch unterschiedliche, autosomal dominant erbliche Erkrankungen, die zu gutartigen und bösartigen Tumoren des Nervensystems prädisponieren. Zahlreiche verschiedene Formen sind bekannt. Am wichtigsten sind Neurofibromatose 1 (NF1, von-Recklinghausen-Krankheit) und Neurofibromatose 2 (NF2).

A. Wesentliche Merkmale von NF1

NF1 ist sehr variabel. Lisch-Knötchen der Iris (1) bei mehr als 90% der Patienten, Café-au-lait-Flecken (2) (als beweisend gelten mehr als 5 Flecken von mehr als 2 cm Durchmesser) bei mehr als 95% und multiple Neurofibrome (3) bei mehr als 90% der Patienten sind die wichtigsten Merkmale. Daneben können verschiedene Skelettanomalien (Skoliose bei etwa 30%, Pseudoarthrose bei etwa 3%) auftreten. Bei etwa 3–5% treten bösartige Tumoren des Nervensystems auf. Bei etwa 50% der Erkrankten liegt eine neue Mutation vor.

B. NF1-Gen

Das NF1-Gen liegt auf dem langen Arm von Chromosom 17. Es besteht aus mindestens 9 Exons unterschiedlicher Größe. Nach Verdauung mit EcoRI (E) entstehen verschiedene Fragmente, die eine nützliche Restriktionskarte bilden.

C. NF1-Genprodukt (Neurofibromin)

Das NF1-Gen codiert für ein Genprodukt von 2485 Aminosäuren. Dieses große Protein enthält eine Domäne zwischen Aminosäure 840 und 1200, die einem GTPase-aktivierenden Protein entspricht. Die Homologie erstreckt sich auf ein Genprodukt IRA1 (Inhibitor of Ras-Mutanten) von Hefe *(S. cerevisiae)*. Es wird vermutet, daß Mutationen am NF1-Locus einen Signalweg zu RAS-Genen unterbrechen (nach G. Xu et al., Cell *62*: 599–608, 1990).

D. Kandidaten-Gen für NF2

NF2 ist erheblich seltener als NF1 und im wesentlichen auf den Bereich des Acusticus-Nerven (achter Hirnnerv) beschränkt. Jedoch können auch andere Tumoren des Gehirns auftreten, insbesondere Schwannom und Meningiom. NF2 codiert für ein 4,5 kb-Transkript (Schwannomin, SCH). Der NF2-Locus liegt auf Chromosom 22 (22q12). Aus Contig II (contiguous sequences, vgl. S. 356) wird ein Bereich von 28 überlappenden Cosmiden in treppenförmiger Anordnung gezeigt. In einer systematischen Analyse von über 100 EcoRI-Fragmenten wurden drei CpG-Islands identifiziert. Mit ihrer Hilfe konnte die Position eines Gens mit einem Transkript von 2.5 kb (EWS, Ewing-Sarcom, O. Delattre et al., Nature *359*:162–165, 1992), von 4.0 kb (unbekanntes Gen) und von 3.9 kb (NEFH, Neurofilament Heavy Chain) identifiziert werden. Daneben wurde ein viertes, bisher nicht bekanntes Gen mit einem Transkript von 4,5 kb RNA identifiziert. Dies ist das Kandidaten-Gen für Neurofibromatose 2. Nach den bei NF2 auftretenden, von Schwann'schen Zellen des Nervensystems ausgehenden Tumoren wird es als Schwannomin (SCH) bezeichnet (Rouleau et al., 1993; Trofatter et al., 1993).

Literaturhinweise

Cawthon, R. M. et al.: A major segment of the neurofibromatosis type 1 gene: cDNA sequence, genomic structure, and point mutations. Cell *62*:193–201, 1990.

Riccardi, V. M., & Eichner, J. E.: Neurofibromatosis. Phenotype, Natural History and Pathogenesis. Johns Hopkins Univ. Press, Baltimore, 1986.

Rouleau, G. A. et al.: Alteration in a new gene encoding a putative membrane-organizing protein causes neurofibromatosis type 2. Nature *363*:515–521, 1993.

Trofatter, J. A. et al.: A novel Moesin-, Ezrin-, Radixin-like gene is a candidate for the neurofibromatosis 2 tumor suppressor. Cell *72*:791–800, 1993.

Xu, G. et al.: The neurofibromatosis type 1 gene encodes a protein related to GAP. Cell *62*:599–608, 1990.

Neurofibromatose 1 (NF1)
(von Recklinghausen-Krankheit)

Autosomal dominant
Häufigkeit 1 auf 3000
Genlocus auf 17q
Café-au-lait-Flecken
Lisch-Knötchen in der Iris
Multiple Neurofibrome
Skelettanomalien
Prädisposition zu Tumoren des Nervensystems
ca. 50% neue Mutation

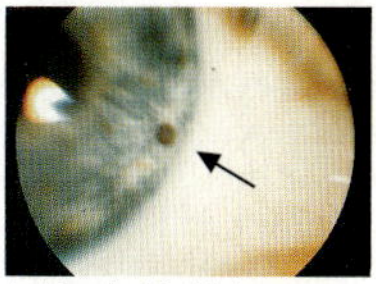
1. Lisch-Knötchen

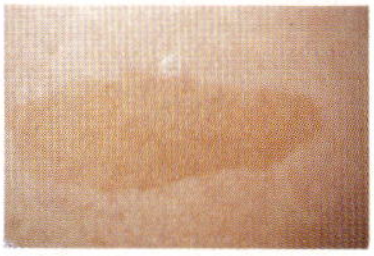
2. Café-au-lait-Fleck

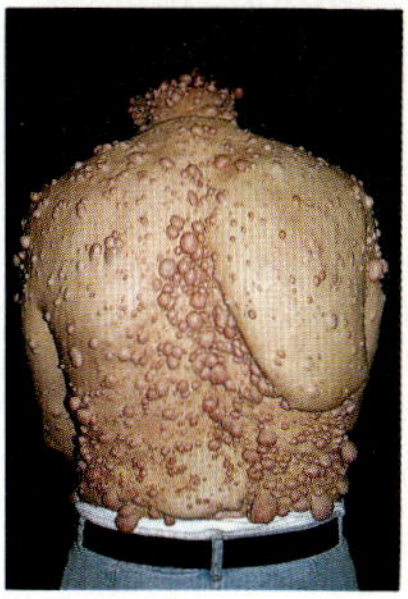
3. Neurofibrome

A. Wesentliche Merkmale von Neurofibromatose 1

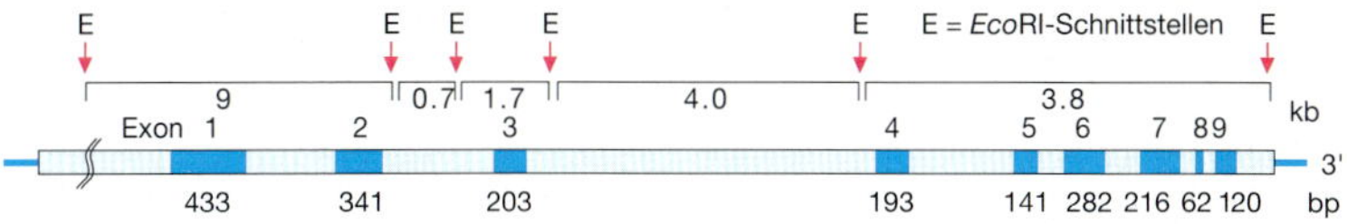

B. NF1-Gen auf Chromosom 17

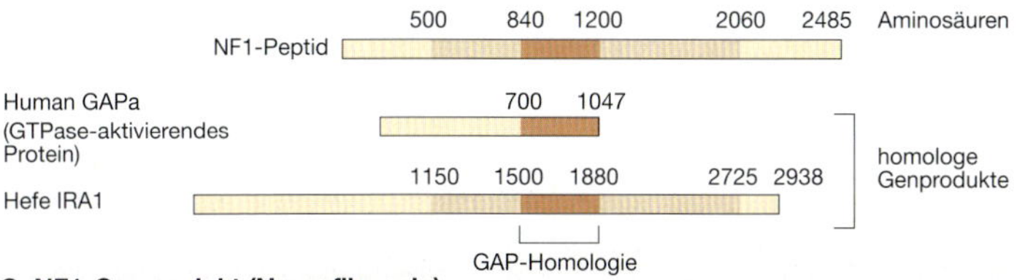

C. NF1-Genprodukt (Neurofibromin)

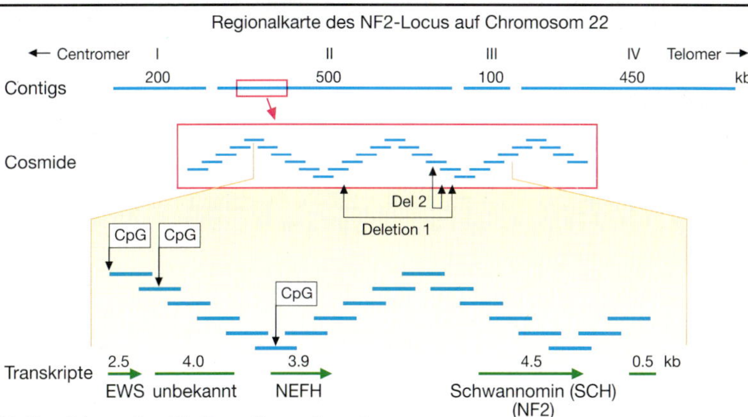

D. Kandidaten-Gen für Neurofibromatose 2

Hämoglobin

Hämoglobin und Myoglobin sind bei Vertebraten die Sauerstofftransportierenden Proteine. Hämoglobin findet sich in den roten Blutzellen, Myoglobin im Muskel. Hämoglobin ist in der Evolution aus Myoglobin hervorgegangen. Beides sind wasserlösliche Moleküle, deren dreidimensionale Strukturen im atomaren Detail vollständig bekannt sind. Hämoglobin hat vier, Myoglobin hat eine Sauerstoffbindungsstelle.

A. Hämoglobintypen

Hämoglobin besteht aus vier Untereinheiten von je zwei gleichen Polypeptidketten. Es gibt verschiedene Hämoglobine. Sie unterscheiden sich in der Zusammensetzung ihrer Ketten und sind für verschiedene Phasen der Entwicklung (Embryonal-, Fetal-, Postnatalzeit) charakteristisch. Das Hämoglobin des Erwachsenen (HbA) besteht aus zwei α- und zwei β-Ketten ($\alpha_2\beta_2$). In der Fetalzeit wird Hämoglobin (HbF) gebildet, das aus zwei α- und zwei γ-Ketten besteht ($\alpha_2\gamma_2$). Ferner gibt es einen geringen Anteil eines aus zwei α- und zwei δ-Ketten bestehenden adulten Hämoglobins (HbA_2: $\delta_2\alpha_2$). In der embryonalen Phase gehen ζ-Ketten eine Verbindung mit Epsilon- oder Gamma-Ketten ein (Hb Gower 1 : $\zeta_2\varepsilon_2$ und Hb Portland: $\zeta_2\gamma_2$), sowie zwei α- und zwei ε-Ketten in Hb Gower 2 ($\alpha_2\varepsilon_2$).

B. Hämoglobine bei Thalassämien

Thalassämien sind eine Gruppe genetisch bedingter Störungen der Synthese von Hämoglobin. Sie betreffen die β-Kette (β-Thalassämien) oder die α-Kette (α-Thalassämien). Thalassämien führen zu unterschiedlicher Bildungsrate von Globinen, was unstabile Hämoglobine zur Folge hat. Da eine α-Kette Bestandteil sowohl des fetalen wie des adulten Hämoglobins ist, wirken sich α-Thalassämien (α-thal) besonders schwer aus. Hämoglobine aus vier identischen Ketten sind unstabil (HbH aus vier β-Ketten, Hb Bart's aus vier γ-Ketten). Theoretisch könnte auch ein Homotetramer aus vier δ-Ketten gebildet werden, aber wegen der geringen normalen Syntheserate von δ-Ketten spielt dies klinisch keine Rolle. α-Thalassämien können in sehr verschiedenen Schweregraden auftreten, weil es zwei benachbarte Gene für die Bildung der α-Kette gibt (vgl. Hämoglobin-Gene, S. 280).

C. Evolution von Hämoglobin

Myoglobin besteht aus einer, Hämoglobin aus vier Polypeptidketten. Die einzelnen Hämoglobinketten sind in der Evolution aus Myoglobin hervorgegangen. Gegenüber dem Myoglobin stellt Hämoglobin eine erhebliche funktionelle Verbesserung dar, weil es eine tetramere Struktur (vier Untereinheiten) hat und insgesamt vier Sauerstoffbindungsstellen besitzt.
Aufgrund von Vergleichen der Hämoglobine bei verschiedenen Wirbeltieren kann man auf das evolutionäre Alter der einzelnen Hb-Ketten schließen. Bei Beginn der Evolution der Säugetiere vor etwa 100 Millionen Jahren gab es die α-Kette und die β-Kette, sowie einen Vorläufer der später entstandenen β-ähnlichen Ketten (γ, ε, δ).

D. Globin-Bildung in der Ontogenese

Die verschiedenen Hämoglobine, die in der frühen Embryonalzeit (etwa bis zur 12. Woche), in der Fetalzeit (ab etwa 12. Woche bis zur Geburt) und nach der Geburt gebildet werden, unterscheiden sich nach Sauerstoffbindungsaffinität. Dies bedeutet eine Optimierung der Sauerstoffversorgung in den verschiedenen Entwicklungsphasen. Die Hämoglobinketten werden in der Fetalzeit vorwiegend in der Leber gebildet. Beim Erwachsenen ist das Knochenmark die Bildungsstelle von Hämoglobin.

Literaturhinweise s. S. 372

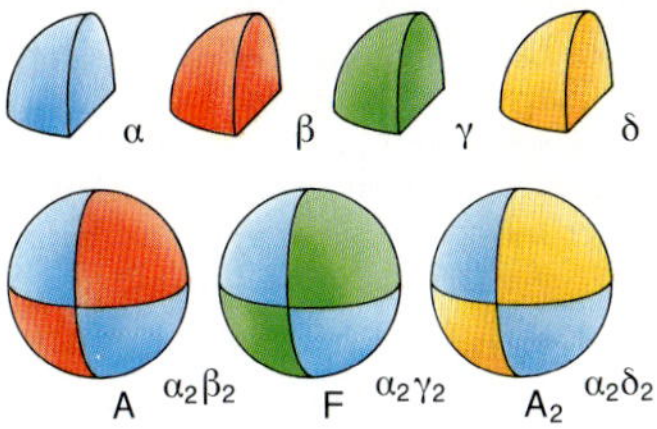

A. Hämoglobintypen

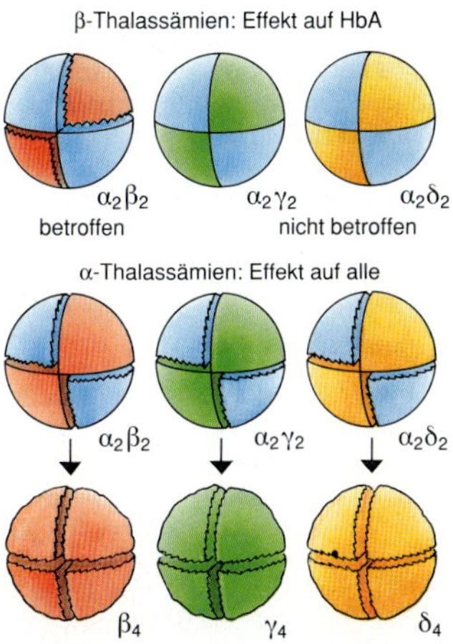

B. Hämoglobine bei Thalassämien

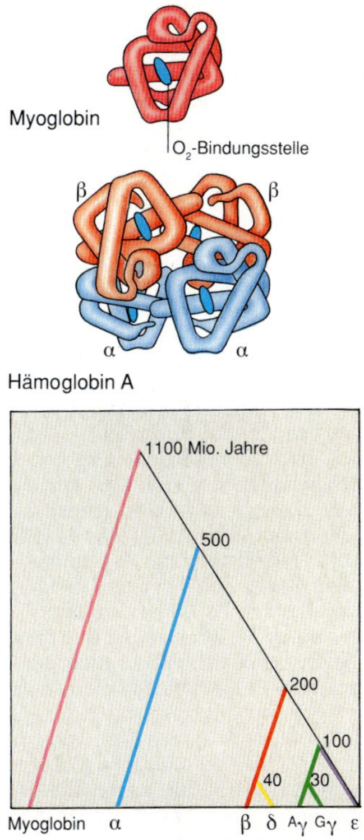

C. Evolution von Hämoglobin

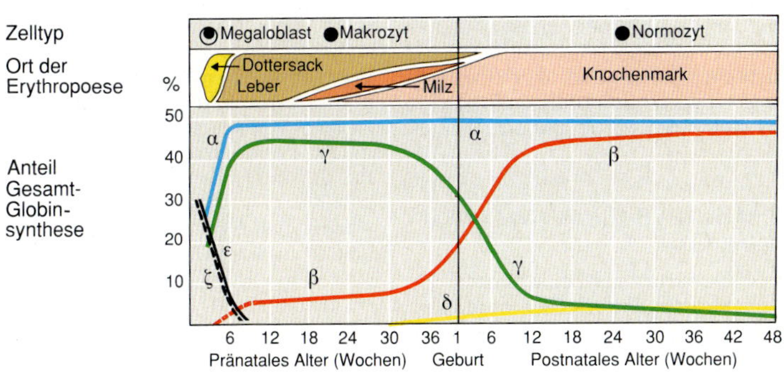

D. Globin-Bildung in der Ontogenese

Hämoglobin-Gene

Jede der Globin-Polypeptid-Ketten wird durch ein Gen codiert. Beim Menschen und anderen Säugetieren liegen die α-Gene und die β-ähnlichen Gene auf verschiedenen Chromosomen. Ihre Anordnung entspricht der Reihenfolge, in der sie in der Ontogenese aktiv sind.

A. β-Globin- und α-Globin-Gene

Die β-Globin-ähnlichen Gene (ε, Gγ, Aγ, δ, β) liegen auf dem kurzen Arm von Chromosom 11 des Menschen in Region 1, Band 5.5 (11p15.5). Sie nehmen eine Länge von etwa 60000 Basenpaaren (bp) ein, entsprechend 60 kb (Kilobasen).
Es gibt zwei Gamma-Gene, Aγ und Gγ, die sich lediglich in Codon 136 unterscheiden. An dieser Position der fertigen Kette liegt die Aminosäure Alanin (A) bzw. Glycin (G). Zwischen dem A-Gamma-Gen und dem Delta-Gen liegt ein Pseudogen (Pseudo-Beta 1). Es ähnelt dem Beta-Gen, ist aber durch Deletionen und Substitutionen derart verändert, daß es nicht für ein funktionelles Polypeptid codieren kann.
Beim Menschen liegen zwei Alpha-Globin-Gene auf dem kurzen Arm von Chromosom 16 (16p13.11 bis 16p13.33) entlang einem etwa 30 kb langen DNA-Abschnitt. In 5'-Richtung gibt es ein nur in der Embryonalzeit aktives Gen (Zeta). Zwei Pseudogene Zeta und Alpha-1 liegen dazwischen. Ein weiteres Gen, Theta, ist in letzter Zeit bekannt geworden. Es scheint nur in der frühen Embryonalphase exprimiert zu sein. Stromaufwärts (in 5′-Richtung) der β-Gene liegt eine diese Gene gemeinsam kontrollierende Region (LRT, long range transcription control region).

B. Struktur des β-Globin-Gens und des α-Globin-Gens

Alle Globin-Gene haben eine ähnliche genetische Struktur. Sie bestehen aus drei codierenden DNA-Sequenzen innerhalb eines Gens (Exons). Zur Transkriptionseinheit des jeweiligen Gens gehören ferner am 5'- und am 3'-Ende gelegene nicht translatierte Sequenzen (vgl. Abschnitt über Struktur eukaryoter Gene, S. 50). Die Exons des β- und des α-Globins sind ähnlich lang (z. B. hat Exon 1 des β-Gens 30 Codons, Exon 1 des α-Gens 31 Codons, Exon 1 des α-Gens 30 Codons). Die Länge der Introns hingegen ist verschieden.

C. Tertiärstruktur der β-Globin-Kette

Die dreidimensionalen Strukturen von Myoglobin, sowie der Hämoglobin α- und -β-Ketten sind sehr ähnlich, obwohl ihre Aminosäurensequenz in nur 24 von 141 Positionen übereinstimmt. Die β-Kette ist mit 146 Aminosäuren etwas länger als die α-Kette. Die strukturelle Ähnlichkeit ist funktionell bedeutsam. Durch die Struktur wird die innen liegende sauerstoffbindende Region geschützt und eine reversible Sauerstoffaufnahme in wässriger Umgebung möglich.

D. Domänen der β-Kette

Bei allen Hämoglobinketten können drei funktionelle bzw. strukturelle Domänen unterschieden werden. Sie entsprechen den drei Exons des jeweiligen Gens. Bei der Beta-Kette sind dies die außen gelegenen Anteile mit den Aminosäuren 1 bis 30 und 105 bis 146 (codiert von Exon 1 und Exon 3). Sie werden im wesentlichen von hydrophilen Aminosäuren gebildet und sind sehr variabel. Die innen liegende Domäne (codiert von Exon 2) enthält die Sauerstoffbindungsstelle und besteht im wesentlichen aus nicht-polaren hydrophoben Aminosäuren.
Die Aminosäurensequenz der Hämoglobine von mehr als 60 untersuchten Species ist an 9 Positionen identisch. Diese invarianten Positionen sind besonders wichtig für die Funktion des Hämoglobinmoleküls als Transporteur von Sauerstoff sowie H^+ und CO_2. Veränderungen (Mutationen) in den invarianten Positionen beeinträchtigen die Funktion so stark, daß sie nicht toleriert werden.

Literaturhinweise s. S. 372

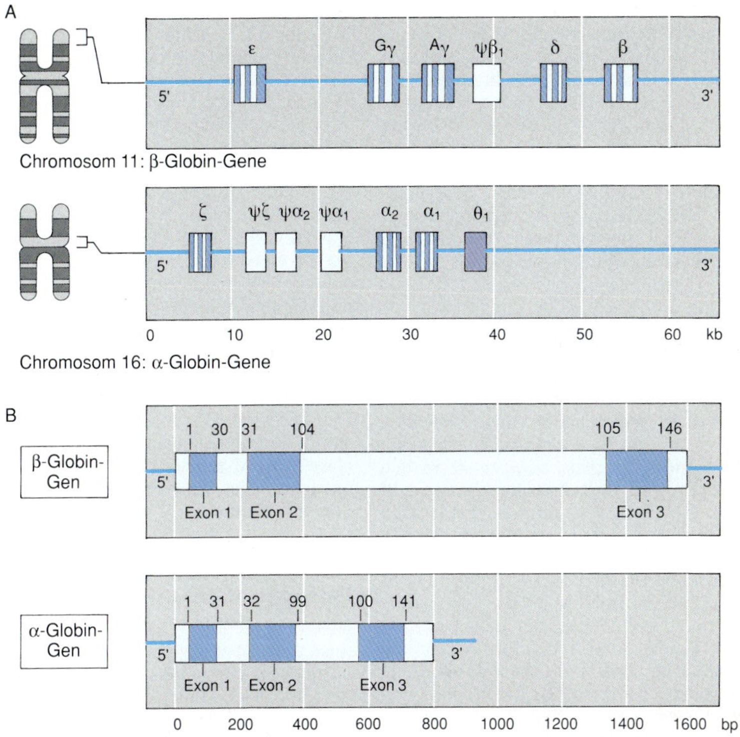

A. und B. Hämoglobin-Gene

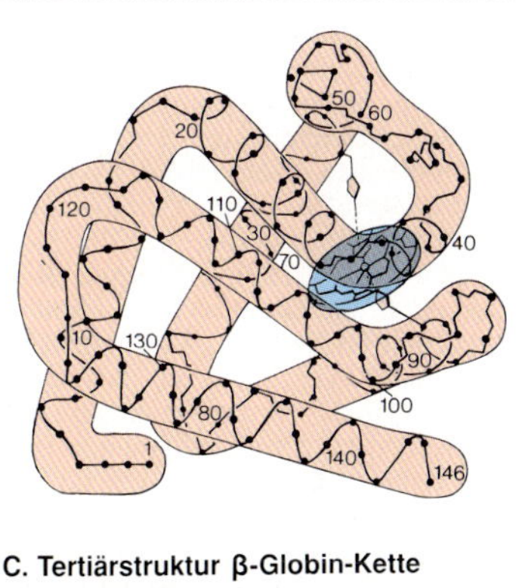

C. Tertiärstruktur β-Globin-Kette

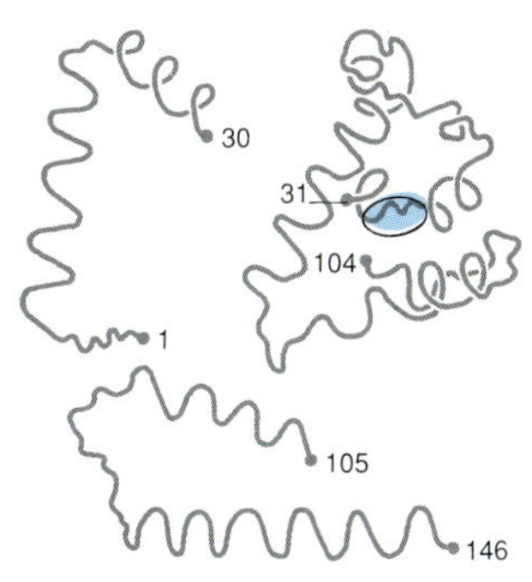

D. Domänen der β-Kette

Sichelzell-Anämie

Sichelzell-Anämie ist eine bei Homozygoten durch eine Mutation im β-Globin-Gen verursachte schwere, fortschreitend verlaufende Krankheit. Sie tritt vor allem in Afrika und in der schwarzen Bevölkerung von Nordamerika auf. Mit einer Häufigkeit von 1 auf 500 gehört sie dort zu den führenden Krankheits- und Todesursachen. Die Erkrankung ist autosomal recessiv erblich. Heterozygote Träger können leicht erkannt werden (vgl. S. 68).

A. Sichelzellen: durch Hämoglobin S verformte Erythrocyten

In einem normalen Blutbild (1) sind Erythrocyten (rote Blutkörperchen) im Lichtmikroskop gleichmäßig runde Scheiben von etwa 7 µm Durchmesser. In der Mitte färben sie sich etwas weniger als an den Rändern, weil sie zentral leicht eingedellt sind. Die Erythrocyten von Erkrankten sind verformt und ähneln einer Sichel (2). Jedoch sind auch die nicht sichelförmig verformten Erythrocyten auffällig in Größe und Form. Im Verlauf der Erkrankung kommt es zu krisenartigen akuten Zuständen, Sichelkrise (3), mit einer Anhäufung sichelartiger Zellen, die dann das Blutbild vollständig beherrschen. Bei Heterozygoten finden sich vereinzelt Sichelzellen, aber es kommt nicht zu einer Sichelzell-Krise und zumeist nur sehr geringen klinischen Erscheinungen (Abb. aus H. Lehmann & R. G. Huntsman, 1974).

B. Folgen einer Mutation: Sichelzell-Anämie

Sämtliche Erscheinungen der Sichelzell-Anämie können auf einen einzigen Nucleotidbasen-Austausch im β-Globin zurückgeführt werden. Die Sichelzell-Mutation ist eine Substitution der mittleren Nucleotidbase Adenin (A) durch Thymin (T) in Codon 6. Dadurch wird das Codon GAG für Glutaminsäure in das Codon GTG für Valin verändert. Vernon Ingram hat in den 50er Jahren durch Ermittlung der Aminosäuren-Sequenz von Hämoglobin festgestellt, daß sich Sichelzell-Hämoglobin (HbS) und normales adultes Hämoglobin (HbA) nur durch diesen Austausch in der β-Kette unterscheiden. Dies hat weitreichende pathophysiologische Konsequenzen und erklärt letztlich jedes Krankheitszeichen. Während normales Hämoglobin (HbA) löslich ist und eine Verformbarkeit der Erythrocyten gewährleistet, ist Sichelzell-Hämoglobin (HbS) weniger löslich. Es kristallisiert im Deoxy-Zustand und bildet Stäbchen. Dadurch werden die Erythrocyten fest und verformen sich zu Sichelzellen. Im Gegensatz zu normalen Erythrocyten können Sichelzellen kleine Arterien und Kapillaren nicht passieren. Diese verstopfen und verursachen lokalen Sauerstoffmangel in den Geweben. Dies begünstigt Infektionen. Lernbehinderung durch die häufigen Krankheiten ist die Regel. Die defekten Erythrocyten werden zerstört (Hämolyse). Dadurch entsteht eine chronische Anämie mit zahlreichen Konsequenzen, wie Herzversagen, Leberschaden, Infektionen.

C. Selektionsvorteil von Heterozygoten für HbS in Malaria-Gebieten

Heterozygote für Sichelzell-Mutation sind relativ resistent gegen Malaria. Während normale Erythrocyten eine Vermehrung der Parasiten erlauben, sind die Bedingungen für die Parasiten bei Heterozygoten weniger günstig. In ihren Erythrocyten können sich Parasiten nur wenig vermehren. Der Schutz geschieht allerdings auf Kosten der homozygot Erkrankten (HbS/HbS). Sie bekommen zwar keine Malaria, leiden aber an der schweren Hämoglobin-Krankheit. Heterozygote für Sichelzell-Mutation haben einen Selektionsvorteil in Malaria-Gebieten. Dies erklärt die dort beobachtete enorme Verbreitung des Sichelzell-Gens (vgl. S. 160). Die Sichelzell-Mutation ist an mindestens vier bis fünf verschiedenen Stellen der Welt unabhängig voneinander aufgetreten und hat sich anschließend in der entsprechenden Bevölkerung verbreitet. Sichelzell-Anämie ist das beste Beispiel beim Menschen für einen Selektions-Vorteil bei Heterozygoten für ein mutantes Allel, das im homozygoten Zustand zu einer schweren Krankheit führt.

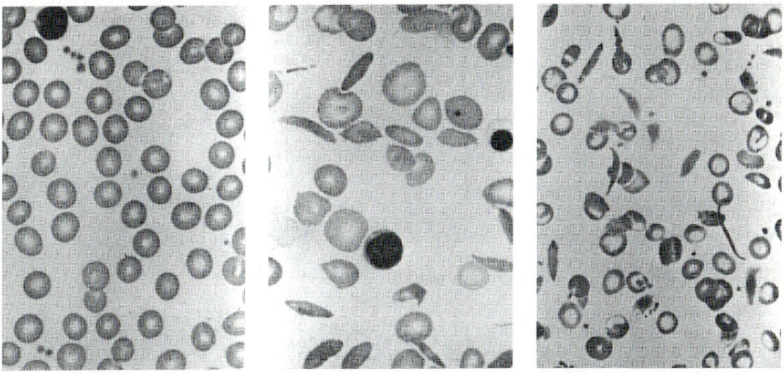

1. normales Blutbild 2. Sichelzellen 3. Sichelkrise

A. Sichelzellen: durch Hämoglobin S verformte Erythrocyten

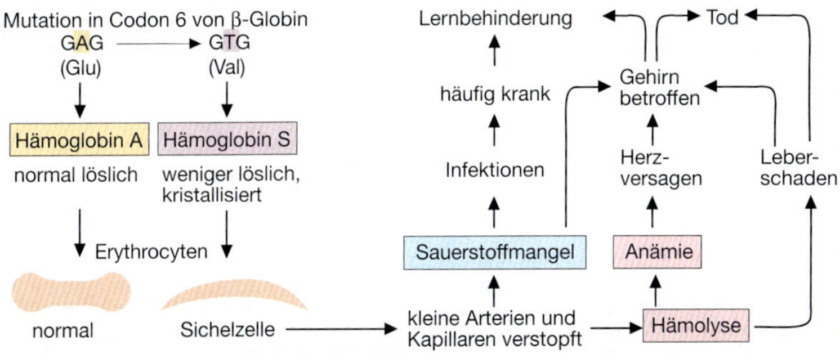

B. Folgen einer Mutation: Sichelzell-Anämie

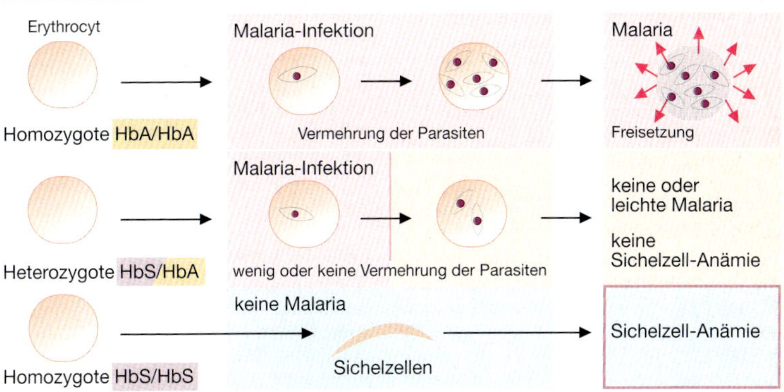

C. Selektionsvorteil von Heterozygoten für HbS in Malaria-Gebieten

Mutationen in Globin-Genen

Alle Mutationstypen sind in Globin-Genen nachgewiesen. Am häufigsten sind Punktmutationen in einem einzigen Codon. Je nach elektrischer Ladung und Größe der ausgetauschten Aminosäure und ihrer Lage im Polypeptid resultieren unterschiedliche funktionelle Konsequenzen. Wird eine der außen liegenden hydrophilen Aminosäuren gegen eine hydrophobe Aminosäure ausgestauscht, wie z. B. Glutaminsäure durch Valin bei der Sichelzell-Mutation, so resultieren einschneidende physiko-chemische Veränderungen. Diese können zu verminderter Elastizität des Moleküls, veränderter Sauerstoffaffinität oder Instabilität führen.

A. Beispiele für Punktmutatationen des β-Globin-Gens

Über 300 Punktmutationen im β-Globin-Gen und über 100 in einem der α-Globin-Gene sind dokumentiert. Zwei klinisch wichtige Mutationen betreffen das Codon 6: die Sichelzell-Mutation 6 Glu → Val (Sichelzell-Hämoglobin, HbS, infolge Einbau von Valin anstelle von Glutaminsäure) oder 6 Glu → Lys (Hämoglobin C, HbC Einbau von Lysin statt Glutaminsäure in Codon 6). Nicht selten treten Compound-Heterozygote auf, mit der HbS-Mutation auf dem einen Chromosom und der HbC-Mutation auf dem anderen (HbSC). Die veränderte Sauerstoff-Bindung bei Mutationen im Bereich der Sauerstoff-bindenden Region erklärt die ausgeprägte Met-Hämoglobin-Bildung nach Austausch von Histidin (His) in Codon 63 bei Hb Zürich und Hb Saskatoon.

B. Deletion durch ungleiches Crossing-over innerhalb eines Gens

Durch ausgeprägte Sequenzhomologie bestimmter Bereiche der Globin-Gene kann es bei der Meiose zu nicht-homologer Paarung und ungleichem Crossing-over z. B. im Bereich von Codon 90-94 des einen DNA-Strangs und Codon 95-98 des anderen kommen. Dies erklärt die Deletion von Codon 91-95 bei Hämoglobin Gun Hill.

C. Ungleiches Crossing-over zwischen ähnlichen Genen

Die durch gemeinsame Evolution erklärte <Sequenzhomologie der β-Globin-ähnlichen Gene kann zu ungleichem Crossing-over im Bereich der beiden γ-Globin-Gene (γA und γG), des δ-Globins und des β-Globin-Gens führen. Das bekannteste Beispiel ist die partielle Deletion des δ- und des β-Locus (δ-β-Fusion) bei Hämoglobin Lepore bzw. die entsprechende Duplikation von δ/β-Sequenzen bei Hämoglobin Anti-Lepore.

D. Unstabiles Hämoglobin durch Kettenverlängerung

Die Stabilität des tetrameren Hämoglobin-Moleküls wird gestört, wenn eine der Ketten zu lang ist. Beim Hämoglobin Cranston (Hb^{Cr}) (1) führt eine Insertion von zwei Nucleotidbasen (Adenin und Guanin) in Position 1 und 2 von Codon 145 (Tyrosin) zu einer Verschiebung des Leserasters. Dies verändert das folgende Stop-Codon UAA in ACU, dem RNA-Codon für Threonin (Thr). Dadurch werden die normalerweise nicht translatierten Sequenzen nach dem Stop-Codon in ein Polypeptid übersetzt, das 11 Aminosäuren länger ist und erst an Position 157 endet. Beim Hämoglobin Constant Spring (2) resultiert die Kettenverlängerung aus einer Mutation im Stop-Codon UAA im α-Globin nach CAA, das für Glutamin (Gln) codiert (Transversion von Thymin nach Cytosin). Die normalerweise hinter dem Stop-Codon liegenden Sequenzen werden transkribiert und in ein um 31 Aminosäuren längeres Peptid übersetzt. Es gibt eine Reihe anderer Kettenverlängerungs-mutanten durch ähnliche Mechanismen, wie Hämoglobin Ikaria (α-Kette mit 172 Aminosäure-Resten).

Literaturhinweis

Weatherall, D. J., Clegg, J. B., Higgs, D. R., Wood, W. G.: The hemoglobinopathies, Chapter 93, p. 2281–2339, In: The Metabolic Basis of Inherited Disease, C. R. Scriver, A. L. Beaudet, W. S. Sly, D. Valle, editors, McGraw-Hill, New York, 1989.

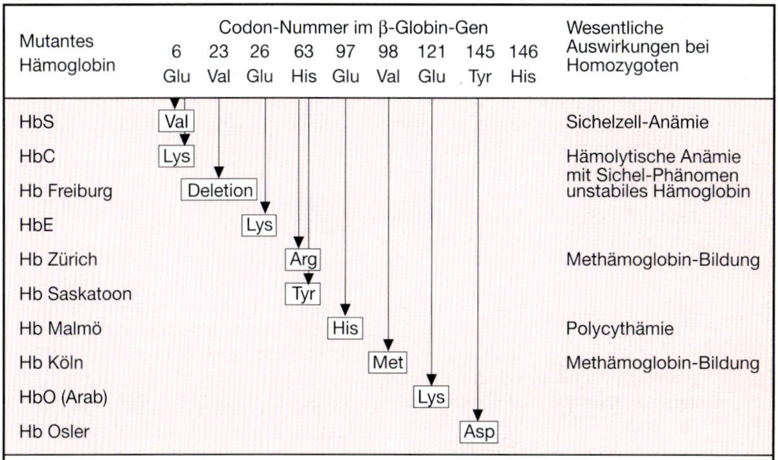

A. Beispiele für Punktmutationen des β-Globin-Gens (10 von 310 gezeigt)

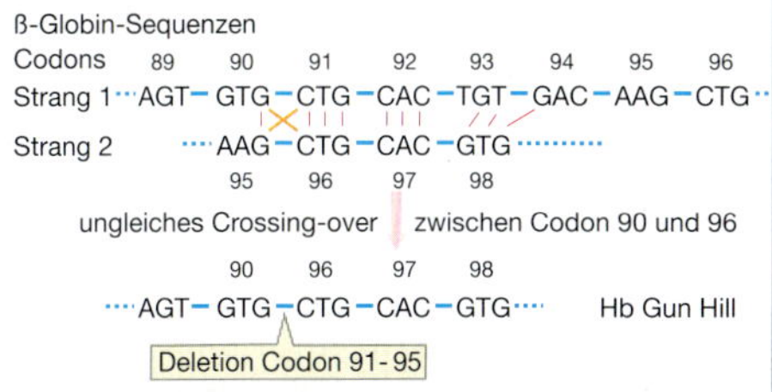

B. Deletion durch ungleiches Crossing-over innerhalb eines Gens

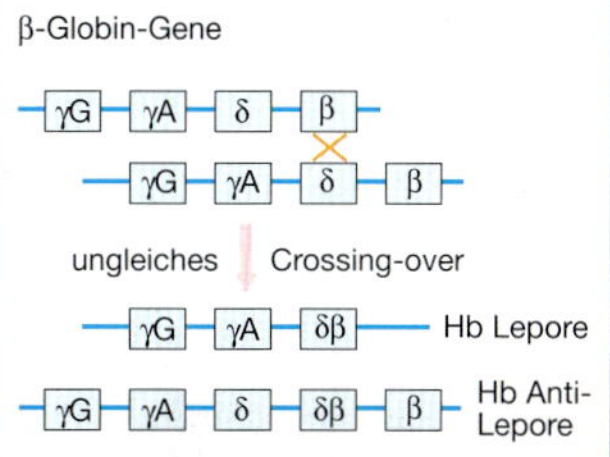

C. Ungleiches Crossing-over zwischen ähnlichen Genen

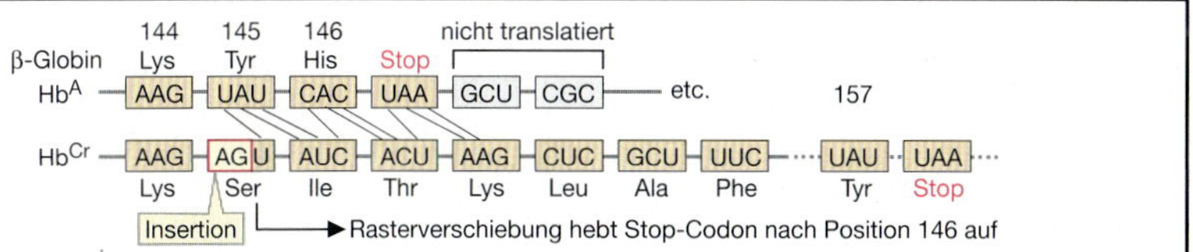

1. Hämoglobin Cranston: Kettenverlängerung durch Rasterverschiebung

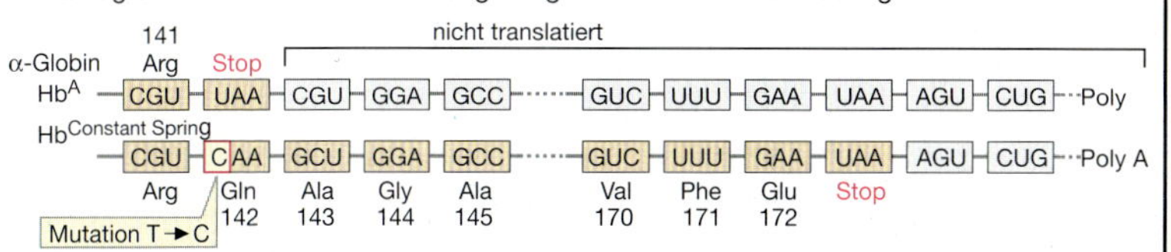

2. Hämoglobin Constant Spring: Kettenverlängerung durch Mutation im Stop-Codon

D. Unstabiles Hämoglobin durch Kettenverlängerung

Thalassämien

Thalassämien sind eine komplexe Krankheitsgruppe, die durch verminderte oder fehlende Bildung einer Globin-Kette verursacht werden. Thalassämien treten vorwiegend im Mittelmeerraum, Teilen von Afrika und Südostasien auf (die Bezeichnung Thalassämie leitet sich von Thalassa, griechisch Meer) ab. Heterozygote sind gegen schwere Malaria geschützt (vgl. S. 160, 279).

A. Thalassämie, eine chronische Anämie

Durch den permanenten Mangel an normalem Hämoglobin entsteht eine chronische Anämie, die zu vielfältigen Krankheitserscheinungen führt. Sauerstoffmangel in den peripheren Geweben führt zu gesteigerter extramedullärer (außerhalb des Knochenmarks) Blutbildung. Infektneigung, Unterernährung und eine Reihe weiterer Erscheinungen kennzeichnen das schwere Krankheitsbild (Photos aus D.J.Weatherall & J.B. Clegg, The Thalassemia Syndromes, 3rd. ed., Oxford 1981). Je nachdem, welche Globin-Kette vermindert gebildet wird, unterscheidet man α-Thalassämie, β-Thalassämie, oder δ-β-Thalassämie. Es resultieren aberrante Formen von Hämoglobin, die unstabil sind und zu chronischer Anämie führen.

B. β-Thalassämie und α-Thalassämie

Die Thalassämien sind eine heterogene Krankheitsgruppe mit verschiedenen Genotypen und Phänotypen (Krankheits-Erscheinung und Verlauf). Bei den β-Thalassämien (1) unterscheidet man komplettes Fehlen der β-Kette (b^0) und verminderte Bildung (b^+). Bei den α-Thalassämien (2) können einer, zwei, drei oder alle vier Loci für α-Globin betroffen sein. Es gibt insgesamt 12 verschiedene Genotypen. Bei Individuen mit zwei Mutationen an den α-Loci (α-Thalassämie-1) können diese entweder auf dem selben Chromosom in cis-Position (thal-1) oder auf verschiedenen Chromosomen in trans-Position (thal-2) liegen. Thal-1 findet sich vor allem in Südostasien, thal-2 vor allem in Afrika. Der häufigste Mechanismus für die Entstehung eines Chromosoms mit nur einem α-Globin-Gen ist nicht-homologes Crossing-over zwischen zwei α-Globin-Genloci nach Fehlpaarung homologer Chromosomen während der Meiose.

C. β-Thalassämie durch verschiedene Mutationen

Viele Mutationen im Bereich des Beta-Globin-Gens können zu einer β-Thalassämie führen. Sie können auch in nicht-codierenden Sequenzen vorkommen (oberhalb von Exon1 und in Introns).

D. Haplotypen durch polymorphe Schnittstellen im β-Globin-Gen Cluster

Durch die An- oder Abwesenheit von Schnittstellen bestimmter Restriktionsenzyme (Restriktions-Längen-Fragment-Polymorphismus, RFLP) können im Bereich der β-Globin-ähnlichen Gene (β-Globin-Gen-Cluster) verschiedene Haplotypen unterschieden werden. Jeder Haplotyp ist durch die An- oder Abwesenheit von mehreren polymorphen Schnittstellen gekennzeichnet. Durch Feststellung der Haplotypen bei Erkrankten und Nichterkrankten innerhalb einer Familie läßt sich der die Mutation tragende Haplotyp identifizieren (indirekte Genotyp-Analyse). Verschiedene Mutationen sind auf dem Hintergrund verschiedener Haplotypen aufgetreten. Deshalb ist ihre Häufigkeit in verschiedenen Populationen nicht zufällig verteilt (Kopplungsungleichgewicht). (Daten nach S.E. Antonarakis et al., Hum.Genet. 69:1-14, 1985).

Literaturhinweise s. S. 372

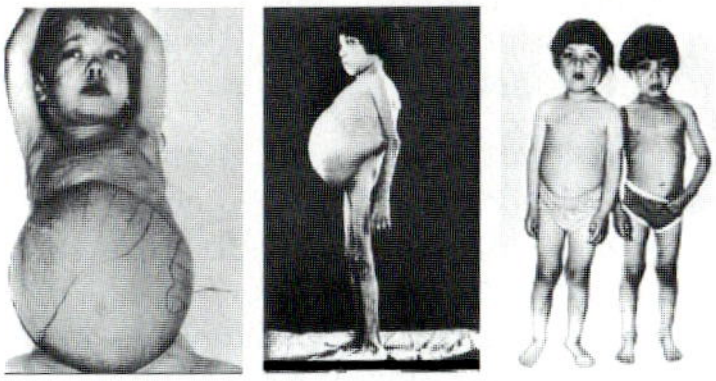

Verschiedene Formen von Thalassämien:

α: Verminderte Synthese von α-Globin
β: Verminderte Synthese von β-Globin
δβ: Verminderte Synthese von δ- und β-Globin

→ unstabiles Hämoglobin → chronische Anämie

A. Thalassämie, eine chronische Anämie

1. β-Thalassämie

Genotyp		Phänotyp
+ / −	β° heterozygot	Thalassämia minor (asymptomatisch)
(+) / (+)	β⁺ heterozygot	
(+) / (+)	β⁺ homozygot	Thalassämia intermedia (nicht transfusionsabhängig)
+ / −	β° heterozygot	
− / −	β° homozygot (β°-Thalassämie)	Thalassämia major (transfusionsabhängig)
oder		
(+) / −	β⁺/β° homozygot (β⁺-Thalassämie)	

2. α-Thalassämie

Genotyp		Phänotyp
α α / α α		normal
α − / α α		"Stiller Überträger" (normal)
− − / α α	(thal-1)	Thalassämie
α − / α −	(thal-2)	
α − / − −		HbH-Krankheit (HbH = β_4)
− − / − −		Hydrops fetalis

B. β-Thalassämie und α-Thalassämie

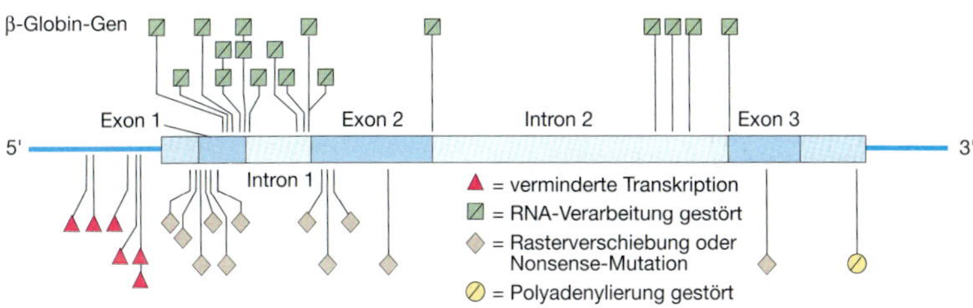

C. β-Thalassämie durch verschiedene Mutationen

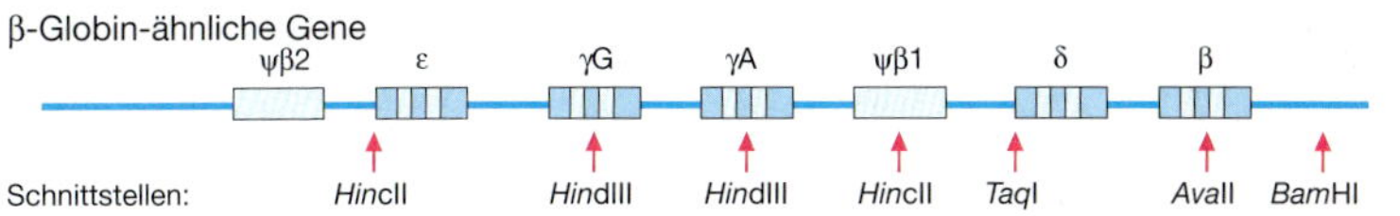

Häufigkeit	Haplotyp	*Hinc*II	*Hind*III	*Hind*III	*Hinc*II	*Taq*I	*Ava*II	*Bam*HI
47%	A	+	−	−	−	−	+	+
17%	B	−	+	+	−	+	+	+
8%	C	−	+	−	+	+	+	−
1%	D	−	+	−	+	+	−	+
12%	E	+	−	−	−	−	+	−

D. Haplotypen durch polymorphe Schnittstellen im β-Globin Gen-Cluster

Hereditäre Persistenz von Fetal-Hämoglobin (HPFH)

Als Hereditäre Persistenz von Fetal-Hämoglobin (HPFH) wird eine genetisch heterogene Krankheitsgruppe bezeichnet, bei der die zeitliche Expression von β-Globin-Genen in der Entwicklung verändert ist. Individuen mit Hereditärer Persistenz von Fetal-Hämoglobin (HPFH) produzieren erhöhte Mengen von Fetal-Hämoglobin (HbF). Unter Umständen kann HbF das einzige β-Globin-ähnliche Genprodukt sein, das gebildet wird. Klinisch ist HPFH relativ gutartig, obwohl HbF nicht optimal an die postnatalen Verhältnisse adaptiert ist. Die Analyse von HPFH ergibt Einblick in die Transkriptions-Kontrolle von Globin-Genen und die Auswirkung von Mutationen in nicht-codierenden Sequenzen.

A. Große Deletionen im β-Globin-Cluster

Eine Reihe sehr großer Deletionen im Bereich des β-Globulin-Clusters sind bekannt, vor allem in 3'-Richtung. Sie zeigen eine unterschiedliche Verteilung in verschiedenen ethnischen Bevölkerungen. Dies spiegelt den unterschiedlichen Zeitpunkt ihrer Entstehung wider. In einigen Fällen kommt es zu einer δβ-Thalassämie und zu Fehlen der Produktion von β-Globin.

B. Mutationen in nicht-codierenden Sequenzen im Promotor-Bereich

In nicht-codierenden Sequenzen im Promotor-Bereich am 5'-Ende des β-Globin-Clusters (in 5'-Richtung der γ-Globin-Gene) führen Mutationen zu hereditärer Persistenz von fetalem Hämoglobin. Zwar sind die hoch-konservierten Sequenzen CACCC, CCAAT, oder ATAAA nicht betroffen, aber die Zahl der beobachteten Mutationen belegt die Bedeutung der übrigen, nicht-codierenden Sequenzen (long range transcription control). Vermutlich sind sie für den während der embryonalen und fetalen Entwicklung stattfindenden Wechsel der Transkription der verschiedenen Genloci erforderlich (Abbildung nach Gelehrter & Collins, 1990).

C. Häufige Mutationen bei β-Thalassämie in verschiedenen Populationen

β-Thalassämie-Mutanten treten in verschiedenen ethnischen Bevölkerungen unterschiedlich häufig auf. Das bevorzugte Vorkommen bestimmter Mutationen in bestimmten Populationen erlaubt ein präventives Suchprogramm (Daten nach S.E. Antonarakis et al., Hum.Genet. *69*:1-14, 1985).

Weltweit beträgt die Anzahl heterozygoter Individuen für Hämoglobin-Krankheiten nach Schätzungen der WHO (Bull.World Health Org. 61:63-80, 1983) ca. 142 Millionen Menschen. Wesentliche Anteile entfallen auf β-Thalassämien in Asien (über 60 Millionen), α^0-Thalassämien in Asien (30 Millionen), HbE/β-Thalassämie in Asien (84 Millionen) sowie Sichelzell-Heterozygote in Afrika (50 Millionen), Indien, Karibik, USA (etwa 10 Millionen).

Literaturhinweise

Antonarakis, S.E., Kazazian, H.H. jr., Orkin, S.H.: DNA-polymorphism and molecular pathology of the human globin gene clusters. Hum.Genet. 69:1-14, 1985. – Gelehrter, T.D. & Collins, F.S.: Principles of Medical Genetics. Williams & Wilkins, Baltimore, 1990. – Stamatoyannopoulos, G., Nienhuis, A.W., Leder, P., Majerus, P.W., editors: The Molecular Basis of Blood Diseases. W.P. Saunders Company, Philadelphia, 1987. – Orkin, S.H., Kazazian, H.H.: The mutation and polymorphism of the human beta-globin gene and its surrounding DNA. Ann. Rev. Genet. 8:131-171, 1984. – Weatherall, D.J., Clegg, J.B., Higgs, D.R., Wood, W.G.: The hemoglobinopathies. Chapter 93, p. 221-239, In: The Metabolic Basis of Inherited Disease, C.R. Scriver, A.L. Beaudet, W.S. Sly, D. Valle, editors. McGraw-Hill Information Services Company, New York, 1989.

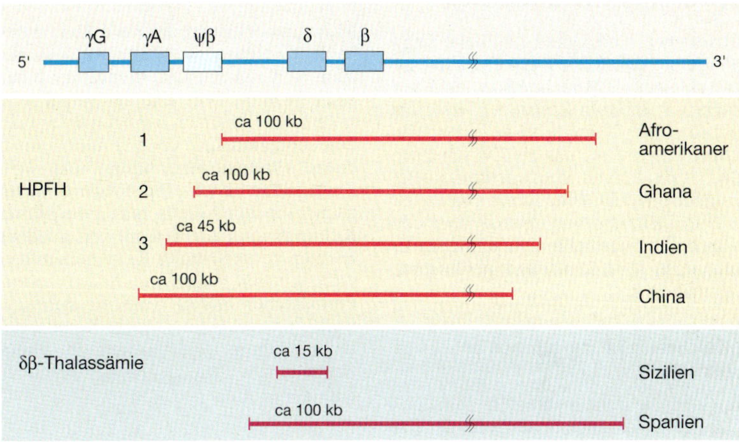

A. Große Deletionen im β-Globin-Cluster

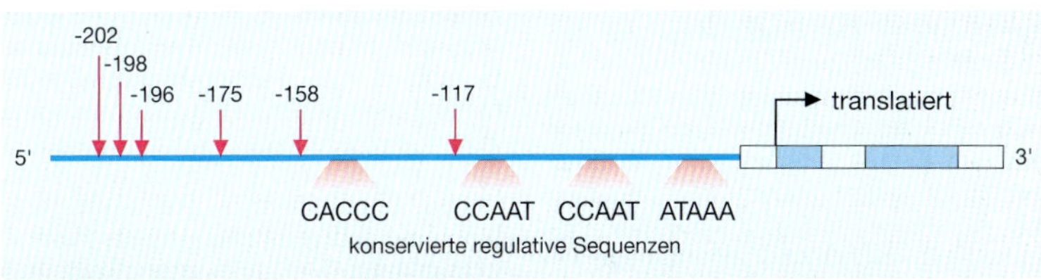

B. Mutationen in nicht-codierenden Sequenzen im Promotor-Bereich der γ-Globin-Gene führen zu Hereditärer Persistenz von Fetal-Hämoglobin (HPFH)

β-thal Mutation	Häufigkeit	Geographische Verteilung	Typ
Intron 1 (110 G → A)	35%	Mittelmeer	β^+
Codon 39 (C → T)	27%	Mittelmeer	β°
TATA-Box (-29 A → G)	39%	Afroamerikaner	β^+
Poly A (T → C)	26%	Afroamerikaner	β^+
Intron 1 (5 G → C)	36%	Indien	β^+
Partielle Deletion (619 nt)	36%	Indien	β°
Codon 71-72 Rasterverschiebung	49%	China	β°
Intron 2 (654 C → T)	38%	China	β°

C. Häufige Mutationen bei β-Thalassämie in verschiedenen Populationen

Peroxisomale Krankheiten

Peroxisomen sind kleine rundliche Organellen von etwa 0,5 - 1 μm Durchmesser (etwas kleiner als Mitochondrien) im Cytoplasma vor allem in Zellen der Niere und der Leber. Der Name leitet sich von Wasserstoff-Peroxid ab, das als Zwischenprodukt des oxidativen Stoffwechsels in Peroxisomen entsteht. Eine Reihe von Defekten in der Bildung von Peroxisomen oder in ihren Enzymen führen zu schweren Erkrankungen beim Menschen (peroxisomale Krankheiten).

A. Biochemische Reaktionen in Peroxisomen

Die elektronenmikroskopische Aufnahme (1) zeigt Peroxisomen in der Leber der Ratte. Die dunkel gefärbten streifigen Strukturen im inneren bestehen aus Uraten (Peroxisomen enthalten ein Enzym, das Harnsäure oxidiert). Die Funktionen von Peroxisomen (2) können danach unterschieden werden, ob Stoffe abgebaut (katabole Wirkung) oder gebildet werden (anabole Wirkung). Zwei biochemische Reaktionen sind besonders wichtig, eine peroxisomale Atmungskette und β-Oxidation sehr langkettiger Fettsäuren. In der peroxisomalen Atmungskette (3) wirken bestimmte Oxidasen und Catalase zusammen. Spezifische Substrate der Oxidasen sind organische Metabolite des Intermediär-Stoffwechsels. Durch β-Oxidation (4) werden sehr langkettige Fettsäuren in einem Zyklus von vier enzymatischen Reaktionen abgebaut. Im Vergleich zur Atmungskette in Mitochondrien ist die Oxidation in Peroxisomen hinsichtlich der gewonnenen Energie ziemlich ineffektiv. Während in Mitochondrien die freie Energie überwiegend in Form von ATP (Adenosintriphosphat) erhalten bleibt, wird sie in Peroxisomen weitgehend in Wärme überführt. Peroxisomen sind wahrscheinlich eine sehr frühe Anpassung lebender Organismen an Sauerstoff (Photographie aus: C. de Duve: Die Zelle. Expedition in die Grundstuktur des Lebens. Spektrum der Wissenschaft, Heidelberg, 1986).

B. Peroxisomale Krankheiten

Mehr als sechs peroxisomale Krankheiten beim Menschen sind bekannt (Nummern nach V.A. McKusick, Mendelian Inheritance in Man). Alle sind autosomal recessiv erblich. Patienten mit neonataler Adrenoleukodystrophie können nicht ausreichend Plasmalogene bilden und weder Phytansäure noch Pipecolsäure ausreichend abbauen. Wenn man Fibroblasten-Kulturen von Patienten mit verschiedenen Formen peroxisomaler Krankheiten fusioniert, können fusionierte Zellen normale Peroxisomen bilden, wenn sie sich genetisch unterscheiden. Acht Komplementationsgruppen sind bekannt (N. Shimozawa et al., Am. J. Hum. Genet. *52*: 834–844, 1993).

C. Cerebro-Hepato-Renales Syndrom Typ Zellweger

Dieses autosomal recessiv erbliche Krankheitsbild besteht aus charakteristischem Gesicht (1-4), extremer Muskelschwäche (5) und einer Reihe von Begleiterscheinungen, wie röntgenologisch sichtbaren Kalkablagerungen über Gelenken (6), Nierencysten (7,8), Linsen- und Hornhauttrübung und anderem. Die schwere Form der Erkrankung (Typ Zellweger) führt in der Regel innerhalb des ersten Lebensjahres zum Tode (Photos 1-5 aus: E. Passarge & A.J. McAdams, J.Pediat. *70*:691-702, 1967).

Literaturhinweise

Lazarow, P.B., Moser, H.W.: Disorders of peroxisome biogenesis. Chapter 57, Seite 1479-1509, in: Metabolic Basis of Inherited Disease, 6th edition, C.R. Scriver, A.L. Beaudet, W.S. Sly, D. Valle, editors, McGraw-Hill Information Services Company, New York, 1989.

Shimozawa, N., Tsukamoto, T., Suzuki, Y., Orii, T., Shirayoshi, Y., Mori, T., Fujiki, Y.: A human gene responsible for Zellweger syndrome that affects peroxisome assembly. Science *255*:1132-255, 1992.

Folz, S.J. & Trobe, J.D.: The peroxisome and the eye. Surveys of Ophthalmology *35*:353-368, 1991.

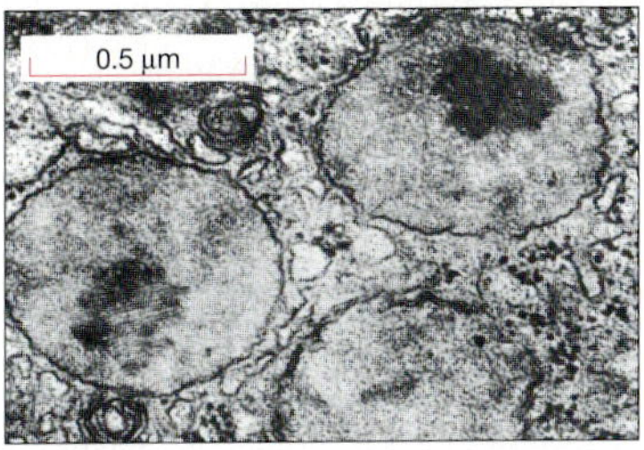

1. Peroxisomen in einer Zelle der Rattenleber

a) katabol

H_2O_2-betreffende zelluläre Respiration
β-Oxidation von langkettigen Fettsäuren, Prostaglandinen, Cholesterol-Seitenketten u.a.
Purine, Urate
Pipecolsäure, Dicarboxysäuren
Ethanol, Methanol

b) anabol

Phospholipide (Plasmalogen)
Cholesterol, Gallensäuren
Gluconeogenese
Glyoxalat-Transaminierung

2. Funktionen von Peroxisomen

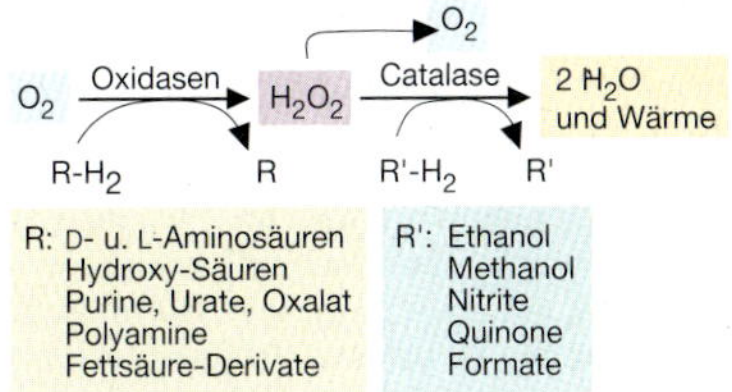

3. Peroxisomale Atmungskette

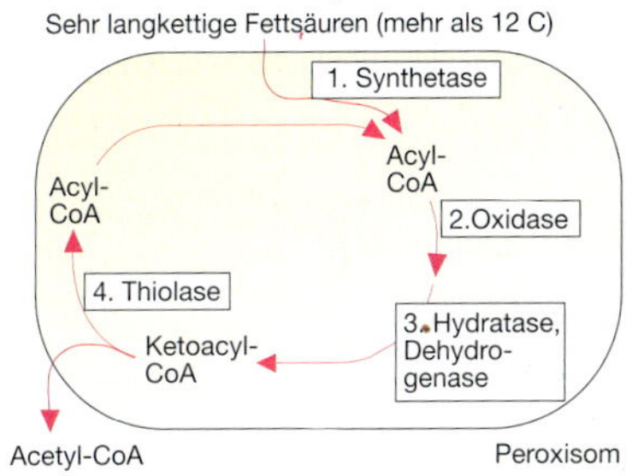

4. β-Oxidation

A. Biochemische Reaktionen in Peroxisomen

214100 Cerebro-Hepato-Renales Sydrom Zellweger
202370 Neonatale Adrenoleukodystrophie
266510 infantile Refsum-Krankheit
239400 Hyperpipecolsäure-Acidämie
215100 Rhizomele Chondrodysplasia punctata
259900 Primäre Hyperoxalurie Typ I
und andere

B. Peroxisomale Krankheiten

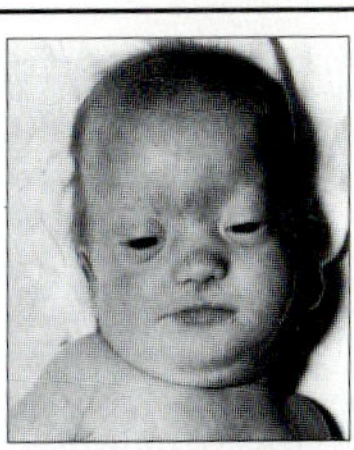
1.

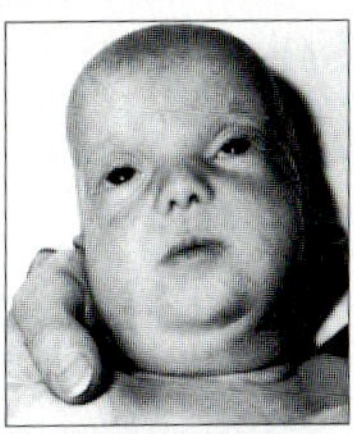
2.

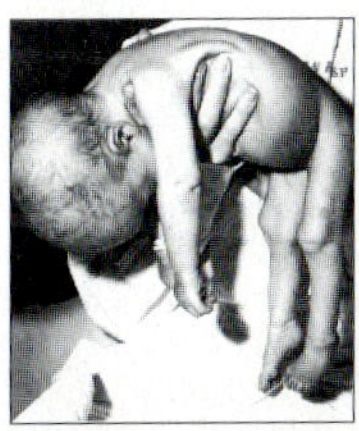
5.

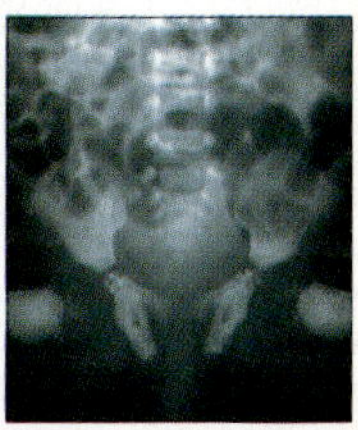
6.

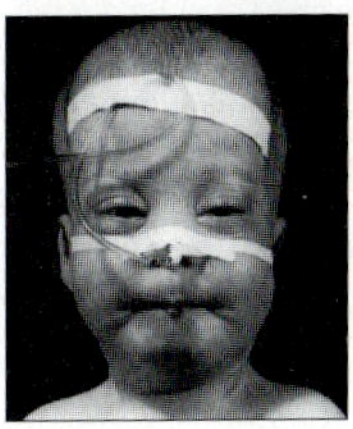
3.

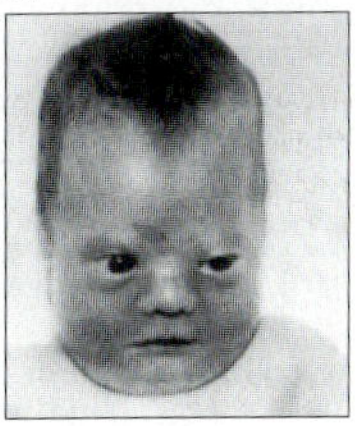
4.

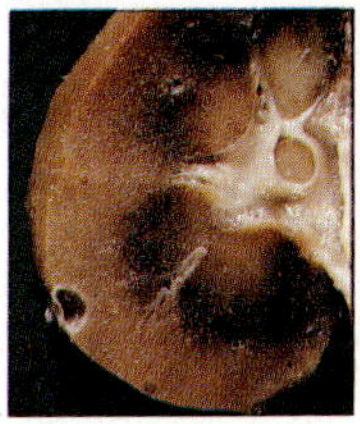
7.

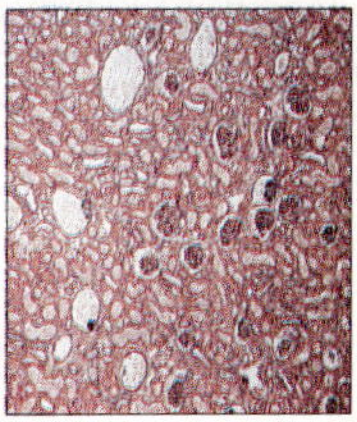
8.

C. Cerebro-Hepato-Renales Syndrom Typ Zellweger

Lysosomen

Lysosomen sind membranumhüllte cytoplasmatische Organellen mit einem Durchmesser von 0,05-0,5 µm. Sie enthalten ein breites Spektrum bei saurem Milieu (pH um 5) aktiver hydrolytischer Enzyme (Hydrolasen), wie Glycosidasen, Sulfatasen, Phosphatasen, Lipasen, Phospholipasen, Proteasen und Nucleasen (lysosomale Enzyme). Lysosomale Enzyme werden in ein Lysosom mittels eines Erkennungssignals (Mannose-6-Phosphat) und eines zugehörigen Rezeptors aufgenommen.

A. Rezeptor-vermittelte Endocytose und Lysosomen-Bildung

Abzubauende extrazelluläre Moleküle werden von der Zelle durch Endocytose aufgenommen. Zunächst werden die aufzunehmenden Moleküle an spezifische Zelloberflächen-Rezeptoren gebunden (Rezeptor-vermittelte Endocytose). Die beladenen Rezeptoren werden in einer Einstülpung der Plasmamembran (Stachelsaum-Grübchen, coated pit) konzentriert. Dies trennt sich von der Plasmamembran und bildet ein membranumschlossenes cytoplasmatisches Kompartment (Stachelsaum-Vesikel, coated vesicle). Nicht nur Hormone, Wachstumsfaktoren und Energie-liefernde Proteine, auch zahlreiche Viren und Toxine gelangen durch Rezeptor-vermittelte Endocytose in die Zelle (vgl. S. 88). Der Stachelsaum besteht aus einem Netzwerk eines trimeren Proteins, Clathrin. Die Clathrin-Hülle geht innerhalb der Zelle rasch verloren und es bildet sich ein Endosom, das mit Membranvesikeln aus dem Golgi-Apparat fusioniert und größere endosomale Kompartments bildet. Hier werden Rezeptoren von den Liganden getrennt und in Membran-Vesikeln wieder zur Zelloberfläche befördert (Rezeptor-Recycling). Auch Teile der Membran werden wiederverwendet. Die Liganden gelangen in einen multivesikulären Körper (Endolysosom). Hydrolasen (lysosomale Enzyme) werden vom Golgi-Apparat in Clathrin-umhüllten Vesikeln zum Endolysosom transportiert, nachdem sie mit einem Erkennungssignal (Mannose-6-Phosphat-Rezeptor) ausgestattet wurden, dessen Anwesenheit Voraussetzung für die Aufnahme in ein Endolysosom und die normale Funktion des Lysosoms ist. Es gibt verschiedene Klassen von Endolysosomen, die sich nach relativem Säuregehalt, Rezeptorbestand, biochemischer Zusammensetzung und morphologischer Erscheinung und anderen Merkmalen unterscheiden. Das saure Mileau in den Lysosomen wird durch eine in der Membran liegende Wasserstoff-Pumpe aufrechterhalten, die ATP hydrolysiert und mit der dabei gewonnenen Energie H^+-Ionen in das Lysosom befördert. Ein Teil der Mannose-6-P-Rezeptoren wird wieder zurück zum Golgi-Apparat transportiert.

B. Mannose-6-Phosphat-Rezeptoren

Es gibt zwei Typen von Mannose-6-P-Rezeptor-Molekülen, die sich in Bindungseigenschaften und Kationen-Abhängigkeit unterscheiden. Sie bestehen aus 16 bzw. 2 extrazellulären Domänen mit unterschiedlicher Anzahl von Aminosäuren. Die cDNA von Ci-MPR ist identisch mit dem Insulin-ähnlichen Wachstumsfaktor II (IGF-2). Ci-MPR ist demzufolge ein multifunktionell bindendes Protein.

C. Biosynthese des Erkennungssignals

Zwei Enzyme sind entscheidend für die Bildung des Mannose-6-Phosphat Erkennungssignals, eine Phosphotransferase und eine Phosphoglycosidase. Das Phosphat wird von Uridin-Diphosphat-*N*-Acetylglucosamin (UDP-GlcNAc) geliefert (Uridin-5'-Diphosphat-*N*-acetylglucosamin-Glycoprotein-*N*-acetyl-glucosaminyl-Phosphotransferase). Durch ein zweites Enzym wird das *N*-Acetylglucosamin wieder abgespalten und der Phosphat-Rest in der Mannose in Position 6 zurückgelassen (*N*-Acetylglucosamin-1-Phosphodiester-*N*-acetyl-glucosaminidase) (Abb. nach D.D. Sabatini und M.B. Adesnik, 1989, und C. de Duve, 1986; relative Größe der einzelnen Strukturen zueinander nicht maßstabsgerecht).

Literaturhinweise s. S. 372

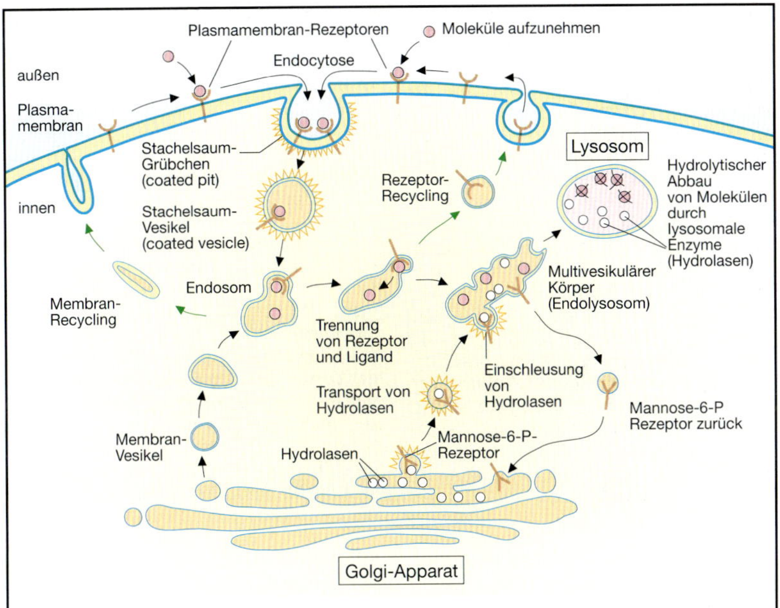

A. Rezeptor-vermittelte Endocytose und Lysosomen-Bildung

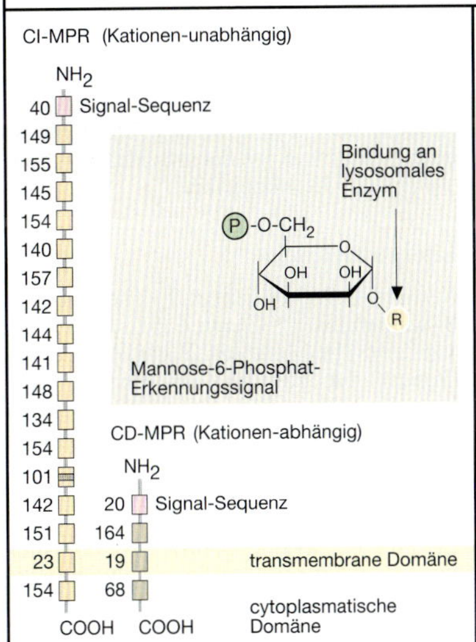

B. Mannose-6-Phosphat-Rezeptoren (MPR)

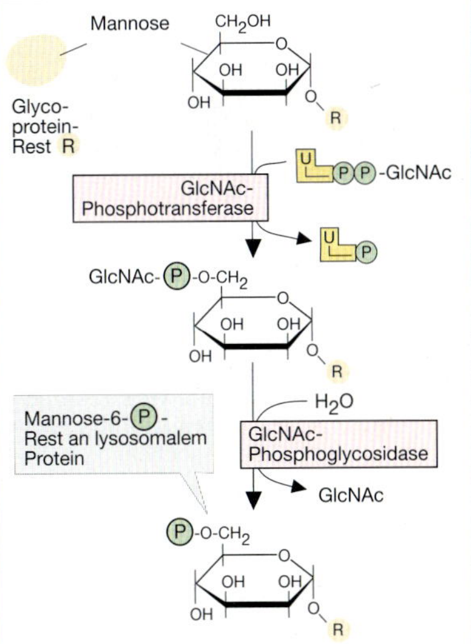

C. Biosynthese des Mannose-6-Phosphat-Erkennungssignals

Krankheiten durch lysosomale Enzymdefekte

Mutationen in den durch nucleäre Gene codierten Enzymen für den Abbau komplexer Makromoleküle in Lysosomen (lysosomale Enzyme) führen zu Krankheiten. Ihre klinischen Zeichen und biochemische und zelluläre Manifestation resultieren aus der Spezifität des jeweiligen Enzyms im lysosomalen Stoffwechsel. Infolge des jeweiligen Enzymdefekts werden nicht normal abgebaute Makromoleküle gespeichert (Speicherkrankheiten). Dies geschieht unterschiedlich schnell, so daß jede Erkrankung einen eigenen, charakteristischen, fortschreitenden Krankheitsverlauf hat. Zwölf Krankheitsgruppen infolge genetisch bedingter Störungen spezifischer lysosomaler Funktionen mit je etwa drei bis zehn individuell definierten Erkrankungen sind bekannt.

A. Defekte Aufnahme von Enzymen in Lysosomen: I-cell disease (Mucolipidose Typ II)

Durch eine Mutation im Gen für die Phosphotransferase zur Bildung des Mannose-6-Phosphat Erkennungssignals (vgl. S. 292) auf Chromosom 4 können Hydrolasen nicht in Lysosomen aufgenommen werden. Im Gegensatz zu normalen Fibroblasten-Kulturen (1) enthält das Cytoplasma von Fibroblasten-Kulturen von Patienten (2) zahlreiche, dicht gepackte Einschlußkörperchen (inclusion bodies, daher der Name I-cell disease). Sie bestehen aus einer Anhäufung von Hydrolasen in Vesikeln, die wegen des fehlenden Mannose-6-Phosphat-Erkennungs-signals nicht in die Lysosomen aufgenommen werden können. Erkrankte (3) zeigen ein schweres, fortschreitendes Krankheitsbild, beginnend etwa während des ersten Halbjahres.

B. Abbau von Heparan-Sulfat durch acht lysosomale Enzyme

Heparan-Sulfat ist ein Beispiel für den schrittweisen Abbau eines Makromoleküls durch verschiedene lysosomale Enzyme. Lysosomale Enzyme sind nicht substrat-, sondern bindungs-spezifisch. Deshalb bauen sie auch andere Glycosamino-Glycane ab, wie Dermatan-Sulfat, Keratan-Sulfat und Chondroitin-Sulfat (Mucopolysaccharide). Durch spezifische Enzymdefekte entstehen die Mucopolysaccharid-Speicherkrankheiten.
Der erste Abbauschritt ist die Entfernung von Sulfat vom endständigen Iduronat-Rest durch eine Iduronat-Sulfatase. Ein Defekt im Gen, das für dieses Enzym codiert, führt zur Mucopolysaccharid-Speicherkrankheit Typ II (Hunter). Der Genlocus liegt auf dem X-Chromosom, so daß diese Erkrankung X-chromosomal erblich ist. Alle anderen Mucopolysaccharidosen sind autosomal recessiv. Der nächste Schritt (2) ist eine Abspaltung des endständigen Iduronats durch eine α-L-Iduronidase. Eine Mutation des für dieses Enzym codierendes Gens führt im homozygoten Zustand zur Mucopolysaccharidose Typ I (Hurler/ Scheie). Die nächsten drei Schritte führen bei einer Mutation in einem der für diese Enzyme codierenden Gene im homozygoten Zustand zum Krankheitsbild der Mucopolysaccharidose Typ III (Sanfilippo). Die vier genetisch und enzymatisch verschiedenen Typen (III-A bis III-D) können klinisch nicht unterschieden werden. MPS Typ VII (Sly) beruht auf einem Defekt von β-Glucuronidase und hat ein eigenes Krankheitsbild.

Literaturhinweise

Neufeld, E.F. & Muenzer, J.: The mucopolysaccharidoses. Chapter 61, p. 1565–1587, in: The Metabolic Basis of Inherited Disease. 6th edition, C.R. Scriver, A.L. Beaudet, W.S. Sly, D. Valle, editors. McGraw-Hill Information Services Comp., New York, 1989.
Sabatini, D.D. & Adesnik, M.B.: The biogenesis of membranes and organelles. Chapter 3, p. 177–223, in: in: The Metabolic Basis of Inherited Disease. 6th edition, C.R. Scriver, A.L. Beaudet, W.S. Sly, D. Valle, editors. McGraw-Hill Information Services Comp., New York, 1989.

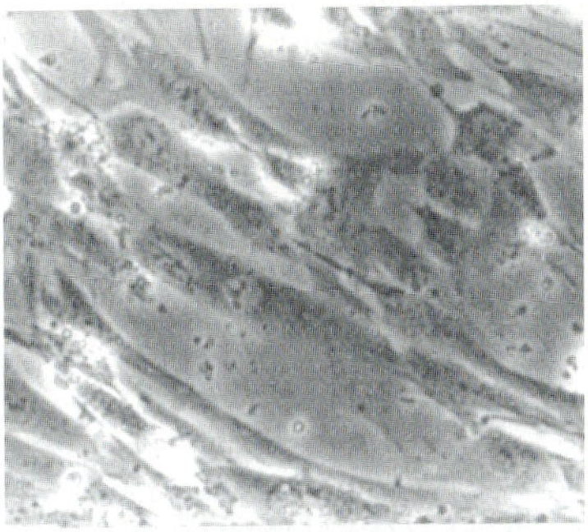

1. Normale Fibroblastenkultur

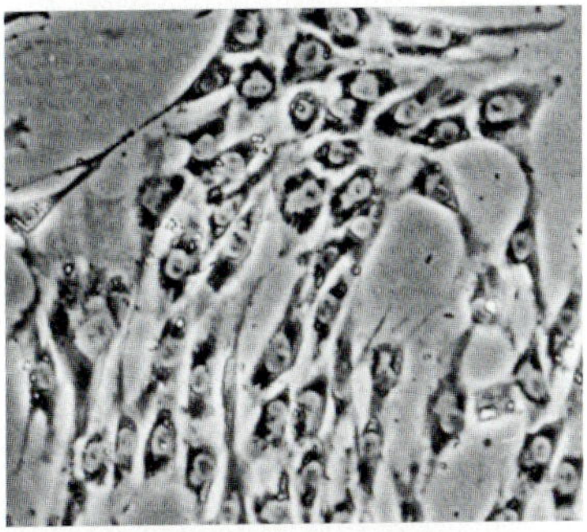

2. Fibroblastenkultur bei I-cell disease

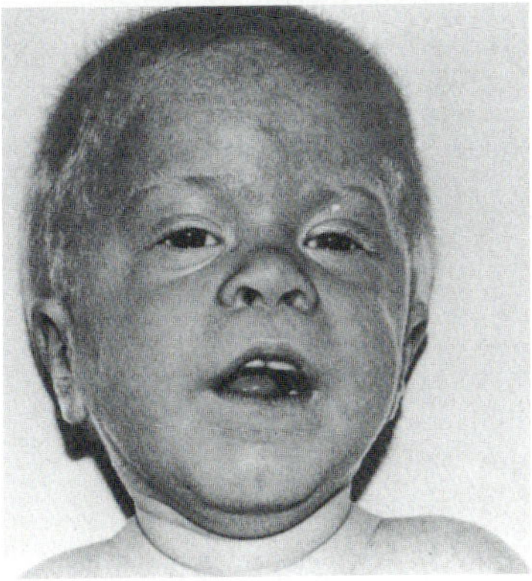

3. Patient mit I-cell disease

A. Defekte Aufnahme von Enzymen in Lysosomen: I-cell disease

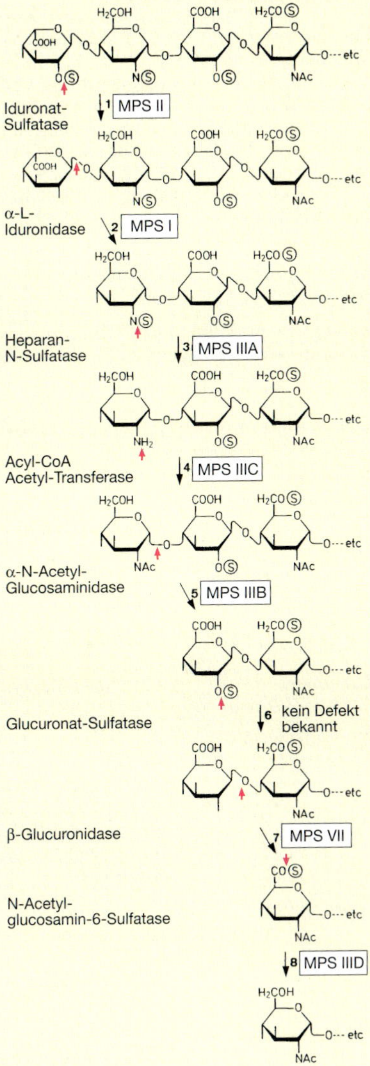

B. Abbau von Heparansulfat durch acht lysosomale Enzyme

Mucopolysaccharid-Speicherkrankheiten

Mucopolysaccharid-Speicherkrankheiten (Mucopolysaccharidosen) sind eine klinisch und genetisch heterogene Gruppe von lysosomalen Speicherkrankheiten. Aufgrund unterschiedlicher Enzymdefekte im Abbau von Mucopolysacchariden (Glycosamino-Glycanen). Bis auf Mucopolysaccharid-Speicherkrankheit Typ II (Hunter) sind alle autosomal recessiv erblich.

A. Mucopolysaccharid-Speicherkrankheit Typ I (Hurler)

Anfänglich praktisch unauffällig, zeigen sich frühe Krankheitszeichen im Alter von zwei Jahren durch eine zunehmende Vergröberung der Gesichtszüge, geistige Entwicklungsstörung, eingeschränkte Gelenkbeweglichkeit, vergrößerte Leber, Nabelbruch und andere Zeichen. Im Röntgenbild zeigt sich eine Vergröberung der Strukturen (Dysostosis multiplex).

B. Mucopolysaccharid-Speicherkrankheit Typ II (Hunter)

Diese Form der Mucopolysaccharidose ist X-chromosomal erblich. Gezeigt werden vier Cousins aus einem Stammbaum. Die Krankheit ähnelt klinisch der MPS Typ I, verläuft aber langsamer (Photographien aus E. Passarge et al., Dtsch. Med. Wschr. *99*:144–158, 1974).

Klassifikation der Mucopolysaccharid-Speicherkrankheiten (MPS)

MPS-Typ	Enzymdefekt	wesentliche Manifestationen
IH (Hurler)	α-L-Iduronidase	Dysostosis multiplex, schwere Entwicklungsstörung Hornhauttrübung u. a.
IS (Scheie)	α-L-Iduronidase	Steife Gelenke, Hornhauttrübung, normale geistige Entwicklung
II (Hunter) (X-chromosomal)	Iduronat-sulfatase	Dysostosis multiplex, keine Hornhauttrübung
III (Sanfilippo)		
A	Heparan *N*-sulfatase	Schwere psychomotorische Entwicklungsstörung beginnend um das 6.-8. Lebensjahr, relativ geringe somatische Erscheinungen
B	α-*N*-Acetylglucosaminidase	
C	Acetyl-CoA:α-gluco-aminin-Acetyltransferase	
D	*N*-Acetylglucosamin-6-sulfatase	
IV (Morquio)		Hornhauttrübung, schwere Skelettveränderungen, Minderwuchs, Odontoid-Hypoplasie, normale geistige Entwicklung
A	Galactose-6-sulfatase	
B	β-Galactosidase	
VI (Maroteaux-Lamy)	*N*-Acetylgalactosamin-4-sulfatase (Arylsulfatase B)	Dysostosis multiplex, Hornhauttrübung, normale geistige Entwicklung
VII (Sly)	β-Glucuronidase	Dysostosis multiplex, Hornhauttrübung

(nach V.A.McKusick: Mendelian Inheritance in Man, 10th ed.,1992)

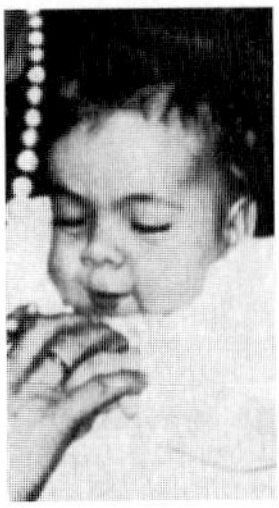
8 Wochen

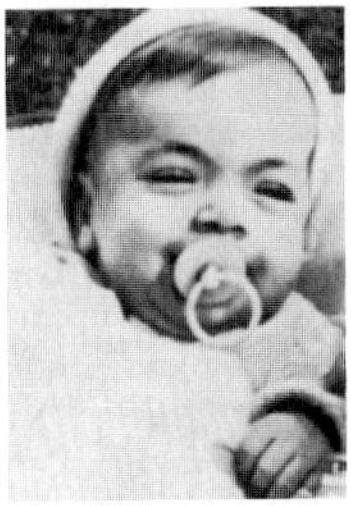
7 Monate

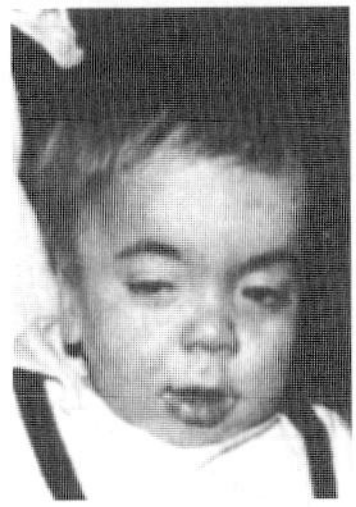
2 1/4 Jahre

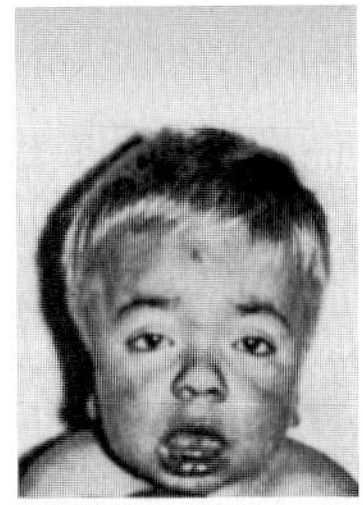
3 3/4 Jahre

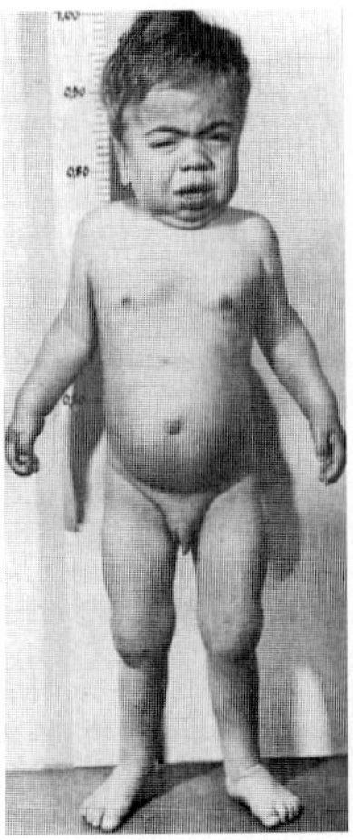
5 Jahre

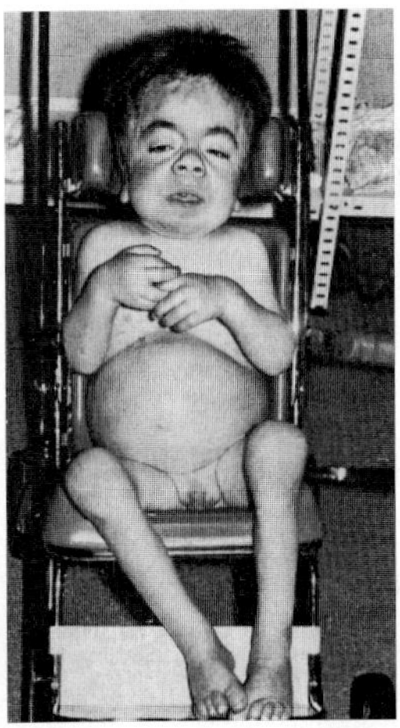
8 Jahre

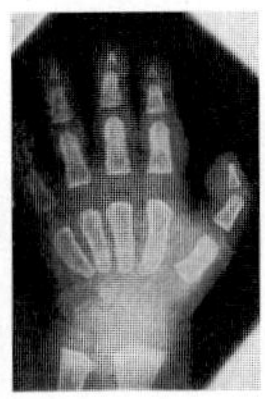
Dysostosis multiplex

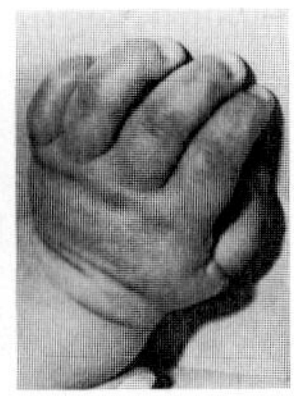
Gelenk-kontraktionen

A. Mucopolysaccharid-Speicherkrankheit Typ I (Hurler)

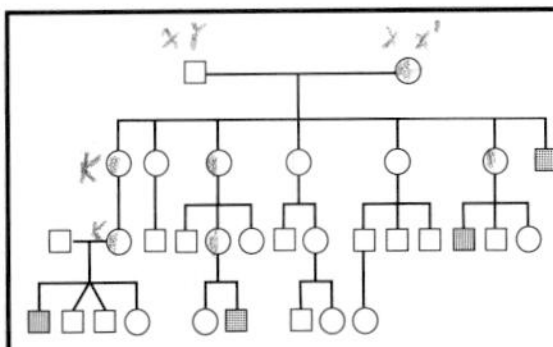
□ = männlich ○ = weiblich

■ = Hunter-Syndrom

X-Chromosomaler Erbgang

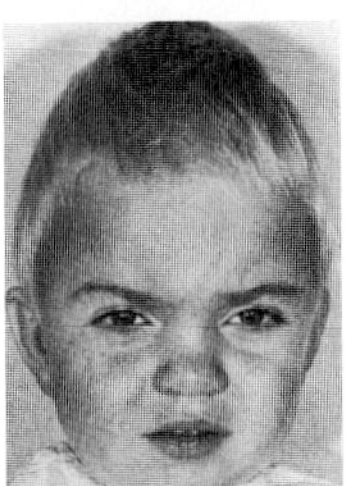
4 1/2 Jahre

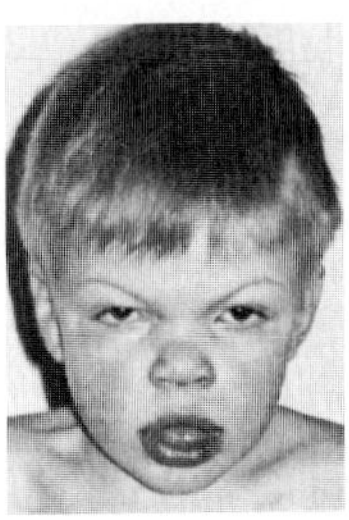
10 Jahre

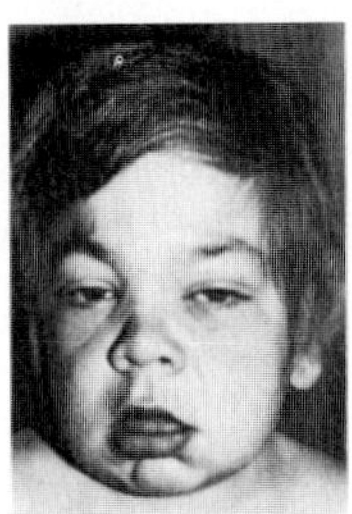
13 Jahre

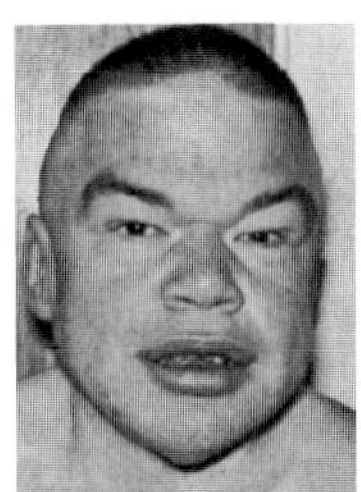
21 Jahre

B. Mucopolysaccharid-Speicherkrankheit Typ II (Hunter)

Familiäre Hypercholesterolämie

Familiäre Hypercholesterolämie (FH) ist eine autosomal dominant erbliche Krankheit mit einer Häufigkeit von etwa einmal auf 500 Personen. Sie beruht auf Mutationen, die Struktur und Funktion eines Zelloberflächen-Rezeptors für ein Cholesterolester bindendes Protein (Low Density Lipoprotein, LDL) betreffen. Die Erkrankung führt zu erheblich erhöhter Konzentration von LDL-gebundenem Cholesterol im Plasma und gesteigerter Ablagerung von Cholesterol in Blutgefäßen, in der Haut und in Sehnen.

A. Familiäre Hypercholesterolämie

Die allgemeinen Merkmale der Erkrankung (1) unterscheiden sich im Schweregrad, je nachdem ob das mutante Allel im heterozygoten Zustand (Häufigkeit 1:500) oder im homozygoten Zustand (Häufigkeit ca. 1:250.000) vorliegt. Bei Homozygoten führt frühzeitige Atherosklerose (Ablagerung von Cholesterol-Plaques in Arterien, Atherome) zu Herzinfarkt und frühem Tod im Alter zwischen 5 und 30 Jahren. Bei Heterozygoten ist die durchschnittliche Lebenserwartung auf etwa 50 Jahre vermindert. Ein hervorstechendes äußerliches Merkmal ist das Auftreten von Cholesterol-haltigen Ablagerungen (Xanthomen), vor allem im Bereich der Fingergrundgelenke (2), an den Ellbogen und Knien, im Gesäß und unter den Augenlidern. In der vorderen Augenkammer sind im unteren Rand der Iris kleine trübe Ränder durch Fettablagerungen sichtbar (Arcus lipoides, 3). Erkrankte haben drastisch erhöhte Blutwerte an Cholesterol (Hypercholesterolämie, 4). Der Abbau von LDL infolge verminderter Anzahl von LDL-Rezeptoren an der Zelloberfläche (5) ist vermindert (Photo 3 von Priv.Doz. Dr. H. Schuster, München).

B. LDL-Rezeptor

Der LDL-Rezeptor ist ein membrangebundenes Protein von insgesamt 839 Aminosäuren. Es besteht aus fünf verschiedenen Anteilen (Domänen), drei extrazellulär, eine in der Membran (transmembrane Domäne), und eine mit dem Carboxy-Ende im Cytoplasma. Die Liganden-bindende Domäne besteht aus 7 Cystein-reichen Einheiten von je 40 Aminosäuren. Das Rezeptor-Gen des Menschen besteht aus 18 Exons, die etwa 45 kb auf Chromosom 19, (19p13.1-13.3) umspannen. Eine Signalsequenz, codiert von Exon 1, dient der Orientierung (targeting) des Rezeptor-Proteins bei der Endocytose (Abbildung nach einer Vorlage von Priv.Doz. Dr. H. Schuster, München).

C. LDL-Rezeptor-vermittelte Endocytose

Der LDL-Rezeptor vermittelt die Endocytose von LDL. Die mit LDL beladenen Rezeptoren sammeln sich in einem Stachelsaum-Grübchen (coated pit, 1), das sich von der Plasmamembran abschnürt und ein endocytisches Vesikel bildet (2). Dies transportiert LDL-Moleküle in ein Lysosom (Photo aus R.G.W. Anderson, M.S. Brown, J.L. Goldstein, Cell *10*:351, 1977).

D. Homologie mit anderen Proteinen

Die mittlere Domäne des LDL-Rezeptors weist Homologie mit dem EGF-Wachstumsfaktor-Rezeptor auf (Epidermal Growth Factor, vgl. S. 262). Die in und nahe der Membran liegenden Bereiche des LDL-Rezeptors ähneln drei Plasmaproteinen der Blutgerinnung. Das LDL-Rezeptor-Gen enthält Bestandteile von Genen sehr verschiedener Funktion. Dies macht den LDL-Rezeptor zu einem Mitglied von zwei Supergen-Familien, nämlich von EGF-Wachstumsfaktor und Plasma-Proteinen (Daten nach Goldstein & Brown, 1989).

Literaturhinweise s. S. 373

- Low Density Lipoprotein (LDL) und Cholesterol im Blutplasma erhöht
- Frühzeitige Arteriosklerose
- Xanthoma in Haut und Sehnen
- Verminderte Lebenserwartung
- Autosomal dominant
- Mutationen im LDL-Rezeptor-Gen

1. Allgemeine Merkmale

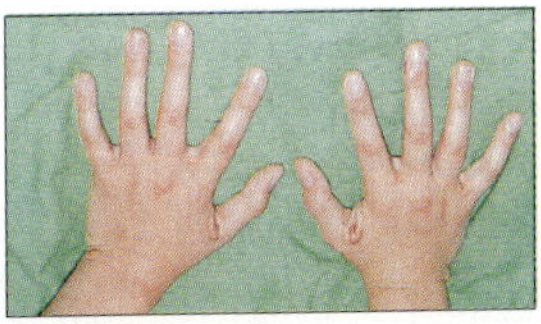

2. Xanthom-Bildung

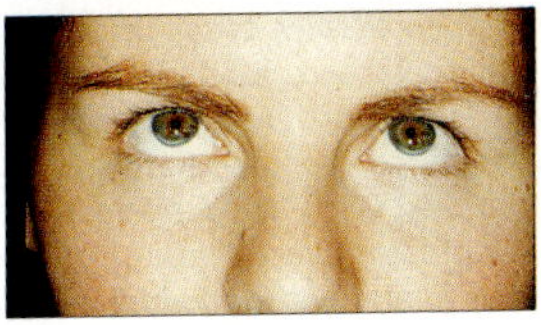

3. Arcus lipoides

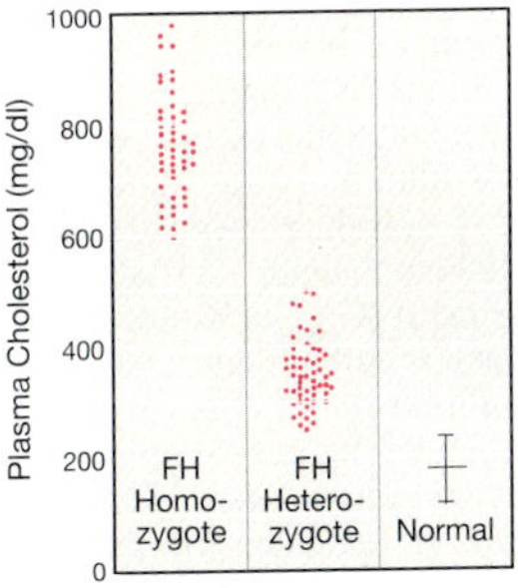

4. Hypercholesterolämie

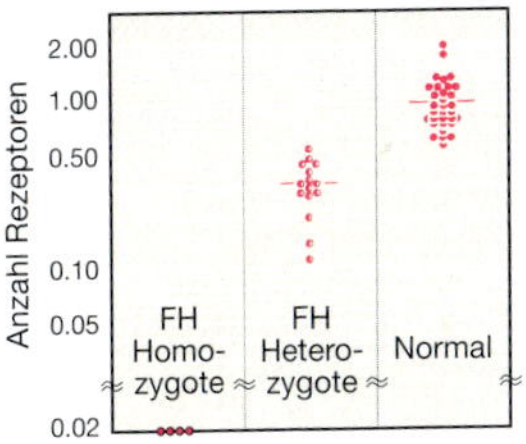

5. LDL-Rezeptoren vermindert

A. Familiäre Hypercholesterolämie

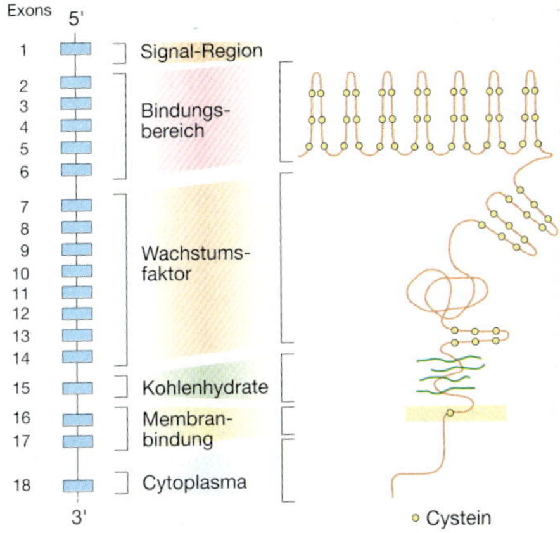

B. LDL-Rezeptor

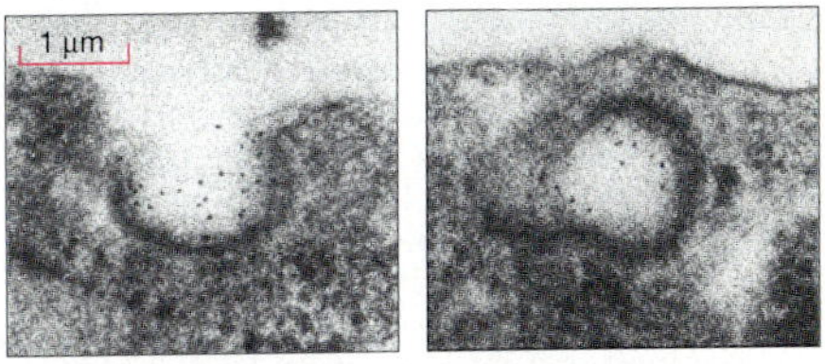

a Stachelsaum-Grübchen (Coated pit)

b Endocytisches Vesikel

Elektronenmikrographien von Fibroblasten in Kultur, die LDL-Moleküle aufnehmen (schwarze Punkte, sichtbar gemacht durch Bindung an Ferritin).

C. Rezeptor-vermittelte Endocytose von LDL

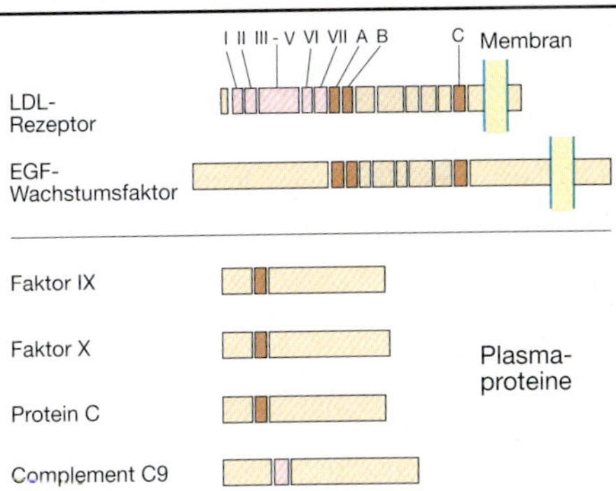

D. Homologie mit anderen Proteinen

Mutationen im LDL-Rezeptor-Gen

Verschiedene Mutationen im LDL-Rezeptor-Gen sind bekannt. Je nach Lokalisation im Gen haben sie verschiedene Auswirkungen. Jedoch führen nicht nur Mutationen im LDL-Rezeptor, sondern auch im Liganden (Apoprotein B-100) zu familiärer Hypercholesterolämie (Schuster et al., 1990).

A. Intrazellulärer LDL-Rezeptor-Stoffwechsel und Mutationsklassen

Der Stoffwechsel des LDL-Rezeptor entspricht dem eines lysosomalen Systems. Low Density Lipoprotein (LDL), bestehend aus Cholesterol und dem Apoprotein B-100, wird durch Rezeptor-vermittelte Endocytose im „coated pit" in die Zelle aufgenommen und im „coated vesicle" zu einem Endosom transportiert. Im Lysosom werden Ligand (LDL) und Rezeptor durch Einwirkung von Hydrolasen getrennt. Dadurch wird Cholesterol freigesetzt. Das Protein wird in Aminosäuren zerlegt. Das vom LDL stammende Cholesterol reguliert den intrazellulären Cholesterol-Stoffwechsel. Normalerweise wird nur soviel Cholesterol gebildet wie für die Synthese von Zellmembranen, Steroid-Hormonen und Gallensäuren erforderlich ist. Inhibition des Enzyms 3-Hydroxy-3-Methylglutaryl-CoA-Reduktase (HMG-CoA-Reduktase) vermindert die exogene Cholesterol-Aufnahme durch reduzierte Biosynthese von LDL-Rezeptoren. Cholesterol aktiviert Acyl-CoA-Cholesterol-Transferase (ACAT), so daß überschüssiges Cholesterol innerhalb bestimmter Grenzen als Cholesterol-Ester gespeichert werden kann. Der normale LDL-Rezeptor-Stoffwechsel kann an mehreren Stellen gestört werden. Man kann vier prinzipielle Klassen von Mutationen unterscheiden: (1) keine Bildung des Rezeptor-Proteins (R^0-Mutante), (2) defekter intrazellulärer Transport, (3) defekte LDL-Bindung und (4) defekte Endocytose (R^+-Mutante) (modifiziert nach Goldstein & Brown).

B. Verschiedene Mutationen im LDL-Rezeptor-Gen und ihre funktionellen Auswirkungen

Vor allem Deletionen und Punktmutationen sind bekannt. Einige Insertionen und Duplikationen entstehen durch ungleiches Crossing-over in Alu-repetitiven Sequenzen.

C. Punktmutation im LDL-Rezeptor-Gen

Durch direkte Sequenzierung wird in Exon 9 eine Mutation von Valin (GTG) nach Methionin (ATG) nachgewiesen (1). Zunächst wird Exon 9 durch PCR amplifiziert (P1 und P2 = Primer 1 und 2). Durch die Mutation von Codon 408 GTG (Valin) nach GTA (Methionin) entsteht eine normalerweise nicht vorhandene Schnittstelle N für NlaIII (GATC). Dadurch entstehen zwei DNA-Fragmente von 126 und 96 Basenpaaren (bp) anstelle des normalerweise vorhandenen 222 bp Fragments. Deshalb haben die erkrankten Individuen (1 und 3 im Stammbaum) neben dem 222 kb Fragment zwei kleinere Fragmente von 126 und 96 kb (2). Die Sequenzanalyse der Patientin (Individuum 1 im Stammbaum) zeigt die Mutation durch Anwesenheit eines zusätzlichen Adenin (A) neben dem normalen Guanin (G). Bei Kenntnis dieser Mutation kann innerhalb einer Familie die Mutation indirekt durch eine neu entstandene Schnittstelle für ein Restriktionsenzym nachgewiesen werden. (Daten von Priv. Doz. Dr. H. Schuster, München.)

Literaturnachweis s. S. 373

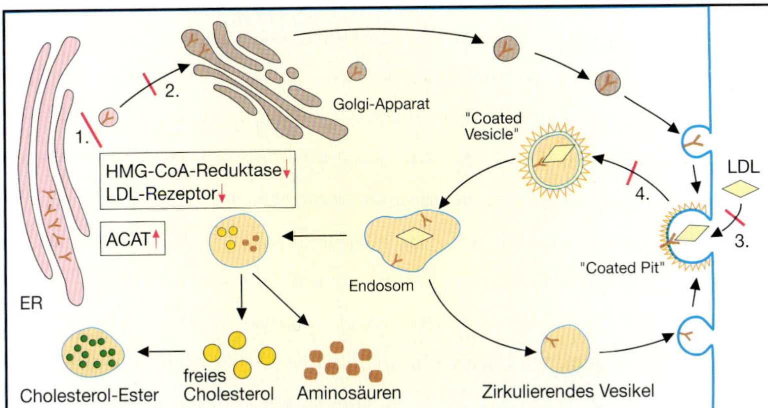

A. Intrazellulärer LDL-Rezeptor-Stoffwechsel und vier Mutationsklassen

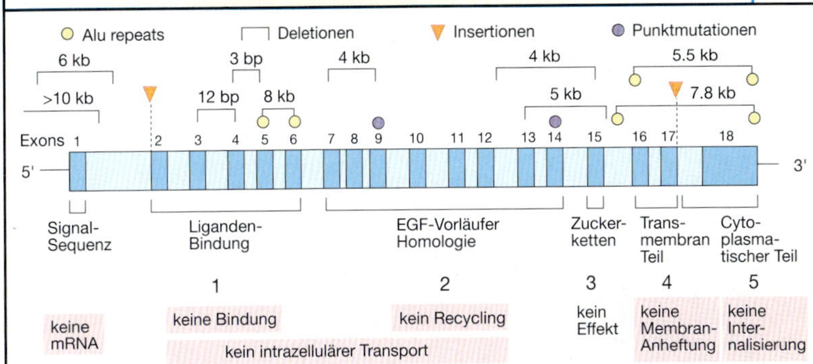

B. Verschiedene Mutationen im LDL-Rezeptor-Gen und ihre funktionelle Auswirkung

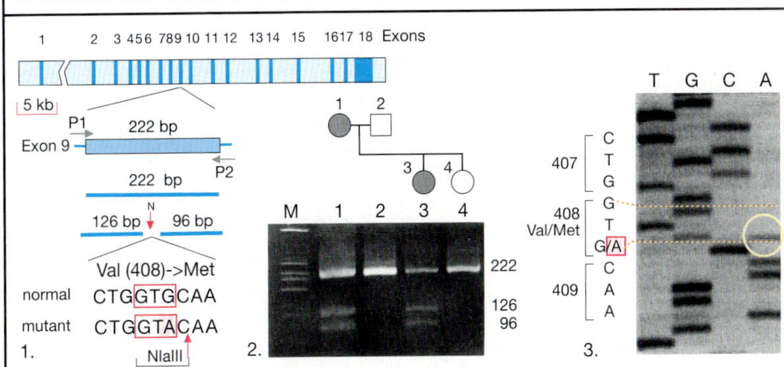

C. Punktmutation im LDL-Rezeptor-Gen

Protease-Inhibitoren (α_1-Antitrypsin)

α_1-Antitrypsin (α_1-AT) ist der wesentliche Protease-Inhibitor im Blut-Plasma. Es bindet mit einem breiten Spektrum von Proteasen, wie Elastase, Trypsin, Chemotrypsin, Thrombin und bakteriellen Proteasen. Die wichtigste physiologische Wirkung ist Inhibition der Leukocyten-Elastase, eine Protease, die Elastin der Alveolarwand in den Lungenbläschen abbaut. Defizienz von α_1-Antitrypsin führt zu fortschreitender Zerstörung der Lungenbläschen (Alveolen), obstruktivem Lungenemphysem und einer Form von Hepatitis bei Neugeborenen.

A. α_1-Antitrypsin

α_1-Antitrypsin (1) des Menschen ist ein Glycoprotein mit 12% Carbohydrat-Anteil aus 394 Aminosäuren. Es wird von einem 10.2 kb-Gen in 5 Exons auf Chromosom 14 (14q32.1) codiert.

B. α_1-Antitrypsin-Mangel

Ungehemmte Einwirkung von Leukocyten-Elastase auf das Elastin der Lungenalveolen führt zu chronischem, obstruktiven Lungenemphysem (1) (Röntgenbild von Prof. N. Konietzko, Essen). Das häufigste Defizienz-Allel ist PI(Z). Die Plasmakonzentration von α_1-AT beim Genotyp PIZZ (Homozygote) beträgt normalerweise etwa 12-15% der Norm für das normale Allel M. Heterozygote MZ haben eine Aktivität von 64% und Heterozygote MS von 86% gegenüber Homozygoten MM. α_1-AT-Mangel in der Lunge (2) kann durch intravenöse Gabe von α_1-Antitrypsin korrigiert werden (nach R. H. Ingram).

C. α_1-Antitrypsin: Protein, Gen und wichtige Mutanten

Das α_1-Antitrypsin-Protein ist an Position 46, 83 und 247 mit Oligosaccharid-Seitenketten verbunden. Unterschiede in der Aminosäure-Sequenz und in Kohlenhydrat-Seitenketten tragen zum extremen Polymorphismus des Proteins bei., Die reaktive Stelle liegt in Position 358/359 (Methionin/Serin). Die wichtigsten Mutationen betreffen die Codons 213 (PiZ), 256 (PiP), 264 (PiS), 342 (PiZ) und Codon 357 (Pi[Pittsburgh]). In Makrophagen werden drei vor Exon 1 gelegene Exons transkribiert. Das Gen enthält variante Restriktionsenzym-Schnittstellen, die für eine zuverlässige Diagnostik verwendet werden können.

D. Synthese von α_1-Antitrypsin

Das α_1-AT-Gen wird in Leberzellen (Hepatocyten) exprimiert und über den Golgi-Apparat aus der Zelle ausgeschleust (Sekretion). Die Z-Mutante führt zu einer Aggregation in der Leberzelle, so daß zu wenig Protein ausgeschleust wird. Die S-Mutante führt zu vorzeitiger Degradation. Etwa 2-4% der Bevölkerung in Mittel- und Nordeuropa ist heterozygot für den Typ MZ.

E. Reaktives Zentrum von Protease-Inhibitoren

α_1-Antitrypsin ist Mitglied einer Familie von Protease-Inhibitoren, die vor allem im reaktiven Zentrum ausgeprägte Homologie zeigen. Oxidierende Substanzen haben einen inhibierenden Effekt und inaktivieren das Molekül.

Literaturhinweise vgl. S. 373

Cox, D.W.: α_1-Antitrypsin deficiency. Chapter 96, p.2409-2437, in: The Metabolic Basis of Inherited Disease. 6th edition, C.R. Scriver, A.L. Beaudet, W.S. Sly, D. Valle, editors. McGraw-Hill Information Services Comp., New York, 1989.

Owen, M.C. et al.: Mutation of antitrypsin to antithrombin. α_1-antitrypsin Pittsburgh (358 MET → ARG), a fatal bleeding disorder. N Eng J Med *309*:694-698, 1983.

Lancet Editorial: α_1-antitrypsin, Z, and the liver. Lancet *340*:402-403, 1992.

Lomas, D.A. et al.: The mechanism of Z α_1-antitrypsin accumulation in the liver. Nature *357*:605-607, 1992.

Funktion:
hauptsächlicher Plasma-Protease-Inhibitor, vor allem von Elastase im Bronchialsystem der Lunge

Gen-Produkt:
52 kDa Glycoprotein
12% Carbohydrat-Anteil

Gen:
10.2 kb Gen,
5 Exons
Genlocus 14q32.1

A. α_1-Antitrypsin

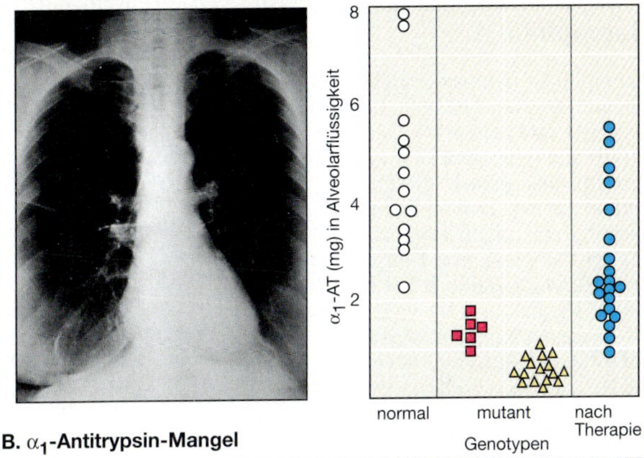

B. α_1-Antitrypsin-Mangel

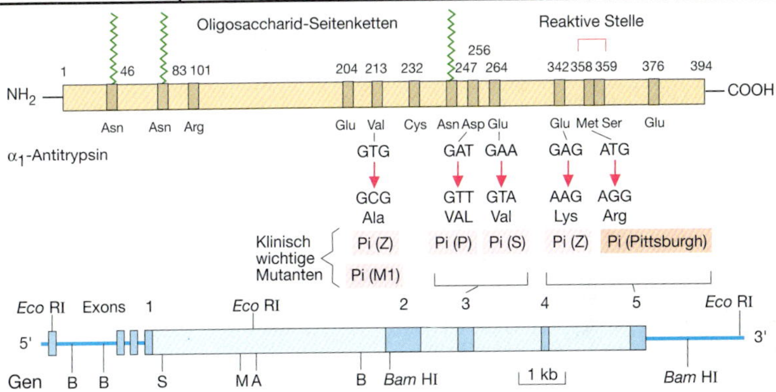

C. α_1-Antitrypsin: Protein, Gen und wichtige Mutanten

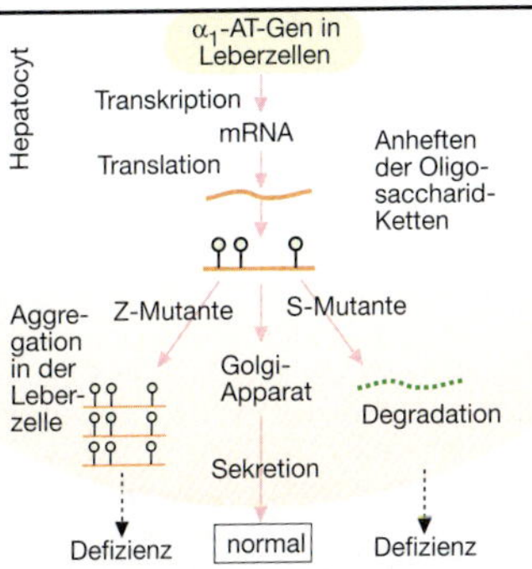

D. Synthese von α_1-Antitrypsin

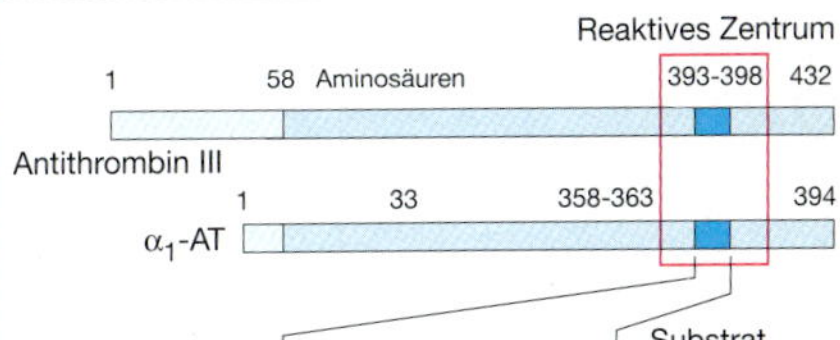

							Substrat
α_1-Antitrypsin	Met	Ser	Ile	Pro	Pro	Glu	Elastase
Pi (Pittsburgh)	Arg	Ser	Ile	Pro	Pro	Glu	Thrombin
Antithrombin III	Arg	Ser	Leu	Asn	Pro	Asn	Thrombin
α_1-Antichymo-trypsin	Leu	Ser	Ala	Leu	Val	...	Chymo-trypsin
α_1-Antitrypsin (Mauc)	Tyr	Ser	Met	Pro	Pro	...	Elastase

E. Reaktives Zentrum von Protease-Inhibitoren

Blutgerinnungsfaktor VIII und Hämophilie A

Hämophilie (Bluter-Krankheit) ist eine der am längsten bekannten genetisch bedingten Krankheiten. Im Talmud wird darauf hingewiesen, daß sie in einigen Familien im männlichen Geschlecht gehäuft vorkommt, wie es dem X-chromosomalen Erbgang entspricht. Hämophilie A beruht auf der Defizienz von Blutgerinnungsfaktor VIII, Hämophilie B auf Defizienz von Faktor IX. Faktor VIII wirkt in der mittleren Phase der Koagulationskaskade als Co-Faktor in der Aktivierung von Faktor X zu Faktor Xa.

A. X-chromosomaler Erbgang von Hämophilie A

Das klassische Beispiel für den X-chromosomalen Erbgang von Hämophilie A sind bestimmte Mitglieder der Königshäuser in Europa im vorigen und der ersten Hälfte dieses Jahrhunderts.

B. Blutgerinnungsfaktor VIII

Der durch Thrombin aktivierte Faktor VIII besteht aus 5 Untereinheiten (A1, A2, A3, C1, C2), die durch Calcium-Ionen zusammengehalten werden (1). Das inaktive Faktor VIII-Protein (2) enthält drei Domänen (A, B, C). Domäne A kommt in drei homologen Kopien vor (A1, A2, A3), Domäne B in einer und Domäne C in zwei (C1 und C2). Das Gen für Faktor VIII (3) liegt im distalen langen Arm des X-Chromosoms des Menschen in Region 2, Band 8 (Xq28). Es besteht aus 26 Exons und erstreckt sich über 186.000 Basenpaare (186 kb), entsprechend etwa 0,1% Gesamtanteil des X-Chromosoms. Bemerkenswert an dem Gen ist das große Exon 14 von 3106 Basenpaaren, das für die B-Domäne codiert und ein großes Intron von 32.000 Basenpaaren zwischen Exon 22 und 23. Alle bisher bekannten Punktmutationen kommen in der DNA-Sequenz TCGA vor, der Erkennungs-Sequenz für das Restriktionsenzym *Taq*I, die das Dinucleotid CG enthält. Da das Cytosin dieses Dinucleotid häufig methyliert ist, aber Deaminierung von Methyl-Cytosin zu einer C nach T Transition führt, sind Mutationen im Bereich von CG-Dinucleotiden häufig. Bei einer Mutation von TCGA nach TTGA entsteht ein Stopcodon (TGA), das in einem verkürzten Faktor VIII-Protein resultiert. Selbst ein Stop-Codon in Position 2307 führt zu einer schweren Hämophilie, obwohl nur die letzten 26 Aminosäuren fehlen (J. Gitschier et al., Nature *315* : 427, 1985). Für die molekulargenetische Diagnose von Hämophilie A können variante Schnittstellen von Restriktionsenzymen (RFLP's, Restriktions-Fragment-Längenpolymorphismus) verwendet werden (4). Eine variante Schnittstelle (B*) für das Restriktionsenzym *Bcl*I erzeugt im Bereich von Exon 17 und 18 bei Anwesenheit ein Fragment von 879 Basenpaaren und ein Fragment von 286 Basenpaaren, bei Abwesenheit ein einziges Fragment von 1165 bp. Dies kann für eine RFLP-Diagnostik (5) verwendet werden. Der Index-Patient (II-1), der an einer Hämophilie A leidet, trägt das 879 bp Fragment. Dies zeigt die Mutation an. Seine Schwester (II-2) hat einen erkrankten Sohn (III-2), der gleichfalls das 879 bp DNA-Fragment trägt, das er von Individuum II-2 geerbt hat. Ein Bruder (III-1) trägt dieses Fragment nicht und hat demzufolge kein Krankheitsrisiko.

C. Schweregrad und Faktor VIII-Aktivität

Hämophilie A tritt mit einer Häufigkeit von etwa 1 auf 10.000 männliche Neugeborene auf. Schwere und Häufigkeit von Blutung sind abhängig vom Grad der Restaktivität von Faktor VIII.

Literaturhinweis

Vehar, G.A. et al.: Factor VIII and Factor V. Biochemistry and pathophysiology. Chapter 86, p. 2155-2170, In: The Metabolic Basis of Inherited Disease. 6th edition, C.R. Scriver, A.L. Beaudet, W.S. Sly, D. Valle, editors. McGraw-Hill Information Services Comp., New York, 1989.

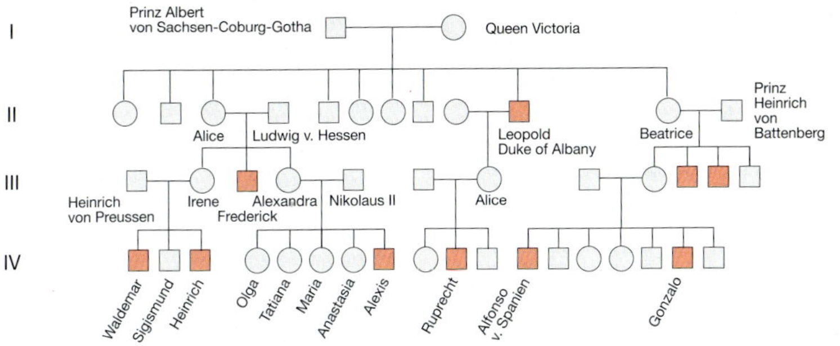

A. X-Chromosomaler Erbgang von Hämophilie A

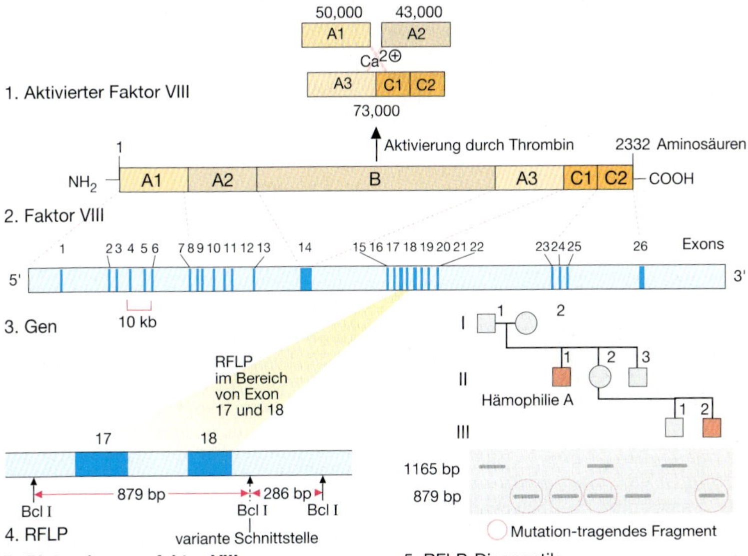

B. Blutgerinnungsfaktor VIII

	Faktor VIII-Aktivität		
Hämophilie A	unter 2%	2 - 10%	10 - 30%
Schweregrad	Spontane Blutung in Gelenke, Muskel, innere Organe	Blutung nach geringem Trauma, manchmal spontan	Blutung nach Trauma
Anteil Patienten	48%	31%	21%

C. Schweregrad von Hämophilie A und Faktor VIII-Aktivität

von Willebrand-Faktor

von Willebrand-Faktor (vWF) ist ein komplexes multimeres Glycoprotein im Plasma, in Thrombocyten (Blutplättchen) und im subendothelialen Bindegewebe. Es hat zwei grundlegende biologische Funktionen: es bindet an spezifische Rezeptoren an der Oberfläche von Thrombocyten und subendothelialem Bindegewebe, und bildet eine Brücke zwischen Thrombocyten und dem Bereich einer Gefäßverletzung. Des weiteren bindet es an Gerinnungsfaktor VIII und stabilisiert ihn. Mangel an vWF führt zu verminderter oder fehlender Thrombocyten-Adhäsion und zusätzlich einer sekundären Defizienz von Faktor VIII (von Willebrand-Krankheit oder von Willebrand-Jürgens-Syndrom). Hereditäre Defizienz von vWF ist die häufigste Blutungsstörung des Menschen mit einer Häufigkeit von etwa 1:250 für alle, auch leichte Formen und etwa 1:8000 für schwere Formen.

A. von Willebrand-cDNA und PräPro-Peptid

von Willebrand-Faktor wird in endothelialen Zellen, in Megakaryocyten und möglicherweise einige anderen Geweben gebildet und durch ein großes (178 kb) Gen auf Chromosom 12 (12p12--pter), von 52 Exons unterschiedlicher Größe codiert (D.J. Manusco et al., J.Biol.Chem. *264*:19514, 1989). vWF-cDNA ist etwa 8.7 kb groß. Die entsprechende mRNA codiert für ein primäres Peptid (PräPro-vW) von 2813 Aminosäuren einschließlich einem Signal-Peptid von 22 Aminosäuren, 741 Aminosäuren (vW-Antigen II) und einer Untereinheit aus vier verschiedene Domänen (AD), die zusammen mehr als 90 % der Sequenz ausmachen. Etwa in der Mitte befinden sich drei A-Domänen (A1-A3). Drei kleine B-Domänen sind in Carboxy-Richtung der D4-Domäne vor beiden C-Domänen. vW enhält 8,3 % Cystein (234 von 2813 Aminosäuren), die am Amino- und am Carboxy-Ende konzentriert sind, während die drei A-Domänen relativ Cysteinarm sind. vW enthält 12 Oligosaccharid-Seitenketten (19% Kohlenhydrate des Gesamtgewichts).

B. Biosynthese des von Willebrand-Faktors

vWF wird als PräPro-Peptid gebildet. Nach der Entfernung des Signalpeptids heften sich zwei Pro-vWF-Einheiten mittels zahlreicher Disulfid-Brücken aneinander und bilden ein Pro-vWF-Dimer. Dadurch werden die Carboxy-Enden miteinander verbunden und es bildet sich eine im reifen vWF wiederholende Einheit, das Protomer. Die ProvWF-Dimeren werden in den Golgi-Apparat transportiert und dabei das Pro-vWF (vW-Antigen II) entfernt. Die Funktion des Pro-Peptids (vW-Antigen II) ist nicht bekannt. Reifes vWF und vW-Antigen II werden in endothelialen Zellen in Weibel-Palade-Körper gespeichert. Das Pro-vW (vW-Antigen II) und die reife Untereinheit enthalten Bindungsstellen für Faktor VIII, Heparin, Collagen, und Ristocetin-Thrombocyten (PLT) und Thrombin mit Thrombocyten.

C. Klassifikation der von Willebrand-Krankheiten

von Willebrand-Krankheit ist eine heterogene Gruppe von Krankheiten, die in mehrere Untertypen geteilt werden kann. Bei Typ I und III ist der Defekt quantitativer Natur, bei Typ II qualitativ. Die vom Phänotyp abgeleiteten Begriffe *dominant und recessiv* sind bei vWF-Defizienz nicht immer eindeutig, weil in mehreren Fällen Heterozygotie nicht manifest ist und nur durch Laboratoriumsuntersuchungen festgestellt werden kann. Typ I mit Untertypen A und B ist die häufigste Gruppe (70% aller Patienten). vWFDefizienz kann Thrombocyten-Dysfunktion oder Hämophilie imitieren.

Literaturhinweise s. S. 373

Sadler, J. E.: Von Willebrand Disease. Chapter 87, p. 2171-2187, in: The Metabolic Basis of Inherited Disease. 6th edition, C.R. Scriver, A.L. Beaudet, W.S. Sly, D. Valle, editors. McGraw-Hill Information Services Comp., New York, 1989.

Manusco, D.J. et al.: Structure of the gene for human von Willebrand factor. J.Biol.Chem. *264*:19514-19527, 1989.

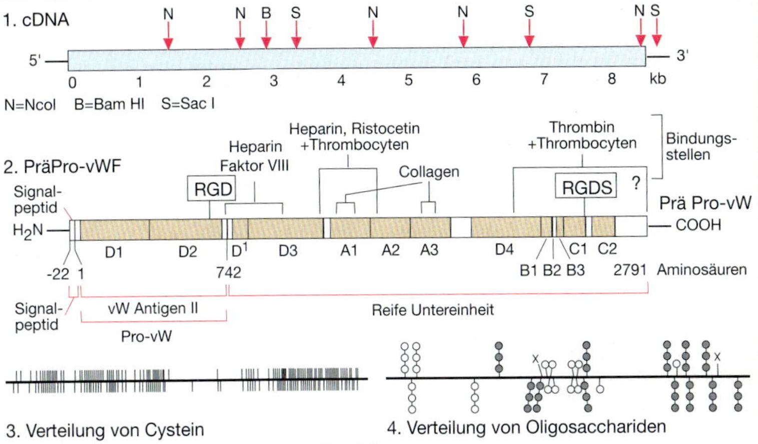

A. von Willebrand-cDNA und PräPro-Peptid

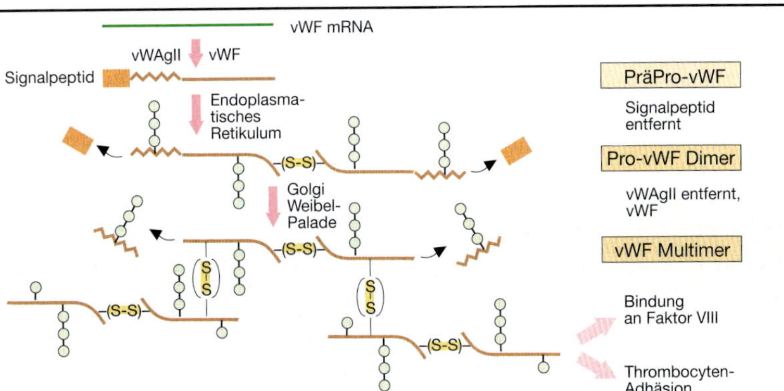

B. Biosynthese des von Willebrand-Faktors (vWF)

von Willebrand-Krankheit	Genetik	vWF-Antigen	Faktor VIII	Multimer-Struktur
Typ I	AD	vermindert	vermindert	normal
IIA	AD	vermindert oder normal	vermindert oder normal	große und intermediäre fehlen
IIB	AD	vermindert oder normal	vermindert oder normal	große fehlen im Plasma, normal in Thrombocyten
IIC	AR	vermindert oder normal	vermindert oder normal	große fehlen im Plasma und in Thrombocyten
IID	AD	normal	normal	große fehlen
IIE	AD	vermindert	normal	große fehlen
III	AR	fehlt	deutlich vermindert	fehlt

C. Klassifikation der von Willebrand-Krankheiten

Pharmakogenetik

Zahlreiche Pharmaka werden im Körper individuell unterschiedlich rasch abgebaut. Dies hat genetische Gründe. Gene für Enzyme mit Allelen unterschiedlicher Abbauraten verursachen genetisch bedingte Unterschiede in der Reaktion auf Pharmaka (Pharmakogenetik). Eine von der Norm abweichende Reaktion auf ein Arzneimittel tritt meist unerwartet auf, oft schwerwiegend und hat deshalb große medizinische Bedeutung.

A. Maligne Hyperthermie durch Dysregulation eines Calcium-Kanals in Muskelzellen

Maligne Hyperthermie ist eine schwere, lebensbedrohliche Narkosekomplikation infolge extremer Überempfindlichkeit gegen Halothan und ähnliche bei der Narkose verwendete Mittel. Normalerweise wird durch einen Nervenimpuls an der Nerv-Muskel-Endplatte (1) (motorische Endplatte) die Plasma-Membran des Nervenendes depolarisiert und spannungskontrollierte (Volt-gesteuerte) Calcium-Kanäle in der Plasma-Membran des Nervenendes geöffnet. Die massive Calcium-Zufuhr in die Zelle (die Ca^{2+}-Konzentration ist außerhalb der Zelle etwa 1000mal höher) löst die Freisetzung von Acetylcholin aus. Die Bindung an den Acetylcholin-Rezeptor der Muskelzelle öffnet vorübergehend die Kationen-Kanäle (Na^{+}). Dies öffnet die im sarcoplasmatischen Reticulum der Muskelzelle gelegenen Calcium-Kanäle. Der resultierende rasche Anstieg der Ca^{2+}-Konzentration im Cytosol löst in den Myofibrillen der Muskelzelle die Kontraktion aus. Die Calcium-Kanäle im sarcoplasmatischen Reticulum werden von einem Rezeptor gesteuert (Ryanodin-Rezeptor) (2). Ryanodin ist ein Alkaloid, das an den Calcium-Kanal bindet. Der Ryanodin-Rezeptor ist ein Protein mit vier transmembranen Domänen. Mutationen im Ryanodin-Rezeptor führen zu einer extrem gesteigerten Empfindlichkeit gegen Halothan und andere Anästhetika (3). Dadurch kommt es während der Narkose zu höchst unerwünschten, lebensbedrohlichen Erscheinungen wie Muskelspasmen, drastischem Temperaturanstieg (Hyperthermie), Acidose und Herzstillstand (4). Maligne Hyperthermie ist autosomal dominant vererblich (5). Ein Gen liegt beim Menschen auf 19q21-13.2 (Mac Lennan, D. H. & Phillips, M. S.: Malignant hyperthermia, Science *256* : 789–794, 1992), jedoch existieren auch andere Gene. Durch entsprechende Segregationsanalyse kann der mutante Haplotyp in betroffenen Familien ermittelt werden. Bei Schweinen ist eine Mutation im Ryanodin-Rezeptor bei maligner Hyperthermie nachgewiesen (J.Fujii et al., Science 253:448-451, 1991).

B. Serum-Pseudocholinesterase-Defizienz

Etwa 1 von 200 Individuen reagiert auf die Gabe von Muskelrelaxantien wie Suxamethonium (Succinyldicholin) mit drastisch verlängerter Muskelrelaxierung und Atemstillstand. Solche Personen haben erniedrigte Aktivität von Serum-Pseudocholinesterase. Nur durch Bestimmung der Pseudocholinesterase-Aktivität (1) können bedrohte Personen nicht sicher erkannt werden. Bedrohte Personen lassen sich jedoch ermitteln, indem man die Inhibition der Enzymaktivität durch Dibucain untersucht. Während homozygot normale Personen nach Dibucain-Einwirkung eine Enzymaktivität von 80% aufweisen, beträgt die Aktivität bei gefährdeten Personen nur um 20%. Dazwischen liegen Individuen mit einer Aktivität um 60%, die als heterozygot angesehen werden (2). Eine Reihe von verschiedenen Allelen können zu unterschiedlichen Graden reduzierter Enzymaktivität führen (Abbildung nach H.Harris: The Principles of Human Biochemical Genetics, 2nd edition. North-Holland Publishing Company, Amsterdam, 1975).

C. Beispiele für genetisch bedingte adverse Reaktion auf Pharmaka

S. nebenstehende Tabelle.

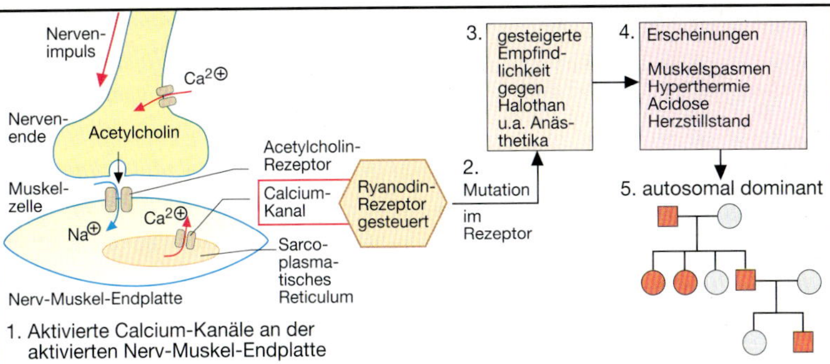

A. Maligne Hyperthermie durch Dysregulation eines Calcium-Kanals in Muskelzellen

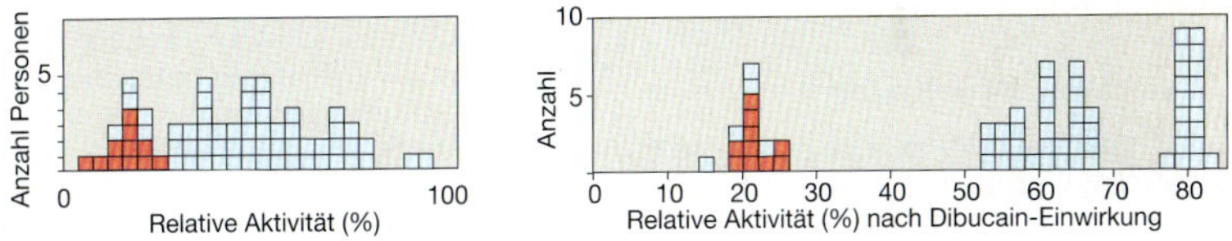

B. Serum-Pseudocholinesterase-Defizienz

Defekt	Entscheidende Verbindung	Klinische Auswirkung	Häufigkeit	Pathogenese	Genetik
Cumarin-Resistenz	Cumarin (Warfarin)	unwirksame Antikoagulations-behandlung	seltener als ca. 1:80 000	erhöhte Vitamin-K-Affinität in-folge Enzym- oder Rezeptordefekt	autosomal dominant
Isoniazid-Überempfind-lichkeit	Isoniazid, Sulfamethazin, Phenelzin, Hydralazin u.a.	Polyneuritis, lupusähnliche Reaktion	bei ca. 50%	verminderte Aktivität von Leber Isoniazid-Acetylase	autosomal recessiv
Isoniazid- Un-wirksamkeit	Isoniazid, Sulfamethazin, Phenelzin, Hydralazin u.a.	fehlende anti-tuberkulöse Wirkung		vermehrte INH-Ausscheidung	autosomal dominant
Glucose-6-phosphat-Dehydro-genase (G6PD)-Defizienz	Sulfonamide, Antimalaria-Präparate, Nitrofurantoin, Vicia faba u.a.	Hämolyse	selten bei Europäern, häufig in Afrika	G6PD-Defizienz in Erythrocyten	X-chromo-somal (zahlreiche mutante Formen)
Hämoglobin Zürich	Sulfonamide	Hämolyse	selten	unstabiles Hämoglobin durch Punktmutation im β-Globin (Arginin statt Histidin in Position 63)	autosomal dominant
Hämoglobin H	Sulfonamide	Hämolyse	selten	unstabiles Hämoglobin aus 4 β-Ketten infolge Deletion der α-Loci	autosomal dominant
Glaukom beim Erwachsenen (best. Formen)	Corticoide	Glaukom	häufig	unbekannt	fraglich autosomal dominant

C. Beispiele für genetisch bedingte Reaktion auf Pharmaka

Cytochrom P450-Gene

Komplexe chemische Substanzen wie Pharmaka oder Pflanzen-Toxine werden durch ein Oxidationssystem (Monooxygenasen) im endoplasmatischen Retikulum von Leberzellen abgebaut. Diese Enzyme befinden sich in spezialisierten Cytochromen, die nach Bindung an CO Licht maximal bei 450 nm Wellenlänge absorbieren. Cytochrom P450 ist die wesentliche Elektronen-transportierende Kette in Mikrosomen der Leber und Mitochondrien der Nebennierenrinde. Ein großes System evolutionär verwandter Gene codiert bei Säugetieren für die verschiedenen P450-Proteine.

A. Cytochrom P450-System

Das Cytochrom P450-System (1) besteht aus oxidierenden Enzymen (gemischte Monooxygenasen). Sie stellen die erste Phase der Detoxifikation (Entgiftung) dar. Das Substrat (RH) wird unter Verwendung von atmosphärischem Sauerstoff (O_2) zu ROH oxidiert, wobei Wasser (H_2O) entsteht. Eine Reduktase liefert Wasserstoff (H^+) entweder aus NADPH oder NADH. Es ist für P450-Enzyme (2) charakteristisch, daß häufig ein einzelnes chemisches Substrat von mehreren P450-Enzymen abgebaut wird oder ein einzelnes P450-Protein eine Reihe strukturell verschiedener chemischer Substanzen oxidiert. Es besteht eine erhebliche Kapazität, ein breites Spektrum komplexer chemischer Substanzen zu metabolisieren und zu entgiften. Die Enzyme der Phase I und Phase II müssen gut aufeinander abgestimmt sein, weil gelegentlich in den ersten Stadien der Phase II toxische Zwischenprodukte mit unerwünschten Nebenwirkungen entstehen.

B. Debrisoquin-Metabolismus

Debrisoquin ist ein Isoquinolin-Carboxamidin, das bei der Behandlung des Bluthochdrucks verwendet wurde, bis sich herausstellte, daß rund 5-10% der Bevölkerung mit schweren Nebenwirkungen reagieren. Auch eine Reihe anderer Pharmaka, wie β-adrenerge Blocker, Antiarrhythmika, Antidepressiva und andere substanzen werden durch Debrisoquin-4-Hydroxylase abgebaut. Individuen mit einem langsamen Abbau zeigen ein erhöhtes Verhältnis von Debrisoquin-4-Hydrodebrisoquin (1). Das Enzym wird durch das 450-db1-Gen codiert, ein Mitglied der Cytochrom-P450-IID-Familie (CYP2D). Durch aberrantes Splicing entsteht eine Prä-mRNA, die bei den Varianten noch ein Intron enthält (F.J. Gonzalez et al., Nature 331:442-446, 1988).

C. CYP-Gen Superfamilie (Cytochrom P450-Gene)

Die Cytochrom P450-Gene bei Säugetieren werden als CYP-Gene bezeichnet. Sie bilden eine Gen-Superfamilie, die sich in Exon/Intron-Struktur ähneln und für ähnliche Genprodukte codieren. Aufgrund von Sequenzvergleich ihrer cDNA wurde ein evolutionärer Stammbaum erstellt. Danach ist die CYP-Genfamilie im Laufe der letzten 1500 - 2000 Millionen Jahre entstanden. Es wird angenommen, daß sich vor allem die CYP-2-Familie unter dem Einfluß von toxischen Substanzen entwikkelt hat, die sich in Pflanzen befinden und vom Tierorganismus entgiftet werden müssen. Mindestens 30 Gen-Duplikationen und Gen-Konversionen haben zu einem ungewöhnlich vielfältigen Repertoire an CYP-Genen geführt.

Literaturhinweise

Ayesh R. et al.: Metabolic oxidation phenotypes as markers for susceptibility to lung cancer. Nature *312*:169-170, 1984.

Nebert D.W. & F.J. Gonzalez: P450-Genes: Structure, evolution, and regulation. Ann Rev Biochem *56*:945-994, 1987.

Gonzalez, F.J. et al:: Characterization of the common genetic defect in humans deficient in debrisoquine metabolism. Nature *331*:442-446, 1988.

Gonzalez F.J. & D.W. Nebert: Evolution of the P450 gene superfamily: animal-plant 'warfare', molecular drive, and human genetic differences in drug oxidation. Trends Genet. *6*:182-186, 1990.

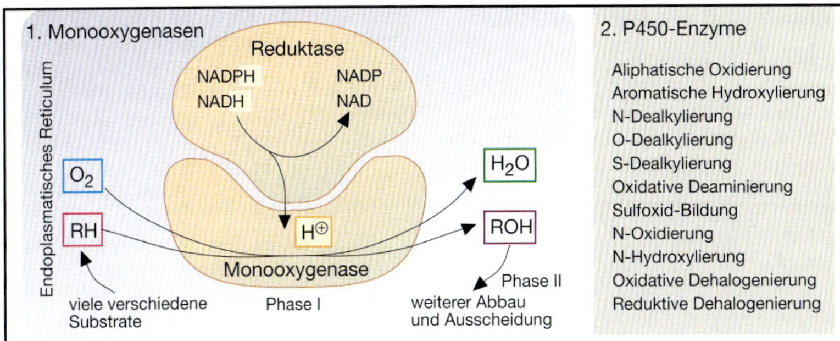

A. Cytochrom P450-System

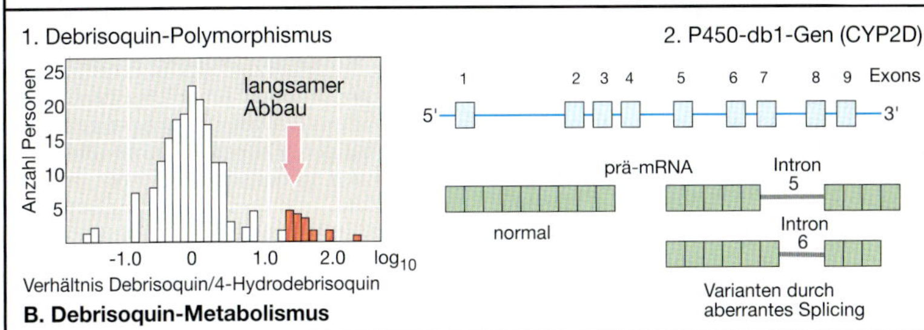

B. Debrisoquin-Metabolismus

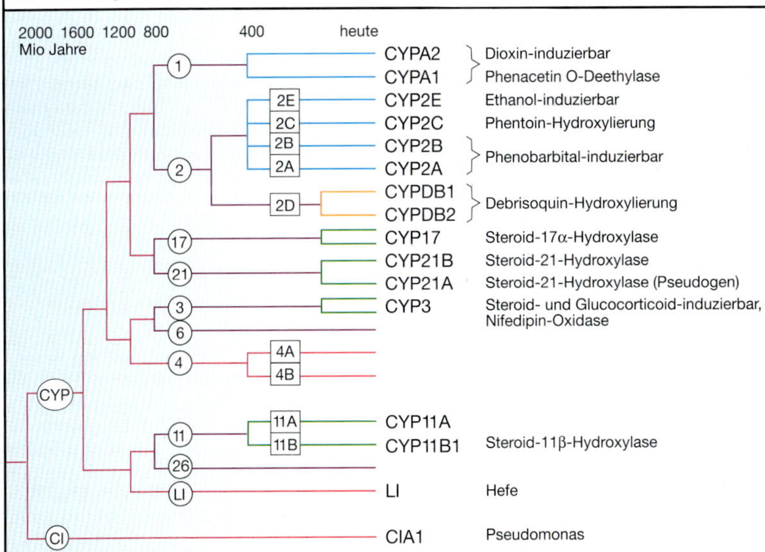

C. CYP-Gen Superfamilie (Cytochrom P450-Gene)

Insulin und Diabetes mellitus

Diabetes mellitus ist mit einem Vorkommen von etwa 1-2% in der Bevölkerung eine der häufigsten Krankheiten der westlichen Welt. Durch eine Vielzahl von Ursachen, einschließlich genetischer Faktoren, wird der Blutzucker im Blut unkontrolliert erhöht. Dies führt auf die Dauer zu zahlreichen Komplikationen. Die eingeschränkte Kontrolle des Blutzuckerspiegels resultiert aus absolutem oder relativen Insulin-Mangel. Diabetes mellitus ist eine wichtige Ursache von Herzinfarkt, Schlaganfall, Nierenversagen, zu Amputation führenden Gefäßschäden und Blindheit.

A. Insulin-Bildung

Das Gen für Insulin liegt beim Menschen auf dem kurzen Arm von Chromosom 11 in Region 1, Band 5.5. Es besteht aus einer Signalsequenz (L, Leader) und zwei Exons. Mit 1430 Basenpaaren ist es ein kleines Gen. Das Gen ist ausschließlich in den β-Zellen der Langerhansschen Inseln des Pankreas (Bauchspeicheldrüse) exprimiert. Vorgeschaltet in 5'-Richtung liegt ein β-Zell-spezifischer Enhancer. Weiter stromaufwärts liegt eine variable Anzahl tandemartiger Repeats (VNTR). Nach Bildung eines primären Transkript und anschließendem Splicing entsteht eine mRNA als Vorlage für die Bildung von Prä-Pro-Insulin. Das Signal-Peptid (24 Aminosäuren) wird entfernt und die B-Kette und die A-Kette durch zwei Disulfid-Brücken verknüpft. Für die korrekte Verknüpfung und dreidimensionale Strukturierung ist die Anwesenheit eines verbindenden Peptids erforderlich (Connecting Peptid, C-Peptid). Das fertige Insulin-Molekül besteht aus einer A-Kette von 21 Aminosäuren und einer B-Kette von 30 Aminosäuren. Das Signal-Peptid des Insulin-Moleküls ist erforderlich für die richtige Sekretion.

B. Insulin-Rezeptor

Die physiologische Wirkung von Insulin wird eingeleitet durch Bindung an einen Rezeptor (Insulin-Rezeptor). Nach Bindung an Insulin wirkt der Insulin-Rezeptor als Enzym und phosphoryliert Tyrosin in Ziel-Proteinen. Dies ist das intrazelluläre Signal für die durch Insulin induzierten Stoffwechselvorgänge.

C. Diabetes mellitus (vereinfachtes Schema)

Kritisch für den normalen Glucose-Stoffwechsel ist eine Balance zwischen exogenem Glucose-Angebot und β-Zellfunktion im Pankreas. Diabetes mellitus wird in zwei Typen klassifiziert, Typ I (Insulin-abhängig, Insulin Dependent Diabetes Mellitus, IDDM) und Typ II (nicht Insulin-abhängig, NIDDM). Diabetes Typ I entsteht in der Mehrzahl der Fälle auf einem Hintergrund genetischer Susceptibilität durch äußere Faktoren, wie bestimmte Virusinfektionen. Diabetes Typ II geht weitgehend auf genetische Faktoren zurück. Abgesehen von einer bei Jugendlichen und jungen Erwachsenen auftretenden autosomal dominant erblichen Form handelt es sich jedoch nicht um eine monogen bedingte Erkrankung. Monozygote Zwillinge sind konkordant für Typ II zu etwa 40–50% und für Typ I etwa 25%, gegenüber einem Risiko von weniger als 10% für Typ I bei Verwandten ersten Grades (etwa 2-7% je nach Verwandtschaftsverhältnis und Erkrankungsalter). Bei einer Reihe von genetisch bedingten Erkrankungen tritt Diabetes mellitus sekundär als Begleiterscheinung auf, z. B. durch einen Defekt im Insulin-Rezeptor (Insulin-Resistenz-Syndrom).

D. Einfluß von Genen der HLA-DR-Region

Einen besonderen Einfluß auf die genetische Susceptibilität für Diabetes Typ I haben bestimmte Allele des B1-Gens der DQ-Region, die Gene der HLA-DQ, sowie das B1-Gen der DR-Region der HLA-DR-Region der MHC-Gene Klasse I (vgl. S. 252). Die Anwesenheit der Allele DR3 und DR4, insbesondere Heterozygotie DR3/DR4 führt zu deutlicher Susceptibilität für Diabetes Typ I. DR2 verleiht relativen Schutz gegen Diabetes.

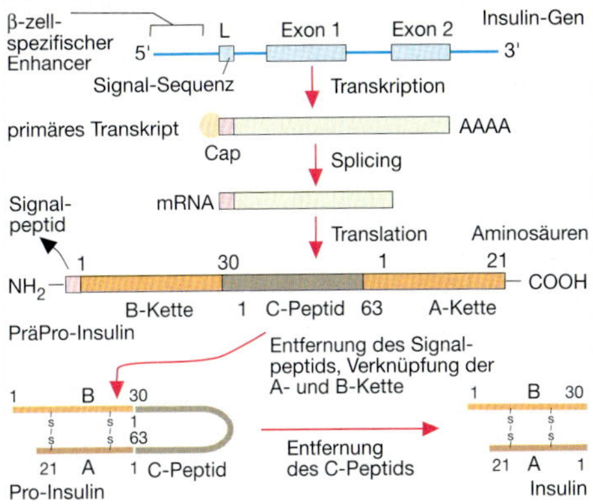

A. Insulin-Bildung

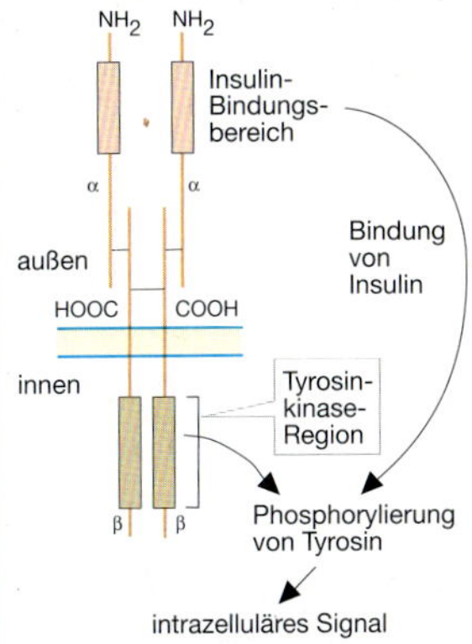

B. Insulin-Rezeptor

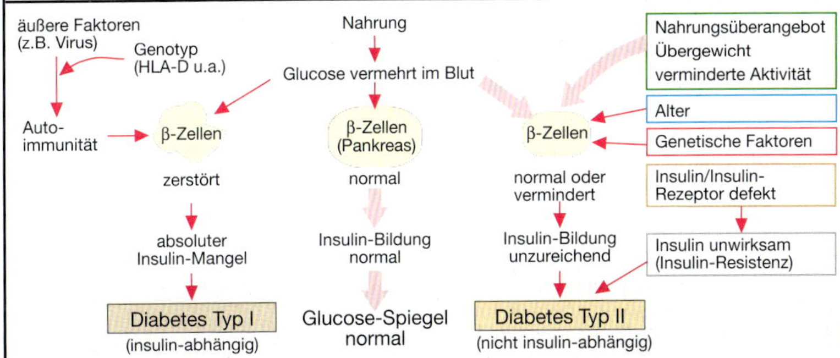

C. Diabetes mellitus

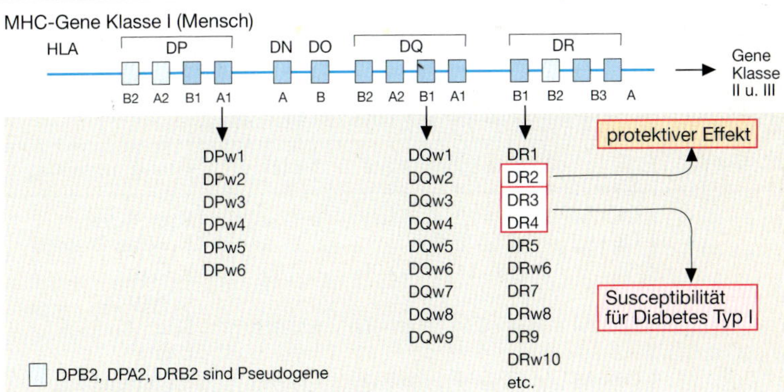

D. Einfluß von Genen der HLA-DR Region

Gene für Collagen-Moleküle

Collagen ist bei Säugetieren das häufigste Protein, etwa ein Viertel des normalen Körpergewichts. Es besteht aus mehr als 10 verschiedenen Typen, die in Haut, Knochen, Sehnen, Knorpel, Blutgefäßen, Zähnen, Basalmembranen, Hornhaut, Glaskörper und Stützgewebe innerer Organe vorkommen. Collagen bildet miteinander verknüpfte, unlösliche Fäden (Fibrillen) von ungewöhnlicher Stärke. Ein Faden von 1 Millimeter Durchmesser hält eine Belastung von 10 kg.

A. Collagen-Aufbau

Collagen hat eine einfache periodische Aminosäure-Sequenz (1). Jede dritte Aminosäure ist Glycin (Gly). Dazwischen liegen Prolin und Lysin bzw. Hydroxy-Prolin und Hydroxy-Lysin. Das generelle Strukturmotiv (2) ist $(\text{Gly-X-Y})_n$. Drei Ketten von Collagen bilden eine Tripel-Helix (3). Bei Collagen Typ I besteht sie aus zwei identischen α-Ketten (α1) und einer α-Kette (α2). Aus Procollagen (4) entsteht Tropo-Collagen (5). Tropo-Collagen-Moleküle sind über die zahlreichen hydroxylierten Prolin- und Lysin-Reste miteinander verknüpft: Collagen-Fibrille (6). Jede Fibrille besteht aus diagonal angeordneten Tropo-Collagen-Molekülen (7). Collagen-Fibrillen sind im Elektronenmikroskop (8) als Querstreifung sichtbar (Photographie aus L. Stryer, Biochemistry 3rd ed., 1988).

B. Prototyp eines Gens (COL2A1) für Procollagen Typ II (α1[II])

Ein Procollagen-Molekül wird von einem Gen mit 52 Exons codiert. Der translatierte Teil von Exon 1 (85 Basenpaare) codiert für ein für die Sekretion erforderliches Signal-Peptid. Die Exons unterscheiden sich in ihrer Größe von jeweils 5, 6, 11, 12 oder 18 periodischen Gly-X-Y-Einheiten. Die Gene für Procollagen-Typen I, II und III unterscheiden sich dadurch, daß einige Exons fusioniert sind. Die Gene für die verschiedenen Collagen-Typen sind ähnlich, vor allem für die drei wesentlichen fibrillären Collagen-Typen (I, II, III). Sie dürften durch wiederholte Gen-Duplikationen entstanden sein.

C. Gen-Struktur und Procollagen Typ α1(I)

Die 52 Exons des COL1A1-Gens entsprechen den verschiedenen Domänen (A bis G) von Procollagen-α1(I). Das COL1A2-Gen für Procollagen (α2[I]) ist etwa doppelt so groß (ca. 40 kb) wie das COL1A1-Gen (18 kb), weil die zwischen den Exons liegenden Introns im Durchschnitt etwa doppelt so lang sind wie bei COL1α1. Im Gegensatz zu Proα1(I) enthält Proα2(I) nicht die Domäne B (globulärer Anteil).

Literaturhinweise s. S. 316

Beispiele für verschiedene Collagen-Typen (vier von elf)

Collagen Typ	Gen	Lokalisation	Kette	Molekül	Gewebsverteilung
I	COL1A1 COL1A2	17q21–22 7q21–22	α1(I)	$\alpha!(\text{I})_2\alpha2(\text{I})$	Haut, Sehne, Knochen, Arterien
II	COL2A1	12q13–14	α1(II)	$\alpha1(\text{II})_3$	Knorpel, Glaskörper
III	COL2A1	2q31–22	α1(III)	$\alpha1(\text{III})_3$	Haut, Arterien, Uterus
IV	COL4A1 A2	13q33–34	α1(IV) α2(IV)	$(\alpha1)_2\alpha2$ $(\alpha1)_3$, $(\alpha2)_3$	Basalmembran

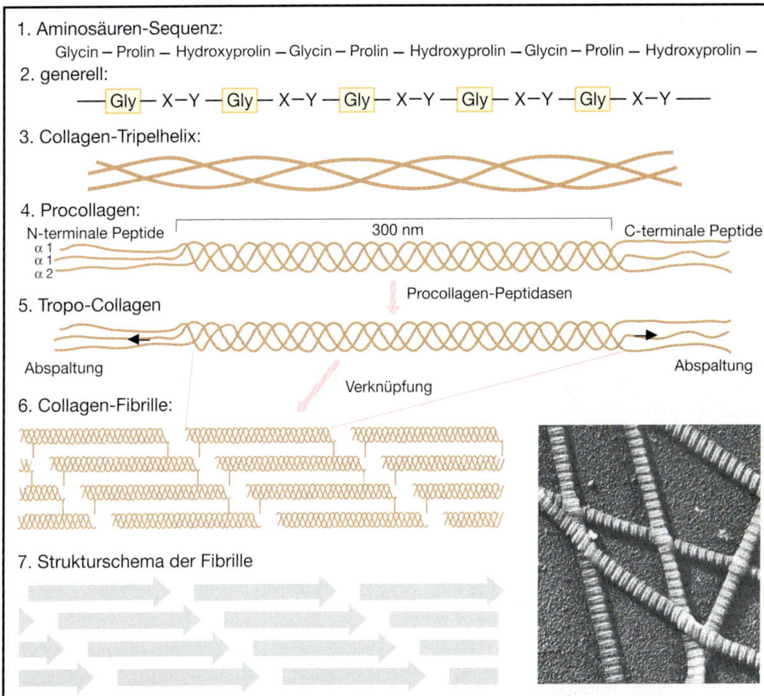

A. Collagen-Aufbau

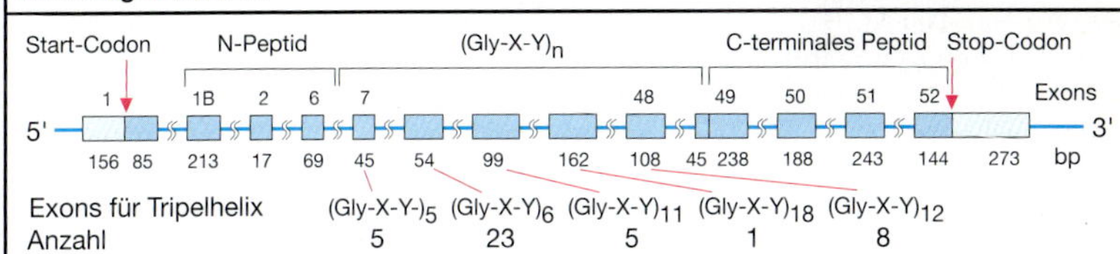

B. Prototyp eines Gens (COL2A1) für Procollagen Typ II (α1[II])

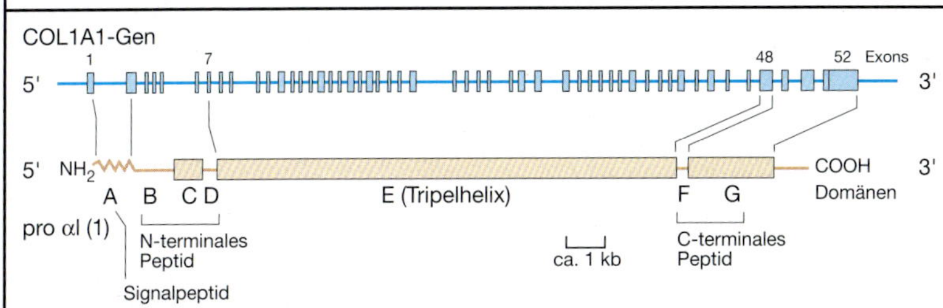

C. Gen-Struktur und Procollagen Typ α 1 (I)

Mutationen in Collagen-Genen und Osteogenesis imperfecta (OI)

Osteogenesis imperfecta (OI) (Glasknochen-Krankheit) ist eine heterogene Gruppe klinisch und genetisch verschiedener Krankheitstypen mit einer Gesamthäufigkeit von mindestens 1:10000 Individuen. Spontan auftretende Knochenbrüche, Verformung von Knochen, Minderwuchs, defekte Zahnbildung (Dentinogenesis imperfecta), Schwerhörigkeit durch gestörte Bildung der Gehörknöchel, blaue Skleren (die dünner als normal ausgebildete Bindehaut des Auges führt zu nach blauverschobener Lichtbrechung) treten bei verschiedenen in unterschiedlicher Ausprägung und Schweregrad auf, je nach Art der Mutation. OI ist bei einer ägyptischen Mumie und in einem Skelett aus dem 7. Jahrhundert in England nachgewiesen (zitiert von Byers, 1993).

A. Molekulare Mechanismen bei Osteogenesis imperfecta

Durch Mutationen kann gegenüber der Norm (1) proα1[I] vermindert gebildet werden (2), z. B. durch die Deletion eines COL1A1-Allels, durch Transkriptions- oder Splicing-Defekt oder fehlerhafte Bildung von Collagen-Fibrillen. Die relativ zuviel gebildeten proα2[I] Moleküle werden degradiert, so daß eine verminderte Menge eines normalen, aber nicht defekten Procollagen entsteht. Zahlreiche Mutationen führen zu defektem Procollagen (3) (Abb. nach R.J. Wenstrup et al., Hum. Genet. *46* : 975–982, 1990).

B. Mutationen und Phänotyp

Die Lokalisation der Mutation im Gen beeinflußt den Phänotyp. Generell sind Mutationen im 3′-Bereich des Gens schwerwiegender als im 5′-Bereich (Positionseffekt). Mutationen der proα1(I)-Kette sind schwerer als in der proα(2(I)-Kette (Ketteneffekt). Insbesondere eine Substitution des für die richtige Bildung der Tripel-Helix unerläßlichen Glycin durch eine größere Aminosäure führt zu schweren Störungen (Größeneffekt). Verschiedene Mutationen kommen vor, wie Deletion, Mutation im Promotor und Enhancer, sowie Splicing-Mutanten. Das Codon für die in Collagen häufig vorkommende Aminosäure Lysin (AAG, AAA) wird durch Substitution des ersten Adenin durch ein Thymin leicht in ein Stop-Codon verwandelt (TAG bzw. TAA), so daß ein zu kurzes, instabiles Procollagen gebildet wird. Bei Splicing-Mutanten werden Exons übersprungen (fehlende Exons, Exon-Skipping) (Abb. aus P.H. Byers, Trends Genet. *6* : 293–300, 1990).

C. Verschiedene Formen von Osteogenesis imperfecta

Drei Röntgenbilder zeigen eine verhältnismäßig leichte, für den Patienten aber dennoch sehr hinderliche Verformung im Schienbein und Wadenbein (1) bei OI Typ IV, die schwere Verformung im Schienbein und Wadenbein bei OI Typ III (2) und die deutlich verdickten und verkürzten Röhrenknochen bei letaler OI Typ II (3). Die Einteilung des Phänotyps in vier Gruppen (Typ I–IV) hat sich klinisch im großen und ganzen bewährt.

Literaturhinweise

Byers, P.H.: Osteogenesis imperfecta. Chapter 10, p. 137–350, in: Connective Tissue and its Heritable Disorders. P.M. Broyce & B. Steinmann, eds., Wiley-Liss, New York 1993.

Byers, P.H.: Disorders of collagen biosynthesis and structure, Chapter 115, p. 2805–2842, in: Metabolic Basis of Inherited Disease, 6th edition, C.R. Scriver, A.L. Beaudet, W.S. Sly, D.Valle, editors, McGraw-Hill Information Services Company, New York, 1989.

Chu, M.-L. & D.J. Prockop: Collagen gene structure, Chapter 3, p. 149–165, in: Connective Tissue and its Heritable Disorders, P.M. Broyce & B. Steinmann, eds. WileyLiss, New York, 1993.

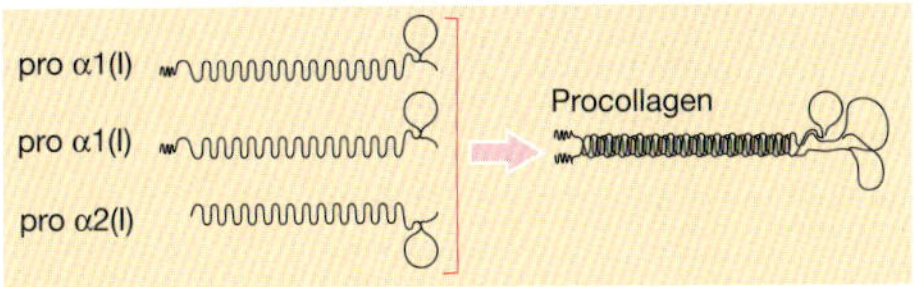

1. Normal

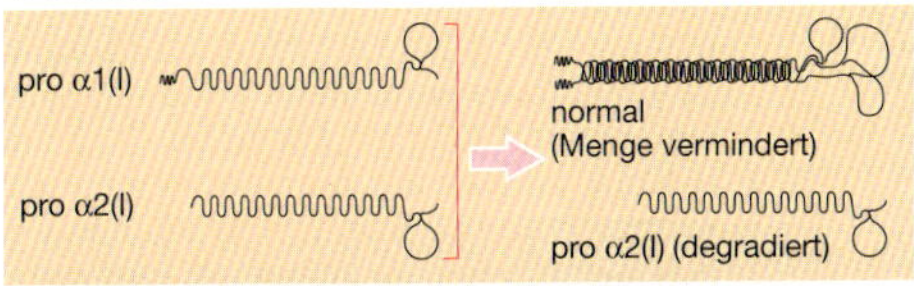

2. Verminderte Synthese von Procollagen α1(I)

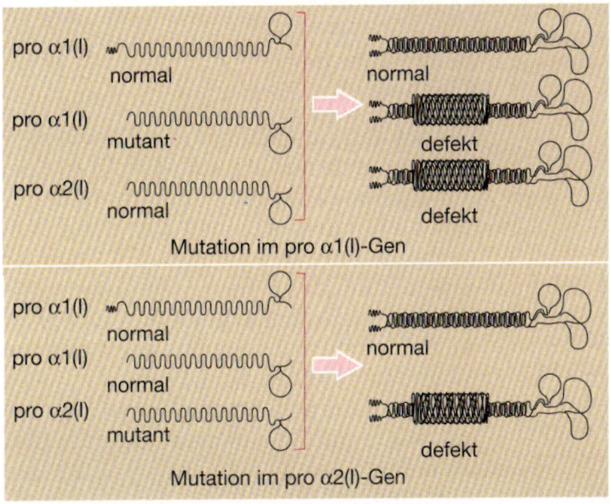

3. Defektes Procollagen infolge Mutation

A. Molekulare Mechanismen bei Osteogenesis

Die Lage von Mutationen beeinflußt den Phänotyp

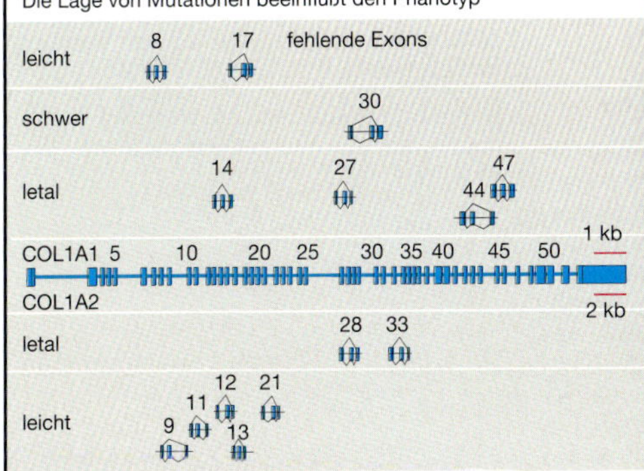

B. Mutationen und Phänotyp

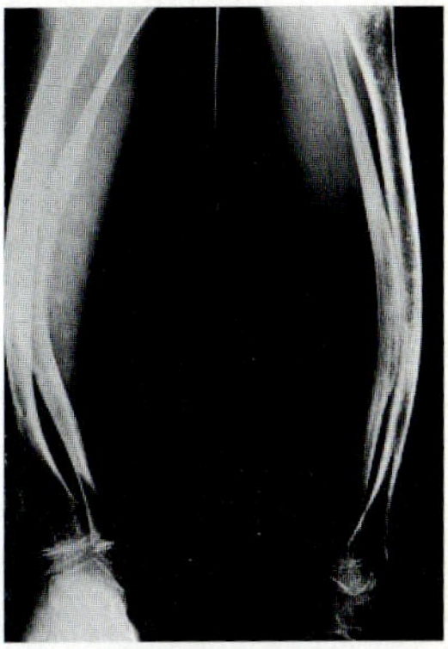

1. Leichte Verformung (OI Typ IV)

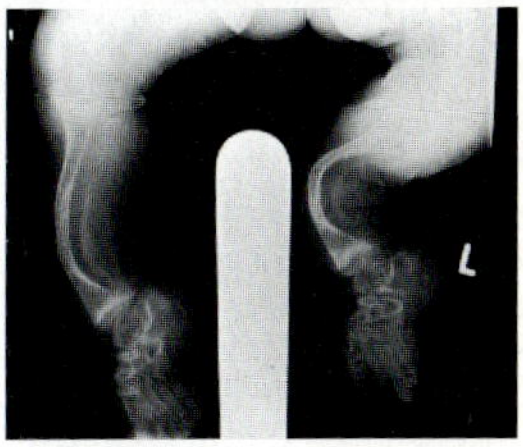

2. Schwere Verformung (OI Typ III)

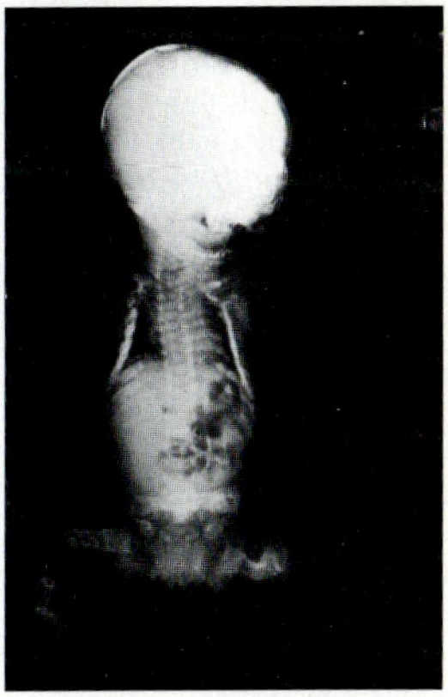

3. Letale Form (OI Typ II)

C. Verschiedene Formen von Osteogenesis imperfecta

Cytoskelett-Proteine in Erythrocyten

Eukaryote Zellen enthalten Proteine, die der Zelle Verformbarkeit einerseits und Festigkeit andererseits verleihen (Cytoskelett-Proteine). Das Membran-Skelett ist ein Netzwerk von Struktur-Proteinen unterhalb der Plasma-Membran und teilweise mit ihr assoziiert. Besonderen Anforderungen sind Erythrocyten unterworfen. Während der 4-monatigen Lebensdauer wandert ein Erythrocyt etwa eine halbe Million Male durch kleine Kapillaren, von geringerem Durchmesser als der eines Erythrocyten. In Muskelzellen ist Membran-Flexibilität gleichfalls eine wesentliche Voraussetzung für die Funktion. Es ist deshalb nicht überraschend, daß ihre Cytoskelett-Proteine ähnlich sind.

A. Erythrocyten

Ein normaler Erythrocyt wird von den Cytoskelett-Proteinen in einer charakteristischen biconcaven discoiden Form gehalten. Genetische Defekte in verschiedenen Cytoskelett-Proteinen führen zu charakteristischen Verformungen von Erythrocyten: Als Ellipse (Elliptocyt), als Kugel (Sphärocyt), eine mundartige Verformung (Stomatocyt) und stechapfelähnliche Form mit spitzen Ausläufern (Acanthocyt). Die jeweiligen Formen können Defekten verschiedener Proteine zugeordnet werden (Scanning-Elektronenmikroskopische Abbildung aus Davies & Lux, 1989).

B. Skelett-Proteine in Erythrocyten

Durch SDS-Polyacrylamid-Gel-Elektrophorese können zahlreiche membran-assoziierte Proteine in Erythrocyten unterschieden werden. Die einzelnen Banden des Gels werden durchnumeriert und einzelnen Proteinen zugeordnet. Die wesentlichen Proteine sind α- und β-Spectrin, Ankyrin, ein zum Anionen-Kanal gehörendes Protein (Band 3-Protein), Proteine 4.1 und 4.2, Actin u. a. Die chromosomale Lokalisation ihrer Gene und zugeordnete Erkrankungen durch Mutationen beim Menschen und bei der Maus sind bekannt.

C. α- und β-Spectrin

Die wesentliche Komponente der Skelett-Proteine ist Spectrin, ein langgestrecktes Protein, das aus einer α-Kette von 260 kDa und einer β-Kette von 225 kDa besteht. Jede Kette besteht aus 20 (α-Kette) bzw. 18 Untereinheiten (β-Kette) von je 106 Aminosäure-Resten. Jede Untereinheit enthält in gegenläufiger Richtung eine drei-strängige α-Helix-Proteinstruktur. Untereinheit 10 und Untereinheit 20 der α-Kette besteht aus 5 anstatt 3 parallelen Ketten. Die einzelnen Untereinheiten werden verschiedenen Domänen zugeordnet (IV der α-Kette und IIV der β-Kette).

D. Proteine der Erythrocyten-Membran

Die parallel zur Erythrocyten-Plasmamembran (1) verlaufenden stab-förmigen Spectrin-Proteine sind über Ankyrin bzw. Protein 4.1 mit dem Anionen-Kanal bzw. Glycophorin-Molekülen verbunden. Die Anionen-Kanäle in Erythrocyten sind wichtig für den Transport von CO_2. Glycophorin (A,B,C,) sind transmembrane Proteine mit mehreren Kohlehydrat-Einheiten. Actin ist das wesentliche Protein für Muskelkontraktion und Zellbeweglichkeit (Abb. nach E.J. Luna & A.L. Hitt, Science *258* : 955–964, 1992).

Literaturhinweise

Davies, K.A. & Lux, S.E.: Hereditary disorders of the red cell membrane skeleton. Trends Genet. *5* : 222–227, 1989.

Luna, E.J. & Hitt, A.L.: Cyteskeleton plasma membrane interactions. Science *258* : 955–964, 1992.

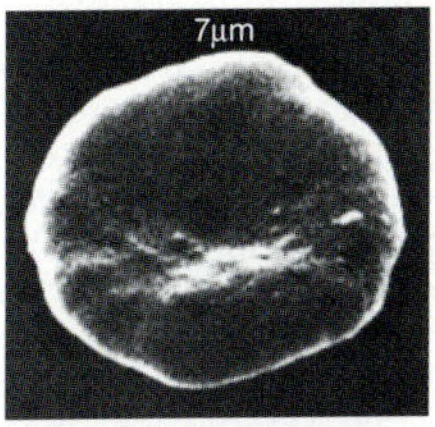

Normaler Erythrocyt

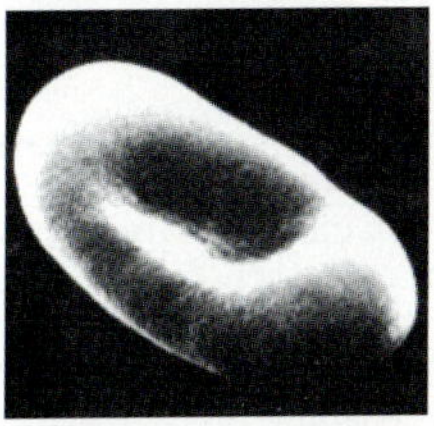
Elliptocyt

Sphärocyt

Stomatocyt

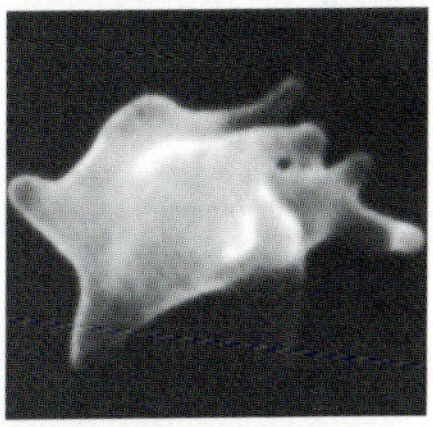
Acanthocyt

A. Erythrocyten

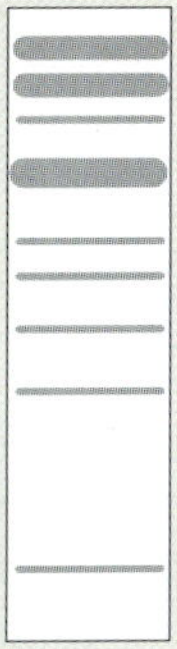

Band	SDS-Gel	Protein	Chromosomale Lokalisation	Erkrankung
1		α–Spectrin	1q22-25	Elliptocytose-1
2		β–Spectrin	14q23-24	Sphärocytose-2
		Ankyrin	8p11-21	Sphärocytose-1
3		Anionen-Kanal	17	Acanthocytose
4.1		Protein 4.1	1q22-25	Elliptocytose-2
4.2		Protein 4.2		
5		Actin	7p ter-q22	
6		Glycerol-aldehyd-3-P-Dehydrogenase	12p13	
7		Tropomyosin (nicht-muskel)	1q31-41	Stomatocytose

B. Skelett-Proteine in Erythrocyten

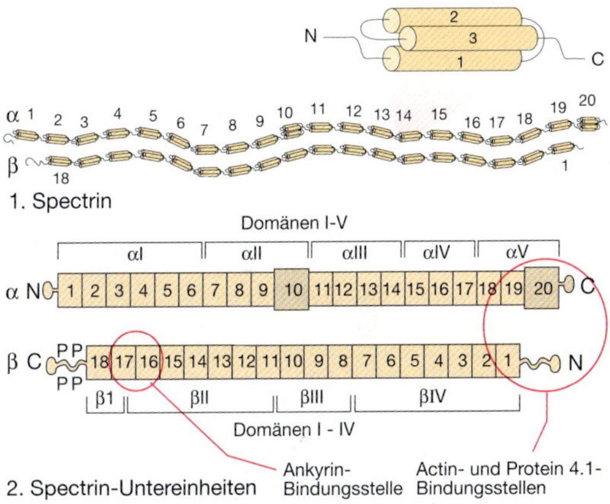

C. α- und β-Spectrin

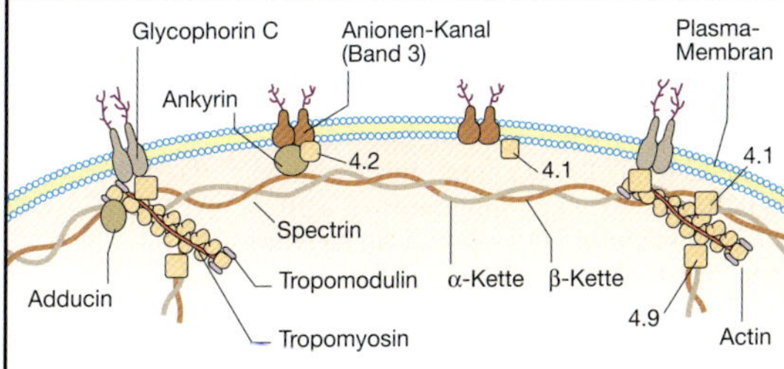

D. Proteine der Erythrocyten-Membran

Dystrophin und Dystrophin-Gen

Dystrophin ist ein großes stabförmiges Protein in Muskelzellen. Es hat strukturelle Ähnlichkeit mit Spectrin (vgl. S. 318). Dystrophin wird von einem 2400 kb (2.4 Mill. Basenpaare) großen Gen auf dem kurzen Arm des X-Chromosoms codiert, dem größten bekannten Gen des Menschen. Mutationen dieses Gens führen zu Muskeldystrophie. Die Expression dieses Gens unterliegt komplexer transkriptioneller und RNA-Splicing Kontrolle. Die Expression von Dystrophin ist unabhängig und zellspezifisch in Muskelzellen (Skelett, Herz, glatte Muskelzellen), Nervenzellen (Glia, Neuronen, periphere Nerven) und anderen Organen (Niere, Leber, Lunge, Pankreas, Testis).

A. Dystrophin-Glycoprotein-Komplex

Dystrophin ist ein Cytoskelett-Protein der Muskelzelle, dessen C-Terminus mit sechs anderen Membran-assoziierten Proteinen einen Komplex in der Membran (Sarkolemm-Membran) bildet (Dystrophin-assoziierter Glycoprotein-Komplex, DAGC). Das größte der Dystrophin-assoziierten Proteine mit 156 kD ist Dystroglycan, das extrazellulär an Laminin gebunden ist. In der Sarkolemm-Membran liegen die Proteine 25, 50, 35 und 43; und intrazellulär das Protein 59. Dystrophin ist erforderlich, um den gesamten Proteinkomplex zu stabilisieren (Luna und Hitt, 1992; Hilton-Johns & Squier, 1993). Am N-Terminus ist Dystrophin mit Actin verbunden (Abbildung aus J. M. Ervasti und K. P. Campbell, Cell *66*:1121–1131, 1991). Dystrophin hat vermutlich drei verschiedene Funktionen: (1) Membranstabilisierung in Muskelzellen, (2) Verbindung zu kontraktilen Kräften innerhalb und außerhalb der Zelle, (3) spezielle Membranfunktionen in nicht-kontraktilen Zellen, vor allem des Nervensystems (Ahu & Kunkel, 1993).

B. Modell des Dystrophin-Moleküls

Dystrophin ist mit einem Molekulargewicht von 427 kDa und 3685 Aminosäuren das größte Mitglied der Spectrin-Superfamilie. Es besteht aus vier charakteristischen Domänen: (1) Actin-bindende Domäne, (2) Tripel-Helix-Abschnitten wie Spectrin, (3) Cystein-reicher Domäne und (4) C-terminaler Domäne (Abbildung aus M. Koenig et al., Cell *53*:219–228, 1988).

C. Das Dystrophin-Gen

Das Gen liegt auf dem kurzen Arm des X-Chromosoms des Menschen in Region 2 Band 1 (Xp21). In dieser aus drei Unterbanden bestehenden Region liegen andere wichtige Gene, deren Mutationen zu Erkrankungen führen. Das Dystrophin-Gen (DMD-Gen, Duchenne-Muskel-Dystrophie-Gen) codiert für ein Transkript von etwa 14 kb. Eine Reihe von genomischen Klonen stehen zur Sondierung zur Verfügung, mit deren Hilfe Struktur-Umordnungen erfaßt werden können. Aus den Bereichen der exprimierten DNA (Exons) stehen cDNA-Klone zur Verfügung, die nach Verwendung selten schneidender Restriktionsenzyme großen Fragmenten des Gens verschiedenen Positionen der Exons zugeordnet werden können.

D. cDNA des Dystrophin-Gens

Die im DMD-Gen häufigen Deletionen (bei etwa 60% der Patienten) treten gehäuft im 5'-Bereich (oberes Drittel) und im mittleren Bereich in einem großen Intron zwischen Exon 44 und 45 (40% der Patienten) auf. Bei etwa 5% der Patienten finden sich Duplikationen einzelner oder mehrerer Exons. Zunehmend werden auch Punktmutationen bekannt.

Literaturhinweise s. S. 373

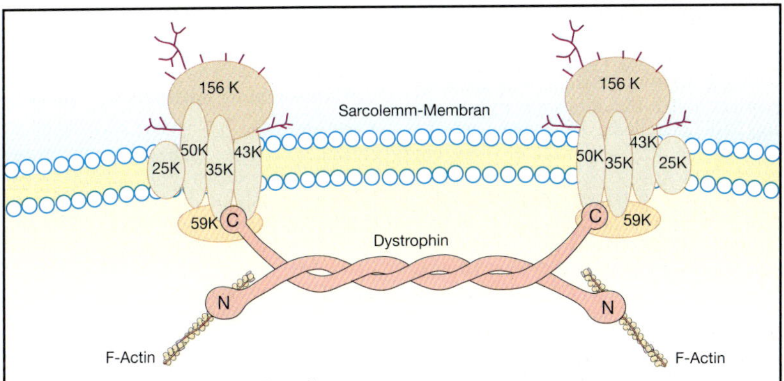

A. Dystrophin-Glycoprotein-Komplex

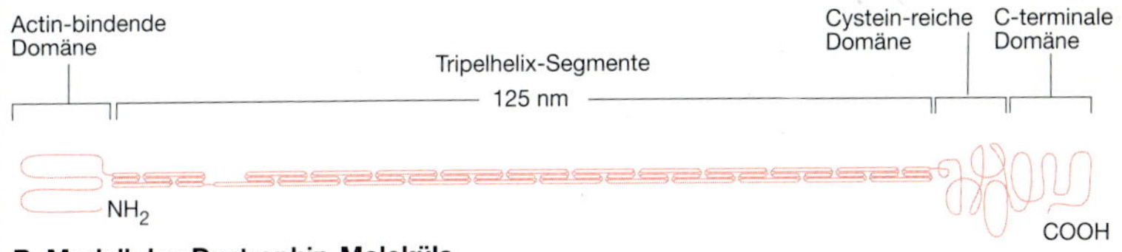

B. Modell des Dystrophin-Moleküls

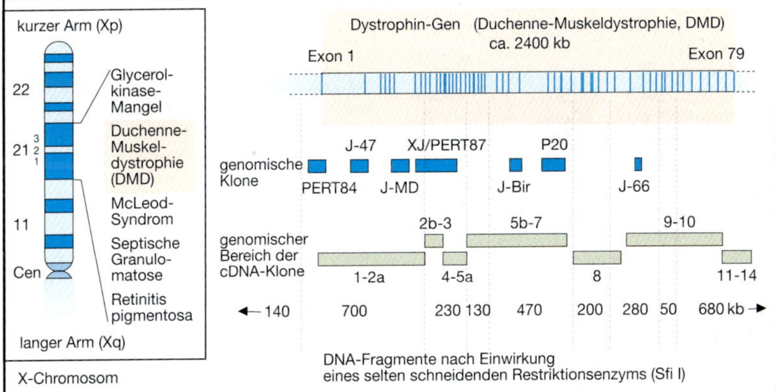

C. Das Dystrophin-Gen auf dem kurzen Arm des X-Chromosoms

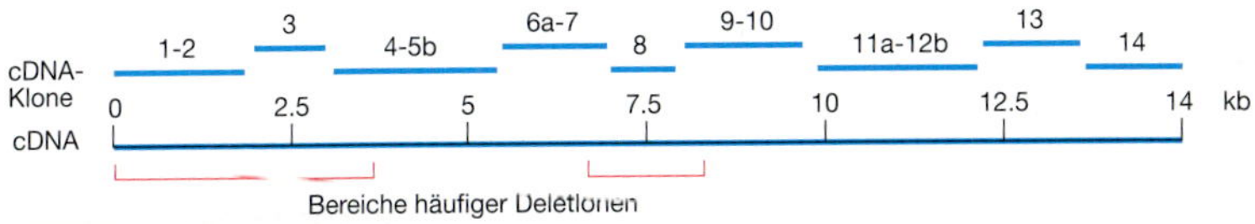

D. cDNA des Dystrophin-Gens

Muskeldystrophie Duchenne

Muskeldystrophie Typ Duchenne (DMD) ist X-chromosomal erblich und tritt infolge einer hohen Mutationsrate etwa einmal auf 3500 männliche Individuen auf. Bei etwa ein Drittel der Patienten liegt eine neue Mutation vor. Keimzell-Mosaik kommt vor, so daß im Einzelfall Unsicherheiten bezüglich des genetischen Risikos bestehen können. Bei der Duchenne Muskeldystrophie führt die Deletion zu einer Rasterverschiebung des Leserahmens, so daß kein oder ein strukturell stark verändertes Dystrophin-Molekül gebildet wird. Bei der klinisch leichteren Form, Muskeldystrophie Typ Becker (BMD) wird der Leserahmen nicht verändert, so daß zwar ein verkürztes, aber noch einigermaßen funktionelles Dystrophin-Molekül gebildet wird.

A. Klinische Zeichen

Die 1861 von dem französischen Arzt Duchenne beschriebene Erkrankung beginnt im 2. bis 3. Lebensjahr mit Gangstörungen, verminderter Muskelkraft, zunächst in den Beinen, dann auch in den Armen. Die Waden sind verdickt, aber nicht kräftig (Pseudo-Hypertrophie) und die Lendenwirbelsäule durchgedrückt (Lordose). Die meisten Patienten benötigen bis zum 10. Lebensjahr einen Rollstuhl. Die Muskelschwäche ist fortschreitend und endet gegen Ende des zweiten Lebensjahrzehnts mit dem Tod. (Zeichnungen von Duchenne, 1861, und Gowers, 1879)

B. Dystrophin-Analyse

Bei Patienten fehlt Dystrophin in Muskelzellen. Das normalerweise in der Plasmamembran von Muskelzellen vorhandene, mittels spezifischer Färbungen nachweisbare Dystrophin (1) fehlt bei Patienten (2). Bei weiblichen Heterozygoten zeigt sich eine mosaikartige Verteilung von Muskelzellen mit normalem und defektem Dystrophin (3) als Ergebnis der unterschiedlichen Inaktivierung des einen oder des anderen X-Chromosoms (Photographien von Dr. R. Gold, Neurologische Klinik der Universität Würzburg).

C. Untersuchung mittels DNA-Marker

Veränderungen des DMD-Gens können entweder direkt nachgewiesen werden oder indirekt durch polymorphe DNA-Marker. Die Abbildung zeigt drei erkrankte männliche Individuen (II-3, der nicht untersucht werden konnte, sowie III-1 und III-2). Die beiden Erkrankten haben in der Southern-Blot-Analyse (TaqI unter Verwendung der Sonde L1.28 am Locus DXS7) das Allel 1 gemeinsam, jeweils geerbt von ihrer Mutter (II-1 bzw. II-2). Das Allel 1 muß demzufolge die Mutation tragen. II-4 ist nicht erkrankt. Dies entspricht der Abwesenheit von Allel 1. II-5 ist heterozygot (2-1), aber ihre beiden Söhne (III-3 und III-4) sind nicht erkrankt, obwohl sie Allel 1 geerbt haben. Hier muß Rekombination zwischen Krankheitslocus (DMD) und Markerlocus (DXS7) eingetreten sein. Da diese beiden Loci etwa 15 cM auseinanderliegen, tritt dies bei 15% der Fälle ein. Individuum II-6 ist homozygot für das Allel 2 (II-2), so daß die Wahrscheinlichkeit für Heterozygotie für das mutante Allel 15% beträgt. Zur Vermeidung von Unsicherheit durch Rekombination verwendet man zunehmend Marker aus dem Gen selber (Daten von Priv.Doz. Dr. C. R. Müller-Reible, Institut für Humangenetik der Universität Würzburg).

D. Wichtige Formen von Muskeldystrophien beim Menschen

Zahlreiche genetisch determinierte Muskeldystrophien sind beim Menschen und als Modell bei der Maus bekannt. Verlauf, diagnostische Abklärung und molekulargenetische Untersuchung richteten sich nach der Grunderkrankung.

Literaturhinweise s. S. 373

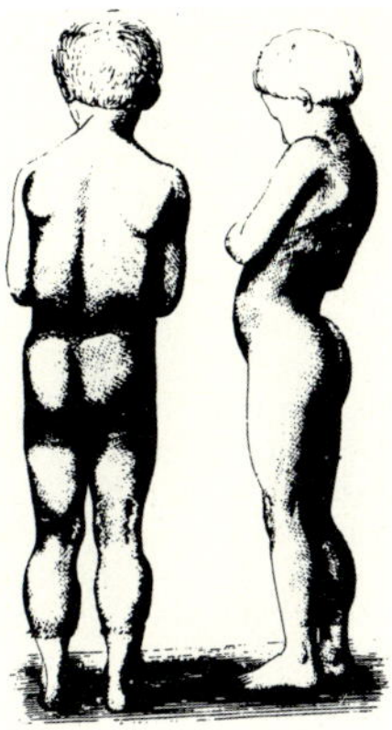

1. Wadenhypertrophie und Lordose

2. Erschwertes Aufstehen (Gowersches Zeichen)

A. Klinische Zeichen bei Duchenne-Muskeldystrophie

1. Normales Dystrophin

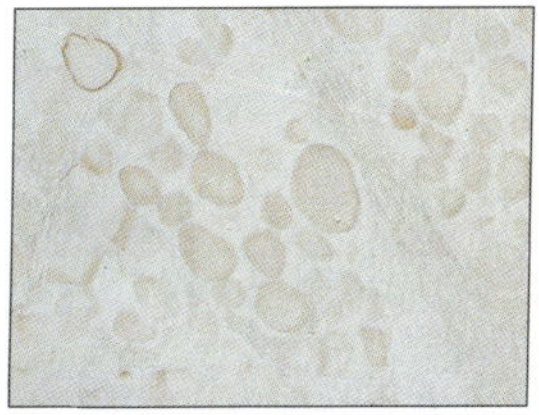

2. Dystrophin-Mangel

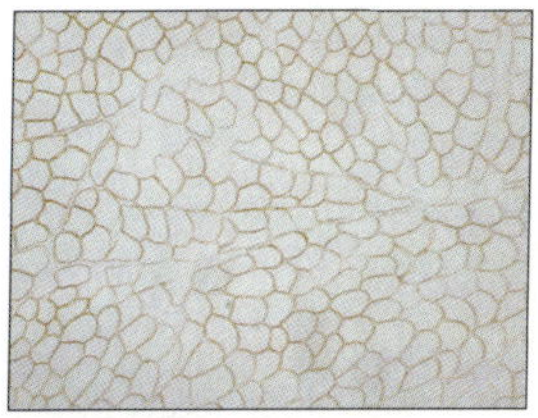

3. Areale mit Dystophin-Mangel bei weiblichen Heterozygoten

B. Dystrophin-Analyse in Muskelzellen

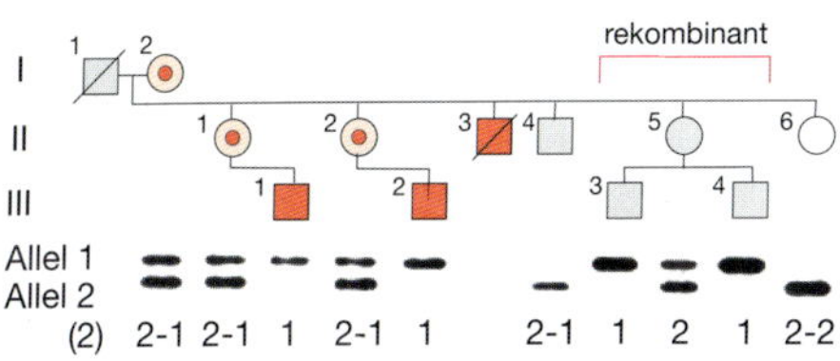

▪ = DMD-Patient ◉ = obligate Überträgerin

C. Untersuchung einer Familie mit DMD mittels DNA-Marker

Erkrankung	Chromosomale Lage	McKusick Nr.
X-chromosomal:		
Muskeldystrophie Duchenne	Xp21.2	310200
Muskeldystrophie Becker (allelisch mit DMD)	Xp21.2	310200
Muskeldystrophie Emery-Dreifuss	Xq28	310300
Autosomal dominant:		
Myotone Dystrophie	19q13	160900
Facioskapulo-Humerale Dystrophie	4q35-qter	158900
Okulo-Pharyngeale Muskeldystrophie	unbekannt	164300
Autosomal recessiv:		
Duchenne-ähnliche Muskeldystrophie	unbekannt	253700
Congenitale Muskeldystrophie Typ Fukuyama	unbekannt	253800
Beckengürtel-Muskeldystrophie	15q15-q22 u.a.	253600

D. Wichtige Formen von erblicher Muskeldystrophie beim Menschen

Sex-Determination

Anfang der 40er Jahre beobachtete der französische Embryologe Alfred Jost, daß nach Entfernung der Keimdrüsen (Testes) bei männlichen Feten des Kaninchen sich weibliche Tiere entwickelten. Im Jahre 1959 ergab die Untersuchung des Chromosomensatzes bei zwei Erkrankungen beim Menschen, dem Turner-Syndrom und dem Klinefelter-Syndrom, erste Hinweise darauf, daß genetische Faktoren auf dem Y-Chromosom von Säugetieren für die Festlegung des männlichen Geschlechts wichtig ist. Im Gegensatz dazu bestimmt bei Drosophila das Verhältnis der Autosomen zu X-Chromosomen das Geschlecht (2A:2X = weiblich; 2A:1X = männlich).

A. Determination des männlichen Phänotyps durch das Y-Chromosom

Patienten mit Turner-Syndrom haben nur ein X-Chromosom, aber einen, wenn auch unvollständig ausgeprägten, weiblichen Phänotyp, der von anderen Störungen begleitet ist. Patienten mit Klinefelter-Syndrom haben ein Y-Chromosom und zwei X-Chromosomen und einen männlichen Phänotyp, wenn auch unvollständig ausgeprägt. Selbst Individuen mit vier X-Chromosomen und einem Y-Chromosom (49,XXXXY) haben einen männlichen Phänotyp.

B. Sex-determinierende Region SRY auf dem Y-Chromosom

Nicht das gesamte Y-Chromosom ist für männliche Geschlechtsdetermination erforderlich, sondern nur ein kleiner Bereich von etwa 35 kb im kurzen Arm des Y-Chromosoms. Der relevante Bereich liegt im distalen kurzen Arm des Y-Chromosoms (Xp11.23). Der kurze Arm des Y-Chromosoms und der proximale Teil des langen Arms wird in verschiedene Intervalle eingeteilt (2). Die distalste Region im kurzen Arm ist die pseudoautosomale Region (PAR). Die pseudoautosomale Region auf dem kurzen Arm des Y-Chromosoms zeigt deutliche Homologie zum distalen Abschnitt im kurzen Arm des X-Chromosoms. Hier kommt es in der Meiose zwischen X- und Y-Chromosom zu homologer Paarung mit Crossing-over. Die physikalische Karte der pseudoautosomalen Region und der proximalen Hälfte von Intervall 1 (1A1-1B) erstreckt sich beim Menschen über etwas mehr als 2500 kb (3).
Die Intervalle 2–7 enthalten keine Gene für die männliche Geschlechtsdetermination. Kritisch für die männliche Geschlechtsdetermination sind etwa 35 kb einer als SRY bezeichneten Region (Sex Related Y-chromosome) in Intervall 1A1 nahe des Grenzbereichs zur pseudoautosomalen Region (nach U. Wolf, W. Schempp und G. Scherer: Molecular Biology of the Human Y-Chromosome. Rev. Physiol. Biochem. Pharmacol. *121 : 148–213, 1992).*

C. Männliche Entwicklung einer chromosomal weiblichen transgenen Maus mit SRY-Gen

Eine chromosomal weibliche, transgene Maus (XX) zeigt eine normale männliche Entwicklung, nachdem ein 14 kb DNA-Fragment aus dem Y-Chromosom der Maus mit der Sry-Region in die Blastocyten eingepflanzt worden war (Abb. aus P. Koopman et al., Nature *351* : 117–121, 1991).

D. SRY-Expression während der embryonalen Gonaden-Entwicklung der Maus

Während der Embryonalentwicklung wird Sry (ein dem SRY beim Menschen homologer Abschnitt von etwa 14 kb auf dem Y-Chromosom der Maus (bei der Maus Sry geschrieben) nur während Tag 10.5 und 12.5 einer XY-Maus exprimiert (Abb. aus P. Koopman & J. Gubbay: The biology of Sry. Seminars in Develop. Biol. *2* : 259–264, 1991).

Kein Y-Chromosom vorhanden		Y-Chromosom vorhanden	
45, XO	46, XX	46, XY	47, XXY
nur ein X-Chromosom			zusätzliches X-Chromosom
Turner-Syndrom weiblich	normal weiblich	normal männlich	Klinefelter-Syndrom männlich

A. Determination des männliches Phänotyps durch das Y-Chromosom

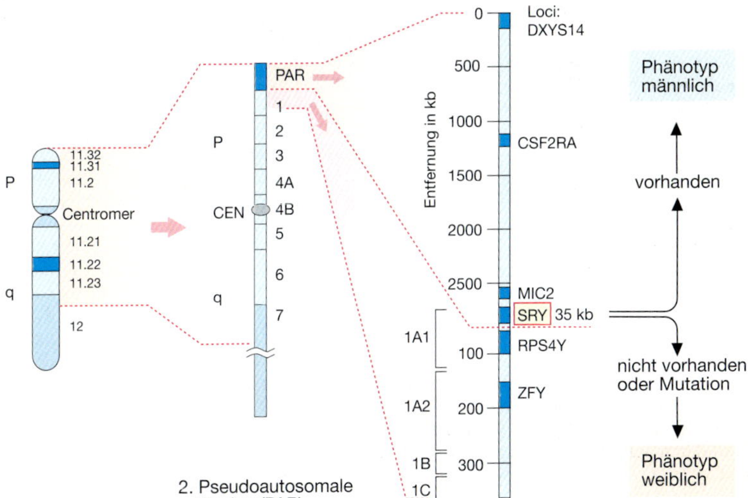

1. Y-Chromosom

2. Pseudoautosomale Region (PAR) und Intervall 1-7

3. PAR und Intervall IA - IB

B. Sex-determinierende Region SRY auf dem Y-Chromosom

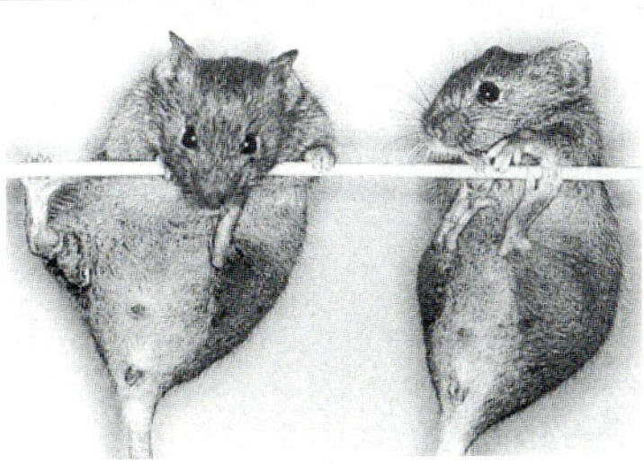

XY normal männlich XX mit Sry-Gen (männlich)

C. Sry-Expression während der embryonalen Gonaden-Entwicklung

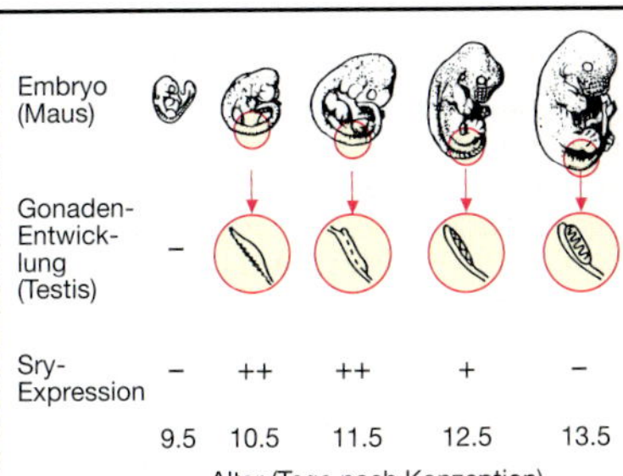

D. Männliche Entwicklung einer transgenen XX-Maus mit Sry-Gen

Sex-Differenzierung

Im Gegensatz zur Geschlechtsdetermination, der Festlegung des Geschlechts, besteht die Entwicklung des jeweiligen Geschlechts (Geschlechtsdifferenzierung) aus einer Vielzahl genetisch regulierter, zeitlich und örtlich geordneter Entwicklungsschritte. Bei Säugetieren bedarf die Entwicklung der männlichen Strukturen der Induktion durch entsprechende Gene.

A. Indifferente Anlagen der Geschlechtsdifferenzierung

Sowohl die Gonaden (Keimdrüsen, 1), die inneren Ausführungsgänge (2) und das äußere Genitale (3) beginnt mit einem indifferenten Stadium. Nach der Einwanderung primordialer Keimzellen in die zunächst undifferenzierten Gonaden lassen sich etwa gegen Ende der sechsten Schwangerschaftswoche beim Menschen ein innerer Anteil (Medulla) und ein äußerer Anteil (Cortex) unterscheiden. Bei Anwesenheit eines normalen Y-Chromosoms entsteht etwa in der 10. Schwangerschaftswoche durch Einfluß eines Testes-determinierenden Faktors (TDF) der frühembryonale Testis. Fehlt ein Y-Chromosom oder TDF (SRY), so entwickelt sich ein Ovar.
Die Wolffschen Gänge, die Vorläufer der männlichen Ausführungsgänge (Samenleiter, Samenbläschen und Prostata) entwikkeln sich unter dem Einfluß von Testosteron, einem vom fetalen Testis gebildeten männlichen Steroid-Hormon. Zugleich werden die Müllerschen Gänge, die Vorläufer von Tuben, Uterus, oberer Anteil der Vagina, durch ein Hormon unterdrückt (Müllerscher Inhibititionsfaktor, MIF).
Die Müllerschen Gänge entwickeln sich unter dem Einfluß von Östradiol (vom Ovar gebildet), während die Wolffschen Gänge in der Abwesenheit von Testosteron oder der Unwirksamkeit von Testosteron degenerieren. Das äußere Genitale (3) bildet sich beim Menschen erst relativ spät, etwa ab der 15.–16. Woche. Entscheidend für die Ausprägung des äußeren männlichen Genitales ist ein Derivat des männlich induzierenden Testosteron, das 5-Dihydrotestosteron, das durch enzymatische Einwirkung einer 5α-Reduktase aus Testosteron entsteht.

B. Zeitlicher Verlauf der Geschlechtsdifferenzierung

Die Geschlechtsdifferenzierung verläuft kaskadenartig in einer Reihe zeitlich geordneter aufeinanderfolgender Schritte auf verschiedenen Differenzierungsebenen. Nach Einwanderung der primordialen Keimzellen in die undifferenzierten Gonaden entwickelt sich bei Anwesenheit eines Y-Chromosoms unter Einfluß des Testes-determinierenden Faktors (TDF) ein frühembryonaler Testis. TDF ist vermutlich identisch mit den Y-spezifischen Sequenzen der SRY-Region (vgl. S. 324).
Liegt ein Y-Chromosom nicht vor, oder fehlt die SRY-Region oder ist durch eine Mutation verändert, so wird kein Testis gebildet. In diesem Falle unterbleiben die weiteren Entwicklungsschritte der Wolffschen Gänge. Bei Abwesenheit eines Y-Chromosoms entsteht aus der undifferenzierten Gonade ein Ovar. In diesem Fall degenerieren die Wolffschen Gänge, und die Müllerschen Gänge differenzieren in Tuben, Uterus und oberen Anteil der Vagina. Testosteron hat prägende Wirkung auf das Zentralnervensystem („Brain imprinting"). Man nimmt an, daß dies die Voraussetzung für die im späteren Leben auftretende psychische Geschlechtszuordnung darstellt. In der Abwesenheit von Testosteron oder bei Unwirksamkeit von Testosteron infolge Rezeptordefekt resultiert später eine psychische Zuordnung zum weiblichen Geschlecht. Bei der Mehrzahl der genetisch bedingten Störungen der Geschlechtsdifferenzierung stimmen die Differenzierungsebenen nicht überein (Pseudohermaphroditismus). Beim echten Hermaphroditismus (z. B. beim Vorliegen von Zellen mit einem XY-und einem XX-Chromosomensatz) existieren männliche und weibliche Strukturen nebeneinander.

Literaturhinweise s. S. 374

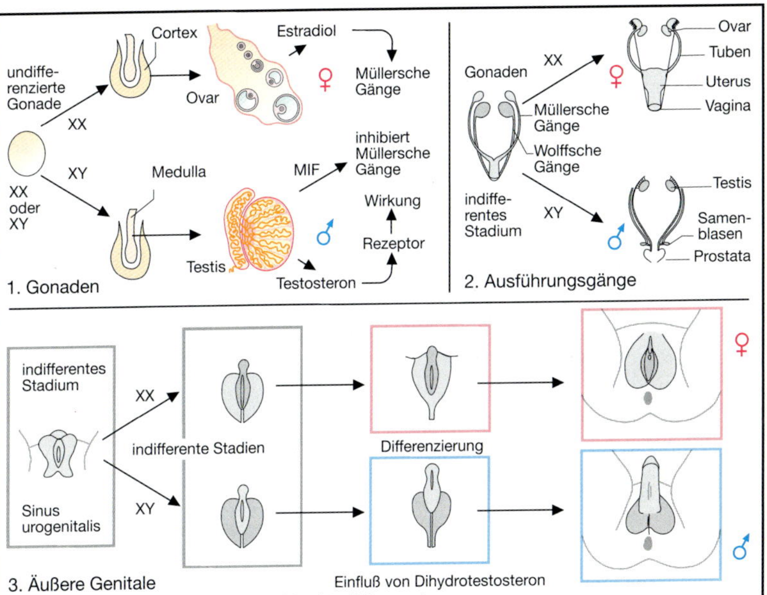

A. Indifferente Anlagen der Geschlechtsdifferenzierung

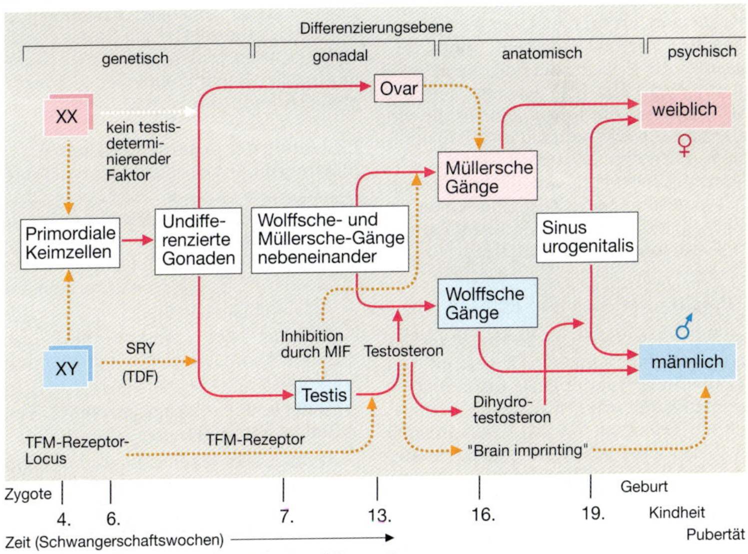

B. Zeitlicher Verlauf der Geschlechtsdifferenzierung

Genetisch bedingte Störungen der Geschlechtsentwicklung

Die normale Geschlechtsentwicklung ist das Ergebnis zahlreicher Gene. Dementsprechend komplex sind die Möglichkeiten von Störungen durch chromosomale Struktur-Umordnung oder Mutationen. Die Klassifikation genetisch bedingter Störungen der Geschlechtsentwicklung berücksichtigt die verschiedenen örtlich und zeitlich abgestuften Entwicklungsvorgänge und die sie steuernden Mechanismen. Die richtige Zuordnung des grundlegenden Defekts ist die Voraussetzung für eine richtige Diagnose und Behandlung.

A. Männlich determinierende Region SRY auf dem Y-Chromosom

Die männlich determinierenden, Y-spezifischen DNA-Sequenzen auf dem Y-Chromosom (SRY) verbleiben normalerweise auf dem Y-Chromosom und werden in der Meiose durch homologe Paarung und Crossing-over nicht auf das X-Chromosom übertragen. Die männlich determinierende Region SRY liegt in relativ geringer Distanz zum Grenzbereich der pseudo-autosomalen Region. Kommt es zum Crossing-over in diesem Bereich, kann eine Übertragung der SRY-Region auf ein X-Chromosom die Folge sein. In diesem Falle kann ein XX-Individuum mit männlichem Phänotyp entstehen (sog. XX-Mann). Umgekehrt kann bei einem Y-Chromosom die SRY-Region fehlen, so daß es zu einem weiblichen Phänotyp mit XY-Chromosomen kommen kann.

B. Punktmutationen im SRY-Gen

Das SRY-Gen des Menschen hat keine Introns und codiert für ein Transkript von 1.1 kb (Su & Lau, 1993). Etwa 310 bp stromaufwärts (in 5'-Richtung) befindet sich ein Promotor. Im kritischen Bereich des SRY-Gens, der DNA-bindenden Region (HMG-Box, High Mobility Group Gene), kann der Austausch einer einzigen Aminosäure zur Geschlechtsumkehr (Sex reversal) führen. Betroffene Individuen haben einen unvollständigen weiblichen Phänotyp und XY-Chromosomen. Die Mehrzahl der Mutationen sind *de novo*. (Abb. und Daten nach U. Wolf et al., 1992).

C. Androgen-Rezeptor TFM

Der unter dem Einfluß des SRY-Gens gebildete Testis-determinierende Faktor (TDF) induziert die Bildung des fetalen Testis aus einer zunächst undifferenzierten Gonade. Der fetale Testis bildet Testosteron, das die männliche Geschlechtsdifferenzierung induzierende Hormon. Testosteron wird von den Zellen der Zielgewebe (Wolffsche Gänge) und Sinus urogenitalis) aufgenommen (1). Ein Teil des Testosterons wird durch das Enzym 5α-Reduktase in Dihydrotestosteron (DHT) überführt. Sowohl Testosteron als auch Dihydrotestosteron binden an einen intrazellulären Rezeptor (TFM-Rezeptor). Der aktivierte Hormon-Rezeptor-Komplex (TR* bzw. DR*) wirkt als Transkriptionsfaktor für Gene, welche die Differenzierung der Wolffschen Gänge bzw. des Sinus urogenitalis steuern. Die normale männliche Fetalentwicklung ist deshalb von normaler Biosynthese von Testosteron und normalem TFM-Rezeptor abhängig. Mutationen im TFM-Rezeptor führen zu Störungen der Geschlechtsentwicklung (2) mit X-chromosomal codierter kompletter oder inkompletter Androgen-Resistenz.

Einteilung der genetisch bedingten Störungen der Geschlechtsentwicklung

1. Defekte der Geschlechtsdetermination durch Mutation oder Strukturaberration der SRY-Region auf dem Y-Chromosom (z. B. XY-Gonadendysgenesie; XX-Männer u. a.)
2. Defekte der Androgenbiosynthese (z. B. Androgenitales Syndrom infolge 21-Hydroxylase-Defizienz)
3. Defekte des Androgenrezeptors (Testikuläre Feminisierung)
4. Defekte des Müller-Inhibitionsfaktors (sog. Hernia uteri-Syndrom)
5. XO/XY Gonadendysgenesie

Literaturhinweise s. S. 374

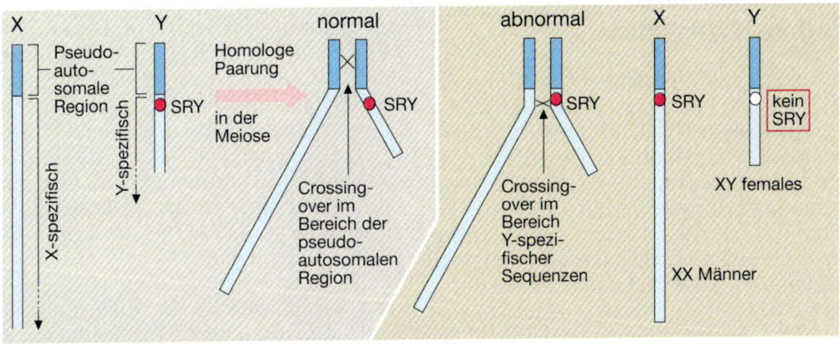

1. SRY bleibt auf dem Y-Chromosom 2. Übertragung von SRY auf das X-Chromosom

A. Männlich determinierende Region SRY auf dem Y-Chromosom

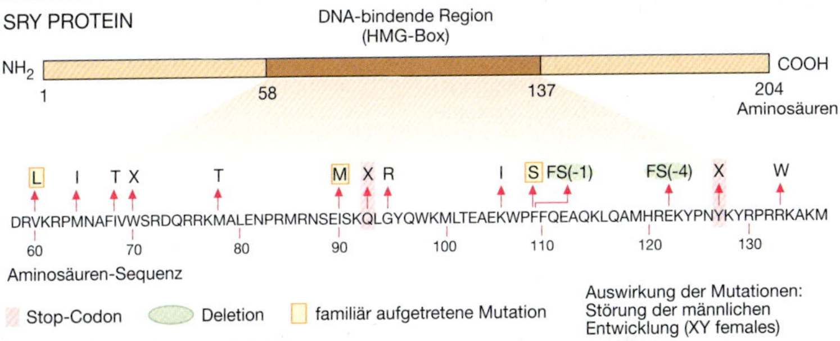

B. Punktmutationen im SRY-Gen

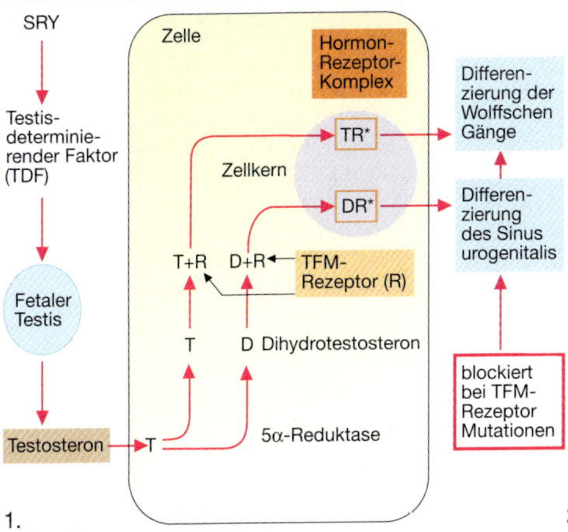

1.

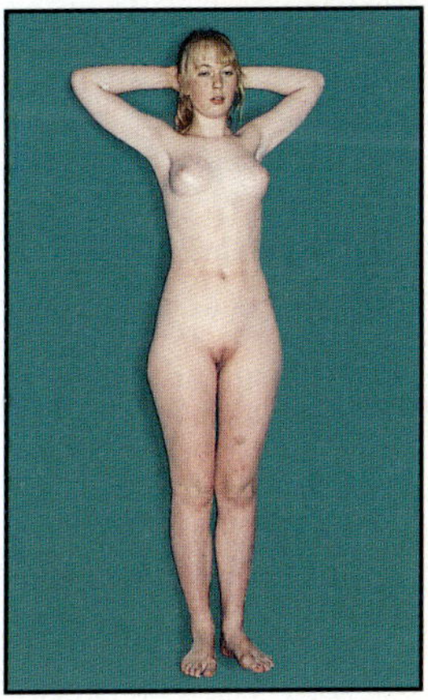

2. Phänotyp bei TFM-Rezeptordefekt

C. Androgen-Rezeptor TFM

Congenitale Nebennieren-rinden-Hyperplasie

Adrenogenitales Syndrom ist die Folge eines genetisch bedingten Mangels an Cortisol, einem in der fetalen Nebennierenrinde gebildeten Steroidhormon. Durch kompensatorisch vermehrte Ausschüttung von Adrenocorticotropen Hormon (ACTH) kommt es sekundär zu einer Vergrößerung der Nebennierenrinde (Hyperplasie) und Störung der weiblichen Geschlechtsdifferenzierung mit gesteigerter pränataler Steroid-Bildung von androgen wirkenden Metaboliten.

A. Klinischer Phänotyp und Genetik

Mädchen werden mit zwittrigem Genitale geboren (1). Die Nebennierenrinde ist vergrößert (2). Vermehrt gebildete, androgen wirkende Metaboliten führen zu Vermännlichung. Der Cortisol-Mangel (3) führt durch Salzverlust zu lebensbedrohlichen Krisen, die rechtzeitige Behandlung erfordern. AGS ist autosomal recessiv erblich (4). Unbehandelte Kinder entwickeln einen männlichen Körperbau (5). Sie haben zunächst eine beschleunigte Skelettreifung und sind für ihr Alter zu groß, beenden aber ihr Längenwachstum vorzeitig und sind später zu klein. Neben der klassischen Form der Erkrankung mit einer Häufigkeit von etwa 1 : 5000 gibt es andere Formen mit weniger ausgeprägter Vermännlichung infolge verschiedener Mutationen (Genetische Heterogenität).

B. Biochemischer Defekt

Die enzymatische Umwandlung von Progesteron in Deoxycortisol (DOC) durch Hydroxylierung an Position 21 (Steroid-21-Hydroxylase) ist extrem vermindert. Es entsteht vermehrt 17-Hydroxy-Progesteron (17-OH-P).

C. Genlocus und Genstruktur

21-Hydroxylase gehört zur Gruppe der Cytochrom P450-(CYP)-Oxidasen (vgl. S. 310). Zwei für AGS relevante Genloci, 21-OH A und 21-OH B (neue Bezeichnung CYP21A und CYP21B), liegen auf dem kurzen Arm von Chromosom 6 im HLA-System (vgl. S. 252). Deshalb kann durch HLA-Typisierung eines erkrankten Kindes und seiner Eltern das die AGS-Mutation tragende Chromosom indirekt identifiziert werden. Das CYP21B-Gen besteht aus 10 Exons unterschiedlicher Größe, die sich über insgesamt knapp 60 kb genomischer DNA erstrecken. Das CYP21A-Gen wird nicht transkribiert, weil es Deletionen und Stopcodons enthält (Pseudogen). Jeweils in 5'-Richtung liegen die Gene für Complementfaktor 4A (C4A) bzw. 4B (C4B).

D. Molekulargenetische Analyse

Verschiedene Mutationen kommen vor. Bei Southern-Blot-Analyse nach TaqI-Verdauung und Verwendung einer cDNA-Sonde wird das normale 21-OHB (CYP21B)-Gen durch ein 3.7 kb DNA-Fragment repräsentiert, das 21-OH A-Gen (CYP21A)-Gen durch ein 3.2 kb Fragment (1), jedes der beiden Gene isoliert durch ein Band von 3.7 bzw. 3.2 kb (2). Bei einer Deletion des CYP21A-Gens (kein klinischer Effekt) fehlt das 3.2 kb Band (3). Bei der klassischen Form von AGS findet sich häufig eine Deletion des normalen 21-OH-B (CYP21B) Gens, so daß das 3.7 kb Fragment fehlt (4). Heterozygote für die Deletion eines CYP21B-Gens zeigen eine verminderte Intensität des 3.7 kb Fragments, weil ein Gen fehlt (5). Bei Patienten mit einer relativ milden Ausprägung findet sich eine partielle oder totale Duplikation des CYP21B-Gens ohne Salzverlust (6). Deletionen und Duplikationen sind häufig, weil durch die Ähnlichkeit der 21-OH-A- und 21-OH-B-Gene ungleiches Crossing-over eintritt.

Literaturhinweis

New, M. et al.: The adrenal hyperplasias, Chapter 74, p. 1881–1917, In: The Metabolic Basis of Inherited Disease. 6th edition, C. R. Scriver, A. L. Beaudet, W. S. Sly, D. Valle, editors. McGraw-Hill Information Services Comp., New York, 1989.

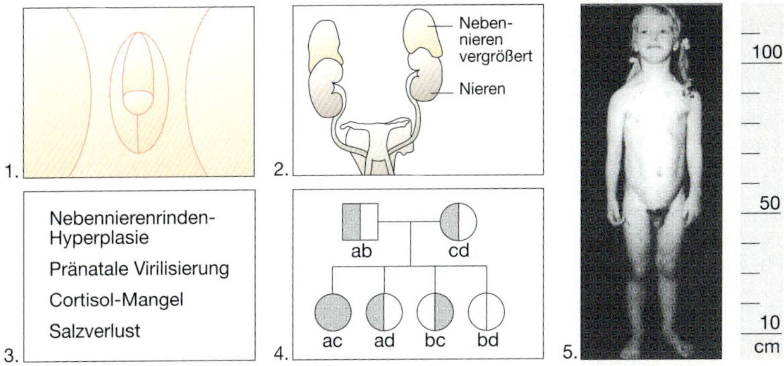

A. Klinischer Phänotyp und formale Genetik

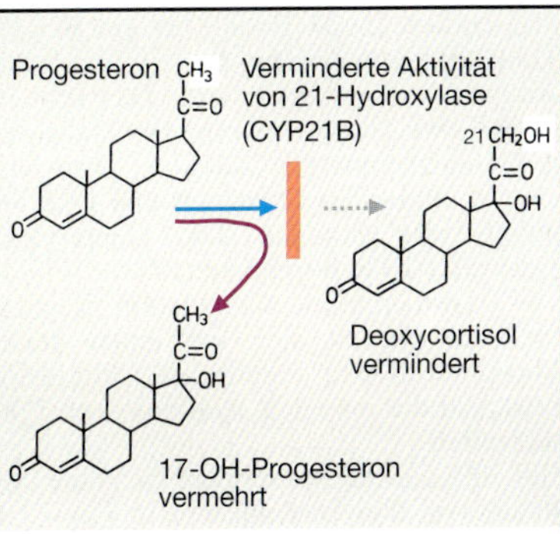

B. Biochemischer Defekt

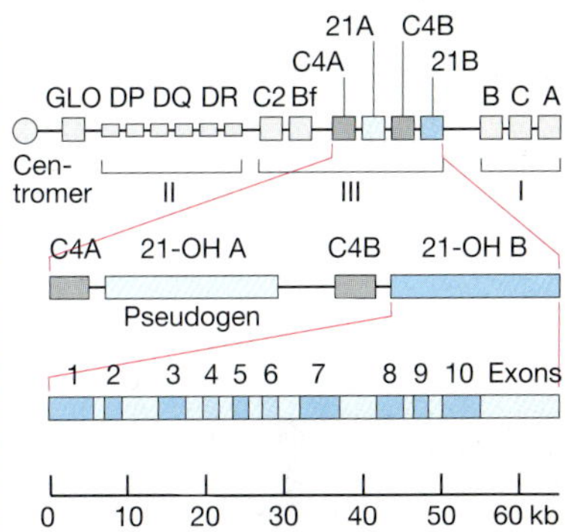

C. Genlocus und Genstruktur

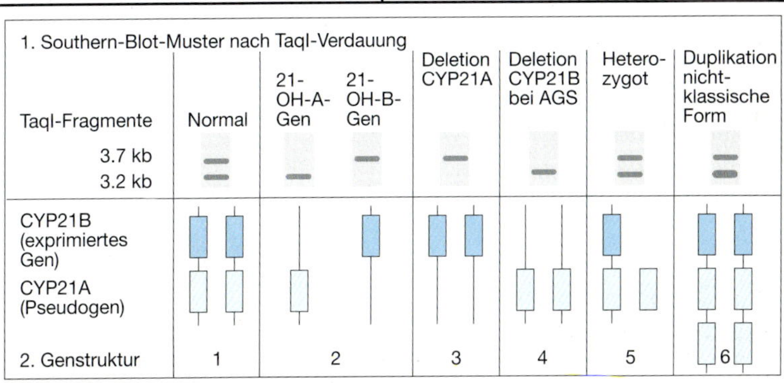

D. Molekulargenetische Analyse

Cystische Fibrose durch Defekt eines Chlorid-Ionenkanals

Cystische Fibrose (Mucoviscidose) ist die häufigste autosomal recessiv erbliche Erkrankung in Bevölkerungen europäischer Herkunft (1 : 2000, Heterozygotenhäufigkeit 1 : 22). Die Isolierung des Gens 1989 stellt einen Meilenstein der Medizinischen Genetik dar. Die Isolierung des Gens hat zu einer wesentlichen Verbesserung der Diagnostik, Erkennung von heterozygoten Genträgern und Verständnis der Pathophysiologie beigetragen.

A. Cystische Fibrose, die häufigste autosomal recessiv erbliche Krankheit in Europa

Die Erkrankung ist schwer und fortschreitend. Sie betrifft vor allem das Bronchialsystem mit zäher Schleimbildung und häufigen Infektionen. Auch der Magen-Darm-Kanal kann durch Störungen des Pankreas betroffen sein. Pankreas-Insuffizienz tritt bei etwa 85% der Patienten auf. Daneben gibt es relativ leichte Verlaufsformen infolge verschiedener Mutationen. Etwa 5–10% Neugeborener mit Cystischer Fibrose entwickeln eine schwere intestinale Obstruktion (Mekonium-Ileus). Bei etwa 2–5% ist die Leber beteiligt. Männliche Individuen sind praktisch immer infertil, häufig auch weibliche Individuen. Die durchschnittliche Lebenserwartung liegt bei etwa 20–30 Jahren. Ein hoher Anteil infertiler Männer mit Fehlen der Samenleiter ist heterozygot für eine CF-Mutation.

B. Positionelle Klonierung des CF-Gens

Das Gen für Cystische Fibrose wurde aufgrund seiner chromosomalen Lage isoliert (positionale Klonierung). Nach Lokalisierung des Genlocus auf dem langen Arm des Chromosom 7 (7q31.3) wurde zunächst ein DNA-Abschnitt von etwa 1.5 Mb (Megabasen, entsprechend etwa 1.500 kb) isoliert. Durch eine Kombination von Chromosomenwalking und Chromosomenjumping von einer Serie flankierender polymorpher Marker-Loci ausgehend (z. B. Locus D7S340 proximal und D7S424 distal) wurde ein Abschnitt von etwa 250 kb isoliert und hier liegende Kandidaten-Gene für CF geprüft. Die Identifizierung des CF-Gens beruhte auf dem Nachweis von Mutationen bei Patienten und ihre Abwesenheit bei normalen Kontrollen, Suche nach evolutionär konservierten codierenden Sequenzen, Sequenzierung, Aufklärung der Exon-/Intron-Struktur und dem Nachweis der Expression in epithelialen Zellen, vor allem Pankreas, Speicheldrüsen, Schweißdrüsen, Magen-Darm-Kanal und Reproduktionstrakt.

C. CF-Gen und CFTR-Protein

Das CF-Gen ist sehr groß (über 230 kb) und codiert in 24 Exons für ein 6.5 kb Transkript, von dem ein Protein von 1.480 Aminosäuren gebildet wird. Das Protein enthält zwei transmembrane Domänen mit je 6 transmembranen Anteilen, zwei Nucleotid-bindenden Domänen und eine regulatorische Domäne. Das Genprodukt wird als CFTR bezeichnet (Cystic Fibrosis Transmembrane Conduction Regulator). Es handelt sich um einen durch Phosphorylierung regulierten Chlorid-Ionenkanal der apicalen Membran von Epithelzellen.
Bei 70% der Patienten findet sich eine Deletion von drei Basenpaaren in Exon 10. An Aminosäureposition 508 fehlt die Aminosäure Phenylalanin (F, daher die Bezeichnung Delta-F508). Etwa 70% aller Erkrankungen gehen auf diese Mutation zurück. Fünf weitere Mutationen machen weitere 15% der Erkrankungen aus. Einige Mutationen in den transmembranen Anteilen führen zu einer leichten Verlaufsform der Erkrankung mit einer quantitativen Verminderung und Funktion des Chlorid-Ionenkanals (Sheppard et al., 1993).

Literaturnachweise s. S. 374

Cystische Fibrose (Mucoviscidose)

Schwere, fortschreitende Erkrankung des Bronchialsystems und Magen-Darm-Kanals

Gestörte Funktion eines Chlor-Ionenkanals durch Mutationen eines Gens

Autosomal recessiv

Genlocus 7q31.3

Krankheitshäufigkeit ca. 1:2000

Heterozygote-Häufigkeit ca. 1:22

Mutation Delta F508 bei ca. 70%

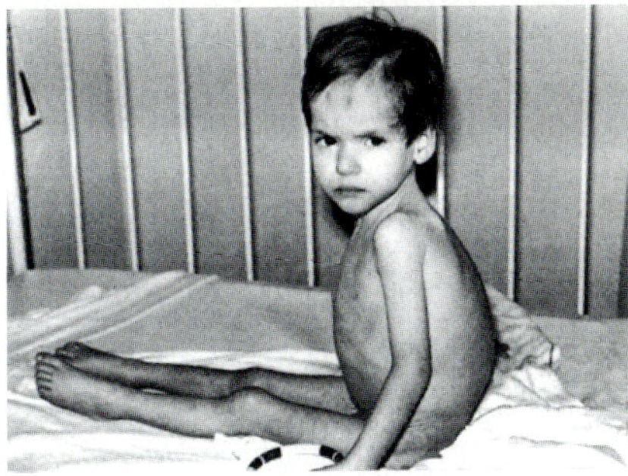

A. Cystische Fibrose, die häufigste autosomal recessiv erbliche Krankheit in Europa

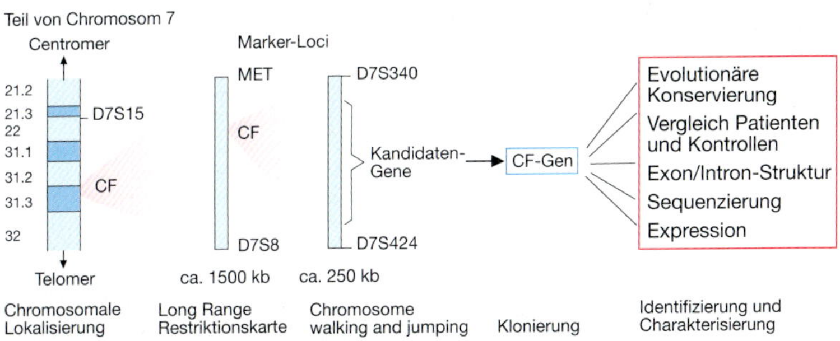

B. Positionelle Klonierung des Gens für Cystische Fibrose (CF)

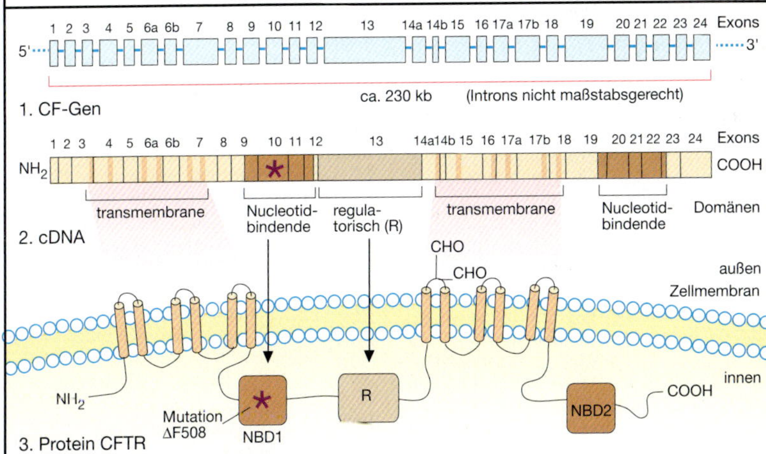

C. CF-Gen und CFTR-Protein

Instabile Anzahl von Trinucleotid-Repeats

Variable Veränderungen in der Länge von wiederholten Gruppen von jeweils drei Nucleotiden (Trinucleotid oder Triplet-Repeat) stellen eine neue Klasse von Mutationen beim Menschen dar, für die es keine Parallele bei anderen Organismen gibt. Sie sind instabil bei der Transmission durch die Keimbahn. Dies resultiert in Erkrankungen mit wechselndem Schweregrad innerhalb einer Familie. Gelegentlich kommt es zu einer Rückbildung und Überspringen einer Generation.

A. Genetische Erkrankungen mit erhöhter Anzahl von Trinucleotiden

Wichtige genetisch bedingte Erkrankungen beruhen auf einer Zunahme von Trinucleotiden gegenüber der normalen Anzahl: Chorea Huntington, Fragiles X-Syndrom, Myotone Dystrophie und Spinobulbäre Muskelatrophie Typ Kennedy. Es ist damit zu rechnen, daß andere Erkrankungen auf instabilen DNA-Abschnitten beruhen, wie Spinocerebelläre Ataxie Typ 1 (H. T. Orr et al., Nature Genet. *4*:221–226, 1993).

B. Chorea Huntington

Chorea Huntington ist eine fortschreitend verlaufende Erkrankung des Gehirns. Sie führt über einen Zeitraum von 5 bis 10 Jahren zu vollständigem Verlust von motorischer Kontrolle und intellektueller Fähigkeiten (1). Sie beginnt mit unkoordinierten Bewegungen (Chorea, „Veitstanz"), Unruhezuständen, Halluzinationen und psychischen Veränderungen. Die Krankheit ist autosomal dominant erblich und zeigt vollständige Penetranz. Sie stellt eine betroffene Familie vor zwei schwere Probleme: (i) Sie beginnt meist relativ spät, nach dem 40. Lebensjahr, so daß Träger der Mutation infolge des späten Manifestationsalters ihre Familienplanung abgeschlossen haben, (ii) Kinder von Erkrankten erfahren erst als junge Erwachsene, daß sie ein 50%iges Risiko für die Erkrankung haben. Deshalb hat eine neue, direkte prädiktive DNA-Diagnostik Bedeutung. Vor der Durchführung eines genetischen Tests muß durch Genetische Beratung sichergestellt sein, daß von einem Risiko bedrohte Personen selbst entscheiden, ob sie die Untersuchung wünschen. Das im März 1993 genau lokalisierte Gen (The Huntington's Disease Collaborative Research Group, Cell 72:971–983, 1993) liegt zwischen den Markern D4S127 und D4S125 auf dem distalen kurzen Arm von Chromosom 4 (2). Es erstreckt sich über 210 kb und codiert für ein Protein (genannt „huntingtin") unbekannter Funktion. Am 5'-Ende finden sich zahlreiche Kopien einer aus Cytosin, Adenin und Guanin (CAG) bestehenden Trinucleotid-Sequenz, einem Codon für die Aminosäure Glutamin. Normalerweise hat das Gen hier 10 bis 34 CAG-Repeats. Bei Patienten sind es zwischen etwa 42 und 100. Ein neuer diagnostischer Test (3) zeigt bei Erkrankten (Individuen 1, 2 und 4) expandierte CAG-Repeats als vergrößerte DNA-Fragmente gegenüber normalen Kontrollen nach (Befunde des Instituts für Humangenetik der Universität Göttingen mit freundlicher Erlaubnis; C. Zühlke et al., Hum.Mol.Genet. *2*:1467–1469, 1993).

C. Myotone Dystrophie (MDY1)

Myotone Dystrophie ist eine autosomal dominant erbliche, vorwiegend das Muskelsystem und das Zentralnervensystem betreffende Erkrankung (1). Sie ist sehr variabel und zeigt in vielen Familien in aufeinanderfolgenden Generationen einen zunehmenden Schweregrad (Antizipation). Die Myotonie verursacht ein starres Gesicht (2). Am 3'-Ende außerhalb des Gens haben Erkrankte ein aus über 50 Kopien bestehendes, vergrößertes CTG-Repeat, gegenüber bei normalen Individuen 5 bis 35 Kopien (3). Dies zeigt sich im Southern-Blot durch Zunahme der DNA-Fragmentgröße (4) (Schema eines Southern-Blots am Genlocus D19S95, Sonde pBBO.7 nach DNA-Spaltung mit EcoRI, nach H. G. Harley et al., Lancet *339*:1125–1128, 1992).

Literaturhinweise s. S. 375

Krankheit	Gen	Häufigkeit	Tri-nucleotid	Normale Anzahl	Mutantes Allel	Chromosom
Chorea Huntington	CH	1:10 000	$(CAG)_n$	11-34	42-100	4p16.3
Fragiles X-Syndrom	FMR1	1:2 000	$(CGG)_n$	10-50	52-500	Xq27.3
Myotone Dystrophie	MDY1	1:8 000	$(CTG)_n$	5-35	50-200	19q13.3
Spino-bulbäre Muskel-atrophie (Kennedy)	SBMA	<1:50 000	$(CTG)_n$	11-31	40-65	Xq21.3-22

A. Genetische Erkrankungen mit erhöhter Anzahl von Trinucleotiden

Schwere fortschreitende Erkrankung des Nervensystems
Verlust motorischer und intellektueller Kontrolle
Erkrankungsbeginn ca. 25. - 60. Lebensjahr
Autosomal dominant
CAG-Repeat vergrößert
Prädiktive Diagnostik möglich, aber problematisch

1. Hauptmerkmale

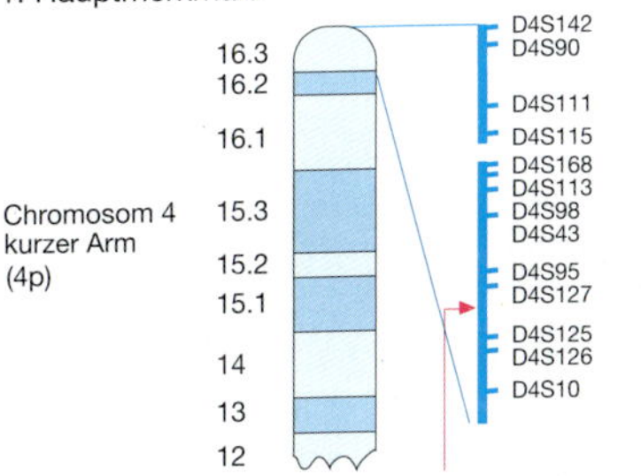

2. Lokalisation des Gens

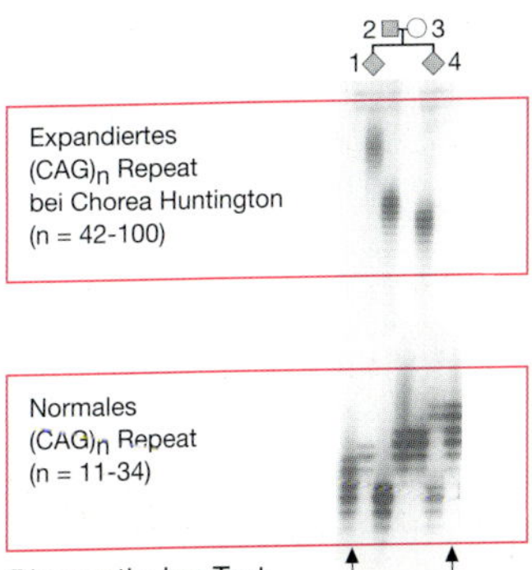

3. Diagnostischer Test

B. Chorea Huntington

Muskelschwäche,
Myotonie, Starres Gesicht,
Linsentrübung, Alopecie,
Variable Expression,
Autosomal dominant,
CTG-Repeat vergrößert

1. Hauptmerkmale

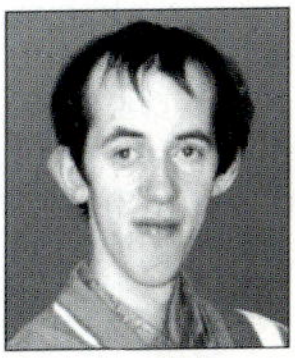

2. Phänotyp

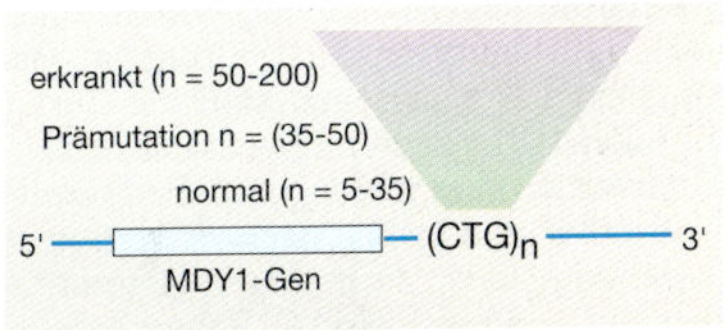

3. Expandiertes CTG-Repeat bei Myotoner Dystrophie

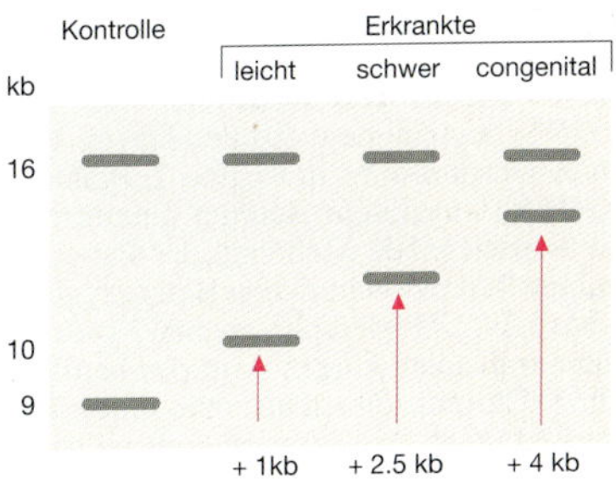

Schema eines Southern-Blot am Genlocus D19S95 (Sonde pBB0.7)

4. Korrelation mit Schweregrad

C. Myotone Dystrophie (MDY1)

Fragiles X-Syndrom (FMR1-Gen)

Das Fragile X-Syndrom (McKusick *309550; andere Bezeichnungen: fraX-Syndrom; X-chromosomale mentale Retardierung mit brüchiger Stelle am X-Chromosom; Martin-Bell-Syndrom u. a.) ist die häufigste Form erblicher geistiger Retardierung im männlichen Geschlecht mit einer Häufigkeit von etwa 1 : 1000 bis 1500 Individuen. Die verantwortliche Mutation besteht meistens aus einer vergrößerten Anzahl instabiler Nucleotid-Repeats. Im Gegensatz zum klassischen X-chromosomalen Erbgang gibt es männliche Genträger ohne Manifestation, und ein hoher Anteil weiblicher Genträger zeigt eine Teilmanifestation.

A. Phänotyp

Der Phänotyp ist sehr variabel. Die geistige Retardierung ist unterschiedlich, ohne eindeutige neurologische Störungen. Bei männlichen Erwachsenen sind die Testes vergrößert (Makroorchidismus). Erkrankte Individuen sind meist gut in die Familie integrierbar und lernen, sich in vertrauter Umgebung sicher zu bewegen (Photographien aus E. Passarge & A. Schmidt, Issues and Reviews in Teratology *3*:95–133, 1985).

B. Brüchige Stelle Xq27.3

Der Genlocus (FRAXA) für das Gen (FMR1) liegt auf dem distalen langen Arm des X-Chromosoms in Region 2, Band 7.3 (Xq27.3). In diesem Bereich manifestiert die überwiegende Mehrzahl der Patienten und ein Teil der weiblichen Heterozygoten in etwa 2–25% Metaphasen eine Konstriktion am distalen langen Arm des betroffenen X-Chromosoms. Dies muß durch Folsäure-Mangel im Kulturmedium induziert werden.

C. Expandiertes CGG-Repeat bei Fragilem X-Syndrom

Die erblichen unstabilen Sequenzen erklären zwei ungewöhnliche Merkmale des fra-X-Syndroms, (i) den Übergang von einer Prämutation (etwa 60–200 CGG-Repeats) ohne klinische Manifestation in eine volle Mutation (mehr als 200 CGG-Repeats) während der Transmission über die Keimbahn und (ii) Unterschiede am FRAXA-Locus innerhalb einer gegebenen Familie (1). Intellektuell und cytogenetisch normale männliche Individuen (Anteil 20%) können die Mutation tragen und weitervererben (normal male transmitter). Die Mütter aller betroffenen männlichen Individuen sind heterozygot und alle Mutationen müssen durch die weibliche Keimbahn gehen, bevor ein phänotypischer Effekt auftritt. Phänotypisch betroffene weibliche Individuen (40–50% Anteil) erhalten die fra-X-Mutation stets von ihrer Mutter, nicht vom Vater. Töchter von normalen männlichen Überträgern sind phänotypisch nicht betroffen.

Töchter von normalen männlichen Überträgern haben ein höheres Risiko für erkrankte Söhne (76% Penetranz) als andere Heterozygote (18% Penetranz). Die Größe des CGG-Repeats kann von einer Generation zur anderen zunehmen. Erkrankte Individuen tragen im nicht-translatierten 5'-Bereich des FMR1-Gens etwa 200–500 Kopien von Trinucleotid-Repeats $[(CGG)_9\ AGG(CGG)_9\ AGG(CGG)_{10}]$ anstatt normal 10–50 Kopien (kurz $p(CGG)_n$ bezeichnet). Dies entspricht ca. 30 Codons für Arginin (2).

Die unterschiedliche Anzahl der CGG-Repeats kann im Southern-Blot durch verschieden große DNA-Fragmente nachgewiesen werden (3). Bei normaler Anzahl entsteht ein kleines DNA-Fragment (S). Die Prämutation führt zu gering vergrößerten DNA-Fragmenten (S*). Die volle Mutation ist durch große DNA-Fragmente (L) gekennzeichnet. Mit diesem Verfahren ist eine zuverlässige Genotyp-Diagnostik möglich (Photographie eines Southern-Blot nach HindIII-Verdauung und Hybridisierung mit Sonde Ox1.1, P. Steinbach, Ulm).

Literaturhinweise s. S. 375

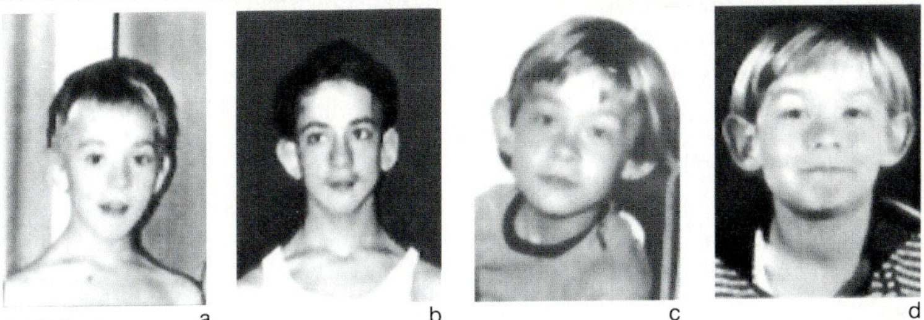

A. Phänotyp

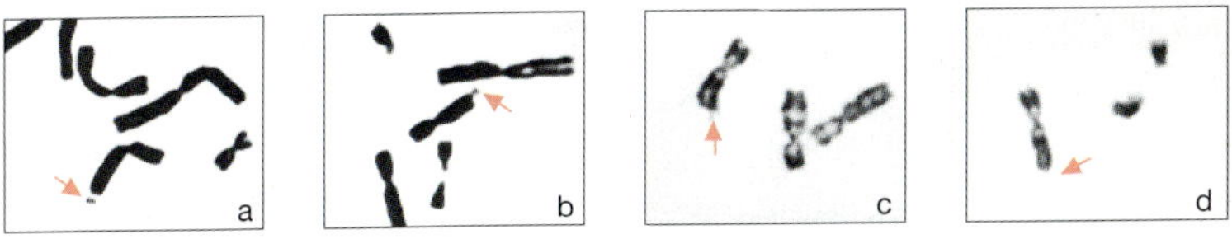

B. Brüchige Stelle Xq27.3

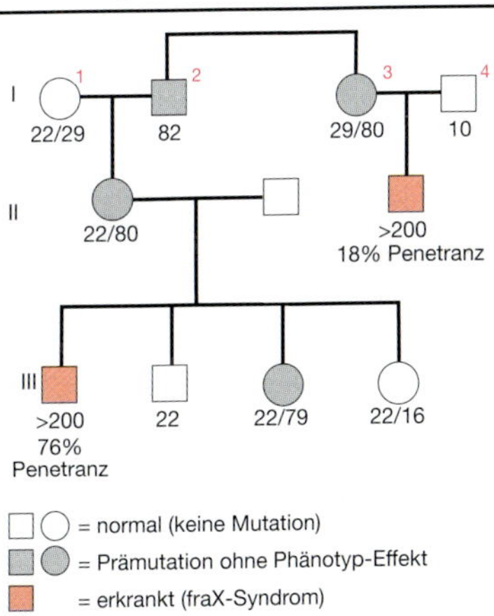

Zahlen unter den Symbolen entsprechen der Anzahl CGG-Trinucleotide am FMR1-Locus

1. Variable Anzahl von CGG-Repeats

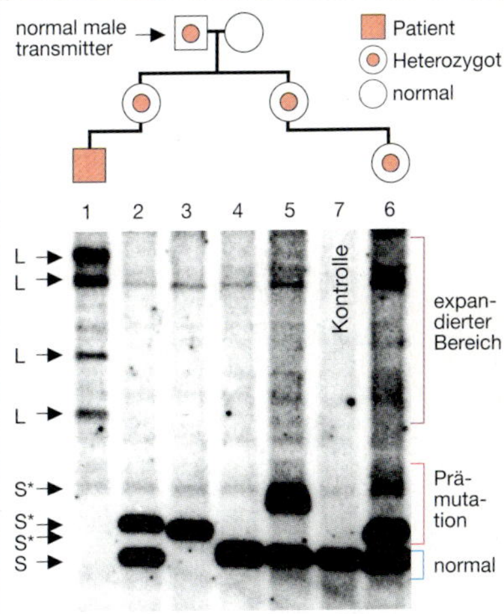

3. Untersuchung einer Familie mit fraX-Syndrom

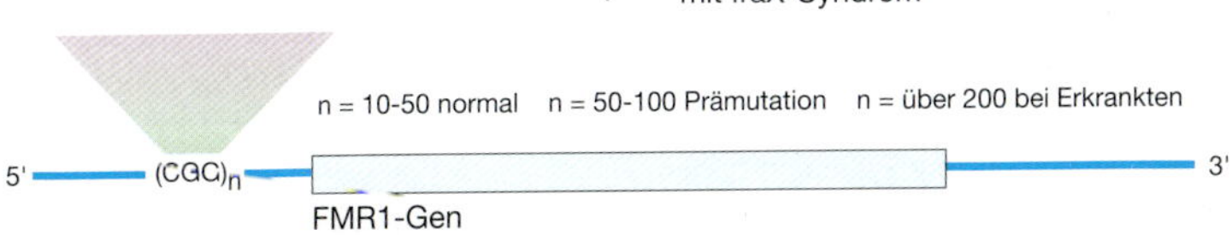

2. Anzahl CGG-Repeats bei Mutation und Prämutation

C. Expandiertes CGG-Repeat bei Fragilem X-Syndrom

Erhöhte chromosomale Instabilität (Bloom-Syndrom, Fanconi-Anämie, Ataxia telangiectatica)

Eine Reihe von autosomal recessiv erblichen Erkrankungen zeigen chromosomale Instabilität, sichtbar in Metaphase-Chromosomen. Die wichtigsten Vertreter sind Bloom-Syndrom (BS), Fanconi-Anämie (FA) und Ataxia telangiectatica (AT), jedoch gibt es auch andere. Diesen Erkrankungen ist gemeinsam, daß sie zu Wachstums- und Entwicklungsstörungen führen, Defekte des Immunsystems und der Knochenmarkfunktion offenbaren und zu bösartigen Tumoren prädisponieren.

A. Bloom-Syndrom (BS)

Beim Bloom-Syndrom (1) ist Wachstumsverzögerung sehr ausgeprägt (Geburtsgewicht 2000 g, Länge bei der Geburt ca. 40 cm, Erwachsenengröße bei 150 cm). Der Phänotyp (2) zeigt ein schmales Gesicht. Meistens, aber nicht immer, entwickelt sich ein sonnenlicht-induziertes Erythem im Bereich der Wangen, Augenlider, Mund, Ohren und Handrücken. Das Photo rechts (c) zeigt einen Jungen mit Bloom-Syndrom und akuter Leukämie. In Metaphase-Zellen findet sich eine um etwa das 10fache erhöhte Austauschrate zwischen Schwesterchromatiden (SCE, Sister Chromatid Exchange) von ca. 60 pro Metaphase anstatt ca. 6 in normalen Zellen (3). Eine Erklärung von SCE findet sich im Glossar (S. 390). Metaphasen von Patienten enthalten vermehrt Brüche in einem oder beiden Chromatiden, sowie in rund 1–2% der Zellen einen Austausch zwischen homologen Chromosomen.
Beim Bloom-Syndrom treten maligne Tumoren in wesentlich jüngerem Alter auf als normal. In einer Serie von 147 Patienten im Alter von 0 bis 4 Jahren entwickelten 57 (38%) insgesamt 77 bösartige Tumoren (German, 1993). Mehrere Patienten hatten mehr als einen Primärtumor. Besonders hoch ist der Anteil von akuten Leukämien, Lymphomen und Adenocarcinomen. Chemotherapie wird extrem schlecht toleriert.

B. Fanconi-Anämie (FA)

Fanconi-Anämie (Hereditäre Pancytopenie) ist ein autosomal recessiv erbliches Fehlbildungssyndrom (1) mit variabler klinischer Expression. Im Vordergrund steht die in den ersten Lebensjahren auftretende aplastische Anämie, Thrombozytopenie und Leukopenie. Prä- und postnatale Wachstumsdefizienz (2), hypoplastischer oder fehlender Daumen (3), verkürzter oder fehlender Radius sind charakteristische Skelettfehlbildungen. Die cytogenetische Manifestation sind Brüche in einem oder beiden Chromatiden von Metaphase-Chromosomen in ca. 5–15% der Zellen und gelegentlich Austausch zwischen nicht-homologen Chromosomen. Fanconi-Anämie ist genetisch heterogen. Mindestens 4 Komplementationsgruppen für einen DNA-Reparatur-Defekt sind identifiziert (C. A. Stratheie et al., Nature *356*:763–767, 1992).

C. Ataxia telangiectatica (AT)

Ataxia telangiectatica (Louis-Bar-Syndrom) (1) ist eine Gruppe autosomal recessiv erblicher Erkrankungen mit neurologischen und immunologischen Defekten. Charakteristische Telangiectasien von Gefäßen entwickeln sich in den ersten Lebensjahren in der Bindehaut der Augen (2). Die cerebelläre Ataxie beginnt gleichfalls in den ersten Lebensjahren und ist zunächst progressiv, später stationär. Die Immundefizienz führt zu schweren Infektionen der Lunge und des Bronchialsystems. Lymphom und Leukämie sind relativ häufige Komplikationen. In Metaphasezellen finden sich klonale Zellen mit Umordnungen unter bevorzugter Beteiligung von Chromosom 7 und 14 (3). Strahleninduzierte Reparaturvorgänge sind gestört. Deshalb sind Patienten extrem empfindlich gegen Röntgenstrahlen, so daß selbst diagnostische Aufnahmen einer strengen Indikation unterliegen müssen.

Literaturhinweise s. S. 375

Bloom-Syndrom

Ausgeprägte intrauterine und postnatale Wachstumsverzögerung

Chromosomale Instabilität

Neigung zu Leukämien, Lymphomen und anderen Tumoren

Immundefekte

Sonnenlicht-induziertes Erythem im Gesicht

Hypo- und Hyperpigmentierte Hautflecken

Autosomal recessiv

Genlocus auf Chromosom 15

1. Wesentliche Merkmale

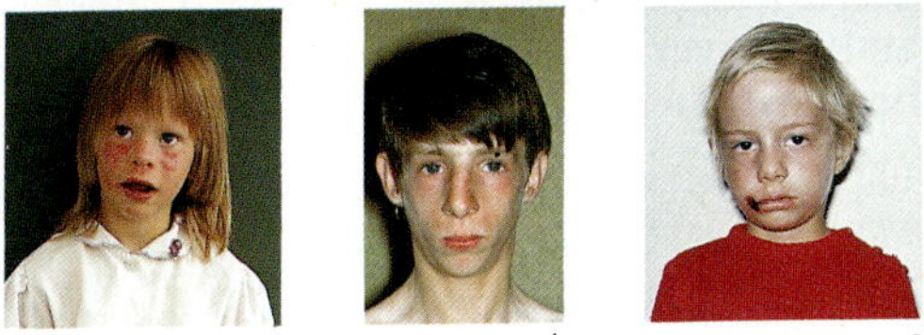

a b c

2. Phänotyp

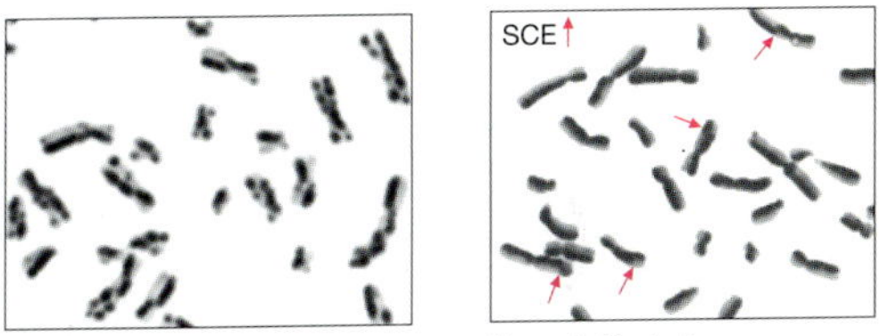

Bloom-Syndrom

Normale Kontrolle

3. Erhöhte Rate von Schwesterchromatid-Austausch (SCE)

A. Bloom-Syndrom (BS)

Fanconi-Anämie

Wachstumsverzögerung Skelettdefekte (z.B. Radius und Daumen)

Knochenmarkversagen

Skelett- u. Nierenfehlbildungen

Lokalisierte Pigmentveränderungen

Autosomal recessiv

Mehrere Genloci

1. Wesentliche Merkmale

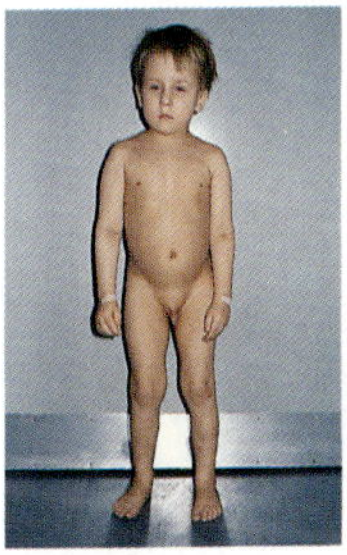

2. Phänotyp

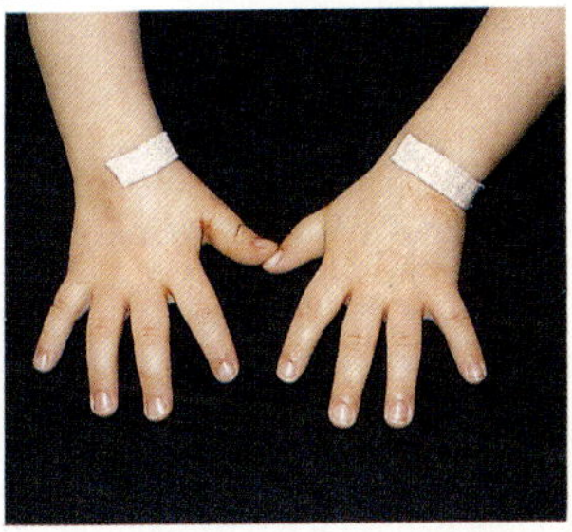

3. Daumenhypoplasie

B. Fanconi-Anämie (FA)

Ataxia telangiectatica

Cerebelläre Ataxie

Immundefekte

Telangiektasien der Conjunctivae

Neigung zu Tumoren (Lymphom, Leukämie)

Extreme Strahlenompfindlichkeit

Autosomal recessiv

Mehrere Genloci

1. Wesentliche Merkmale

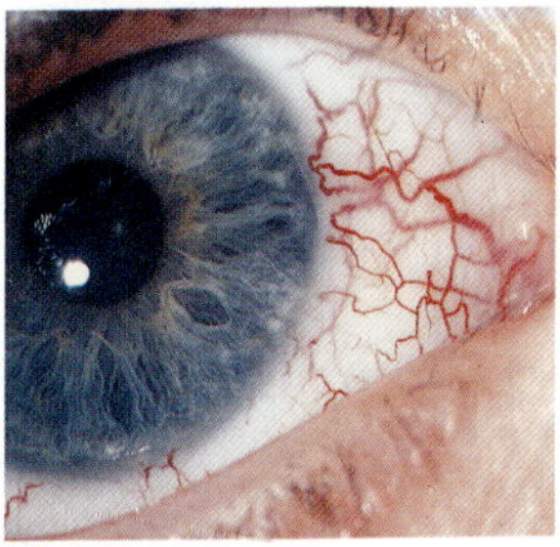

2. Telangiectasien

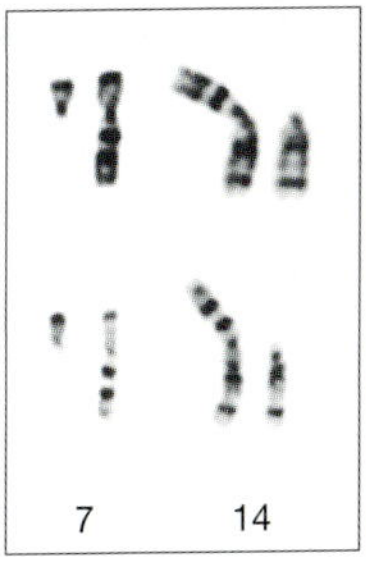

3. Translokation 7q;14p

C. Ataxia telangiectatica (AT)

Eltern-spezifischer Funktionsverlust einer chromosomalen Region

Prader-Willi- (PWS) und Angelman-Syndrom (AS) sind klinisch verschiedene, von auffälligem Verhalten begleitete Erkrankungen mit Entwicklungsstörungen. Die Ursache ist der Verlust der Funktion von zwei nahe beieinander gelegenen chromosomalen Regionen im proximalen langen Arm von Chromosom 15 unterschiedlicher elterlicher Herkunft.

A. Zwei Syndrome der gleichen chromosomalen Region

Eine interstitielle Deletion im proximalen langen Arm eines Chromosom 15 (15q11–13) findet sich bei einem Teil der Patienten mit PWS oder AS. Betrifft die Deletion das väterliche Chromosom (paternal), so resultiert das Prader-Willi-Syndrom, betrifft sie das mütterliche Chromosom 15 (maternal), so resultiert ein Angelman-Syndrom.
Beim Prader-Willi-Syndrom findet sich eine lichtmikroskopisch sichtbare paternale Deletion 15q11-13 bei 60–70%. Neonatale Hypotonie, Entwicklungsverzögerung, Hyperphagie/Adipositas, Minderwuchs, kleine Hände und Füße, Hypogonadismus und Hypopigmentierung kennzeichnen diese Erkrankung.
Auch beim Angelman-Syndrom findet man eine lichtmikroskopisch sichtbare maternale Deletion 15q11-13 bei 70–80%. Mangelnde intellektuelle Entwicklung, vor allem der Sprache, freundliche Disposition mit grundlosem Lachen, hyperaktives Verhalten, Krampfanfälle, typisches EEG und eine Hypopigmentierung sind charakteristisch.

B. Elterliche Herkunft der Deletion

Mittels DNA-Marker aus der betroffenen Region kann durch Southern-Blot-Analyse die Herkunft der Deletion ermittelt werden. Beim Prader-Willi-Syndrom fehlt ein väterliches Allel (pat), beim Angelman-Syndrom ein mütterliches Allel (mat).

C. Uniparentale Disomie (UPD)

Bei etwa einem Drittel der Patienten mit PWS und etwa 20–30% mit AS ist keine Deletion nachweisbar. Statt dessen findet man uniparentale Disomie (UPD), etwa 30% bei PWS und 2% bei AS. Im Southern-Blot (Schema) kann unterschieden werden, ob dasselbe Allel (Allel 1) doppelt vorliegt (Isodisomie bei maternaler UPD) (1) oder zwei verschiedene Allele (Allele 1 und 2) von demselben Elternteil (von der Mutter) stammen (Heterodisomie) (2). Bei 1–2% der Patienten mit PWS und 20% der Patienten mit AS kann weder eine Deletion noch uniparentale Disomie nachgewiesen werden. In diesen Fällen kann die Erkrankung familiär gehäuft auftreten.

D. Chromosomale Region

Die Prader-Willi und Angelman chromosomale Region erstreckt sich über 1000–1500 kb. Die kritische chromosomale Region für PWS umfaßt die beiden Loci D15S63 (Sonde PW71) und das SNRPN-Gen (small nuclear ribonucleoprotein). SNRPN repräsentiert das Kandidaten-Gen für PWS. Die kritische Region für AS ist durch den Locus D15S10 (Sonde 3–21) definiert.

E. Modell für genomisches Imprinting

Genloci in der PWS-/AS- chromosomalen Region unterliegen genomischem Imprinting. Die PWS-Region ist auf dem väterlichen Chromosom 15 aktiv, auf dem mütterlichen inaktiv. Die AS-chromosomale Region ist auf dem mütterlichen Chromosom 15 aktiv, auf dem väterlichen inaktiv. Die unterschiedliche elterliche Herkunft kann durch Analyse des Methylierungs-Musters am Locus D15S63 (Sonde PW71) nachgewiesen werden (B. Dittrich et al., Hum.Genet. *90*:313–315, 1992).

Literaturhinweise s. S. 375

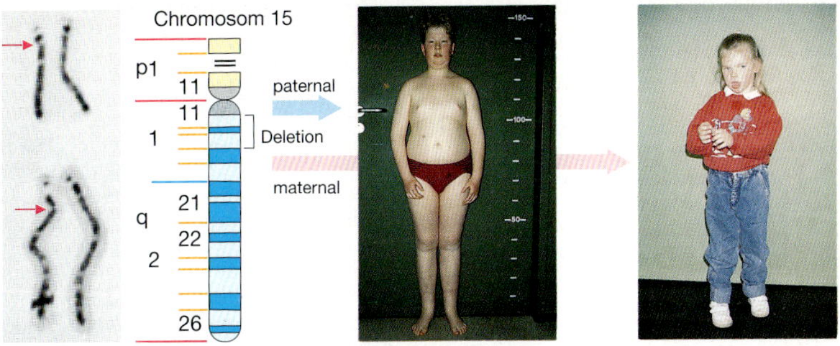

1. Interstitielle Deletion 15q11-13
2. Prader-Willi-Syndrom
3. Angelman-Syndrom

A. Zwei Syndrome der gleichen chromosomalen Region

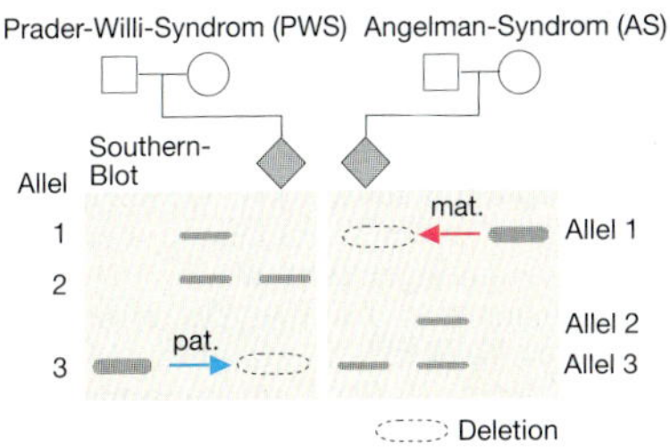

B. Elterliche Herkunft der Deletion

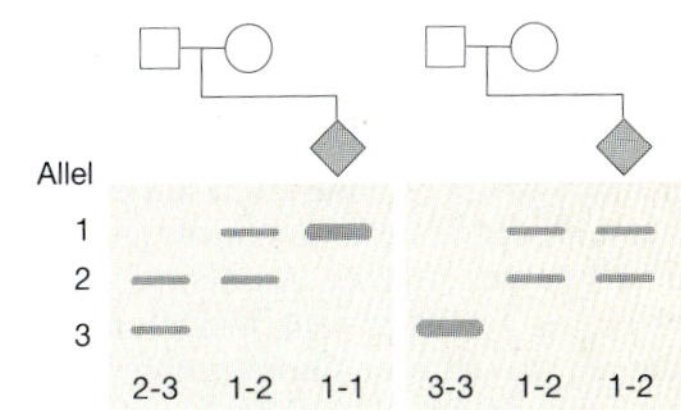

1. Isodisomie
2. Heterodisomie

C. Uniparentale Disomie (UPD)

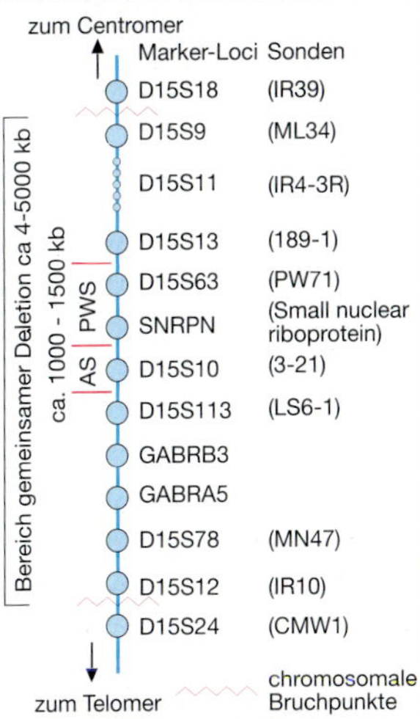

D. Chromosomale Region

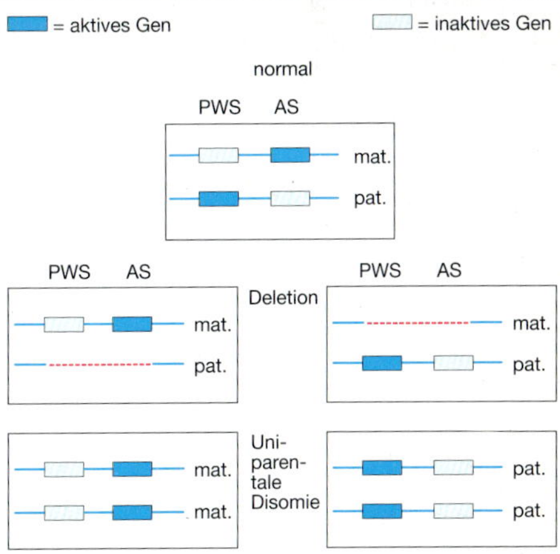

Prader-Willi-Syndrom
Angelman-Syndrom

E. Modell für genomisches Imprinting

Autosomale Trisomien

Eine Trisomie (Anwesenheit von drei homologen Chromosomen statt von normal zwei) entsteht präzygot in der Meiose durch Fehlverteilung (Non-disjunction) eines Chromosomenpaares oder postzygot bei einer somatischen Zellteilung (Mitose) in einem bestimmten Anteil von Zellen (chromosomales Mosaik). Jede Trisomie führt zu einem für das jeweilige Chromosom charakteristischen Phänotyp.

A. Trisomie beim Stechapfel *(Datura stramonium)*

Blakeslee beobachtete 1922 beim Stechapfel (*Datura stramonium*), daß triploide und tetraploide Pflanzen sich im Phänotyp nur unwesentlich unterscheiden. Wenn eine Pflanze jedoch von einem der 12 Chromosom drei, von allen anderen aber zwei enthielt, resultierte ein für jede Trisomie charakteristisches Aussehen (aus Blakeslee, A. F.: Variations in Datura due to changes in chromosome number. Amer Naturalist *56*:16–31, 1922).

B. Trisomien bei der Maus

A. Gropp und Mitarbeiter untersuchten in den 70er Jahren die Auswirkung von Trisomie auf die Entwicklung der Maus. Trisome Mäuse entstanden durch die Segregation von Translokationen. Jede Trisomie hat ein eigenes Entwicklungsprofil und bestimmte morphologische Veränderungen (1). Embryonen, denen ein Chromosom fehlt (Monosomie), starben sehr früh (Abb. aus A. Gropp, 1982). Ein Embryo der Maus mit Trisomie 12 am 14. Tag der Fetalentwicklung (2) zeigt eine offene Schädelkapsel und andere Fehlbildungen im Vergleich zu einem gleichaltrigen Embryo (H. Winking, Lübeck, aus: W. Traut: Chromosomen. Klassische und molekulare Cytogenetik, Springer-Verlag Heidelberg, 1991, Boué et al., 1985).
Lediglich Trisomie 19 ist mit dem Leben bis zur Geburt (Tag 21) vereinbar. Das Gehirn ist zu klein. Auch diese Tiere sterben alsbald nach der Geburt.

C. Autosomale Trisomien beim Menschen

Von den 22 Autosomen beim Menschen treten regelmäßig nur drei Trisomien bei Lebendgeburten auf: Trisomie 21, Trisomie 18 und Trisomie 13. Sie unterscheiden sich in Phänotyp und Krankheitsverlauf. Andere Trisomien werden nicht bei Lebendgeborenen beobachtet, weil sie letal sind und nicht mit dem Leben bis zur Geburt vereinbar sind (vgl. S. 344). Trisomie 21 führt zum Krankheitsbild des Down-Syndroms (frühere Bezeichnung Mongolismus).

D. Non-disjunction als Ursache von Trisomie

Die Häufigkeit von Fehlverteilung (Nondisjunction) ist vor allem für Trisomie 21 vom Alter der Mutter zum Zeitpunkt der Konzeption abhängig (1). Demgegenüber hat das Alter des Vaters keinen oder nur einen sehr geringen Einfluß.
Nondisjunction kann in der ersten oder zweiten Reifeteilung eintreten (Meiose I bzw. Meiose II) (2). Der Unterschied kann mittels geeigneter chromosomaler Marker festgestellt werden. Die Verteilung in der Meiose I resultiert in drei verschiedenen Chromosomen (1 + 1 + 1), während Nondisjunction in der Meiose II dazu führt, daß zwei der anwesenden drei Chromosomen identisch sind (2 + 1). Beim Menschen entfallen etwa 70% der Fehlverteilungen auf Meiose I und etwa 30% auf Meiose II.

Literaturhinweise

Boué, A., Gropp, A. Boué: J.: Cytogenetics of pregnancy wastage.Adv. Hum. Genet. *14* : 1–57, 1985.

Therman, E.: Human Chromosomes. Structure, Behavior, Effects. 3rd. edition. Springer Verlag, Heidelberg, 1993.

Traut, W.: Chromosomen. Klassische und Molekulare Cytogenetik. Springer Verlag, Heidelberg, 1991.

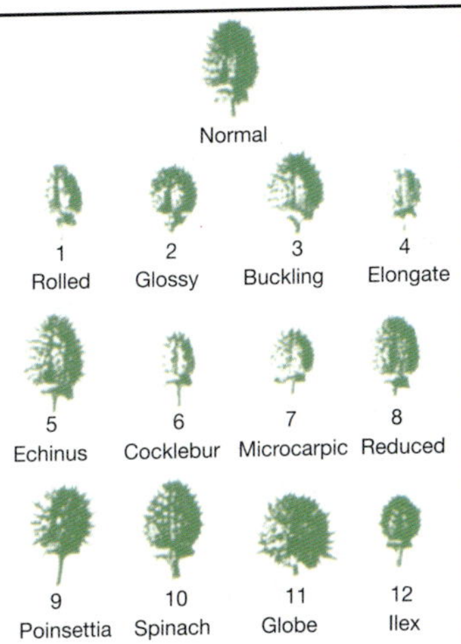

A. Trisomie beim Stechapfel (*Datura stramonium*)

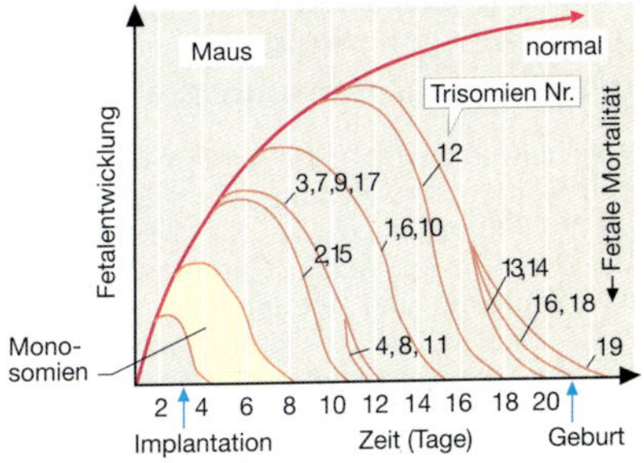

1.Entwicklungsverlauf von Trisomien

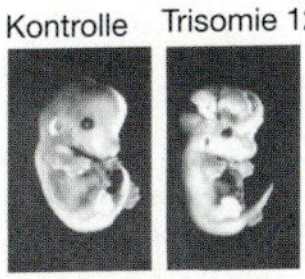

2. Embryo der Maus

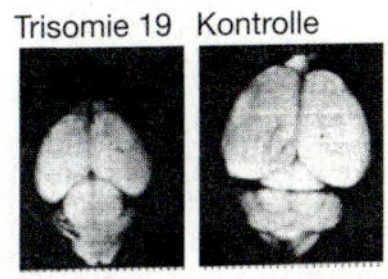

3. Gehirn

B. Trisomien bei der Maus

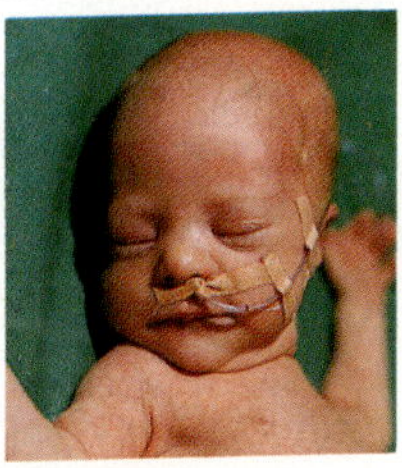

1. Trisomie 21

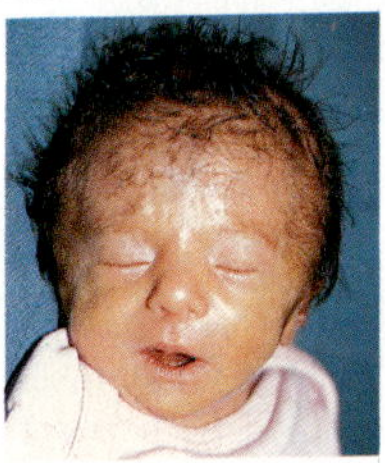

2. Trisomie 18

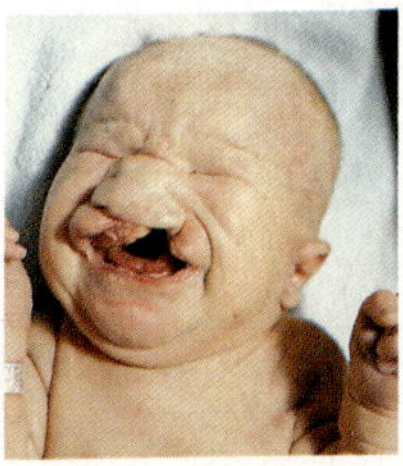

3. Trisomie 13

C. Trisomien beim Menschen

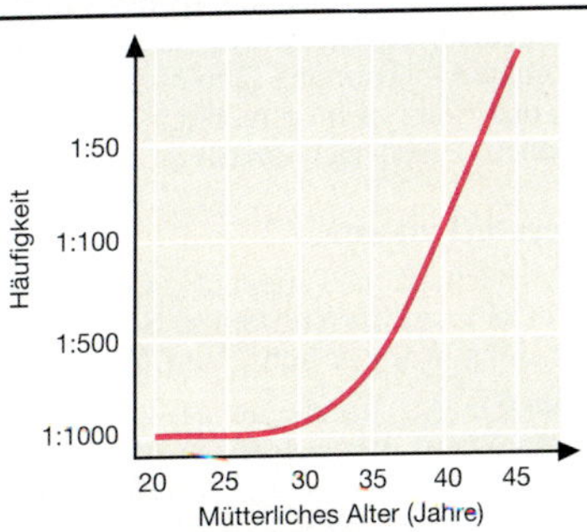

1.Trisomie 21 bei Lebendgeborenen

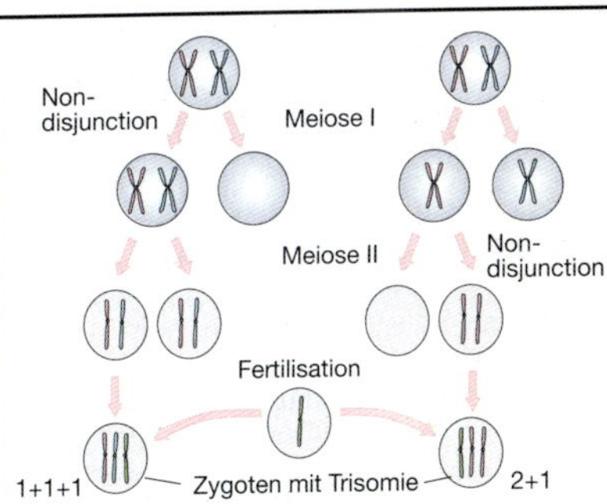

2. Fehlverteilung eines Chromosoms

D. Non-disjunction als Ursache von Trisomie

Phänotyp bei anderen Abweichungen von der normalen Chromosomenzahl

Neben autosomalen Trisomien gibt es eine Reihe weiterer Abweichungen von der normalen Chromosomenzahl. Sie betreffen entweder den gesamten Chromosomensatz (Triploidie und Tetraploidie), sowie X-Chromosom oder Y-Chromosom. Numerische Abweichungen in der Anzahl X- und Y-Chromosomen machen etwa die Hälfte aller Chromosomenaberrationen beim Menschen aus (Gesamthäufigkeit etwa 1 : 400).

A. Triploidie

Triploidie ist eine der häufigsten Chromosomenaberrationen beim Menschen (1). Sie ist meist auf die Befruchtung einer Eizelle durch zwei Spermatozoen zurückzuführen (Dispermie). Triploidie führt meistens während der ersten vier Monate der Embryonalentwicklung zu einer spontanen Fehlgeburt. Der Fetus weist zahlreiche schwere Fehlbildungen auf (2), u. a. des Herzens, Lippen-Kiefer-Gaumenspalten, Skelettdefekte und anderes. Beim triploiden Chromosomensatz (3) kann unterschieden werden, ob zwei Chromosomensätze mütterlicher oder väterlicher Herkunft sind.

B. Monosomie X (Turner-Syndrom)

Monosomie X (Karyotyp 45,XO) gehört mit einem Anteil von etwa 5% zu den häufigsten Chromosomenaberrationen beim Menschen. Von 40 Zygoten mit Monosomie X entwickelt sich nur eine bis zur Geburt. Das Spektrum des Phänotyps ist sehr breit. Im Fetalstadium finden sich durch Lymphoedem im Kopf- und Halsbereich entstandene sogenannte Nackenblasen (1). Angeborene Herzdefekte, vor allem der Aorta, und Fehlbildungen der Nieren sind häufig. Ein wichtiger Bestandteil der Erkrankung ist die fehlende Funktion der Ovarien, die lediglich als bindegewebige Stränge ausgebildet sind. Stets besteht ein Minderwuchs (durchschnittliche Erwachsenengröße etwa 150 cm). Beim Neugeborenen können Restzustände des Lymphoedems als Flügelfell im Bereich des Halses (Pterygium colli) bestehen (Krankheitsbild des Ullrich-Turner-Syndroms). Jedoch kann das Erscheinungsbild gering ausgeprägt sein (2). Sehr häufig besteht keine reine Monosomie, sondern ein chromosomales Mosaik von normalen Zellen (46,XX), oder ein strukturell verändertes X-Chromosom (Deletion des kurzen Armes, Isochromosoms des langen oder kurzen Arm, Ringchromosom u. a.).

C. Zusätzliches X- oder Y-Chromosomen

Ein zusätzliches X-Chromosom im männlichen Geschlecht (47,XXY) führt unbehandelt nach der Pubertät zum Krankheitsbild des Klinefelter-Syndroms (1). Dazu gehört Hochwuchs, fehlende oder verminderte Ausprägung der sekundären männlichen Geschlechtsmerkmale und Infertilität durch fehlende Keimzellbildung. Bei einem zusätzlichen Y-Chromosom (47,XYY) resultiert kein auffälliger Phänotyp (2). Auch Mädchen mit drei X-Chromosomen (47,XXX) sind unauffällig (3). Bei einigen werden Lernschwierigkeiten und verzögerte Sprachentwicklung beobachtet.

D. Breites Spektrum von Chromosomenaberrationen bei menschlichen Feten

Der relative Anteil von Trisomien bei Feten nach spontaner Fehlgeburt ist verschieden. Am häufigsten ist Trisomie 16, die etwa 5% aller autosomalen Trisomien ausmacht. Autosomale Monosomien führen zum Absterben des Embryo in den ersten Tagen und Wochen (Daten nach Lauritsen, 1982).

Literaturhinweise

De Grouchy, J., & Turleau, C.: Clinical Atlas of Human Chromosomes. Second Edition. John Wiley & Sons, New York, 1984.

Schinzel, A.: Catalogue of Unbalanced Chromosome Aberrations in Man. W. de Gruyter, Berlin 1984.

Lauritsen, J. G.: The cytogenetics of spontaneous abortion, Res. Reproduct. *14*:3–4, 1982.

1.

Triploidie

- Häufigste Chromosomenaberration (15%) bei Feten nach spontaner Fehlgeburt
- Schwere Wachstumsretardierung, frühe Letalität
- Gelegentlich lebendgeboren mit schweren Fehlbildungen
- Dispermie häufigste Ursache

2.
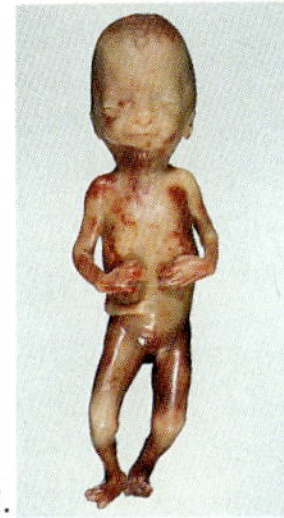

3.
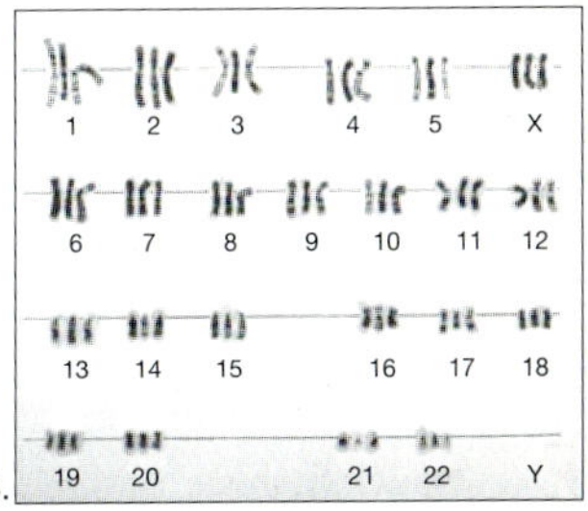

A. Triploidie

1.
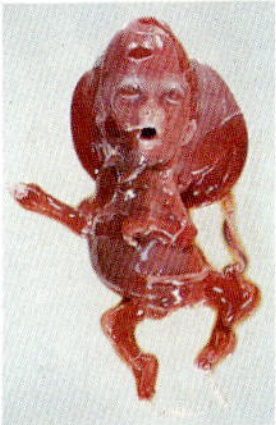

2.
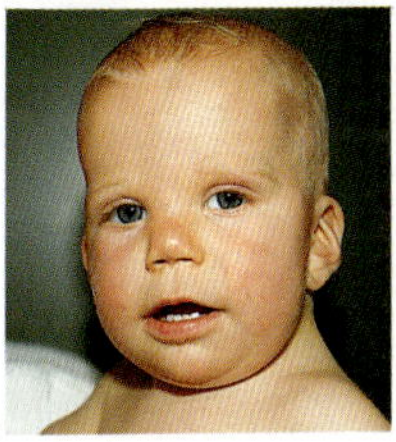

3.
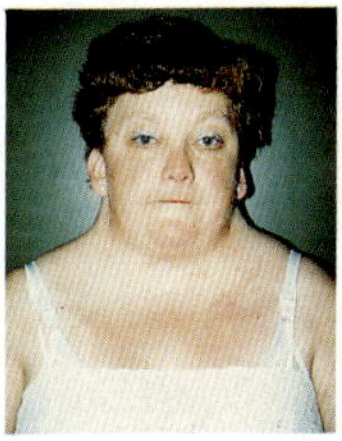

B. Monosomie X (Turner-Syndrom; 45, XO)

1. XXY
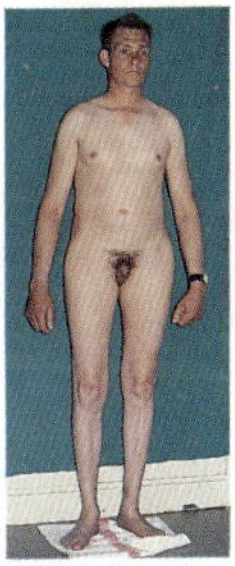

2. XYY
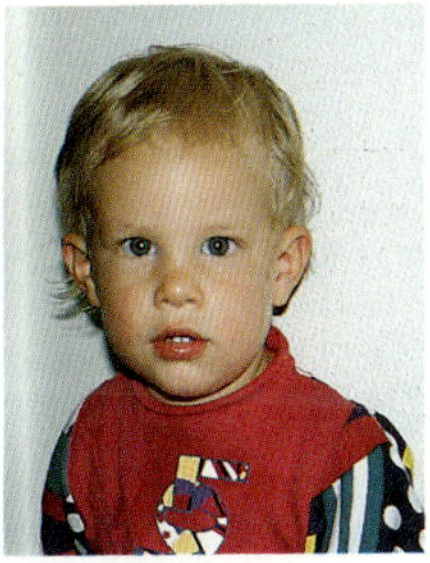

3. XXX
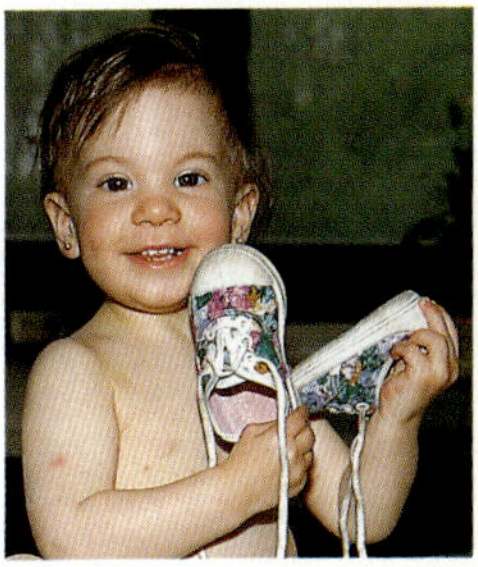

C. Zusätzliches X- oder Y-Chromosom

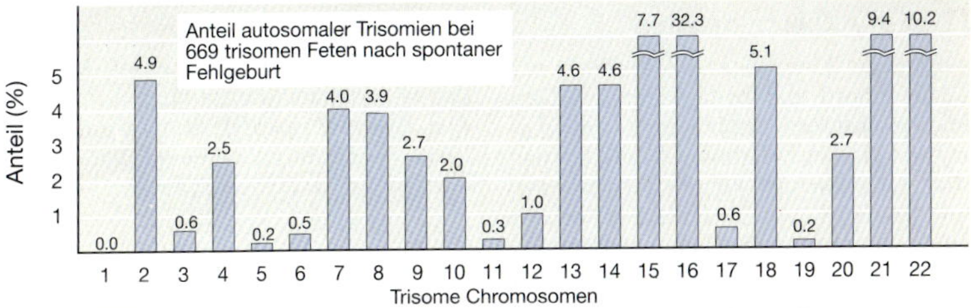

D. Breites Spektrum von Chromosomenaberrationen bei menschlichen Feten

Strukturaberration von Chromosomen

Mehrere Dutzend nach ihrem klinischen Erscheinungsbild (Phänotyp) erkennbare Erkrankungen aufgrund von Deletion oder Duplikation definierter Chromosomenabschnitte beim Menschen sind bekannt. Die phänotypische Ähnlichkeit bei der gleichen Chromosomenaberration ist auf die Beteiligung chromosomen-spezifischer Genloci zurückzuführen. Das Prinzip der Individualität jedes Chromosoms (Boveri 1902) ist hier uneingeschränkt verwirklicht. Hier werden drei Beispiele dargestellt.

A. Cri-du-Chat-Syndrom

Lejeune und Mitarbeiter in Paris beschrieben 1963 ein neues Krankheitsbild bei Kindern mit einer partiellen Deletion des Arms eines Chromosom 5 (5p–) und verzögerter geistiger und körperlicher Entwicklung. Erkrankte Kinder fielen im Neugeborenen- und frühen Säuglingsalter durch ein langgezogenes, hohes wimmerndes Schreien auf, das dem eines Kätzchens ähnelt (Cri-du-Chat, Katzenschrei). Der Kätzchen-ähnliche Schrei verliert sich meist im Laufe der ersten beiden Lebensjahre. Auch der Phänotyp wandelt sich mit zunehmendem Alter. Das Gesicht ist rundlich, die Augen stehen relativ weit auseinander (Hypertelorismus). Bei etwa 15% der Patienten liegt eine Translokation eines Chromosom 5 vor. In diesem Falle besteht ein erhöhtes Risiko für das erneute Auftreten der Erkrankung.

B. Wolf-Hirschhorn-Syndrom

U. Wolf und Mitarbeiter aus Freiburg und K. Hirschhorn und Mitarbeiter aus New York beschrieben unabhängig voneinander 1964 ein neues Krankheitsbild bei partieller Deletion des kurzen Armes eines Chromosom 4 (4p–). Patienten zeigten eine ausgeprägte körperliche und geistige Entwicklungsverzögerung in Verbindung mit einem charakteristischen Phänotyp (1,2) sowie Fehlbildungen, wie Spaltbildung im Gesichtsbereich, Skalpdefekten, Hypospadie, angeborenen Herzdefekten. Die Deletion ist meist de novo (3). Die Deletion kann bei einigen Patienten nur molekulargenetisch nachgewiesen werden.

C. Duplikation 5q

Aufschlußreich ist die Beobachtung des Phänotyps in verschiedenen Altersstufen. wird der Phänotyp bei einer partiellen Duplikation des distalen Bereichs eines Chromosom 5 (5q33 bis zum Telomer, entsprechend etwa 10% des distalen langen Armes eines Chromosom 5) innerhalb einer Familie gezeigt. Die chromosomale Imbalance entstand durch die Segregation einer reziproken Translokation zwischen einem Chromosom 5 (5q33 → qter) und einem Chromosom 8 (8p23 → pter) beim Vater. Drei der Kinder hatten eine partielle Duplikation 5q. Nach unten gerichtete Augenlider, vorspringende Stirn und ein kleiner Mund ist sowohl bei einem betroffenen Fetus (1), als auch im Alter von 5 Monaten (2) und im Alter von 8 Jahren (3) sichtbar (aus Bartsch-Sandhoff & Liersch, 1977; Passarge et al., 1982).

Literaturhinweise

Altrogge, H. C.: Defizienz des kurzen Arms von Chromosomen der B-Gruppe (4p–; 5p–). Ein Beitrag zur Korrelation von Phänotyp und Karyotyp. Med. Dissertation, Universität Hamburg, 1971.

Bartsch-Sandhoff, M. & Liersch, R.: Partial duplication 5q syndrome: Phenotypic similarity in two sisters with identical karyotype, partial duplication 5p33 → 5qter and partial deficiency 8p23 → pter). Ann. Génét. *20*:281–284, 1977.

Passarge, E., Bartsch-Sandhoff, M., Rehder, H.: Fetal manifestation of a chromosomal disorder: partial duplication of the long arm of chromosome 5 (5q33 → qter). Teratology *25*:221–225, 1982.

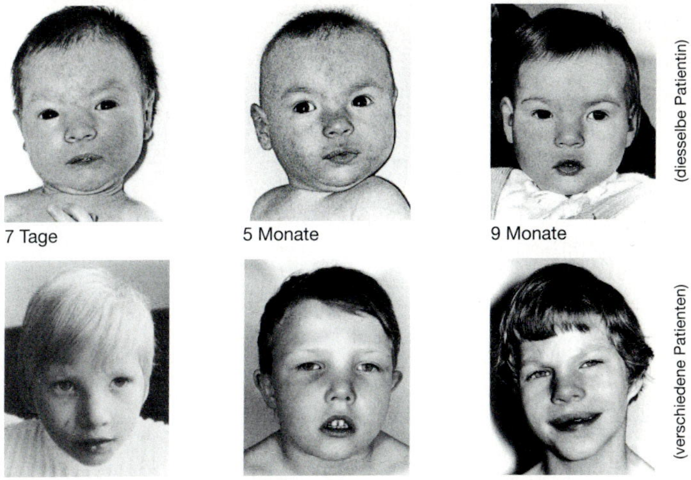

3 Jahre 6 Jahre 8 1/2 Jahre

A. Cri-du-Chat-Syndrom (Deletion 5p-)

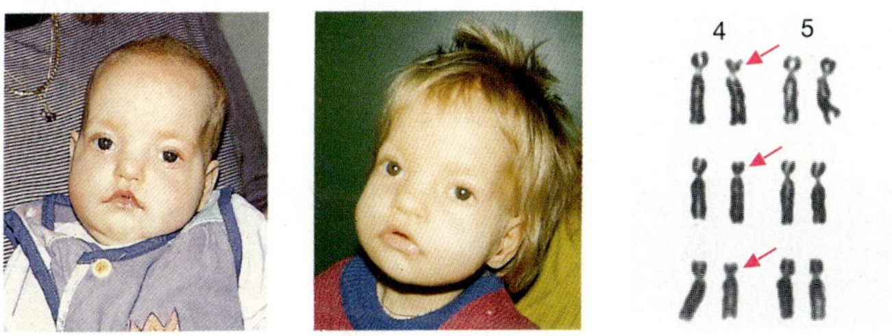

1. Alter ca. 1 1/4 Jahr 2. Alter ca. 2 1/2 Jahre 3. Deletion 4p-

B. Wolf-Hirschhorn-Syndrom (Deletion 4p-)

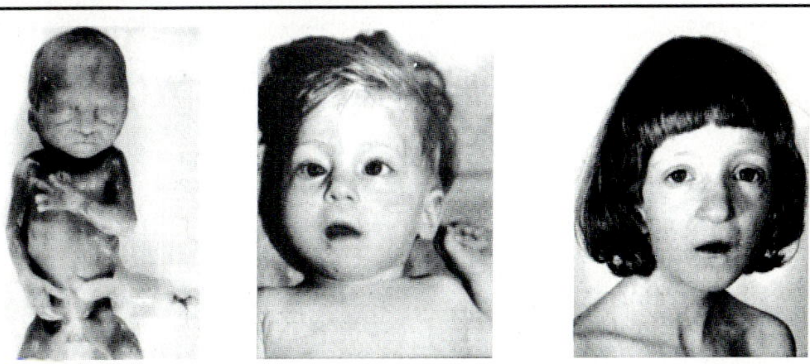

1. Fetus 22. Woche 2. 5 Monate 3. 8 Jahre

C. Duplikation 5q

Genom-Organisation

Genom bei Bakteriophagen und Bakterien (prokaryotes Genom)

Bakteriophagen sind Viren, die sich in Bakterien vermehren. Ihr Genom kann aus Einzelstrang-RNA, Einzelstrang-DNA oder Doppelstrang-DNA bestehen. Die Größe des Genoms von Phagen beträgt etwa 1.6 kb bis über 150 kb. Die Zahl ihrer Gene variiert von wenigen bis über 200. In Bakterien ist die genetische Information in einem einzelnen, zirkulären DNA-Molekül enthalten, das 99% der Gene des Bakteriums enthält. Daneben enthalten Bakterien häufig kleine unabhängige DNA-Moleküle, Plasmide.

A. Genom des Bakteriophagen PhiX174

Der Phage ϕX174 ist einer der kleinsten Phagen. Es hat eine Hülle (Capsid) in icosahedraler Form (20 Planflächen) und ein Genom aus Einzelstrang-DNA von 5386 Nucleotiden. Bei der vollständigen Sequenzierung durch F. Sanger und Mitarbeiter (1977) stellte sich heraus, daß mehrere der 10 Gene überlappen. Nach dem Eintritt in die Wirtszelle wird ein komplementärer DNA-Strang gebildet (replikative DNA). Danach findet konventionelle semikonservative Replikation und Virusvermehrung statt.

B. Überlappende Gene bei PhiX174

Beim Phagen ϕX174 überlappen die Gene A und B, B und C, sowie D und E teilweise. In diesen Bereichen des Genoms dient der Leserahmen für verschiedene Gene. Gen E beginnt mit dem Startcodon ATG, dessen erste beide Nucleotide (AT) Teil des Codons TAT für Tyrosin in Gen D sind.

C. Genom von *Escherichia coli*

Das Genom von *E. coli* ist zirkulär und besteht aus DNA-Doppelhelix in einem ringförmigen Chromosom. Dies ist in Abschnitte zwischen 0 und 100 eingeteilt. Es besteht aus etwa 4×10^6 Basenpaaren (ca. 4000 kb) und enthält etwa 2800 Gene, von denen rund 1000 kartiert sind. Etwa ein Viertel der Gene ist in 75 verschiedenen Operons organisiert, während die anderen einzeln über das Genom verteilt sind. Ein Operon ist eine Serie funktionell und räumlich zusammengehörender Gene, die gemeinsam reguliert werden. Als Beispiele werden auf der vereinfachten Genkarte das Operon für die Bildung von Lactose, Galactose, Tryptophan und Histidin gezeigt. Die Transkriptionsrichtung kann im Uhrzeigersinn (Histidin-Operon) oder entgegen liegen. Die meisten Gene des E. coli-Genoms kommen in einer einfachen Kopie vor, nur die Gene für ribosomale RNA (rRNA) bestehen aus multiplen Kopien. Die meisten E. coli Stämme enthalten 7 Gene für ribosomale RNA (rRNA). Dies gewährleistet die Verdopplung des Proteins bei der Zellteilung alle 20 Minuten. Ursprünglich waren Gene auf dem E. coli-Genom durch Beobachtung der Reihenfolge des Transfers von Genen bei der Konjugation festgestellt worden. E. Wollman und F. Jacob kartierten 1955 die ersten Gene bei E. coli durch eine Technik der unterbrochenen Konjugation. Das Experiment bestand darin, Hfr- und F-Zellen zu mischen und Proben nach Kultivierung für unterschiedliche Zeitintervalle zu nehmen. Gene wurden in einer definierten Reihenfolge übertragen, die ihrer Position entsprach. Da der Transfer der gesamten *E. coli*-DNA etwa 100 Minuten benötigt, ist die zirkuläre Karte in Einheiten von 0–100 angeordnet. Da Konjugationskartierung nicht sehr genau ist (2 Minuten entsprechen etwa 80 kb DNA) gibt es eine Reihe weiterer Kartierungstechniken. Die Methoden der rekombinierten DNA-Techniken ersetzen heutzutage die klassischen Methoden.

Literaturhinweise

Brown, T. A.: Molecular Genetics. A Molecular Approach. 2nd edition, Chapman & Hall, London, 1992.

Knippers, R., Philippsen, P., Schäfer, K. P., Fanning, E.: Molekulare Genetik, 5. Auflage. G. Thieme-Verlag, Stuttgart, New York, 1990.

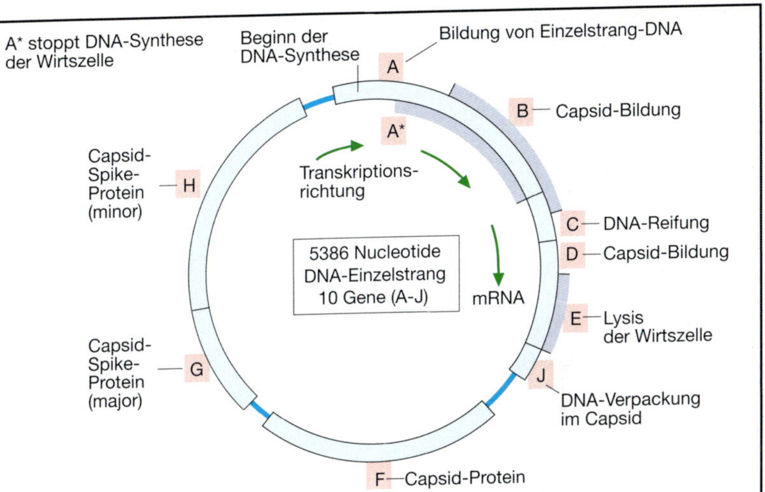

A. Genom des Bakteriophagen ϕX174

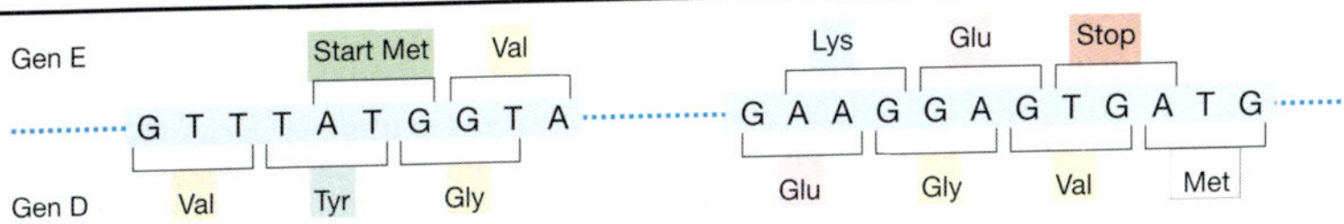

B. Überlappende Gene bei ϕX174

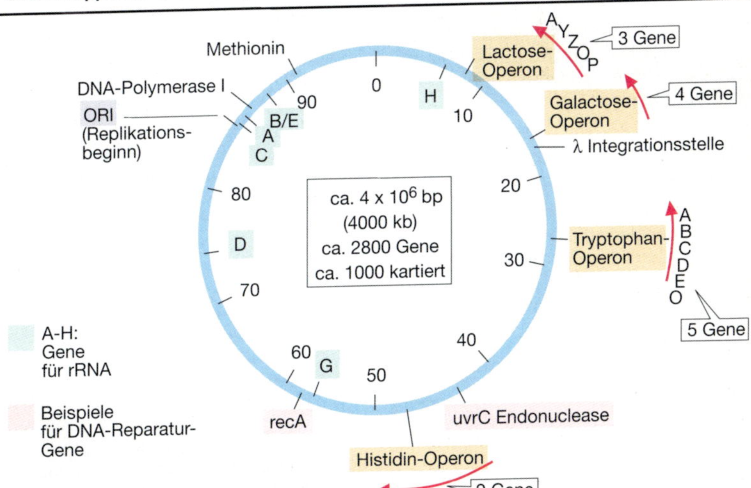

C. Genom von *Escherichia coli*

Strukturelemente des eukaryoten Genoms

Das Genom des Menschen enthält drei Milliarden Basenpaare (3×10^9 bp, entsprechend 3 Millionen kb oder 300 000 Mb [Megabasen]). Es besteht aus sehr verschiedenen Typen von Sequenzen, die verschiedene Strukturelemente darstellen.

A. Satelliten-DNA

Nach Zentrifugation in einem Cäsiumchlorid-Dichtegradienten bildet sich ein Hauptband bei 1701 $g.cm^{-3}$. Dies entspricht dem wesentlichen Anteil der DNA (1). Daneben gibt es drei zusätzliche Banden (Satelliten) mit geringerer Dichte wegen ihres geringen GC-Gehalts. Es gibt klassische Satelliten-DNA (2) aus Wiederholungen (Repeats) von 100–6500 kb, Minisatelliten (3) von 20–100 kb Repeats und Mikrosatelliten (4) von 2–10 Basenpaaren. Man kann AT-reiche und GC-reiche Abschnitte unterscheiden. Mikrosatelliten bilden die häufigste Form repetitiver DNA. Ihre allgemeine Struktur ist $(CA)_n$, wobei n etwa 2–10 beträgt. Das menschliche Genom enthält etwa 50–100 000 polmorpher $(CA)_n$-Blöcke. Da ihre jeweilige Zahl stabil ist, bilden sie ein wichtiges genetisches Markersystem. Ihre Untersuchung erfordert nur zwei Schritte, Amplifikation mittels Polymerase-Kettenreaktion (PCR) und Elektrophorese.

B. Long Interspersed Repeat Sequences (LINE)

Lange, verteilte Wiederholungssequenzen (Long Interspersed Repeat Sequences, LINE) enthalten bis zu 6500 bp lange repetive Sequenzen, die am 3'-Ende Adenin-reich sind. Sie können einen oder zwei offene Leserahmen enthalten (ORF). Meist sind sie kürzer und enthalten keinen ORF. LINE-Elemente sind vermutlich durch Transposition entstanden (vgl. S. 354). Das Genom von Säugetieren enthält rund 20–60 000 Kopien von LINE-Sequenzen.

C. Short Interspersed Repeat Sequences (SINE)

Kurze, verteilte Wiederholungssequenzen (SINE) bestehen aus zahlreichen Familien mittelrepetitiver Abschnitte ähnlicher Nucleotid-Sequenzen von durchschnittlich 300 bp. Nach ihrer Grundstruktur sind sie eine Tandem-Duplikation GC-reicher Abschnitte, zwischen denen Adenin-reiche Sequenzen liegen. Die häufigste SINE-Sequenz beim Menschen ist die Alu-Familie (Alu-Sequenzen). Sie bildet mit rund 500 000 Kopien etwa 3–6% des Gesamt-Genoms des Menschen. Eine Alu-Sequenz besteht aus zwei 130 bp Tandem-Duplikationen. Dazwischen liegen A-reiche Abschnitte. Die 3'-Seite („rechte Seite") enthält eine Insertion von 31 bp. Der Name leitet sich von dem Vorkommen der Erkennungssequenz AGCT für das Restriktionsenzym AluI ab.

D. Repetitive und singuläre Sequenzen

Das Genom des Menschen besteht zu etwa 70–80% aus extragener DNA (hochrepetitive und mittelrepetitive Nucleotid-Basen-Sequenzen, 1) und etwa 20–30% DNA in Genen oder im Bereich von Genen (singuläre DNA-Sequenzen, 2). Weniger als 10% entfällt auf codierende DNA in Exons.

E. Gen-Cluster und Multi-Genfamilien

Funktionell verwandte Gene können auf demselben Chromosom liegen (Gen-Cluster) (1), aber häufiger liegen sie auf verschiedenen Chromosomen und bilden Multi-Genfamilien (2).

F. Pseudogene

Pseudogene sind gen-ähnliche Sequenzen ohne Funktion. Ein konventionelles Pseudogen hat seine Funktion infolge einer Nonsense-Mutation verloren. Ein Retro-Pseudogen (processed pseudogene) leitet sich von der mRNA eines Gens ab, aus der durch reverse Transkription Einzelstrang-DNA gebildet wird. Nach Umwandlung in Doppelstrang-DNA wird diese in das Genom integriert. Ein Retro-Pseudogen enthält keine Introns und hat keinen Promotor.

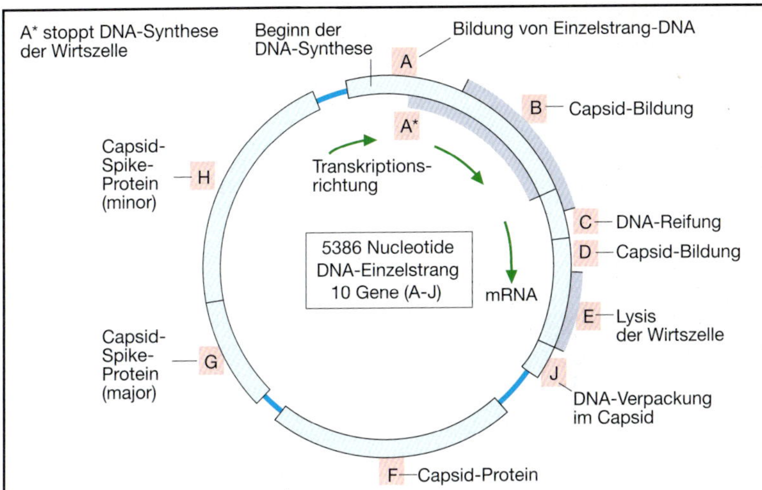

A. Genom des Bakteriophagen φX174

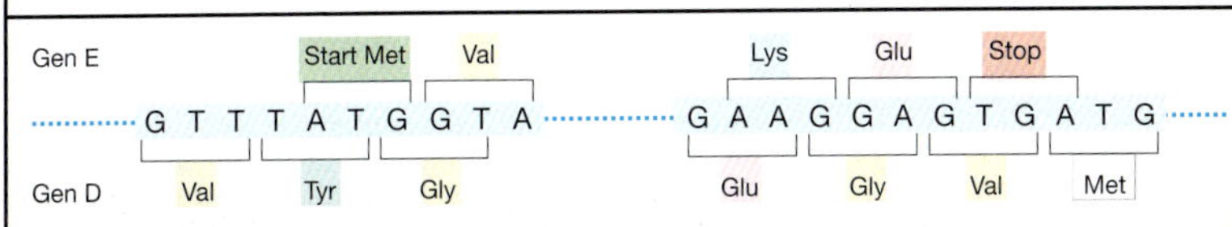

B. Überlappende Gene bei φX174

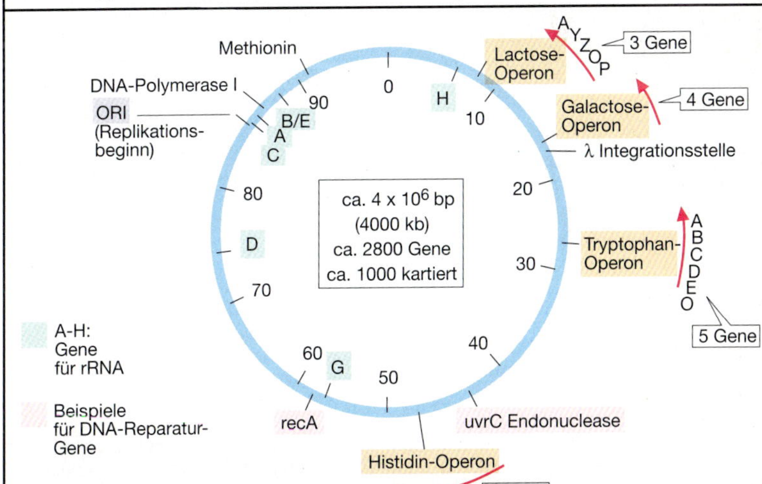

C. Genom von *Escherichia coli*

Strukturelemente des eukaryoten Genoms

Das Genom des Menschen enthält drei Milliarden Basenpaare (3×10^9 bp, entsprechend 3 Millionen kb oder 300 000 Mb [Megabasen]). Es besteht aus sehr verschiedenen Typen von Sequenzen, die verschiedene Strukturelemente darstellen.

A. Satelliten-DNA

Nach Zentrifugation in einem Cäsiumchlorid-Dichtegradienten bildet sich ein Hauptband bei 1701 $g.cm^{-3}$. Dies entspricht dem wesentlichen Anteil der DNA (1). Daneben gibt es drei zusätzliche Banden (Satelliten) mit geringerer Dichte wegen ihres geringen GC-Gehalts. Es gibt klassische Satelliten-DNA (2) aus Wiederholungen (Repeats) von 100–6500 kb, Minisatelliten (3) von 20–100 kb Repeats und Mikrosatelliten (4) von 2–10 Basenpaaren. Man kann AT-reiche und GC-reiche Abschnitte unterscheiden. Mikrosatelliten bilden die häufigste Form repetitiver DNA. Ihre allgemeine Struktur ist $(CA)_n$, wobei n etwa 2–10 beträgt. Das menschliche Genom enthält etwa 50–100 000 polmorpher $(CA)_n$-Blöcke. Da ihre jeweilige Zahl stabil ist, bilden sie ein wichtiges genetisches Markersystem. Ihre Untersuchung erfordert nur zwei Schritte, Amplifikation mittels Polymerase-Kettenreaktion (PCR) und Elektrophorese.

B. Long Interspersed Repeat Sequences (LINE)

Lange, verteilte Wiederholungssequenzen (Long Interspersed Repeat Sequences, LINE) enthalten bis zu 6500 bp lange repetive Sequenzen, die am 3'-Ende Adeninreich sind. Sie können einen oder zwei offene Leserahmen enthalten (ORF). Meist sind sie kürzer und enthalten keinen ORF. LINE-Elemente sind vermutlich durch Transposition entstanden (vgl. S. 354). Das Genom von Säugetieren enthält rund 20–60 000 Kopien von LINE-Sequenzen.

C. Short Interspersed Repeat Sequences (SINE)

Kurze, verteilte Wiederholungssequenzen (SINE) bestehen aus zahlreichen Familien mittelrepetitiver Abschnitte ähnlicher Nucleotid-Sequenzen von durchschnittlich 300 bp. Nach ihrer Grundstruktur sind sie eine Tandem-Duplikation GC-reicher Abschnitte, zwischen denen Adenin-reiche Sequenzen liegen. Die häufigste SINE-Sequenz beim Menschen ist die Alu-Familie (Alu-Sequenzen). Sie bildet mit rund 500 000 Kopien etwa 3–6% des Gesamt-Genoms des Menschen. Eine Alu-Sequenz besteht aus zwei 130 bp Tandem-Duplikationen. Dazwischen liegen A-reiche Abschnitte. Die 3'-Seite („rechte Seite“) enthält eine Insertion von 31 bp. Der Name leitet sich von dem Vorkommen der Erkennungssequenz AGCT für das Restriktionsenzym AluI ab.

D. Repetitive und singuläre Sequenzen

Das Genom des Menschen besteht zu etwa 70–80% aus extragener DNA (hochrepetitive und mittelrepetitive Nucleotid-Basen-Sequenzen, 1) und etwa 20–30% DNA in Genen oder im Bereich von Genen (singuläre DNA-Sequenzen, 2). Weniger als 10% entfällt auf codierende DNA in Exons.

E. Gen-Cluster und Multi-Genfamilien

Funktionell verwandte Gene können auf demselben Chromosom liegen (Gen-Cluster) (1), aber häufiger liegen sie auf verschiedenen Chromosomen und bilden Multi-Genfamilien (2).

F. Pseudogene

Pseudogene sind gen-ähnliche Sequenzen ohne Funktion. Ein konventionelles Pseudogen hat seine Funktion infolge einer Nonsense-Mutation verloren. Ein Retro-Pseudogen (processed pseudogene) leitet sich von der mRNA eines Gens ab, aus der durch reverse Transkription Einzelstrang-DNA gebildet wird. Nach Umwandlung in Doppelstrang-DNA wird diese in das Genom integriert. Ein Retro-Pseudogen enthält keine Introns und hat keinen Promotor.

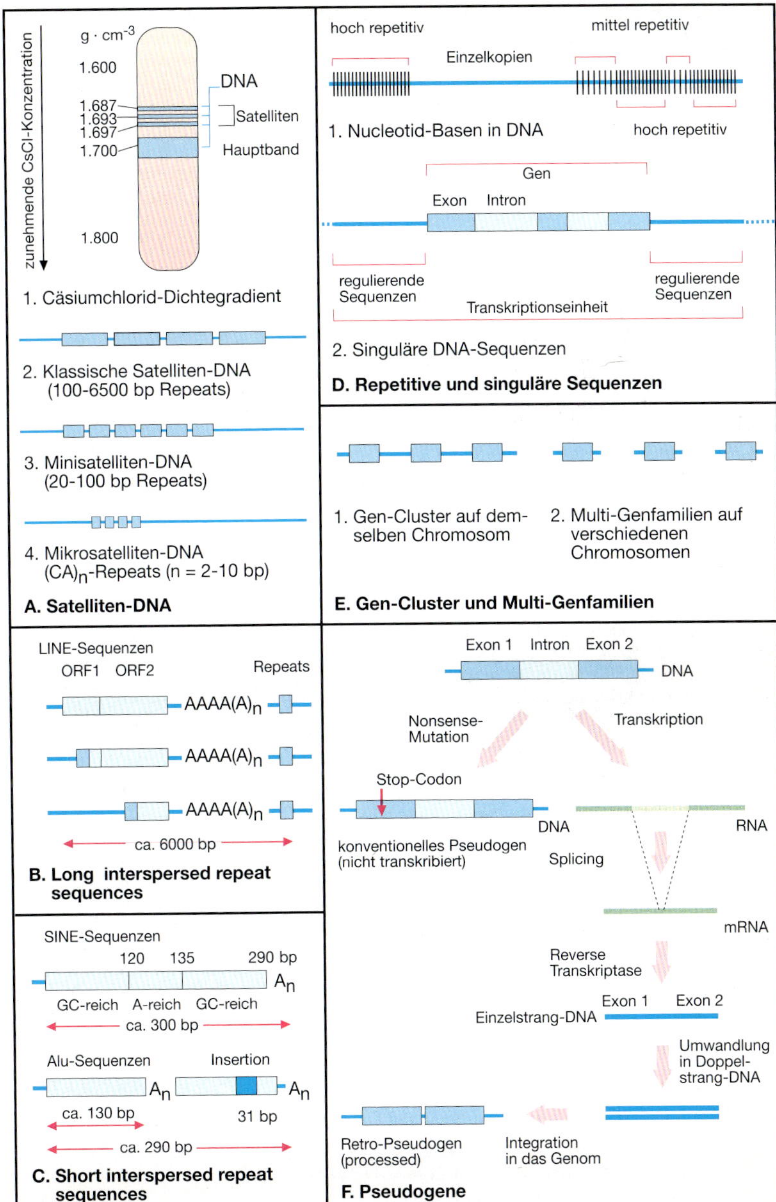

A. Satelliten-DNA

B. Long interspersed repeat sequences

C. Short interspersed repeat sequences

D. Repetitive und singuläre Sequenzen

E. Gen-Cluster und Multi-Genfamilien

F. Pseudogene

Das dynamische Genom: Bewegliche genetische Elemente

In den 40er Jahren beobachtete Barbara McClintock bei genetischen Untersuchungen der Maispflanze *(Zea mays)* ein seltsames Phänomen: springende Gene (bewegliche genetische Elemente). Ein bewegliches Element konnte an der Insertionsstelle einen Bruch im Chromosom hervorrufen und ein bestimmter Genlocus konnte sich an eine andere Stelle im Chromosom bewegen (Transposition). In den vergangenen 20 Jahren wurden bewegliche genetische Elemente in jedem Organismus gefunden, der untersucht wurde, bei Bakterien, Drosophila, dem Nematoden *C. elegans*, bei Säugetieren einschließlich des Menschen. Es ergibt sich eine dynamische Vorstellung vom Genom, das keineswegs starr und unveränderlich ist. Auch beim Menschen sind Mutationen durch bewegliche Elemente nachgewiesen.

A. Stabile und unstabile Mutation bei Mais

McClintock beobachtete stabile Mutationen (z. B. lila Maiskörner) und in einigen Körnern feine oder etwas gröbere pigmentierte Flecken (Variegation) durch unstabile Mutation.

B. Effekt von Mutation und Transposition

Durch ein Gen am C-Locus wird ein lila gefärbtes Pigment in Zellen des Aleurons des Maiskorns gebildet. Durch ein bewegliches Element *(Ds)* wird der Genlocus inaktiviert und das Maiskorn farblos. Wird *Ds* durch Transposition entfernt, so wird die Funktion wiederhergestellt und es treten kleine pigmentierte Flecken auf.

C. Insertion und Entfernung (*Ds*)

Activator (*Ac*-Locus) nannte McClintock ein Element, das ein anderes, Dissociation *(Ds)* aktivieren konnte und einen Bruch im Chromosom verursachte (1). Während *Ac* nicht auf fremde Hilfe angewiesen ist (autonome Transposition), vermag sich *Ds* nur unter dem Einfluß von *Ac* an eine andere Stelle im Chromosom zu bewegen (nicht-autonome Transposition). Die Inaktivierung des C-Locus erfolgt durch Insertion von *Ds* (2). Unter dem Einfluß von *Ac* wird in einem Teil der Zellen *Ds* entfernt und die normale Funktion des C-Locus wiederhergestellt. Da die Zellen eines Maiskorns klonalen Ursprungs sind, beeinflußt der Zeitpunkt der Transposition den Phänotyp. Erfolgt die Transposition früh in der Entwicklung, sind die pigmentierten Flecken relativ groß, erfolgt sie spät, sind die Flecken klein.

D. Transposon bei Bakterien

Bewegliche genetische Elemente werden nach Wirkung und molekularer Struktur verschiedenen Klassen zugeordnet, einfache Insertationssequenzen (Is) und komplexe Transposons (Tn). Ein Transposon enthält zusätzlich andere Gene, z. B. für Antibiotika-Resistenz bei Bakterien.
Transposition ist ein spezieller Typ von Rekombination, durch den sich ein DNA-Abschnitt von etwa 750 bp bis 10 kb von einer Position zu einer anderen entweder auf demselben oder einem anderen DNA-Molekül sich bewegen kann. Die Insertion erfolgt an einer Integrationsstelle (1) und erfordert einen Bruch (2) mit anschließender Integration (3). Die Sequenzen der Integrationsstelle finden sich als direkte Wiederholungen (direct repeat) zu beiden Seiten des integrierten Abschnittes. An beiden Enden trägt jedes IS-Element bzw. Transposon umgekehrte Wiederholungssequenzen (inverted repeats), deren Länge und Basenabfolge für verschiedene IS- und Tn-Elemente charakteristisch ist. Der Ausdruck „direkt“ bedeutet, daß zwei Kopien einer Sequenz in der gleichen Richtung orientiert sind (z. B. TTAG zu beiden Seiten des integrierten Transposon). Direkte und inverted repeats sind ein Hinweis auf die Anwesenheit eines beweglichen genetischen Elements. Eine E. coli-Zelle enthält im Durchschnitt etwa 10 Kopien solcher Sequenzen. Auch bei Hefe, Drosophila und anderen eukaryoten Zellen sind sie nachgewiesen.

Literaturhinweise s. S. 375

A. Stabile und unstabile Mutation bei Mais

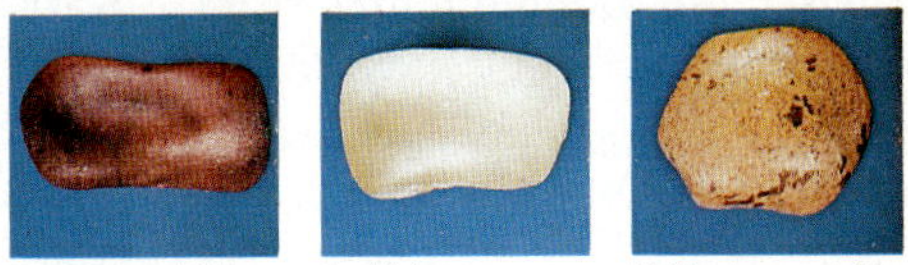

B. Effekt von Mutation und Transposition

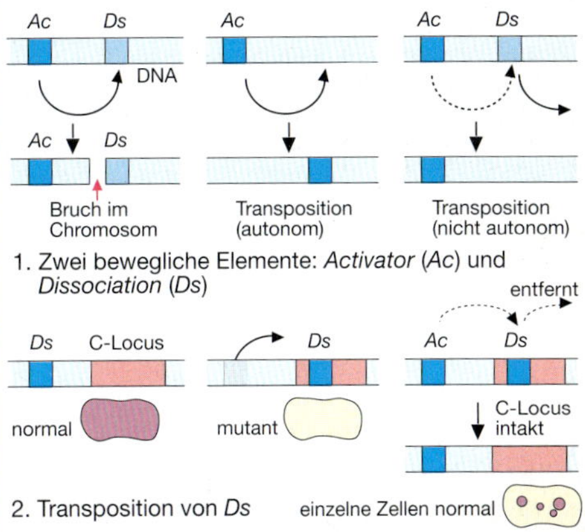

C. Insertion und Entfernung von *Ds*

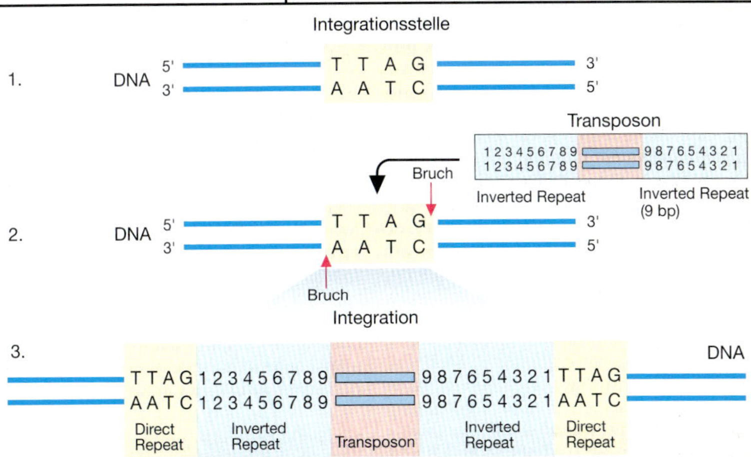

D. Transposon bei Bakterien

Kartierung und Sequenzierung des Genoms

Das Genom ist die Gesamtheit aller Nucleotide in der DNA aller Chromosomen. Kartierung (Feststellung der chromosomalen Lage von Genloci) und Sequenzierung (Feststellung der Sequenz der Nucleotid-Basenpaare) haben unmittelbare medizinische Bedeutung. Die Kenntnis der Lokalisation eines Genlocus ist eine der Voraussetzungen für die Diagnostik. Die Sequenzierung führt zur Aufklärung der Struktur und Funktion eines Gens und seiner Störungen. Im Rahmen des Genom-Projekts soll bis zum Jahr 2005 das Genom des Menschen mit drei Milliarden Basenpaaren sequenziert werden. Diese ungeheure Aufgabe ist vergleichbar mit der buchstabenweisen Aufschlüsselung von mehr als zwei Ausgaben der 29bändigen Enzyclopaedia Britannica. Vergleichbare Projekte gibt es für Organismen mit kleineren Genomen.

A. Physikalische und genetische Genkarte

Die physikalische Karte gibt die Position eines Genlocus und die Entfernung zu anderen Genen auf demselben Chromosom in absoluten Werten an, ausgedrückt in Basenpaaren und bezogen auf die Positionsangaben entlang eines Chromosoms. Die genetische Karte gibt die relative Position von Genloci in Rekombinationseinheiten an, ausgedrückt in centiMorgan(cM). Ein cM entspricht einer Rekombinationshäufigkeit von 1%. Da Rekombination in Oocyten fast doppelt so häufig eintritt als in Spermatocyten, ist die genetische Karte im weiblichen Geschlecht um etwa 40% länger. Jeder Genlocus hat eine offizielle Bezeichnung mit festgelegter Abkürzung. Es handelt sich zumeist um Genloci (Marker-Loci), denen ein erblicher DNA-Polymorphismus zugrunde liegt. Sie werden mit dem Buchstaben D (für DNA), der Nummer des Chromosoms und der Nummer des Markers bezeichnet, z. B. D1S77 (Abb. nach J. D. Watson et al., Recombinant DNA, second edition, 1992).

B. Anzahl kartierter Genloci des Menschen

Gegenwärtig sind beim Menschen etwa 2800 Genloci kartiert, davon die Hälfte in den vergangenen 4 Jahren. Der erste Genlocus auf einem Autosom des Menschen wurde 1968 kartiert (aus V. A. McKusick, Mendelian Inheritance in Man, 10th ed., 1992).

C. STS Content Map

Ein STS (sequence tagged site) ist ein kurzer Abschnitt DNA (meist ca. 500 bp) mit bekannter Sequenz. Er kann mittels PCR amplifiziert werden und als Ausgangspunkt für eine Karte dienen (STS Content Map). Man stellt die An- oder Abwesenheit verschiedener STS (z. B. A–D) in YAC-Klonen fest (1). Ihre Position bzw. Reihenfolge kann in überlappenden Fragmenten festgestellt werden. Daraus ergibt sich ein Abschnitt zusammenhängender DNA-Sequenzen (contiguous sequences, contig). Wenn z. B. Locus A nur in YAC1 und 2 vorhanden ist, aber nicht in 3 bis 6, müssen YAC1 und 2 überlappen. Die Anwesenheit von Locus D in YAC 2, 3, und 4 beweist, daß diese drei überlappen etc. Auf diese Weise wird eine Serie überlappender Fragmente (contig) mit definierter Orientierung charakterisiert.

D. Sequenzierter Abschnitt

Mit automatisierten Methoden können größere Abschnitte DNA sequenziert werden. Im Gegensatz zu den herkömmlichen Verfahren der DNA-Sequenzierung (vgl. S. 52) wenden die automatisierten Verfahren Flurochrom-Markierung der Basen an. Jede Nucleotid-Base wird durch einen peak in einer für die jeweilige Base spezifischen Farbe wiedergegeben (A grün, T rot, C blau, G schwarz). Das Beispiel zeigt einen sequenzierten Abschnitt aus dem Retinoblastom-Gen, erstellt auf einem automatischen Sequenzgerät (Befunde von D. Lohmann und B. Horsthemke, Essen).

Literaturhinweis

Olson, M. V.: The human genome project. Proc. Nat. Acad. Sci. *90*:4338–4344, 1993.

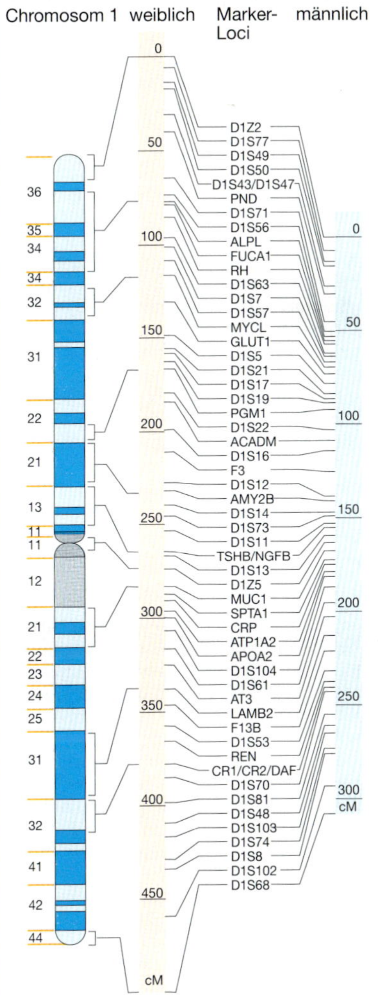

A. Physikalische und genetische Genkarte

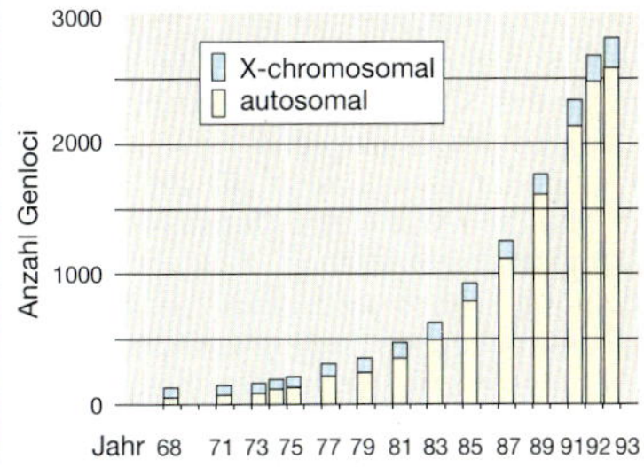

B. Anzahl kartierter Genloci

1. Zuordnung von STS zu einzelnen YACs

YAC Klone	STS anwesend A	B	C	D
1	+	–	–	–
2	+	–	–	+
3	–	–	–	+
4	–	+	–	+
5	–	+	+	–
6	–	–	+	–

2. YAC Contig Reihenfolge der STS

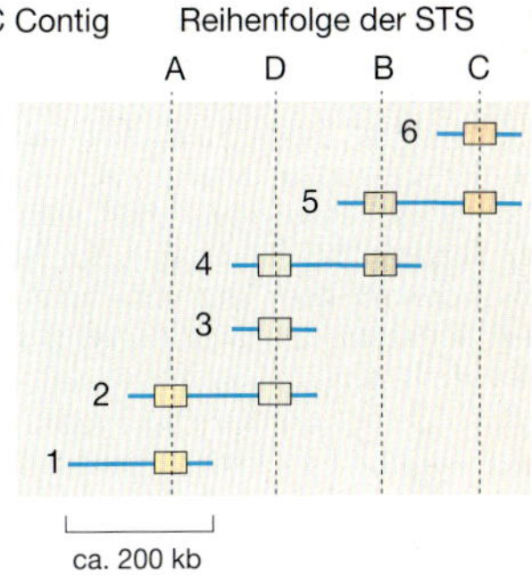

C. STS Content Mapping

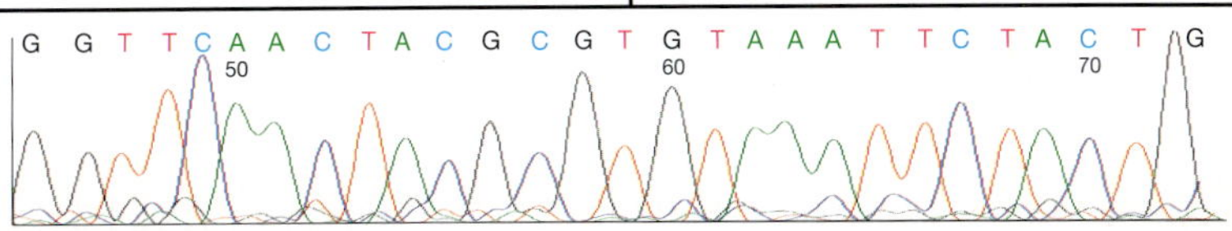

D. Sequenzierter Abschnitt

Vergleichende Genkartierung

Die Feststellung der Lage von Genloci entlang eines Chromosoms (Genkartierung) verfolgt zwei prinzipielle Ziele: (1) Erarbeitung der Grundlagen für die Analyse der Funktion von Genen hinsichtlich ihrer biologischen Bedeutung, z. B. für die Entwicklung, physiologischen Funktionen, einschl. genetisch bedingter Krankheiten, Alterungsprozeß, Krebsentstehung, immunologische Vorgänge, Verhaltensgenetik und anderes; (2) Vergleich des Genoms und homologer Gene bei verschiedenen Organismen zur Aufklärung evolutionärer Beziehungen. Von fast 30 Säugetier-Species sind Genkarten erstellt worden (O'Brien, S. J., Editor: Genetic Maps, Vol. 5, S. 1–1115, Cold Spring Harbor Laboratory Press, New York, 1990; O'Brien, S. J. & Graves, J. A. M.: Report of the comittee and comparative gene mapping. Cytogenet. Cell Genet. *58*:1124–1151, 1991).

A. Vergleich von Genloci bei Mensch, Maus, Katze und Kuh

Der Vergleich von Referenz-Loci bei vier verschiedenen Klassen von Säugetieren zeigt die Aufrechterhaltung bestimmter Gen-Gruppen während der Evolution der Säugetiere. Von 23 Loci (klonierte Gene) auf Chromosom 1 und 19 Loci auf dem X-Chromosom des Menschen (als Vertreter der Primaten) finden sich zahlreiche Loci bei der Hausmaus (*Mus musculus* als der Vertreter der Rodentia), der Hauskatze (als Vertreter der Carnivora) und der Kuh (als Vertreter der Artiodactyla) in ähnlicher Reihenfolge, wenn auch auf verschiedenen Chromosomen. So findet sich das Gen für PGD (6-Phosphogluconat-Dehydrogenase, McKusick Nr. 172200) auf dem distalen kurzen Arm von Chromosom 1 des Menschen, auf Chromosom 4 der Maus, C1 der Katze und U1 der Kuh. Auffallend lang ist der homologe Abschnitt auf Chromosom C1 der Katze. Zahlreiche Gruppen von homologen Genen sind evolutionär konserviert (nach S. J. O'Brien et al., 1993).

B. X-Chromosom des Menschen und der Maus

Etwa 60 chromosomale Abschnitte gleicher Abfolge von zwei oder mehr homologen Loci sind bei Mensch und Maus syntän (auf dem gleichen Chromosom) (Davisson et al., 1990). Auf dem X-Chromosom von eutherianen Säugetieren ist die Abfolge der Genloci besonders ähnlich durch den konservierenden Effekt der X-Inaktivierung (S. Ohno, 1971). Im X-Chromosom von Mensch und Maus sind fünf Blöcke von Genloci gleicher Reihenfolge seit Divergenz von einem gemeinsamen Vorläufer vor etwa 80 Millionen Jahren erhalten, wenn auch in verschiedenen Bereichen und teilweise in verschiedener Richtung orientiert. Drei Bereiche (weiße Felder) im X-Chromosom des Menschen und X-Chromosom der Maus enthielten keine Loci, die in beiden Species kartiert worden sind (nach S. H. Lavale & Y. Boyd, 1993).

C. Sequenzhomologien des X- und des Y-Chromosoms des Menschen

Bei der Evolution der Wirbeltiere sind das X-Chromosom und das Y-Chromosom aus einem Autosom vorgegangen. Während das Y-Chromosom sich erheblich verkleinert hat, enthält das X-Chromosom weitgehend Genloci ursprünglich autosomalen Charakters. In fünf Regionen (I–V) enthalten X-Chromosom und Y-Chromosom des Menschen Sequenzhomologien. Die homologen Sequenzen in den extremen distalen Enden beider Chromosomen (I und II) entspricht einer pseudo-autosomalen Region. In Region I kommt es während der Meiose regelmäßig zu homologer Paarung und Crossing-over (nach U. Wolf et al., 1992).

Literaturhinweise s. S. 375

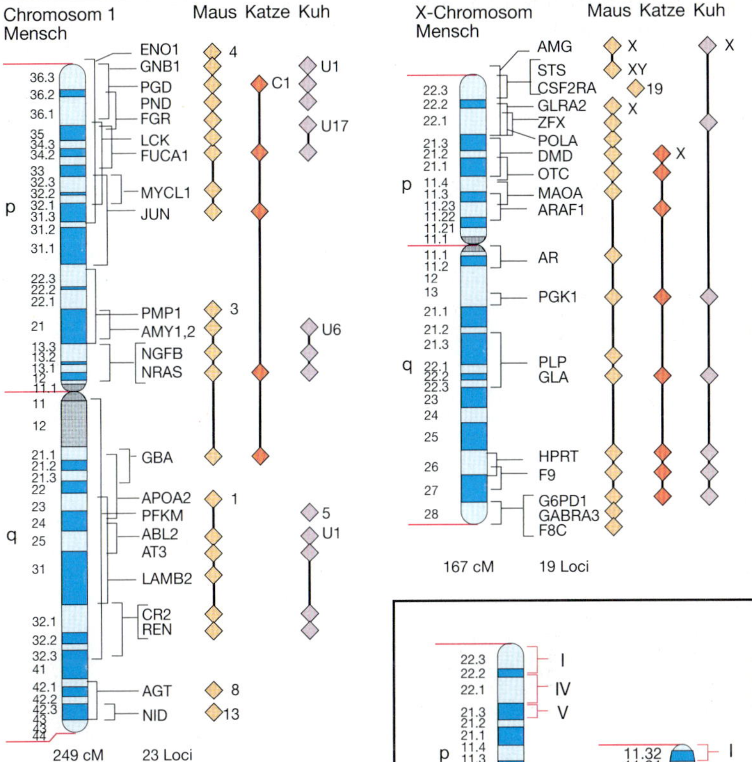

A. Vergleich von Genloci bei Mensch, Maus, Katze und Kuh

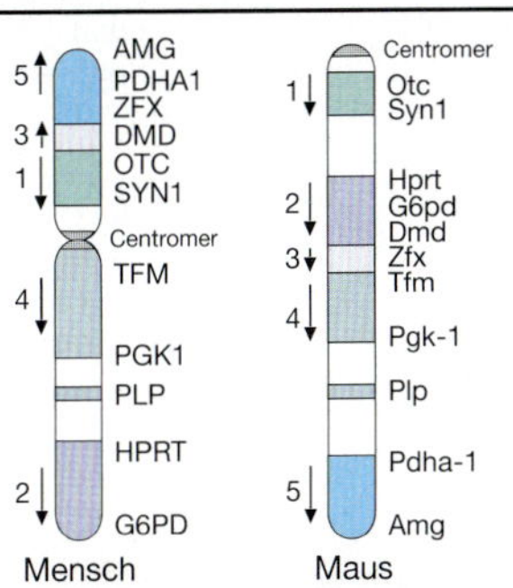

B. X-Chromosom des Menschen und der Maus

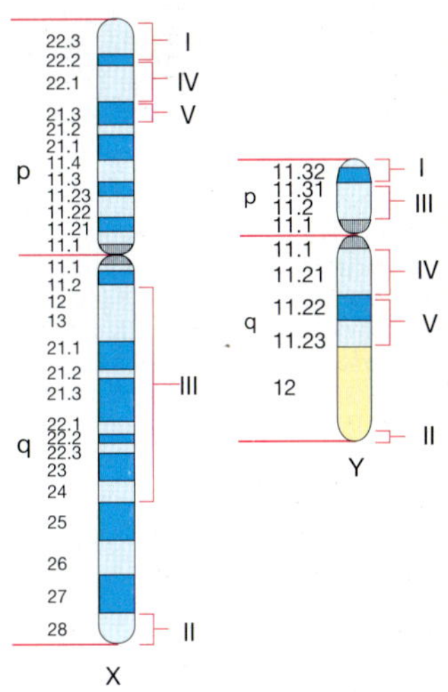

C. Sequenzhomologien des X- und des Y-Chromosoms des Menschen

Genloci für Krankheiten auf dem Genom des Menschen

An den meisten der etwa 2800 kartierten Genloci treten Mutationen auf, die zu definierten Erkrankungen führen. Eine Auswahl von Genloci für Krankheiten auf dem Genom des Menschen wird auf den folgenden fünf Tafeln vorgestellt. Die Darstellung folgt in Anlehnung an eine ähnliche Karte, die V. A. McKusick als „The Morbid Anatomy of the Human Genome" in zahlreichen Auflagen publiziert hat (McKusick, 1992; McKusick und Amberger, 1993). Der Übersichtlichkeit halber wurde nur ein Teil der tatsächlich lokalisierten Genloci aufgenommen und Erkrankungen von besonderer Bedeutung hervorgehoben. Dies soll nicht heißen, daß die anderen Erkrankungen unwichtig wären.

Die meisten genetisch bedingten Erkrankungen sind selten, aber für die betroffene Familie bedeutet die jeweilige Erkrankung ein dringliches Problem. Genetisch bedingte Erkrankungen sind nicht eine Randgruppe der Medizin, sondern stellen in ihrer Gesamtheit einen wesentlichen Anteil aller Krankheitsprozesse in der Medizin. Diese Tatsache wird dadurch verschleiert, daß alle Organsysteme und alle Altersstufen betroffen sind. Deshalb lernt der einzelne Arzt oder die einzelne Ärztin in der Regel nur einen begrenzten Ausschnitt kennen und wird dazu verleitet, die Gesamtbedeutung der genetisch bedingten Erkrankungen zu unterschätzen.

Gegenwärtig sind etwa 2600 exprimierte Gene auf Autosomen des Menschen kartiert, etwa 220 auf dem X-Chromosom. Mutationen in den meisten dieser Gene führen zu monogen bedingten Erkrankungen.

Die Methoden der Kartierung sind vielfältig und ergänzen sich. McKusick gibt folgende Zahlen an: 1683 Gene kartiert durch Analyse von Hybridzellen, 1136 durch *In situ*-Hybridisierung, 629 durch Kopplungsuntersuchungen in Familien, 361 durch RFLP-Analyse, 193 durch Gendosisbestimmung, 179 durch Homologiebestimmung syntäner Genloci, 174 durch Chromosomenaberrationen, 36 durch strahleninduzierte Gensegregationen *in vitro*, 171 andere (V. A. McKusick, persönliche Mitteilung, 19. Mai 1993).

Eine komplette Liste der lokalisierten Erkrankungen mit Gensymbol, McKusick-Nummer und Angabe der chromosomalen Lokalisation findet sich im McKusick-Katalog, 10. Auflage 1992. Die Existenz dieses Katalogs hatte einen fundamentalen Einfluß auf die Entwicklung der Humangenetik Ende der 60iger Jahre. Er enthält Angaben zu Genloci, ihren Allelen und Phänotypen. Die erste Auflage erschien 1966. Seither hat der Umfang aller Auflagen ständig zugenommen, wie die Kenntnisse auf diesem Gebiet.

Zahlreiche Erkrankungen sind klinisch ähnlich (ähnlicher Phänotyp), aber ursächlich verschieden (Prinzip der genetischen Heterogenität). Man kann allelische Heterogenität (durch verschiedene mutante Allele an einem Genlocus) und hetero-allelische Heterogenität (durch Mutationen an verschiedenen Genloci) unterscheiden. Dies ist für die Praxis der Genetischen Diagnostik und Beratung wichtig, weil sich Erbgang und Verlauf bzw. klinisch ähnliche Krankheiten unterscheiden können.

Literaturhinweise

McKusick, V. A.: Mendelian Inheritance in Man. Catalogues of Autosomal Dominant, Autosomal Recessive, and X-linked Phenotypes. 10th edition. Johns Hopkins University Press, Baltimore, 1992.

McKusick, V. A., Amberger, J. S.: The morbid anatomy of the human genome: chromosomal location of mutations causing disease. J. med. Genet. *30* : 1–26, 1993.

Collins, F. Z. Galas, D.: A new five-year plan for the U. S. human genome project. Science *262*:43–46, 1993.

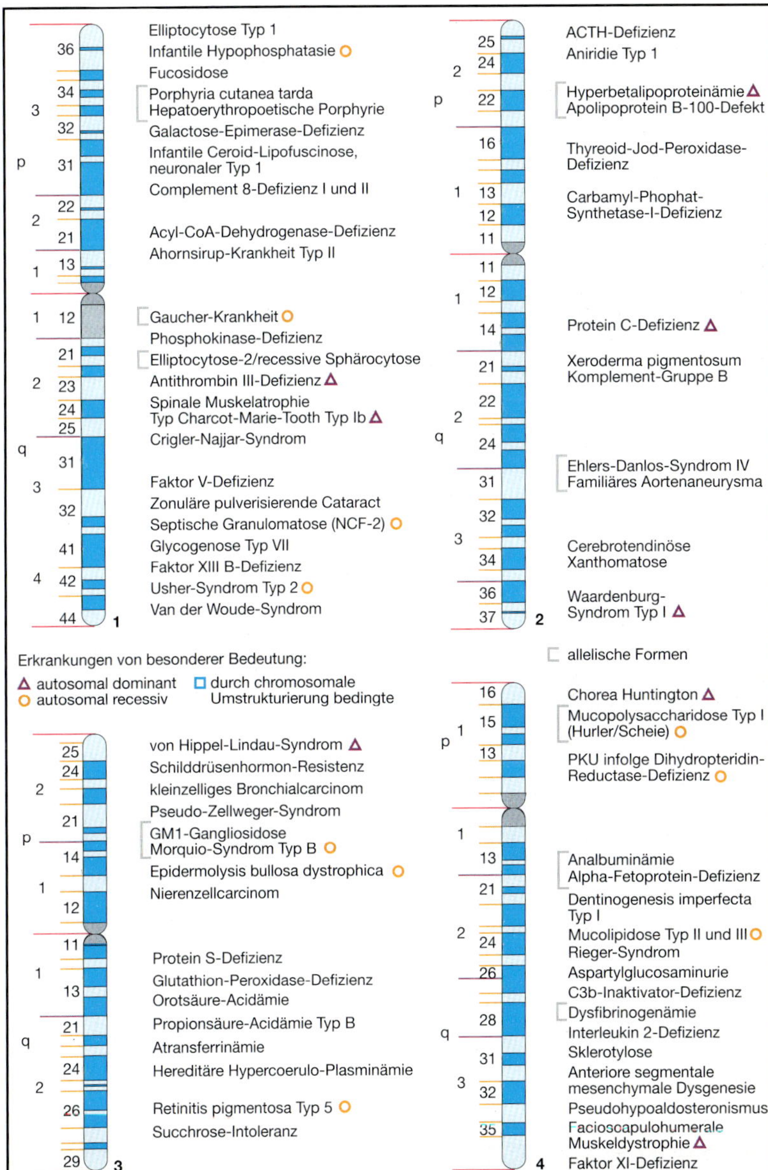

A. Genloci für Krankheiten auf dem Genom des Menschen (Chromosom 1-4)

A. Genloci für Krankheiten auf dem Genom des Menschen (Chromosom 5-8)

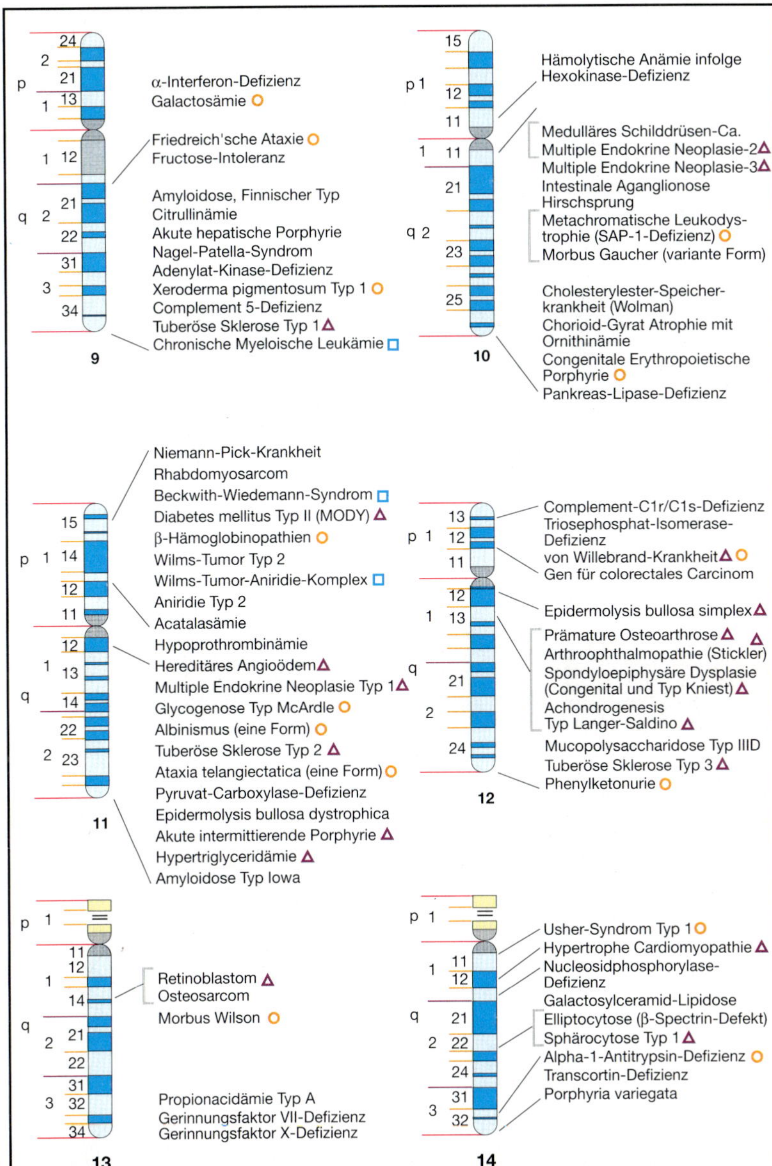

A. Genloci für Krankheiten auf dem Genom des Mensvhen (Chromosom 9-14)

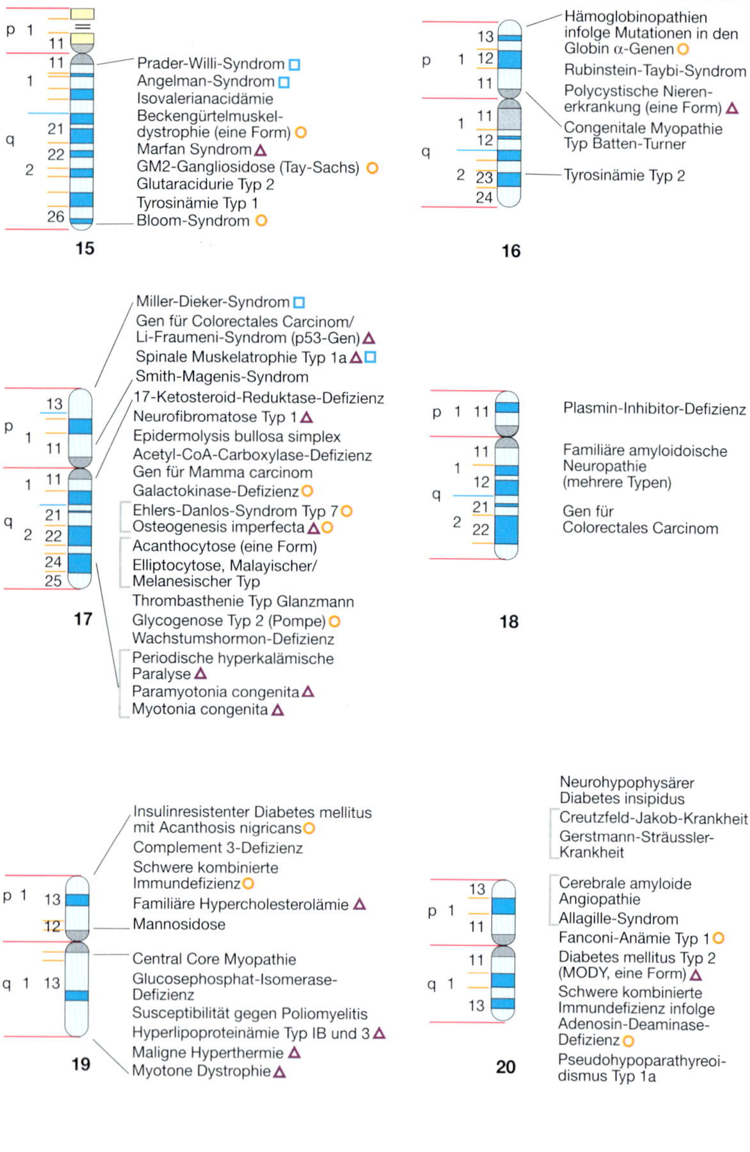

A. Genloci für Krankheiten auf dem Genom des Menschen (Chromosom 15-20)

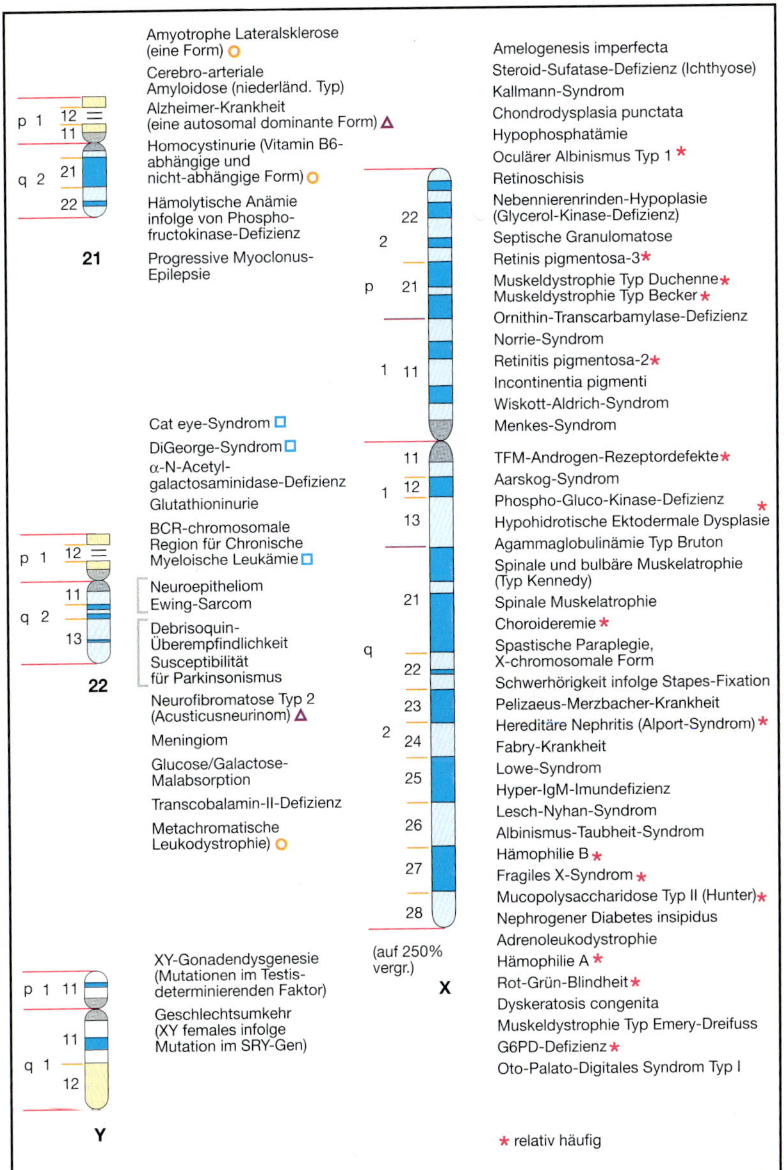

A. Genloci für Krankheiten auf dem Genom des Menschen (Chromosom 21, 22, X, Y)

Genloci für Krankheiten auf Chromosomen des Menschen

(alphabetische Liste zu den Karten auf Seite 361–365)

11-β-Hydroxylase-Defizienz (Chr.8)
17-Ketosteroid Reduktase-Defizienz (Chr.17)
21-Hydroxylase-Defizienz (Chr.6)
3-Hydroxyacyl-CoA-Dehydrogenase-Defizienz (Chr.7)
α-Interferon-Defizienz (Chr.9)
Aarskog-Syndrom (X-Chr.)
Acanthocytose (eine Form) (Chr.17)
Acatalasämie (Chr.11)
Acetyl-CoA-Carboxylase-Defizienz (Chr.17)
ACTH-Defizienz (Chr.2)
Acyl-CoA-Dehydrogenase-Defizienz (Chr.1)
Adenylat-Kinase-Defizienz (Chr.9)
Adrenoleukodystrophie (X-Chr.)
Ahornsirup-Krankheit Typ 2 (Chr.1)
Ahornsirupkrankheit Typ 3 (Chr.6)
Akute hepatische Porphyrie (Chr.9)
Akute intermittierende Porphyrie (Chr.11)
Alagille-Syndrom (Chr.20)
Albinismus (eine Form) (Chr.11)
Albinismus-Taubheit-Syndrom (X-Chr.)
Alpha-1-Antitrypsin-Defizienz (Chr.14)
Alpha-Fetoprotein-Defizienz (Chr.4)
Alzheimer Krankheit (eine Form) (Chr.21)
Amelogenesis imperfecta (X-Chr.)
Amyloidose Typ Iowa (Chr.11)
Amyloidose, Finnischer Typ (Chr.9)
Amyotrophe Lateralsklerose (eine Form) (Chr.21)
αN-Acetylgalactosaminidase Defizienz (Chr.22)
Analbuminämie (Chr.4)
Angelman-Syndrom (Chr.15)
Aniridie Typ 1 (Chr.2)
Aniridie Typ 2 (Chr.11)
Anteriore segmentale mesenchymale Dysgenesie (Chr.4)
Antithrombin III-Defizienz (Chr.1)
Apolipoprotein B-100 Defekt (Chr.2)
Argininämie (Chr.6)
Argininosucchinin-Acidurie (Chr.7)
Arthroophthalmopathie (Stickler-Syndrom) (Chr.12)
Aspartylglucosaminurie (Chr.4)
Ataxia Telangiectatica (eine Form) (Chr.11)
Atransferrinämie (Chr.3)
Atypische vitelliforme Makula-Dystrophie (Chr.8)
β-Hämoglobinopathien (Chr.11)
β-Hexosaminidase-Defizienz; G_{M2}-Gangliosidose Typ Sandhoff (Chr.5)
BCR-chromosomale Region für Chronische Myeloische Leukämie (Chr.22)
Beckengürtel-Muskeldystrophie (Chr.5)
Beckengürtelmuskeldystrophie (eine Form) (Chr.15)
Beckwith-Wiedemann-Syndrom (Chr.11)
Bloom-Syndrom (Chr.15)
Burkitt-Lymphom (Chr.8)
C3b-Inaktivator-Defizienz (Chr.4)
Carbamyl-Phosphat-Synthetase-I-Defizienz (Chr.2)
Cat eye-Syndrom (Chr.22)
Central Core Myopathie (Chr.19)
Cerebro-arteriale Amyloidose (niederländischer Typ) (Chr.21)
Cerebrotendinöse Xanthomatose (Chr.2)
Cholesterylester-Speicherkrankheit (Wolman) (Chr.10)
Chorea Huntington (Chr.4)
Choroideremie (X-Chr.)
Chorioid-Gyrat-Atrophie mit Ornithinämie (Chr.10)
Chrondrodysplasia punctata (X-Chr.)
Chronische Myeloische Leukämie (Chr.9)
Citrullinämie (Chr.9)
Colorectal Carcinom (Chr.5)
Colorectales Adenocarcinom (Chr.12)
Colorectales Carcinom/Li-Fraumeni-Syndrom (Chr.17)
Complement 2 und 4 – (Defizienz Chr.6)
Complement 6, 7 und 9 – Defizienz (Chr.5)
Complement-3-Defizienz (Chr.19)
Complement 5-Defizienz (Chr.9)
Complement-8-Defizienz 1 und 2 (Chr.1)
Complement-C1r/C1s-Defizienz (Chr.12)
Congenitale Erythropoietische Porphyrie (Chr.10)
Congenitale Myopathie Typ Batten-Turner (Chr.16)
Cortisol-Resistenz (Chr.5)
Craniopolysyndaktylie Typ Greig (Chr.7)

Craniosynostose Saethre-Chotzen (Chr.7)
Creutzfeldt-Jakob-Krankheit (Chr.20)
Crigler-Najjar-Syndrom (Chr.1)
Cutis laxa (Neonataler Marfanoider Typ) (Chr.7)
Cystische Fibrose (Chr.7)
Debrisoquine-Überempfindlichkeit (Chr.22)
Dentinogenesis imperfecta Typ 1 (Chr.4)
Diabetes Mellitus Typ MODY (Chr.11)
Diabetes Mellitus Typ MODY (eine Form) (Chr.20)
Diastrophe Dysplasie (Chr.5)
DiGeorge-Syndrom (Chr.22)
Dysfibrinogenämie (Chr.4)
Dyskeratosis congenita (X-Chr.)
Ehlers-Danlos-Syndrom Typ 4 (Chr.2)
Ehlers-Danlos-Syndrom Typ 7 (Chr.7)
Ehlers-Danlos-Syndrom Typ 7 A1 (Chr.17)
Ektrodactylie Typ 1 (Chr.7)
Elliptocytose (β-Spectrin-Defekt) (Chr.14)
Elliptocytose Typ 1 (Chr.1)
Elliptocytose, Malayisch/Melanesischer Typ (Chr.17)
Elliptocytose-2/recessive Sphärocytose (Chr.1)
Epidermolysis bullosa dystrophica (Chr.11)
Epidermolysis bullosa dystrophica (Chr.3)
Epidermolysis bullosa simplex (Chr.12)
Epidermolysis bullosa simplex (Chr.17)
Epidermolysis bullosa Typ Ogna (Chr.8)
Ewing-Sarcom (Chr.22)
Fabry-Krankheit (X-Chr.)
Facioscapulohumerale Muskeldystrophie (Chr.4)
Faktor V-Defizienz (Chr.1)
Faktor XI-Defizienz (Chr.4)
Faktor XII-Defizienz (Chr.5)
Faktor XIII B-Defizienz (Chr.1)
Faktor XIIIa-Defizienz (Chr.6)
Familiäre amyloidoische Neuropathie (mehrere Typen) (Chr.18)
Familiäre Hypercholesterolämie (Chr.19)
Familiäre Polyposis coli (Chr.5)
Familiäres Aortenaneurysma (Chr.2)
Fanconi-Anämie Typ 1 (Chr.20)
Fragiles X-Syndrom (X-Chr.)
Friedreich'sche Ataxie (Chr.9)
Fructose-Intoleranz (Chr.9)
Fucosidose (Chr.1)
G6PD-Defizienz (X-Chr.)
Galactokinase-Defizienz (Chr.17)
Galactose Epimerase-Defizienz (Chr.1)
Galactosylceramid-Lipidose (Chr.14)
Galactosämie (Chr.9)
Gardner-Syndrom (Chr.5)
Gaucher Krankheit (Chr.1)
Gerinnungsfaktor VII-Defizienz (Chr.13)
Gerinnungsfaktor X-Defizienz (Chr.13)
Gerstmann-Sträussler-Krankheit (Chr.20)
Geschlechtsumkehr (XY females infolge Mutationen im SRY-Gen) (Y-Chr.)
Glucose/Galactose-Malabsorption (Chr.22)
Glucosephosphat-Isomerase-Defizienz (Chr.19)
Glutaracidurie Typ 2 (Chr.15)
Glutathion-Peroxidase-Defizienz (Chr.3)
Glutathion-Reduktase-Defizienz (Chr.8)
Glutathioninurie (Chr.22)
Glycogenose Typ VII (Chr.1)
Glycogenose Typ 2 (Pompe) (Chr.17)
Glycogenose Typ McArdle (Chr.11)
GM1-Gangliosidose (Chr.3)
GM2-Gangliosidose (Tay-Sachs) (Chr.15)
Hämochromatose (Chr.6)
Hämoglobinopathien infolge Mutation (Chr.16)
Hämolytische Anämie infolge Hexokinase-Defizienz (Chr.10)
Hämolytische Anämie infolge von Phosphofructokinase-Defizienz (Chr.21)
Hämophilie A (X-Chr.)
Hämophilie B (X-Chr.)
Hepatoerythropoetische Porphyrie (Chr.1)
Hereditäre angeborene Hypothyreose (Chr.8)
Hereditäre Hypercoerulo-Plasminämie (Chr.3)
Hereditäre Nephritis (Alport-Syndrom) (X-Chr.)
Hereditäre Persistenz von Fetal-Hemoglobin (eine Form) (Chr.7)
Hereditäres Angioödem (Chr.11)
Holoprosencephalie Typ 3 (Chr.7)
Homocystinurie (B6-responsive und B6-nicht-responsive Form) (Chr.21)
Hyper-IgM-Immundefizienz (X-Chr.)
Hyperbetalipoproteinämie (Chr.2)
Hyperlipoproteinämie Typ 1 (Chr.8)
Hyperlipoproteinämie Typ 1B (Chr.19)
Hyperlipoproteinämie Typ 3 (Chr.19)
Hypertriglyceridämie (Chr.11)

Hypertrophe Cardiomyopathie (Chr.14)
Hypohidrotische Ectodermale Dysplasie (X-Chr.)
Hypophosphatämie (X-Chr.)
Hypoprothrombinämie (Chr.11)
Immundefizienz, schwere kombinierte (Chr.19)
Immundefizienz infolge ADA-Defizienz (Chr.20)
Infantile Ceroid-Lipofuscionose, neuronaler Typ 1 (Chr.1)
Infantile Hypophosphatasie (Chr.1)
Insulinresistenter Diabetes mellitus mit Acanthosis nigricans (Chr.19)
Interleukin 2-Defizienz (Chr.4)
Intestinale Aganglionose (Hirschsprung) (Chr.10)
Isovaleriacidämie (Chr.15)
Juvenile myoklone Epilepsie (Chr.6)
Kallmann-Syndrom (X-Chr.)
Kleinzelliges Bronchialcarcinom (Chr.3)
Langer-Giedion Syndrom (Chr.8)
Lesch-Nyhan-Syndrom (X-Chr.)
Lowe-Syndrom (X-Chr.)
Maligne Hyperthermie (Chr.19)
Mandibulo-Faciale Dysostose (Franceschetti-Klein-Syndrom) (Chr.5)
Mannosidose (Chr.19)
Marfan-Syndrom (Chr.15)
Medulläres Schilddrüsen-Carcinom (Chr.10)
Meningiom (Chr.22)
Menkes-Syndrom (X-Chr.)
Metachromatische Leukodystrophie (Chr.22)
Metachromatische Leukodystrophie (SAP-1-Defizienz) (Chr.10)
Methylmalonsäure-Acidurie (Chr.6)
Miller-Dieker-Syndrom (Chr.17)
Morbus Gaucher (Chr.10)
Morbus Wilson (Chr.13)
Morquio Syndrom Typ B (Chr.3)
Mucolipidose Typ II und Typ III (Chr.4)
Mucopolysaccharidose Typ II (X-Chr.)
Mucopolysaccharidose Typ I (Hurler/Scheie) (Chr.4)
Mucopolysaccharidose Typ VI (Maroteaux-Lamy) (Chr.5)
Mucopolysaccharidose Typ VII (Chr.7)
Multiple Endokrine Neoplasie Typ 1 (Chr.11)
Multiple Endokrine Neoplasie Typ 2 (Chr.10)
Multiple Endokrine Neoplasie Typ 3 (Chr.10)
Multiple Exostosen (Chr.8)
Muskeldystrophie Typ Becker (X-Chr.)
Muskeldystrophie Typ Duchenne (X-Chr.)
Muskeldystrophie Typ Emery-Dreifuss (X-Chr.)
Myotone Dystrophie (Chr.19)
Myotonia congenita (Chr.17)
Myotubuläre Myopathie (X-Chr.)
Nagel-Patella-Syndrom (Chr.9)
Nebennierenrindenhypoplasie mit Glycerol-Kinase-Defizienz (X-Chr.)
Nephrogener Diabetes insipidus (X-Chr.)
Neuroepitheliom (Chr.22)
Neurofibromatose Typ 1 (Chr.17)
Neurofibromatose Typ 2 (Acusticus-Neurinom) (Chr.22)
Neurohypophysärer Diabetes insipidus (Chr.20)
Niemann-Pick-Krankheit (Chr.11)
Nierenzellcarcinom (Chr.3)
Norrie-Syndrom (X-Chr.)
Nucleosid-Phosphorylase-Defizienz (Chr.14)
Oculärer Albinismus (X-Chr.)
Ornithin-Transcarbamylase-Defizienz (X-Chr.)
Orotsäure-Acidämie (Chr.3)
Osteogenesis imperfecta (Chr.17)
Osteogenesis imperfecta (COL1A2) (Chr.7)
Osteosarcom (Chr.13)
Oto-Palato-Digitales Syndrom Typ I (X-Chr.)
Pankreas-Lipase-Defizienz (Chr.10)
Paramyotonia congenita (Chr.17)
Pelizaeus-Merzbacher-Krankheit (X-Chr.)
Periodische hyperkalämische Paralyse (Chr.17)
Phenylketonurie (PKU) (Chr.12)
Phospho-Gluco-Kinase-Defizienz (X-Chr.)
Phospho-Glycerat-Mutase-Defizienz (Chr.7)
Phosphokinase-Defizienz (Chr.1)
PKU infolge Dihydropteridin-Reductase-Defizienz (Chr.4)
Plasmin-Inhibitor-Defizienz (Chr.18)
Plasminogen-Aktivator-Defizienz (Chr.8)
Plasminogen-Defizienz Typ I & II (Chr.6)
Polycystische Nierenerkrankung (eine Form) (Chr.16)

Porphyria cutanea tarda (Chr.1)
Porphyria variegata (Chr.14)
Prader-Willi-Syndrom (Chr.15)
Primordialer Minderwuchs Typ Laron (Chr.5)
Progressive Myoclonus-Epilepsie (Chr.21)
Propionacidämie Typ A (Chr.13)
Propionsäure-Acidämie Typ B (Chr.3)
Protein C-Defizienz (Chr.2)
Protein S-Defizienz (Chr.3)
Pseudo-Zellweger-Syndrom (Chr.3)
Pseudohypoaldosteronismus (Chr.4)
Pseudohypoparathyreoidismus Typ 1a (Chr.20)
Retinitis pigmentosa-Typ 2 (X-Chr.)
Retinitis pigmentosa-Typ 3 (X-Chr.)
Retinitis pigmentosa (Peripherin-Defekt) (Chr.6)
Retinitis pigmentosa Typ 1 (Chr.8)
Retinitis pigmentosa Typ 5 (Chr.3)
Retinoblastom (Chr.13)
Retinoschisis (X-Chr.)
Rhabdomyosarcom (Chr.11)
Rieger-Syndrom (Chr.4)
Rot-Grün-Blindheit (X-Chr.)
Rubinstein-Taybi-Syndrom (Chr.16)
Schilddrüsenhormon-Resistenz (Chr.3)
Schwerhörigkeit (unterer Frequenzbereich) (Chr.5)
Schwerhörigkeit infolge Stapes-Fixation (X-Chr.)
Septische Granulomatose (NCF-1) (Chr.7)
Septische Granulomatose (NCF-2 Defizienz) (Chr.1)
Septische Granulomatose (X-Chr.)
Sklerotylose (Chr.4)
Smith-Lemli-Opitz-Syndrom (Chr.7)
Smith-Magenis-Syndrom (Chr.17)
Spastische Paraplegie (X-chromosomale Form) (X-Chr.)
Sphärocytose Typ 1 (Chr.14)
Sphärocytose Typ 2 (Chr.8)
Spinale Muskelatrophie (X-Chr.)
Spinale Muskelatrophie Typ 1a (Chr.17)
Spinale Muskelatrophie Typ Charcot-Marie-Tooth Typ 1b (Chr.1)
Spinale Muskelatrophie Werdnig-Hoffmann und andere Typen (Chr.5)
Spinocerebelläre Ataxie Typ 1 (Chr.6)
Spondyloepiphysäre Dysplasie (Congenitaler Typ) (Chr.12)
Spondyloepiphysäre Dysplasie (Typ Kniest) (Chr.12)
Steroid-Sulfatase-Defizienz (Ichthyose) (X-Chr.)
Sucrose-Intoleranz (Chr.3)
Susceptibilität für Parkinsonismus (Chr.22)
Susceptibilität gegen Diphtherie-Toxin (Chr.5)
Susceptibilität gegen Poliomyelitis (Chr.19)
T-Zell-Leukämie/Lymphom (Chr.14)
TFM-Androgen-Rezeptordefekte (X-Chr.)
Thrombasthenie Typ Glanzmann (Chr.17)
Thyreoid-Jod-Peroxidase-Defizienz (Chr.2)
Transcobalamin II-Defizienz (Chr.22)
Transcortin-Defizienz (Chr.14)
Tricho-Rhino-Phalangeales Syndrom Typ 1 (Chr.8)
Triosephosphat-Isomerase-Defizienz (Chr.12)
Tritan-Farbblindheit (Chr.7)
Trypsinogen-Defizienz (Chr.7)
Tuberöse Sclerose Typ 1 (Chr.9)
Tuberöse Sclerose Typ 2 (Chr.11)
Tuberöse Sclerose Typ 3 (Chr.12)
Tyrosinämie Typ 2 (Chr.16)
Tyrosinämie Typ 1 (Chr.15)
Usher Syndrom Typ 1 (Chr.14)
Usher-Syndrom Typ 2 (Chr.1)
Van der Woude-Syndrom (Chr.1)
Vitelline Makula-Dystrophie (Chr.6)
von Hippel-Lindau-Syndrom (Chr.3)
Von Willebrand-Krankheit (Chr.12)
Vorhofseptum-Defekt (eine Form) (Chr.6)
Waardenburg Syndrom Typ 1 (Chr.2)
Wachstumshormon-Defizienz (Chr.17)
Werner Syndrome (Chr.8)
Wilms-Tumor Typ 2 (Chr.11)
Wilms-Tumor-Aniridie-Komplex (Chr.11)
Xeroderma pigmentosum Komplementations-Gruppe B (Chr.2)
Xeroderma pigmentosum Typ 1 (Chr.9)
XY-Gonaden-Dysgenesie (Y-Chr.)
Zellweger-Syndrom (Chr.7)
Zerebrale amyloide Angiopathie (Chr.20)
Zonuläre pulverisierende Cataract (Chr.1)

Hinweis: bei zahlreichen Erkrankungen existieren ähnliche Formen an anderen Loci, manchmal mit anderem Erbgang

Literaturverzeichnis

A. Allgemein

Abbas, A. K., Lichtman, A. H., Pober, J. S.: Cellular and Molecular Immunology. W. B. Saunders, Philadelphia, 1991.

Alberts, B., Bray, D., Lewis, J., Ruff, M., Roberts, K., Watson, J. D.: Molecular Biology of the Cell. 2nd Edition. Garland Publishing, Inc., New York, 1989.

Ayala, F. J. & Kieger, J. A. jr.: Modern Genetics. 2nd Edition. The Benjamin/Cummings Publishing Company, Inc., Menlo Park, California, 1984.

Bender, K.: Das HLA-System. 5. Auflage, Biotest Diagnostics, 1991.

Branden, C. & Tooze, J.: Introduction to Protein Structure. Garland Publishing, Inc., New York & London, 1991.

Brown, T. A.: Genetics. A Molecular Approach. 2nd Edition. Chapman & Hall, London, 1992.

Campbell, N. A.: Biology. 2nd Edition. The Benjamin Cummings Publishing Co., Redwood City, California 1990.

Childs, B., Holtzman, N. A., Kazazian, H. H. jr., Valle, D. L., editors: Molecular Genetics in Medicine. Progress in Medical Genetics. New Series, Vol. 7. Elsevier, Amsterdam, 1988.

Darnell, J., Lodish, H., Baltimore, D.: Molecular Cell Biology. 2nd Edition. Scientific American Books, Freeman and Company, New York, 1990.

Davies, K. E., editor: Human Genetic Diseases. A Practical Approach. IRL-Press, Oxford, 1986.

Davies, K. E. & Read, A. P.: Molecular Basis of Inherited Disease. 2nd Edition. IRL Press, Washington, 1992.

De Grouchy, J.; & Turleau, C.: Clinical Atlas of Human Chromosomes. 2nd Edition. John Wiley & Sons, New York, 1984.

Duve, C. de: Die Zelle. Expedition in die Grundstruktur des Lebens. Spektrum der Wissenschaft, Heidelberg, 1984.

Emery, A. E. H.: Methodology in Medical Genetics. An Introduction to Statistical Methods. 2nd Edition. Churchill Livingstone, Edinburgh, 1986.

Emery, A. E. H. & Rimoin, D. L., editors: Principles and Practice of Medical Genetics. 2nd Edition. Churchill Livingstone, Edinburgh, 1990.

Fristrom J. W. & Clegg, M. T.: Principles of Genetics. 2nd Edition. W. H. Freeman & Co., San Francisco, 1988.

Gardener, E. J., Simmons, M. J., Snustad, D. P.: Principles of Genetics. 8th Edition. John Wiley and Sons, Inc., New York, 1991.

Gelehrter, T. D. & Collins, F. S.: Principles of Medical Genetics. Williams & Wilkins, Baltimore, 1990.

Hentze, M. W., Kulozik, A. E., Bartram, C. R.: Einführung in die medizinische Molekularbiologie. Grundlagen, Klinik, Perspektiven. Springer Verlag, Heidelberg, 1990.

Holtzman, N. A.: Proceed with Caution. Predicting Genetic Risks in the Recombinant DNA Era. Johns Hopkins University Press, Baltimore, 1989.

Kaplan, J. C. & Delpeck, M.: Biologie moléculaire et Médicine. Médicine-Sciences, Flammarion, Paris, 1990.

Knippers, R., Philippsen, P., Schäfer, K. P., Fanning, E.: Molekulare Genetik. Fünfte Auflage, Georg Thieme Verlag, Stuttgart, 1990.

Lawrence, P. H.: The Making of a Fly. Genetics of Animal Design. Blackwell Scientific Publications, Oxford 1992.

Lewin, B.: Genes IV. Oxford University Press, Oxford, 1990.

Lindsten, J., & Pettersson, U., editors: Etiology of Human Disease at the DNA Level. Nobel Symposium 80. Raven Press, New York, 1991.

Mange, A. P. & Mange, P. J.: Genetics: Human Aspects. Sinauer Associates. Inc., Sunderland, Massachusetts, 1990.

McKusick, V. A.: Mendelian Inheritance of Man. Catalogues of Autosomal Dominant, Autosomal Recessive, and X-linked Phenotypes. 10th Edition. Johns Hopkins University Press, Baltimore, 1992.

Molecular Biology of Homo Sapiens. Cold Spring Harbor Symposia on Quantitative Biology. Vol. LI, Cold Spring Laboratory, 1986.

Passarge, E.: Elemente der Klinischen Genetik. Grundlagen und Anwendung der Humangenetik in Studium und Praxis. G. Fischer Verlag Stuttgart, 1979.

Passarge, E.: Genetik, in: Klinische Pathophysiologie. 7. Auflage, W. Siegenthaler, Hrsg., Georg Thieme Verlag, Stuttgart–New York, im Druck.

Rees, A, R., & Sternberg, J. E.: From Cells to Atoms. An Illustrated Introduction to Molecular Biology. Blackwell Scientific Publications, Oxford, 1984.

Rooney, D. E., & Czepulkowski, B. H.: Human Cytogenetics. A Practical Approach. 2nd Edition. IRL-Press, Oxford, 1992.

Rothwell, N. V.: Understanding Genetics. A Molecular Approach. Wiley-Liss, New York, 1993.

Scriver, C. R., Beaudet, C. R., Sly, W. S., Valle, D., editors: The Metabolic Basis of Inherited Disease. 6th Edition, McGraw-Hill Information Services Company, New York, 1989.

Singer, M. & Berg, P.: Genes and Genomes. A Changing Perspective. Blackwell Scientific Publications, Oxford, 1991.

Stent, G. S. & Calendar, R.: Molecular Genetics. An Introductory Narrative. 2nd Edition. W. H. Freeman & Co., San Francisco, 1978.

Stryer, L.: Biochemistry. 3rd. Edition. W. H. Freeman & Co., New York, 1988.

Therman, E.: Human Chromosomes. Structure, Behavior, Effects. 3rd. edition. Springer Verlag, Heidelberg, 1993.

Traut, W.: Chromosomen. Klassische und Molekulare Cytogenetik. Springer Verlag, Heidelberg, 1991.

Verma, R. S. & Babu, A.: Human Chromosomes. Manual of Basic Techniques. Pergamon Press, New York, 1989.

Vogel, F. & Motulsky, A. G.: Human Genetics. Problems and Approaches. 2nd Edition. Springer-Verlag, Heidelberg-New York, 1986.

Watson, J. D., Hopkins, N. H., Roberts, J. W., Steitz, J. A., Weiner, A. M.: Molecular Biology of the Gene. 4th edition. The Benjamin/Cummings Publishing Company, Inc., Menlo Park, California, 1987.

Watson, J. I., Gilman, M., Witkowski, J., Zoller, M.: Recombinant DNA. 2nd Edition. Scientific American Books, W. H. Freeman & Co, New York, 1992.

Weatherall, D. J.: The New Genetics and Clinical Practice. 3rd Edition. Oxford University Press, Oxford, 1991.

Weinberg, R. A., editor: Oncogenes and the Molecular Origins of Cancer. Cold Spring Harbor Laboratory Press, 1989.

Whitehouse, H. L. K.: Towards an Understanding of the Mechanism of Heredity. 3rd Edition. Edward Arnold, London, 1973.

Winnacker, E. L.: Gene und Klone. Eine Einführung in die Gentechnologie. 2. Auflage. Verlag Chemie, Weinheim, 1990.

B. Literaturhinweise zu einzelnen Tafeln

Odorant-Rezeptor-Familie (S. 234)

Buck, L. & Axel, R.: A novel multigene family may encode odorant receptors: A molecular basis for odor recognition. Cell *65*:175 –187, 1991.

Ngai, J. et al.: The family of genes encoding odorant receptors in the channel catfish. Cell *72*:657–666, 1993.

Ngai, J. et al.: Coding of olfactory information: Topography of odorant receptor ex-

pression in the catfish olfactory epithelium. Cell *72*:667–680, 1993.

Parmentier, M. et al.: Expression of members of the putative olfactory receptor gene family in mammalian germ cells. Nature *355*:453–455, 1992.

Darm-Tumoren (S. 272)

Fearon, E. R. et al.: Identification of a chromosome 18q gene that is altered in colorectal cancers. Science *247*:12–13, 1990.

Friedl, W., Möslein, G., Jaeger, K., Herfarth, C., Propping, P.: Familiäre adenomatöse Polyposis. Paradigma einer therapierbaren genetischen Krankheit. Dtsch. Ärztebl. *88*:B-851, 1991.

Groden, J. et al.: Identification and characterization of the familial adenomatous polyposis coli gene. Cell *66*:589–600, 1991.

Ichii, S. et al.: Inactivation of both APC alleles in an early stage of colon adenomas in a patient with familial adenomatous polyposis (FAP). Hum. Mol. Genet *6*:387–390, 1992.

Joslyn, G. et al.: Identification of deletion mutations and three new genes at the familial polyposis locus. Cell *66*:601–613, 1991.

Kinzler, K. W. et al: Identification of a gene located at chromosome 5q21 that is mutated in colorectal cancers. Science *251*:1366 –1369, 1991.

Powell, S. M.: APC mutations occur early during colorectal tumorigenesis. Nature *359*:235–237, 1992.

Hämoglobin und Thalassämien (S. 278–288)

Antonarakis, S. E., Kazazian, H. H. jr., Orkin, S. H.: DNA polymorphism and molecular pathology of the human globin gene clusters. Hum. Genet. *69*:1–14, 1985.

Lehmann, H. & Huntsman, R. G.: Man's Haemoglobins. North-Holland Publ., Amsterdam, 1974.

Orkin, S. H., Kazazian, H. H.: The mutation and polymorphism of the human betaglobin gene and its surrounding DNA. Ann. Rev. Genet. 8:131–171, 1984.

Stamatoyannopoulos, G., Nienhuis, A. W., Leder, P., Majerus, P. W., editors: The Molecular Basis of Blood Diseases. W. B. Saunders, Philadelphia, 1987.

Wainscoat, J. S. et al.: Evolutionary relationships of human populations from an analysis of nuclear DNA polymorphisms. Nature *319*:491–493, 1986.

Weatherall, D. J., Clegg, J. B., Higgs, D. R., Wood, W. G.: The hemoglobinopathies. Chapter 93, p. 221–239, In: The Metabolic Basis of Inherited Disease, C. R. Scriver, A. L. Beaudet, W. S. Sly, D. Valle, editors. McGraw-Hill Information Services Company, New York, 1989.

Lysosomen und Lysosomale Enzymdefekte (S. 292–296)

Neufeld, E. F. & Muenzer, J.: The mucopolysaccharidoses. Chapter 61, p. 1565–1587, in: The Metabolic Basis of Inherited Disease. 6th edition, C. R. Scriver, A. L. Beaudet, W. S. Sly, D. Valle, editors. McGraw-Hill Information Services Comp., New York, 1989.

Nolan, C. M. & Sly, W. S.: I-cell disease and pseudo-Hurler-polydystrophy. Disorders of lysosomal enzyme phosphorylation and localisation. Chapter 62, p. 1589–1601, in: The Metabolic Basis of Inherited Disease. 6th edition, C. R. Scriver, A. L. Beaudet, W. S. Sly, D. Valle, editors. McGraw-Hill Information Services Comp., New York, 1989.

Passarge, E. et al.: Krankheiten infolge genetischer Defekte im lysosomalen Mucopolysaccharid-Abbau. Die Mucopolysaccharid-Speicherkrankheiten. Dtsch. med. Wschr. *99*:144–158, 1974.

Sabatini, D. D. & Adesnik, M. B.: The biogenesis of membranes and organelles. Chapter 3, p. 177–223, in: The Metabolic Basis of Inherited Disease. 6th edition, C. R. Scriver, A. L. Beaudet, W. S. Sly, D. Valle, editors. McGraw-Hill Information Services Comp., New York, 1989.

Hypercholesterolämie und LDL-Rezeptor (S. 298–300)

Brown, M. S., Anderson, R. O. W., Goldstein, J. L.: Recycling receptors: the round trip itinerary of migrant membrane proteins. Cell *32*:663, 1983.

Goldstein, J. L. et al.: Receptor-mediated endocytosis: Concepts emerging from the LDL receptor system. Ann Rev Cell Biol *1*:1, 1985.

Goldstein, J. C. & Brown, M. S.: Familial hypercholesterolemia. Chapter 48, p. 1215–1250, in: The Metabolic Basis of Inherited Disease. 6th edition, C. R. Scriver, A. L. Beaudet, W. S. Sly, D. Valle, editors. McGraw-Hill Information Services Comp., New York, 1989.

Schuster, H. et al.: Familial defective apolipoprotein B-100. Comparison with familial hypercholesterolemia in 18 cases detected in Munich. Arteriosclerosis *10*:577–581, 1990.

Südhof, T. C. et al.: The LDL receptor gene: a mosaic of exons shared with different proteins. Science *228*:815–822, 1985.

Protease-Inhibitoren (S. 302)

Carrell, R. W. et al.: Structure and variation of human α_1-antitrypsin. Nature *298*:329–333, 1982.

Cox, D. W., Woo, S. L. C., Mansfield, T.: DNA-restriction fragments associated with α_1-antitrypsin indicate a single origin for deficiency allele PiZ. Nature *316*:79–81, 1985.

Cox, D. W.: α_1-antitrypsin deficiency. Chapter 96, p. 2409–2437, in: The Metabolic Basis of Inherited Disease. 6th edition, C. R. Scriver, A. L. Beaudet, W. S. Sly, D. Valle, editors. McGraw-Hill Information Services Comp., New York, 1989.

Lancet Editorial: α_1-antitrypsin, Z, and the liver. Lancet *340*:402–403, 1992.

Lomas, D. A. et al.: The mechanism of Z α_1-antitrypsin accumulation in the liver. Nature *357*:605–607, 1992.

Owen, M. C. et al.: Mutation of antitrypsin to antithrombin. α_1-antitrypsin Pittsburgh (358, MET → ARG), a fatal bleeding disorder. N Eng J Med *309*:694–698, 1983.

Blutgerinnungsfaktor VIII und von Willebrand-Faktor (S. 304–306)

Manusco, D. J. et al.: Structure of the gene for human for Willebrand factor. J. Biol. Chem. *264*:19514–19527, 1989.

Sadler, J. E.: Von Willebrand Disease. Chapter 87, p. 2171–2187, in: The Metabolic Basis of Inherited Disease. 6th edition, C. R. Scriver, A. L. Beaudet, W. S. Sly, D. Valle, editors. McGraw-Hill Information Services Comp., New York, 1989.

Vehar, G. A. et al.: Factor VIII and Factor V. Biochemistry and Pathophysiology. Chapter 86, p. 2155–2170, In: The Metabolic Basis of Inherited Disease. 6th edition, C. R. Scriver, A. L. Beaudet, W. S. Sly, D. Valle, editors. McGraw-Hill Information Services Comp., New York, 1989.

Dystrophin und Muskeldystrophie Duchenne (S. 320–322)

Ahu, A. W. & Kunkel, L. M.: The structural and functional diversity of dystrophin. Nature Genet. *3*:283–291, 1993.

Davies, K. A. & Lux, S. E.: Hereditary disorders of the red cell membrane skeleton. Trends Genet. *5*:222–227, 1989.

Ervasti, J. M. & Campbell, K. P.: Membrane organization of the dystrophin-glycoprotein complex. Cell *66*:1121–1131, 1991.

Harper, P. S.: The Muscular Dystrophies. Chapter 118, S. 2869–2902, in: The Metabolic Basis of Inherited Disease, 6th edition, C. R. Scriver, A. L. Beaudet, W. S. Sly, D. Valle, editors, McGraw-Hill Information Services Company, New York, 1989.

Hilton-Jones, D. & Squier, M. V.: Muscular dystrophy. Lancet *341*:528–529, 1993.

Koenig, M., Monaco, A. P., Kunkel, L. M.: The complete sequence of dystrophin pre-

dicts a rod-shaped cytoskeletal protein. Cell *53* :219–228, 1988.

Luna, E. J. & Hitt, A. L.: Cytoskeleton plasma membrane interactions. Science *258*:955–264, 1992.

Monaco, A. P. und Kunkel, L. M.: Cloning of the Duchenne/Becker muscular dystrophy locus. Adv. Hum. Genet. *17*:61–98, 1988.

Mutsumura, K. et al.: Abnormal expression of dystrophin-associated proteins in Fukuyama-type congenital muscular dystrophy. Lancet *341* :521–522, 1993.

Sex-Determination und Geschlechtsdifferenzierung (S. 324–330)

Affara, N., Chalmers, I. J., Ferguson-Smith, M. A.: Analysis of the SRY-gene in 22 sex-reversed XY females identifies four new patient mutations in the conserved DNA binding domain. Hum. Mol. Genet. 2:785–789, 1993.

Griffin, J. E. & Wilson, J. D.: The androgen resistance syndromes: 5α-reductase deficiency, testicular feminization, and related disorders, Chapter 75, S. 1919–1944. In: The Metabolic Basis of Inherited Disease, C. R. Scriver, A. L. Beaudet, W. S. Sly, D. Valle, editors. McGraw-Hill Information Services Company, New York, 1989.

McElreavy, K. et al.: XY sex reversal associated with a deletion 5' to the SRY „HMG box" in the testis-determining region. Proc. Natl. Acad. Sci. *89*:11016–11020, 1992.

New, M. et al.: The adrenal hyperplasias, Chapter 74, S. 1881–1917. In: The Metabolic Basis of Inherited Disease, C. R. Scriver, A. L. Beaudet, W. S. Sly, D. Valle, editors. McGraw-Hill Information Services Company, New York, 1989.

Passarge, E.: Geschlechtsdifferenzierung, Seite 139–151. in: Reproduktionsmedizin, Herausgeber G. Bettendorf, M. Breckwoldt, Gustav Fischer Verlag, Stuttgart, 1989.

Passarge, E. & Gillessen-Kaesbach, G.: Intersexualität, S. 711–734. In: Endokrinologie des Kindes- und Jugendalters, 2. Auflage, H. Stolecke, Herausgeber, Springer Verlag Heidelberg, 1992.

Su, H. & Lau, Y. F.: Identification of the transcriptional unit, structural organization, and promoter sequence of the human sex-determining region Y (SRY) gene, using a reverse genetic approach. Am. J. Hum. Genet. *52*:24–38, 1993.

Wolf, U., Schempp, W., und Scherer, G.: Molecular biology of the human Y-chromosome. Rev. Physiol. Biochem. Pharmacol. *121*:148–213, 1992.

Cystische Fibrose (S. 332)

Collins, F. S.: Cystic fibrosis: Molecular biology and therapeutic implications. Science *256*:774–779, 1992.

Kerem, B. et al.: Identification of the cystic fibrosis gene: genetic analysis. Science *245*:1073–1080, 1989.

Miller, C.: Sickly channels in mild disease. Nature *362* :106, 1993.

Riordan, J. R. et al.: Identification of the cystic fibrosis gene: cloning and characterization of complementary DNA. Science *245*:1066–1073, 1989.

Rommens, J. M. et al.: Identification of the cystic fibrosis gene: chromosome walking and jumping. Science *245*:1059–1065, 1989.

Sheppard, D. N. et al.: Mutations in CFTR associated with mild-disease-form Cl channels with altered pore properties. Nature *362*:160–164, 1993.

Tizzano, E. F. & Buchwald, M.: Cystic fibrosis: Beyond the gene to therapy. J. Pediat. *120*:337–349, 1992.

Tsui, L. C.: The spectrum of cystic fibrosis mutations. Trends Genet. *8*:392–398, 1992.

Instabile Trinucleotid-Repeats (S. 334)

Caskey, C. T. et al.: Triplet repeat mutations in human disease. Science *256*:784–789, 1992.

Mandel, J. H.: Questions of expansion. Nature Genet. *4* :8–9, 1993.

Morell, V.: The puzzle of the triplet repeats. Science *260* :1422–1423, 1993.

Richards, R. I. & Sutherland, G. R.: Dynamic mutations: A new class of mutations causing human disease. Cell *70*:709–712, 1992.

Richards, R. I. & Sutherland, G. R.: Heritable unstable DNA sequences. Trends Genet. *8*:249–253, 1992.

Riggins, G. J. et al.: Human genes containing polymorphic trinucleotide repeats. Nature Genet. *2*:186–191, 1992.

Fragiles X-Syndrom (S. 336)

Eichler, E. E. et al.: Fine structure of the human FMR1 gene. Hum. Mol. Genet. *2*:1147–1153, 1993.

Oberlé, I. et al.: Instability of a 550-base pair DNA segment and abnormal methylation in fragile-X syndrome. Science *252*:1097–1102, 1991.

Erhöhte chromosomale Instabilität (S. 338)

German, J. & Passarge, E.: Bloom's syndrome. XII. Report from the registry for 1987. Clin. Genet. *35*:57–69, 1989.

German, J.: Bloom's syndrome; a Mendelian prototype of somatic mutational disease. Medicine *72*:393–406, 1993.

Passarge, E. Bloom's syndrome: The German experience. Ann. Génét. *34*:179–197, 1991.

Schroeder-Kurth, T. M., Auerbach, A. D., Obe, G., editors: Fanconi Anemia. Springer Verlag, Heidelberg, 1989.

Stratheie, C. A. et al. A cloning of cDNAs for Fanconi's anemia by functional complementation. Nature *356*:763–767, 1992.

Prader-Willi- und Angelman-Syndrom (S. 340)

Buiting, K. et al.: Microdissection of the Prader-Willi syndrome chromosome region and identification of potential gene sequences. Genomics *6*:521–527, 1990.

Dittrich, B. et al.: Molecular diagnosis of the Prader-Willi and Angelman syndromes by detection of parent-of-origin specific DNA methylation in 15q11-13. Hum. Genet. *90*:313–315, 1992.

Nicholls, R. D.: Genomic imprinting and uniparental disomy in Angelman and Prader-Willi syndromes: A review. Am. J. Med. Genet. *46*:16–25, 1993.

Das dynamische Genom (S. 354)

Fedoroff, N. V.: Transposable genetic elements in maize. Scient. Amer. *250*:65–74, December 1984.

Fedoroff, N. V.: Maize transposable elements. Perspect. Biol. Med. *35*:2–19, 1991.

Fedoroff, N. V., & Botstein, D., editors: The Dynamic Genome. Barbara McClintock's Ideas in the Century of Genetics. Cold Spring Harbor Laboratory Press, New York, 1992.

Fox Keller, E.: A Feeling for the Organism. The Life and Work of Barbara McClintock. W. H. Freeman & Co., San Francisco, 1983.

Vergleichende Genkartierung (S. 358)

Davisson, M. T., Lalley, P. A., Peters, J., Doolittle, D. P., Hillyard, A. L., Searle, A. G.: Report of the comparative subcommitee for human and mouse homologies, Cytogenet. Cell Genet. *55*:434–456, 1990.

Lavale, S. H., & Boyd, Y.: Novel sequences conserved on the human and mouse X-chromosomes. Genomics *15*:483–491, 1993.

O'Brien, S. J. et al.: Anchored reference loci for comparative genome mapping in mammals. Nature Genet. *3*:103–112, 1993.

Glossar

Definition genetischer Begriffe

acentrisch – Bezieht sich auf ein Chromosom oder ein Chromatid ohne Centromer.

acrocentrisch (White, 1945) – Bezieht sich auf ein Chromosom, dessen Centromer sehr nahe am Ende liegt und das Chromosom in einen langen und einen extrem kurzen Arm teilt.

Allel (Johannsen, 1909) oder **Allelomorph** (Bateson & Saunders, 1902) – Eine oder mehr alternative Formen eines Gens am selben Genlocus.

Alu-Sequenzen – Eine Familie von etwa 300 Basenpaaren langen sequenzverwandten DNA-Abschnitten, die in etwa 500 000 Kopien im Genom des Menschen vorkommen (enthalten die Erkennungssequenz für das Alu-Restriktionsenzym).

Ames-Test – Ein Mutagenitäts-Test in einer Mischung von Rattenleber und mutanten Bakterien.

Anaphase, die (Strasburger, 1884) – Stadium der Mitose oder Meiose I oder II. Gekennzeichnet durch Bewegung der homologen Chromosomen in Richtung auf die gegenüberliegenden Pole der Zellteilungsspindel.

aneuploid (Täckholm, 1922) oder **Aneuploidie,** die – Abweichung von der normalen Zahl der Chromosomen.

Aneusomie – Abweichung von der normalen Anwesenheit homologer Chromosomenabschnitte. Aneusomie durch Rekombination bedeutet die Erzeugung von Duplikation/Defizienz nach Crossing-over im Bereich einer Inversion.

Antigen – Eine Substanz, die aufgrund ihrer molekularen Oberflächenstruktur eine Immunantwort mit Produktion von Antikörpern auslöst und/oder mit (diesen) Antikörpern spezifisch reagieren kann (Antigen-Antikörper-Reaktion).

Antikörper – Ein Protein, das als Immunantwort spezifisch mit einem Antigen reagieren kann.

Antisense-DNA – Ein DNA-Strang, der invers komplementär zu mRNA ist und als Vorlage (Templat) bei der Transkription dient.

Antisense-RNA – Ein RNA-Strang, der invers komplementär zu mRNA ist.

Australopithecus – Genus der fossilen Hominidae aus Eurasien. Aufrechter Gang, Gehirngröße zwischen modernen Menschen und anderen modernen Primaten. Lebte vor ca. 4–5 Millionen Jahren.

Autoradiographie (Lacassagne & Lattes, 1924) – Photographischer Nachweis der An- oder Abwesenheit einer durch den Stoffwechsel in Gewebe oder Zellen eingebauten radioaktiven Substanz. Durch engen Kontakt mit einem auf das Präparat montierten photographischen Film oder einer Emulsion kann die Verteilung der radioaktiv markierten Substanz z. B. im Gewebe oder der Zelle oder im Metaphase-Chromosom nachgewiesen werden.

Autosom (Montgomery, 1906) – Alle Chromosomen mit Ausnahme der Geschlechtschromosomen X und Y. Autosomal bezieht sich auf Gene und Chromosomenteile, die auf den Autosomen liegen.

auxotroph (Ryan & Lederberg, 1946) – Zellen oder Zellstämme, deren Wachstum von der Anwesenheit einer bestimmten Substanz im Nährmedium abhängt.

Bandenmuster – Spezielle Anfärbung von Chromosomen, die zu quer zur Längsachse liegenden hell oder dunkel anfärbbaren Chromosomenabschnitten führen. Jeder Chromosomenabschnitt homologer Chromosomen zeigt ein für das betreffende Chromosom ein in Verteilung und Größe spezifisches Bandenmuster, das zur spezifischen Identifizierung dieser Chromosomenabschnitte dienen kann.
Der Begriff wurde ursprünglich von Painter 1939 für das lineare Muster stark und schwach gefärbter Bänder in polytänen Chromosomen bestimmter Diptera (Mükken, Fliegen) eingeführt. Jedes Band ist im Verhältnis zu den benachbarten Bändern definiert. Die dazwischen liegenden Areale sind Interbanden.

Barr-Körperchen – X-Chromatin (frühere Bezeichnung: Geschlechtschromatin, Barr & Bertram, 1949).

Basenpaar – Zwei in der DNA gegenüberliegende Purin- oder Pyrimidinbasen.

Bimodale Verteilung – Häufigkeitsverteilung eines Merkmals in einer Population mit zwei Gipfeln (peaks). Genetisch häufig ein Hinweis auf zwei verschiedene Phänotypen.

Bivalent (Haecker, 1892) – Paarungskonfiguration von zwei homologen Chromosomen während der ersten meiotischen Teilung. Die Zahl der Bivalente entspricht in der Regel der Hälfte der normalen Chromosomenzahl in diploiden somatischen Zellen. Bivalente sind die cytogenetische Voraussetzung für Crossing-over. Bei der Meiose einer trisomen Zelle bildet sich ein Trivalent des trisomen Chromosoms.

CAT-Box – Eine regulative DNA-Sequenz im 5'-Bereich eines eukaryoten Gens, an das Transkriptionsfaktoren binden können.

cDNA – Komplementäre DNA, die von dem Enzym Reverse Transkriptase von einer RNA als Vorlage synthetisiert wird.

Centromer (Waldeyer, 1903) – Chromosomenregion, an der während der Mitose oder Meiose die Spindelfasern ansetzen.

Chiasma (Janssens, 1909) – Cytologisch erkennbarer Bereich des Crossing-over im Bivalent. Bei einigen Organismen bewegen sich die Chiasmata während des späten Diplotäns und der Diakinese (vgl. Meiose) gegen die Enden der Chromosomen (Terminalisation der Chiasmata). Die durchschnittliche Zahl der Chiasmen in autosomalen Bivalenten beim Mann liegt bei 52, bei der Frau geringer. Die erste Bestimmung der Chiasmenzahl beim Mann wurde 1956 in der Arbeit beschrieben, die die normale Chromosomenzahl des Menschen bestätigte (C. E. Ford und J. L. Hamerton, Nature **178:** 1020, 1956). Ein Chiasma entspricht einer Rekombinationsfraktion von 50%, einer genetischen Länge von 50 centiMorgan (cM). Ein cM entspricht einer Rekombinationsfraktion von 1%. Dies entspricht etwa 1mB (Megabase, 1 Mio bp).

Chimäre (Winkler, 1907) – Ein Individuum oder Gewebe, das aus Zellen verschiedenen Genotyps präzygoter Herkunft besteht.

Chromatid, das (McClung, 1900) – Während der frühen Prophase und Metaphase der Mitose und zwischen Diplotän und zweiter Metaphase der Meiose sichtbare longitudinale Untereinheiten von Chromosomen, die vom Centromer zusammengehalten werden. Schwesterchromatiden sind die beiden aus ein und demselben Chromosom durch Replikation entstandenen Chromatiden, im Gegensatz zu Nicht-Schwesterchromatiden, die von homologen Chromosomen abstammen.
Nach Teilung des Centromers in der Anaphase spricht man nicht mehr von Chromatiden, sondern von Tochter-Chromosomen. Ein *Chromatidbruch* oder eine Chromosomenaberration vom Chromatid-Typ betrifft nur eines der beiden Schwesterchromatiden. Er ist nach der DNA-Replikation in der S-Phase (vergl. Zellzyklus) entstanden. Ein vor der S-Phase eingetretener Bruch betrifft beide Chromatiden und wird als Isolocus-Aberration bezeichnet *(Iso-Chromatidbruch).*

Chromatin (Flemming, 1882) – Das Material, aus dem Chromosomen bestehen: DNA, basische chromosomale Proteine (Histone), nicht-histone chromosomale Proteine, geringe Mengen RNA in Interphasekernen, angeordnet in bestimmten Strukturen.

Chromomer (Wilson, 1896) – Jede der linear angeordneten Verdichtungen, die in der meiotischen, unter Umständen auch mitotischen Prophase sichtbar sind. Chromomeren sind in chromosomen-spezifischen Mustern angeordnet.

Chromosom (Waldeyer, 1888) – Die aus Chromatin bestehenden, in der Kernteilung als faden- oder stäbchenartige Körper sichtbaren Träger der Gene. *Polytäne Chromosomen* (Koltzhoff, 1934, Bauer, 1935): bezieht sich auf eine spezielle Form von Chromosomen in den Speicheldrüsen einiger Diptera-Larven (Mücken, Fliegen).

Cis/trans (Haldane, 1941) – Bezeichnet in Analogie zur chemischen Isomerie die Position von Genen auf homologen Chromosomen bei doppelten Heterozygoten (heterozygot an zwei benachbarten Genloci). Wenn zwei bestimmte Allele, z. B. Mutanten, benachbart auf demselben homologen Chromosom liegen, befinden sie sich

in cis-Position. Wenn sie auf verschiedenen homologen Chromosomen gegenüberliegen, befinden sie sich in trans-Position. Beim cis/trans Test (Lewis, 1951; Benzer 1957) wird durch einen genetischen Test *(genetische Komplementation)* geprüft, ob sich zwei mutante Gene in cis- oder trans-Position befinden.
Im Zusammenhang mit dem Begriff der genetischen Kopplung sind die Ausdrücke cis und trans analog den Bezeichnungen coupling und repulsion (s. dort).

Cistron (Benzer, 1957) – Eine funktionelle Einheit der Genwirkung, wie sie sich im cis/trans-Test darstellt. Wenn der Phänotyp bei Allelen in cis-Position mutant ist und die Allele sich nicht ergänzen (genetische Komplementation) bezeichnet man dies als allele Mutanten vom selben Cistron. Wenn sie sich ergänzen (komplementieren) werden sie als nicht-allelisch bezeichnet. Diese Definition von Benzer ist später ergänzt worden (Fincham, 1959). Danach wird ein Cistron heute als ein Abschnitt DNA bezeichnet, der für ein einheitliches Genprodukt codiert. Innerhalb eines Cistrons komplementieren sich Mutationen in trans-Position nicht. Funktionell ist der Ausdruck Cistron deshalb mit Gen gleichzusetzen.

Codon (Crick, 1963) – Sequenz von drei Nucleotiden (ein Triplet) in DNA oder RNA, die für eine bestimmte Aminosäure oder das Terminalisationssignal einer Aminosäuresequenz codiert.

Concatemer – Assoziation von DNA-Molekülen mit komplementären Enden.

Consanguinität – Blutsverwandtschaft. Zwei oder mehr Individuen werden als consanguin (blutsverwandt) bezeichnet, wenn für ihre Eltern ein oder mehr gemeinsame Vorfahren nachgewiesen oder wahrscheinlich gemacht werden können. Ein quantitativer Ausdruck von Blutsverwandtschaft ist der Inzuchtkoeffizient (s. dort).

Contig (Contiguous sequences) – Ein Abschnitt überlappender Nucleotid-Sequenzen.

coupling (Bateson, Saunders, Punnett, 1905) – cis-Konfiguration (s. dort) bei doppelt Heterozygoten.

Cosmid – Ein Plasmid, das außer den für die Vermehrung notwendigen Teilen die cos-Stelle des Phagen Lambda trägt. Dient als Klonierungsvektor für DNA-Fragmente bis 40 kb.

Crossing-over (Morgan & Cattell, 1912) – Der Austausch genetischer Information zwischen zwei homologen Chromosomen durch Chiasmabildung (s. dort) im Diplotän-Stadium der Meiose I zu genetischer Rekombination zwischen benachbarten (gekoppelten) Genloci führt.

Neben meiotischen Crossing-over gibt es somatisches Crossing-over (Stern, 1936) in der Mitose somatischer Zellen. *Ungleiches Crossing-over* (Sturtevant, 1925) bezeichnet eine Verschiebung des reziproken Austausch zwischen homologen DNA-Abschnitten. Er führt zu strukturell veränderten DNA-Abschnitten bzw. Chromosomen mit einer Duplikation in dem einen und einer Deletion in dem anderen.

Dalton – Einheit des Atomgewichts. Ein Dalton entspricht der Masse eines Wasserstoff-Atoms (3.32×10^{-24}g).

Deletion (Painter & Muller, 1929) – Verlust eines Chromosomen- oder DNA-Abschnitts.

Denaturierung von DNA – Doppelstrang-DNA in Einzelstrang-DNA überführen (vgl. Renaturierung).

Defizienz (Bridges, 1917) – Im genetischen Sinn eine strukturelle Veränderung mit Verlust eines Chromosomenabschnitts (vgl. Deletion). Häufig entsteht eine Defizienz komplementär zu einer Duplikation (s. dort), z. B. durch ungleiches Crossing-over (s. dort), Crossing-over im Bereich einer Inversion (s. dort) oder bei einem Ring-Chromosom (s. dort). In diesem Falle spricht man von Defizienz/Duplikation.

Diakinese (Haecker, 1897) – Ein Stadium in der späten Prophase I der Meiose.

dicentrisch (Darlington, 1937) – Ein strukturell verändertes Chromosom mit zwei Centromeren.

Dictiotän – Ein Stadium, das die meiotische Prophase in Säugetieroocyten unterbricht. Beim Menschen erreichen Oocyten das Dictiotän etwa 4 Wochen vor der Geburt und verbleiben darin bis zur Fortsetzung der Meiose in der Ovulation.

diploid (Strasburger, 1905) – Zellen oder Organismen, die zwei homologe Chromosomensätze besitzen, einen väterlichen (paternären) und einen mütterlichen (maternären) Ursprungs.

Diplotän – Ein Stadium der Prophase I der Meiose.

Diskordanz – Nicht-Identität in bezug auf ein Merkmal, z. B. eine Krankheit bei Zwillingen.

Disomie, uniparentale (UPD) – Anwesenheit von zwei Chromosomen von einem der Eltern (vgl. Isodisomie und Heterodisomie).

Dispermie – Eintritt von zwei Spermatozoen in eine Eizelle.

dizygot – Zweieiige Zwillinge, entstanden aus zwei Zygoten im Gegensatz zu monozygoten (eineiigen) Zwillingen.

DNA (Deoxyribonucleinsäure) – Das Molekül mit der primären genetischen Information, die als lineare Sequenz von je drei zusammengehörigen Nucleotiden (Triplet) niedergelegt ist (vgl. Codon).
Satelliten-DNA (sDNA) (Sueoka, 1961; Britten & Kohne, 1968) – sDNA unterscheidet sich von der Haupt-DNA in ihrer Basen-Zusammensetzung. Bei der Dichtegradienten-Zentrifugation in Cäsiumchlorid erscheint sie als getrennte Bande (Satellit) von der Haupt-DNA, weil infolge veränderter Basenzusammensetzung, d. h. infolge verschiedenen Gewichts, ihre Basenpaare unterschiedliche Dichte haben. In Eukaryonten kann man entweder leichte (AT-reiche) oder schwere (GC-reiche) Satelliten-DNA unterscheiden.

dominant (Mendel, 1865) – Ein Gen bzw. ein Allel, das im heterozygoten Zustand eine definierbare Wirkung auf den Phänotyp zeigt. Die Begriffe „Dominanz" und „Recessivität" beziehen sich jeweils nur auf die Genwirkung an einem gegebenen Genlocus. Dies ist durch die Beobachtungsgenauigkeit beeinflußt. Zwei Allele, deren Genwirkung im heterozygoten Zustand nebeneinander faßbar ist, werden als co-dominant bezeichnet. Auf der Ebene der DNA sind allele Gene an den beiden homologen Loci co-dominant.

Drift, genetische (Wright, 1921) – Zufällige Veränderungen der Genfrequenz in einer Population. Relevant vor allem in kleinen Populationen, wo zufällig Unterschiede in der Fortpflanzungshäufigkeit eines bestimmten Allels die Frequenz dieses Allels verändern können. Unter Umständen kann es gänzlich aus der Population verschwinden (Verlust) oder bei sämtlichen Individuen der Population vorhanden sein (Fixation).

Duplikation (Bridges, 1919) – Strukturelle Chromosomenveränderung, die zu einer Verdopplung eines Chromosomenabschnittes oder einzelner Nucleotidenpaare führt. Duplikation von Genen (Genduplikation) hat in der Evolution der Eukaryonten eine wesentliche Rolle gespielt.

Elektrophorese (Tiselius, 1937) – Trennung von Molekülen mit unterschiedlicher elektrischer Ladung und Molekulargewicht durch Nachweis unterschiedlicher Wanderungsgeschwindigkeit im elektrischen Feld. Als Träger werden Substanzen in Gelform wie Stärke, Agarose, Acrylamid etc. verwendet. Weitere Unterschiede können durch Modifikation zweidimensionale Elektrophorese (elektrisches Feld bei der zweiten Wanderung um 90° gedreht) oder Wanderungsstop am isoelektrischen Punkt (isoelektrisches Focussieren) erhoben werden.

Endonuclease – Eine heterogene Gruppe von Enzymen, die einen Abbau von Nucleinsäuren durch Spaltung der Polynucleotid-Kette herbeiführen können.

Endoreduplikation (Levan & Hauschka, 1953) – Chromosomenreduplikation während der Interphase ohne eigentliche Mitose. Endoreduplizierte Chromosomen können in der Metaphase daran erkannt werden, daß sie aus vier nebeneinanderliegenden Chromatiden bestehen, die von zwei eng benachbarten Centromeren zusammengehalten werden.

Enhancer – Ein *cis*-regulatorisches DNA-Segment, das Bindungsstellen für Transkriptionsfaktoren enthält. Ein Enhancer wirkt in unterschiedlicher Entfernung zum

Promotor. Er steigert die Transkription meist sehr deutlich (um das ca. 10fache).

Enzym (E. Büchner 1897) – Ein Protein, das eine bestimmte chemische Reaktion katalysiert. Enzyme bestehen aus einem Protein-Anteil (Apo-Enzym), der für die Spezifität verantwortlich ist und einem Nicht-Protein-Anteil (Co-Enzym), der für die Aktivität erforderlich ist. Enzyme binden sich an die Substrate, die im Gefolge der Reaktion metabolisch verändert werden oder sich mit anderen Substanzen verbinden. Die meisten der enzymatisch katalysierten chemischen Reaktionen lassen sich in 5 Klassen einteilen:
(1) Hydrolyse (Auspaltung unter Zufügung von H_2O) durch *Hydrolasen;*
(2) Übertragung von Molekülgruppen durch *Transferasen* von einem Donor an ein Rezeptor-Molekül;
(3) Oxidation und Reduktion durch *Oxidasen* und *Reductasen* (Transfer von einem oder mehr Elektronen oder Wasserstoffatomen von einem zu oxidierenden Molekül an ein anderes, zu reduzierendes Molekül;)
(4) Isomerisation durch *Isomerasen* (Umgruppierung der Position eines Atoms oder Aktionsgruppen innerhalb eines Moleküls);
(5) Kondensation kovalente (Bindung von zwei Molekülen zur Bildung eines neuen Moleküls) durch *Ligasen* (Synthetasen).
(6) Nicht-hydrolytische Spaltung unter Bildung einer Doppelbindung bzw. Anlagerung einer Gruppe an eine Doppelbindung durch *Lyasen.*

Episom (Jacob & Wollman, 1958) – Ein Plasmid (s. dort), das entweder selbständig im Cytoplasma oder im Genom des Bakterienwirts integriert existieren kann.

Epistasis (Bateson, 1907) – Interaktion von Genen am gleichen Genlocus (allelisch) oder an verschiedenen Genloci (nicht-allelisch), die zu veränderter phänotypischer Expression führt.

Euchromatin (Heitz, 1928) – Chromosomen oder chromosomale Abschnitte, deren Anfärbbarkeit dem normalen Zellzyklus entspricht, d. h., daß sie in der Interphase nicht mehr durch besondere Anfärbbarkeit differenziert werden können (vgl. Heterochromatin). Euchromatin entspricht dem genetisch aktiven, nicht kondensiertem Anteil im Chromatin von Interphasekernen.

eukaryot (Chatton, 1925) – Pflanzen und Tiere mit Zellen, die einen Chromosomen enthaltenden Nucleus haben, der sich durch Mitose oder Meiose teilt (im Gegensatz zu prokaryoten Viren, Bakterien oder Blaualgen, die diese Merkmale der eukaryoten genetischen Organisation nicht haben).

euploid (Täckholm, 1922) – Zellen, Gewebe oder Individuen mit dem kompletten normalen Chromosomensatz, der für die jeweilige Spezies charakteristisch ist (vgl. aneuploid, heteroploid oder polyploid).

Exon (Gilbert 1978) – Ein Abschnitt codierender DNA (vgl. Intron).

Exonuclease – Enzyme, die Nukleinsäuren nur vom freien Ende her degradieren (vgl. Endonucleasen).

Expression – Bezieht sich auf die Genwirkung des Allels an einem gegebenen Genlocus. Wenn eine Genwirkung vorhanden ist, sagt man, das betreffende Allel werde exprimiert.

Expressivität (Vogt, 1926) – Bezieht sich auf die Art oder das Ausmaß der phänotypischen Expression des Gens oder Genotyps. Bei fehlender Expressivität eines vorhandenen Allels spricht man von fehlender Penetranz (vgl. dort).

Fibroblast – Zell-Typ im Bindegewebe. Außerhalb des Körpers in vitro auf dem Boden von Kulturgefäßen im geeigneten Nährmedium anzüchtbar *(Fibroblastenkultur).*

Fitness, biologische – Bezeichnet die Wahrscheinlichkeit in Werten zwischen 0,0 und 1,0 daß Gene an die nächste Generation weitergegeben werden. Innerhalb eines gegebenen Genotyps und einer gegebenen Umwelt wird biologische (oder reproduktive) Fitness durch Überlebensrate und Fertilität bestimmt.

Gamet(e) (Strasburger, 1877) – Keimzellen, entweder Spermatozoen (männlich) oder Ovum (weiblich). Bei Säugetieren ist das männliche Geschlecht heterogametisch (XY) und das weibliche Geschlecht homogametisch (XX). Bei Vögeln ist das weibliche Geschlecht heterogametisch (ZW) und das männliche homogametisch (ZZ).

Gen (Johannsen, 1909) – Ein Erbfaktor, der eine einzelne Einheit hereditären Materials bildet. Es entspricht einem Abschnitt DNA, der für die Synthese einer einzelnen Polypeptidkette codiert (vgl. Cistron).

Genaktivität – Genetische Aktivität eines Gens.

Genamplifikation (Brown & David, 1968) – Selektive Produktion von multiplen Genkopien ohne proportionale Zunahme anderer Gene.

Genbank – Eine Sammlung klonierter DNA-Fragmente, die in ihrer Gesamtheit ein Genom repräsentieren (gene library).

Gen-Cluster (Demerec & Hartman, 1959) – Eine Gruppe von zwei oder mehreren benachbarten Genen ähnlicher Funktion, z. B. HLA-System oder Immunglobulin-Gene.

Gendosis – Verhältnis der Zahl der funktionellen (exprimierten) Gene innerhalb eines Genoms.

Gen-Duplikation – s. Duplikation.

Gen-Flow (Berdsell, 1950) – Ausbreitung von Genen von einer Population zu einer anderen.

Gen-Frequenz – Der Anteil eines bestimmten Allels in der Gesamtheit der Allele an einen gegebenen Genlocus in einer Population (Allelenhäufigkeit).

Gen-Locus (Morgan, Sturtevant, Muller, Bridges, 1915) – Die Position eines Gens auf einem Chromosom oder innerhalb einer Kopplungsgruppe (s. dort).

Gen-Karte (gene map) – Die Position von Genloci auf Chromosomen.

Gen-Konversion (Winkler, 1930 und Lindegren, 1953) – Interaktion von Allelen während der Meiose, die zu ungleichem genetischem Austausch führt.

Genetik (Bateson, 1906) – Die Wissenschaft von Vererbung und hereditär begründbarer Unterschiedlichkeit der Organismen; abgeleitet von gr. genesis (Entstehung, Ursprung).

Genetischer Marker – Ein erbliches genetisches Merkmal, das zur Markierung benachbarter Genloci dient.

Genom (Winkler, 1920) – Das gesamte genetische Material einer Zelle oder eines Individuums, meistens bezogen auf den haploiden Chromosomensatz.

Genotyp (Johannsen, 1909) – Die gesamte genetische Information eines Individuums oder einer Zelle (vgl. Phänotyp).

germinal – Bezogen auf Keimzellen, im Gegensatz zu somatisch.

Gyrase – Eine Topoisomerase, die DNA entwinden kann.

G6PD – Glucose-6-Phosphat-Dehydrogenase.

haploid (Strasburger, 1905) – Zellen oder Individuen mit einem einfachen Chromosomensatz; Gameten sind haploid.

Haplotyp (Ceppellini et al., 1967) – Eine Kombination von Allelen an zwei oder mehreren eng gekoppelten Genloci auf demselben Chromosom, z. B. beim HLA-System (s. dort).

hemizygot – Bezieht sich auf Gene und Genloci, die nur einmal im Genotyp vorhanden sind, z. B. auf dem X-Chromosom in männlichen Zellen (XY).

Heterodisomie – Anwesenheit von zwei verschiedenen Chromosomen von einem der Eltern (vgl. Isodisomie).

Heritabilität (Lush, 1950; Falconer, 1960) – Das Verhältnis additiver genetischer Varianz zur gesamten phänotypischen Varianz. Heritabilität ist kein einzelnes Merkmal, sondern wird durch die Interaktion genetischer und nicht-genetischer Faktoren in einer Population geprägt. Sie entsteht nicht einfach durch Teilung phänotypischer Varianz in genotypische und nicht-genotypische Anteile. Die Heritabilität für verschiedene Erkrankungen kann aus Nomogrammen ermittelt werden, die die Krankheitshäufigkeit bei Verwandten 1. Grades unter der Bevölkerung enthalten. Die Aussagekraft der Heritabilität und ihrer Anwendung ist aber umstritten, weil sie methodisch Populationen mit vergleichbarer Varianz vergleicht, was aber meistens nicht der Fall ist. Übersichten finden sich unter anderem bei: D. S. Falconer: *Introduction to Quantitative Genetics*, Oliver & Boyd, Edinburgh 1960; L. L. Cavalli-Sforza & W. F. Bodmer: *The Genetics of Human Populations*, W. H. Freeman & Co., San Francisco, 1971.

Heterochromatin (Heitz, 1928) – Chromosomen oder Chromosomenabschnitte, die im Gegensatz zu Euchromatin (s. dort) während der Interphase, der frühen Prophase und späten Telophase als anfärbbare kompakte Strukturen sichtbar bleiben. Heterochromatin entspricht genetisch nicht oder wenig aktiven Chromosomenabschnitten oder Chromosomen. Es kann *konstitutives* und *fakultatives Heterochromatin* unterschieden werden (Brown, 1966). Ein Beispiel für fakultatives Heterochromatin ist das heterochromatische X-Chromosom in somatischen Zellen weiblicher Säugetiere, das durch X-Inaktivierung entsteht. Ein Beispiel für konstitutives Heterochromatin ist das centrische Heterochromatin an den Centromeren, das durch C-Bänder dargestellt werden kann.

Heteroduplex – Ein doppelsträngiges DNA-Molekül mit einer nicht-komplementären Region.

heterogametisch (Wilson, 1910) – Wenn zwei verschiedene Arten von Gameten (s. dort) gebildet werden z. B. X und Y bei Säugetieren.

Heterogenität, genetische (H. Harris, 1953; F. C. Fraser, 1956) – Wenn einem einheitlich erscheinenden Phänotyp zwei oder mehr verschiedene Genotypen zugrundeliegen.

Heterokaryon (Ephrussi & Weiss, 1965; Harris & Watkins, 1965; Okada & Murayama, 1965) – Bi- oder multinucleäre Zelle mit mindestens zwei genotypisch verschiedenen Zellkernen gleicher oder verschiedener Spezies.

heteroploid (Winkler, 1916) – einzelne Zellen oder Gewebe, die vom normalen euploiden Zustand in unterschiedlicher Weise abweichen. Eine gleichbleibende Abweichung ist aneuploid.

Heterosis (Shull, 1911) – Superiorität heterozygoter Genotypen gegenüber Homozygoten bei Pflanzen und Tieren.

heterozygot (Bateson & Saunders, 1902) – Anwesenheit zweier verschiedener Allele am gleichen Genlocus homologer Chromosomen (vgl. homozygot).

HGPRT – Hypoxanthin-Guanin-Phospho-Ribosyl-Transferase. Ein Enzym aus dem Purinstoffwechsel, das beim Lesch-Nyhan-Syndrom inaktiv ist.

Histokompatibilität – Gewebeverträglichkeit. Determiniert vom Histokompatibilitätskomplex MHC.

Histon (Kossel, 1884) – Basische chromosomale Proteine in Chromosomen von Eukaryoten.

HLA – Human Leukocyte Antigen System A (Dausset, 1954).

Homeo-Box – Ein hochkonservierter DNA-Abschnitt in homeotischen Genen (für die Embryonalentwicklung wichtig).

homolog – Im genetischen Sinne verwendet zur Bezeichnung gleicher (homologer) Chromosomen und Genloci mütterlicher und väterlicher Herkunft.

homozygot (Bateson & Saunders, 1902) – Anwesenheit gleicher Allele an einem Genlocus auf homologen Chromosomen.

Hybridisierung – Kreuzung zwischen genotypisch verschiedenen Tieren oder Pflanzen, die u. a. einer Species angehören. In der Genetik häufig in zwei speziellen Definitionen verwendet: Verschmelzung von komplementären DNA-Strängen (DNA/DNA-Hybridisierung) oder DNA und RNA (DNA/RNA-Hybridisierung). Ferner die Verschmelzung von Zellen verschiedener Species (Zellhybridisierung) in der somatischen Zellgenetik.

Imprinting, genomisches – Unterschiedliche Expression eines Allels oder chromosomalen Abschnitts je nach elterlicher Herkunft.

Insertion – Eingeschobenes chromosomales Material nichthomologer Herkunft in Chromosomen (vgl. Translokation).

Intron (Gilbert 1978) – Ein Abschnitt nicht codierender DNA in einem Gen (vgl. Exon).

Inversion (Sturtevant, 1926) – Strukturveränderung eines Chromosoms durch Bruch an zwei Stellen mit Richtungsänderung eines Abschnittes nach Wiedervereinigung. Unter den einfachen Inversionen kann eine *pericentrische* Inversion und eine *paracentrische Inversion* unterschieden werden. Bei der pericentrischen Inversion ist das Centromer einbezogen. Dadurch wird als Folge der Inversion die Lage des Centromers verändert. Bei der paracentrischen Inversion ist das Centromer nicht betroffen. Die äußere Form des Chromosom wird durch eine solche Inversion nicht geändert. Eine Inversion per se führt nicht zu klinischen Ausfallerscheinungen, stellt aber ein genetisches Risiko dar, weil es im Bereich der Inversion zu einem Crossing-over und nachfolgender Aneusomie kommen kann. Chromosomeninversionen spielen eine große Rolle in der karyologischen Evolution.

Inzidenz – Erkrankungsrate in einer Population, im Gegensatz zu Prävalenz als Bestand von Erkrankten in einer Population.

Inzuchtkoeffizient (Wright, 1929) – Maß der Wahrscheinlichkeit, daß zwei Gene (Allele) an einem Genlocus identisch durch Deszendenz sind, d. h. durch elterliche Blutsverwandtschaft von einem gemeinsamen Vorfahren über die mütterliche und die väterliche Linie abstammen.

Isochromosom (Darlington, 1940) – Ein aus zwei homologen Armen bestehendes Chromosom, z. B. zwei lange oder zwei kurze Arme eines X-Chromosoms. Impliziert eine Duplikation des verdoppelten Arms und eine Defizienz des nicht vorhandenen Armes. Ein Isochromosom kann ein oder zwei Centromere enthalten.

Isodisomie – Anwesenheit von zwei identischen Chromosomen von einem der Eltern (vgl. Heterodisomie).

Isolat, genetisches (Wahlund, 1928) – Eine Population, die sich infolge räumlicher oder sozialer Isolierung geschlossen fortpflanzt (keine Panmixie).

Isozym oder Isoenzym (Markert & Möller, 1959) – Multiple unterscheidbare Formen von Enzymen ähnliche Funktion im selben Organismus. Isoenzyme sind biochemischer Ausdruck eines genetischen Polymorphismus.

Karyotyp (Levitsky, 1924) – Der Chromosomensatz einer Zelle, eines Individuums oder einer Species.

Klon (Webber, 1903) – Eine Population von Zellen oder Organismen, die von einer einzelnen Zelle oder einem einzelnen Vorfahren abstammen und mit diesem und unter sich genetisch identisch sind. Kloniereffizienz (cloning efficiency) ist ein Maß der Klonierbarkeit einzelner Säugetierzellen in der Kultur.

Komplementation, genetische (Fincham, 1966) – Komplementäre Wirkung doppelter Mutanten an verschiedenen Genloci. Ein Beispiel für genetische Komplementation ist auf Seite 42 für Xeroderma pigmentosum illustriert.

Konjugation – DNA-Transfer zwischen Bakterien.

Konsensus-Sequenz – Eine bei verschiedenen Genen oder Lebewesen übereinstimmende DNA-Sequenz.

Konkordanz – Auftreten eines Merkmals oder einer Erkrankung bei beiden Zwillingen (mono- oder dizygot).

Kopplung, genetische (Morgan, 1910) – Lokalisation von Genen auf demselben Chromosom und dadurch bedingte Abweichung von der unabhängigen Segregation von Genloci.

Kopplungsgruppe (Morgan, 1911) – Genloci in linearer Anordnung auf demselben Chromosom. Jedes Chromosom stellt eine Kopplungsgruppe dar, aber dies kann infolge seiner Gesamtlänge in der Regel nicht geprüft werden (vgl. Syntänie).

Kopplungsungleichgewicht (Linkage Disäquilibrium, Kimura, 1956) – Nicht-zufällige Assoziation von Genen oder Allelen in Abweichung ihrer nach dem Hardy-Weinberg-Äquilibrium erwarteten Frequenz.

Lampenbürstenchromosom (Rückert, 1892) – Sondertyp von Chromosomen in primären Oocyten von Vertebraten und Invertebraten während des Diplotän in der meiotischen Teilung oder in Spermatocyten von *Drosophila.* Dabei kommt es zu lateralen Ausstülpungen, die aus DNA bestehen und von RNA und Proteinsynthese begleitet sind.

Leptotän – Ein Stadium der Meiose (s. dort).

Leseraster – Abfolge von Triplet-Codons in DNA, die für ein Peptid codieren können (vgl. offener Leserahmen).

Letaläquivalent (Morton, Crow & Muller, 1956) – Eine Gruppe von Genen, die bei Verteilung auf zufällig gewählte Individuen bei einem zum Tod führen würden. Dies kann sich auf ein Gen beziehen, das in homozygotem Zustand letal wirkt, auf zwei verschiedene Gene mit je 50% Letalität, auf drei mit je $33\frac{1}{3}$% etc.

Lethalfaktor (Baur, 1908; Hadorn, 1959) – Eine Veränderung des Genoms die zu intrauteriner Letalität führt, wie z. B. zahlreiche Chromosomenanomalien.

Linker – Ein synthetischer DNA-Doppelstrang, der die Erkennungsstelle für ein Restriktionsenzym trägt und zwei DNA-Fragmente verbinden kann.

LINE (long interspersed nuclear element) – Eingestreute lange repetitive DNA-Sequenzen.

Locus – s. Genlocus.

Lymphocyt – Zelle des Immunsystems, grob unterscheidbar in B-Lymphocyten aus Knochenmark und Thymus-abhängige T-Lymphocyten.

Lysosom (de Duve et al., 1955) – Zytoplasmatische Partikel, die hydrolytische Enzyme enthalten.

mB – Megabase. Entspricht 1 Mio. Basenpaaren.

Meiose (Farmer & Moore, 1905) – Die spezielle Teilung der Zellkerne in Keimzellen, die zur Reduktion des Chromosomensatzes vom diploiden zum haploiden Zustand führt. Besonders wichtig ist die Prophase der 1. meiotischen Teilung, die aus folgenden Stadien besteht: Leptotän, Zygotän, Pachytän, Diplotän, Diakinese.

Melanosom – Vorstufen der pigmentierten Hautzellen, von den unpigmentierten Vorstufen bis zu den ausgebildeten Melanozyten.

Mendel'sche Vererbung (Castle, 1906) – Vererbung nach den Mendel'schen Gesetzmäßigkeiten im Gegensatz zur extra-chromosomalen Vererbung unter Kontrolle zytoplasmatischer hereditärer Faktoren (mitochondriale DNA).

messenger RNA (Brenner, Jacob & Meselson, 1961; Jacob & Monod, 1961) – mRNA.

Metabolische Kooperation (Subak-Sharpe et al., 1969) – Korrektur des Phänotyps von Zellen in Kultur durch Kontakt mit normalen Zellen oder Zellprodukten. Beispiele für metabolische Korrektur ist die Kreuzkorrektur kultivierter Zellen von verschiedenen Mukopolysaccharid-Speicherkrankheiten oder Korrektur von HGPRT-defizienten Zellen durch normale Zellen.

metacentrisch – Chromosomen, die durch die Position des Centromers in einen langen und einen kurzen Arm gleicher Länge geteilt werden.

Metaphase (Strasburger, 1884) – Stadium der Mitose, in dem die Chromosomen kontrahiert gut sichtbar gemacht werden können.

MHC – *M*ajor *H*istocompatibility *C*omplex (Thorsby, 1974) – Das prinzipielle Histokompatibilitätssystem oder HLA-System.

Mitose (Flemming, 1882) – Kernteilung bei der Teilung somatischer Zellen, bestehend aus Prophase, Metaphase, Anaphase, Telophase.

Mitose-Index (Minot, 1908) – Anteil Zellen in Mitose an der Gesamtzahl vorhandener Zellen.

Mixoploidie (Nemec, 1910; Hamerton, 1971) – Gewebe oder Individuen bestehend aus Zellen mit verschiedenen Karyotypen (chromosomales Mosaik).

MLC – *M*ixed *L*ymphocyte *C*ulture (Bach & Hirschhorn, 1964; Bain & Lowenstein, 1964).

modale Zahl (White, 1945) – Die Chromosomenzahl von Individuen oder Zellen.

Monolayer (Abercrombie & Heaysman, 1957) – Der einschichtige Zellrasen normaler diploider Zellen an dem Boden eines Zellkulturgefäßes.

Monosomie (Blakeslee, 1921) – Fehlen von einem oder mehreren einzelnen Chromosomen in einem im übrigen diploiden Chromosomensatz. Bei Menschen tritt regelmäßig nur eine Monosomie für ein X-Chromosom auf, die zum Turner-Syndrom führt (vgl. Trisomie).

monozygot – Eineiige Zwillinge, vgl. dizygot.

Morgan – Eine Längeneinheit der Genkarte, bestehend aus 100 centiMorgan (cM). Der Abstand von zwei Genloci in Morgan entspricht der Zahl der Rekombinationen zwischen diesen beiden Loci. Benannt nach Thomas H. Morgan (1866–1945), dem Begründer der klassischen genetischen Untersuchungen an *Drosophila*.

Mosaik – Gewebe oder Individuen, bestehend aus genetisch verschiedenen Zellen, in der Regel gleichen zygotischen Ursprungs (vgl. Chimäre).

mtDNA – mitochondriale DNA

Mutagen – Eine chemische Substanz, die eine Mutation auslösen kann.

Mutation (de Vries, 1901) – Bleibende Veränderung des genetischen Materials. Generell unterscheidbar sind Punktmutationen durch Austausch, Verlust oder Insertion von Basenpaaren innerhalb eines Gens oder Chromosomenmutation mit Veränderung der Chromosomenstruktur.

Mutationsrate – Die Häufigkeit einer bestimmten Mutation pro Individuum pro Generation.

Non-disjunction (Bridges, 1910) – Fehlverteilung homologer Chromosomen bei der Meiose. Bei mitotischer Non-disjunction tritt die Fehlverteilung bei der Mitose auf.

Nucleosid – Verbindung einer Purin- oder Pyrimidinbase mit einem Zucker (Ribose oder Deoxyribose, vgl. Nucleotid).

Nucleosom (Navashin, 1912; Kornberg, 1974) – Untereinheit des Chromatins.

Nucleotid – Einzelner monomerer Baustein, der als Polynucelotid die Nucleinsäuren aufbaut. Ein Nucleotid ist ein Phosphatester bestehend aus einer Purin- oder Pyrimidinbase, einem Zucker (Ribose oder Deoxyribose als Pentose) und einer Phosphatgruppe.

offener Leserahmen (ORF, open reading frame) – eine Reihe von Triplets, die für ein Peptid codieren, ohne daß ein Stop-Codon dazwischen liegt.

Okazaki-Stück – Kurze Nucleotidsequenzen, die während der diskontinuierlichen Replikation von DNA gebildet und anschließend zusammengeschlossen werden (vgl. Replikation).

Onkogen (Huebner & Todaro, 1969) – Ein Gen, dessen Anwesenheit zu maligner Transformation führt.

Operator (Jacob & Monod, 1959) – Die Erkennungsstelle im Operon, an der die negative Kontrolle der genetischen Transkription durch Bindung eines Repressors geschieht.

Operon (Jacob et al., 1960) – Eine Gruppe funktionell und strukturell zusammenhängender Gene mit Regulation der genetischen Transkription.

Pachytän (de Winiwarter, 1900) – Stadium der Meiose.

Palindrom (Wilson & Thomas, 1974) – Invertierte repetitive Basensequenzen, die durch Umschlag einer einzelsträngigen linearen DNA-Kette haarnadelähnliche Strukturen ausbilden können.

Panmixie (Weismann, 1895) – Paarungssystem mit zufälliger Partnerwahl, im Gegensatz zur assortativen Paarung.

parasexuell (Pontecorvo, 1954) – Genetische Rekombination außerhalb der normalen Sexualität, z. B. durch Zellhybridisierung (s. Hybridisierung).

PCR – Polymerase-Kettenreaktion. Technik zur *in vitro*-Vermehrung (sog. Amplifikation) einer bestimmten DNA Sequenz in einem mehrfach wiederholten thermalen Kreisprozeß, bestehend aus Denaturierung, Anlagerung eines für die Zielsequenz spezifischen Oligonucleotids (sog. Primer) und Kettenverlängerung.

Penetranz (Vogt, 1926) – Die Häufigkeit oder Wahrscheinlichkeit, mit der sich die Wirkung eines Gens manifestiert (vgl. Expressivität).

Peptid – Verbindung von zwei oder mehr Aminosäuren durch eine Peptidbindung.

Phänokopie (Goldschmidt, 1935) – Nichthereditärer Phänotyp, der einen genetisch determinierten Phänotyp imitiert.

Phänotyp (Johannsen, 1909) – Das Erscheinungsbild einer Zelle, eines Individuums oder einer bestimmten Häufigkeitsverteilung in einer Population (z. B. bimodale Verteilung), das durch Genotyp (s. dort) und Umwelteinflüsse zustandekommt.

Phytohämagglutinin (PHA) – Eine u. a. aus der gewöhnlichen Bohne *Phaseolus vulgaris* gewonnene Polysaccharidsubstanz, die die Trennung roter und weißer Blutzellen beschleunigt. Nowell (1960) entdeckte ihre Fähigkeit, in Lymphocyten (vorwiegend B-Zellen) eine blastische Transformation (s. Transformation) und Zellteilungen zu induzieren. Dies ist die Grundlage der phytohämagglutinin-stimulierten Lymphocytenkultur für cytogenetische Untersuchungen.

Plasmid, das (Lederberg, 1952) – meist zirkuläre DNA-Strukturen außerhalb des eigentlichen Genoms, entweder selbständig oder in das Wirts-Chromosom integriert.

Plastiden – Organellen in Pflanzenzellen, z. B. Chloroplasten.

Pleiotropie (Plate, 1910) – Genwirkung mit multipler, scheinbar unzusammenhängender phänotypischer Expression.

Polarkörper (Robin, 1862) – Eine in der Oogenese entstehende, rückgebildete Zelle, die nicht zur Eizelle wird.

polygen (Plate, 1913; Mather, 1941) – Merkmale, die auf mehreren oder zahlreichen Genen beruhen, die eine nicht einzeln faßbare Genwirkung entfalten.

Polymerasen – Enzyme, die den Zusammenschluß von Nucleotiden zu DNA oder RNA katalysieren (genetische Transkription und DNA-Replikation).

Polymorphismus, genetischer (Ford, 1940) – Existenz eines oder mehrerer Allele an einem oder vielen Genloci mit unterscheidbaren Phänotypen. Nach einer Konvention spricht man dann von Polymorphismus, wenn ein einzelner varianter Phänotyp häufiger als bei 1% der Population vorkommt.

Polypeptid – s. Peptid.

polyploid (Strasburger, 1910) – Zellen, Gewebe oder Individuen mit 3 (triploid), 4 (tetraploid), 5 (pentaploid) oder mehr kompletten Chromosomensätzen anstelle von 2 (diploid). Beim Menschen ist Triploidie und Tetraploidie meistens ein Letalfaktor. Dies führt in der Regel zum Spontanabort.

polytän (Koltzoff, 1934: Bauer, 1935) – Bezieht sich auf einen speziellen Typ von Chromosomen, der durch wiederholte Endoreduplikation einzelner Chromatiden entsteht. Es kommt dadurch zu sogenannten Riesen-Chromosomen (vgl. Chromosom).

Population (Johannsen, 1903) – Individuen einer Spezies, die in reproduktivem Austausch stehen und einen gemeinsamen Genpool bilden (vgl. Rasse).

prämature Chromosomenkondensation (Johnson & Rao, 1970) – Induktion von Chromosomenkondensation in einem Interphasekern nach Fusion mit einer Zelle in Mitose. Kondensierte S-Phase Chromosomen sehen pulverisiert aus (sogenannte Chromosomenpulverisierung).

Prävalenz – s. Inzidenz.

Primer – Ein DNA- oder RNA-Oligonukleotid das nach Hybridisierung an eine invers komplementäre DNA ein freies 3′-OH Ende für die Kettenverlängerung durch eine DNA-Polymerase bietet.

prokaryot – Einzellige Organismen ohne Zellkern und Zell-Organellen.

Promotor – Eine DNA-Region die an der Bindung der RNA-Polymerase bei der Inition der Transkription beteiligt ist.

Prophage – In das Bakteriengenom integriertes Virus-Genom.

Propositus, Proband – Die Person, die zur genetischen Untersuchung einer Familie oder Sippe Anlaß gibt.

Protoonkogen – Ein normales zelluläres Gen, das durch Mutation oder strukturelle Veränderung zu einem Onkogen werden kann.

prototroph – Bakterien ohne besondere Abhängigkeit von bestimmten Nährstoffen im Medium.

Pseudogen – Eine Nucleotid-Sequenz, die einem Gen ähnelt, aber keine biologische Bedeutung hat.

Pseudohermaphroditismus – Individuen mit entgegengesetztem gonadalen und phänotypischen Geschlecht.

Punktmutation – Veränderung innerhalb eines einzelnen Codons. Die möglichen Typen sind der Austausch einer Purin- oder Pyrimidinbase, und zwar eines Pyrimidins durch ein anderes Pyrimidin als *Transition* (Frese, 1959), d.h. Adenin durch Guanin oder Thymin durch Cytosin, oder durch Austausch eines Pyrimidins durch ein Purin oder umgekehrt: *Transversion* (Frese 1959), d. h. Adenin durch Thymin und umgekehrt, oder Cytosin durch Guanin oder umgekehrt. Neben diesen beiden Typen von Austausch kann eine Punktmutation auf der Insertion eines Nucleotidpaares, der Deletion eines oder mehrerer Basenpaare oder der Inversion der Nucleotidsequenz beruhen.

Quadriradialfigur – Infolge Translokation zusammenliegende homologe oder nicht-homologe Chromosomen in mitotischen Zellen.

Rasse – Eine Rasse ist eine Population (vgl. dort), die sich von anderen Populationen in der Frequenz einiger ihrer Gene unterscheidet (L. C. Dunn: *Heredity and Evolution in Human Populations,* Harvard University Press, Cambridge, Mass., 1967). Demnach ist der Begriff Rasse flexibel und relativ im Verhältnis zum evolutionären Prozeß definiert. Der Begriff ist geeignet, Gruppen zu klassifizieren. Die Zuordnung für Individuen ist oft unsicher und biologisch von zweifelhaftem Wert.

recessiv (Mendel, 1865) – Genwirkung von Allelen (s. dort) an einem Genlocus (s. dort), die sich nur im homozygoten Zustand (s. dort) manifestiert.

Rekombination (Bridges & Morgan, 1923) – Eine durch Crossing-over während der Meiose neu entstehenden Kombination von Genen.

Rekombinante DNA – Ein aus verschiedenen Anteilen bestehendes DNA-Molekül.

Rekombinationsfrequenz – Häufigkeit von Rekombination zwischen zwei oder mehr Genloci. Ausgedruckt als Theta-Wert (θ). Ein Theta von 0.01 (1% Rekombinationshäufigkeit) entspricht 1 Centi-Morgen (cM).

Renaturierung von DNA – Einzelstrang-DNA in Doppelstrang DNA überführen (vgl. Denaturation).

Repair (Muller, 1954) – Reparatur von funktionellen und strukturellen Schäden der DNA.

Replikation – Identische Verdopplung.

Replikationseinheit (Huberman & Riggs, 1968) – Die einzelne Einheit der diskontinuierlichen DNA-Replikation.

Replikationsgabel – Der entwundene Bereich der DNA-Doppelhelix, in dem Replikation stattfindet.

Repulsion (Bateson, Saunders & Punnett, 1905) – Bezieht sich auf benachbarte Genloci mit mutanten Allelen auf den beiden gegenüberliegenden Chromosomen in Trans-Konfiguration (s. cis-trans).

Resistenzfaktor – Extra-chromosomale Elemente (s. Plasmid).

Restriktionsenzym = Restriktionsendonuclease (Meselson & Yuan, 1968) – Spezifische Endonuclease, die DNA an spezifischen Basensequenzen einschneidet.

Retrovirus – Einzelsträngiges RNA-Virus, das über ein doppelsträngiges DNA-Zwischenprodukt repliziert.

Reverse Transkriptase – Ein in RNA-Viren vorkommender Enzymkomplex, der DNA aus RNA bilden kann.

Ribosom (Roberts, 1958; Dintzis et al., 1958) – Komplexe Zellorganellen in Pro- und Eukaryonten, bestehend aus spezifischen Proteinen und ribosomaler „RNA" in verschiedenen Untereinheiten. Die Translationen genetischer Information finden in Ribosomen statt.

Ringchromosom – Zirkuläres Chromosom. Bei vielen Prokaryonten liegt normalerweise das Chromosom in zirkulärer Form vor. Bei Säugetieren handelt es sich um eine Strukturanomalie. Sie impliziert den Verlust von Chromosomenmaterial.

RNA (Ribonucleinsäure) – Ein Polynucleotid ähnlicher Struktur wie DNA, wobei Ribose statt Deoxyribose den Zuckeranteil stellt.

Rückkreuzung (back cross) – Kreuzung eines heterozygoten Tieres mit einem der Eltern. Bei doppelter Rückkreuzung sind zwei Genloci beteiligt (double back cross).

Satelliten (Navashin, 1912) – Chromosomaler Abschnitt, der vom Hauptanteil eines acrocentrischen Chromosoms (s. dort) getrennt ist. Die Satellitenregion ist an der Organisation des Nukleolus beteiligt. Im Bereich der Stiele kann sie durch spezifische Silberfärbung angefärbt werden (NOR-Färbung, Nucleolus organizing region). Größe der Satelliten und Länge des Stiels sowie Intensität ihrer Fluoreszenz nach Färbung mit Acridin-Farbstoffen sind polymorphe cytologische Marker.

Satelliten-DNA (sDNA) (Sueoka, 1961; Kit, 1961; Britten & Kohne, 1968) – Entweder leichtere (AT-reiche) oder schwerere (GC-reiche) DNA im Vergleich zur Haupt-DNA (s. DNA). Nicht zu verwechseln mit Satelliten-Region an acrocentrischen Chromosomen.

SCE (Schwesterchromatid-Austausch) (Taylor 1958) – Nachweis eines Austausches zwischen den beiden Chromatiden eines Metaphase-Chromosoms. Nach zwei Replikationen in einer Zellkultur in Anwesenheit eines halogenierten Basenanalogs (z. B. 5-Bromdeoxyuridin) sind in dem einen Chromatid beide DNA-Stränge, in dem anderen jedoch nur einer mit BrdU substitutiert. Dieser Unterschied wirkt sich auf eine unterschiedliche Anfärbbarkeit aus. Dies führt zu verschiedener Farbintensität der beiden Chromatiden.

Segregation (Bateson & Saunders, 1902) – Die Trennung von allelen Paaren eines Genlocus bei der Reduktionsteilung und Verteilung auf verschiedene Gameten. Die Segregation, die unabhängig für verschiedene Chromosomen und weit auseinanderliegende (nicht gekoppelte) Genloci erfolgt, bestimmt die Mendel'schen Gesetzmäßigkeiten.

Selektion (Darwin, 1858) – Unterschiedliche und nicht zufällige Reproduktion verschiedener Genotypen unter verschiedenen Umweltbedingungen.

Selektionskoeffizient – Quantitative Angabe über das Ausmaß von Selektion. Ein Selektionskoeffizient (s) von 1 bedeutet vollständige biologische Fitness (s. dort). Selektionskoeffizient ist diejenige Größe, um die biologische Fitness (1 – s) vermindert wird.

semikonservativ (Delbrück & Stent, 1957) – Die normale Art der DNA-Replikation. Dabei bleibt ein DNA-Strang vollständig erhalten, und der andere wird vollständig neu gebildet.

SINE (short interspersed nuclear element) – Kurze repetitive DNA-Sequenzen (vgl. LINE).

snRNPs (small nuclear ribonucleoprotein particles) – Komplexe aus kleinen nucleären RNA-Molekülen und Proteinen.

somatisch – Bezogen auf Zellen und Gewebe des Körpers, im Gegensatz zu germinal (auf Keimzellen bezogen).

Somatische Zellhybridisierung – Bildung von Zellhybriden in der Kultur.

Southern Blot – Methode zur Übertragung von DNA aus einem Agarose-Gel auf eine Membran.

Speciation (Simpson, 1944) – Bildung von Spezies während der Evolution. Der erste Schritt in Richtung Speziation ist die Errichtung einer retroduktiven Barriere gegen genetischen Austausch. Ein häufiger Mechanismus ist Chromosomeninversion.

Species (Ray, 1670) – Natürliche Populationen, die im reproduktiven Austausch stehen und einen gemeinsamen Genpool bilden.

S-Phase (Howard & Pelc, 1953) – DNA-Synthesephase. Dies ist die zwischen der G_1 und G_2 liegende Phase, während der DNA synthetisiert wird (DNA Replikation).

Spleißen (Splicing) – Umwandlung eines primären RNA-Transkripts durch Herausschneiden von Introns und Zusammenfügen von Exons.

Spliceosom – Eine Ansammlung verschiedener Moleküle, die Spleissen von RNA bewirken.

STS – Sequence Tagged Site – Ein kurzer DNA-Abschnitt mit bekannter Sequenz.

submetacentrisch – Ein Chromosom, das durch die Position des Centromers in einen kurzen und einen langen Arm eingeteilt wird.

Synapse (Moore, 1895) – Allgemein Paarung homologer Chromosomen, speziell während der meiotischen Prophase.

Synaptonemaler Komplex (Moses, 1958) – Elektronenmikroskopisch sichtbare parallele Strukturen während der Meiose im Zusammenhang mit der Chiasmabildung (s. dort).

Syndrom – Im Rahmen der Humangenetik eine Gruppe klinischer und pathologisch anatomischer Merkmale, die ätiologisch zusammenhängen, auch wenn die Einzelheiten dieses Zusammenhangs noch nicht erkennbar sind.

Syntänie (Renwick, 1971) – Bezeichnet alle auf einem Chromosom liegenden Genloci, unabhängig von ihrer Kopplungsbeziehung.

Tandem Duplikation – s. Duplikation.

TATA-Box – Eine konservierte DNA-Sequenz im 5'-Bereich eines Gens, überwiegend aus Sequenzen vom TATA-Motiv bestehend. Auch als Pribnow-Box bezeichnet.

telocentrisch (Darlington, 1939) – Chromosomen oder Chromatiden mit einem terminal gelegenen Centromer ohne kurzen Arm oder Satelliten. Beim Menschen gibt es keine telocentrischen Chromosomen.

Telomer (Muller, 1940) – Das Ende eines Chromosoms.

Teratogen (Ballantyne, 1894) – Chemische, physikalische oder andere Faktoren, die zu embryologischen Störungen und Fehlbildungen führen.

Terminator – DNA-Sequenz, die das Ende der Transkription signalisiert.

tetraploid (Nemec, 1910) – Verdoppelter diploider Chromosomensatz, d.h. jedes Chromosom besteht aus 4 Homologen (4 n statt 2 n).

Transduktion (Zinder & Lederberg, 1952) – Transfer von Genen von einer Zelle zur anderen (meist Bakterien) durch spezielle Viren, die Bakteriophagen.

Transfektion – Einführung von reiner DNA in lebende Zellen (vgl. Transformation).

Transformation – Dieser Ausdruck wird in der Biologie in verschiedenen Bedeutungen benutzt. Genetisch bedeutsam sind folgende Formen von Transformation: 1) *maligne Transformation,* die Änderung der Eigenschaften von Zellen mit malignem Wachstum,
2) *genetische Transformation* (Griffith, 1928; Avery et al., 1944), der intra- oder interspezifische Transfer von genetischer Information.
3) *Blastische Transformation* bezeichnet die Reaktion von Lymphocyten auf mitogene Substanzen (z. B. Phytohämagglutinin oder spezifische Antigene) und führt zur Proliferation von Lymphocyten (überwiegend T-Lymphocyten).

Transkript – RNA-Kopie eines DNA-Abschnitts.

Transkription – Die Synthese von messenger RNA (mRNA), der erste Schritt der Übermittlung der Information aus DNA.

Transkriptionseinheit – Ein DNA-Abschnitt, dessen Gesamtheit für die Bildung eines Genprodukts befähigt ist (entspricht operational einem Gen).

Translation – Der zweite Schritt der Übermittlung genetischer Information. Hier wird die auf mRNA übertragene genetische Information abgelesen und in die entsprechende Sequenz von Aminosäuren durch Bildung eines Polypeptids umgesetzt.

Translokation – Chromosomale Strukturveränderung mit geänderter Position von chromosomalen Segmenten entweder innerhalb desselben Chromosoms (als Insertion), des homologen Chromosoms oder eines nicht-homologen Chromosoms. Bei einer *reziproken Translokation* werden nichthomologe Chromosomenabschnitte ausgetauscht. Die genetische Balance wird dadurch nicht geändert, aber für den Träger einer Translokation (Translokations-Heterozygote) besteht ein genetisches Risiko. Eine Translokation zwischen zwei acrocentrischen Chromosomen mit Fusion der kurzen Arme wird als Translokation vom *Fusionstyp* (Robertson'sche Translokation) bezeichnet.

Transposon – Eine DNA-Sequenz mit der Fähigkeit, sich in einen neuen Ort im Genom einzufügen, ohne daß eine Sequenzähnlichkeit zum Zielort besteht.

Triplet – Sequenz von je drei zur Codierung einer Aminosäure zusammengehörigen Nucleotiden in den Codons von Nucleinsäuren (Triplet-Code, s. Codon).

Trisomie (Blakeslee, 1921) – Eines oder mehrere zusätzliche Chromosomen neben einem normalen Homologenpaar. Das Extra-Chromosom ist immer homolog zu einem der beiden normalen vorhandenem homologen Chromosomen. Eine Trisomie kann in Keimzellen durch meiotische Non-disjunction oder in somatischen Zellen durch somatische Non-disjunction (s. dort) entstehen.

UPD – Uniparentale Disomie (vgl. Disomie).

Vektor – Überträgermolekül für ein DNA-Fragment.

X-Chromatin – Das vormals als Barr-Körperchen bezeichnete Geschlechtschromatin (Barr & Bertram, 1949).

xenogeneisch – Transplantation zwischen Individuen verschiedener Species.

X-Inaktivierung – Inaktivierung eines der beiden X-Chromosomen in somatischen Zellen weiblicher Säugetiere in der frühen embryonalen Zeit durch Bildung des X-Chromatins (Lyon-Hypothese, Lyon, 1962).

YAC – Yeast Artificial Chromosome, künstliches Hefechromosom.

Y-Chromatin (F-Body, Pearson, Bobrow, Vosa, 1970) – Der hell fluoreszierende Anteil des Y-Chromosoms (langer Arm), der in Interphasekernen sichtbar ist.

Z-DNA – Alternative Konformation von DNA. Im Gegensatz zur normalen B-DNA (Watson-Crick-Modell) ist die Helix linkshändig und gewinkelt.

Zellzyklus – Lebenszyklus einzelner Zellen. In sich teilenden somatischen Zellen können folgende 4 Phasen unterschieden werden: die Interphase bestehend aus G_1-Phase, S-Phase mit DNA-Replikation, G_2-Phase und die Mitose. Zellen, die sich nicht teilen, werden als in G_0 befindlich bezeichnet.

Zygotän (de Winiwarter, 1900) – Stadium der Meiose.

Zygote (Bateson, 1902) – Die durch Fusion der beiden haploiden Gameten zustandegekommene fertilisierte diploide Eizelle, die Ausgangszelle der gesamten Embryonalentwicklung.

Quellenangaben zum Glossar

Bodmer, W. F. & Cavalli-Sforza, I. L.: Genetics and the Evolution of Man. W. H. Freeman & Co, San Francisco, 1976.

Brown, T.: Genetics. A Molecular Approach. 2nd Edition. Chapman & Hall, London, 1992.

Emery, A. F. H.: Elements of Medical Genetics, 6th edition, Churchill Livingstone, Edinburgh, 1983.

Lewin, B.: Genes IV. Oxford University Press, Oxford, 1990.

Passarge, E.: Definition genetischer Begriffe (Glossar), S. 311–323, in Elemente der Klinischen Genetik. G. Fischer, Stuttgart 1979.

Rieger, R., Michaelis, A., Green, M. M.: Glossary of Genetics and Cytogenetics. 4th edition, Springer Verlag, Berlin–Heidelberg–New York, 1976.

Watson, J. D.: Molecular Biology of the Gene. 3rd edition, W. A. Benjamin, Menlo Park, California, 1976.

Whitehouse, H. L. K.: Towards an Understanding of the Mechanism of Heredity. 3rd edition, Edward Arnold, London, 1973.

Sachregister

(fettgedruckte Seitenzahlen bedeuten Haupteintrag)

E

F

G

H

I

K

L

M

N

O

P

Q

R

U

V

W

X

Y

Z